DUDEN
Leicht
verwechselbare
Wörter

AVI KEMPINSKI
Güterstrasse 14
3008 Bern

Die Duden-Taschenbücher —
praxisnahe Helfer zu vielen Themen

DUDEN
Leicht verwechselbare Wörter

von Wolfgang Müller

Bibliographisches Institut Mannheim/Wien/Zürich
Dudenverlag

Inhaltsverzeichnis

Vorwort

Laut- bzw. schriftbildähnliche Wörter werden leicht verwechselt, besonders dann, wenn auch ihre Bedeutungen ähnlich sind. Daher kommt es nicht selten zu Fehlleistungen und Fehlern, zur falschen Wortwahl. „Fremdwörter sind Glücksache" heißt es scherzhaft im Volksmund. Aber nicht nur ähnlich klingende F r e m d w ö r t e r , sondern auch laut- und zugleich bedeutungsähnliche deutsche Wörter werden verwechselt.

Obgleich man solchen Verwechslungen häufig begegnen kann — in gedruckten Texten und in mündlicher Äußerung, bei Ausländern[1]) und bei Deutschen, als Zeichen von Konzentrationsmangel oder von Unkenntnis — , ist dieser auf Interferenz [2]) beruhenden Fehlerquelle bisher nur am Rande Aufmerksamkeit geschenkt worden. Mit diesem Taschenbuch ist das erste deutsche Wörterbuch leicht verwechselbarer Wörter entstanden. Da damit lexikographisches Neuland betreten wird, sind Hinweise und Kritik, die der weiteren Arbeit förderlich sein können, sehr willkommen.

Die unter dem Gesichtspunkt der Verwechselbarkeit in Gruppen zusammengestellten Wörter sind von mir im Laufe einiger Jahre gesammelt worden, wobei Gespräche, Lektüre und nicht zuletzt die täglich in der Dudenredaktion eintreffenden Sprachanfragen die Grundlage bildeten. Letztere zeigen besonders deutlich das Fragebedürfnis in diesem Bereich der Sprache.

Da dem Umfang des Bandes Grenzen gesetzt sind, konnte hier nur ein Teil des Materials Aufnahme finden. Daß beim Sammeln auch so manches „Spaßige" (jedoch ernst Gemeinte) festgehalten worden ist, was ebenfalls nicht Eingang in dieses Wörterbuch gefunden hat, sei nur kurz, aber nicht nur zum Spaß erwähnt, z.B. Sätze wie: die Entzündung (statt: Zündung) am Auto ist nicht in Ordnung; sie wollte bürokratisch (statt: im Büro) arbeiten; heute ist es pfiffig (statt: windig; hergeleitet von: der Wind pfeift).

---

1)„Ein Drittel aller Fehler geht auf das Konto falscher Wortwahl" stellt **A.** Michel in seinem Aufsatz „Fehlleistungen in Ausländeraufsätzen und Probleme ihrer Bewertung" fest (in: Deutsch als Fremdsprache 6/1970, 445).

2)Unter Interferenz ist in diesem Zusammenhang die durch Laut- bzw. Schriftbildähnlichkeit zweier Wörter verursachte Überlagerung der Bedeutung des einen durch die des anderen ähnlichen Wortes und der auf diese Weise zustande gekommene falsche oder nicht ganz korrekte Gebrauch zu verstehen.

Für die Verständigung der Menschen untereinander ist der korrekte Gebrauch der Wörter wichtiger als der korrekte Gebrauch der Grammatik, denn "Vom Standpunkt der Informationsvermittlung aus sind es gerade die lexikalischen Einheiten, die oft die höchste Nachrichtenträchtigkeit besitzen."[3]

Dieses Buch wendet sich an Deutsche und Ausländer gleichermaßen. Es möchte einerseits der Sprachpraxis dienen, indem es zum richtigen Verständnis und Gebrauch der deutschen Sprache einschließlich der Fremdwörter beiträgt und die Inhaltsunterschiede ähnlich lautender Wörter bewußtmacht sowie Zweifel über ihre Verwendung beseitigt. Andererseits möchte es aber auch der linguistischen Forschung Anregungen geben, die auf den Seiten 12 ff. eingehender erläutert werden.

Zu meiner Freude ist meine Arbeit an diesem Thema von vielen Seiten mit regem Interesse begleitet worden. Allen, die meine Unternehmung gefördert haben, möchte ich an dieser Stelle danken, vor allem meiner Familie, die meine jahrelange Tätigkeit aktiv, aber auch passiv — nämlich duldend und entsagend — unterstützt hat. Besonderer Dank gebührt Frau Liselore KOCH (Berlin), die einen großen Teil des Manuskripts betreut und kritisch durchgesehen und viele wertvolle Hinweise auf Grund ihrer journalistischen Erfahrung — vor allem auch im Hinblick auf die Benutzer — gegeben hat.
Die Anregung zu diesem Buch ging von Herrn Dr. Otto Mittelstaedt aus.

Mannheim, den 17. April 1973

Wolfgang Müller

---

[3] G. NICKEL, Fehlerkunde 21.

> *Der Unterschied zwischen dem richtigen Wort und dem beinahe richtigen ist derselbe wie zwischen dem Blitz und dem Glühwürmchen (Mark Twain)*

Einführung

a) Abgrenzung des Themas

Dieses Wörterbuch leicht verwechselbarer Wörter ist ein Wörterbuch innereinzelsprachlicher semantischer Interferenzen.Groß ist die Skala der Interferenzmöglichkeiten, und unter vielerlei Aspekten lassen sich die Verwechslungsursachen betrachten. Vieles von dem, was man als Paronyme, Derivata, Schein- oder Pseudosynonyme, Homonyme, Homographen, ähnlichlautende Synonyme oder Homoionyme, als polysemantische Wörter, als faux amis oder als Stümpersynonyme[1]) bezeichnet, kann bei bestimmten Voraussetzungen (neben der Lautähnlichkeit) unter dem Titel „Leicht verwechselbare Wörter" zusammengefaßt werden.

Man kann unterscheiden zwischen Interferenz innerhalb einer einzelnen Sprache und einer Interferenz, die auf der Beeinflussung einer Sprache durch eine andere Sprache beruht. Dieses Buch beschäftigt sich nur mit der i n n e r e i n z e l s p r a c h l i c h e n Interferenz, der bisher von seiten der Lexikographie noch keinerlei Beachtung geschenkt worden ist. Lediglich die wenigen, meist älteren vergleichenden Synonymwörterbücher haben einen kleinen Teil des in Frage kommenden Wortschatzes unter themenspezifischem Aspekt mit erfaßt, sofern es sich um Wörter handelt, die sowohl laut- als auch sinnähnlich sind, die also synonymischen Charakter tragen. Sonst gibt es nur noch einige wenige ausländische Publikationen, die dieses Gebiet berühren, indem sie ebenfalls innereinzelsprachliche Interferenzen in der deutschen Sprache in Gestalt lautähnlicher Synonyme, aber außerdem auch fremdsprachlich bezogene (außereinzelsprachliche) Interferenzen in ihre Betrachtungen einbeziehen. Die letztgenannten Interferenzen entstehen einerseits durch Interferenz der Fremdsprache auf die Muttersprache[2]), andererseits durch Interferenz

---

[1]) Bernhard SCHMITZ, Französische Synonymik, Greifswald 1868, S. XXII.

[2]) Als Beispiel für Interferenz der Fremdsprache auf die Muttersprache kann das englische Verb *to realize* herangezogen werden, das dazu beigetragen hat, daß das deutsche Fremdwort *realisieren* mit der Bedeutung *verwirklichen* auch in der Bedeutung *sich etwas vorstellen, sich etwas ins Bewußtsein bringen, sich einer Sache bewußt werden* gebraucht wurde.
Wird solche Interferenz im Laufe der Zeit fester Bestandteil der Sprache, wird der okkasionelle Gebrauch also zu einem usuellen, dann ist der Übergang von der Interferenz zur – in diesem Falle – Lehnbedeutung vollzogen. Solche Entlehnungen sind gewissermaßen systematisierte bzw. lexikalisierte Interferenzen.

9

der Muttersprache auf die Fremdsprache. Hierher gehören auch die sogenannten faux amis. Bei den f a u x a m i s handelt es sich um Wörter,
die in vielen Sprachen angetroffen werden, die also international sind.
„Man hat es hier mit Fremdwörtern zu tun, die in mehreren Sprachen in
lautgestaltlich identischer Form oder nur mit lehnwörtlicher Verschiedenheit in Lautgestaltung und Schreibweise angetroffen werden. Das Problem für den Übersetzer liegt hier darin, daß die lautgestaltlich gleichen
oder ähnlichen, zudem in ihrem Etymon identischen Wörter in den einzelnen Sprachen bedeutungsmäßige Differenzen aufweisen, die der Sprach-
mittler genau zu beachten hat. Die übereinstimmende Lautgestalt legt
es nahe, bei diesem Wort die in seiner Muttersprache dafür übliche Bedeutung zu verwenden, indes würde er damit schwer fehlgreifen. Solcherart
erweist sich dieses Wort als „falscher Freund": es scheint die Übersetzung
zu erleichtern, erschwert sie indes durch die von der Lautgestalt ausgehende verführende Wirkung." [3]

Als faux amis werden aber auch solche Fehler bezeichnet, die dadurch
entstehen, daß muttersprachliche Strukturen unkritisch und naiv auf
fremdsprachliche übertragen werden, wenn beispielsweise die deutsche
Wendung *ohne Zweifel* ins Französische mit *sans doute,* das Wort *die
Blamage* mit *le blamage* [4], *Puderzucker* mit *sucre en poudre* oder das *Zi-
tronat* (= die kandierte Fruchtschale) mit *la citronnade* übersetzt werden.

Diese und andere Interferenzerscheinungen sind von Sprache zu Sprache
verschieden. Bei der Konfrontation der norwegischen Sprache mit der
deutschen zum Beispiel sind die Interferenzerscheinungen teilweise wieder
andere als bei der Gegenüberstellung der finnischen, ungarischen, russischen, französischen oder englischen mit der deutschen. Derartige, spezifisch in den einzelnen Fremdsprachen begründete Interferenzfehler wurden in das vorliegende Wörterbuch nicht aufgenommen, weil dieses Buch
— wie bereits gesagt — nur Interferenzfehler behandelt, die innerhalb der
deutschen Sprache auftreten.

Auch eine andere Art von Interferenzfehlern, die Ausländern unterlaufen,
kann in einem am Deutschen orientierten Wörterbuch mit dieser Thematik keine Aufnahme finden. Gemeint sind die ähnlich klingenden d e u t -
s c h e n Wörter wie gelingen/gelangen, Erlebnis/Ergebnis/Ereignis usw. [5],

---

3) Friedrich KAINZ, Psychologie der Sprache. V. Bd. – Psychologie der Einzel-
    sprachen, I. Teil, Stuttgart 1965, S. 398 f.; Hans-Wilhelm KLEIN führt in seinem
    Buch „Schwierigkeiten des deutsch-französischen Wortschatzes" (Stuttgart 1968)
    dafür folgende Beispiele an: dt. das Parterre/frz. le rez-de-chaussée, frz. le parterr
    dt. das Gartenbeet oder das zweite Parkett im Theater; dt. das Souterrain/frz.
    le sous-sol, frz. le souterrain/dt. unterirdisches Gewölbe oder unterirdischer Gan

4) H.-W. KLEIN, o.a.O., Vorwort S. 3f.

5) Janos JUHÁSZ führt in seinem Buch „Probleme der Interferenz" (Budapest/
    München 1970) diese Wörter u.a. als Beispiele an.

die ein Deutscher üblicherweise nicht verwechselt. Es handelt sich also um solche Fälle, wo lediglich lautähnliche Wörter, die nicht gleichzeitig auch einen auf Grund gleichen Wortstamms ähnlichen Inhalt haben, verwechselt werden. Es genügen dann — wie bei den Substantiven Erlebnis/Ergebnis/Ereignis — allein die Affixe (Er- und -nis), um die Semantik der eigentlich unterscheidenden Wurzelstämme irrelevant werden zu lassen. „Ein lautlicher Kontrastmangel führt zu Verwechslung, obgleich die Bedeutungen der Phonemreihen sich. . . wesentlich voneinander unterscheiden." [6] Hier handelt es sich um eine innereinzelsprachliche Interferenz, die jedoch — wie bereits erwähnt — nur für Deutsch lernende Ausländer, für die die Wörter (ohne Kenntnis der Etymologie) undurchsichtig[7] sind, relevant werden kann.

In solch einer Lage befindet sich der Deutsche in seiner eigenen Sprache im allgemeinen nur dann, wenn er Fremdwörter oder fremdsprachige Fachwörter zum erstenmal hört oder liest. Er registriert sie zuerst nur als Wortkörper, so daß er unter Umständen, wenn ihm der Einblick in den Aufbau der entsprechenden fremden Sprache fehlt, Komplott mit Kompromiß, renitent mit resistent, effektiv mit effizient, hermeneutisch mit heuristisch, provisorisch mit prophylaktisch oder gar — und das ist besonders aufschlußreich — Gegenwörter und -begriffe wie konvex/konkav verwechselt[8]. Hier ist auch der Boden für die — oft scherzhaften — Wortverwechslungen (Agraffe/Attrappe) und „für die zum Zweck persiflierender Nachahmung jener Fehlgriffe im Bereich der Fremdworte, wie sie für Ungebildete, aber auch nach ‚feiner' Redeweise Strebende, kennzeichnend sind, ersonnenen Wortentstellungen." [9] Falsche Verwendung von Fremdwörtern (z.B. obsolet statt desolat, frugal statt feudal) ist — so schreibt Ulrich Engel — „im Alltag vor allem bei Vertretern der unteren Mittelschicht gang und gäbe". Und der Gebrauch von Fremdwörtern — so fährt er fort — "ist wohl auf den höheren Kurswert zurückzuführen, den ‚Fremdwörter' deshalb haben, weil sie in höheren Schichten häufiger anzutreffen sind. Die Mißgriffe führen beim einzelnen oft ein zähes Dasein." [10]

6) J. JUHÁSZ, a.a.O., S. 92.

7) Hans-Martin GAUGER, Wort und Sprache, Tübingen 1970, S. 113 ff.

8) Dazu: Hermann WEIMER, Psychologie der Fehler, Leipzig[2] 1929, bes. S. 53f.: „Zu den Wahlfehlern gehören auch die Kontrastfehler, d.h. solche Fehler, die in der falschen Wahl zwischen zwei gegensätzlichen Vorstellungen zum Ausdruck kommen. . . falsche Gedächtnisleistungen, bei denen. . . auf der Grundlage der Ähnlichkeit die unterscheidenden Merkmale vergessen oder im Gedächtnis verschmolzen worden sind." W. nennt z.B. auch Divisor/Dividend, Multiplikator/Multiplikand.

9) Friedrich KAINZ, Linguistisches und Sprachpathologisches zum Problem der sprachlichen Fehlleistungen, Wien 1956, S. 46f.

10) Ulrich ENGEL, Plädoyer für „Fremdwörter"; in: Almanach des Carl-Heymanns-Verlags (im Druck).

b) Ursachen und Arten der Interferenzfehler

Wie Verwechlungen bei lautlich ähnlichen Wörtern entstehen, ist verschiedentlich — in recht verstreut zu findender Literatur — schon untersucht und teils sprachpsychologisch erklärt worden. Interferierend wirkt in besonderem Maße der Kontrastmangel. Die daraus entstehenden Fehler finden in dem RANSCHBURGschen Phänomen der sogenannten h o m o - g e n e n H e m m u n g eine Erklärung. Der ungarische Psychologe Ranschburg hat nämlich bei Versuchen folgendes festgestellt: „Die Auffassungsschwelle für gleichzeitige oder rasch einander folgende heterogene Reize liegt tiefer als für homogene Reize. . .Bei gleicher Intensität und gleichem Gefühlswert werden aus einer gleichzeitig (oder nahezu gleichzeitig) einwirkenden Menge von Reizen die einander unähnlichen bevorzugt, während die einander ähnlichen bzw. identischen aufeinander hemmend einwirken. . . "[11]

Diese als homogene Hemmung bezeichnete Erscheinung ist folglich ein bedeutender Störfaktor beim Lernprozeß, denn Ähnlichkeitsassoziationen spielen bei den Verwechslungen eine große Rolle. Lautähnliche Wörter prägen sich also wegen ihres Kontrastmangels viel schwerer dem Gedächtnis ein als solche, die sich lautlich deutlich unterscheiden.

Von der homogenen Hemmung ist nicht nur der Ausländer betroffen, der — in unserm Falle— die deutsche Sprache lernt und die im Deutschen vorkommenden lautähnlichen Wörter auf Grund des sprachimmanenten Kontrastmangels leicht verwechselt; auch Deutsche unterliegen in ihrer Sprache dem gleichen Phänomen; vor allem natürlich bei den Fremdwörtern, aber genauso bei d e n deutschen Wörtern, die als Synonyme gebraucht oder als solche angesehen werden.

Im Fadenkreuz der vorliegenden Untersuchungen stehen daher lautähnliche [12] Wörter, die auf Grund des Kontrastmangels leicht verwechselt werden. Doch sind auch einige Grenzfälle, bei denen die Lautähnlichkeit nicht primär der Grund für die Verwechslung ist, mit aufgenommen worden.

Eine Kategorisierung aller Verwechslungsmöglichkeiten von den Wortkörpern her, also eine Art Typisierung der Fehlerimpulse, ist nicht unproblematisch und in diesem Rahmen ohnehin nur unvollkommen zu leisten. Manchmal überschneiden sich die einzelnen Gruppen, so daß Mischgruppen entstehen, die sowohl Wörter mit lautlicher u n d semantischer (sensibel/sensitiv/sentimental) als auch mit nur lautlicher Ähnlichkeit (sensibel/senil) enthalten. Die Verwechslungsursachen können also innerhalb und außerhalb der semantischen Struktur der Sprache liegen. Wo Laut-

---

11) zitiert bei J. JUHÁSZ, a.a.O., S. 93.
12) Unter „lautähnlich" ist immer auch „schriftbildähnlich" mitzuverstehen.

12

und Sinnähnlichkeit gleichzeitig Gründe der Verwechslungen sind, liegen die Ursachen i n n e r h a l b der semantischen Struktur (sichtbar/sichtbarlich/sichtlich; unübersehbar/unübersichtlich; unglaublich/ungläubig/ unglaubhaft/unglaubwürdig). Wo nur Lautähnlichkeit die Verwechslung hervorruft (Agraffe/Attrappe; Lamprete/Pastete; Konfitüre/Kuvertüre), liegen die Gründe a u ß e r h a l b der semantischen Struktur. Hier werden vor allem der Nichtfachmann, der noch Lernende und der sprachlich weniger Geschulte Fehler machen. Auf Grund des breiten Spielraums der lautlichen Interferenz ist dieses Phänomen nicht auf irgendeinen Personenkreis — etwa auf Deutsch lernende und sprechende Ausländer oder auf Deutsche, die über geringere fachliche und damit auch sprachliche Kenntnisse verfügen — beschränkt, sondern es gilt ganz allgemein, wenn auch in unterschiedlicher Weise, und zwar entsprechend dem Bildungsgrad des einzelnen; denn keiner von uns vermag "sprachlich seine ganze Wirklichkeit zu bewältigen" (Bausinger). Auf den Seiten 14/15 sind als Beitrag zur Interferenzforschung Gründe und Möglichkeiten lexikalischer Interferenz aus synchronischer sprachlicher Sicht zusammengestellt, die aber — wie bereits angedeutet — untereinander in mancherlei Kombinationen auftreten können.

Dieser unter sprachlichen Aspekten gesehenen, relativ grob skizzierten Klassifikation ließe sich sicher — soweit nicht schon geschehen — eine sprachpsychologische und sprachsoziologische oder soziolinguistische [13] an die Seite stellen, die vor allem für die Didaktik, speziell für den Fremdsprachenunterricht, nützlich sein und auch zum Thema Sprachbarrieren einiges beitragen könnte.

Aus der Fülle des gesammelten Materials konnte hier nur eine Auswahl gebracht werden. Es wurde jedoch versucht, trotzdem die Vielfalt des ganzen Komplexes sichtbar werden zu lassen.

Für die einzelnen produktiven konkurrierenden Wortbildungsmittel konnten selbstverständlich jeweils nur einige wenige Gruppen als Beispiele aufgenommen werden. Sie können oftmals die Grundlage für Analogieinterpretationen bilden. Um diese möglich zu machen, sind die Wortbildungselemente mit Hinweisen auf die jeweils abgehandelten Wörter im Registeralphabet aufgeführt, z.B. -ig/-lich, -isch/-ologisch. Es muß jedoch auch mit wortgruppenspezifischen Abweichungen gerechnet werden, wie z.B. bei den Adjektivbildungen auf -al/-ell, die nicht einheitlich strukturiert sind.

[13] Dazu: Els OKSAAR, Sprachliche Interferenzen und die kommunikative Kompetenz; in: Indo-Celtica, Gedächtnisschrift für Alf Sommerfelt, München 1972, S. 136: . . . daß es gewisse Korrelationen zwischen der linguistischen und der sozialen Dimension der Interferenz gibt.

Zur Anlage des Buches

a) Die Wortgruppen

Die Gruppen sind unter dem Gesichtspunkt der Interferenz zusammengestellt. Wie bereits näher dargelegt worden ist, gibt es verschiedene Arten von lexikalischen Interferenzfehlern, die im folgenden in einer Klassifikationsübersicht gezeigt werden. Die einzelnen Klassen können auch kombiniert als Mischklassen auftreten.

Linguistische Klassifikation der Interferenzfehler

1. **nur lautähnliche Wörter** (in der Regel Fremdwörter)

    1.1 mit völlig verschiedenen Inhalten (Theologie/Teleologie, hermeneutisch/ heuristisch, sensibel/senil, ökonomisch/ökumenisch)

    1.2 mit vagen Gedankenverbindungen zwischen den untergeordneten Teilinhalten der interferierenden Wörter (renitent/resistent, preziös/prätentiös, prophylaktisch/provisorisch, Euphorie/Euphonie/Euphemismus)

2. **sowohl laut- als auch sinnähnliche Wörter**

    2.1 mit gleichem Wortstamm (Stammwort, Grundwort)

      2.1.1 mit verschiedenen Affixen (oft mit konkurrierenden synonymischen Suffixen)

        2.1.1.1 mit synonymischem Inhalt (informativ/informatorisch, Kanalisierung/Kanalisation, löslich/lösbar, wirkungsvoll/wirksam, launenhaft/launisch)

        2.1.1.2 mit Scheinsynonymität (Paronyme) (ideal/ideell, parteilich/parteiisch, kostbar/köstlich)

        2.1.1.3 mit verwandtem, aber doch recht unterschiedlichem Inhalt (Arthritis/Arthrose, Transfusion/Infusion)

      2.1.2 ohne und mit Affix (z.B. einfaches und Partikelverb) bzw. ohne und mit Bestimmungswort

        2.1.2.1 mit ähnlicher, synonymischer Bedeutung (bleiben/verbleiben, sterben/versterben, warten auf/abwarten/erwarten/zuwarten, Rest/Überrest, Kosten/Unkosten, Pfand/Unterpfand/Faustpfand)

        2.1.2.2 mit deutlichem Bedeutungsunterschied (Exkurs/Exkursion)

        2.1.2.3 mit antonymischer Bedeutung (isolieren/abisolieren)

      2.1.3 mit synonymischen Affixen

        2.1.3.1 mit synonymischer Bedeutung (unsozial/asozial, unnormal/anormal, unautoritär/antiautoritär, überirdisch/ oberirdisch, ausnehmen/herausnehmen, sorglos/sorgenfrei)

        2.1.3.2 ohne synonymische Bedeutung (niveaulos/niveaufrei)

2.1.4   mit verschiedenartigen Zusammensetzungen, Formen und Ableitungen (Vorwort/Geleitwort, scheinbar/anscheinend)

2.1.5   mit antonymischen Affixen und antonymischer Bedeutung (Adhäsion/Kohäsion, abrüsten/aufrüsten)

2.1.6   Parallelbildung (Ritz/Ritze, schwül/schwul)

2.2   ohne gleichen Wortstamm

    2.2.1   mit gleichen Affixen

        2.2.1.1   mit synonymischer Bedeutung (entwischen/entweichen)

        2.2.1.2   mit antonymischer Bedeutung (konvex/konkav)

    2.2.2   ohne Affixe (nässen/netzen)

2.3   als Komposita, Zusammenbildungen, Zusammenrückungen

    2.3.1   mit gleichem Grundwort [14] (Ellenbogenfreiheit/Bewegungsfreiheit)

    2.3.2   mit gleichem Bestimmungswort [14] (haarscharf/haargenau/haarklein, Kreuzverhör/Kreuzfeuer, kaltblütig/kaltschnäuzig/kaltherzig/kaltsinnig)

3. lautgleiche Wörter

3.1   Substantive

    3.1.1   mit unterschiedlichem, bedeutungsunterscheidendem Geschlecht (das/der Verdienst)

    3.1.2   mit unterschiedlichen, bedeutungsunterscheidenden Pluralformen (Worte/Wörter)

3.2   Verben

    3.2.1   mit unterschiedlichen, bedeutungsunterscheidenden Tempusformen (bewog/bewegte, bewogen/bewegt)

4. Wörter, die Synonyme als Wortstamm haben, bei denen die Lautähnlichkeit aber nur ein sekundärer, in Form gleicher Affixe auftretender Faktor ist

4.1   mit synonymischer Bedeutung (verständig/vernünftig)

4.2   ohne synonymische Bedeutung (witzlos/humorlos)

5. valenzbedingte Interferenz beim lautgleichen Wort (jmdm. ist warm/jmd. ist warm)

[14] Die Bezeichnungen Grundwort und Bestimmungswort werden hier ohne Rücksicht auf die Art des Syntagmas gebraucht, werden also auch auf Zusammenbildungen und Zusammenrückungen ausgedehnt. Man könnte auch von der ersten Konstituente (Bestimmungswort) und der zweiten (Grundwort) sprechen.

b) Aufbau der Artikel

Die Artikel sind entsprechend ihrer jeweiligen Thematik und Problematik aufgebaut. Bei d e n Wörtern, die nur auf Grund ihrer Lautähnlichkeit verwechselt werden, genügen kurze Bedeutungsangaben. Textbeispiele sind dort nur bedingt erforderlich. Anders verhält es sich bei den Wörtern, die auf Grund ihrer doppelten Interferenz, nämlich auf Grund von Laut- u n d Sinnähnlichkeit verwechselt werden. Sie müssen eingehend erklärt, d.h., ihre semantischen Unterschiede müssen bewußtgemacht werden. Das geschieht durch D e f i n i t i o n e n und Inhaltsbeschreibungen, wobei die synonymisch gefärbten Wörter am besten durch gegeneinander vorgenommene Abgrenzungen erläutert werden. Wörter wie Ritz/Ritze, haarscharf/haargenau, verschieden/unterschiedlich, wirksam/wirkungsvoll, Kreuzverhör/Kreuzfeuer, bedeutsam/bedeutungsvoll, wichtig/gewichtig werden nicht − wie in vielen alphabetisch geordneten Wörterbüchern üblich − inhaltlich gleichgesetzt, sondern die Bedeutungs- und Anwendungsnuancen werden herausgearbeitet. Dargestellt werden jedoch nur d i e Bedeutungen des abgehandelten Wortes, die in einer semantischen Interferenzbeziehung zu dem anderen Wort oder den anderen Wörtern der jeweiligen Wortgruppe stehen. Es muß sich also um konkurrierende Wörter oder Wortbedeutungen handeln. In der Gruppe beschreiben/beschriften beispielsweise wird von dem Wort *beschreiben* nur die Bedeutung *mit Schrift versehen* berücksichtigt. Die Bedeutung *schildern* (er beschreibt seine Reise) erscheint nicht. Bei *erbrechen,* das in Konkurrenz zu *aufbrechen* abgehandelt wird, findet die Bedeutung *sich übergeben* keine Berücksichtigung. Oft sind die Grenzen jedoch fließend. Anders ist es bei nur lautähnlichen Fremdwörtern, die nicht semantisch konkurrieren und daher in allen Bedeutungen dargestellt werden.

c) Definitionen

Wörter, die in ihren Inhalten weitgehend übereinstimmen und deren feine, aber doch erkennbare Unterschiede erst durch eingehenden Vergleich mit dem benachbarten Wort sichtbar werden, sind mit Hilfe der s e m a n t i -s c h e n U m k e h r p r o b e [15] erläutert worden.
Damit bezeichne ich die Erprobung einer erst einmal als Analysierungshypothese entworfenen Bedeutungsangabe. Diese Erprobung vollzieht

---

[15]   Dazu: Wolfgang MÜLLER, Deutsche Bedeutungswörterbücher der Gegenwart; in: Deutsch für Ausländer, Sondernummer 11 (Jan. 1970), bes. S. 2; außerdem: Wolfgang MÜLLER, Von der Bedeutung und dem Gebrauch der Wörter; in: Die wissenschaftliche Redaktion 6/1970, bes. S. 52f. Über Definitionsschwierigkeiten äußert sich H.J. VERMEER, Einführung in die linguistische Terminologie, S. 15ff.

sich wie folgt: Wenn man beispielsweise das Adjektiv *haarscharf* mit *ganz dicht* erklärt, dann konstruiert man einen Satz mit *ganz dicht,* z.B. *sie saß ganz dicht bei ihm.* Setzt man nun bei der semantischen Umkehrprobe für *ganz dicht* das damit erklärte Adjektiv *haarscharf* ein, erweist sich diese knappe Angabe als unzureichend, denn man sagt nicht *sie saß haarscharf bei ihm.* Es müssen folglich weitere Inhalts- und Gebrauchskriterien herausgearbeitet werden, z.B. Teilinhalte, Distributionen, Restriktionen, Konnotationen. Durch diesen Kommutationstest werden die Unterschiede nachgewiesen und der auf diese Weise unterrichtete Benutzer kann so seinen aktiven Wortschatz erweitern. Gerade das Herausfinden der Bedeutungsunterschiede bei den fast inhaltsgleichen Wörtern erfordert sehr genaue lexikographische Ermittlungen. Die durch die Umkehrprobe zu verifizierende Inhaltsbestimmung ist vor allem für den Deutsch lernenden Ausländer wichtig, wenn er nicht nur Texte v e r s t e h e n, sondern sich auch selbst in der fremden Sprache, der Zielsprache, richtig ausdrücken will. Es genügt nämlich nicht, sowohl *austrocknen* und *eintrocknen* als auch *trocknen, vertrocknen* und *abtrocknen* mit der Bedeutungsangabe *trocken werden* zu erklären, denn *trocken werden* kann vieles, z.B. eine regennasse Fahrbahn, die Lippen, das Brot, die Wäsche usw., aber eine regennasse Fahrbahn vertrocknet nicht, Lippen trocknen nicht ab, Brot trocknet nicht aus, die Wäsche trocknet nicht ein. In alphabetisch angeordneten Wörterbüchern, die ihre Wörter nicht von Nachbarwörtern abheben müssen, werden ähnliche Wörter aber oft mit der gleichen Bedeutungsangabe erklärt. Es reicht z.B. ebenfalls nicht aus, *trefflich* und *vortrefflich* gleichermaßen mit *ausgezeichnet* oder das Adjektiv *nachdenklich* mit *gedanklich mit etwas beschäftigt* zu erklären, denn ein Architekt, der sich gedanklich mit einem neuen Projekt beschäftigt, ist nicht nachdenklich. Zum Wort *nachdenklich* gehört ein bestimmter, von außen kommender Anstoß, ein Anlaß. Auch wenn man *eminent* mit *hervorragend, außerordentlich* erklärt, weiß man noch nicht, daß man dieses Adjektiv üblicherweise adverbial gebraucht und man nicht von eminentem Wein oder von eminenter Faulheit spricht. Genausowenig erfährt man etwas über die Nebenvorstellung des Wortes *weibisch,* wenn es lediglich mit *wie eine Frau* erklärt wird.

Die semantische Umkehrprobe ist eine Methode der Merkmalsselektion und nicht — wie fälschlich angenommen worden ist — eine Einsetz- [16], Ersatz- oder Austauschprobe, bei der in einem Text das definierte Wort mit dessen Bedeutungsangabe, Synonym o.ä. ausgetauscht wird. Das

16)   U. ENGEL, Deutsche Gebrauchswörterbücher, Festschrift für Hans Eggers (1972), S. 364.

kann nur der erste Schritt sein. Wichtiger ist d e r Teil des Verfahrens, in dem mit der Bedeutungsangabe, mit dem Synonym o.ä. jeweils neue Sätze und Verbindungen konstruiert werden, in die dann wieder das Ausgangswort eingesetzt werden muß. An Hand d e r Fälle, bei denen das nicht möglich ist, werden dann weitere neue Kriterien und konstitutive Merkmale des zu definierenden Wortes ermittelt.

Mit der Methode der semantischen Umkehrprobe, die aus der Praxis[17] für die Praxis entstanden ist und mit der nicht den vielen neuen linguistischen Theorien eine neue hinzugefügt werden soll, wird bewußt ein Ideal angestrebt, das — wie alle Ideale nur bedingt realisierbar — in erster Linie neue Impulse zur Herausarbeitung zusätzlicher Kriterien und Differenzierungen geben soll. Diese vorwiegend an der Praxis orientierte Methode bedeutet keine Mißachtung der Theorie. Sie ist lediglich der Versuch, eine größere Präzision und Exaktheit in der Erfassung der sprachlichen Realität zu erreichen. Manche präzis entwickelten und formulierten Modelle semantischer Strukturen erfassen nämlich die sprachlichen Realitäten oft nur zum Teil.

Eine auf Inhaltsdifferenzierung angelegte Lexikographie muß Unterschiede erkennbar machen. Daher muß sie oft weitläufiger erklären. Das mag auf den ersten Blick als ein Nachteil erscheinen. Es zeigt sich jedoch bald der Vorteil gegenüber vereinfachenden und allgemein gehaltenen Bedeutungsangaben, die zwar übersichtlicher und praktikabler aussehen, sich jedoch bei der praktischen Arbeit nicht selten als unbrauchbar erweisen, z.B. wenn *Riß* erklärt wird mit *durch Zerreißen bewirkte Öffnung* und *Ritz* sowie *Ritze* mit *ein kleinerer und weniger tiefer Riß.* Der Benutzer wird auch den Unterschied zwischen *einhellig, einstimmig* und *einmütig* nicht herausfinden, wenn die Wörter ohne Belege und nur mit kurzen, nicht genügend differenzierten Erklärungen abgehandelt werden, z.B. *einhellig* = von demselben Willen, von derselben Gesinnung miteiander seiend; *einstimmig* = übereinstimmend im Denken, Fühlen und Begehren; *einmütig* = von ein und derselben Gemütsbeschaffenheit, einerlei Gesinnung seiend.

Auf die Darstellung schwieriger Bedeutungsunterscheidungen kann auch dann nicht verzichtet werden, wenn dies in Schwierigkeiten des Verständnisses hineinführt, denn auch einem größeren Benutzerkreis ist mit vordergründiger, wohlfeiler Simplifizierung komplizierter Sachverhalte nicht geholfen.

---

[17] d.h. aus langjähriger lexikographischer Tätigkeit in Berlin an der Deutschen Akademie der Wissenschaften (Goethe-Wörterbuch, Wörterbuch der deutschen Gegenwartssprache) und in Mannheim (Dudenredaktion).

d) Belege

Um die in den Definitionen dargelegten Unterschiede zu verdeutlichen, ist den Wörtern mit lautlich-semantischer Interferenz manchmal eine größere Anzahl von Belegen beigegeben, so daß der Benutzer dadurch die Möglichkeit hat, die Wortinhaltserläuterung zu verifizieren und sich selbst über die Unterschiede der Wortinhalte, über die Nuancen und über die Gebrauchsweisen klarzuwerden, z.B. über die Unterschiede von praktisch/ praktikabel/pragmatisch oder über den Unterschied von *beschränken* und *einschränken*. Die Kontexte enthalten oft Synonyme oder Antonyme (Gegenwörter), die die paradigmatische Struktur des jeweils abgehandelten Wortes zusätzlich verdeutlichen. Wörter, deren Unterschiede nur gering und nur in kaum spürbaren Nuancen vorhanden sind (z.B. maßgebend/ maßgeblich, bleiben/verbleiben, sterben/versterben, Kosten/Unkosten), erhalten mehr Belege, damit der Benutzer die oft recht subtilen Abweichungen selbst durch Austauschproben am Kontext ermitteln kann. Die Belege sind alle eingerückt und somit vom übrigen Text deutlich abgehoben, damit d i e Benutzer, denen die Belege nicht wichtig sind, diese Stellen ohne weiteres beim Lesen überspringen können. Die als Belege ausgewählten Zitate entstammen zum größten Teil der Sprachkartei der Dudenredaktion. Sie lagen mit weiteren, hier nicht zitierten Belegen den Wortinhaltsuntersuchungen und -beschreibungen zugrunde.

Daß man bei sinnähnlichen Wörtern auf Beispielsätze nicht verzichten kann, wird wohl kaum bezweifelt. Was bezweifelt werden könnte, ist die Notwendigkeit von Belegen aus Belletristik, Fach- und Gebrauchsliteratur (Zeitungen, Zeitschriften, Prospekten usw.). Die Begründung des Entschlusses, Belege statt selbsterfundener Beispiele anzuführen, kommt aus dem Umgang mit Wörterbüchern selbst, kommt also auch aus der Praxis: Selbsterfundene Satzbeispiele sind zwar manchmal einfacher, unter Umständen auch leichter verständlich als Zitate, doch entsprechen diese erfundenen Texte nicht immer der Sprachwirklichkeit und Sprachüblichkeit und vermitteln dann ein falsches Bild vom Wortgebrauch, abgesehen davon, daß ihnen die Beweiskraft des Zitates fehlt [18].

---

[18] Beispiele für falsch erfundene oder für sprachunübliche Sätze gibt es viele, sowohl in deutschen als auch erst recht in ausländischen Wörterbüchern, z.B. für *vergraben:* Nach dem Skandal mußte er sich für zwei Jahre auf dem Lande vergraben; für *-los/-frei:* Der alte Löwe wurde machtlos; Dieses Huhn kostet nicht teuer, es ist zweite Qualität, weil es fettlos ist; Das Fleisch ist frisch, es ist geruchfrei. Oder: ein Schlafzimmer in ein Wohnzimmer umändern (statt: umwandeln).

a- / un- / nicht

Die Negationspräfixe a- (auch: an-) und un- konkurrieren öfter bei Fremdwörtern, die auf das Lateinische oder Griechische zurückgehen, doch verbinden sich mit ihnen gewisse Bedeutungsunterschiede, z.B. asozial/unsozial, anorganisch/unorganisch, apolitisch/unpolitisch.

Wenn man beispielsweise von jemandem sagt, daß er unpolitisch sei, so ist das weniger kritisch, als wenn man ihn als apolitisch bezeichnet. Kann man hier beide Adjektive mit entsprechender Nuancierung gegeneinander austauschen, so ist das in anderen Kontexten oft nicht ohne deutlichen Bedeutungsunterschied möglich, z.B. Betrachtungen eines Unpolitischen (nicht: Apolitischen). Oder: sie vermieden, sich über Politik zu unterhalten. Ihre Gespräche waren ganz unpolitisch (nicht: apolitisch).

Im Unterschied zu den Bildungen mit *un-* schließen die mit *a[n]-* den Inhalt des zugrunde liegenden Wortes, des sogenannten Basiswortes, grundsätzlich aus. Dadurch verbindet sich mit diesen a[n]-Bildungen oft auch ein tadelnder Nebensinn (amoralisch, amusisch, asozial). Wer z.B. amoralisch handelt, handelt nicht nur nicht moralisch, sondern er steht darüber hinaus im deutlichen Widerspruch zur Moral, steht außerhalb von ihr. Mit *un-* werden Gegenwörter gebildet, die den Inhalt des Basiswortes aufheben, während die Bildungen mit *a[n]-* hervorheben, daß das oder der mit diesem Wort Bezeichnete deutlich außerhalb des genannten Bereiches, z.B. außerhalb der Politik (apolitisch), steht.

Die Vorsilbe *un-* bewirkt die Verneinung oder Aufhebung des Stammbegriffs.
Die mit *un-* gebildeten Adjektive drücken im Unterschied zur Verneinung des jeweiligen Wortes mit *nicht* stärker eine Wertung aus, z.B. diese Äußerung war nicht christlich; wertend: diese Äußerung war unchristlich; diese Handlung war nicht sozial, wertend: war unsozial. Die un-Bildungen kennzeichnen oft einen polaren Gegensatz (moralisch/unmoralisch, freundlich/unfreundlich); → unorganisch/anorganisch.

abgewöhnen/entwöhnen

Das Verb **abgewöhnen** bedeutet *sich oder einen anderen dazu bringen, eine Gewohnheit oder eine schlechte Angewohnheit abzulegen.* Das Gegenwort ist *angewöhnen:*

> Denn die meisten, die sich das Rauchen abgewöhnen wollen, tun es nicht (Bodamer,Mann 155); Hier bildet der Mann alle die Fehler und Untugenden aus, welche ihm abzugewöhnen für die Frauen nachher eine so reizvolle Aufgabe ist (Bamm, Weltlaterne 44); Die meisten lasen die Zeitungen, ohne irgendwelche Kommentare von sich zu geben — das Kommentieren hatte man sich in den Jahren der Säuberung gründlich abgewöhnt (Leonhard, Revolution 66).

Das Verb **entwöhnen** wird in bezug auf Säuglinge gebraucht, denen man die Muttermilch entzieht und die man allmählich an andere Nahrung gewöhnt.
Sonst wird das Verb nur in gehobener Ausdrucksweise gebraucht, und zwar in der Konstruktion *sich einer Sache entwöhnen:*

> Dieses ganze herrliche Eindringen ins Unbekannte entwöhnt uns der persönlichen Beschäftigung mit unserem Gewissen (Musil,Mann 960); so erschien diese Person vor dem moralisch zerrütteten Manne, eine Verlockung, derer er nach dem ersten Genuß sich niemals mehr würde entwöhnen können (Maass, Gouffé 294).

Üblich ist vor allem die Fügung *einer Sache entwöhnt sein,* was soviel bedeutet wie *etwas nicht mehr gewöhnt sein:*

> Und ich. . . bin meiner Muttersprache fast ganz entwöhnt(Th.Mann,Krull 305); Nichts ist so schwierig wie die Hinwendung zu den Dingen, wie sie wirklich sind, zu den Ereignissen, wie sie wirklich passieren, wenn man ihrer lange entwöhnt war (Ch.Wolf, Nachdenken 168); sie waren des Sprechens ebenso entwöhnt wie der Wärme und wie auch des Lichtes (Plievier, Stalingrad 9).

Wenn man sich oder jemandem etwas abgewöhnen will, hat man das Ziel, eine Gewohnheit aufzugeben, während *entwöhnen* besagt, daß man jemanden dahin bringen will, daß er an etwas nicht mehr gewöhnt ist. Wenn sich jemand das Rauchen *abgewöhnt,* hört er mit dem Rauchen auf; er legt diese Gewohnheit ab. Wenn jemand wegen einer Krankheit längere Zeit nicht rauchen wollte oder konnte, dann kann er des Rauchens *entwöhnt* sein, d.h., er ist gar nicht mehr daran gewöhnt es gehört nicht mehr zu seinen Gewohnheiten, das Verlangen danach ist nicht mehr oder kaum noch vorhanden, ohne daß erklärtermaßen ein Willensakt dahintersteht. Der Unterschied zwischen beiden Verben liegt auch darin, daß das Objekt von *abgewöhnen* in der Regel ein Tun ist, während es sich beim Genitivobjekt von *entwöhnen* um einen gewohnten äußeren Ablauf o.ä. handelt. Dies können die folgenden Sätze mit den entsprechenden Gegenwörtern verdeutlichen:

Er hat sich beim Militär das Rauchen angewöhnt. Das sollte er sich bald wieder abgewöhnen; Er ist an liebevolle Behandlung gewöhnt. Er ist seit langem aller Fürsorge entwöhnt.

Abgewöhnen deutet an, daß man etwas ablegt, es von sich tut; *entwöhnen* dagegen besagt, daß man sich von etwas entfernt. Bei *abgewöhnen* wird das Objekt entfernt; bei *entwöhnen* wird das Subjekt von etwas entfernt, wird von etwas abgerückt. Während sich *abgewöhnen* meist auf schlechte oder als ungünstig empfundene Gewohnheiten bezieht, wird *entwöhnen* im allgemeinen in bezug auf Angenehmes, auf das Aufhören einer Neigung gebraucht.

abnorm/abnormal/anormal/unnormal/anomal

Die fünf Wörter stimmen in ihrer Kernbedeutung *vom Normalen, von der Regel abweichend, regelwidrig, ungewöhnlich* überein. Sie unterscheiden sich aber in inhaltlichen Nuancen und manchmal auch in ihrem Anwendungsbereich. Als **abnorm** gilt, was regelwidrig, ungewöhnlich ist, von der Regel, der Norm abweicht. Der Gegensatz ist *normal:*

Auch diese Putzfrau will wissen, daß dieser Mann abnorme Anlagen habe (Noack, Prozesse 23); Abnorme Vermehrung der Fruchtstände bei einem Walnußbaum (Kosmos 12/1966, 532); Wir wollen nun annehmen, daß das Männlichkeit oder Weiblichkeit des Geschlechtsverhaltens praktisch bestimmende neurale System bei homosexuellen Männern und Frauen insofern abnorm reagiert, als es sich nicht in der gleichen Weise wie bei normalen Menschen . . . umstellt (Studium Generale 5/1966,299); Wer nachvollziehen will, wie es zu den abnormen Erfahrungen kommt, die bei Kafka die Norm umschreiben . . . (Adorno,Prismen 257); die abnorm anmutende Hitzewelle (Der Spiegel 33/1967,46).

Abnorm wird auch als adverbiale Verstärkung der Aussage gebraucht und bedeutet dann soviel wie *ungewöhnlich, außergewöhnlich, sehr:*

ein abnorm kalter Winter; . . . daß ihnen infantile Gefühlseinstellungen noch abnorm lange, bis tief in die Pubertät hinein und später anhaften (Kretschmer, Körperbau 132).

Während *abnorm* mehr auf die als Vergleich dienenden Regeln und Normen hinweist und etwas als unüblich und durch sein Abweichen vom Gewohnten auffällig kennzeichnet, deutet **abnormal** schon stärker auf den Maßstab hin, an dem man jemanden oder etwas wertend mißt, wobei man nicht allein von der Häufigkeit und Üblichkeit, der Norm also, ausgeht, sondern von der Meinung, daß das Übliche auch das Richtige, das Normale ist:

Ich bin doch nur ein Kellner, Miß Eleanor, ein niederes Glied unserer Gesellschaftsordnung, der ich Ehrerbietung entgegenbringe. Sie aber verhalten sich aufrührerisch gegen sie und abnormal, indem Sie mich nicht nur nicht gänzlich übersehen, wie es natürlich wäre . . . (Th.Mann, Krull 244); Oh, hätte Maria doch nicht nur das mißhandelte, zurückgebliebene, bedauernswert abnormale Kind geküßt! (Grass, Blechtrommel 437).

Das Adjektiv **anormal** besagt, daß etwas nicht normal ist, daß es von der Norm,der Regel also,abweicht. Es unterscheidet sich insofern ein wenig nuanciert von *abnormal,* als es durch die verneinende Vorsilbe a- die Negation betont, während bei *abnormal* durch die Vorsilbe ab- auf die Abweichung hingedeutet wird:

unter anormalen Bedingungen leben.

Oft ist *anormal* gleichbedeutend mit *krankhaft, abartig.*

Unnormal bedeutet wie *anormal* soviel wie *nicht normal, in der Weise nicht üblich, ganz anders, als man es von der Erfahrungsnorm her kennt,* doch wird es im Unterschied zu *anormal* nicht direkt als ein Synonym zu *krankhaft, abartig* gebraucht (→ a-/un-/nicht):

es ist ja unnormal, soviel zu essen; dieses Kind ist unnormal groß; Man darf aber durchaus nicht glauben, daß die unnormalen Bedingungen der Gefangenschaft daz

nötig sind (Lorenz, Verhalten I 325).
Häufig wird *unnormal* auch für *geistig nicht normal, blöde, geisteskrank* gebraucht:
Kummer, den die Eltern unnormaler, zurückgebliebener Kinder erleiden müssen (Hörzu 12/1971, 127).

Das Adjektiv **anomal** kennzeichnet ähnlich wie *abnorm* das von der Regel Abweichende, das dem Gesetzmäßigen nicht Entsprechende. Während aber bei *abnorm* oft eine gewisse Überraschung mitklingt und das Auffallende der Erscheinung sinnfälliger zum Ausdruck kommt, ist *anomal* in erster Linie ein Wort der Fachsprache, das lediglich feststellend und ohne emotionalen Anteil auf eine ungewöhnliche Abweichung oder auf ein ungewöhnliches Nichtvorhandensein hindeutet, wobei allerdings oft die Abweichung gleichzeitig als etwas Negatives, als Fehlerhaftigkeit oder Mangel einer Person oder Sache gekennzeichnet wird. *Anomal* bezieht sich vor allem auf ins Auge fallende Fehlerhaftigkeiten in Entwicklung und Wachstum und deutet ein Mißverhältnis an:
Psychologisch und soziologisch anomal geartete Kinder (Mostar, Liebe 97); Der schier unfaßbare Massenmord mußte die Tat von anomalen Außenseitern sein, . . . von Psychopathen (MM 5.8.70,2); Dennoch werden diese Menschen (die Homosexuellen) von der „normalen" Mehrheit als Außenseiter, als „anomal, dekadent oder krank" abgetan (Hörzu 4/1972, 63); Natürlich sahen die beiden in mir das anomale, bedauernswerte Zwergenkind (Grass, Blechtrommel 258); . . . wenn ein Mensch von seiner Familie weggerissen sei und unter solchen anomalen Verhältnissen leben müsse (Niekisch, Leben 297); . . . des Schloßhofes, in dessen Mitte ein kleines verwildertes Blumenbeet in der anomalen Hitze dieses Septembers welkte (Kuby, Sieg 391).

Der Unterschied zwischen *anomal* und *anormal* liegt in der Herkunft der Wörter. *Anomal* kommt vom griechischen Wort anomalos (= ungleich); *anormal* enthält das lateinische Wort norma (= Regel). All die genannten Adjektive werden meist nicht eindeutig unterschieden; sie können auch nicht klar voneinander abgehoben werden, weil sich ihre Inhalte oft weithin decken. Mit der Wahl dieser Wörter kann eine mehr oder weniger bewußte Akzentuierung und Nuancierung der Aussage verbunden sein. Die Adjektive *abnormal, anormal, anomal* werden wie *abnorm* üblicherweise nicht auf Gegenstände bezogen. *Abnorm* ist allerdings in der adverbialen Verwendung mit der Bedeutung *sehr* in gegenstandsbezogenen Aussagen üblich.

absurd/abstrus

Was **absurd** ist, widerspricht dem gesunden Menschenverstand, ist *widersinnig:*
Die Kirche aber, die den Mord an/Andersdenkenden Jahrhunderte hindurch/ im Abendlande praktiziert hat, spielt sich/als die moralische Instanz des Erdteils auf/Absurd! (Hochhuth, Stellvertreter 199); man weiß nicht, ob man diesen verspäteten Ehrgeiz der Hinterbliebenen rührend oder absurd finden soll (Remarque, Obelisk 18); er . . . hob sie (ein oder zwei Formulare) absurd hoch in die Luft (R. Walser, Gehülfe 135); Das ist ja absurd, das ist einfach grotesk (Plievier, Stalingrad 334); Er hörte gierig alle Möglichkeiten an, selbst die absurdesten (Seghers, Transit 128).

Was **abstrus** ist, ist *verworren, dunkel, läßt einen Sinn, eine gedankliche Ordnung vermissen, erscheint absonderlich (→* konfus/diffus):
der vorige noch abstrusere Wahlentwurf, der von der Öffentlichkeit niedergeschrien wurde (Augstein, Spiegelungen 12); Lebendiges Leben war allein das, was er, keineswegs deutlich, unter seiner Kleidung empfand: ein bißchen Wärme, irgendein abstruses Verhalten (Jahnn, Nacht 9).

Etwas, was verworren ist und gedankliche Klarheit vermissen läßt, kann leicht als sinnwidrig, töricht ausgelegt werden, daher lassen sich gelegentlich bei entsprechendem Kontext zwar beide Wörter verwenden, doch ist die jeweilige Aussage unterschiedlich. Ein Gedanke oder Plan kann absurd oder auch abstrus sein. Absurde Gedanken widersprechen der Vernunft; abstruse Gedanken sind unklar, ungeordnet, nicht recht verständlich. In den folgenden Belegen wäre z.B. auch *absurd* möglich:
Vor allem, wenn sie groteske und abstruse Vorgänge darstellen, wird ihr Spiel lustig und fesselnd (National-Zeitung 11.10.68); So besagt zum Beispiel die sog. Signaturenlehre, daß Gott Arzneipflanzen durch Farbe und Gestalt für ihre Verwendungseignung gekennzeichnet habe, und diese Lehre ist mit abstrusesten Beispielen bis heute noch im Aberglauben des Volkes verankert (Fi-

scher, Medizin II 183); bezahlt der Freund des Dichters vielleicht auch den Feind der Juden? aber nein, das ist eine abstruse Idee (Andersch, Rote 225).

Adhäsion/Kohäsion/Adhärenz/Adhärens/Kohärenz/adhärent/kohärent/ adhäsiv/adhärieren/kohäsiv/kohärieren

Unter **Adhäsion** versteht man das *Aneinanderhaften der Moleküle im Bereich der Grenzfläche zweier verschiedener Stoffe.* In der Pathologie und Botanik wird mit *Adhäsion* auch eine *Verwachsung* gemeint, z.B. zweier Organe nach einer Operation bzw. der Glieder aus verschiedenen Blütenblattkreisen. Das Substantiv **Adhärenz** (Betonung auf dem e) ist veraltet. Es bedeutete soviel wie *Anhänglichkeit, Anhaftung; Hingebung; Anhang, Zugabe.*
Das veraltete Substantiv **Adhärens** (Betonung auf dem ä) bedeutete *Anhaftendes, Zubehör.*

Unter **Kohäsion** versteht man den *inneren Zusammenhalt der Moleküle oder Atome eines Körpers.* Das Wort wird auch bildlich gebraucht:
> Der Beamtenkörper ergänzt sich vielmehr durch Kooptation, und seine Kohäsion ist so groß, daß er jeden mißliebigen Eindringling sofort ausscheidet (Tucholsky, Werke II 127).

Das Substantiv **Kohärenz** bedeutet *Zusammenhang, Bindekraft:*
> Ebenso bemerkenswert in Antonionis Filmen aber ist ihre Absage an traditionelle Regeln filmischen Erzählens und die Bemühung um einen Stil eigener Kohärenz (Gregor-Patalas, Film 133); Eine „gut verpaßte Ideologie" (Freyer) kann den Mangel an Ordnung und Kohärenz, den die Wirklichkeit zeigt, in gewissem Grade vergüten (Gehlen, Zeitalter 53).

Die Adjektive **adhärent/adhäsiv** bzw. **kohärent/kohäsiv** bedeuten dementsprechend *anhaftend, anhängend, klebend* bzw. *zusammenhängend, zusammenhaltend:*
> Denn „Billard um halbzehn" . . . ist in Stil und Sprache derart kohärent, "daß jedem positiv geladenen Teilchen ein negatives an geheimnisvollem und transzendentem Gehalt zufliegt (Deschner, Talente 42).

Adhärent wird 1. in bezug auf Körper im Sinne von *anhängend, anhaftend* und 2. in bezug auf Gewebe oder Pflanzenteile im Sinne von *angewachsen, verwachsen* gebraucht. *Adhäsiv* bedeutet sowohl *anhaftend, klebend, anklebend* in bezug auf Körper oder Gewebe als auch *Anziehungskraft ausübend.*
Adhärieren bedeutet *anhaften, anhängen* (von Körpern oder Geweben).
Kohärieren bedeutet *zusammenhängen, Kohäsion zeigen.*

adoptieren/adaptieren

Adoptieren heißt *ein fremdes Kind als eigenes, an Kindes Statt* annehmen:
> das kinderlose Ehepaar adoptierte ein Waisenkind.

Das Verb **adaptieren** gehört in den Bereich der Biologie und Physiologie und bedeutet *anpassen,* womit sowohl die Anpassung an die Umwelt in der Biologie als auch die Anpassung von Organen, z.B. der Augen gegenüber Lichtreizen, in der Physiologie gemeint sind. Im österreichischen Sprachgebrauch bedeutet *adaptieren* auch *eine Wohnung oder ein Haus herrichten, neu einrichten, umbauen; etwas einem neuen Zweck anpassen.*

Adressat/Adressant

Unter einem **Adressaten** versteht man den *Empfänger einer Postsendung:*
> der Adressat ist verzogen.

Auf andere Bereiche übertragen ist ein *Adressat* ganz allgemein *jemand, an den etwas gerichtet, auf den etwas bezogen ist:*
> Die dem Staat subsumierten Privatleute bilden, als die Adressaten dieser öffentlichen Gewalt, das Publikum (Fraenkel, Staat 222).

Das Gegenwort ist **Adressant,** das den *Absender einer Postsendung* bezeichnet, aber seltener gebraucht wird.

Affekt/Affektion/Affektation/Effekt/Effekten/Effet/Infekt/Infektion

Unter einem **Affekt** versteht man eine *Gemütsbewegung,* einen *Zustand heftiger Erregung, außergewöhnlicher seelischer Anspannung,* in dem der Betroffene die Kontrolle über seine Handlungen verlieren kann:

24

Ich hatte das Gefühl, als habe ich im Affekt gehandelt, unter dem Einfluß meiner. . . Unlust (Hildesheimer, Legenden 80); In Frau Fischold müssen sich die Affekte, die sie zu dem Mord trieben, schon monatelang angestaut haben (Noack, Prozesse 139).

Eine **Affektion** ist sowohl eine *Erkrankung, der Befall durch eine Krankheit als auch Erregung, Reizung* sowie — früher auch — *Zuneigung, Gunst, Gewogenheit.*

Affektation bedeutet soviel wie *Getue, Ziererei; gekünsteltes, geziertes, nicht natürliches Benehmen:*

Ich sah wohl, daß er meine Art zu essen beobachtete, und verlieh ihr, unter Vermeidung aller Affektation, eine gewisse wohlerzogene Strenge (Th.Mann, Krull 271).

Unter **Effekt** versteht man die *Wirkung,* die etwas hat oder die durch etwas erzielt wird:

Bei ,,Rezessionen" kann ein ähnlicher Effekt auch durch Steuersenkungen bei gleichbleibenden Ausgaben erzielt werden (Fraenkel, Staat 95); ihr Auftritt hatte großen Effekt gemacht (K. Mann, Mephisto 50); Der Militarist, der den Effekt liebt, scheidet mit einem dramatischen Knall aus dem Dasein (Niekisch, Leben 302); Besonders wenn draußen die Sonne schien, . . . kam es. . . zu stimmungsvollen Effekten (Grass, Katz 88).

Mit *Effekt* wird auch ein *auf Wirkung gerichtetes Ausdrucks- oder Gestaltungsmittel* bezeichnet:

Aber diese Effekte (großblumige Kleider) sind immer etwas riskant (Dariaux [Übers.], Eleganz 43); vielmehr unterdrückte er jeden grafischen oder malerischen Effekt (Gregor-Patalas, Film 92).

Unter **Effekten** (Plural) versteht man Wertpapiere wie Aktien, Obligationen, Pfandbriefe u.ä. (nicht Wechsel, Schecks o.ä.), die meist auch an der Börse gehandelt werden und der Kapitalanlage dienen.

Der Gebrauch des pluralischen Wortes *Effekten* in der Bedeutung *bewegliche Habe, Reisegepäck, Güter* ist veraltet. Unter *Militäreffekten* verstand man die Heeresausrüstung.

Wenn im Sport eine Kugel oder ein Ball nicht gegen die Mitte, sondern seitlich gestoßen bzw. geschlagen oder getreten wird, so daß ihre bzw. seine Bewegung eine Drehung erhält, nennt man das **Effet** (gesprochen: ɛˈfeː, auch: ɛˈfɛ:). In der Umgangssprache hat *Effet* auch die Bedeutung *Kraft, Schwung, Nachdruck* angenommen:

einer Billardkugel Effet geben; Kohli lenkte den Ball mit der rechten Fußspitze ab. Dadurch bekam das Leder etwas Effet und sauste. . . in die äußerste Ecke (Walter, Spiele 158); Aus einem Eisenmund speit er. . . weiße Bälle. . . sie. . . laden sich mit Effet auf. . . wenn man will, spielt die Maschine alle dreihundert Bälle mit ganz normalem Effet (Tischtennis) (Die Welt 28.11.64, 15).

Unter **Infektion** versteht man eine Ansteckung, eine lokale oder allgemeine Störung des Organismus durch Krankheitserreger, die von außen in die Organe oder Gewebe eindringen und die Fähigkeit haben, sich zu vermehren, und die auf andere übertragen werden können:

Schutzimpfung gegen eine mögliche Infektion, eine gefährliche Infektion; Die Bekämpfung der wichtigen bakteriellen Infektionen gelang aber nicht (Fischer, Medizin II 205).

Mit dem Substantiv *Infektion* kann sowohl der Vorgang der Ansteckung als auch das Ergebnis der Ansteckung, nämlich die akute Krankheit (→-ierung/-ation), bezeichnet werden, während das Wort **Infekt** nur das Ergebnis bezeichnet (so z.B. auch Konstruktion/Konstrukt, Konzeption/Konzept):

ein grippaler Infekt; die Ausbreitung des Infekts; Der Nachweis bakterizider Wirkung am lebenden Organismus. . . kann durch den künstlichen Infekt von vorher . . . immunisierten Tieren geführt werden (Fischer, Medizin II 307); Auch eine Entzündung. . . hinterläßt oft ihre Residuen, die diesen Darmteil für neue Infekte besonders anfällig machen (Fischer, Medizin II 146).

Während man für Infekt in der Regel auch Infektion einsetzen kann, ist dies — wie der folgende Beleg zeigt — umgekehrt nicht immer möglich; nämlich da nicht, wo der Vorgang gemeint ist:

Nach Infektion des Menschen mit Eiern des Wurms dringen die Finnen bevorzugt in die Leber ein (Fischer, Medizin II 144).

affig/äffisch

Das Adjektiv **affig** wird abwertend gebraucht in der Bedeutung *albern, geziert,* womit jemand in bezug auf sein Benehmen, seine Kleidung o.ä. charakterisiert wird:

> Oft waren wir geneigt, sie nicht ganz ernst zu nehmen; sie erschien uns etwas affig und prätentiös (K.Mann, Vulkan 364); Damals trug Mahlke schon den affigen und mit Zuckerwasser fixierten Mittelscheitel (Grass,Katz 45).

Das Adjektiv **äffisch** bedeutet *affenähnlich, in der Art eines Affen:*

> in Kuhs fiebrig geistreichen Monologen, seiner äffischen Bosheit . . . schien der Wiener Kaffeehausliterat sich selbst zu parodieren (K.Mann,Wendepunkt 291); er würde nicht mit Wonne die Spiegelscheibe zertrümmern, die einem das eigene Konterfei äffisch zurückwarf (Bredel, Väter 16).

Affix/Präfix/Präverb/Infix/Suffix

Ein **Affix** ist ein *Morphem* (d.i. die kleinste Spracheinheit mit einer Bedeutung, die nicht in kleinere Bedeutungseinheiten zerlegt werden kann), *das an einen Wortstamm tritt* und nur in Verbindung mit ihm eine bestimmte Bedeutung hat. Ein *Affix* kann je nach Stellung Präfix, Suffix oder Infix sein.

Ein **Präfix** ist eine *Vorsilbe,* z.B. be-, ent-, un-, an-, auf-. Manche Grammatiker unterscheiden zwischen *Präfix* und *Verbzusatz* oder **Präverb.** Sie bezeichnen als *Präfix* nur die Vorsilben, die keine selbständigen Wörter sind, z.B. be-, ent-, un-. Unter *Verbzusätzen* oder *Präverbien* verstehen sie nichtverbale Teile einer unfesten Zusammensetzung mit einem Verb als Grundwort (anlaufen / läuft an; durchführen / führt durch; hohnlachen / lacht hohn).

Ein **Infix** ist ein in den Wortstamm *eingefügtes Sprachelement* (z.B. das n in lat. vinco = ich siege; aber: vici = ich habe gesiegt).

Ein **Suffix** ist eine *Nachsilbe,* die als selbständiges Wort nicht oder nicht mehr vorkommt. Das Suffix dient zur Ableitung neuer Wörter (Schön*heit,* lieb*lich,* Freund*schaft*).

affizieren/effizieren

Affizieren bedeutet *reizen, krankhaft verändern:*

> Wenn Du nun in etwa vier Wochen. . . zu Schiffe gehst, so werden unsere Gebete um eine glatte, Deinen Magen nicht einen Tag affizierende Überfahrt für Dich zum Himmel steigen (Th.Mann, Krull 402); Solche Vornehmheit macht der Kulturkritiker zu seinem Privileg und verwirkt seine Legitimation, indem er als bezahlter und geehrter Plagegeist der Kultur an dieser mitwirkt. Das jedoch affiziert den Gehalt der Kritik (Adorno, Prismen 8).

Das 2. Partizip *affiziert* bedeutet *von einer Krankheit befallen.* In der Sprachwissenschaft spricht man von einem *affizierten Objekt,* worunter man ein Objekt versteht, das durch die im Verb ausgedrückte Handlung nicht neu geschaffen, sondern nur unmittelbar betroffen wird, z.B. das Wasser kochen; er liest den Aufsatz.

Effizieren bedeutet *bewirken.* In der Sprachwissenschaft spricht man von einem *effizierten Objekt,* worunter man ein Objekt versteht, das durch den im Verb ausgedrückten Vorgang neu geschaffen, hervorgerufen wird, z.B. Kaffee, Suppe kochen; er schreibt einen Aufsatz.

Aggression/Aggressivität

Unter **Aggression** versteht man einen *rechtswidrigen Angriff auf ein fremdes Staatsgebiet, einen Angriffskrieg:*

> . . . daß die USA. . . nur im Falle einer kommunistischen Aggression Pakistan zu Hilfe kommen (Die Welt 9.9.65,4).

In der Psychologie gebraucht man das Wort *Aggression,* um das Angriffsverhalten eines Menschen zu charakterisieren, der auf eine wirkliche oder auch nur vermeintliche Minderung seiner Macht reagiert, indem er die eigene Macht zu steigern und die Macht des Gegners zu mindern sucht. Aggressionen richten sich primär gegen andere Personen, Institutionen usw., doch können sie bei äußeren Widerständen auch gegen die eigene Person, z.B. als Selbsthaß, Selbstmord, Masochismus, gerichtet sein:

die rachsüchtige Aggression des Kindes wird durch das Maß der strafenden Aggression, die es vom Vater erwartet, mitbestimmt werden (Freud, Unbehagen 171); Das Buch handelt von den Aggressionen, d.h. von den auf den Artgenossen gerichteten Kampftrieb von Tier und Mensch (Lorenz, Zur Naturgeschichte der Aggressionen IX).

Unter **Aggressivität** versteht man eine *habituell gewordene aggressive Haltung; eine innere, auf Angriff gerichtete Einstellung.* Während Aggressionen einzelne auf ein Ziel gerichtete Handlungen sind, ist Aggressivität kennzeichnend für eine Veranlagung oder auch für einen augenblicklichen inneren Zustand. Der Unterschied zwischen beiden Wörtern kann folgendermaßen verdeutlicht werden: Wenn jemand seinem Wesen nach oder in bestimmten Situationen immer aggressiv, also herausfordernd, zum Angriff bereit ist, dann kann man von *Aggressivität* sprechen, womit man seine ständige Bereitschaft zum Angriff meint. Wenn man von seinen *Aggressionen* spricht, dann sind das die zielgerichteten Attacken:

Meine englischen Freunde. . . schüttelten. . . den Kopf. Über die unangemessene Aggressivität nämlich, mit der hier Meinungsverschiedenheiten ausgetragen werden. Warum muß man gleich von „Wahnsinn" reden, wenn man mit einer Sache persönlich unzufrieden ist (Auto 6/1965,6).

Ein Psychiater wird einem kontaktarmen Patienten vielleicht sagen, daß dieser zu wenig *Aggressionen,* nicht aber, daß er zu wenig *Aggressivität* habe. Erst wenn man zu dem pluralosen, einen Zustand kennzeichnenden Substantiv Aggressivität einen Plural bildete und damit die Haltung der Streitbarkeit in einzelne Handlungen auflöste (wie *Vorliebe* zu einzelnen *Vorlieben, Sehnsucht* zu einzelnen *Sehnsüchten, Einsicht* zu einzelnen *Einsichten, Zwang* zu einzelnen *Zwängen*), dann fielen die Bedeutungen beider Substantive weitgehend zusammen. Es gibt jedoch Texte, in denen für *Aggressivität* auch *Aggression* eingesetzt werden könnte, womit dann allerdings der Inhalt entsprechend verändert würde:

das uralte Bedürfnis. . ., eine greifbare Gruppe zum absoluten Feind zu erklären, diesen aus der erstrebten Volksgemeinschaft auszuschließen und zum Objekt jener politischen Aggressivität zu machen, die eine Revolutionsbewegung zusammenbindet (Fraenkel, Staat 204).

agieren/agitieren

Agieren bedeutet *in einer bestimmten Sache mit einem bestimmten Ziel handeln, tätig sein, wirken; eine bestimmte Rolle* [*im Theater*] *spielen:*

Viele haben hier angefangen, gegen ihn zu agieren (Die Welt 24.11.62, 26); Ein vor der Öffentlichkeit handelnder Verband trägt eine Verantwortung, die ein heimlich agierender oft außer acht läßt (Fraenkel, Staat 174); Grundsätzlich wird im psychologischen Versuch gar nicht wirklich gehandelt, sondern nur mit vermindertem Einsatz agiert, eigentlich in entlasteter Weise gespielt (Hofstätter, Gruppendynamik 43); Er ging durch die eleganten Straßen lässig, mit den Mienen und Gesten eines reichen Herrn von Adel; er agierte nicht einen Dr.von Bülow, im Gefühl dieser Stunde, er war es (Kesten, Geduld 89); Vor mehr als 200 verschiedenen Szenerien ließ TV-Regisseur John Olden. . . 25 Haupt- und über 120 Nebendarsteller agieren (Der Spiegel 6/1966, 92).

Das Verb **agitieren** wurde früher oft mit negativem Nebensinn gebraucht und bedeutete *jemanden durch Reden in bestimmter Weise, meist gegen jemanden oder etwas, beeinflussen; jemanden gegen eine Instanz o.ä. aufwiegeln; eine Angelegenheit tätig betreiben.* In der Bundesrepublik verbindet man agitieren noch verschiedentlich mit pejorativen Vorstellungen, während in der DDR agitieren im gesellschaftspolitischen Bereich positiven Sinn hat. Es bedeutet dort *politisch werben; bei der Bevölkerung aufklärend, bewußtseinsbildend wirken; den Werktätigen z.B. Sinn und Notwendigkeit bestimmter öffentlicher Maßnahmen klarzumachen und sie zur aktiven Unterstützung anzuregen suchen:*

„Und was hast du ausgefressen?" − „Ich habe in meinem Betrieb für Streik agitiert." (Bredel, Prüfung 271).

In manchen Texten lassen sich beide Verben einsetzen, wobei allerdings der Inhalt jeweils ein anderer ist:

In der politischen Öffentlichkeit agieren heute, auf den Staat bezogen, gesellschaftliche Organisationen, sei es durch Parteien vermittelt, sei es unmittelbar im Zusammenspiel mit der öffentlichen Verwaltung (Fraenkel, Staat 225);

Wer das Programm hat, gegen Autorität zu agieren und zu agitieren, . . . der soll das. . . klar sagen (Muttersprache 3/1972, 148).

Agreement/Agrément

Das Substantiv **Agreement** (gesprochen: ə'gri:mənt) bedeutet *formlose, aber bindende Übereinkunft; Vereinbarung*. Geläufig ist dieses Wort in der Verbindung Gentleman's oder Gentlemen's Agreement, worunter man ein [diplomatisches] Übereinkommen ohne formalen Vertrag versteht, auf das man sich aber auf Grund der Personen, die es geschlossen haben, trotzdem verlassen kann; es ist ein Abkommen auf Treu und Glauben.

Unter einem **Agrément** (gesprochen: agre'mǎ:) versteht man die *Zustimmung einer Regierung zur Ernennung eines diplomatischen Vertreters in ihrem Land:*

Bundespräsident Lübke hat dem sowjetischen Botschafter Semjon Zarapkin das Agrément als neuem sowjetischem Vertreter in Bonn erteilt (MM 18.5.66, 1).

ahnen/ahnden

Ahnen bedeutet *etwas zwar nicht wissen, aber doch vermuten, gefühlsmäßig spüren:*

Es spricht vieles dafür, daß Theoderich zu Ende seiner Regierung das unabwendbare Unheil geahnt hat (Thieß, Reich 585); ihm ahnte, daß ihn Agathe mit Absicht in die Irre triebe (Musil, Mann 1079); die Glieder, das Gesicht, alles verhüllt, die Form nur zu ahnen (Plievier, Stalingrad 15).

Ahnden bedeutet *mit einer Strafe auf eine gegen Recht, Gesetz oder gegen eine Vorschrift verstoßende Tat reagieren; etwas strafrechtlich verfolgen:*

Diese Übertretungen wären dann von einer Verwaltungsbehörde (der Polizei oder dem Straßenverkehrsamt) zu ahnden (Die Welt 27.10.65, 2); jeder Fehlschuß . . . wird mit 2 Strafminuten geahndet (Gast, Bretter 86).

Air/Flair

Das Substantiv **Air** bedeutet sowohl *Hauch, Fluidum* als auch – heute seltener – *Aussehen, Haltung, Miene:*

ein Air des Legendären wob sich um dieses junge Weib (Maass, Gouffé 156); er eilt, vom Air des Vielgereisten umgeben, von Kontinent zu Kontinent (Deschner, Talente 143); ihr spezifisch weibliches Air (Publikation 6/1966, 17); geschützt vom Air der Unverwundbarkeit (Maass, Gouffé 8); der . . . die Szene gleichsam mit dem Air des Pathologischen zu erfüllen verstand (FAZ 70/1958, 10); bourgeoise Erfolgstypen geben der Labour Party jenes Air von Lebensnähe und Modernität, das ihren Anführer Harold Wilson . . . zum britannischen pater patriae werden ließ (Der Spiegel 17/1966, 100).

Flair bedeutet 1. *feiner Instinkt, Gespür:*

Regisseure. . . mit einem Flair für die Wirkung stiller Komik (Gregor-Patalas, Film 159); seine Romane bekunden immer wieder einmal Verdichtung und Fluoreszenz, ein Flair zumal für die Imponderabilien der kosmischen Welt (Deschner, Talente 51); gute Fachkenntnisse in beiden Sparten mit gutem Flair für den Einkauf (Der Bund Bern 279/1968).

2. – heute häufiger – *Hauch, Äußeres, Atmosphäre, Ausstattung, Fluidum, persönliche Note.* Das Flair ist das, was zu jemandem, zu jemandes Erscheinung oder zu einer Sache gehört und was von anderen als etwas Positives angesehen wird:

Doch was ist ein Krimi aus der Retorte gegen das faszinierende Flair des tatsächlichen Geschehenen (Hörzu 3/1972, 32); Nur schon ein kleines Kissen . . . vermag einem Zimmer ein besonderes Flair zu schenken (National-Zeitung 554/1968); Wir wünschen uns einen Mitarbeiter(in) mit modischem Flair (National-Zeitung 456/1968, 4); Alle mochten ihn, den jungen,unkomplizierten Praktiker mit dem Flair eines Intellektuellen (Der Spiegel 44/1969, 196); die Großbetrüger mit dem Flair des seriösen Kaufmanns (MM 19.4.67, 11); Rudolf Steinböck traf das unnachahmliche k.u.k.-Flair mit subtiler Präzision (MM 9.8.66, 16); Dem Flair Bayerns konnte sich der Botschafter der Sowjetunion . . . nicht ganz entziehen (MM 2.5.68, 13); das ist doch die große Welt! Ihr Flair betäubt selbst die Großstädter wie schweres Parfüm (Die Welt 31.10.64, 9).

Air bezieht sich auf das Erscheinungsbild ganz allgemein, es kann positiv oder negativ sein, während *Flair* in der mit Air konkurrierenden Bedeutung mit positiver Wertung verbunden ist.

In der Musik versteht man unter *Air* auch noch eine vorwiegend für den begleiteten oder unbegleiteten vokalen, aber auch für instrumentalen Vortrag bestimmte, einfach angelegte Komposition ohne formale Bindung:

Air aus der Suite D-Dur von J. Seb. Bach.

akut/aktuell/aktual

Etwas, womit man sich sofort beschäftigen muß, was gerade im gegenwartigen Augenblick unübersehbar im Vordergrund steht, bezeichnet man als **akut.** Das können einerseits Krankheiten sein, die plötzlich und heftig auftreten im Gegensatz zu chronischen:

von akutem Herzasthma und hohem Blutdruck geplagt (Der Spiegel 23/1966, 89).

Andererseits kann es sich um Probleme, Fragen usw. handeln:

In allen modernen Staaten ist das Problem akut, wie eine einheitliche Wirtschaftspolitik. . . erreicht werden kann (Fraenkel, Staat 373); Im vergangenen Jahr zwang eine akute Ernährungskrise die indische Regierung, große Mengen Nahrungsmittel. . . einzuführen (Die Welt 4.8.65,11); 1957 war die Auseinandersetzung . . . in ein akutes Stadium getreten (Noack, Prozesse 181).

Etwas, was der gegenwärtigen Situation und den augenblicklichen Gegebenheiten oder Interessen entspricht, was zeitgemäß ist, nennt man **aktuell:**

Weil sich dieses Thema. . . als aktuell erwies. . . , erreichte die Neuerscheinung hohe. . . Auflagen (Grass, Hundejahre 37); . . . gibt der alte Baedeker. . . manchen Wink, der auch heute − 60 Jahre danach − überraschend aktuell ist (Die Zeit 20.11.64, 52); Doch heute, mit aktuellem Bezug heute gesungen, etwa beim Länderkampf der Leichtathleten, sind sie (die Nationalhymnen) da sinnvoll? (Die Welt 13.3.65, Die geistige Welt I); Unter dem Einfluß der zur Zeit modisch aktuellen Sportsakkos. . . (Herrenjournal 3/1966, 26).

Wichtig ist beim Adjektiv *aktuell* das zeitliche Element. Die jeweilige, als aktuell bezeichnete Erscheinung wird in direkte Verbindung mit der Zeit gesetzt; sie entsteht aus der Zeitsituation oder entspricht den allgemeinen zeitlichen Umständen. In dem Adjektiv *akut* ist zwar auch ein zeitliches Element enthalten, doch besteht keine Korrelation, kein innerer Zusammenhang zwischen Zeit und Erscheinung. Da beide Adjektive in ihrem Wortinhalt das zeitliche Element gemeinsam haben, kann in manchen Fällen sowohl aktuell als auch akut eingesetzt werden, je nachdem, was jeweils hervorgehoben werden soll. Ein aktuelles Problem ist ein zeitgemäßes, aus der Zeit erwachsenes Problem, während ein akutes Problem ein Problem ist, das gerade in diesem Augenblick auftritt und gelöst werden muß, ohne daß es einen kausalen Zusammenhang mit der Zeit haben oder aus den zeitlichen Umständen heraus entstanden sein müßte:

kein. . . auf die aktuellen politischen Probleme des Staates abgestimmtes Programm (Fraenkel, Staat 230); Die . . . Frage. . . ist auch für Deutschland aktuell (Fraenkel, Staat 243).

In den beiden letzten Beispielen könnte auch *akut* stehen, womit jedoch die Aussage in dem obengenannten Sinn verändert wäre.

Daß beide Wörter nebeneinander gebraucht werden können, ohne daß sie synonym sind, geht aus dem folgenden Beleg hervor:

Es war daher auch nicht möglich, aktuelle und akute Probleme der Gegenwartspolitik. . . zum Gegenstand einer besonderen Abhandlung zu machen (Fraenkel, Staat 15).

Das Adjektiv **aktual,** das neuerdings öfter im Unterschied zu aktuell gebraucht wird, ist ein Relativadjektiv, das eine allgemeine Beziehung ausdrückt und nicht steigerungsfähig ist. Während *aktuell* ein qualitatives Eigenschaftswort ist, kennzeichnet *aktual* die Zugehörigkeit und bedeutet soviel wie *in einem bestimmten Augenblick sich vollziehend.*

Speziell in der Sprachwissenschaft bedeutet *aktual* soviel wie *in der Rede oder im Kontext verwirklicht, eindeutig determiniert* im Gegensatz zu *potentiell:*

Bei den aktualen Sprachverwendung werden bekanntlich ständig Sätze begonnen und abgebrochen oder „umfunktioniert" . . . (Linguistische Berichte 17, S. 16).

29

Für das heute üblich werdende *aktual* ist sonst allgemein auch *aktuell* verwendet worden:

> Im aktuellen Sprachereignis wird aus einer Reihe paradigmatisch nebeneinanderstehender Wörter (Stuhl, Tisch, Mann, Frau, Licht, Unterschied. . .) eins ausgewählt (Hörmann, Psychologie der Sprache 135).

Aktual wird auch in der Bedeutung *unendlich* gebraucht. In Zusammensetzungen kann auch für *aktuell* nur aktual-/Aktual- verwendet werden, z.B. Aktualangst = plötzlich auftretender Angstanfall.

-al/-ell

Die Adjektivsuffixe -al und -ell treten oft konkurrierend nebeneinander am gleichen Wortstamm auf, ohne daß sich die Doppelformen inhaltlich unterscheiden. Es besteht zum Beispiel kein Unterschied zwischen adverbial/adverbiell, dimensional/dimensionell, funktional/funktionell, hormonal/hormonell, kontextual/kontextuell, struktural/strukturell, universal/universell, virtual/virtuell.

Da die Sprache aber im allgemeinen Doppelformen auf die Dauer nicht bewahrt, tritt meist eine von beiden Formen im Laufe der Zeit zurück oder beide Formen differenzieren sich inhaltlich. Solche Differenzierungen liegen vor in formal/formell, ideal/ideell, rational/rationell, real/reell.

Die Adjektive auf -al/-ell können sowohl die Zugehörigkeit als auch eine Eigenschaft bezeichnen. Während die Adjektive auf -al in erster Linie die Zugehörigkeit kennzeichnen und Relativadjektive (= Adjektive, die eine allgemeine Beziehung ausdrücken und in der Regel nicht gesteigert werden können) sind, tendieren die Bildungen auf -ell mehr zur Charakterisierung, d.h., sie geben eine Eigenschaft (und keine Zugehörigkeit) an.

Einheitlichkeit herrscht aber auch bei diesen Differenzierungen nicht, denn es gibt Adjektive, bei denen es gerade umgekehrt ist, wo also die auf -al endenden eine Eigenschaft angeben (ideal), während die Parallelbildung auf -ell die Zugehörigkeit ausdrückt (ideell).

In Zusammensetzungen können nur Wörter auf -al – sowohl als Zugehörigkeitsadjektiv wie auch als charakterisierendes Eigenschaftswort – auftreten: Idealvorstellung, Konventionalstrafe, Kriminalroman, Personalunion, Realeinkommen. Die Adjektive auf -ell können derartige Zusammensetzungen nicht bilden; sie können solche Zusammenhänge nur attributiv ausdrücken: ideelle Gründe, personelle Veränderungen.

Sowohl -al als auch -ell gehen auf die lateinische Adjektivendung -alis zurück. Im Deutschen sind die Formen mit -al schon seit Jahrhunderten als Fremdwörter vorhanden. Auch im Französischen gibt es Wörter auf -al, die meisten jedoch haben die Endung -el. Diese Wörter auf -el fanden im 18. Jahrhundert von dorther auch Eingang ins Deutsche. Es kommen allerdings auch im Französischen beide Suffixe (-al und -el) am gleichen Wortstamm vor (idéal/idéel; cultural und infolge deutschen Einflusses neuerdings auch culturel); → akut/aktuell/aktual, → formell/formal, → ideal/ideell, → instrumental/instrumentell, → originell/original, → personal/personell, → rational/rationell, → real/reell, → spezifisch/speziell/spezial-.

Alimentation/Alimente

Unter **Alimentation** versteht man *[die finanzielle Leistung für den] Lebensunterhalt [von Berufsbeamten], die fürsorgerische Unterhaltsgewährung in Höhe amtsbezogener Besoldung (Versorgung):*

> Die Chefärzte fürchten, daß ihre Alimentation nicht mehr gesichert ist, wenn sich die Patienten der zweiten Klasse frei ihren Arzt wählen können.

Alimente sind die *Unterhaltsbeiträge,* die der gesetzliche Vater für sein uneheliches Kind zahlen muß:

> die Alimente für sein uneheliches Kind (Mostar, Liebe 28).

Amnestie/Amnesie/Anamnese

Unter einer **Amnestie** versteht man eine *Strafbefreiung,* die sich – anders als die Begnadigung – nicht auf einzelne Fälle, sondern auf eine unbestimmte Anzahl von Fällen und Tätern bezieht. Wer amnestiert wird, braucht den Rest seiner

Strafe nicht mehr zu verbüßen.

Unter **Amnesie** versteht man die *zeitlich begrenzte Erinnerungslücke infolge Bewußtseinsstörung* (z.B. bei Gehirnerschütterung), den Gedächtnisverlust, den Ausfall des Erinnerungsvermögens.

Das Substantiv **Anamnese** hat mehrere Bedeutungen.
1. in der Medizin *Vorgeschichte einer Krankheit* nach den Angaben des Patienten; **2.** in der Erkenntnistheorie Platons *die Wiedererinnerung der Seele an Ideen* (Wahrheiten), die sie vor der Geburt, d.h. vor ihrer Vereinigung mit dem Körper, geschaut habe. Alles Lernen, alle Erkenntnis ist danach also Wiedererinnerung; **3.** im Bereich der Religion das *Gebet nach der Konsekration,* worunter man die Wandlung von Brot und Wein im Meßopfer versteht.

Anämie/Leukämie/Leukanämie

Anämie – oder auch „Blutarmut" genannt – ist eine zusammenfassende Bezeichnung für Erkrankungen, die auf der Verminderung des roten Blutfarbstoffs, der roten Blutkörperchen beruhen. *Anämie* wird aber auch gebraucht als Bezeichnung für akuten Blutmangel nach plötzlichem schweren Blutverlust.
Leukämie – die „Weißblütigkeit" – ist eine ernste Krankheit, die durch Überwiegen der weißen Blutkörperchen in der Blutflüssigkeit hervorgerufen wird.
Leukanämie ist eine Mischform von Leukämie und Anämie.

ändern/verändern/abändern/umändern

Alle vier Verben geben an, daß etwas anders gemacht wird, eine andere Form, ein anderes Aussehen erhält. Etwas **ändern** bedeutet *etwas anders machen, als es geplant oder bereits ausgeführt ist:*

> Werden die. . . Leser. . . die Welt zum Guten ändern? (Koeppen, Rußland 63); nun änderte der Doktor seinen Plan (Schaper, Kirche 57); „Schön", sagt sie und ändert den Ton (Fallada, Mann 133); Dann müßten wir nur den Text ändern (Bieler, Bonifaz 170); Ich kann es nicht ändern! Befehl des OHK: keinen Schritt zurück! (Plievier, Stalingrad 197); Wer ändert seine Anschauungen nicht mit der reifenden Zeit? (Werfel, Bernadette 32).

In außerpersönlichem Gebrauch:

> Dieser . . . Goldschatz aber würde das Schicksal der Familie mit einem Schlage ändern (Werfel, Bernadette 232); Die Flottille hatte ihren Kurs geändert (Ott, Haie 108).

Etwas **verändern** bedeutet *bewirken, daß etwas anders aussieht oder anders ist als bisher:*

> Hier hat der Mensch. . . die Natur bezwungen und sie verändert (Koeppen, Rußland 61); bedient man sich zunächst der Methode, bestimmte Organe. . . operativ zu verändern (Fischer, Medizin II 220); Die Molkereien. . . verfügen über Einrichtungen, die frische Milch. . . haltbar machen, ohne ihren Geschmack oder ihre Substanz wesentlich zu verändern (DM Test 45/1965, 12); Das Kind, was wir erwarteten, veränderte uns (Bachmann, Erzählungen 112).

Wenn man etwas **ändert,** dann macht man etwas anders. Hier steht der Vorgang im Vordergrund. Wenn man etwas **verändert,** dann macht man, daß etwas anders wird. Hier wird nicht nur der Vorgang, sondern auch das Ergebnis mit eingeschlossen, und das Ergebnis zeigt ein gewandeltes Bild. Etwas sieht nun anders aus.
Ändern und *verändern* lassen sich in den Kontexten oftmals austauschen. Der Unterschied liegt jedoch auch darin, daß ändern im persönlichen Gebrauch einen Willen und ein Ziel in die Vorstellung mit einschließt, während verändern den Blick auf den Wandel, auf das neue Erscheinungsbild lenkt. Auf Grund dieser Inhaltsnuancen lassen sich die Verben dann nicht austauschen, wenn der Kontext Bedeutungselemente enthält, die dem entgegenstehen. Man kann seine Gesinnung ändern, aber nicht verändern. *Ändern* bezieht sich auch auf geistige Inhalte o.ä., während sich *verändern* auf Konkretes oder auf konkret Vorgestelltes bezieht, das ein anderes Aussehen erhält.
In den folgenden Belegen wäre *ändern* statt *verändern* auf Grund des Kontextes, der Willen und Ziel ausschließt, nicht einzusetzen, denn hier handelt es sich um außerpersönlichen Gebrauch (etwas verändert etwas oder sich):

> die Blätter haben sich verändert (=ein anderes Aussehen erhalten); Der Hügel Mamajew Kurgan. . . veränderte in Feuer und Rauch seine Form (Plievier,

Stalingrad 335); Die Nägel fielen von den Händen ab, und die Finger schrumpf ten . . . Zuerst die der linken Hand, und dann begannen auch die der rechten sich grauenhaft zu verändern (Baum, Bali 201).

Der Unterschied zwischen beiden Wörtern wird auch im reflexiven Gebrauch deutlich. „Du hast dich im Laufe der Zeit gar nicht verändert" heißt „Du bist noch genauso wie früher, bist nicht anders geworden, die Zeit ist spurlos an dir vorübergegangen, du bist noch der gleiche". Wenn man aber sagt „Du hast dich aber im Laufe der Zeit sehr geändert", dann verbindet sich damit die Vorstellung, daß der andere nun ganz andere Ansichten hat, daß er selbst dazu beigetragen hat, daß er anders als früher auftritt, handelt usw. Die Änderung geht auf den Betreffenden selbst zurück; für die Veränderung aber kann er nichts, sie ist ein Prozeß, der sich an ihm vollzieht:

> er hat sich kaum verändert, bißchen breiter geworden (Grass, Hundejahre 449)

In den folgenden Belegen sind zwar beide Verben möglich, doch ist die Aussage jeweils eine andere:

> du hast dich ja nicht ein bißchen verändert (Baldwin [Übers.], Welt 266); Ich bin es wohl, der sich inzwischen geändert hat (Remarque, Westen 121).

Wer sich *verändert* hat, ist äußerlich anders geworden, hat sich gewandelt; wer sich *geändert* hat, ist innerlich, in seinen Anschauungen jetzt anders als früher. *Verändern* bezieht sich auf die Beschaffenheit, auf Gestalt, Gesicht, auf das Äußere ganz allgemein. *Ändern* bezieht sich in dem hier genannten Zusammenhang auf Gesinnung usw. Manchmal sind sowohl *ändern* als auch *verändern* im reflexiven, außerpersönlichen Gebrauch einsetzbar, wenn dem außerpersönlichen Subjekt eine Art Wille zugeschrieben werden kann. Die Welt ändert/verändert sich; alles hat sich geändert/verändert(=alles ist anders geworden).

In den folgenden Belegen ließe sich auch *sich verändern* für *sich ändern* einsetzen, wobei sich allerdings die inhaltliche Aussage entsprechend änderte. Wenn sich etwas ändert, dann wird es anders. Wenn sich etwas *verändert*, dann sieht es anders aus auf Grund dessen, daß es anders geworden ist:

> Innerhalb einer Viertelstunde hat sich die Szene geändert: Robespierre, der Angreifer, ist in die Verteidigung gedrängt (St. Zweig, Fouché 71); Aber dann kam der 24. Juni, und von nun an änderte sich unser Verhältnis von Grund auf (Jens, Mann 82); Schlagartig änderte sich das Bild (Ott, Haie 167); Wenn man aber zur friedlichen Koexistenz. . . entschlossen ist, dann muß die Politik sich in mancher Hinsicht ändern (Dönhoff, Ära 12).

Etwas **abändern** bedeutet *ein oder einige Details von etwas anders gestalten:*

> ob die Wähler. . . berechtigt sind, die auf der Liste aufgeführten Kandidaten in ihrer Rangfolge abzuändern (Fraenkel,Staat 358); Wenn nicht ausdrücklich etwas anderes vorgesehen ist, sind einmal erlassene Steuergesetze so lange in Kraft, bis sie ordnungsmäßig aufgehoben oder abgeändert sind (Fraenkel,Staat 58).

Etwas **umändern** bedeutet *etwas insgesamt in eine andere, neue Form, Gestalt bringen, neu gestalten, umgestalten, anders arrangieren:*

> Dabei stellte die Ausfuhr nach Deutschland gewisse Probleme. . . So mußten zum Beispiel die Größen umgeändert werden, was neue Präzisionsmaschinen erforderte (Herrenjournal 3/1966, 184).

Die Unterschiede zwischen den einzelnen Verben zeigen sich am folgenden Beispiel:

Wenn man ein Testament *ändert*, macht man es in irgendeiner Weise anders, als es bisher war; wenn man es *verändert*, dann äußert sich dieses Andersmachen auch im Andersaussehen; wenn man ein Testament *abändert*, dann ändert man ein oder einige Details, man nimmt eine kleine Korrektur vor; wenn man das Testament *umändert*, gestaltet man es noch einmal ganz anders, ganz neu.

Zu allen vier Verben werden Substantive auf -ung gebildet, die sowohl den Prozeß als auch das Resultat des Andersmachens entsprechend den Bedeutungen der Verben bezeichnen können. Die inhaltlichen Unterschiede sind im Kontext oft nicht aktualisiert, so daß die Substantive gegeneinander ausgetauscht werden können. Jedoch nicht in allen Texten ist ein Austausch möglich und nur, dann nur mit deutlichem Inhaltsunterschied. Wenn man nämlich — beispielsweise — von technischen *Veränderungen* oder technischen *Änderungen* spricht, meint man mit technischen Veränderungen den Wandel, der sich im Bereich der Technik vollzogen hat, während man mit technischen Änderungen meint, daß etwas in bezug auf die Technik geändert werden muß oder geändert worden ist (nicht: Änderungen in der Technik oder durch die Technik, sondern Veränderungen in der Technik, durch die Technik). Im Unterschied zu *Veränderung* verbinden sich *Änderung* und *Abänderung* nicht mit adjektivischen Attributen, die sich auf deren konkrete Art beziehen. Es gibt folglich keine historischen, baulichen, biologischen Änderungen oder Abänderungen, sondern historische, bauliche, biologische Veränderungen. Qualitative Attribute lassen sich jedoch mit *Änderung* und *Abänderung* verbinden, soweit sie den jeweiligen Bedeutungsnuancen nicht entgegenstehen. Eine entsprechende Beschränkung der Distribution besteht bei den substantivischen Attributen dieser Wörter. *Änderung* kann sowohl mit einem Genitiv- als auch mit einem Präpositionalattribut verbunden werden (eine Änderung des Vertrages/am Vertrag vornehmen):

> Mochte sich eine Änderung seines literarischen Geschmacks... angedeutet haben (Jens, Mann 68); forderte Fitz eine so radikale Änderung aller bisherigen Vorstellungen und Methoden (Thorwald, Chirurgen 292); Und auch ohne die Änderung im Ton (Plievier, Stalingrad 297); technische Änderungen an den Konstruktionsteilen (Der Spiegel 6/1966, 18);... daß militärischer... Druck ... Änderungen im östlichen System herbeizwingen kann (Augstein, Spiegelungen 148); In der Regel erfolgen Änderungen der US-Bundesverfassung durch übereinstimmenden Beschluß (Fraenkel. Staat 219).

An dem Substantiv *Veränderung* kann im folgenden gezeigt werden, daß der Austausch mit *Änderung* nicht immer oder nur mit deutlichem Inhaltsunterschied möglich ist. Auf Grund des Kontextes oder der Attribute ist in den nachfolgenden Belegen ein Austausch mit *Änderung* nicht möglich:

> als man sich bemühte, die sichtbaren Veränderungen am Körper des Menschen und der Tiere zu erklären (Fischer, Medizin II 211); Die Augenlider waren etwas geschwollen, aber sonst fand er keine Veränderung (Baum, Bali 200); Er betrachtete sie und konnte nicht finden, woran die Veränderung lag (Baum, Paris 80); Mit Constantin war eine Veränderung vorgegangen (A. Kolb, Daphne 29); Diotima wußte, daß man in grundstürzende Veränderungen der Lebensumstände hineintaumeln... muß (Musil, Mann 424).

Wollte man in dem folgenden Beleg für *Veränderung* das Substantiv *Änderung* einsetzen, so würde sich der Inhalt deutlich ändern:

> Das Jahr 1790 bringt weitere Veränderungen: Abschaffung des Adels, Einsetzung von Geschworenengerichten (Friedell, Aufklärung 221).

„Das Jahr wird weitere *Veränderungen* bringen" heißt, es wird einiges anders werden, sich anders entwickeln. „Das Jahr bringt weitere *Änderungen*" heißt, im Laufe des Jahres wird einiges anders gemacht werden, und zwar auf Grund bestimmter Pläne, Beschlüsse usw.

Man kann sowohl eine *Änderung* als auch eine *Veränderung* wahrnehmen. Eine *Änderung* wahrnehmen heißt, bemerken, daß etwas anders gemacht worden ist. Eine *Veränderung* wahrnehmen heißt, bemerken, daß etwas anders geworden ist, anders aussieht.

Anfertigung/Fertigung/Verfertigung/Ausfertigung

Die Substantive **Anfertigung** und **Fertigung** bedeuten zwar beide *Herstellung*, doch unterscheiden sie sich in den Anwendungsbereichen. Bei der *Anfertigung* handelt es sich meist um Einzelstücke, um etwas, was auch ein einzelner hergestellt hat:

> Die Anfertigung einer Abschrift, eines Protokolls, einer Doktorarbeit; häusliche Aufgaben.., die man uns vorgeschrieben und deren Anfertigung ich versäumt hatte (Th. Mann, Krull 116).

Fertigung dagegen verbindet sich nicht mit Genitivattributen im Singular und nicht mit Bezeichnungen von Sachverhalten, die grundsätzlich das Werk eines einzelnen sind (nicht: die Fertigung einer Abschrift, eines Anzugs usw.). *Fertigung* verbindet sich mit Attributen im Plural oder mit pluralischer Bedeutung:

> die Fertigung einer Serie; die Fertigung von Ersatzteilen, Kleidern, Anzügen; Arbeitsstab..., der die Fertigung der Maschinen.. kontrollierte (Der Spiegel 6/ 1966,18); 16 zentrale Fertigungen, die den gesamten Industriezweig mit bestimmten Bauteilen versorgen (ND 11.6.64,3).

Anfertigung verbindet sich demgegenüber mit einem singularischen Attribut (die Anfertigung eines Anzugs). Während das Substantiv *Anfertigung* üblicherweise

33

D

mit der Angabe des herzustellenden oder hergestellten Gegenstandes verbunden ist, ist dies bei *Fertigung* nicht immer der Fall, z.B. die industrielle, mechanische Fertigung. Beide Substantive werden auch als Bestimmungswort von Komposita gebraucht, doch zeigen sich auch hier die obengenannten Einschränkungen. Man spricht z.B. von Maßanfertigung und Sonderanfertigung, aber von Massenfertigung, Reihenfertigung und Fließfertigung:

> nachdem Fertigungslizenzen von einer britischen Gesellschaft. . .vergeben wurden (Herrenjournal 1/1966,10); Diesem Auto fehlt offensichtlich eine feste Hand im Bereich der Fertigungskontrolle (Auto 7/ 1965,32); Veränderung der Erzeugnisse nach qualitativen, fertigungstechnischen. . . Gesichtspunkten (Herrenjournal 2/1966,66).

Bei indifferenten Grundwörtern finden sich beide Substantive als Bestimmungswort, z.B. Anfertigungszeit/Fertigungszeit, Anfertigungskosten/Fertigungskosten.
Bei der **Verfertigung** handelt es sich um eine Tätigkeit, bei der etwas Künstlerisches o.ä. mit handwerklichem Geschick hergestellt wird:

> Die Verfertigung der Statuen einiger ptolemäischer Könige erfolgte in jener Zeit.

Bei der **Ausfertigung** handelt es sich um die Ausstellung eines Schriftstückes o. ä.:

> die Ausfertigung der Rechnung, des Protokolls, der Urkunden; Oder müssen sie erst einen Lebenslauf in vier Ausfertigungen einreichen? (Remarque, Obelisk 119); Die Ausfertigung des Gesetzes obliegt meist dem Staatsoberhaupt (Fraenkel, Staat 116); Kommt es zwischen dem Reich und der Regierung von Palermo zur Ausfertigung eines Ehe- und Erbvertrages (Benrath, Konstanze 18).

anhängig/anhänglich

Anhängig ist ein Wort der juristischen Fachsprache: Über einen anhängigen Fall wird noch verhandelt. Ein anhängiger Prozeß beispielsweise ist ein noch schwebender Prozeß, der zur Entscheidung steht. Wenn ein Gericht mit einem Rechtsverfahren befaßt wird, dann ist dieses anhängig. Das beginnt, sobald ein Antrag, eine Klage oder ein Rechtsmittel bei dem Gericht eingereicht wird und endet erst dann, wenn das Gericht in dem Verfahren nicht mehr tätig werden kann:

> Das jetzt anhängige Verfahren sollte schon im Dezember 1965 abgewickelt werden (MM 16.3.67,11); Eine Große Strafkammer des Landesgerichts, bei der der Fall zunächst anhängig war (MM 17.2.69,15); Es würde ein Prozeß anhängig gemacht beim Kaiser (Hacks, Stücke 58).

Als **anhänglich** bezeichnet man jemanden, der die Nähe eines anderen, den er gern hat, liebt, verehrt oder bewundert, sucht, ihn besucht oder die Verbindung zu ihm durch Briefe usw. aufrechterhält. Auch Tiere können anhänglich sein:

> Wo kämen die Frauen hin, wenn wir nicht so sympathisch anhänglich, so lächerlich anhänglich wären (Bamm, Weltlaterne 14); Ein anhängliches Tier, das sie verwöhnte, mit dem sie spielte, das am Fußende des Bettes schlief (Jaeger, Freudenhaus 171).

anhören/zuhören/zuhorchen/herhören/hinhören/hinhorchen/erhören/ erhorchen/hören [auf]

Wenn man jemanden **anhört**, dann weicht man ihm nicht aus, verschließt sich ihm nicht; man läßt ihn sagen, was er sagen möchte, denn er hat ein ernstes Anliegen, will sein Herz erleichtern oder einen Wunsch o.ä. vorbringen:

> Er beschwerte sich bei dem Portier, der ihn demütig anhörte (Seghers, Transit 245); So hören Sie mich doch zu Ende an (Seghers, Transit 70).

In der Verbindung *sich jemanden* oder *[sich] etwas anhören,* ist der Inhalt von anhören anders. Man hört aus oder mit Interesse, was gesagt oder dargeboten wird.
Man kann sich einen Vortrag, ein Konzert oder die Argumente eines Politikers anhören, weil man sich selbst ein Urteil darüber bilden will:

> Griegull. . .hörte sich die Rede einigermaßen ergriffen an (Lenz, Suleyken 61); Aber nachdem er sich eine Beethoven-Symphonie angehört hatte. . . (Ott, Haie 137); „Wohin soll denn dein Ausflug gehen? " — Ein bißchen zu mir. Was trinken und ein paar Platten anhören (Gaiser, Schlußball 26).

Wenn man einen Vortrag, ein Konzert, die Argumente eines Politikers nur h ö r t nicht anhört, dann besagt das nur, daß man dabei anwesend war; über die persönliche Anteilnahme oder die innere Verarbeitung des Gehörten wird nichts ausgesagt.

Man kann aber auch **zuhören**, wenn jemand etwas sagt, vorträgt oder musiziert, womit ausgedrückt wird, daß man den Äußerungen des anderen aufmerksam folgt, ohne sich selbst zu äußern.

Der andere kann über Wichtiges oder Unwichtiges berichten, über Erlebnisse oder Pläne:

> Er war es, dem ich all meine Phantasien, Sorgen und Pläne anvertraute; denn er konnte gut zuhören (K.Mann, Wendepunkt 68); Ich setzte mich in meinen Sessel, hörte ihm zu (Jens, Mann 137); Ich habe gestern für eine Stunde der Verhandlung zugehört (Baum, Paris 19); Jetzt höre gut zu! (Hauptmann, Schuß 48).

Wenn man mit angespannter Aufmerksamkeit der Rede o.ä. eines anderen folgt, dann horcht man ihr zu. **Zuhorchen** wird heute aber nur selten gebraucht, und zwar in bestimmten Landschaften. Zuhorchen ist dann mit zuhören so gut wie gleichbedeutend:

> Als Ulrich. . . zur Seite schaute, sah er sich daran erinnert, daß sie nicht allein waren, sondern zwei Menschen ihrem Gespräch zuhorchten (Musil, Mann 743); der Gehülfe. . . begnügte sich, den Späßen und Liedern. . . zuzuhorchen (R. Walser, Gehülfe 130); Aber doch horchte er nachher aufmerksam zu, was der Alte erzählte (Gaiser, Jagd 56).

Herhören bedeutet zwar auch soviel wie zuhören, wird aber nur in Aufforderungssätzen gebraucht, wenn jemand eine größere Gruppe von Versammelten zum Zuhören auffordert:

> erläuterte er. . . vor versammelter Manschaft wie folgt. . . alle mal herhören (H.Kolb, Wilzenbach 21); Hört doch mal einen Augenblick her! Ich bin doch euer guter Freund (Bieler, Bonifaz 232).

Hinhören bedeutet *genau auf etwas hören in der Absicht, den Inhalt zu erfassen:*

> Man hörte „Auguste Justinian, tu vincas!", nur freilich recht vereinzelt, und wer genau hinhörte, merkte an der Unruhe des Volkes, daß die versöhnliche Unternehmung fehlgeschlagen war (Thieß, Reich 534); Sie haben nicht hingehört eben – ich bin Führer des Nachtkommandos (Böll, Adam 33).

Für *hinhören* in dieser Bedeutung wird gelegentlich, besonders in manchen Landschaften, auch **hinhorchen** gebraucht:

> Die deutsche Festrede. . . dringt über die Ätherwellen zu den Hunderttausenden, die gerade deshalb, weil sie eigene Gefühle durch die dargebotenen Stereotypen bestätigt finden, gern hinhorchen (Mackensen, Sprache 267); Er vernahm die Töne eines Flügels, und als er näher hinhorchte, stellte er fest, daß jemand Bach spielte (Dürrenmatt, Richter 40); Ich horchte sogar eine Weile hin, halb gelähmt vor Langeweile (Seghers, Transit 90); Noch einmal hören wir Hofrat Behrens' Stimme – horchen wir gut hin! Wir vernehmen sie vielleicht zum letztenmal (Th.Mann,Zauberberg 868).

Wenn jemand **erhört** worden ist, dann hat man seine nachdrücklich und inständig vorgetragene Bitte um Hilfe in Not und Bedrängnis gehört und sie erfüllt, dann hat sein Flehen Erfolg gehabt:

> Gott hat mein Gebet erhört; sie hatte. . .bis zu ihrem siebenundzwanzigsten Jahre Körbe ausgeteilt und diesen Bewerber alsbald erhört (Th. Mann, Buddenbrooks 438).

Das Verb **erhorchen** wird selten gebraucht und bedeutet im folgenden Beleg soviel wie *durch aufmerksames Hinhören etwas zu erfahren suchen:*

> Erst sondierte er das Terrain, erhorchte die allgemeine Meinung, um dann. . . das abschließende Urteil. . . abzugeben (Bredel,Väter 402).

Hören wird hier nur im Vergleich und im Hinblick auf Austauschbarkeit mit den anderen Verben betrachtet. Wenn der Zusammenhang deutlich ist, kann gegebenenfalls auch *hören* für die anderen in dieser Gruppe genannten Verben eingesetzt werden, wenngleich *hören* meist nicht die spezifische Aussagekraft der anderen Wörter hat, z.B. *Sie müssen mich anhören/hören; man muß beide Parteien anhören/hören; erzähle nur weiter, ich höre zu / ich höre; Gott hat mich erhört/ gehört:*

> Ich hörte eine Predigt (Ott, Haie 342); oder: ich hörte mir eine Predigt an; Neben Huth lag der. . . Oberst, der das Anliegen Huths gehört hatte (Plievier,

Stalingrad 296) oder: der sich das Anliegen Huths angehört hatte; Wagner ist
toll. . . ich kann ihn stundenlang hören (Ott, Haie 202) oder: ich kann ihm
stundenlang zuhören; Ich höre, Sie können weitererzählen (Gaiser, Jagd 135)
oder: ich höre zu. . .; viel Publikum. . . es hörte nicht zu. Auch ich hörte oft
nur mit halbem Ohr (Kästner, Zeltbuch 67); oder: auch ich hörte oft nur mit
halbem Ohr zu/hin; da hatte ich jetzt nicht das Ohr dazu, genauer darauf zu
hören (H.Kolb, Wilzenbach 167) oder: genauer hinzuhören; Es war schade
um diese Artigkeit, denn er hörte gar nicht darauf (Th.Mann,Krull 172) oder:
. . . denn er hörte gar nicht hin/zu.

Auf jemanden oder etwas hören bedeutet *sich nach jemandem oder dessen Worten richten, seine Worte befolgen:*

> Hör auf meinen Rat!; sie hörten nicht auf ihn und kamen deshalb in große
> Gefahr; Hör auf deine Frau, fahr vorsichtig!

Animus/Animismus/Anus/Animo/Animosität

Das aus dem Lateinischen stammende Substantiv **Animus** wird scherzhaft gebraucht für *Ahnung,* die einer Aussage oder Entscheidung zugrunde liegt oder
gelegen hat und die meist später durch die Tatsachen als richtig bestätigt und
dann als eine Art innerer Eingebung hingestellt wird. Wer beispielsweise ein Grund
stück oder Aktien gekauft hat, bevor die Preise stark anstiegen, kann sagen, daß
er den richtigen Animus gehabt habe, so als ob er einer Eingebung gefolgt sei.

Unter **Animismus** versteht man in der Völkerkunde die urtümliche Vorstellung,
daß alle Dinge beseelt seien und die Seele den Körper verlassen könne, während
man in der Philosophie darunter eine Anschauung versteht, die die Seele als Le-
bensprinzip betrachtet:

> Mit dem Einmarsch ins Reich der Azteken trafen die Spanier zum erstenmal
> nicht mehr auf Wilde, bei denen die Religion nur in leicht zu erschütternden
> Riten und Bräuchen bestand, aus einem primitiven Animismus (Ceram, Göt-
> ter 355); Alle überlieferten Vorstellungen über die Prinzipien der Heilwirkung
> (Magie, Animismus. . .) (Fischer, Medizin II 183).

Anus bedeutet *After:*

> . . . jenes Teils, der vom Anus bis zur Spitze des Penis reicht (Genet [Über.],
> Notre Dame 16).

Das **Animo** ist ein veraltendes Wort. Im Österreichischen wird es sowohl für *Vorliebe* für etwas (er hat Animo für Kaffee) als auch für *Schwung, Lust* (heute hab
ich Animo für einen Heurigen) gebraucht.

Unter **Animosität** versteht man eine ablehnende, feindselige Einstellung einem
anderen gegenüber, die sich in Worten oder Handlungen äußert:

> seine Animosität ihr gegenüber war deutlich zu spüren.

Ankauf/Kauf/Aufkauf

Die Substantive **Ankauf** und **Kauf** bedeuten zwar beide *Erwerb durch Bezahlung,*
doch unterscheiden sie sich in den Anwendungsbereichen und in inhaltlichen
Nuancen. Beim Ankauf handelt es sich oft auch um eine größere Menge einzelner
oder verschiedener, aber zusammengehörender Dinge. Bezeichnet das Substantiv
Kauf den Erwerb von etwas als einen Vorgang ganz allgemein, so deutet die Vor-
silbe An- in Ankauf zusätzlich die Richtung an und weist darauf hin, daß das
Betreffende in jemandes Besitz, in jemandes Verfügungsgewalt gebracht wird.
Ankauf wird in bezug auf privaten oder öffentlichen Handel gebraucht. Unter
Ankauf kann man auch einen Kauf von etwas zur weiteren kaufmännischen Ver-
wertung verstehen:

> der Ankauf von Lumpen, Flaschen, Papier; der Ankauf von Gemälden durch
> die Museumsleitung; für den Ankauf des Konkursbetriebes mußten die Arbei-
> ter 60 000 Mark aufbringen; der Ankauf einer Fernsehfolge; der Ankauf einer
> Aufbereitungsanlage; das Berliner Kupferstichkabinett zweigte von seinem Etat
> für den Ankauf von Kunstgegenständen einen Großteil für eine möglichst re-
> präsentative Sammlung der Modernen ab; das einzige Abenteuer dieses pedan-
> tischen Lebens war der aus dem Vermögen der Frau getätigte Ankauf eines
> kleinen Gutes in Lettland (Plievier, Stalingrad 91).

In all diesen Fällen läßt sich auch das Substantiv *Kauf* anwenden, wenn auch mit
anderem inhaltlichem Akzent. Üblich ist es, vom *Kauf* eines Hauses zu sprechen,
nicht vom *Ankauf.* Spricht man vom Ankauf eines Hauses, dann verbindet sich

damit die Vorstellung, daß zu einem bereits vorhandenen Besitz das Haus hinzukommt.

Daß *Kauf* einen breiteren Anwendungsbereich hat, zeigen die folgenden Beispiele, in denen Ankauf üblicherweise gar nicht eingesetzt werden kann:

> der Kauf von der Stange; Kauf auf Raten; der Kauf eines Hutes, eines Autos, einer Schreibmaschine; wegen den zum Kaufe ausstehenden Schiffe (Brecht, Groschen 32); Drucksache, die ihn zum Kauf irgendwelcher . . . Gegenstände aufforderte (Hildesheimer, Legenden 129); annullieren wir den Kauf (Winckler, Bomberg 80); den Kauf durch Handschlag . . . zu besiegeln (Grass, Hundejahre 72).

Unter **Aufkauf** versteht man den Kauf einer größeren, oft der ganzen Menge einer Ware o.ä.:

> der Aufkauf von Obst, von Getreide aus Furcht vor einer Mißernte; weil die damalige Labour-Opposition. . . dem Aufkauf aller Aktien. . . Widerstand entgegengebracht hatte (Die Welt 25.8.65, 11).

anonym/pseudonym

Anonym bedeutet *namenlos, unbekannt, ohne Namen.* Wenn der Name eines Schreibers oder Urhebers von etwas nicht genannt oder nicht bekannt ist, spricht man von einem anonymen Schreiber, Anrufer usw. Wenn jemand telefonisch angerufen wird, ohne daß sich der Anrufer mit seinem Namen meldet, spricht man von einem anonymen Anruf. Was anonym ist, ist nicht greifbar, man kann sich ihm weder positiv noch negativ zuwenden:

> ich darf mir schmeicheln, daß mich die Erzählung, wäre sie anonym erschienen, niemals an Bugenhagens Verfasserschaft hätte zweifeln lassen (Jens, Mann 114); Ein Lokomotivführer ist doch für die Reisenden eine völlig anonyme Figur (Sebastian, Krankenhaus 193); Alle diese Kinder wurden zu 90 Prozent durch einen anonymen Vater ins Leben gerufen (Petra 10/1966, 68); Die Bauern nun sind in diesem Roman eine dunkle, anonyme Masse (Tucholsky, Werke II 287); der Kampf von Individuen gegen eine anonyme Macht (Jens, Mann 103).

Im Unterschied zu *anonym* ist der Gebrauch von **pseudonym** immer auf eine Person bezogen. Von einem Buch, das sein Verfasser nicht unter seinem eigenen, sondern unter einem erfundenen, falschen Namen veröffentlicht hat, sagt man, daß es *pseudonym* erschienen ist. Was *anonym* erscheint, hat keinen Namen; was *pseudonym* erscheint, trägt zwar einen Namen, aber einen erdichteten, angenommenen:

> Seine Aufsätze mußten pseudonym erscheinen, und jedesmal wählte er einen anderen Decknamen (Niekisch, Leben 252).

anscheinend/scheinbar

In der Alltagssprache wird der Bedeutungsunterschied zwischen den beiden Wörtern häufig außer acht gelassen und *scheinbar* wird im Sinne von *anscheinend* gebraucht. Früher wurden beide Wörter inhaltlich noch nicht streng geschieden. Heute wird folgendermaßen unterschieden: Mit **anscheinend** wird die Vermutung zum Ausdruck gebracht, daß etwas so ist, wie es erscheint; man glaubt, daß etwas auf Grund des Anscheins auch wirklich so ist:

> Niemals wird zwischen den Kunden dieser Geschäfte ein Wort gewechselt; anscheinend hassen sie einander (Koeppen, Rußland 165); Das Mädchen war arm und hatte anscheinend keine Verwandten (Remarque, Triomphe 19); Du bist anscheinend über Nacht zu einem ekelhaften Materialisten herabgesunken (Remarque, Obelisk 69); Man wußte nicht genau, wo geschossen wurde — vorn und hinten und anscheinend von allen Seiten (Plievier, Stalingrad 244).

Das Adjektiv **scheinbar** besagt, daß etwas nur dem Schein nach, aber nicht in Wirklichkeit so ist, wie es sich darstellt. Dieses Wort steht im Gegensatz zu *wirklich, wahr, tatsächlich.* Was nur scheinbar ist, ist eine — oft bewußte — Täuschung; was scheinbar ist, existiert in Wirklichkeit nicht. Verwechslungen zwischen anscheinend und scheinbar entstehen nur beim adverbialen Gebrauch:

> Er wies nach, daß die Regie die Einkünfte nur scheinbar vermehre, in Wahrheit aber dem Staat nichts nütze (Jacob, Kaffee 159); Die meisten Bergsteiger stürzen nicht in erster Linie im schweren Fels, sondern vorwiegend in scheinbar harmlosem Gelände ab (Eidenschink, Bergsteigen 48); . . . der plötz-

lich. . . gestorben war – scheinbar gestorben, denn während Wilke die Nacht
durch. . . an dem Sarg für den Riesen schuftete, hatte der sich plötzlich. . .
vom Totenbett erhoben (Remarque, Obelisk 244); ein einziger Fehler. . .
konnte einen der scheinbar schon Geschlagenen nach vorne bringen (Olympische Spiele 1964, 16); Vorhänge aus Rohr und bunten Perlenschnüren. . .
die scheinbar eine feste Wand bilden (Th. Mann, Krull 13).

Falscher Gebrauch von *scheinbar* liegt in folgenden Beispielen vor:

in diesem Gehege sind scheinbar Mufflons; Ravic sah, daß der Nagel des rechten Mittelfingers abgebrochen und scheinbar abgerissen. . . worden war (Remarque, Triomphe 8); Wann hat dieser Irrsinn einmal ein Ende? Scheinbar
erst, wenn die Notwendigkeit vom Wissen über das Wetter im Gebirge bis
zum jüngsten Mitglied. . . vorgedrungen ist (Eidenschink, Bergsteigen 89); Der
Regierung ist das scheinbar auch recht, sie verliert auf diese Weise alle ihre
Landesschulden (Remarque, Obelisk 45); Also Töpfe hat sie scheinbar noch
nicht gekauft, man wird doch sehr aufs Geld aufpassen müssen (Fallada,
Mann 47).

Während man zwar oft aus dem Textzusammenhang den beabsichtigten Sinn erkennen kann, gibt es jedoch auch nicht selten Texte, bei denen es auf den richtigen Gebrauch, auf die genaue Unterscheidung der beiden Wörter ankommt,
weil andernfalls der Text mißverstanden werden kann. Folgende Belege zeigen,
wie wichtig hier der korrekte Gebrauch ist:

Kardinal: Ganz ausgeschlossen, lieber Graf. . . (Intim lachend, scheinbar versöhnt) (Hochhuth, Stellvertreter 99); Peter Weiss hat seine Leser mit jedem neu-
en Buch in Erstaunen gesetzt, hat scheinbar in jedem neuen Buch einen neuen
Stil entwickelt (Weiss, Marat [Vorbemerkung]);. . . daß diese scheinbar klare
verfassungsrechtliche Unterscheidung die eigentliche Problematik der Diktatur
nicht erschöpft (Fraenkel, Staat 79);. . . indem es der Ingenieur, scheinbar voller Entzücken, hin und her drehte (R. Walser, Gehülfe 134); Witterer und We-
delmann verließen scheinbar einträchtig die Schreibstube (Kirst 08/15,328).

Antagonist/Antipode

Ein **Antagonist** ist ein *Gegner, Widersacher, Feind, Gegenspieler:*

Gewisse Erscheinungen legen es nahe anzunehmen, daß die fortschreitende auf
gemeinsamen Werken ruhende Zivilisation auch die unterdrückten und einge-
kerkerten Antagonisten dieser Gefühle stärkt (Musil, Mann 1465); Der Verfasser schweigt über sie und macht die ,,Lämmer" und ,,Hirten" vom ,,Sakrament
des Lammes" zu Antagonisten des diskreditierten Regimes (Deschner, Talente
20).

Ein **Antipode** ist *jemand, der auf einem entgegengesetzten Standpunkt steht.* Dieser gegensätzliche Standpunkt kann zu einer Gegnerschaft führen, so daß sich dann
die Inhalte beider Wörter berühren. Das Kämpferische, das in dem Wort *Antagonist*
enthalten ist, findet sich jedoch nicht in der Etymologie des Wortes Antipode. *Antagonist* leitet sich etymologisch her aus griechisch *ant(i)* = *gegen* und *agonisma* =
Kampf, während sich *Antipode* herleitet aus griechisch *anti* = *gegen* und *pous* (Genitiv: podos) = *Fuß,* was soviel wie *Gegenfüßler* bedeutet:

Wir wurden Freunde. . . Von unserer gemeinsamen politischen Überzeugung
abgesehen, waren wir eigentlich in allem Antipoden(Jens, Mann 83).

Zwei Freunde können also auf Grund ihrer verschiedenen Temperamente, Ansichten usw. Antipoden, sie können aber nicht Antagonisten, nämlich Widersacher,
Feinde sein.

antiautoritär/unautoritär

Das Adjektiv **antiautoritär** findet sich in verschiedenen Bedeutungen belegt, und
zwar im Sinne von *nicht autoritär, unautoritär,* aber auch *gegen Autorität einge-
stellt, Autorität ablehnend, freiheitlich, frei von Zwang.* Heute wird antiautoritär
vor allem für theoretische Einstellungen, soziale Verhaltensweisen und gesellschaftliche Einrichtungen (z.B. antiautoritäres Denken, antiautoritäre Erziehung,
antiautoritäre Kindergärten) verwendet. Sozialpsychologisch kann unter antiau-
toritärem Verhalten der Wille zur Veränderung [autoritär] geltender gesellschaft-
licher Normen verstanden werden, die z.B. durch antiautoritäre Erziehung, kritische Bewußtmachung und Aufklärung über bestehende gesellschaftliche Normen
und deren Funktion (z.B. Stützungsfunktion für eine herrschende Klasse) erreicht
werden soll.

Antiautoritär drückt auch aus, daß sich das mit diesem Wort Charakterisierte gegen autoritäre Bevormundung, gegen Druck, Dogmen und Drill, d.h. gegen diktatorische Übergriffe jeder Art richtet:

> Die antiautoritäre Leitung der Ferienfreizeit (MM 14.8.70, 4); der antiautoritäre Aufstand von ganz links (MM Silvester 1970, 20).

Manche verstanden anfangs unter antiautoritär die Ablehnung jeglicher Autorität, jeder Begrenzung des einzelpersönlichen Wollens durch Rücksicht auf andere. Sie forderten unbegrenzte Freiheit für ihr eigenes Handeln und setzten mitunter antiautoritäres Handeln mit der Zerstörung des Bestehenden gleich.

Manche Eltern sprechen von antiautoritärer Erziehung, wenn sie eine Erziehung ohne autoritäres Verhalten des Erziehenden meinen. Sie verwenden also das Wort antiautoritär, wo sie **unautoritär** gebrauchen sollten.

Wer seine Kinder unautoritär erzieht, verzichtet von sich aus auf diktatorische Ausübung seiner Macht. Die inhaltlichen Unterschiede zwischen *antiautoritär* und *unautoritär* sind öfter übersehen worden:

> Das Benimm-Handbuch der siebziger Jahre gibt sich antiautoritär. Geblieben ist nur die Anrede „Gnädige Frau... " (Hörzu 2/1971, 65); Man kann es Springer glauben, daß er am Beginn seiner unternehmerischen Laufbahn antiautoritärer, liberaler Demokrat war (Der Spiegel 1/1968, 32).

antik/antikisch/antiquiert/antiquarisch

Antik wird in zwei Bedeutungen gebraucht. 1. *dem klassischen, griechisch-römischen Altertum und seiner Kultur angehörend:*

> In der antiken Mythologie war der Genius die Verkörperung der dem Manne bei der Geburt zugeflossenen Zeugungskraft, die das Einzelleben überdauert (Goldschmit, Genius 23); im antiken Griechenland standen Athen und Sparta ... einander gegenüber (Fraenkel, Staat 194); ... daß die antike Staatstheorie immer wieder um die Gestaltung der idealen Polis ... gerungen ... hat (Fraenkel, Staat 259).

2. *mit einem bestimmten Aussehen, in einer bestimmten Art, die früheren Zeiten entspricht oder ihnen ähnlich ist.* Die Möbelindustrie verwendet dieses Adjektiv in d e r Bedeutung für moderne, aber in betont altem Stil hergestellte Möbel, wobei auf Möbelformen verschiedener Jahrhunderte, nicht jedoch auf die der Antike zurückgegriffen wird:

> Er ... lauscht barocker Musik und ist daheim antik eingerichtet (Die Welt 21.11. 64, 10); Ich sah ... antike Möbel, exotische Teppiche (Thiess, Frühling 174).

Antike Möbel können also sowohl Möbel aus der Zeit des klassischen Altertums als auch altertümliche, sehr alte Möbel sein, die man übrigens im Französischen unterscheidet *(des meubles antiques* und *des meubles anciens).*

Das nur selten gebrauchte Adjektiv **antikisch** bedeutet *dem Vorbild der antiken Kunst folgend, im Stile des klassischen Altertums.* Für antikisch kann auch antik eingesetzt werden, aber umgekehrt kann nicht immer antikisch für antik gebraucht werden. Die Endung -isch dient lediglich der Angleichung des fremden Wortes an das deutsche Formensystem. Früher waren diese Bildungen häufiger im Gebrauch (z.B. kollegialisch, idealisch, sentimentalisch):

> von antikischer Schicksalsergebenheit überschattet (MM 2.5.72, 32).

Was nicht mehr den gegenwärtigen Vorstellungen, dem Zeitgeschmack entspricht, was überlebt und veraltet, aber noch immer existent ist [und Gültigkeit für sich beansprucht] wird **antiquiert** genannt, womit sich im Unterschied zu *veraltet,* das auch rein sachlich kennzeichnend gebraucht werden kann, meist eine gewisse Abwertung verbindet:

> Wir wissen alle, wie antiquiert diese Worte klingen: Güte, Wohlwollen und Großmut (Bodamer, Mann 42); Die Idee des „Empire" scheint diesem englischen Patrioten längst antiquiert (K. Mann, Wendepunkt 370); Auch in Gaisers erstem ... Roman ... wimmelt es von antiquiertem, gespreiztem und lächerlichem Deutsch (Deschner, Talente 52).

Gebrauchte oder alte Bücher o.a., die zum Verkauf angeboten werden, nennt man **antiquarisch:**

> Die Bücher habe ich nach und nach gekauft. ... Viele davon antiquarisch (Remarque, Westen 123); wenn Sie vielleicht noch mal versuchen, mir eine russische

Grammatik zu besorgen. . . Antiquarisch werd' ich schon eine finden (Hochhuth, Stellvertreter 57).

Antiquar/Antiquitätenhändler

Ein **Antiquar** ist *jemand, der mit alten, gebrauchten, oft recht wertvollen Büchern, mit Zeitschriften, Kunstblättern, Handschriften und Noten handelt.*

Ein **Antiquitätenhändler** handelt mit älteren Gegenständen, vorwiegend des Kunsthandwerks, wie Möbel, Arbeiten aus edlen und unedlen Metallen, Keramik aller Art, Glas, Textilien, Münzen usw., aber auch mit Gemälden, dekorativer Graphik, Skulpturen, Plastiken bis einschließlich des Jugendstils.

Apathie/apathisch/Lethargie/lethargisch/Aphasie

Unter **Apathie** versteht man eine *krankhafte Teilnahmslosigkeit, Gleichgültigkeit gegenüber Menschen und Umwelt,* während **Lethargie** soviel bedeutet wie *völlige körperliche und seelische Trägheit; Unansprechbarkeit, Teilnahmslosigkeit, bes. auch Schlafsucht.*
Wer **apathisch** ist, ist gleichgültig gegen äußere Eindrücke; wer **lethargisch** ist, ist körperlich und seelisch träge. Die Apathie ist eine Teilnahmslosigkeit in bezug auf das Reagieren auf Umwelteindrücke. Die *Lethargie* bezieht sich auf die eigene Aktivität bzw. Inaktivität, d.h., es mangelt an Aktivität. Diese Unterschiede lassen sich aus den folgenden Beispielen erkennen.

Apathie:
> politische Apathie; Paasch schaute ins Leere, demonstrierte Apathie, Geistesabwesenheit (Fries, Weg 324); Die Nachricht muß gepfeffert sein, . . . das Bild sensationell, um gegen die Apathie der Überfütterten. . . anzukommen (Gehlen, Zeitalter 61).

Lethargie:
> eine allgemeine Lethargie scheint sich auszubreiten, und die Europäische Gemeinschaft läuft Gefahr, sich in die Winterquartiere zurückzuziehen, wie ein Brüsseler Journalist. . . geschrieben hat (Bundestag 189/1968, 10262); Aber sie besiegte mich jedesmal durch ihre tödliche Lethargie (Böll, Und sagte 56).

Da sich beide Wörter inhaltlich berühren, ließen sich in manchen Texten beide Substantive gegeneinander austauschen, so z.B. in den folgenden Belegen, wo statt *Apathie* auch *Lethargie* stehen könnte:
> Der siebzigjährige Talleyrand erwachte aus seiner Apathie und bewies mit schärfster Dialektik, daß der Absolutismus in Spanien eigentlich gar nicht legitim sei, da das alte Aragon bereits Volksräte gekannt habe (Jacob, Kaffee 211); Er überwand seine gramvolle Apathie (K. Mann, Mephisto 358); Sie saßen da in grenzenloser Apathie, hingen ihren Gedanken nach (Plievier, Stalingrad 307).

Man kann sagen „ich berührte ihn, aber er lag apathisch (nicht: lethargisch) da und bewegte sich nicht".
Unter **Aphasie** versteht man in der Medizin den Verlust des Sprechvermögens oder Sprachverständnisses infolge Erkrankung des Sprachzentrums im Gehirn.
In der Philosophie versteht man unter *Aphasie* die Urteilsenthaltung, besonders gegenüber Dingen, von denen nichts Sicheres bekannt ist.

Apparatur/Apparat/Appretur

Eine Gruppe von zusammengehörigen Apparaten und Instrumenten, eine Anlage von Apparaten also, die im Arbeitsprozeß eine Einheit bildet und einer bestimmten Aufgabe dient, nennt man **Apparatur:**
> Der Pilot saß mürrisch vor seinen Apparaturen und gähnte (Kirst 08/15,607); Das bietet den Vorteil, daß die durch die Apparatur laufende Flüssigkeit während des ganzen Arbeitsganges nur mit diesem einen Werkstoff in Berührung kommt (Kosmos 1/1965, *2).

Bildlich:
> Es ist die Gesellschaft vom Reißbrett, organisiert und diszipliniert durch eine bürokratische Apparatur, aber bar des humanitären Gehalts sozialer Bewegungen (Die Welt 7.5.66, 3).

Ein **Apparat** ist eine aus mehreren Bauelementen bestehende Vorrichtung, ein Gerät, meist ohne bewegliche bzw. (im Gegensatz zu einer Maschine) regelmäßig bewegte Teile, das als Hilfsmittel in technischen Anlagen und Verfahren oder zur Realisierung bestimmter technischer Zwecke dient:

den Apparat einschalten.

Im bildlichen Gebrauch entsprechen sich weitgehend Apparat und Apparatur: der komplizierte Apparat der Verwaltung; den ganzen militärischen Apparat aufbieten.

Appretur ist die Veredelung von Geweben, die Ausrüstung mit etwas, wodurch z.B. Glanz und gefälliges Aussehen des Gewebes bewirkt werden. Unter Appretur versteht man die künstlich gewonnene Glätte und Festigkeit eines Gewebes:

die Appretur ist nicht waschbeständig, aber sie verbessert und verschönert das Aussehen des Gewebes.

Appartement/Apartment

Ein **Appartement** (gesprochen: apart[ə]'mã:) ist 1. *eine kleinere, aber recht viel Komfort bietende Wohnung:*

Kurz nach 14 Uhr trifft Pohlmann die Nitribitt, die einen Hausanzug trägt, in ihrem Appartement an (Noack, Prozesse 17).

2. *einige zusammenhängende Zimmer in einem Hotel, die als eine Einheit, als zusammengehörend betrachtet werden,* wozu mindestens ein Wohnraum, ein Schlafraum, ein Vorraum und ein Bad gehören:

Ein Herr... fuhr mit mir hinauf zum ersten Stock, um mich dort in das mir reservierte Appartement, Salon und Schlafzimmer nebst gekacheltem Bad, einzuführen (Th. Mann, Krull 323).

Als **Apartment** (gesprochen: a'partmənt) bezeichnet man eine *moderne Kleinwohnung,* im allgemeinen nur ein Zimmer mit Küche. Solche Apartments befinden sich beispielsweise in Apartmenthäusern; das sind meist luxuriöse Mietshäuser, die ausschließlich aus Apartments bestehen. Die Bezeichnung Apartmenthaus dient gelegentlich auch als Euphemismus für Bordell.

Arm/Ärmel

Der **Arm** ist ein Teil des menschlichen Körpers, der von der Schulter bis zur Hand reicht:

Dann legte ich mich auf das fremde Bett und verschränkte die Arme unter dem Kopf (Simmel, Affäre 36); In unserem Zimmer fiel mir ein jüngerer Genosse auf, der einen Arm verloren hatte (Leonhard, Revolution 163).

Der **Ärmel** ist Teil eines Kleidungsstückes (z.B. eines Kleides, einer Bluse), der den Arm bedeckt:

Das einzige, worin sie durch meine Kleidung beeinflußt wurden, war, daß sie sich nicht gerne auf meinen Arm setzten, wenn ich einen ihnen fremden Ärmel darüber anhatte (Lorenz, Verhalten I 166); Es macht sich bezahlt, daß Sie die Ärmel aufkrempeln und Ihr Bestes geben (Bild und Funk 7/1967,35).

In der Bekleidungsbranche wird auch *Arm* statt *Ärmel* gebraucht:

Bluse mit langem Arm.

Arthritis/Arthrose

Arthritis ist eine allgemeine Bezeichnung für Gelenkentzündung, für entzündliche Veränderungen an den Gelenkflächen, verbunden mit Gelenkergüssen.

Mit **Arthrose** wird eine degenerative, nicht akut entzündliche Erkrankung eines Gelenks (besonders des Gelenkknorpels) bezeichnet. Hier handelt es sich um ein chronisches, auf Überbeanspruchung, Abnutzung oder traumatischen Ursachen beruhendes Leiden.

asozial/unsozial

Unter **asozial** versteht man in erster Linie ein Verhalten, das gegen die Gesellschaft gerichtet und gemeinschaftsschädigend ist. Asoziale Menschen sind wegen meist krankhafter Anlagen unfähig, sich in die menschliche Gesellschaft einzuordnen, z. B. Kriminelle, Trinker, Prostituierte:

die asoziale Dirne (Die Zeit 5.6.64,43); Sie wußte von mancher Kollegin, die von diesen schwarzen Herren statt einer Bezahlung als asozial und arbeitsscheu in ein KZ geschafft worden war (Fallada, Jeder 56); Die Beamten sollten prüfen, ob es sich bei den Häftlingen um „Unverbesserliche" handle, um „asoziale Elemente" (Niekisch, Leben 352).

Außerdem, wenn auch seltener gebraucht, bedeutet asozial *gemeinschaftsfremd* und wird auf jemanden bezogen, der sich als Sonderling oder Eigenbrötler der Gesellschaft entzieht und außerhalb der Gemeinschaft steht:

> Wenn man die verwandtschaftlichen Beziehungen der sozial zusammenarbeiten-
> den Corviden untereinander und zum Raben erwägt, so kommt man zu der Vor-
> stellung, daß die Asozialität dieses. . . Vogels sekundärer Natur ist (Lorenz, Ver-
> halten I 22).

In der letztgenannten Bedeutung deckt sich *asozial* mit **unsozial**:

> Es war jetzt wieder sehr schön zu beobachten, wie dieses unsoziale Geschöpf
> durch die gute Zusammenarbeit sämtlicher Dohlen gezwungen wurde, sich der
> Soziologie dieser Art anzupassen (Lorenz, Verhalten I 55); Würde man eine glei-
> che Anzahl unsozialer Vögel . . . zwingen, zur Brutzeit auf einem ähnlich engen
> Raum, wie eine Dohlensiedlung ihn darstellt, zusammen zu leben, so würde sich
> unfehlbar ein Paar zu Despoten entwickeln (Lorenz, Verhalten I 42).

Üblicher ist allerdings der Gebrauch von *unsozial* in der Bedeutung *sozial ungerecht,
dem sozialen Empfinden nicht gemäß*, womit meist bestimmte Härten, Nachteile
und finanzielle Belastungen charakterisiert werden:

> unsoziale Abgaben, Steuern; es ist unsozial, die Unkosten auf die Verbraucher
> abzuwälzen; der Portier ist mit zwanzig Prozent, die Mädchen mit dreißig betei-
> ligt. Sie sehen, ich bin nicht unsozial (Dürrenmatt, Meteor 66); das „unsoziale"
> und „unchristliche" Verhalten des Essener Seelsorgers (Der Spiegel 5/1971, 78);
> → sozial.

Astronomie/Astrologie/Astronom/Astrologe/astronomisch/astrologisch

Unter **Astronomie** versteht man die Stern- und Himmelskunde, die Wissenschaft
von den Himmelskörpern. Wer sich mit der Astronomie beschäftigt, ist ein **Astro-
nom**.

Unter **Astrologie** versteht man gemeinhin die Sterndeutung, die Lehre vom Einfluß der Gestirne auf irdisches Geschehen und die Deutung des menschlichen
Schicksals aus den Sternen, wie es mittelalterlicher Überlieferung entsprach. Die
Astrologie selbst versteht sich heute jedoch als eine Lehre, die aus der mathematischen, formelhaften (Hamburger Schule) Erfassung der Örte und Bewegungen
der Himmelskörper unseres Sonnensystems sowie von orts- und zeitabhängigen
Koordinatenschnittpunkten Schlüsse zur Beurteilung von irdischen Gegebenheiten und deren Entwicklung zieht. Wer sich mit der Astrologie beschäftigt, wer
das Schicksal eines Menschen aus der Stellung der Gestirne bei seiner Geburt ab-
leitet, ist ein **Astrologe**. Die entsprechenden Adjektive sind **astronomisch** bzw.
astrologisch. *Astronomisch* wird aber nicht nur in der Bedeutung gebraucht *die
Astronomie betreffend, zu ihr gehörend, mit ihren Mitteln erfolgend*, sondern
auch in emotional verstärkender Weise in der Bedeutung *unvorstellbar groß* in
Verbindung mit Preisen oder Zahlenangaben:

> Über die Mitgift . . . erging sich . . . das Volk in Phantastereien. Man befand sich
> im Taumel, man war von einer tollen Sucht besessen, mit wahrhaft astronomi-
> schen Ziffern um sich zu werfen (Th.Mann, Hoheit 248); Seit man Uran. . . in
> Atomkraft verwandeln konnte, war sein Preis zu astronomischen Höhen empor-
> geschnellt (Menzel, Herren 112).

Athlet/Athletiker

Ein **Athlet** ist einerseits ein Sportler, jemand, der an größeren Wettkämpfen teil-
nimmt, entweder als Leicht- oder als Schwerathlet, und andererseits ist ein Athlet
ein Mann, der sich durch besondere Kraft und entsprechendes Aussehen - z.B.
durch stark ausgeprägte Muskulatur - auszeichnet, ein Kraftmensch:

> Schwierigkeiten werden die Olympischen Spiele 1968 in Mexiko für viele Athle-
> ten bringen . . . (MM 23./24.10.65, 17); Nach dem Gesetz erotischer Dialektik
> ziehen die zwei unvermeidlicherweise einander an, der strahlend gesunde Ath-
> let und der introvertierte Intellektuelle (K. Mann, Wendepunkt 186).

In der medizinischen Psychologie bezeichnet man mit **Athletiker** den Menschentyp,
dessen Körperbau im Unterschied zum Astheniker, Leptosomen und Pykniker durch
ausgeprägte Muskulatur besonders an Schultergürtel und Gliedmaßenenden auffällt,
der kräftigen, groben Knochenbau, straffe, fettarme Haut und derbe Gesichtszüge
hat:

> Unter diesen pastös plumpen Athletikern traf ich in der Anstalt auch vereinzelt
> solche, bei denen ein massiger Oberkörper auf einem . . . kümmerlich dünnen
> Unterbau. . . saß (Kretschmer, Körperbau 29).

Attrappe/Agraffe

Eine **Attrappe** ist eine täuschend ähnliche Nachbildung von etwas. Das kann eine für Werbe- oder Ausstellungszwecke bestimmte Nachbildung einer Ware sein, z.B. eine Leerpackung einer Zigarettenschachtel oder eine Nachbildung verderblicher Lebensmittel (Torte, Fleisch):

> Im Schaufenster lagen nur Attrappen; Ein ABM-System. . . würde ausfindig machen, welche heranrasenden Geschosse atomare Sprengköpfe tragen und welche Attrappen sind (vom Feind auf den Weg gebracht, um die Verteidigung zu verwirren) (Der Spiegel 1—2/1966, 54).

Auch die vergleichende Verhaltensforschung verwendet im Experiment *Attrappen,* das sind zur bewußten Täuschung bestimmte Nachbildungen, auf die die Tiere „hereinfallen" sollen:

> Versuche mit Attrappen oder mit Ammenvögeln, die der betreffenden Art nahe verwandt. . . sind, könnten über diese Frage Aufklärung bringen (Lorenz, Verhalten I 160).

Im übertragenen Sinn wird das Wort meist abwertend gebraucht für etwas, was ohne eigenständige Bedeutung, ohne Kraft und Wirkung ist; etwas, von dem weder im Guten noch im Bösen etwas zu erhoffen bzw. zu befürchten ist:

> Die Arbeiterparteien waren keine Gegner mehr, sondern nur noch Attrappen (Niekisch, Leben 256); Woran liegt es nur, daß die Tränen in einem Falle ein echter Gefühlsausdruck, im anderen aber eine leere Attappe sind? (Greiner, Trivialroman 50).

Eine **Agraffe** ist eine *Schmuckspange.* Ursprünglich diente sie zum Zusammenhalten und Raffen des Stoffes mittels Haken und Öse.

aufbrechen/erbrechen

Die hier in ihrem transitiven Gebrauch zur Diskussion stehenden Verben aufbrechen und erbrechen besagen, daß etwas gewaltsam geöffnet wird. Etwas **aufbrechen** bedeutet *sich mit Gewalt und durch Zerstörung von etwas Zutritt in einen Raum o.ä. oder Zugang zu einem Behälter o.ä. verschaffen:*

> Er brach einen Kellerraum auf (Kuby, Sieg 233); Er begab sich in das Wohnzimmer, . . . um an ein Schränkchen zu gelangen. Das brach er auf und nahm alle Papiere an sich (Kirst 08/15,805); Mit der stumpfen Seite brach er den Kopf auf und tastete nach den Gehirnsteinen (des Kabeljaus) (Bieler, Bonifaz 75); Mit Mühe brachte er den Hirsch auf die Decke, brach ihn auf (Löns, Gesicht 147); Ich denk mir, die Krume wird aufgebrochen beim Pflügen (Hacks, Stücke 32); Ich sollte ihm die erkaltende Hand aufbrechen (Jahnn, Geschichten 181).

Bildlich:

> Der Geist, der den Meißel nahm und die Geheimnisse aufbrach (Wiechert, Jerominkinder 669); Der Hebel dient. . . dem östlichen Versuch, den Natopakt aufzubrechen (FAZ 25.11.61, 2).

Das mit „aufbrechen" konkurrierende Verb **erbrechen** wird nur in gehobener Sprache gebraucht und bedeutet *sich zu etwas Verschlossenem Zugang verschaffen.* Während es sich bei aufbrechen nicht stets um etwas Geschlossenes, Abgeschlossenes, Zugeschlossenes oder Verschlossenes handeln muß — es kann ja auch eine Straßendecke, das Pflaster o.ä. aufgebrochen werden —, wird erbrechen nur auf Abgeschlossenes, Zugeschlossenes oder Verschlossenes angewendet, also auf etwas, dessen Inhalt o.ä. absichtlich für andere unzugänglich gemacht worden ist.*Aufbrechen* besagt nur, daß etwas Verschlossenes geöffnet wird; erbrechen stellt zusätzlich noch einen Bezug zu dem im Innern Befindlichen her, an das man auf diese Weise gelangen will. Im Unterschied zum Verb aufbrechen ist bildlicher Gebrauch von erbrechen nicht üblich:

> Ein gräßliches Bild zeigte sich ihnen, als die Tür erbrochen worden war. Ihr Freund lag . . . tot am Boden (Menzel, Herren 9); Ich sehe keinen Grund, deswegen ihre verschlossene Schublade zu erbrechen (Frisch, Gantenbein 294); Tempel und Königsgräber werden erbrochen (Schneider, Leiden 69); mein Großvater witterte in besagtem Dokument sofort eine neue ausgedehnte Lektüre, erbrach . . . die Siegel und begann zu lesen (Lenz, Suleyken 15); Aufschreckend war er sicher, den Brief nicht erbrochen zu haben (Johnson, Ansichten 70).

aufdringlich/zudringlich/vordringlich

Aufdringlich ist jemand, der einem anderen durch Fragen, Bitten usw. lästig fällt, dem sich der Betroffene gern entziehen möchte, ohne es jedoch recht zu können. Aufdringlichkeit ist das penetrante Verhalten eines Menschen. Ein Kind kann einem Fremden gegenüber aufdringlich sein und aufdringlich fragen und damit den Betreffenden belästigen:

> Das Blitzlicht der aufdringlichen Besucher, die sein . . . Heim photographieren (Koeppen, Rußland 198); Sebstian ist kein aufdringlicher Mensch (Waggerl, Brot 159).

In literarischer Ausdrucksweise kann *aufdringlich* auch in bezug auf eine Sache, ein Geschehen o.ä. gebraucht werden:

> Die Uhr an Susys Handgelenk tackte aufdringlich (Roehler, Würde 39); . . . Vermittlungsschrank, dessen Klappen mit aufdringlichem Schnarren emsig fielen (Kuby, Sieg 207); der von Körperwärme aufdringlich ausgedünstete Wundgestank (Apitz, Wölfe 66).

Zudringlich ist jemand, der einem anderen zu nahe tritt. Während mit *aufdringlich* das Zur-Last-Fallen, die Belästigung charakterisiert wird, weist *zudringlich* auf die Hemmungslosigkeit des Betreffenden hin. Das Wort wird oft aufs Sittliche bezogen. Ein junger Mann kann bei einem Mädchen zudringlich werden:

> Mit mindestens 21 Dolchstichen. . . hat die . . . Gastarbeiterin . . . ihren 26 Jahre alten Schwager erstochen, als er nach ihren Angaben zum wiederholten Male zudringlich wurde (MM 27.3.69, 12).

Was **vordringlich** ist, ist so dringend und wichtig, daß es anderen Dingen gegenüber vorgezogen, vor anderem behandelt werden muß:

> vordringliche Aufgaben; dieser Antrag auf Unterstützung ist vordringlich zu bearbeiten; Im Augenblick ist die Arbeit an der Front am vordringlichsten (Leonhard, Revolution 245).

Aufschrift/Inschrift/Anschrift/Beschriftung/Unterschrift/Überschrift/Schrift

Eine **Aufschrift** ist ein Wort oder ein kurzer Text auf einem Gegenstand, und zwar meist darauf geschrieben oder aufgeklebt:

> Er zeigte auf eine . . . Latte mit der Aufschrift: Attention! (Remarque, Triomphe 223); ein breites, grünes Band mit der Aufschrift: Haut uns endlich die Nasen ein (Bieler, Bonifaz 230); ich. . . las auf dem Deckel die entwürdigende Aufschrift „Der kleine Zauberkünstler" (Hildesheimer, Legenden 75); ein Haus . . . , das auf einem erleuchteten Glasschild die Aufschrift „Hotel" trug (Zuckmayer, Fastnachtsbeichte 169).

Eine **Inschrift** ist ein kurzer oder längerer Text, der im allgemeinen dauerhaft in das betreffende Material – z.B. auf Denkmälern – eingeritzt oder graviert ist. Meist ist der Text zum Gedenken an jemanden oder etwas an einer bestimmten Stelle angebracht:

> Eine Kette mit einer kleinen Platte und der Inschrift „Toujours Charles" (Remarque, Triomphe 20); eine zersprungene Marmortafel mit der gemeißelten Inschrift (Geissler, Wunschhütlein 36); Mit Emma lag ich . . . zwischen zwei Gräbern, und wir aßen Leberwurst . . ., während ich die Zeilen der vergoldeten Inschrift buchstabierte (Bieler, Bonifaz 75).

Eine **Anschrift** ist die Adresse, ist die Angabe, wo jemand wohnt. Die *Anschrift* enthält den Namen des Empfängers, den Bestimmungsort mit den postamtlichen Leitangaben und die Zustell- oder Abholangaben:

> er habe ihnen die Anschrift seines Vaters gegeben (Schaper, Kirche 108).

Aufschrift im postalischen Bereich ist im Unterschied zu Anschrift der umfassendere Begriff, der nicht nur die Anschrift, sondern auch alle anderen Angaben der Außenseite einer Postsendung in sich schließt. Unter diesen Angaben sind vor allem die Bezeichnung der Sendungsart, der Vermerk einer besonderen Verwendungsform und die Vorausverfügung des Absenders zu erwähnen.

Die **Beschriftung** ist das, was auf etwas geschrieben worden ist, um anzugeben, wofür oder für wen etwas bestimmt ist, was darin enthalten ist usw. *Beschriftung* kann sowohl den Vorgang bezeichnen:

die Schüler waren mit der Beschriftung der Pappschilder beschäftigt

als auch das Ergebnis:

wegen der Beschriftung ist die Pappe nicht mehr zu verwenden.

Während bei *Aufschrift* der Text, der Inhalt des Textes im Vordergrund steht, wird mit dem Wort *Beschriftung* lediglich ausgedrückt, daß Schriftzeichen, Buchstaben auf etwas geschrieben worden sind.

Die **Unterschrift** ist sowohl – und in erster Linie – der Namenszug unter einem Schriftstück o.ä.:

> er hat seine Unterschrift gegeben; er . . . fälscht Unterschriften (Noack, Prozesse 15)

als auch – aber seltener – der erklärende Text, der unter etwas, z.B. unter einem Bild, steht:

> Die Unterschrift unter der Zeichnung lautete: Landschaft am Meer.

Die **Überschrift** ist der Text oder Titel, der über etwas steht, z.B. über einem Aufsatz, einem Gedicht, einem Kapitel:

> das Gedicht trug die Überschrift: Einsamkeit; er überflog die Überschriften und schob dann die Zeitung beiseite (Remarque, Triomphe 156).

Das Wort **Schrift** bedeutet einerseits *Handschrift:*

> er hat eine schöne, gut leserliche Schrift; Mit seiner nach links geneigten . . . eng zusammengedrängten Schrift (Kuby, Sieg 186)

und andererseits ganz allgemein *das, was in Schriftzeichen geschrieben worden ist,* z.B. im Unterschied zu etwas Gedrucktem:

> in gotischer Schrift (Kirst 08/15, 654); in goldener und blauer Schrift (Bieler, Bonifaz 7); . . . sollte sich die Schrift leichter entziffern lassen (Nossack, Begegnung 403); Die Schrift lief gleich aus, und es kam noch zu einem Tintenklecks (Nossack, Begegnung 236).

auslosen/verlosen

Das Verb **auslosen** (dazu auch die substantivische Ableitung *Auslosung)* besagt, daß ausgesetzte Preise, Gewinne usw. durch den Losentscheid einem Gewinner zufallen:

> Anteile, Prämien, Gewinne, Obligationen auslosen; Ausgelost wurden am Sonnabend für die ,,Berliner Tipprunde" 91 700 DM (Die Welt 6.12.65,9); Alle richtigen Einsendungen. . . nehmen an der Auslosung. . . teil. Wertvolle Preise winken den Gewinnern (Hörzu 5/1972, 56).

Aber auch Gegenstände können ausgelost (häufiger jedoch: verlost) werden:

> eine Pferdemarktlotterie, wo Gäule und Kühe ausgelost werden (Bieler, Bonifaz 225).

Auslosen hat außerdem die Bedeutung *durch Los bestimmen, wer für etwas in Frage kommt, wer eine bestimmte Aufgabe zu übernehmen hat:*

> es wurde ausgelost, wer diesen Auftrag ausführen sollte; Gewinner auslosen; . . . denn ob der Wolkenbrüche wurden vier Mann zum Essenholen ausgelost (Fühmann, Auto 157); 85 Teilnehmer waren ausgelost worden, 77 erreichten das Ziel (Olympische Spiele 1964, 12).

Verlosen (dazu auch die substantivische Ableitung *Verlosung)* entspricht der erstgenannten Bedeutung von *auslosen,* doch werden bei verlosen im Unterschied zu auslosen als Objekte vor allem konkrete Dinge, also die als Preis ausgesetzten Gegenstände, genannt:

> drei Autos, Geschenke wurden verlost.

Während bei dem Verb *auslosen* über den Vorgang als solchen der Blick auch auf denjenigen gelenkt wird, der das Ausgeloste erhält, stellt *verlosen* diesen Bezug nicht her. Dieses Verb besagt lediglich, daß durch das Los dem Bestand sämtlicher Gewinne ein Teil entnommen wird.

Automation/Automatisierung/Automatisation

Unter **Automation** versteht man die Entwicklungsstufe der Mechanisierung in technischen Bereichen, die durch den Einsatz weitgehend bedienungsfreier Arbeitssysteme gekennzeichnet ist.

Automatisierung ist ein Begriff der modernen technischen Entwicklung, der den selbsttätigen Ablauf technischer Vorgänge nach einem festgelegten Plan oder in Bezug auf festgelegte Zustände durch Einsatz geeigneter Automatisierungsmittel charakterisiert.

Automatisierung kennzeichnet allgemein den Vorgang der Umstellung auf Mechanisierung in technischen Bereichen, während mit *Automation* der erreichte Zustand, eine Entwicklungsstufe der Mechanisierung gemeint ist. Jedoch wird zwischen Automation und Automatisierung nicht immer streng geschieden, so daß für *Automatisierung* auch *Automation* gebraucht wird:

> Nicht zu vergessen die Automation: Wir brauchen gar nicht mehr so viele Leute (Frisch, Homo 150); Das Gaststättengewerbe steht in der vordersten Linie der Automation (FAZ 101/1958,7); Der Sog zur Automation und Mechanisierung stelle alle Ausbildungsstätten vor immer neue Lehraufgaben (Die Welt 12.2.66, Betrieb und Beruf).

Automatisierung:

> diese fortschreitende Automatisierung führt zu einem mangelnden Kontakt mit dem Auto und mit der Straße (Frankenberg, Fahren 195).

Für *Automatisierung* wird gelegentlich auch **Automatisation** gebraucht:

> Hier. . . scheiden sich die Wege zwischen Manufakturarbeit und Automatisation (Die Welt 11.11.61, Die geistige Welt 5).

autoritär/autoritativ/autokratisch/authentisch/autorisiert/autonom/autark/autarkisch/autochthon/autistisch/autogen/authigen

Autoritär und **autoritativ** bedeuteten früher gleichermaßen *auf Ansehen gegründet, berechtigt; maßgebend, anerkannt.* Im Laufe der Zeit haben sich Differenzierungen entwickelt, ohne daß jedoch beide Adjektive immer ganz streng getrennt werden. Der Duden verzeichnet das Wort *autoritär* zuerst im Jahre 1934 in der 11. Auflage mit den Bedeutungsangaben *auf Autorität beruhend, mit Autorität herrschend oder führend.*

Das Adjektiv *autoritativ* steht seit 1915 (9. Auflage) mit der Erklärung *maßgebend* im Duden.

Autoritär hat in den folgenden Belegen aus der NS-Zeit noch keinen abwertenden Inhalt. Es bedeutet *mit überlegener Macht ausgestattet, aus eigener Machtvollkommenheit:*

> Es war daher die Voraussetzung, daß eine neue Basis gefunden wurde, um eine Führung aufzubauen, die, über den streitenden Teilen stehend, autoritär über beide Entscheidungen fällen kann (WHW 1935/36; zitiert bei E. Seidel:Sprachwandel im Dritten Reich 150); Die Frontstellung zwischen den autoritären Sozialstaaten und den Gelddiktaturen der Plutokratie ist eindeutig und klar (WHW 1941/42; zitiert bei E. Seidel: a.a.O. 152).

Auch in den folgenden Belegen enthält das Adjektiv *autoritär* noch nicht die pejorative Note:

> Frankreich besitzt seit Errichtung der fünften Republik auf Grund der Verfassung vom 4. Oktober 1958 ein parlamentarisches Regierungssystem mit stark autoritärem Einschlag und plebiszitären Elementen (Fraenkel, Staat 239); . . . ihr Sinn liegt im unmittelbar . . . offenbaren Willen Gottes. Dazu gehört dann allerdings auch eine streng autoritäre römisch-katholische Theologie (Fraenkel, Staat 171); Einem König die Wahrheit sagen, der nicht nur autoritär dachte, sondern eben auch ein Genie war, das war nicht leicht (Jacob, Kaffee 159).

Während die autoritären Regierungen früherer Zeiten als Typen der politischen Organisation vor allem in der Übergangsphase von der absolutistischen zur konstitutionellen Monarchie zu finden waren, stellen die autoritären Regime der neueren Zeit meist Verfallsformen der demokratisch-parlamentarischen Ordnung dar.

In jüngster Zeit wird *autoritär* weitgehend pejorativ gebraucht, so daß der wertneutrale Gebrauch kaum noch auftritt. *Autoritär* ist an die Bedeutungen von *totalitär* und *diktatorisch* herangerückt. Das neugebildete Gegenwort →*antiautoritär* ist zu einem politischen Schlagwort geworden.

In den folgenden Belegen ist *autoritär* sinnverwandt mit *diktatorisch:*

> Entscheidungen konnten nicht mehr autoritär getroffen werden (Aufbr.ch 7/1968, 1); Nicht nur politisch herrschte hier der Stil autoritärer und meist brutaler Sicherheit (E. Jünger, Bienen 75); Erst sein wirtschaftlicher Aufstieg. . . machte ihn . . . autoritär und nationalistisch (Der Spiegel 1/1968, 32); Der Nürnberger Pädagoge, dem Sütterlin-Schrift und „Stillsitzen" als Beweise der „psychologischen Grausamkeit der autoritären Schule" gelten (Der Spiegel 49/1967, 194).

Autoritativ bedeutet *auf Autorität beruhend, aus legitimer Vollmacht handelnd, maßgebend, enscheidend:*

> der so ganz und gar nicht autoritäre, doch selbstverständlich autoritative Umgangston des Dirigenten mit seinen Musikern macht diese . . . Probenplatte

... zum Zeugnis dafür, daß Walter Humanität nicht nur formulierte, sondern auch handelte (fono forum 2/1972, 97); Den Erklärungen der Regierung sollte grundsätzlich ein autoritatives Gewicht zugebilligt werden (Niekisch, Leben 106).

Nur selten wird autoritativ auch als Synonym zu autoritär im abwertenden Sinn gebraucht:

Dort wird die öffentliche Meinung nicht von einer Elite der besten Köpfe... geformt, sondern autoritativ befohlen (Hesse, Briefe 402).

Autokratisch bedeutet *selbst- oder alleinherrschend, unumschränkt:*

Ihre Funktion erschöpft sich darin, Vollzugsorgan einer autokratischen Parteiführung oder eines formal demokratisch gewählten Parteikonvents zu sein (Fraenkel, Staat 98).

Autokratisch und *autoritär* lassen sich in bestimmten Kontexten austauschen, wobei jeweils der Akzent verlagert wird. Das Adjektiv autokratisch betont, daß jemand allein herrscht und entscheidet, während das Adjektiv autoritär den Blick auf d i e richtet, die beherrscht werden, die unter der Macht und dem Einfluß eines anderen stehen.

Authentisch bedeutet *in bezug auf den genauen Wortlaut zuverlässig oder in bezug auf die Darstellung richtig, der Wahrheit entsprechend, beglaubigt, urkundlich rechtsgültig, verbürgt:*

Vorliegende Zitate sind, mit geringen Veränderungen, authentisch (Kirst 08/15, 636); und da — und auch das ist authentisch — beugt er sich plötzlich zum Bruder (Ceram, Götter 106); Gibt es irgendeine Identität oder authentische Verwandtschaft zwischen meinem gegenwärtigen Ich und dem Knaben, dessen Lokkenkopf ich von vergilbten Photographien kenne? (K. Mann, Wendepunkt 19); nach einer Fülle authentischer Abschriften (Die Welt 28.6.65,7); Authentische Schilderungen des ersten Mondfluges (B+Z Berater 8/1970,7).

Autorisiert ist das zweite Partizip von autorisieren. *Jemanden autorisieren* bedeutet *jemanden zu etwas ermächtigen; jemanden bevollmächtigen, etwas zu tun; jemandem die Vollmacht zu etwas geben.* „Etwas autorisieren" bedeutet „etwas genehmigen".

Dementsprechend heißt *autorisiert* sowohl *ermächtigt, befugt* als auch *genehmigt:*

Ich bin autorisiert, Ihnen einen Vorschuß von fünfhundert Dollar auszuhändigen (Habe, Namen 243); Auch seine Fernsehfassung wurde noch im Einvernehmen mit Bergengruen konzipiert und von diesem autorisiert (Bild und Funk 11/1966, 33); ... stellte der Sprecher ... einer Erklärung die Bemerkung vor aus, sie sei von Erler autorisiert (Die Welt 16.1.65, 1).

Autonom bedeutet *[in bezug auf die Verwaltung] selbständig, unabhängig, nach eigenen Gesetzen lebend:*

autonom handeln; das Funktionieren autonomer politischer Parteien (Fraenkel, Staat 242); Der Liberalismus ist also... „das Ergebnis eines langen geschichtlichen Werdegangs, dessen Wurzeln in dem Verlangen des menschlichen Geistes liegen, autonom sein, die eigene Persönlichkeit selbständig und nicht nach fremden Geboten zu entwickeln (Fraenkel, Staat 183).

Autark bedeutet *wirtschaftlich unabhängig; unabhängig [von Einfuhren aus dem Ausland], sich selbst versorgend; auf niemanden angewiesen, selbständig:*

Wer nicht autark sein kann, ist nicht autonom; Wenn man davon ausgeht, daß die gemeinsame Agrarpolitik nicht in autarke Bahnen abgleiten darf (Die Welt 26.1.63, Das Forum); Unteroffizier Soeft... hat... so etwas wie eine Privatfarm für die dritte Batterie organisiert. Dadurch waren wir verpflegungswirtschaftlich so gut wie autark (Kirst 08/15, 376); heute ist die „Volkswagen do Brasil" die autarkste aller VW-Töchter (Hobby 14/1968, 50); Wir haben unsere eigenen Gesetze und Tabus. .. Wir genügen uns; wir sind autark (K. Mann, Wendepunkt 28); die angeblich geistig autark und ethisch intakt gebliebenen christlichen Individualisten (Deschner. Talente 19).

In den Texten, die sich auf Wirtschaftliches beziehen, ließe sich unter Umständen auch *autonom* einsetzen. Der Unterschied zwischen *autark* und *autonom* wird aber deutlich, wenn man die Etymologien der Wörter betrachtet. Griechisch „autarkes" bedeutet „sich selbst genügend". „Autonom" leitet sich her von „auto(s)" = „selbst" und „nomos" = „Gesetz". Wer autark ist, braucht also niemanden weiter, ist sich selbst genug, ist selbständig, braucht keine Hilfe oder Unterstützung von anderen. Wer *autonom* ist, ist insofern selbständig, als er sich von anderen keine Vorschriften machen zu lassen braucht und selbst über seine Angelegenheiten entscheidet.

Autarkisch ist eine ältere Form für *autark* (vgl. antikisch, idealisch):
> Noch die selbstvergessene Leidenschaft von Romeo und Julia. . . ist kein autarkisches An sich, sondern wird geistig (Adorno, Prismen 106).

Autochthon bedeutet *bodenständig, eingeboren, alteingesessen.* Was *autochthon* ist, ist aus dem Urboden, der Grundsubstanz erwachsen, gehört dazu:
> auch dann ist der Biotop auf die Zufuhr nicht autochthoner, d.h. biotop-fremder Nährstoffe angewiesen (Thienemann, Umwelt 43); Auf dem deutschen Kasernenhof herrscht nun wieder der autochthone Unteroffizier (Kantorowicz, Tagebuch I 656); Das Gasthaus gehört nicht sichtlich zu einer Dorf- oder anderen Gemeinschaft und ist keineswegs, was man autochthon nennen würde (FAZ 16.9.61, 50).

Das Adjektiv **autistisch** gehört zum Substantiv Autismus, worunter man Insichgekehrtheit, Kontaktunfähigkeit, Unzugänglichkeit versteht.

Autogen bedeutet *von selbst entstehend, selbsttätig.* Bekannt ist dieses Adjektiv durch die Verbindungen *autogenes Schweißen* (= unmittelbare Verschweißung zweier Werkstücke mit heißer Stichflamme ohne Zuhilfenahme artfremden Bindematerials) und *autogenes Training,* worunter man eine Methode der Selbstentspannung versteht.

Das Adjektiv **authigen** bedeutet *am Fundort selbst entstanden* in bezug auf Gesteine.

-bar/-lich

Von manchen Verben werden konkurrierende Adjektive mit den Endungen -bar und -lich gebildet. Sie sind zwar oft inhaltlich identisch oder ähnlich, doch unterscheiden sie sich nicht selten insofern voneinander, als die Formen mit -*bar* die Möglichkeit, die Formen mit -*lich* ein Merkmal angeben und zusätzlich ausdrücken, daß etwas ohne Schwierigkeiten, leicht getan werden kann, z.B. bestechbar/bestechlich, bewegbar/beweglich, erklärbar/erklärlich, lösbar/löslich, zerbrechbar/zerbrechlich.

Was *erklärbar* ist, ist einer Erklärung grundsätzlich zugänglich. Was *erklärlich* ist, kann durch Erklären auch tatsächlich verstanden werden, ist daher so gut wie selbstverständlich.

Im Unterschied zu vielen -bar-Bindungen, die sehr häufig ad hoc gebildet werden, gehören die -lich-Bildungen zum festen lexikalischen Bestand und kennzeichnen in der Regel eine Person oder Sache innewohnende Eigenschaft.

Auch die mit *un-* verneinten -bar-/lich-Bildungen haben einen unterschiedlichen Inhalt. Die verneinten Bildungen auf -bar besagen in stärkerem Maße, daß es überhaupt nicht möglich ist, etwas Bestimmtes zu tun, zu schaffen (unersetzbar, unverletzbar), während die verneinten Bildungen auf -lich vor allem die Möglichkeit einer v ö l l i g e n Bewältigung ausschließen (unersetzlich, unverletzlich); → bestechbar/bestechlich, → faßbar/faßlich, → kostspielig/kostbar/köstlich, → lesbar/leserlich, → lösbar/löslich, → sichtbar/sichtbarlich/sichtlich/ersehbar/ersichtlich, → unübersehbar/unübersichtlich, → vernehmbar/vernehmlich, → zerbrechbar/zerbrechlich.

bäuerlich/bäurisch

Bäuerlich bedeutet *einem Bauern gehörend oder vom Bauernstande ausgehend, stammend, beim Bauernstande üblich:*
> 24 Millionen bäuerliche Betriebe (Fraenkel, Staat 24); . . . mit der − zur Brechung des bäuerlichen Widerstandes durchgeführten − Zwangskollektivierung der Bauern (Fraenkel, Staat 50); das bäuerliche Schlaue dieses Feilschens (Feuchtwanger, Erfolg 775).

Das Adjektiv **bäurisch** hat abwertende Bedeutung im Sinne von *grob, plump, ohne Verfeinerung durch Kultur:*
> sich bäurisch benehmen; das bäurische Kopftuch mißfiel ihm.

bedenklich/nachdenklich

Bedenklich nennt man eine Sache, zu der man kein Zutrauen hat, der gegenüber man Zweifel, Mißtrauen und Besorgnis empfindet:
> der Kahn schaukelte bedenklich auf dem See; Eine höchst bedenkliche Steuerpolitik (Thieß, Reich 454); Der Arme. . . wurde niedergedrückt, . . ., wodurch

der tiefe Sinn dieser Liebesreligion eine bedenkliche Entstellung erfuhr (Thieß, Reich 371).

Wenn sich *bedenklich* auf Personen bezieht, bedeutet es, daß sie voller Bedenken und Vorbehalte einer Sache gegenüber sind:

Eigentlich hätte mich das bedenklich machen müssen (Fallada, Herr 16); Die ganze Geschichte war nicht sehr einladend. Wir sahen uns recht bedenklich an (G. Hauptmann, Schuß 13).

Nachdenklich bedeutet *mit etwas gedanklich beschäftigt, in Gedanken versunken,* wobei im allgemeinen ein äußerer Anstoß den Anlaß zum Überdenken und Überprüfen einer Sache gegeben hat. Ein Architekt, der den Bauplan eines Hauses entwirft, ist zwar gedanklich mit seinem Projekt beschäftigt, er ist aber nicht nachdenklich. Wer aber plötzlich durch ein Erlebnis, eine unangenehme Nachricht o.ä. aufgestört wird, kann nachdenklich werden:

Aber es wäre das gleiche, wie wenn wir nachdenklich werden vor der Photographie eines toten Kameraden (Remarque, Westen 90); Sie haben Gesichter, die nachdenklich machen (Remarque, Westen 135); die kleine Zigeunerin blickte nachdenklich nach dem recht erheblichen Trinkgeld (Langgässer, Siegel 506); Die Clowns..., über die Stanko und ich so herzlich lachten (ich aber tat es in nachdenklichster Hingezogenheit) (Th. Mann, Krull 221).

In bezug auf P e r s o n e n ließen sich zwar *nachdenklich* und *bedenklich* austauschen, doch änderte sich dadurch die Aussage, denn es ist ein Unterschied, ob jemand ein *nachdenkliches* Gesicht macht und versonnen vor sich hinblickt oder ob er ein *bedenkliches* Gesicht macht, weil er etwas befürchtet:

dabei machte er ein bedenkliches Gesicht... vielleicht... wolle sie irgendwie dartun, daß sie sich betrogen fühlte... und machte das Geräusch heranrollender Panzer nach (Böll, Adam 36); Kurt war eben dabei, mit nachdenklicher Miene seinen Smoking abzulegen (Baum, Paris 23).

bedeutend/bedeutungsvoll/bedeutsam

Das Adjektiv **bedeutend** drückt aus, daß jemand oder etwas auf Grund seines Wertes oder seiner Wichtigkeit Anerkennung verdient; daß jemand oder etwas andere bzw. anderes überragt und dadurch auffällt:

Man sagte mir, die Herren seien bedeutende Verleger (Koeppen, Rußland 202); was an Hauptmann bedeutend sei, verstand ich damals ebensowenig, wie man es etwa heute versteht (Musil, Mann 1607);... unter Zurückdrängung... der noch immer bedeutenden privaten Viehhaltung der Kollektivbauern (Fraenkel, Staat 55); Ein sehr bedeutendes Kunstobjekt (Remarque, Obelisk 215); Alles ist mir seither so bedeutend geworden, – Dinge und Menschen (Th. Mann, Krull 369).

Auch in verstärkender Funktion wird *bedeutend* bei Verben und vor Komparativen in der Bedeutung *sehr, viel* gebraucht.

die Unfälle haben bedeutend zugenommen; Tagsüber ist man zu diesen Dingen bedeutend weniger aufgelegt als nachts (Remarque, Obelisk 95).

Als **bedeutungsvoll** können Vorgänge o.ä. bezeichnet werden, denen Wichtigkeit und Bedeutung in einem bestimmten Zusammenhang zukommt, womit gleichzeitig auf ihre Wirkung hingedeutet wird. Eine *bedeutungsvolle* Unterredung wird für die Zukunft der Gesprächspartner wichtig sein:

das war ein bedeutungsvoller Tag; Bei guten alten Bekannten erlebt Matern den bedeutungsvollen X-Tag, die Währungsreform (Grass, Hundejahre 483); Ein bedeutungsvolles Dokument, die noch zu Carval'hos Lebzeiten erneut aufgenommene Untersuchung... machen es im höchsten Maße wahrscheinlich, daß in jener unglücklichen Nacht der stolze Herzog in der Tat nur einen Schimpf rächen gewollt... hatte (Schneider, Erdbeben 126).

Bedeutungsvoll kann auch soviel wie *vielsagend* heißen:

ein bedeutungsvoller Blick; bedeutungsvolles Schweigen; es sah jedesmal wie eine magische Übereinkunft aus, wenn wir uns vor dem Start bedeutungsvoll zuwinkten (Lenz, Brot 122).

Als **bedeutsam** wird etwas dann bezeichnet, wenn ihm eine besondere Bedeutung beigelegt wird. Während man beim Gebrauch von *bedeutend* mehr die Wichtigkeit, Größe o.ä. von etwas feststellt, will man durch *bedeutsam* auf die ungewöhnliche, besondere und personen- oder sachspezifische Bedeutung hinweisen. *Bedeutsam* betont, daß man der betreffenden Sache oder dem Vorgang besondere Aufmerksamkeit schenken sollte. Zwischen *bedeutungsvoll* und *bedeutsam* besteht zwar eine große inhaltliche Übereinstimmung, doch unterscheidet sich *bedeutsam* von *bedeutungsvoll* dadurch, daß es mehr noch den Eigenwert, die Eigenbedeutung des Charakterisierten betont. Von einem *bedeutungsvollen* Treffen der Regierungschefs kann man wichtige Entscheidungen für die Zukunft erwarten; ein *bedeutsames* Treffen der Regierungschefs verdient schon als solches, beachtet zu werden, was natürlich Auswirkungen für die Zukunft mit einschließen kann:

> Das unendlich bedeutsame Ereignis der Freiwerdung Ost-Europas (Augstein, Spiegelungen 77); Darum konnte, was er erreicht hat, für Jahrhunderte hinaus bedeutsam bleiben (Thieß, Dämonen 116); Auch ist infolge der Technisierung der Landwirtschaft die geschichtlich hoch bedeutsame Unterscheidung zwischen Bürgertum und Bauerntum weitgehend hinfällig geworden (Fraenkel, Staat 66); es erfaßt die Erinnerung einen einzigen Augenblick, der an sich oftmals gar nicht bedeutsam ist (Broch, Versucher 9); Das Tier im Märchen spielt eine bedeutsame und vielfältige Rolle (Lüthi, Es war einmal 49); Bedeutsame Gerichtsurteile. Werbung mit falschen Angaben ist Betrug (Publikation 11—12/1970, 31).

befehlen/befehligen

Befehlen heißt *den Befehl zu etwas geben, etwas anordnen, jemandem die Durchführung eines Auftrags gebieten.* Wer befiehlt, steht in einem entsprechend übergeordneten Verhältnis zu dem oder denen, die seine Befehle ausführen sollen, wobei der Auftrag oder Befehl meist positiv — also nicht mit einer Negation — formuliert ist:

> König Kalibum. . . befahl den Rückmarsch (Bieler, Bonifaz 201); Darin wurde den Soldaten . . . ausdrücklich noch einmal befohlen, . . . daß die Gasmaske grundsätzlich immer „vom Mann mitzuführen" sei (Kirst 08/15, 447); „„Treten Sie zurück!" befahl er leise und hastig (Th. Mann, Krull 152); Der Kommandant hatte den gesamten Stab zu sich befohlen (Apitz, Wölfe 234).

Das Verb **befehligen** bedeutet *über jemanden oder etwas die Befehlsgewalt haben.* Wer Truppen befehligt, kann mit seinen Befehlen und Anordnungen über ihren E i n s a t z entscheiden. Das Objekt von befehlen sagt, was getan werden soll, während das Objekt von befehligen deutlich macht, w e r oder w a s unter jemandes Befehl steht:

> Der Offizier, der die Kampfhandlung befehligt. . . (Sieburg, Blick 84); die Reste der von ihm befehligten Soldaten (Kirst 08/15, 883); Herr von Puttkamer. . . befehligte eine Division (Grass, Blechtrommel 460).

befriedigen/befrieden/einfrieden/einfriedigen

Befriedigen bedeutet **1.** ganz allgemein *jemanden oder etwas zufriedenstellen, jemandes Erwartung entsprechen, das Verlangen nach etwas stillen:*

> von seinen Gläubigern, die er mühelos hätte befriedigen können (Feuchtwanger, Herzogin 19); Mein Wuchs, der schon das Künstlerauge meines Paten. . . befriedigt hatte (Th. Mann, Krull 79); seine Aggression an ihm zu befriedigen (Freud, Unbehagen 148); der keine Kosten scheute, um seine Leidenschaft zu befriedigen (E. Jünger, Bienen 7); Obersturmbannführer Richter befriedigte die Antwort nicht (Bieler, Bonifaz 163); Auch die Lufthansa kann nicht jeden Tag alle Buchungen befriedigen (= kann nicht allen nachkommen) (Bundestag 189/1968, 10190).

2. hat das Verb die spezielle Bedeutung *jemandes sexuelle Wünsche erfüllen, dessen Begierde stillen:*

> Zweifellos handelte es sich um den, den ich zuerst befriedigt und dann bestohlen hatte (Genet [Übers.], Tagebuch 58); Du tust mir aufrichtig leid. . ., man kann sich durch die Augen nicht befriedigen (Jahnn, Geschichten 115).

Sich [selbst] befriedigen bedeutet soviel wie *masturbieren, onanieren:*

> er befriedigte sich selbst; Manchmal befriedige ich mich durch meine Manteltasche, über die ich das Gesangbuch halte (Imog, Wurliblume 203).

Befrieden bedeutet sowohl *Frieden bringen, geben; die innere Ruhe in einer Gemeinschaft wiederherstellen; besänftigen, den Friedenszustand herbeiführen, indem man dafür sorgt, daß Krieg, Unruhen oder Gewalttaten aufhören:*

> da dieses hohe staatsmännische Genie mit gleicher Vollendung. . . Europa befriedet (St. Zweig, Fouché 107); die Absicht, Berlin und München wieder aufzubauen als friedliche Zentren eines endlich befriedeten Reiches (K. Mann, Wendepunkt 454); in einem sozial befriedeten Land wären sie zum Untergang ver-

urteilt (Auto 6/1965, 40)
als auch *friedlich stimmen:*
> einen neugierigen Fürsten zu befrieden und von Gewalttaten abzuhalten (Th. Mann, Zauberberg 506); Eine Amsel vermag zu befrieden, zu erlösen, in ihr singt der Himmel über der von uns zerrissenen Erdenwelt (Molo, Frieden 84).

Im folgenden Beleg würde man *befriedigen* statt *befrieden* erwarten:
> Hören allein hätte sie nie befriedet; auch ihre rastlose Augengier mußte gestillt werden (A. Zweig, Grischa 382).

Einfrieden oder **einfriedigen** bedeutet *einen Raum im Freien zum Schutz mit einem Zaun o.ä. umgeben und auf diese Weise Tiere oder Menschen fernhalten, am Betreten hindern:*
> ein Grundstück einfrieden; der Kirchhof ist von einer Mauer eingefriedigt.

begraben/vergraben/eingraben

Begraben bedeutet *ins Grab legen.* In d e r Bedeutung kann das Verb auf Menschen und Tiere bezogen werden:
> Von welchem Pfarrer wird denn der Tote begraben? (Langgässer, Siegel 76); Aber auch jene, die in den Sälen starben, wurden nicht mehr begraben, sondern . . . in den Schnee gelegt (Plievier, Stalingrad 286).

Bildlich wird *begraben* auch in außerpersönlicher Konstruktion (etwas begräbt jemanden oder etwas) gebraucht und bedeutet dann *jemand oder etwas wird von etwas zugedeckt, bedeckt:*
> als der schiefe Balkon . . . heruntersauste und mich unter Mörtel und einer Wolke aus Kalk begrub (Langgässer, Siegel 599); Die Erde bebte, und von der Vorderfront des Schlosses brach noch ein zwei Stockwerk hohes Mauerstück heraus und begrub einen Lkw unter sich (Kuby, Sieg 229).

Im übertragenen Gebrauch bedeutet *etwas begraben* soviel wie *etwas aufgeben, einer Sache entsagen, auf etwas verzichten,* entweder weil man einsieht, daß sich etwas Geplantes o.ä. nicht realisieren läßt oder keine Verwirklichung finden wird, oder weil man etwas Unangenehmes, Unerfreuliches aus der Welt schaffen will:
> der . . . seine Ideale ebenso wie seine Hoffnungen zwar nicht verloren, wohl aber begraben hatte (Geissler, Wunschütlein 12); am Schlusse seines Lebens . . . hatte er den Haß begraben (Edschmid, Liebesengel 10); Da die Affen . . . keinen Wert darauf legen, von uns abzustammen, könnte man diese alte Streitfrage endlich begraben (Bamm, Weltlaterne 181).

Vergraben bedeutet *etwas in ein gegrabenes Loch legen und mit Erde bedecken:*
> Dann rollte er die Sachen in ein Bündel zusammen und vergrub sie (Remarque, Triomphe 405); Schnurtz vergräbt eifrig Brotstücke in die Erde (Faller, Frauen 57); die anderen wußten, wo eine Kiste Handgranaten vergraben lag (Gaiser, Schlußball 38).

Im übertragenen Gebrauch bedeutet *vergraben* in Verbindung mit einer Raumangabe 1. *etwas in etwas verbergen:*
> Stanislaus vergräbt das Gesicht in beide Hände (Fries, Weg 170); Er hatte einen Ring . . . vom Finger gezogen und in die geballte Faust vergraben (Jahnn, Geschichten 179):

2. *etwas in etwas stecken, etwas in oder unter etwas verbergen,* und zwar meist in Verbindung mit stärkeren Gefühlsregungen, die dadurch unterdrückt oder zurückgehalten werden sollen
> Der . . . Obergefreite . . . vergrub die Hände mißmutig in den Manteltaschen (Kirst 08/15, 332); Stanislaus . . . vergrub die Unterarme im Schürzenlatz (Strittmatter, Wundertäter 95).

Tote Menschen oder Tiere begräbt man. Wenn man einen Menschen *begräbt,* dann beerdigt man ihn; wenn man ihn vergräbt, dann schafft man ihn nur weg, entzieht ihn nur den Blicken, indem man ihn unter die Erde o.ä. bringt:
> Kein Wunder, daß früher, als noch an Milzbrand gestorbene Tiere . . . oberflächlich vergraben wurden, diese Erdflächen oft noch nach Jahren Ausgangsherde neuer Milzbrandfälle darstellten (Fischer, Medizin II 126); einen Soldaten, der in der Nacht gestorben und morgens im Schnee vergraben worden war (Plievier, Stalingrad 64).

Vergraben wird auch reflexiv gebraucht und bedeutet dann *sich in etwas verbergen:*
> Er vergräbt sich in die Decke, die er sich über die Ohren reißt (Imog, Wurliblume 312).

Im übertragenen Gebrauch bedeutet *sich vergraben* soviel wie *sich aus bestimmten*

51

Gründen der Umwelt entziehen, keinen Konflikt mit ihr haben, z.B. weil man sich mit etwas sehr intensiv beschäftigt:

> er vergrub sich in die Lehre vom Finanzplan und Budget (Th. Mann, Hoheit 226); am liebsten möchten sie aus Paris fliehen oder sich wenigstens zu Hause vergraben (Sieburg, Robespierre 230).

Eingraben bedeutet *etwas, jemanden oder sich durch Graben in etwas, vor allem in die Erde, hineinarbeiten, so daß es, er oder man davon umgeben oder damit bedeckt ist:*

> einen Zaunpfahl eingraben; das tote Tier wurde eingegraben; die Soldaten haben sich an der Front eingegraben.

Die Unterschiede zwischen den drei Verben leiten sich von den Vorsilben her: Was man *begräbt,* gibt man auf, ist nicht mehr existent, lebt nich mehr; was man *vergräbt* soll den Blicken entzogen werden, soll   verschwinden und nicht mehr zu sehen sein; was man *eingräbt,* soll in etwas hineingebracht werden.

begreiflich/begrifflich

Das Adjektiv **begreiflich** bedeutet soviel wie *verständlich.* Was man aus dem Wesen und der Natur eines Menschen oder aus seinem Handeln leicht begreifen, verstehen, sich erklären kann, ist *begreiflich:*

> ich finde es ganz begreiflich, daß sie die ständige Hausarbeit satt hat und wieder in den Beruf gehen will; man konnte ihm nur schwer begreiflich machen, daß er störte; er war in begreiflicher Erregung, als er von dem Unglück hörte.

Das Wort **begrifflich** bedeutet 1. *zum Begriff gehörend:*

> Die Idee der Repräsentation steht im begrifflichen Gegensatz zu der Vorstellung, das Volk solle selbsttätig... mitwirken (Fraenkel, Staat 294); Diese Umbildung des begrifflichen Rahmens der Physik... hat weitreichende Folgen (Natur 61).

2. *gedanklich, abstrakt.* Das Gegenwort ist *gegenständlich:*

> Diese Leitbilder sollten stark gefühlsbetont und begrifflich unpräzise sein (Gehlen, Zeitalter 43); In seinen Papieren schlossen sich an die begriffliche Darlegung des Gefühls gleich einige Bemerkungen (Musil, Mann 1306).

beleuchten/ausleuchten/durchleuchten/anleuchten/erleuchten/leuchten auf, an/ heimleuchten/belichten

Beleuchten bedeutet 1. in der außerpersönlichen Konstruktion ,,etwas beleuchtet etwas" *der Schein eines Lichts fällt auf jemanden oder etwas, wird auf etwas geworfen, so daß es zu sehen ist:*

> Die Lichtreklamen von Gegenüber beleuchteten sie bunt (Nossack, Begegnung 207); Die flackernde Kerze beleuchtete schwach Waschtisch und Bett (Thieß, Legende 203).

In dieser Bedeutung wird *beleuchten* auch übertragen gebraucht und heißt dann soviel wie *etwas läßt etwas deutlich werden:*

> Dies sind nur einige Streiflichter, die das Verhältnis der Opposition zu den westlichen Alliierten beleuchten (Rothfels, Opposition 140); Für die allgemeinen politischen Verhältnisse dieser Zeit in Bayern ist ein Vorfall kennzeichnend, der ... geeignet ist, die ganze Sachlage zu beleuchten (Niekisch, Leben 108).

2. *etwas mit Licht versehen, damit es zu sehen ist.* Auf diese Weise soll das Betreffende benutzbar oder bekannt werden:

> Die Gänge wenigstens habt ihr gut beleuchtet (H.Mann Stadt 146); An einer Ecke lud ein spärlich beleuchtetes Schild zum Biertrinken ein (Müthel, Bali 17);Als er in das ungenügend beleuchtete Badezimmer kam, stieß er mit dem Stock gegen einen Eimer (Sebastian, Krankenhaus 88).

3. *einen Lichtstrahl auf etwas richten, so daß es hell, deutlich zu sehen ist:*

> Im Dunkelfeldverfahren wird durch einen besonderen Kondensor, der in den Beleuchtungsapparat des Mikroskops eingesetzt wird, das Objekt nur seitlich beleuchtet (Fischer, Medizin II 65); Die Gestalt ließ eine Taschenlampe aufblitzen, reichte Matthieu eine Karte, beleuchtete sie, damit dieser lesen könne, was darauf gedruckt war (Jahnn, Nacht 15).

In dieser Verwendung wird *beleuchten* auch übertragen gebraucht und heißt dann soviel wie *etwas prüfend betrachten, näher untersuchen:*

> Diese Feststellung soll nun noch ein wenig beleuchtet und weiter ausgeführt werden (Natur 69); Wenn das 19. Jahrhundert Textexegese trieb, Jesu Persönlichkeit prüfend beleuchtete und Glauben vom Wissen schied (Thieß, Reich 259).

Ausleuchten bedeutet *eine Szenerie, ein Objekt in der Photographie, bei Bühne, Film und Fernsehen entsprechend beleuchten; bis in den letzten Winkel beleuchten; einen Raum ganz mit Licht erfüllen:*

    die Bühne ausleuchten; das Fotoobjekt gut ausleuchten.

Im bildlichen Gebrauch:

    die Hintergründe eines Geschehens ausleuchten; Die minuziös jedes Seelendetail. . . ausleuchtende Regie (Hörzu 44/1972, 187).

Durchleuchten bedeutet *jemanden mit Hilfe eines Röntgenapparates untersuchen, ohne eine Aufnahme zu machen:*

    die Lunge wird wegen Tbc-Verdachts durchleuchtet.

Im übertragenen Gebrauch bedeutet *durchleuchten* soviel wie *etwas im Hinblick auf etwas genau überprüfen:*

    jemandes Vergangenheit durchleuchten.

Wenn man etwas *durchleuchtet,* will man durch „Hindurchleuchten" feststellen, ob etwas vorhanden ist, was sonst von außen nicht zu sehen ist, während man durch *Ausleuchten* auch das in den Winkeln Verborgene erfassen will. Es soll nichts übersehen werden.

Wenn man jemanden oder etwas **anleuchten,** dann richtet man den Lichtstrahl auf ihn bzw. es. *Anleuchten* entspricht also der Bedeutung 3 von beleuchten, wird aber nicht übertragen gebraucht. Man beleuchtet Gegenstände, aber üblicherweise nicht Personen; *anleuchten* wird dagegen sowohl auf Sachen als auch auf Personen bezogen. Der Unterschied zwischen beiden Wörtern leitet sich von den Vorsilben her. Der Verbzusatz *an-* besagt, daß der Lichtstrahl den Gegenstand oder die Person trifft, daß er meist recht nahe an ihn herangebracht wird. Wenn man ein Schloß *beleuchtet,* richtet man das Licht darauf, damit es im Hellen liegt und sichtbar ist. Wenn man ein Schloß *anleuchtet,* richtet man das Licht darauf im Bestreben, es durch das Licht erkennbar zu machen und die Aufmerksamkeit darauf zu lenken. Wenn man ein Verkehrsschild *beleuchtet,* soll es hell zu sehen sein; wenn man es *anleuchtet,* dann kennzeichnet *an-* besonders deutlich den Vorgang und drückt aus, daß auf dieses Schild durch die darauf geworfene Helligkeit hingewiesen werden soll:

    als sie T. und Sch. . . mit Taschenlampen kurz anleuchteten (Ott, Haie 86); als man begonnen hatte, die schönen Gebäude der Stadt. . . halbe Nächte lang mit Scheinwerfern scharf anzuleuchten (Carossa, Aufzeichnungen 183); (eine Frau) leuchtet ihnen. . . mit einer Taschenlampe die Bordkanten an (Fries, Weg 78).

Bildlich:

    Sie (die indirekte Rede) sei hier nur von der Seite des Satzvorganges angeleuchtet (Seidler, Stilistik 201).

Etwas **erleuchten** bedeutet *etwas hell machen, durch Licht erhellen, hell werden lassen:*

    die Lampe erleuchtet das Zimmer; der Blitz hat plötzlich alles erleuchtet; die Fenster sind erleuchtet.

Jemanden erleuchten bedeutet *jemandem tiefe Einsichten geben, die ihn veranlassen, sich in einer entsprechenden Weise zu verhalten, und die seinen Geist hell machen:*

    Gott hat ihn erleuchtet.

Während das Verb *beleuchten* einen sachlichen Vorgang wiedergibt, bezieht sich *erleuchten* auf einen Eindruck.

Leuchten bedeutet *mit Hilfe von Licht Helligkeit auf etwas bringen, was im Dunkeln lag; das Licht auf etwas oder jemanden richten.* In Verbindung mit den Richtungspräpositionen *an* und *auf* kann es zwar mit *beleuchten* und *anleuchten* in Konkurrenz treten, doch wird der Unterschied zu den anderen Verben im folgenden Beispiel sichtbar: *Er leuchtet an oder auf die Wand* besagt, daß der Lichtstrahl an/auf die Wand gelenkt wird.

Wichtig ist also, was mit dem Lichtstrahl geschieht, wohin er gelenkt wird. *Er beleuchtet die Wand* besagt, daß die Wand in Helligkeit getaucht wird. In dem Satz *Er leuchtet die Wand an,* richtet sich das Augenmerk auf die Wand, die ins Blickfeld gerückt und durch das Licht sichtbar und erkennbar gemacht werden soll.

Leuchten hat zwar den allgemeinsten Inhalt, doch kann es in anderen syntaktischen Zusammenhängen nicht durch *beleuchten* oder *anleuchten* ersetzt werden, wie z.B.

in den folgenden Sätzen:

> leuchte doch mal, damit ich sehen kann, was hier in der Ecke des Kellers liegt; er leuchtet in das Zimmer, unter den Schrank; er leuchtete ihm ins Gesicht.

Die drohende Redewendung jemandem **heimleuchten** bedeutet *gegen jemanden, der etwas tut, was die eigenen Interessen o.ä. beeinträchtigt, scharf vorgehen, ihm die Meinung über sein Verhalten sagen und dadurch bewirken, daß er sein Tun nicht weiterführt und den Tatort sogleich verläßt:*

> Wenn die Jungen wieder in den Garten kommen sollten, um Obst zu stehlen, werde ich ihnen heimleuchten.

Wenn man beim Photographieren Licht auf lichtempfindliches Material kurze Zeit auftreffen läßt, um dadurch ein Bild zu erzeugen, nennt man es **belichten:**

> der Film ist zu lange belichtet worden.

Unüblich ist der Gebrauch von *belichten* außerhalb der photographischen Tätigkeit wie z.B. in folgenden Belegen:

> Sie hatte schon vorher ihren Ehering abgezogen und guckte nun durch seine Öffnung gegen die belichtete Wand (Musil, Mann 369); Man mußte an dem ekelhaften Papagei... vorbei in den erleuchteten Salon... schließlich in das sanftblau belichtete Schlafzimmer (Roth, Beichte 160).

Im Unterschied zum Verb *beleuchten,* das soviel bedeutet wie H e l l i g k e i t auf etwas bringen, liegt der Akzent bei *belichten* darauf, daß L i c h t auf etwas gebracht wird. Die Helligkeit, also die Verbindung zum Sehen- und Erkennenkönnen, die mit dem Licht üblicherweise verknüpft ist, ist hier ohne Bedeutung.

beschriften/beschreiben

Wenn man etwas **beschriftet,** versieht man es mit einer Angabe oder Aufschrift, die sagen soll, wofür oder für wen es bestimmt ist:

> Aus diesen Blättern und Bögen faltete ich kleine Tüten, beschriftete sie mit dem Namen der Empfänger (Bieler, Bonifaz 23); Sie hatte sich mit einem Adressenbüro in Verbindung gesetzt, um Kuverts zu beschriften (Sebastian, Krankenhaus 115).

Das Wort **beschreiben** besagt lediglich, daß auf oder an etwas geschrieben wird oder daß etwas vollgeschrieben wird:

> Er ... glättete die zwei schon beschriebenen Blätter (L. Frank, Wagen 47); Ihr sitzt hier herum ..., beschreibt Papier (Ott, Haie 344).

F a l s c h ist der Gebrauch von *beschriften* für *beschreiben* im folgenden Beleg:

> Widmen Sie jedem Stichwort ein besonderes Blatt. Beschriften Sie es nur einseitig (LS 5/1970, 152).

bestechbar/bestechlich

Wer **bestechbar** ist, kann bestochen werden, läßt sich bestechen. Dieses Adjektiv gibt die M ö g l i c h k e i t an. Wer sich schon hat bestechen lassen, aber auch wer noch nicht bestochen worden ist, aber doch gegen Bestechung nicht gefeit wäre, den kann man bestechbar nennen:

> Er ist nicht bestechbar.

Bestechlich gibt dagegen schon ein M e r k m a l an. Wer bestechlich ist, läßt sich leicht bestechen. Wenn von jemandem bekannt ist, daß er sich hat bestechen lassen, dann kann die Bestechlichkeit bereits als ein Charakterkennzeichen gelten:

> Wer so schimpft, ist immer bestechlich (Remarque, Triomphe 427).

bewegt/bewogen

Bewegt bedeutet *ergriffen, gerührt:*

> Margarete, bewegt von dem Tode ihrer Stiefmutter (Feuchtwanger, Herzogin 35); Aber Harriet bat in bewegten Worten, sie nur als beurlaubt anzusehen, sie wolle keine neue Stelle annehmen (A. Kolb, Daphne 125).

Bewegt bedeutet auch soviel wie *unruhig, lebhaft:*

> sie begaben sich ... in das Dorf hinüber, wo ..., einer der bewegten ... masurischen Märkte stattfand (Lenz, Suleyken 34); Über dem Sofa hing ein blaues Gemälde b e w e g t e S e e (Roehler, Würde 84); Gerechtigkeit ... sei in politisch bewegten Zeiten eine Art Seuche, vor der man sich hüten müsse (Feuchtwanger, Erfolg 140).

Etwas hat jemanden bewegt heißt *etwas hat jemanden innerlich ergriffen, gerührt. Etwas hat jemanden bewogen, etwas zu tun oder hat ihn zu etwas bewogen* heißt

etwas hat jemanden zu etwas veranlaßt.
Das s c h w a c h konjugierte Verb *bewegen* (mit den Formen: bewegte, hat bewegt) bedeutet sowohl *die Lage, Stellung von etwas verändern, nicht ruhig halten* als auch *innerlich beschäftigen, erregen, rühren:*
> Der Wind bewegte die Blätter; diese Nachricht bewegte sie sehr; da dieser Gedanke die Konsulin freudig bewegte (Th. Mann, Buddenbrooks 195); Im Grunde genommen waren die Männer . . . nur von der Sorge bewegt, ihre Mandate . . . zu sichern (Niekisch, Leben 121).

Das s t a r k konjugierte Verb *bewegen* (mit den Formen: bewog, hat bewogen) bedeutet *veranlassen:*
> Der Vater bewog den Küster, . . . am Seil der Totenglocke zu ziehen (Küpper, Simplicius 67); daß man Feinde zum Rückzug bewog (Bergengruen, Rittmeisterin 360); Was bewog ihn dazu, eine Reiselust vorzutäuschen, die er nicht empfand? (K. Mann, Wendepunkt 247).

Es heißt also *ich habe mich bewegt* oder *etwas hat mich innerlich bewegt,* aber *ich habe ihn zu etwas bewogen* oder *etwas hat mich zu etwas bewogen;* → gesinnt/ gesonnen.

Biographie/Bibliographie

Eine **Biographie** ist eine Lebensbeschreibung, Lebensgeschichte, eine Schilderung der Lebensereignisse und des Lebensablaufes eines Menschen:
> Wir lernten die Biographien Lenins und Stalins und die Geschichte der sowjetischen Pioniere (Leonhard, Revolution 16).

Eine **Bibliographie** ist ein Bücherverzeichnis, z.B. ein Verzeichnis der Bücher und Aufsätze, die jemand geschrieben hat, oder ein Verzeichnis von Literatur zu einem Thema. Außerdem bedeutet *Bibliographie* auch soviel wie *Bücherkunde,* worunter man die Lehre von den Bücher- oder Literaturverzeichnissen versteht:
> Es seien als Hilfsmittel nur einige Bibliographien genannt (Rothfels, Opposition 182 [Anm.]).

bisher/seither

Bisher gibt die Erstreckung von einem nicht näher genannten unbestimmten zeitlichen Ausgangspunkt bis zu einem ganz bestimmten Zeitpunkt, bis zur Gegenwart des Sprechers (Schreibers) an:
> diese Methoden waren bei uns bisher nicht üblich; daß ich das jetzt noch lernen solle, was ich bisher mit Vorbedacht einfach nicht hätte lernen wollen (Niekisch, Leben 301).

Seither setzt immer einen bestimmten zeitlichen Ausgangspunkt, einen Vorgang oder ein Geschehen in der Vergangenheit voraus, zu dem der Sprecher (Schreiber) eine Beziehung herstellt; *seither* umfaßt eine Zeitspanne von einem festen Punkt in der Vergangenheit bis zur Gegenwart des Sprechers.
Während bei *seither* die Zeitspanne nach beiden Seiten begrenzt ist, ist bei *bisher* die Zeitspanne nur nach einer Seite, und zwar durch die Gegenwart des Sprechers, begrenzt. Der Beginn der Zeitspanne bleibt unbekannt und offen:
> Simmering kannte ihn von Berlin her und hatte ihn seither nicht gesehen (Plievier, Stalingrad 316); Der Kläger war am 10. März letzten Jahres beim Skifahren. . . zusammengestoßen und ist seither arbeitsunfähig (MM 31.1.68, 11).

Bit/Byte

Bit (gesprochen: bit; Kurzwort aus englisch **binary digit** = Binärstelle; Zeichen: bit) ist ein Fachausdruck der elektronischen Datenverarbeitung. Nicht weiter vereinfachbare Informationseinheit, die z.B. durch Loch- oder Magnetisierungsstellen in Computer eingegeben und von diesen gespeichert sowie verarbeitet werden kann. Der Informationsinhalt eines Bits ist immer eine Entscheidung zwischen „ja" oder „nein". Im binären Zahlensystem mit der Grundzahl 2, die Grundlage jeder Programmierung, bekommt die Entscheidung ja/nein den Informationsinhalt„ein" oder „kein". In diesem Binärsystem, auch Dualsystem genannt, haben Bits, analog zum dekadischen System, einen festen Stellenwert. Beispiel: 111, dekadisch, bedeutet $(1 \times 10^2) + (1 \times 10^1) + (1 \times 10^0)$, einhundert-zehn-und-eins, sprich: einhundertelf. Im Binärsystem bedeuten die 3 Bits 1 1 1 jedoch v.r.n.l. $2^0 = 1$, $2^1 = 2$ und $2^2 = 4$. Der Wert der binären Zahl 1 1 1 entspricht somit der dekadischen

Zahl 1 + 2 + 4 = 7. Dieses Beispiel beweist, daß drei Bits nicht ausreichen, um die Zahl 9 darzustellen. Hierzu werden 4 Bits mit v.r.n.l. folgenden Entscheidungsinhalten benötigt: Eine Einheit mit dem Stellenwert 2^0 = 1 („ja"), keine Einheit mit dem Stellenwert 2^1 = 0 („nein"), keine Einheit mit dem Stellenwert 2^2 = 0 („nein") und eine Einheit mit dem Stellenwert 2^3 = 8 („ja"), addiert v.r.n.l. 1 + 0 + 0 + 8 = 9; binär, d.h. computergerecht ausgedrückt, 1 0 0 1. Eine solche aus 4 Bits bestehende Informationseinheit heißt Tetrade. Jede dekadische Zahl kann durch getrennte Tetraden nach dem sog. BCD−Code (engl. „Binary Coded Decimals") ausgedrückt werden. Die einzelnen Tetraden werden bei dieser Codierung dezimalen Stellenwerten zugeordnet. Beispiel: Nach dem BCD−Code wird die dekadische Zahl 397 durch die Tetraden 0 0 1 1   1 0 0 1   0 1 1 1 ausgedrückt. Ohne Tetraden wäre die binäre Schreibweise 1 1 0 0 0 1 1 0 1. Die Zusammenfassung von 8 Bits und 1 oder 2 sogenannten Paritätsbits (engl. „parity bits") heißt Byte (gesprochen: bait). Durch Hinzufügung von Paritätsbits wird die Codierung prüfbar. Daher ist statt Paritätsbit auch Prüfbit gebräuchlich.

bleiben/verbleiben

Die Verben **bleiben** und **verbleiben** sind in manchen Texten gegeneinander austauchbar, d.h. sind gleichermaßen anwendbar; z.B. Mir sind nur noch 15 Mark geblieben/verblieben; sein Bleiben/Verbleiben im Amt war nicht mehr möglich; die kleinen Kinder sind evakuiert worden, die großen sind im Heim geblieben/verblieben.

Das Wort *verbleiben* wird auch gewählt, um eine Anordnung oder Absicht stärker zu betonen, während *bleiben* nur eine sachliche Feststellung ausdrückt, z.B. die Schriftstücke verbleiben (schwächer: bleiben) bis zur endgültigen Klärung des Falles bei mir. − Von Touristen, die sich freiwillig in einer Stadt aufhalten, wird man sagen: Sie bleiben (n i c h t : verbleiben) noch drei Tage hier.

Im Unterschied zu *bleiben* wird in dem Wort *verbleiben* stärker das Fortbestehen, das Fortdauern, Verharren in einem Zustand im Hinblick auf ein tatsächliches oder mögliches Entferntwerden oder Sichentfernen, also in Opposition zu wegnehmen, weggehen usw. betont. Wenn jemand sagt: „10 Mark blieben in der Kasse", dann meint er den in der Kasse befindlichen, noch vorhandenen Betrag. Wenn er jedoch sagt: „10 Mark verblieben in der Kasse", dann ist das Akzent insofern ein wenig verlagert, als damit ausgedrückt wird, daß 10 Mark übriggeblieben, zurückgelassen, dort belassen, weiterhin dageblieben und nicht weggenommen worden sind. Dem entspricht auch der Satz: „Nur drei Minister verblieben im Amt; alle anderen mußten gehen." Selbstverständlich wäre auch richtig: „Nur drei Minister blieben im Amt", doch wird mit *bleiben* − wie gesagt − in erster Linie nur ausgedrückt, daß etwas oder jemand fortfährt, so wie bisher zu sein. − Es folgen Belege, in denen beide Verben in der Bedeutung *zurückbleiben, übrigbleiben* möglich wären:

> so blieben die untergeordneten Dienststellen in der Stadt (Reinig, Schiffe 93); In Panik stürzten die Häftlinge von den Fenstern weg . . . Einige Mutige waren an den Fenstern verblieben (Apitz, Wölfe 362); wir hätten die noch verbleibenden Strandwochen in reiner Bitterkeit hingeführt (Bergengruen, Rittmeisterin 351); nun war er (der Koffer) mir als einziges Besitzum verblieben (Kästner, Zeltbuch 188); wobei Döllwang den noch verbliebenen Wert an Kampfkraft dieser Armee in Gedanken als Größe x einsetzte (Plievier, Stalingrad 112).

Von *bleibenden* Werten spricht man, wenn man die Werte für *beständig* und *dauerhaft,* für *unvergänglich* hält.

Wenn von einer Anzahl von Werten einige verlorengehen, so sind die restlichen die *verbleibenden* Werte. *Verbleiben* in der Bedeutung *auch weiterhin, in Zukunft fest und in bestimmter Weise oder an einem bestimmten Ort unverändert bleiben, darin verharren* ist vor allem literarisch in Gebrauch:

> Bei dem Satz. . . „Der Walfisch wirft lebendige Junge" denken sich die meisten Menschen überhaupt nichts, sie haben das in der Schule gelernt, und so ist es ihnen verblieben (Tucholsky, Werke II 147); . . . verblieb ich lange in diesem Stande geistiger Unschuld (Th. Mann, Krull 60); die edle Unwissenheit, in der er auf diese Weise verblieb, paßte wieder nicht zur Diplomatie (Musil, Mann 589); wie die Kurve dieser . . . Geschlechtskrankheit. . . ansteigt

. . . , sodann spontan sinkt und endlich auf dem Frühjahrsniveau verbleibt (Grass, Hundejahre 469); ein fleißiger Mann, der. . . in seiner Werkstatt saß und bis abends sieben Uhr dort verblieb (Niekisch, Leben 12).

In den eben angeführten Beispielen ist in der Gemeinsprache *bleiben* statt *verbleiben* üblich. Der Unterschied zwischen der eben genannten Bedeutung von *verbleiben* und dem Gebrauch von *bleiben* in den folgenden Beispielen liegt darin, daß in *verbleiben* das Verharren von Bedeutung ist, während *bleiben* in diesen Belegen das gleichbleibende So-Sein ausdrückt, nicht das Übrigbleiben oder das Als-Rest-Zurückbleiben. *Bleiben bedeutet hier in gleicher Weise zu sein fortfahren, weiterhin in der gleichen Weise oder Lage sein.*

Der Anwendungsbereich von *bleiben* ist breiter als der von *verbleiben,* so daß in den folgenden Beispielen für *bleiben* nicht auch *verbleiben* eingesetzt werden kann. Das betrifft auch viele idiomatische Wendungen und syntaktische Verbindungen:

das Wetter bleibt (nicht: verbleibt) schön; Bleiben Sie zum Essen? ; ohne Erben zu bleiben (Lorenz, Verhalten I 130); Er blieb sitzen (Remarque, Triomphe 165); der Arbeiter. . . blieb noch auf eine Flasche Bier (MM 7.8.70, 6); er war ein Mensch geblieben (Plievier, Stalingrad 344); Pflegerinnen, die. . . auf der Strecke geblieben sind (Plievier, Stalingrad 349); sie blieben. Sie wollten sterben (Seghers, Transit 224); das stolze Matterhorn bleibt unbesiegt (Trenker, Helden 58); wobei das Vorrecht des Parlaments gewahrt bleiben muß (Fraenkel, Staat 283); Der kranke Arzt bleibt ein Paradoxon für das einfache Gefühl (Th. Mann, Zauberberg 187).

Im folgenden Beleg liegt nicht korrekter Gebrauch von verbleiben vor:

Wenn es also. . . heißt, die ersten drei Monate sollten als Probezeit gelten, so verbleibt es . . . bei den gesetzlichen Regelfristen (MM 4./5.4.70, 45).

Verbleiben wird auch gebraucht in der Bedeutung *mit jemandem etwas festlegen, vereinbaren, z.B. wie man etwas machen will.* In dieser Bedeutung ist *verbleiben* nicht mit *bleiben* austauschbar:

ich bin mit ihm so verblieben, daß er mir den neuen Termin mitteilen will; wie verbleiben wir denn nun?

Bleiben und *verbleiben* stehen, um es noch einmal zusammenzufassen, nur da in Konkurrenz, wo es sich um die Bedeutungen handelt *als Rest zurückbleiben, an der gleichen Stelle belassen; zurücklassen, an der gleichen Stelle oder fest in etwas verharren.* In allen inhaltlich anderen Gebrauchsweisen sind *bleiben* und *verbleiben* nicht austauschbar.

blutarm/blutarm

Wer zu wenig Blutfarbstoff hat, ist **blutarm;** er ist blaß und schwächlich:

Sie ist riesenstark; die beiden Ringerinnen sind blutarme Kinder gegen sie (Remarque, Obelisk 99).

Wer aber **blutarm** ist, hat sehr wenig Geld; er ist überaus arm:

Ich tät sie auch nehmen, wenn sie blutarm wäre (O.M. Graf, Unruhe 149; [nach Klapp.]).

Dieses Wort wird auf beiden Silben betont, und blut- hat hier verstärkende Bedeutung (= sehr) wie in blutjung, blutwenig usw.

Boudoir/Bordell

Ein **Boudoir** ist das Wohnzimmer einer Dame:

sie hatte sich in ihr Boudoir eingeschlossen; Johannes Krause steht als Leutnant martialisch im Boudoir ihrer Hoheit (MM 17.5.66, 24).

Unter einem **Bordell** versteht man ein Haus oder Räumlichkeiten, in denen Frauen gewerbsmäßig Männern Geschlechtsverkehr bieten:

Seitdem seine Frau ihn und alle Männer haßte, genoß er nur die Freuden, die in Bordellen gespendet werden (Böll, Haus 38); Einen Puff. . . Ein Bordell. Ein Freudenhaus. Verschiedene Worte für die gleiche Sache (Kirst 08/15, 399).

brauchen/gebrauchen

Brauchen bedeutet *etwas oder jemanden nötig haben, benötigen, einer Sache oder eines Menschen bedürfen:*

ich brauche einen neuen Mantel; die Firma braucht einen zweiten Pförtner; Ihr braucht beide eine feste Hand, scheint mir (Faller, Frauen 123); die beiden Dinge, die der Soldat zum Glück braucht: gutes Essen und Ruhe (Remarque,

Westen 101); . . . daß man Genehmigung braucht, um seinen Aufenthaltsort zu wechseln (Seghers, Transit 288); Denn bis zu einem möglichen Wechsel in der britischen Politik braucht es drei Jahre (Presse, Wien 15.10.68, 1).

In Verbindung mit einem Infinitiv wird *brauchen* fast ausschließlich mit Verneinungen oder mit ausschließenden Adverbien wie *nur* oder *bloß* verwendet und bedeutet dann soviel wie *nicht müssen.* Als allein korrekt wird noch weithin die Verbindung des Infinitivs mit *zu* (ich brauche das nicht zu machen) angesehen. Die Verbindung mit dem Infinitiv ohne *zu* (ich brauche das nicht machen) wird noch oft als nachlässiges und umgangssprachliches Deutsch angesehen:

man braucht sich vielleicht auch nicht besonders darüber zu äußern (Remarque, Westen 12)

Vom sprachwissenschaftlichen Standpunkt aus läßt sich *brauchen* ohne *zu* als Modalverb bezeichnen, denn es funktioniert grammatisch genauso wie die Modalverben *müssen, sollen, dürfen, können* usw., z.B., er darf/kann/braucht nicht kommen; das hättest du nicht tun müssen/brauchen. Die eigentlich nicht korrekte umgelautete Konjunktivform *bräuchte* kann vielleicht als ein weiteres Merkmal der Angleichung an die Morphologie der Modalverben (könnte/müßte/dürfte) betrachtet werden. Als Vollverben: er hat das Gedicht [nicht] gekonnt/ er hat den Hammer [nicht] gebraucht. Das letzte Beispiel ist insofern doppeldeutig, als *gebraucht* das 2. Partizip von *brauchen* (= nötig haben, bedürfen) als auch das 2. Partizip von **gebrauchen** sein kann, das soviel bedeutet wie *benutzen, verwenden:*

In Verbindung mit Zeitangaben gebraucht man häufiger das einfache Futurum (Wandruszka, Sprachen 378); In einem. . . feierlichen Ton, den Väter nur dann gebrauchen, wenn sie die Söhne endgültig ins Leben hinausschicken (Seghers, Transit 48); Das könnt ihr sicher gebrauchen (Remarque, Westen 116); Zur Veranschaulichung dieser besonderen Evolution des Humanen gebraucht Teilhard mehrfach das Bild der Erdkugel (Natur 23).

Manchmal sind − wie oben schon erwähnt − beide Wörter möglich, wobei dann aber jeweils die eine oder andere Bedeutung gemeint ist. Soll auf den Bedarf hingewiesen werden, dann heißt es: *Ich brauche ein Wörterbuch* (= möchte ein Wörterbuch haben, es fehlt mir). Ist die Benutzung gemeint, dann lautet der Satz: *Ich gebrauche ein Wörterbuch* (= ich schlage öfter im Wörterbuch nach). Im Niederdeutschen wird *gebrauchen* auch synonym zu *brauchen* verwendet, was hochspraclich als nicht korrekt gilt:

er gebraucht einen neuen Anzug.

Da *brauchen* die Präsenz und Verfügbarkeit des Objekts ausschließt, während in *gebrauchen* die Verfügbarkeit des Objekts als vorhanden und gegenwärtig eingeschlossen ist, lassen sich beide Wörter in Verbindung mit *können* so gut wie unterschiedslos verwenden, zumal *brauchen* in der historischen Bedeutungsentwicklung auch den Sinn von *gebrauchen* entwickelt hat, der heute gelegentlich auch noch vorkommt. *Etwas brauchen/gebrauchen können* bedeutet daher soviel wie *etwas käme recht gelegen, weil es einem fehlt und man es, wenn man es hätte, auch benutzen würde:*

Die Portionen werden alle verteilt. Wir können sie brauchen (Remarque, Westen 10); Er . . . konnte Ruhe ganz wohl brauchen (A. Zweig, Grischa 247); Wir haben draußen genug zu essen. Ihr könnt es hier besser brauchen (Remarque, Westen 132).

Brauchen wird − wie schon erwähnt − auch noch in der Bedeutung *gebrauchen, verwenden, von etwas Gebrauch machen* benutzt:

er schrie. . . und brauchte seine Ellbogen (Fallada, Mann 147); Saulskalns, zu deutsc Sonnenberg. . . Wir brauchten das russische Wort (Bergengruen, Rittmeisterin 27

Brüder/Gebrüder

Während **Brüder** lediglich die Mehrzahl von Bruder ist, hebt **Gebrüder** die enge Zusammengehörigkeit der Brüder hervor, z.B. in bezug auf ein Geschäft, wo sie gewissermaßen als eine Einheit, als e i n e juristische Person auftreten :

Firma Gebrüder Manns; Die Brüder Grimm; Das sozialistische Lager steht fest . . . hinter seinen chinesischen Brüdern (ND 10.6.64,6); Hier teilten sie ihr Reisemahl miteinander wie Brüder (Th. Mann, Tod 105).

Brüder kann abwertend gebraucht werden:

Wenn das die Presse erfährt! Auf so was warten die Brüder doch nur (Quick

40/1958,56); . . . um dort „einen von den warmen Brüdern" (den Homosexuellen) zu verschlagen (MM 29.9.65, 6).

Bruderschaft/Brüderschaft

Unter einer **Bruderschaft** versteht man eine meist religiöse Vereinigung von Männern, die durch ein gemeinsames Ziel eng miteinander verbunden sind:
> im Kellergewölbe einer geheimen Bruderschaft (Lynen, Kentaurenfährte 182); Comte leitet daraus die Forderung ab, daß die Menschheit von einer Bruderschaft wahrhaft wissenschaftlich Gebildeter gelenkt werden müsse (Fraenkel, Staat 112); In West-Berlin habe sich die ganze revanchistische Bruderschaft versammelt, um hier demonstrativ die Bundespräsidentenwahl abzuhalten (Das Volk 4.7.64, 2).

Gelegentlich wird *Bruderschaft* auch in der Bedeutung *Brüderschaft* gebraucht:
> Mizi: Beim Nachtmal trinken wir Bruderschaft (Schnitzler, Liebelei 13).

Das Substantiv **Brüderschaft,** das soviel wie enge Freundschaft, vertrautes Verhältnis bedeutet
> Nicht die Erkenntnis ihrer Schönheit. . . hat uns ja angezogen, sondern das Gemeinsame, dieses Gleichfühlen einer Brüderschaft mit den Dingen und Vorfällen unseres Seins (Remarque, Westen 90),

wird heute vor allem in der Wendung *mit jemandem Brüderschaft trinken* gebraucht. Wenn man mit jemandem Brüderschaft trinkt, dann trinken die Betreffenden nach einem gewissen Zeremoniell einige Schlucke Wein, wonach sie sich fortan statt mit *Sie* mit *du* anreden:
> Im Berliner Hilton-Hotel tranken Klaus und ich am 7. März 1961 Brüderschaft.

Brunft/Brunst

Unter **Brunft** versteht man die Paarungszeit von Säugetieren, und zwar bezeichnet man damit die Zeit der geschlechtlichen Erregung des männlichen Schalenwildes. Etymologisch gehört dieses Wort zu *brummen* (ahd. breman). Brunft ist also eigentlich der Begattungsruf. Vom Schrei des Wildes ist der Ausdruck auf seine Paarungszeit übertragen worden. Brunft erscheint auch in Zusammensetzungen und im Verb *brunften:*
> Brunftzeit nach Terminkalender. Jetzt halten die Hirsche Hochzeit — Geweih dient dem Rotwild als Waffe (Tagesspiegel 26.9.65, 17); Mit dem ersten violetten Schimmer am Horizont dröhnt der Schrei eines brunftenden Hirsches zu uns (Der Spiegel 45/1966, 26).

Brunst nennt man die zu bestimmten Zeiten bei vielen Tieren auftretende geschlechtliche Erregung. Die Grundbedeutung ist *Brand, Glut* (z.B. Feuersbrunst). Etymologisch gehört das Wort zu *brennen* (ahd. brinnan). Die jüngere Bedeutung *geschlechtliche Erregtheit* ist wahrscheinlich durch die Nachbarschaft zu *Brunft* gefördert worden:
> Da zeigte es sich, daß die Vogelmännchen, sofern sie überhaupt in Brunst waren, die ausgestopften Artgenossen . . . zu treten versuchten (Lorenz, Verhalten I 235); Zweitens aber zeigen die Weibchen auf der Höhe ihrer Brunst auch auslösende Handlungen (Lorenz, Verhalten I 219).

In Komposita:
> Brunstreaktionen am Scheidenabstrich der Nagetiere für weibliche Geschlechtshormone (Fischer, Medizin II 187); Eine der entscheidenden Abweichungen des menschlichen vom tierischen Geschlechtsleben besteht im Fehlen des jahreszeitlichen Rhythmus der sexuellen Antriebe (Brunstzeiten) (Schelsky, Sexualität 11).

Im Unterschied zu *Brunft* hat *Brunst* einen weiteren Anwendungsbereich und kann auch in bezug auf den Menschen bildlich gebraucht werden:
> „ . . . Was macht die scharmante Dame von drüben? " „ . . . Die Brunst hat Sie also hergetrieben! Gratuliere zu soviel Jugend . . . " (Remarque, Obelisk 208); Rache und Brunst loderten in mir auf (Jahnn, Geschichten 26).

buchen/verbuchen/abbuchen

Das Verb **buchen** wird in zwei Bedeutungen gebraucht **1.** *sich beim Reisebüro o.ä. für einen Platz zu einer Reise eintragen lassen, sich auf die Liste der Reisenden setzen lassen:*
> Sie schickte mich dreimal auf die Transports Maritimes, . . . ob unsere Plätze ja

gebucht seien (Seghers, Transit 265).

2. *etwas in ein* [*Rechnungs*]*buch eintragen:*

> die Einnahmen und Ausgaben genau buchen; Man sagte mir, daß er das unter Spesenkonto bucht (Bamm, Weltlaterne 74); Bei allen Rennen in Europa werden die Rundenzeiten... nicht in offizielllen Rekordlisten gebucht (Frankenberg Fahren 206).

Übertragen wird *buchen* **1.** in der Bedeutung *notieren, vorzeichnen, registrieren* gebraucht:

> Fast sämtliche hier verwerteten... Tatsachen entstammen solchen Beobachtungen und ungewollten Experimenten, die als Nebenergebnisse der... Untersuchungen gebucht wurden (Lorenz, Verhalten I 124); die erste Niederlage, die er selbst vielleicht gar nicht als Niederlage buchte (Lenz, Brot 63); weil... lautgleiche Formen verschiedener Wörter zusammen gebucht werden (Festschrift für Seidler 83).

2. bedeutet *buchen* soviel wie *eine günstige Entwicklung o.ä. als jemandes Verdienst werten, ansehen:*

> aber er konnte nicht viel Erfolge buchen (Brecht, Groschen 162); daß eine feuernde Flakbatterie ein Flugzeug, das in ihren Bereich stürzte, für sich selbst buchte (Gaiser, Jagd 129).

Verbuchen entspricht der zweiten nicht übertragen gebrauchten Bedeutung von *buchen,* wenn auch ein feiner Unterschied zwischen beiden Verben besteht, der darin liegt, daß sich *buchen* lediglich auf die Tätigkeit bezieht, während *verbuchen* stärker zum Ausdruck bringt, daß man etwas ordnungsgemäß und [rechts]verbindlich in ein Rechnungsbuch o.ä. einträgt und damit festhält. Die Vorsilbe *ver-* verstärkt und perfektiviert also das einfache Verb (wie z.B. bei ändern – verändern, mischen – vermischen). Die Grundbedeutung bleibt allerdings gleich:

> der Betrag ist noch nicht verbucht worden; wie etwa der Buchhalter einer betrügerischen Firma pensionsberechtigt wird, wenn er nur lange genug die Steuerhinterziehung seines Unternehmens stillschweigend verbucht hat (Habe, Namen 197); am Ende des Arbeitstages hatte er die Leistungen zu verbuchen, denn gearbeitet wurde im Stücklohn (Bredel, Väter 35); Wir wollen dich ablösen, wenn die Toten hier verbucht sind (Remarque, Funke 168); ich bin als Herr Stiller verbucht (Frisch, Stiller 375).

Verbuchen wird wie *buchen* auch übertragen gebraucht, und zwar in der Bedeutung *etwas als Ergebnis und Wertung festhalten:*

> Rückblickend mag es als Schande verbucht werden, daß ich... keine Vorstellung mit dem Namen Civiale verband (Thorwald, Chirurgen 39); Als unser bisheriges Ergebnis läßt sich verbuchen... (Hofstätter, Gruppendynamik 114).

Im übertragenen Gebrauch bedeutet *verbuchen* auch soviel wie *eine günstige Entwicklung o.ä. als jemandes Verdienst werten, ansehen:*

> einen sehr angenehmen Abend, den ich... als einen... persönlichen Erfolg verbuchen kann (Th. Mann, Krull 374); Beim Fernsehen hatte der Münchner Regisseur... schon einige erfolgreiche Inszenierungen zu verbuchen (Bild und Funk 20/ 1966, 37).

Das Verb **abbuchen** bedeutet *einen für etwas benötigten Betrag o.ä. von einem Konto wegnehmen, ihn von einer vorhandenen Summe abziehen:*

> einen Betrag vom laufenden Konto abbuchen.

Bildlich:

> so daß insgesamt 106 von 820... Starfightern abgebucht werden mußten (Der Spiegel 46/1966, 80); Schulz... buchte im Geiste den General ab, strich ihn einfach von seiner soldatischen Liste (Kirst 08/15, 903).

Außerdem wird *abbuchen* gelegentlich auch in der Bedeutung *buchen, verbuchen* gebraucht. Hier soll die Vorsilbe *ab-* die Bedeutung des Grundverbs unterstreichen und terminativ-definitiv präzisieren, worin sich das Bedürfnis nach Verdeutlichung und Hervorkehrung der richtungsbezogenen Handlung niederschlägt. Derartige Präfigierungen (wie z.B. auch absichern zu sichern, abmieten zu mieten, abkassieren zu kassieren, anmahnen zu mahnen, ankaufen zu kaufen; aufzeigen zu zeigen) sind ein wichtiges Mittel der Sprache, mit dem feinere Differenzierungen vorgenommen werden können. Sie sind also nicht – oder meist nicht – nur eine unnötige oder überflüssige modische Aufschwellung, als was sie manche Sprachkritiker und Sprachpfleger ansehen. Die Verben *buchen, verbuchen* und *abbuchen* sind dann miteinander austauschbar, wenn es sich um Eintragungen in ein Rechnungsbuch o.ä. und die entsprechenden Übertragungen handelt. Wenn man einen Betrag *bucht,* dann trägt man ihn ein; wenn man ihn *verbucht,* dann bucht man ihn und hält ihn dadurch für den weiteren Gang der Geschäfte fest; wenn man den Betrag *abbucht* (wobei abbuchen in der mit buchen und verbuchen konkurrierenden Bedeutung gemeint ist), dann betont die Vorsilbe ab- einerseits noch stärker die ganze Handlung (wie z.B. in abkassieren, absichern), und andererseits weist die Vorsilbe noch besonders auf die Richtung hin.

Bundesstaat/Staatenbund

Unter einem **Bundesstaat** versteht man eine Staatsform, bei der mehrere Gliedstaaten (in der BRD Bundesländer) auf Grund eines staatsrechtlichen Vertrages einen Zentralstaat bilden, in dem die Gliedstaaten ihre Eigenstaatlichkeit behalten, einen bestimmten Teil ihrer Staatsgewalt aber auf den Zentralstaat übertragen. Zentralstaat und Gliedstaaten bilden zusammen den Gesamtstaat:

> In Bundesstaaten steht die Befugnis zur Gesetzgebung . . . teils dem Bund, teils den Mitgliedstaaten zu (Fraenkel, Staat 116).

Ein **Staatenbund** ist der völkerrechtliche Zusammenschluß souveräner Staaten, die bestimmte Aufgaben auf gemeinsame Organe übertragen, ohne eine den Einzelstaaten übergeordnete Staatsgewalt anzuerkennen:

> Überdies bietet auch die bisherige Geschichte von Bundesstaaten, Staatenbünden und Bündnissystemen zahlreiche Beispiele von wechselseitiger Abhängigkeit, Unterordnung, Einschränkung der Staatsmacht (Fraenkel, Staat 302).

Der Unterschied zwischen *Bundesstaat* und *Staatenbund* besteht also darin, daß beim *Bundesstaat* die Souveränität von den Gliedstaaten auf den Gesamtstaat übergegangen ist, während sie beim *Staatenbund* bei den Gliedstaaten bleibt und nicht auf den Gesamtstaat übertragen wird. Der *Bundesstaat* hat ein Staatsoberhaupt und eine Regierung; der *Staatenbund* hat kein gemeinsames Regierungsorgan oder nur eine oberste Exekutive mit geringen Befugnissen; → Föderation/Konföderation.

chamois/Charmeuse

Mit dem Adjektiv **chamois** (gesprochen: ʃamo'a) wird eine dem Gemsenfell ähnliche Farbschattierung zwischen grau, gelb und bräunlich bezeichnet. Als Bezeichnung für einen hellen beigefarbenen oder bräunlichen Ton ist es vor allem bei Papier (Fotoabzügen) und Spezialgeweben im Gebrauch:

> er bestellte einige Abzüge chamois glänzend.

Charmeuse (gesprochen: ʃar'møːz) ist eine maschenfeste, auf dem Kettstuhl hergestellte Wirkware aus Kunstseide oder synthetischen Fasern:

> Unterwäsche für Damen aus Charmeuse.

Champignon/Champion

Ein **Champignon** (gesprochen: 'ʃampınjõ) ist ein eßbarer Pilz mit weißlich-bräunlichem „Hut", rosafarbenen bis schwarzbraunen Lamellen und manschettenartigem Ring um den Stiel.

> in den Kellerräumen werden Champignons gezüchtet.

Ein **Champion** (gesprochen: 'tʃɛmpiən oder ʃãpi'õ) ist *ein Kämpfer, ein Spitzensportler, ein Meister in seiner Sportart:*

> die Champions der beiden letzten Weltmeisterschaften (Die Welt 18.6.68,14).

Collage/College/Kollege/Kollega/Kolleg

Unter einer **Collage** (gesprochen: kɔ'laːʒə) versteht man ein aus buntem Papier oder anderem Material geklebtes Bild:

> Feiertags kippt der Photograph . . . Müllkästen um, deren Inhalt er für Collagen benötigt (Der Spiegel 4/1966,44); dokumentarische Texte dienten ihm als Versatzstücke, deren mitunter originelle Gruppierung an die Technik der Collage erinnerte (Die Zeit 12.6.64,19).

Bildlich:

> Erfreulich diese „Collage aus Zitaten und Szenen", denn Humor wird ansonsten im Fernsehen kleingeschrieben (Hörzu 20/1972, 60); Schließlich steht die Lage eines Hamburger Baggerführers in einem zu weiten internationalen Kontext, als daß eine Handvoll epischer Collagen sie noch vollständig erfassen könnten. Mit anderen Worten: Erzählen müßte man können (Der Spiegel 48/1965, 150).

Ein **College** (gesprochen: 'kɔlɪdʒ) ist eine höhere Schule oder auch eine Universität in England oder in den USA:

Im College wird ein gepflegtes Englisch gesprochen.

Ein **Kollege** ist jemand, mit dem man beruflich zusammenarbeitet oder der den gleichen Beruf hat:

. . . daß auch der Gerichtsarzt die Diagnose seines Kollegen bestätigte (Mostar, Liebe 107); Wir machen alles mit dir mit. Aber — es soll den arbeitslosen Kollegen gut dadurch gehen (Klepper, Kahn 37).

Das Substantiv **Kollega** (vom lat. collega) in der Bedeutung *Kollege* wird umgangssprachlich-scherzhaft und meist als Anrede gebraucht:

meine Anerkennung, Herr Kollega (Kuby, Sieg 87); sie hatte von nichts anderem reden gehört, daheim und bei den Nachbarn und bei den Kollegas ihres Vaters, als daß man . . . (Fussenegger, Haus 137).

Das Substantiv **Kolleg** ist eine veraltende Bezeichnung für Vorlesung an einer Hochschule o.ä.:

Die Vorlesungen waren ausgezeichnet. Ich habe weder vorher noch nachher Kollegs von auch nur annähernd so hohem Niveau gehört (Leonhard, Revolution 164); Oberstudiendirektor Hesse, Leiter des Städtischen Instituts zur Erlangung der Hochschulreife. . . , freute sich . . . Für diese Kollegs gibt es keine festen Lehrpläne. Sie werden vielmehr von dem jeweiligen Leiter des Hauses selbst festgelegt (DM Test 45/ 1965, 9).

dämpfen/dämmen/eindämmen

In der Bedeutung *etwas (z.B. einen starken Sinneseindruck, ein Geräusch) mildern, abschwächen, leiser machen* kann **dämpfen** in Konkurrenz treten mit **dämmen,** das im Sinn von *hemmen, aufhalten (wie durch einen Damm)* gebraucht wird. Das zeigen die beiden zusammengesetzten Adjektive *schalldämpfend/schalldämmend.* Der feine inhaltliche Unterschied zwischen beiden leitet sich von den Nuancen in der Bedeutung der Verben her. Man kann den Schall abschwächen wollen, also dämpfen, man kann ihn aber auch hemmen, zurückhalten wollen, also dämmen.

Das Verb **eindämmen** bedeutet *einschränken,* sowohl die Ausweitung oder weitere Ausdehnung von etwas (z.B. Ausgaben) verhindern, unterbinden als auch gleichzeitig sie reduzieren, verringern. Im Unterschied zu *dämpfen* kommt bei *eindämmen* zu der Bedeutung *mildern, abschwächen* auch die Vorstellung, daß sich etwas in unerwünschter Weise noch weiter ausdehnen könnte:

. . . ist es gelungen, die Epidemie einzudämmen (MM 20.8.69,3); . . . um den Zustrom von Fremden einzudämmen (Thieß, Reich 456); die Machtausweitung des Kommunismus einzudämmen (Fraenkel, Staat 169).

Obgleich diese drei Verben ähnliche Inhalte haben, sind sie doch nur in seltenen Fällen gegeneinander austauschbar, wie die später folgenden Belege zeigen. Etwas (z.B. eine Tür) kann etwas (z.B. den Schall) *dämpfen* oder *dämmen,* aber n i c h t *eindämmen.* Jemand kann eine Erregung, eine Unruhe *dämpfen* oder *eindämmen,* aber n i c h t *dämmen.* Tränen kann man *dämpfen* oder *eindämmen,* aber n i c h t *dämpfen.* Die Wohnungsnot kann sowohl *gedämpft* als auch *gedämmt* oder *eingedämmt* werden. Besteht sachlich auch kein nennenswerter Unterschied, so enthalten die jeweiligen Aussagen doch bestimmte Nuancierungen. Wenn man die Wohnungsnot *dämpfen* will, dann will man sie *abschwächen* oder *mildern.* Will man die Wohnungsnot *dämmen,* dann stellt man sich vor, daß man einen Damm errichtet, damit nicht noch mehr Menschen von ihr betroffen werden, während *eindämmen* zusätzlich noch die Vorstellung enthält, daß sich die Wohnungsnot in verschiedenen Richtungen ausdehnen könnte, wogegen – bildlich ausgedrückt – ringsherum ein Damm errichtet werden muß, um gleichzeitig auch eine Einschränkung zu erzielen.

In den folgenden Belegen kann nur *dämpfen* stehen:

sie dämpfte vertraulich ihre Stimme (Remarque, Triomphe 135); Zouzou lief über den Rasen davon, der offenbar auch die nahenden Schritte der Senhora gedämpft hatte (Th. Mann, Krull 440).

Im folgenden könnte *dämpfen* mit entsprechender Nuancierung der Aussage durch *dämmen* ersetzt werden:

ohne Pause war . . . das Mahlen der russischen Artillerie zu hören, gedämpft durch die dicken Erdwände (Plievier, Stalingrad 195); . . . in den Fäden des lockeren Spinnwebnetzes, das sich über den Herbst der Erde spannte und alle Bewegungen und Laute dämpfte und die Stille der Winterabende vorbereitete (Roehler, Würde 19).

Dämpfen könnte im folgenden mit entsprechender Inhaltsnuancierung durch *eindämmen*, das in der Regel im übertragenen Bereich gebraucht wird, ersetzt werden:

Dann werde ich seinen Appetit ein wenig dämpfen (Kirst, Aufruhr 15); ... um andringende Begeisterung dieser Art zu dämpfen (Th. Mann, Krull 130); ein Umstand..., der seine Zerknirschung einigermaßen zu dämpfen imstande war (Brod, Annerl 109).

Dämmen ließe sich manchmal durch *eindämmen* ersetzen, jedoch würde damit die Aussage deutlich verändert, weil *dämmen* – wie bereits bemerkt – soviel wie *zurückhalten, aufhalten, einen Wall gegen etwas errichten* bedeutet, während *eindämmen* bewußt auf Verminderung in der Ausdehnung, im Umfang gerichtet ist:

Seine Tränen konnte er nicht mehr dämmen (Jahnn, Geschichten 87).

In den folgenden Beispielen ist nur *eindämmen* üblich:

das Hochwasser, einen Waldbrand eindämmen; die Seuche konnte schnell eingedämmt werden.

Im folgenden Beispiel ließe sich mit entsprechender Nuancierung der Aussage auch *dämpfen* oder *dämmen* für *eindämmen* einsetzen:

es gelang ihm nicht, ihren Redeschwall einzudämmen.

dann/denn

Gelegentlich treten Unsicherheiten beim Gebrauch der beiden Wörter auf. Eine Verwechslung ist dann möglich, wenn *denn* nicht als Konjunktion, sondern wie *dann* als Adverb gebraucht wird, z.B. Wie ist es denn/dann zu diesem Streit gekommen? **Dann** stellt in diesem Satz einen [Zeit]bezug her (unter einen Umständen, zu dieser Zeit, danach, darauf). *Dann* bezeichnet eine Folge als Fortsetzung von etwas. **Denn** ist in dem mit *dann* konkurrierenden Gebrauch oft nur ein Modaladverb, das das persönliche Interesse, Erstaunen o.ä. des Sprechers (Schreibers) in bezug auf den Inhalt seiner Äußerung ausdrückt und unterstreicht. Wenn man das *denn*, das auch soviel wie *schließlich, also, eigentlich* bedeutet, in solchen Sätzen wegläßt, ändert sich der Sinn des Satzes dadurch nicht:

Wir sind eigenlich alle ratlos. ,,Was könnte man denn machen? " frage ich (Remarque, Westen 66); war er leicht abzulenken und wurde denn auch sogleich abgelenkt (Th. Mann, Zauberberg 181).

In den folgenden Belegen ist nur *dann* möglich:

Wenn es heftig regnete, tropfte es sogar von seiner Decke herunter, und sie gingen dann... auf den Speicher (Böll, Haus 82); Gerade die... Ente entriß diesem das Junge zuerst nur mit einer Schnabelbewegung und ging dann erst mit dem Flügelbugen auf ihn los (Lorenz, Verhalten I 200); Ein vernünftiges Abkommen ... läßt sich mit England erst dann erreichen, wenn das Gefühl der Zwangslage in England allgemeiner geworden ist (Dönhoff, Ära 47); Die Regierung kann einer Einzelperson zustehen.., die dann auch Staatsoberhaupt ist (Fraenkel, Staat 291); die muß ja Beine haben... und einen Hintern muß die dann ja haben, wie ein Elefant (Remarque, Westen 94).

In den folgenden Belegen wäre ein Austausch zwischen *denn* und *dann* zwar möglich, doch würde sich die Aussage jeweils entsprechend den obengenannten Unterschieden ändern:

Kann denn die Verfassung als politisches Recht überhaupt justiziabel gemacht werden? (Fraenkel, Staat 342); Warum nutzt Ihnen denn Ihr Transit nichts? (Seghers, Transit 214); Herr Achselroth hat uns... in besagtes Auto verstaut ..., so daß denn kein Platz mehr für Weidel war (Seghers, Transit 164).

Sowohl *denn* als auch *dann* lassen sich in den folgenden Beispielen so gut wie unterschiedslos gebrauchen. Die obengenannten Unterschiede werden hier dem Sprecher (Schreiber) nicht mehr bewußt:

Wenn er es nicht war, wer denn/dann? ; Wenn schon, denn/dann schon so; na, denn/dann prost!; das ist denn/dann doch die Höhe!; Doch plötzlich... hörte alles Gerede auf. Die ,,Montreal"... war ausgelaufen. Da warf sich denn alles Gerede auf das nächste Schiff (Seghers, Transit 283).

dedizieren/dezidieren/dezimieren

Dedizieren bedeutet *jemandem etwas widmen, schenken,* z.B. ein selbst verfaßtes Buch o.ä.:

Im Auftrage des Fürsten hatte Dr. Dieckhoff zuvor verschiedene wertvolle Goldetuis und Briefmarkensammlungen führenden Persönlichkeiten des Dritten Reiches dediziert (Keyser, Titel 64); sonderbarerweise kriegt man, wenn das Schenken schon epidemisch wurde, genau die Art von Logbuch des Jahres (Kalender) nie dediziert, die man braucht (Die Welt 4.1.64, Die geistige Welt 1).

Dezidieren bedeutet *entscheiden*. Das Verb wird besonders im 2. Partizip gebraucht. *Dezidiert* bedeutet *genau bestimmt, festgelegt; entschieden:*

> Sehr dezidiert sprach sich Abg. Dr. Kreisky für die Mitbestimmung der Arbeitnehmer . . . aus (Vorarlberger Nachrichten 26.11.68, 2); es hat seinen Reiz, Karajans dezidierte Klangvorstellungen im Umgang mit dem nicht minder eigenen Pariser Orchesterstil zu erleben (Die Welt 19.2.69, 17); anschließend stellte ich . . . einige dezidierte Fragen (Jens, Mann 154).

Dezimieren bedeutet *einer größeren Gruppe von Lebewesen, besonders Menschen, erhebliche Verluste zufügen, sie in ihrem Bestand stark verringern.* Ursprünglich bedeutete dieses Wort „jeden zehnten Mann mit dem Tode bestrafen":

> Hunger und Krankheit hatten die Bevölkerung stark dezimiert.

Deduktion/deduktiv/Induktion/induktiv/Reduktion

Unter **Deduktion** wird die Ableitung des Besonderen und Einzelnen vom Allgemeinen verstanden. Der Einzelfall wird durch ein allgemeines Gesetz erkannt.

Das dazugehörende Adjektiv **deduktiv** bedeutet entsprechend *ableitend, vom Allgemeinen ausgehend:*

> Sein Buch „Der wahre Staat" hielt ich für eine deduktive Konstruktion, die den politischen Zwecken der Kurie und der Schwerindustrie angepaßt war (Niekisch, Leben 208).

Der Gegensatz zu Deduktion ist **Induktion.** Darunter wird in der Philosophie die wissenschaftliche Methode verstanden, vom besonderen Einzelfall auf das Allgemeine, Gesetzmäßige zu schließen.

Das dazugehörende Adjektiv **induktiv** bedeutet entsprechend *in der Art der Induktion vom Einzelnen zum Allgemeinen hinführend:*

> Es würde sich zeigen, daß in der Philosophie eine einzigartige integrierende Verbindung des induktiven und deduktiven Denkweges . . . vorliegt (Natur 11).

Das Substantiv **Reduktion** bedeutet ganz allgemein *Zurückführung, Verringerung, Herabsetzung.* Es wird in den einzelnen Fachsprachen mit bestimmten Differenzierungen gebraucht:

> An all dem schönen Außenbesitz hat die Geschichte betrübliche Reduktionen vorgenommen. Aber, Sie werden sehen, reizvoll sind Land und Leute geblieben (Th. Mann, Krull 302); Bölls Roman, dessen Titel schon eine neue Phase seines Schaffens zeige, eine Reduktion auf Figur, Formel, Chiffre und Datum (Deschner, Talente 43).

denaturieren/denaturalisieren/naturalisieren/neutralisieren

Das Verb **denaturieren** bedeutet 1. *der natürlichen Werte und Gehalte berauben*:

> Der Schutz der Bevölkerung vor den Auswirkungen des Großstadtlärms, des Schmutzes und von denaturierten Lebensmitteln (Die Welt 3. 4.65,13); Der Physiologe muß in den Organismus eingreifen, um mit ihm in Absicht auf Erkenntnis zu experimentieren, erst der denaturierte ist der Erkenntnis offengelegt (Gehlen, Zeitalter 85).

2. *vergällen; einen Stoff, z.B. Alkohol, durch Zusätze ungenießbar machen [speziell aus steuerlichen Gründen].*

3. *Eiweißstoffe chemisch nicht definierbar verändern.*

Denaturalisieren heißt *aus der bisherigen Staatsangehörigkeit entlassen.* Das Gegenwort dazu ist **naturalisieren,** nämlich *einem Ausländer die Staatsbürgerrechte des Gastlandes verleihen, ihn einbürgern:*

> Als Ausländer können Sie doch nicht praktizieren, wenn Sie nicht naturalisiert sind (Remarque, Triomphe 224); Professor Behrendt, gebürtiger Deutscher und naturalisierter Amerikaner (MM 27.5.66,32).

Neutralisieren bedeutet 1. *ein Land o.ä. zu einem Gebiet erklären, das zur Neutralität verpflichtet ist und dessen Neutralität von anderen respektiert werden muß:*

> Anregungen, das Gebiet der Ostsee durch eine atomwaffenfreie Zone zu neutralisieren (Die Welt 18.3.64,1).

2. *durch eine gegenläufige Aktion oder Reaktion etwas in seiner Wirkung o.ä. auf-*

heben oder so gut wie unwirksam machen:

Die Deutsche Volkspartei (versuchte) zunächst, die verständlichen bürgerlichen Ressentiments zu ... neutralisieren (Fraenkel, Staat 187); ... wie der hinter seiner schwerfälligen bäuerlichen Maske die Freundschaftsattacke des Betriebsleiters zu neutralisieren sucht (Fr. Wolf, Zwei 125); Während in den echten politischen Parteien die Interessengegensätze der ihnen zugehörigen Gruppen sich neutralisieren können (Fraenkel, Staat 271).

3. bedeutet neutralisieren in der Chemie soviel wie *einer sauren Lösung so lange eine Base bzw. umgekehrt einer alkalischen Lösung so lange eine Säure zusetzen, bis die Lösung neutral ist, d.h. weder basisch noch sauer reagiert:*

In der Schlußphase werden alle Rückstände chemisch neutralisiert (Elektronik 12/1971, A 36).

4. im Sport *einen Wettkampf, besonders hinsichtlich der Wettkampfwertung, vorübergehend unterbrechen:*

Trotz des grauenhaften Unglücks wurde das Profi-Rennen nur für fünf Minuten neutralisiert. Dann setzten die Fahrer die „Tour" fort (Das Volk 3.7.64, 5).

derselbe/der gleiche

Im Sprachgebrauch herrscht oft Unsicherheit, wann **derselbe** und wann **der gleiche** angewendet werden muß. Diese Unsicherheit entsteht dadurch, daß sowohl *derselbe* als auch *der gleiche* eine Identität ausdrücken. *Gleich* bedeutete ursprünglich *denselben Körper, dieselbe Gestalt habend.* Bei *der gleiche* besteht die Identität in dem zwei- oder mehrmaligen Vorhandensein oder Auftreten von etwas oder jemandem, z.B. die Identität in den Einzelheiten — in Aussehen, Art, Farbe, Form usw. — zweier oder mehrerer konkreter Gegenstände (sie tragen die gleichen Mäntel; Herr Ober, bringen Sie mir bitte das gleiche!) oder in dem zwei- oder mehrmaligen Auftreten eines einzigen Gegenstandes, Begriffs oder einer einzigen Person (es spielte der gleiche Schauspieler; die gleichen Männer begegneten uns heute wieder; er hat den gleichen Namen wie ich).

Bei *derselbe* kann die Identität im Unterschied zu *der gleiche* nur in e i n e m Objekt, e i n e r Person liegen, d.h., es können nicht zwei oder mehr gleichartige Dinge oder Personen auf diese Art miteinander verglichen werden.

Derselbe kann sich sowohl auf einen konkreten Gegenstand (gestern und heute hat er denselben Schlips getragen) als auch auf eine bestimmte Person (gestern hat mich derselbe Mann angesprochen) als auch auf etwas Abstraktes — einen Begriff, ein Modell, eine Art oder Gattung — beziehen (er hat denselben Namen wie ich; Herr Ober, bringen Sie mir bitte dasselbe!). Praktisch besteht kein Unterschied zwischen den Sätzen *er hat die gleichen Probleme wie ich* und *er hat dieselben Probleme wie ich.* Der theoretische Unterschied liegt lediglich darin, daß man bei den *gleichen* Problemen das zweimalige Vorhandensein ins Auge faßt, während man bei *denselben* Problemen auf den abstrakten Begriff als allgemeinen Ausgangspunkt zurückgeht.

Da also sowohl *der gleiche* als auch *derselbe* eine Identität bezeichnen, lassen sich in vielen, ja in den meisten Fällen beide Wörter miteinander austauschen. Im allgemeinen ergibt sich aus dem jeweiligen Zusammenhang, welche Identität gemeint ist. Nur da, wo mögliche Irrtümer ausgeschlossen werden sollen, muß man für die Identität des Einzelgegenstandes *derjenige, dasjenige, diejenige* wählen und für die Identität zweier oder mehrerer vergleichbarer Dinge *der gleiche, das gleiche, die gleiche.*

Wenn der Sohn einmal den Hut seines Vaters trägt, dann kann man sagen: **a)** er (der Sohn) hat heute denselben Hut auf, den sein Vater gestern getragen hat. Die Identität besteht in dem einen konkreten Hut.

Wenn Vater und Sohn gleiche Hüte haben, also über zwei Hüte der gleichen Machart, der gleichen Farbe usw. verfügen, dann kann man wohl sagen

b) er (der Sohn) hat den gleichen Hut wie sein Vater

als auch

c) er (der Sohn) hat denselben Hut wie sein Vater.

Wenn man den Satz b) formuliert, dann bezieht man sich auf die beiden konkret vorhandenen gleichen Hüte, auf ihre Identität, ihre Übereinstimmung im Aussehen usw.

Wenn man den Satz c) formuliert, dann bezieht man sich auf das eine abstrakte Hutmodell, nicht auf die zwei Exemplare.

Sowohl bei c) als auch bei a) liegt die auf e i n Objekt bezogene Identität vor: In c) besteht Identität im Abstrakten, im Modell; in a) besteht Identität im Konkreten, im einzigen Exemplar.

Wenn also Vater und Sohn über zwei gleiche Hüte verfügen, dann sollte man sagen *Vater und Sohn tragen den gleichen Hut,* um damit anzudeuten, daß es sich um zwei Exemplare handelt.

Sähe man Vater und Sohn mit den gleichen Hüten spazierengehen, dann könnte man ohne weiteres von *den gleichen* oder auch von *denselben* Hüten sprechen, weil in der Mehrzahl (im Plural) keine Irrtümer möglich sind. Es müssen dann ja zwei sein, deren Identität im Falle von „dieselben" dann eben im Abstrakten, im Modell liegt.

Die folgenden Belege sollen den Sprachgebrauch beider Wörter zeigen.

In den folgenden Beispielen könnte für *derselbe* auch der *gleiche* gebraucht werden:

> Er war gewiß stets derselbe gewesen, immer ruhig (Seghers, Transit 182); In Verbindung mit Ausschneidung des Geschwürs... wird ... derselbe Effekt wie bei den großen Resektionsoperationen erreicht (MM 5.9.68, 3); Wenn man von einem Baum ... einen Ast abhaue, bleibe dieser Ast von derselben Holzart wie der Baum, dem er entstammt (Niekisch, Leben 179); ... als sie sich aus denselben Oberschichten rekrutierten (Fraenkel, Staat 246).

In den folgenden Beispielen könnte umgekehrt *der gleiche* durch *derselbe* ersetzt werden:

> sahen wir uns bis zu Wolfgangs Tod im Herbst des gleichen Jahres nicht mehr als sechs oder sieben Mal (Jens, Mann 155); eine Äußerung, die der gleiche Verfasser schrieb (Nigg, Wiederkehr 76); sein Sekretär sandte ihm ein Paar Schuhe als Entschädigung. Es waren die gleichen, die er von der Polizei hatte ausziehen müssen (Fries, Weg 212); Wie konnte man ihn bestrafen, nachdem sich das Reich auf die gleichen Wege begeben hatte (Niekisch, Leben 317); In einem Wagen des gleichen Typs war ... Dr. Servé ermordet worden (Noack, Prozesse 119).

Wenn vor *gleich* der Artikel mit einer Präposition verschmolzen ist, dann kann *selb* eintreten:

> im gleichen/selben Augenblick; am gleichen/selben Abend; So fuhren Arlecq und Paasch... im gleichen Wagen davon (Fries, Weg 320); ... mit der ... Unabhängigkeitserklärung vom gleichen Jahr (Fraenkel, Staat 124).

Wenn *gleich* jedoch ohne Artikel gebraucht wird, dann läßt sich *selb* allein nicht dafür einsetzen:

> Fünf Meter, dann sind Hellström und Seaborn auf gleicher (nicht: selber, sondern nur: derselben) Höhe mit ihm (Lenz, Brot 172); Wir... kriechen in gleicher Richtung über die Bohlen (Grass, Hundejahre 296); als ob beide gleichen Ranges wären (Niekisch, Leben 256).

Es kann also zusammengefaßt werden:

Die Annahme, man könnte nicht sagen *er hat denselben Namen wie ich* oder *er hat dieselben Probleme wie wir,* weil ja jeder für sich einen Namen bzw. seine Probleme habe und man folglich *den gleichen Namen* und *die gleichen Probleme* sagen müßte, ist nicht richtig, weil es sich um Abstrakta handelt, so daß man eine begriffliche Identität zugrunde legen kann, die beide Möglichkeiten des Gebrauchs zuläßt. Aber auch die andere Annahme, daß man nicht sagen könne *Bringen Sie mir dieselbe Suppe,* weil der Ober ja eine neue, weitere Suppenportion bringen möchte, daß es also nur heißen könnte *bringen Sie mir die gleiche Suppe,* ist nicht richtig, weil hier nicht die einzelnen Portionen, sondern auch das Gericht, wie es auf der Speisekarte steht, gemeint sein kann.

deutschsprachlich/deutschsprachig

Unterricht ü b e r die deutsche Sprache ist **deutsprachlicher** Unterricht. Wird der Unterricht i n deutscher Sprache gehalten, ist es **deutschsprachiger** Unterricht. Wenn ein Lehrer in Frankreich an einer französischen Schule seinen Biologie- oder Mathematikunterricht in deutscher Sprache erteilt, gibt er deutschsprachigen Unterricht.

Während *sprachlich* auch als selbständiges Adjektiv gebraucht werden kann, ist *-sprachig* nur in Zusammenbildungen gebräuchlich (zweisprachig); →sprachlich.

Dialekt/Dialektik/Dialektologie

Unter **Dialekt** versteht man einen *landschaftlich begrenzten Sprachgebrauch inner-*

halb einer Sprache, die Mundart:
> Dazu kam, daß er zeit seines Lebens nie ganz seinen norddeutschen Dialekt verlor (Niekisch, Leben 13).

Als **Dialektik** bezeichnet man d i e philosophische Arbeitsmethode, die ihre Ausgangsposition durch gegensätzliche Behauptungen in Frage stellt und in der Synthese beider Positionen eine Erkenntnis höherer Art zu gewinnen sucht. Unter Dialektik wird außerdem eine besondere Kunst der Argumentation verstanden, die das Ziel hat, den Gesprächspartner zu überzeugen, was oft zu Spitzfindigkeit und Rabulistik führt:
> auf einen irrationalen Glauben an die absolute Richtigkeit einer von Hegel übernommenen Dialektik, deren Kern der ewige Umschlag der These in die Antithese und der sichere Fortgang zur höheren Synthese ist (Fraenkel, Staat 191); Die Dialektik hat also im Marxismus die Funktion, den revolutionären Umschlag aus der tiefsten Entmenschung der Gegenwart . . . in das höchste Menschsein der Zukunft. . . exakt „wissenschaftlich" zu beweisen (Fraenkel, Staat 191).

Mit *Dialektik* bezeichnet man auch die einer Sache innewohnende Gegensätzlichkeit:
> Nach dem Gesetz erotischer Dialektik ziehen die zwei unvermeidlicherweise einander an, der strahlend gesunde Athlet und der introvertierte Intellektuelle (K. Mann, Wendepunkt 186).

Dialektologie bedeutet *Mundartenkunde, Mundartforschung:*
> Gestützt auf seine . . . eigenen Studien in niederländischer Dialektologie (Archiv 4.–6.H., 123. Jg., 370).

dialektal/dialektisch/dialektologisch

Dialektal bedeutet *den Dialekt betreffend, mundartlich:*
> Aber auch innerhalb der deutschen Sprache lassen die Vergleiche dialektaler Wörter unterschiedliche Motivation erkennen. Erdapfel („Kartoffel") – die knollige Form als Merkmal führt zur Verwendung des Wortes Apfel als Motivwort (Schippan, Semasiologie 57).

Dialektisch bedeutet 1. *die Dialektik betreffend,* wobei unter Dialektik eine Beweisführung verstanden wird, bei der gegensätzliche Begriffe einander gegenübergestellt werden, was mitunter an Spitzfindigkeit und Rabulistik grenzt:
> Lassen Sie doch Ihre dialektischen Zungenübungen (Kirst 08/15, 761); Die Beziehung zwischen den beiden ist problematisch, doppeldeutig. . . Eine recht eigentlich erotische Beziehung, wenn man Eros, im Sinne des Sokrates, als den Dämon der unstillbaren Sehnsucht, des dialektischen Spieles versteht (K. Mann, Wendepunkt 11); Im Verlaufe der zehn Monate. . . nahmen wir folgende Themen durch: Geschichte der KPD. . . , dialektischer und historischer Materialismus (Leonhard, Revolution 164).

2. *den Dialekt, die Mundart betreffend.* In dieser Bedeutung wird *dialektisch* heute seltener gebraucht, ist dann jedoch synonym mit *dialektal:*
> Ähnlich dem Griechischen ist das Germanische von allem Anfang an stärker dialektisch geteilt (Krahe, Einleitung 33); Wörter, welche als dialektisch. . . empfunden werden (z.B. Kute für Grube in Berlin) (Moderna Språk 3/1972, 245).

Dialektologisch bedeutet *die Mundartenkunde betreffend:*
> strukturelle Deutung der dialektologischen Befunde (Archiv 4.-6.H., 123. Jg., 370).

dick/dicklich

Das Adjektiv **dick** gibt eine bestimmte körperliche Ausdehnung dem Durchmesser nach an. In bezug auf Sachen konkurriert es nicht mit *dicklich:*
> Ein dicker Teppich (Jens, Mann 167); Aber sein Eisen ist. . . mit einer dicken Rostschicht überzogen (Natur 17); die dicken Brillengläser (Borchert, Geranien 11); floß die Weichsel unter einer dicken. . . Eisdecke (Grass, Hundejahre 75); obgleich er sich. . . dick und verschwenderisch mit Nivea eincremte (Grass, Katz 11).

Dick bedeutet in dem hier zur Diskussion stehenden Zusammenhang mit dicklich soviel wie *von beträchtlichem, mehr als normalem Umfang; massig.* Das Gegenwort ist *dünn:*
> Es ist erstaunlich, wie viele dicke oder häßliche Damen man an diesen Abenden sah (Jahnn, Geschichten 171); seine dicken Schenkel (Bachmann, Erzählungen 115); der dicke Musiker (Seghers, Transit 283).

Dicklich besagt, daß die auf diese Weise charakterisierte Person oder ihre Körperteile eher dick als schlank oder schmal sind, daß sie zur Dicke, Fülle neigen:

Er hatte noch gesehen, wie sich bei seinem Erscheinen eine dickliche Gestalt ... überstürzt in die Küche zurückzog (Fallada, Jeder 49); Sein Gesicht (rosig und dicklich) (Frisch, Homo 14); Ihre dicklichen Hände zerknüllten unentwegt ein weißes Taschentuch (Noack, Prozesse 137).

Wenn in der Kochkunst von einer dicklichen Soße gesprochen wird, dann meint man eine Soße, die nicht mehr dünnflüssig ist, sondern anfängt, dick zu werden:
im Wasserbad so lange schlagen, bis die Speise dicklich wird (Petra Rezepte 8/1967, 21).

diensteifrig/dienstbeflissen/dienstfertig/dienstbar/dienstbereit/diensttauglich/dienstfähig/diensthabend/diensttuend/dienstlich/dienlich

Wer **diensteifrig** ist, ist in auffallender, manchmal auch devoter Weise und mit Eifer bemüht, die Wünsche eines anderen zu erfüllen:
der leidenschaftliche Zimmerkellner... tanzte diensteifrig im Salon herumg (Bau Paris 137); Dann riß er, außerordentlich diensteifrig erscheinend, die Flügeltüren weit auf (Kirst 08/15, 99); ... daß dies ein unerfahrener Junge war und womöglich ein diensteifriger dazu (H. Kolb, Wilzenbach 139).

Das Adjektiv **dienstbeflissen** steht zwar inhaltlich dem Adjektiv „diensteifrig" sehr nahe, doch fehlt ihm die Nuance des sichtbaren eifrigen Tuns. Das Wort „dienstbeflissen" erweckt eher noch den Eindruck des ernsten und gewissenhaften Bemühens. Wer dienstbeflissen ist, bemüht sich mit Fleiß und Streben, im Interesse und zum Wohle eines anderen tätig zu sein:
Frauenanwälte, die einzelstehenden reichen Damen bei ihrer Vermögensverwaltung und ihren Prozessen dienstbeflissen zur Hand gehen (Thieß, Dämonen 347).

Dienstfertig bedeutet sowohl *zum Dienst fertig oder bereit:*
Marschner, der sich sein Pferd für eine Leberwurst pro Woche dienstfertig machen ließ (Strittmatter, Wundertäter 354); Kaum stand er (Thiel) dienstfertig an der Barriere, so hörte er ihn (den Schnellzug) auch schon heranbrausen (Hauptmann, Thiel 35)

als auch — und dieser Gebrauch ist häufiger — *gern bereit zu einer Dienstleistung oder Gefälligkeit:*
eine Flasche ungarischen Törley-Sekts..., die mir der dienstfertige Oberkellner tiefgekühlt kredenzte (Habe, Im Namen 86).

In der letztgenannten Bedeutung ist das Adjektiv dienstfertig der Bedeutung von diensteifrig sehr nahe.

Dienstbar deutet darauf hin, daß jemand oder etwas jemandem oder einer Sache dient, dienen will oder dienen kann:
ich will mich Euch allezeit dienstbar erzeigen (Hacks, Stücke 16).

Heute wird dieses Wort im allgemeinen Sprachgebrauch nur in Verbindung mit *machen* im übertragenen Sinn verwendet:
Er glaubte an ihre Macht und hielt es für möglich, sie seiner Staatsidee dienstbar zu machen (Thieß, Dämonen 247); ... militante Gegenbewegung eines „deutschen Sozialismus", die diese Kräfte... ihrer Machtpolitik dienstbar zu machen trachtete (Fraenkel, Staat 204).

Unübertragener Gebrauch ist selten:
sie hielt den Leuten des Gasthofs eine ziemlich lange Rede, um sie sich dienstbar zu machen (Musil, Mann 1514).

Dienstbereit wird üblicherweise nur in bezug auf Apotheken gebraucht, in denen außerhalb der gewöhnlichen Öffnungszeit auch nachts oder an Sonntagen turnusgemäß ein Apotheker Dienst macht, der Medikamente abgeben kann:
dienstbereit ist am Sonntag die Vogelstang-Apotheke.

Dienstbereit wird gelegentlich auch in der Bedeutung gebraucht *bereit zum Dienst; in der Lage, sofort den Dienst anzutreten oder dienstlich tätig zu sein:*
der allzeit dienstbereite Polizeihauptwachtmeister Pulver, der nur existierte, um den jeweils gültigen Gesetzen zu gehorchen (Kirst, Aufruhr 99).

Diensttauglich wird in bezug auf den Wehrdienst gebraucht. Durch ärztliche Untersuchung wird festgestellt, ob jemand die nötigen Voraussetzungen für den Wehrdienst erfüllt, ob er diensttauglich oder **dienstfähig** ist:
ein diensttauglicher Soldat; voll dienstfähig sein; Ich bin vollkommen diensttauglich (Th. Mann, Krull 112).

Diensthabend und **diensttuend** bedeuten *den zu einer bestimmten Zeit notwendi-*

gen Dienst versehend. Diese Wörter werden als Attribute in bezug auf Personen gebraucht, vorwiegend auf solche, die im öffentlichen Dienst stehen (Soldaten, Polizisten, Ärzte):

> der diensthabende/diensttuende Beamte auf dem Polizeirevier; Dr. Heidmann, der diensthabende Arzt, teilte ihm... mit, daß man einen Todesfall habe (Sebastian, Krankenhaus 132);... da sprach mein Vater den diensttuenden Adjutanten an (Grass, Hundejahre 302); der diensttuende Unteroffizier, der die Kompanie antreten ließ (Kuby, Sieg 78).

Dienstlich bedeutet a) *die Ausübung des Amtes, des Berufs betreffend:*

> eine dienstliche Angelegenheit; er war dienstlich verhindert; Er studierte gerade dienstlich den Spiegel-Artikel (Der Spiegel 6/1966, 25); Ich gebe Ihnen den dienstlichen Befehl (Jens, Mann 144).

b) *amtlich, sehr offiziell:*

> er setzte eine dienstliche Miene auf; Sein Freund Schuster wurde dienstlich (Plievier, Stalingrad 101); Gerstein (mit absolut täuschender Entrüstung, sehr dienstlich)... (Hochhuth, Stellvertreter 53).

Dienlich ist etwas, was nützlich, förderlich, zuträglich oder heilsam für etwas ist, was in einem bestimmten Zusammenhang zu etwas dient, und zwar im Hinblick auf etwas Zukünftiges, auf die Erreichung eines Ziels o.ä.:

> diese Äußerung war seinem Fortkommen nicht dienlich; Weitere Nachforschungen schienen im Augenblick noch nicht dienlich (Zuckmayer, Fastnachtsbeichte 32);... daß ich mehr trank, als mir dienlich war (Fallada, Herr 103).

dis-/dys-

Bei den Vorsilben **dis-** und **dys-** handelt es sich nicht nur um verschiedene Schreibweisen, sondern die Vorsilben haben auch verschiedene Bedeutungen und sind nicht gegeneinander austauschbar. Die lateinische Vorsilbe *dis-* hat die Bedeutung *zwischen, auseinander, hinweg* oder wird mit verneinendem Sinn gebraucht (Disengagement, Disharmonie, Disproportion, dispensieren).
Die griechische Vorsilbe *dys-* hat dagegen die Bedeutung *abweichend von der Norm, übel, schlecht, miß-, un-, krankhaft, fehlerhaft, schwierig, erschwert* (Dysfunktion, Dystonie, dysplastisch).

disqualifizieren/abqualifizieren

Wenn ein Sportler oder eine ganze Mannschaft wegen eines Verstoßes gegen die verbindlichen sportlichen Regeln von der Teilnahme an Wettkämpfen ausgeschlossen wird, heißt das in der Sportsprache **disqualifizieren:**

> so wurde der Amerikaner... wegen „Vortäuschung eines K.O." disqualifiziert (MM 4.1.1971, 15).

Abqualifizieren bedeutet *jemandem die Qualifikation für eine Sache absprechen, ihn oder seine geistige Leistung negativ beurteilen:*

> Gerhard Ritter hat diese Schrift... mit bitteren Worten abqualifiziert (Neue Rundschau 1/1966,144); Durch die oberflächlichen und falschen Antworten qualifiziert Herr Ross sich selbst ab (Der Spiegel 9/1967,5); Auf dem letzten CDU-Parteitag hätte Erhard die FDP als liberale Wirtschaftspartei abqualifiziert (Der Spiegel 26/1966,12).

divergieren/Divergenz/differieren/Differenz/differenzieren

Divergieren bedeutet *von einem gemeinsamen Ausgangspunkt aus in verschiedene Richtungen streben, auseinanderstreben.* Wenn dieses Verb gebraucht wird, will der Sprecher (Schreiber) das Abweichende hervorheben, will betonen, daß keine Gemeinsamkeit, keine Übereinstimmung vorhanden ist, daß mehr oder weniger große Unterschiede in Meinungen, Zielen usw. bestehen. Das Gegenwort ist *konvergieren:*

> ihre Ansichten über Freundschaft und Liebe divergieren nicht unerheblich; die schwarze Scheibe mit den drei scharfen, nach oben divergierenden weißen Strichen (Lorenz, Verhalten I 158); Sein Berufsethos besteht darin, der unparteiische... ausgleichende Faktor zwischen den divergierenden politischen und gesellschaftlichen Kräften der Nation zu sein (Die Welt 1.10.66,3).

Das Substantiv zu divergieren lautet **Divergenz:**

> Tiefgreifende politische Divergenzen führten im Ersten Weltkrieg zur Abwendung

der pazifistischen . . . Kräfte der Arbeiterbewegung von der . . . offiziellen Politik der Sozialdemokratie (Fraenkel, Staat 29); Trotz großer Divergenzen hielten nach außen alle geschlossen zusammen (Hasenclever, Die Rechtlosen 477).

Differieren bedeutet *sich unterscheiden, voneinander abweichen, verschieden sein:* die Preise differieren in den einzelnen Städten beträchtlich; Wir haben ja alle keine Uhren mehr und mal gilt russische, mal polnische Zeit, mal auch deutsche Sommerzeit, und alle differieren um Stunden (Normann, Tagebuch 116).

Meinungen können sowohl *divergieren* als auch *differieren*. Der Unterschied liegt in der verschiedenen Sehweise.

Wenn man davon spricht, daß Meinungen *divergieren*, dann geht man von einer gemeinsamen Basis aus, z.B. von den Ansichten über Politik, die aber in verschiedene Richtungen auseinandergehen. Wenn man von *differierenden* Meinungen spricht, dann sieht man die einzelnen Meinungen, die voneinander entfernt sind, man sieht den trennenden Abstand, ohne daß ein deutlicher Bezug auf einen gemeinsamen Ausgangspunkt hergestellt wird. Das Substantiv zu differieren lautet **Differenz**.

Differenz bedeutet 1. *Unterschied,* vor allem in bezug auf Preise und Gewichte: Meine Idee war. . . Ihnen dies hübsche Stück zu verkaufen und die Differenz zwischen seinem Wert und dem Preis der Uhr von Ihnen entgegenzunehmen (Th. Mann, Krull 183); Zunächst einmal ist die Differenz von 6 km schon wesentlich gravierender als die Differenz von 2 km (Frankenberg, Fahren 68); Major Luschke hatte sich . . . erkundigt. . . , ob sich Differenzen zwischen den einzelnen Uhren im Kasernement ergeben hätten (Kirst 08/15, 83); Ein Vergleich dieses Textes etwa mit der Rheinlandschaft. . . macht die Differenz zwischen literarisch-subalterner und dichterischer Prosa wieder deutlich (Deschner, Talente 183).

2. *Meinungsverschiedenheit, strittiger Punkt.* In dieser Bedeutung wird das Substantiv meist im Plural gebraucht: Im Laufe dieser Debatte ist zunächst einmal in der Fragestunde sichtbar geworden, daß es erhebliche Differenzen zwischen dem Bundeslandwirtschaftsminister und dem Bundeswirtschaftsminister nicht gibt (Bundestag 190/1968,10296) Bonns Spitze rauft sich. Differenzen spitzen sich zu / Adenauer greift Erhard an (Das Volk 11.7.64, 2).

Differenzieren bedeutet *genauer unterscheiden* in bezug auf Beurteilung, Behandlung o.ä.: wir wissen zu differenzieren; Arier und Nichtarier differenziert man durch eine unterschiedliche Grußbezeugung (Fries, Weg 46); Er differenziert. .. den Spenglerischen Gegensatz. . . von Kultur und Zivilisation (Marek, Notizen 14).

Im reflexiven Gebrauch hat differenzieren die Bedeutung von *sich aus einer gemeinsamen Grundstruktur heraus eigenständig entwickeln und sich dadurch von den anderen unterscheiden, abheben:* Die einzelnen Wissenschaften differenzieren sich immer mehr; Wo das Industrieproletariat im Gefolge der Industrialisierung erstarkte, differenzierte es sich später in einen kleinbürgerlich-demokratischen und einen proletarisch-sozialistischen Flügel (Fraenkel, Staat 246); daß die erste Kindheitsperiode, während der sich das Ich aus dem Es zu differenzieren beginnt, auch die Zeit der sexuellen Frühblüte ist (Freud, Abriß 59).

Das 2. Partizip *differenziert* bedeutet *nuancenreich, in Einzelheiten feine Abstufungen aufweisend, in seinem Aufbau reich gegliedert:* die Gruppe ist viel zu differenziert, um sie in globo zu verdammen (Deschner, Talente 336); Dieser Entwicklung hat sich die Mode angepaßt, indem sie ein breites Angebot differenzierter Anzüge bereithält. . . immer differenzierter wählt man seinen Anzug aus (Herrenjournal 3/1966,130).

Divisor/Dividend

Unter einem **Divisor** versteht man die Zahl, durch die eine andere (der Dividend) geteilt werden soll, während ein **Dividend** die Zahl ist, die durch eine andere (den Divisor) geteilt werden soll. Bei der Rechnung 21 : 7 = 3 ist 21 der Dividend und 7 der Divisor.

doppeldeutig/zweideutig/mehrdeutig

Was **doppeldeutig** ist, läßt zwei Deutungen zu, es ist nicht eindeutig; eine doppeldeutige Formulierung ist nicht klar, kann auf zweierlei Weise ausgelegt werden: das Orakel ist doppeldeutig.

Was **zweideutig** ist, ist oft bewußt unklar gehalten, um nach zwei Seiten hin ausdeutbar zu sein:

> während er weitersprach . . . in einem zweideutigen Ton, der Lob und Tadel anklingen ließ (Schneider, Erdbeben 65); Ich denke, was ich brauche, ist Luftveränderung. . . Sartonik meinte das zweideutig, aber Solnemann verstand es nicht (Sebastian, Krankenhaus 42).

Oft ist das Zweideutige anzüglich, zweifelhaft, schlüpfrig und unanständig:

> so habe sie das doch. . . nicht etwa dahin verstanden, er zöge ernsthaft ein Abenteuer zweideutiger Art in Betracht, eine Wochen- oder Stundenliaison etwa (Maass, Gouffé 280); sie hatten. . . ein ausgelassenes Junggesellenleben geführt, das sie oft in recht zweideutige Kreise brachte (Prinzeß-Roman 43, 14).

Was **mehrdeutig** ist, läßt mehrere Ausdeutungen zu; es ist mißverständlich. Ein mehrdeutiger Begriff kann also auf verschiedene Weise ausgelegt werden.

Drucksache/Druckerzeugnis

Unter einer **Drucksache** versteht man eine von der Post verbilligt beförderte, nicht geschlossene Postsendung, die nur gedruckte Schriften oder einen mechanisch vervielfältigten bzw. vorgedruckten Text enthält:

> Nur ein großer Stapel von Drucksachen und Prospekten erinnert daran, daß ich drei Monate fortgewesen bin (Jens, Mann 69).

Ein **Druckerzeugnis** ist ein gedruckter Text in Buchform, als Zeitschrift usw.:

> pornographische Druckerzeugnisse.

durchführen/ausführen

Wenn Aufträge, Pläne, Befehle, Arbeiten, Gedanken usw. verwirklicht werden sollen, kann man sie sowohl durchführen als auch ausführen. Das Verb **durchführen** deutet auf den Weg zum angestrebten Ergebnis, unter Umständen kann etwas auch mitten in der Durchführung steckenbleiben; beim Verb **ausführen** liegt der Akzent auf dem erzielten Ergebnis. *Durchführen* lenkt den Blick mehr auf die damit verbundene Aktion, auf die Art der dazu erforderlichen Tätigkeit als auf das Ergebnis. *Ausführen* betont stärker, daß das gewünschte Ergebnis oder der angestrebte Zustand auch erreicht wird. Wo beide Aspekte möglich sind, wie in den folgenden Belegen, lassen sich beide Verben verwenden:

> Wir hatten einen geheimen, kriegsentscheidenden Auftrag durchzuführen (Kirst 08/15, 882); Der Befehl wird durchgeführt, pünktlich und bis zu Ende (Plievier, Stalingrad 287); der . . . bei dem an diesem Tag durchgeführten Gegenstoß (Plievier, Stalingrad 255); Die Operation an Hauptmann Tomas führte er noch durch (Plievier, Stalingrad 295); . . . um ihre umfassenden Aufgaben durchführen zu können (Fraenkel, Staat 274); Alle Einwohner. . . waren verpflichtet, die Beschlüsse. . . widerspruchslos durchzuführen (Leonhard, Revolution 101); die künstliche Beatmung, die sogar . . . maschinell durchgeführt werden kann (Fischer, Medizin II 13); . . . daß nicht genug Kräfte zur Verfügung standen, um den Putsch durchzuführen (Rothfels, Opposition 65).
> Wir führten den Befehl aus (Plievier, Stalingrad 279); der Plan einer Neugestaltung. . . , der leider nur teilweise ausgeführt wurde (Langgässer, Siegel 315); wie diese Menschen brav die ihnen vom Staat übertragenen Aufgaben ausführen (Mehnert, Sowjetmensch 333); . . . daß Sie einen Auftrag hatten. . . , den Sie nicht ausgeführt haben (Brecht, Groschen 315); Sie hätte sich keineswegs gescheut, sie (die Untersuchung) selber auszuführen (Sebastian, Krankenhaus 76); das oberste. . . Organ, neben oder unter dem haupt- oder ehrenamtliche Organe die Gemeindebeschlüsse ausführen (Fraenkel, Staat 162); Die Magistrate . . . waren ausführende Organe der Volksversammlung (Fraenkel, Staat 258).

Ausführen bedeutet *in die Tat umsetzen, vollbringen* und deutet darauf hin, daß etwas abgeschlossen, daß etwas erzielt, erreicht, verwirklicht, schlechthin gemacht wird:

> er . . . schlug Haken und führte Sprünge aus (Gaiser, Jagd 169); Zöglinge . . . , die . . . zu einer nachgiebigen Musik ihre Pas, Kniebeugen und Drehungen ausführten (Th. Mann, Krull 225); Danach wurde eine Aggression nicht unterdrückt, sondern ausgeführt (Freud, Unbehagen 172).

Trotz des ähnlichen Inhalts lassen sich beide Verben nicht überall gegeneinander austauschen. Die folgenden Belege zeigen den Unterschied:

> ein in der Regel aus allgemeinen, auf regionaler Basis durchgeführten Wahlen hervorgehendes. . . Staatsorgan (Fraenkel, Staat 231); Damit Wahlen durchge-

führt werden können (Fraenkel, Staat 355); Wir führen eine Untersuchung durch und müssen Herrn Gastmann sprechen (Dürrenmatt, Richter 44); Damit können wir höchstens eine Werbewoche . . . durchführen (Brecht, Groschen 153); einen Schrankappell. . . durchzuführen (Kirst 08/15,25); In den Vereinigten Staaten wurde. . . die Trennung von Staat und Kirche streng durchgeführt (Fraenkel, Staat 154); . . . wenn sie den Verkauf des Hauses und seiner Einrichtung durchführe (Musil, Mann 802).

> Flugzeuge. . . , die . . . klassische Linien ausführten um Funkturm, Hochhaus, Stadtautobahn (Johnson, Ansichten 144); der Schluß des nicht ausgeführten vierten Aktes (Jens, Mann 104); ich . . . führe jede Einzelheit mit spitzem Pinsel aus (Th. Mann, Krull 39).

Während sich das Verb *durchführen* immer auf etwas bezieht, was sich jemand vorgenommen hat, gewissermaßen auf ein P r o g r a m m , einen Plan, muß dieser Aspekt bei *ausführen* nicht gegeben sein:

> . . . bis man einmal einen Vogel die Handlung objektlos ausführen sieht (Lorenz, Verhalten I 107); Es gehört zum Begriff des Imponiergehabens, daß es im wesentlichen nur dann ausgeführt wird, wenn ein empfänglicher Zuschauer zugegen ist (Lorenz, Verhalten I 209); . . . daß viele Menschen die für das Imponiergehaben bezeichnende Kraftvergeudung mit einer Maschine ausführen, wenn sie gerade eine solche steuern (Lorenz, Verhalten I 211).

Das Verb *ausführen* hat außerdem noch andere Bedeutungen, die aber mit *durch-führen* nicht konkurrieren; z.B. ins Ausland verkaufen, exportieren (Maschinen ausführen); jemanden ins Freie führen, um ihm Bewegung zu verschaffen (den Hund ausführen); jemanden in ein Restaurant, ins Theater einladen (der Vater führte seine Tochter aus); eingehend darlegen oder erklären (weitschweifig führte der Redner aus, wie die Entwicklung verlaufen war).

durchwühlen/aufwühlen

Das Verb **durchwühlen** kann auf der ersten Silbe (dụrchwühlen, er wühlte durch, Partizip: durchgewühlt) und auf der zweiten (durchwụ̈hlen, er durchwühlte, Partizip: durchwühlt) betont werden.
Durchwühlen bedeutet im reflexiven Gebrauch *sich durch etwas hindurchgraben, sich wühlend an ein Ziel arbeiten:*

> nachher waren es nur Wedderkop und Lachmann, die sich bis ans Licht durchwühlten (Plievier, Stalingrad 171); weil ein schneller Mann. . . in der letzten Reihe stehen kann und sich durchwühlen muß (Frankenberg, Fahren 42); . . . müssen sie sich. . . durch rund 3500 Bewertungsblätter. . . durchwühlen (DM 5/1966, Umschlagseite 4).

Bildlich:

> Da fühlte ich, wie der Schmerz sich durchgewühlt hatte bis in jene tiefste Schicht (Rinser, Mitte 163).

Der nicht reflexive Gebrauch bei Betonung auf der ersten Silbe ist seltener. Die Bedeutung ist dann *wühlend durchsuchen:*

> Er hat alles durchgewühlt.

Wird das Wort auf der zweiten Silbe betont, bedeutet es ebenfalls *wühlend durch-suchen, in Unordnung bringen, durcheinanderbringen:*

> Er durchwühlte die Taschen der Jacke (Jahnn, Nacht 152); hatte selbst vor dem Grab des heiligen Albert nicht haltgemacht, es nach Schätzen durchwühlen lassen (Feuchtwanger, Herzogin 22).

Bildlich:

> Blitzschnell durchwühlte er sein Gedächtnis (Langgässer, Siegel 268).

Während man beim Durchwühlen etwas durcheinanderbringt, weil man etwas sucht, bedeutet **aufwühlen,** daß durch Wühlen das Unterste nach oben gelangt. Man wühlt den Erdboden oder das Wasser auf; Wasser aber durchwühlt man nicht:

> Wie ein Kamel, das sich durstig an eine Tränke stürzt, deren Wasser aufgewühlt, also saudreckig ist (Kirst 08/15, 890); Kahle Straßen stoßen auf einem schmalen Platz zusammen, der aufgewühlt ist. Man wird dort Rohre legen (Kaiser, Villa 104).

Bildlich:

> Die Nacht war wie keine zuvor aufgewühlt worden durch den Widerhall des Krieges (Apitz, Wölfe 373).

Aufwühlen wird auch auf das menschliche Gefühl und Empfinden übertragen in der

Bedeutung *innerlich stark erregen:*
> Der Film hatte alle aufgewühlt; es ist die Mordgier des Menschen, der bis in seine Tiefen aufgewühlt, regelmäßig zum Tier wird (Thieß, Dämonen 105); ich bin ganz aufgewühlt weggegangen (Genet [Übers.], Notre Dame 251).

Aufwühlen bedeutet außerdem *durch Wühlen oder durch dem Wühlen ähnliche Vorgänge das Vorhandensein von etwas bewirken:*
> Vorn fielen noch vereinzelte Granaten und wühlten Trichter auf (Plievier, Stalingrad 17).

ein-/hinein-

Von manchen Stammverben stehen Bildungen mit **ein-** und **hinein-** nebeneinander. Die Verben mit *ein-* betonen stärker die T ä t i g k e i t (einen Nagel einschlagen, Tee eingießen), die Verben mit *hinein-* betonen die R i c h t u n g (den Nagel ganz hineinschlagen, Wasser hineingießen). Zu den Verben, die die Richtung ausdrücken, werden auch Verben gebildet, die die Gegenrichtung mit *heraus-* angeben (den Nagel wieder herausziehen). Die Bildungen mit *ein-* haben öfter, aber keineswegs immer eine spezielle Bedeutung. Nicht selten stehen beide Verbzusätze (ein-/hinein-) konkurrierend nebeneinander (jemanden einlassen/hineinlassen), wenngleich die Bildungen mit *hinein-* die Richtung immer besonders betonen (z.B. einkleben/hineinkleben).

eindeutig/eineindeutig

Eindeutig bedeutet *nur eine, also nicht zwei oder mehr Bedeutungen habend.* Was eindeutig ist, schließt Irrtümer aus, läßt keine andere Deutung zu, ist unmißverständlich:
> Signale und Zeichen sollen eindeutig sein (Natur 80); Im allgemeinen waren jedoch klare eindeutige politische Bekenntnisse in den Briefen selten zu finden (Leonhard, Revolution 173); Wie wenig eindeutig er (der Begriff ,,Kultur") selbst in der westlichen Welt verwendet wird... (Fraenkel, Staat 174); Aber Asch senior war ... bemüht, seinen Geschäftsbetrieb von seinem Privatleben ganz eindeutig zu trennen (Kirst 08/15, 36).

In der Mathematik (Mengenlehre) spricht man von *eindeutigen* und **eineindeutigen** Abbildungen.
Abbildungen im traditionellen Sinne überführen die Punkte einer Objektmenge (Originale, Urbildpunkte) in Punkte einer Bildmenge (Bildpunkte). Abbildungen sind eindeutig, wenn jedem Originalpunkt P nur ein Bildpunkt P' = A(P) entspricht. Ein Punkt P' kann auch Bild mehrerer Originale sein; die Abbildung ist dann allerdings nicht eineindeutig. Z.B. ist die Abbildung eines Gebäudes in seinem Grundriß nicht eineindeutig. Das Bild einer Geraden ist bei einer eineindeutigen affinen Abbildung wieder eine Gerade, weil die Abbildungsgleichungen linear sind und also Geradengleichungen wieder in Geradengleichungen übergehen.
Eine eindeutige Abbildung ist also eine Abbildung, die jedem Punkt eines [Ur] raumes genau einen Bildpunkt zuordnet, während eine eineindeutige Abbildung eine umkehrbar eindeutige Abbildung ist, d.h., jeder Bildpunkt besitzt nur einen Urbildpunkt.
Stellt man das (in der Mengenlehre) an Hand einer Ausgangsmenge A dar, die durch Pfeile mit einer Bildmenge B verbunden wird, dann endet bei einer eineindeutigen Abbildung bei jedem Element der Bildmenge B genau e i n von der Ausgangsmenge A ausgehender Pfeil, es laufen also keine Pfeile zusammen.

Einfuhr/Zufuhr

Wenn Waren aus dem Ausland eingeführt werden, spricht man von **Einfuhr** oder Import. Die Gegenwörter sind *Ausfuhr* bzw. *Export:*
> eine wachsende Einfuhr und sinkende Ausfuhr (Fraenkel, Staat 378); Da die deutsche Einfuhr (ohne Rüstungsgüter) um fünfzehn Prozent zunahm, die Ausfuhrdynamik dagegen stark nachgelassen hat (Die Zeit 20.11.64, 34).

Wenn etwas auf Fahrzeugen ganz allgemein von außen an etwas heran- und in etwas hineingebracht wird, z.B. Lebensmittel, kann man von **Zufuhr** sprechen:
> Er kaufte nicht mehr die Ernte auf – aber er diktierte das Maß der täglichen Zufuhren an die Küste (Jacob, Kaffee 254).

Bei der *Einfuhr* von Lebensmitteln handelt es sich also um Lebensmittel, die aus dem Ausland in ein Land gebracht werden. Bei der *Zufuhr* von Lebensmitteln handelt es sich um Lebensmittel, die an etwas herangebracht oder von außen in eine Stadt o.ä. hineingebracht werden.

Der Unterschied zwischen beiden Wörtern liegt in den Präfixen *ein-* und *zu-*. Während *ein-* darauf hindeutet, daß etwas in etwas hineingelangt, gibt *zu-* die Richtung an:

> Von Mexiko ... kamen nicht nur Zufuhren, sondern vor allem die Nachricht der riesigen brasilianischen Ernte, die im Sommer eintreffen werde (Jacob, Kaffee 212).

Zufuhr bedeutet ganz allgemein das Heranbringen, Zuführen, so daß sich im Unterschied zu Einfuhr noch weitere Anwendungen für *Zufuhr* ergeben:

> die weitere Zufuhr kalter Festlandsluft (FAZ 70/1958, 6); Das eiweißartige Insulin wirkt aber nicht bei Zufuhr über den Magen (Fischer, Medizin II 214).

einmütig/einhellig/einstimmig

Wenn etwas **einmütig** getan wird, dann sind alle Beteiligten des gleichen Sinnes, haben das gleiche Ziel, die gleiche Meinung:

> die unerhört einmütige Teilnahme daran wirkte ausgleichend, zusammenfassend, sie überbrückte die gesellschaftlichen Klüfte (Th. Mann, Hoheit 205); Aus allen Winkeln ... strömte Stadt- und Landvolk ... einmütig in Richtung des Campo Pequeno (Th. Mann, Krull 427); Die Fahnenträger warteten das Kommando des Fähnrichs ab, darauf hoben sie einmütig den linken Fuß (Bieler, Bonifaz 230).

Sind in obigen Belegen die Wörter *einhellig* und *einstimmig* nicht einsetzbar, so lassen die folgenden einen Austausch zu, weil es sich hier um lautliche Äußerungen handelt:

> beschloß man einmütig die Niederwerfung der spanischen Revolution (Jacob, Kaffee 209); die militärische Intervention der Sowjetunion ... in der Tschechoslowakei ist nicht nur fast einmütig von den Staaten der Welt verurteilt worden ... (Bundestag 188/1968, 10162); Der Beifall war einmütig (Böll, Haus 22).

Einhellig bezieht sich nicht wie einmütig auf ein gleiches gemeinsames Handeln, sondern auf Äußerungen, und zwar auf gleiche, nicht voneinander abweichende Stellungnahmen zu etwas. Hier wirkt noch deutlich, dem Sprecher oder Schreiber gar nicht mehr bewußt, die etymologische Herkunft, die ursprüngliche Bedeutung, nach, nämlich *einerlei Hall habend*. Wenn man sagt, daß alle einhellig einer Meinung sind, dann betont man durch das Adjektiv *einhellig* auch das Beeindruckende dieser Tatsache. Es wird betont, daß sich alle in Einklang befinden:

> So einhellig Herausgeber und Autoren dieses Bandes sachlich und methodisch in ihrer Einstellung zu dem Problem ... sind, so verschiedenartig ist ... ihr Denken im einzelnen (Fraenkel, Staat 14); da hatte sich das ganze Personal einhellig geweigert (Tucholsky, Werke II 11); Seine Art ... trug ihm später einhellige Abneigung aller Lehrer ein (Gaiser, Schlußball 87); Die ... Theorie wird von der wissenschaftlichen Soziologie und Anthropologie einhellig verworfen (Fraenkel, Staat 141); dann fiel dieselbe Welt, dieselbe Öffentlichkeit einhellig über ihn her (Jünger, Bienen 18); daß die ganze Kommission sich einhellig bereit findet, ihnen den Charakter des Mirakels zuzuerkennen (Werfel, Bernadette 365).

Das Adjektiv **einstimmig** bezieht sich wie *einhellig* auch auf Äußerungen. Hier liegt der Akzent aber nicht auf der übereinstimmenden Stellungnahme, sondern darauf, daß man sich für oder gegen etwas ausspricht, daß alle der gleichen Meinung sind und diese auch mit ihrer Stimme – wie mit e i n e r Stimme – äußern. Wenn etwas *einhellig* abgelehnt worden ist, dann kann die Ablehnung u.U. an verschiedenen Orten und zu verschiedenen Zeiten erfolgt sein, während eine *einstimmige* Ablehnung in der Regel Gleichzeitigkeit voraussetzt, meist auf eine Aufforderung oder Befragung hin, z.B. bei Abstimmungen:

> Einstimmig wird der Siebzehnjährige zum Mitglied der Akademie ernannt (Ceram, Götter 106); ,,Einstimmig angenommen!'' sagt der Dichter (Remarque, Obelisk 336); Nach Rousseaus Meinung sollen Plebiszite tunlichst zu einstimmig gefaßten Beschlüssen führen (Fraenkel, Staat 251); Die entsprechende Verordnung wurde schon am nächsten Morgen veröffentlicht. Erst danach kam die organisierte Kampagne, in der sie ,,einstimmig'' begrüßt wurde (Leonhard, Revolution 68); ,,Es riecht sehr nach Fisch'', sagten die Männer einstimmig (Bieler, Bonifaz 79).

einschlafen/entschlafen/einschläfern

Einschlafen bedeutet *vom Zustand des Wachseins in den Zustand des Schlafens übergehen, in Schlaf sinken:*

> Großvater schläft beim Essen ein (Bieler, Bonifaz 198); An einem Sonnabend konnte ich vor Hitze nicht einschlafen (Bieler, Bonifaz 113).

Einschlafen wird auch übertragen gebraucht, so können z.B. einzelne Glieder des Körpers einschlafen, d.h., sie werden durch steife, verkrampfte Haltung oder Lage vorübergehend gefühllos:

> da eines meiner Beine während des Vortrags eingeschlafen war (Grass, Katz 86).

Von *einschlafen* spricht man auch, wenn eine ursprünglich rege Tätigkeit nachläßt und schließlich ganz ruht:

> Sie schrieben einander. Zuerst Briefe, dann Karten, und am Ende schlief die Korrespondenz ein (Thieß, Legende 116); VEBA bröckelten . . . ab. Im Verlauf schlief das Geschäft fast völlig ein (Die Welt 19.8.65,12); er hatte er seine Frau erheblich verprügelt, dann überkam ihn das Verlangen, ihr dennoch zu zeigen, daß er gewillt war, die eheliche Gemeinschaft nicht einschlafen zu lassen (Kirst 08/15,66).

In verhüllender Redeweise wird *einschlafen* auch für *eines sanften Todes sterben* gebraucht:

> Sie hatte einmal einen Patienten so sterben sehen: er war schwächer und schwächer geworden und ohne Schmerzen eingeschlafen (Sebastian, Krankenhaus 146).

In diesem Gebrauch entspricht *einschlafen* der Bedeutung von **entschlafen:**

> Hera. . . ließ die beiden Söhne sanft entschlafen; denn sanfter Tod in früher Jugend sei höchstes Glück (Ceram, Götter 39).

Dazu wird auch ein substantiviertes zweites Partizip *der Entschlafene* (aber nicht: der Eingeschlafene) gebildet:

> Fast könnte man die Schläferin für eine Entschlafene halten (Carossa, Aufzeichnungen 89).

Nur in gehobener Ausdrucksweise wird gelegentlich auch *entschlafen* für *in Schlaf sinken* gebraucht; im Unterschied zu *einschlafen* ist aber die Verwendungsmöglichkeit wesentlich geringer, z.B.:er konnte nicht einschlafen (aber nicht: er konnte nicht entschlafen); vor Müdigkeit einschlafen (nicht: entschlafen); über einer Arbeit einschlafen (nicht: entschlafen):

> Thiel entkleidete sich, ging zu Bett und entschlief (Hauptmann, Thiel 13); Er streckte sich aus und war sogleich entschlafen (Buber, Gog 95).

In bezug auf Körperglieder und auf eine allmählich nachlassende Tätigkeit wird *entschlafen* nicht gebraucht.

Einschläfern bedeutet *schläfrig machen und auf diese Weise in Schlaf bringen:*

> Geräusche, die mir im Dunkeln noch dunkler erscheinen, schläfern mich schnell ein (Böll, Und sagte 25); Diesmal war Ravic. . . eine halbe Stunde vor der angesetzten Zeit zur Operation erschienen und hatte ihn erwischt, bevor der Patient eingeschläfert war (Remarque, Triomphe 186); Dieser einschläfernde Nachmittag nahm eine jähe Wendung (Hildesheimer, Legenden 118).

In bezug auf Abstraktes, also nicht auf Personen bezogen, bedeutet *einschläfern* soviel wie *beschwichtigen, zum Schweigen bringen* oder besagt, daß jemand sorglos und sicher gemacht worden ist, so daß z.B. seine Aufmerksamkeit, sein Verdacht, sein Gewissen nicht mehr wach ist, womit Kritik und Opposition ausgeschaltet sind:

> Der frühere belgische Gesandte. . . hat bezeugt, daß der Staatssekretär in keiner Weise versuchte. . . , seine Wachsamkeit . . . einzuschläfern (Rothfels, Opposition 196 [Anm.]); es gelang ihm . . . , seine unermeßliche Sehnsucht, seinen Schmerz um Lisbeth einzuschläfern (Brod, Annerl 38); Die Schmerzen lassen sich soundso oft einschläfern (Jahnn, Geschichten 177).

Einschläfern wird auch verhüllend in der Bedeutung gebraucht *einen unheilbar Kranken durch Anwendung entsprechender Medikamente töten:*

> Der kranke. . . Fox-Spitz-Bastard wurde. . . herrenlos aufgefunden. . . Inzwischen wurde der Hund eingeschläfert und das gesamte Münchener Stadtgebiet zum Hundesperrgebiet erklärt (MM 12./13.8.67, 11); „Verkrüppelte Kinder rasch einschläfern" / Ehemaliger Bethel-Chefarzt sagt als Zeuge im Euthanasieprozeß aus (MM 27.10.67, 10).

einschlagen/hineinschlagen/schlagen in

Alle drei Verben besagen, daß man durch Schlagen etwas in etwas hineinbringt.

Der Unterschied zwischen den konkurrierenden Bedeutungen der Verben **einschlagen** und **hineinschlagen** besteht darin, daß die Bildung mit *ein-* die T ä t i g k e i t betont, während die Bildung mit *hinein-* stärker die R i c h t u n g hervorhebt:

einen Nagel einschlagen; aber: den Nagel ganz in die Wand hineinschlagen; Ein Nagel wird in die Wand der Werkstatt eingeschlagen, nicht allzutief natürlich aber so, daß es eines tüchtigen Ruckes... bedürfte, ihn herauszureißen (Remarque, Obelisk 98); Bei Austauschteilen muß die eingeschlagene Fabriknummer... lesbar durchkreuzt werden (FAZ 21.10.61, 10); sah ich oft, daß sie (die Raben), nachdem sie das Holzstück, den Lappen oder mit was sie sonst spielten, mit einem Fuße ergriffen hatten, auch rasch noch den zweiten hineinschlugen (Lorenz, Verhalten I 106).

Schlagen in entspricht dem Verb *hineinschlagen,* doch erfordert es im Unterschied zu diesem immer eine adverbiale Bestimmung des Ortes:

er schläft den Nagel in die Wand; aber: er schlägt den Nagel hinein, ganz hinein, ganz in die Wand hinein; In beide Hände werde ich den Dolch nehmen / und ihn in seine Haut schlagen (Weiss, Marat 28).

einschränken/beschränken/Einschränkung/Beschränkung/Eingeschränktheit/Beschränktheit

Sowohl beim Verb **einschränken** als auch beim Verb **beschränken** handelt es sich darum, daß Grenzen gesetzt werden. Scheinen beide Verben inhaltlich auch so gut wie gleich, so lassen die Verwendungsweisen doch Unterschiede erkennen. Mit dem Verb *einschränken* verbindet sich die Vorstellung, daß einer Entwicklung, einem Streben o.ä. Einhalt geboten wird, und zwar üblicherweise von außen her. Eine Tätigkeit o.ä. wird in ihrem Verlauf gebremst oder sogar wieder zurückgedrängt. Mit dem Verb *beschränken* verbindet sich die Vorstellung, daß feste Grenzen gesetzt sind, die nicht überschritten werden sollen. Es besteht jedoch die Möglichkeit, sich bis dahin zu entfalten.

Wenn man etwas *einschränkt,* wirkt man einer bereits in Gang befindlichen Entwicklung o.ä. entgegen, indem man Grenzen setzt und weitere Entfaltung unterbindet. Wenn man etwas *beschränkt,* dann setzt man Grenzen für den möglichen Fall; Grenzen, bis wohin sich etwas entwickeln, ausdehnen usw. kann.

Die von den Verben abgeleiteten Substantive **Einschränkung** und **Beschränkung** entsprechen den Bedeutungen der jeweils zugrundeliegenden Verben. *Einschränkung* bedeutet *Verringerung bestimmter Mittel oder Möglichkeiten,* während *Beschränkung* soviel wie *Festsetzung einer Grenze für bestimmte Mittel oder Möglichkeiten* bedeutet. Die Beschränkung zeigt, wie weit jemand oder etwas gehen kann. Lassen sich *Einschränkung* und *Beschränkung* im allgemeinen mit entsprechender Nuance gegeneinander austauschen, so trifft dies nicht für einige phraseologische Verbindungen zu, in denen nur *Einschränkung,* aber nicht *Beschränkung* verwendet werden kann. Diese Verbindungen verdeutlichen auf besondere Weise die oben dargelegten Bedeutungsschattierungen:

mit Einschränkung / ohne Einschränkung einem Vorschlag zustimmen; eine Einschränkung machen.

Diese Beispiele machen deutlich, daß mit Einschränkung ein Zurückdrängen, ein Reduzieren verbunden ist, während das Substantiv *Beschränkung* den Handlungsspielraum angibt.

Die Substantive **Eingeschränktheit** und **Beschränktheit** bezeichnen die entsprechenden Zustände. Die *Eingeschränktheit* ist ein von außen her mit Grenzen versehener Zustand, in dem man sich nicht viel bewegen kann. Die *Beschränktheit* ist ein Zustand, in dem man die von innen her gegebenen Grenzen spürt. *Beschränktheit* bedeutet daher außerdem auch soviel wie *Dummheit* und deutet damit auf ein geringes geistiges Vermögen, auf die vorhandenen engen geistigen Grenzen hin.

Einschränken:

Die Freiheit der Presse muß eingeschränkt, den ewigen Hetzreden ein Ende gemacht werden (St. Zweig, Fouché 88); Er gab seine Werkstatt nicht auf, schränkte aber seinen Kundenkreis ein (Kirst, Aufruhr 227); Sie sollten den Umgang mit der Novizin ... mehr und mehr einschränken (Werfel, Bernadette 399); es blieb dem Kaiser nichts übrig, als seine Wünsche einzuschränken (Thieß, Reich 553); Im Verlauf des Bürgerkriegs wurde der Spielraum auch für die Tätigkeit loyaler Oppositionsparteien... eingeschränkt (Fraenkel, Staat 48); Wir mußten uns auch für Siegfried einschränken. Er hatte keine Lebensmittelkarten. Wir sparten uns sein Essen vom Mund ab (Kesten, Geduld 47).

Können *einschränken* und *beschränken* auch oftmals gegeneinander ausgetauscht werden, ohne daß dem Sprecher ein deutlicher Unterschied bewußt wird, so lassen bei den Substantiven die Kontexte, vor allem die damit in Verbindung stehenden Verben und Attribute, die Unterschiede deutlicher erkennen. Die mit dem Substantiv *Einschränkung* verbundenen Verben deuten beispielsweise den Reduzierungsprozeß an, und Attribute wie *wesentlich, empfindlich, geringfügig, groß* unterstreichen diese Prozedur:

> Die Begriffe von Gut und Böse erfahren eine wesentliche Einschränkung (Sieburg, Robespierre 100); In der ersten Hälfte des 19. Jhs. folgten mit mehr oder weniger großen Einschränkungen. . . die deutschen Einzelstaaten dem französischen Vorbild (Fraenkel, Staat 142); In beiden Fällen werden empfindliche Einschränkungen der persönlichen Freiheiten. . . die Voraussetzungen erfolgreicher Maßnahmen sein (Fraenkel, Staat 320); Abgesehen von diesen „geringfügigen" Einschränkungen war alles erlaubt (Leonhard, Revolution 177); Es vermag im Endergebnis die Einschränkung der Rechte der Opposition zur Folge haben (Fraenkel, Staat 228); Zunehmender handelspolitischer Protektionismus bedeutet nicht nur Einschränkung des Verkehrs zwischen den Völkern (Fraenkel, Staat 133).

Beschränken:

> Ich muß mich auf die sinngemäße Wiedergabe beschränken (Thorwald, Chirurgen 216); in dem Bestreben, den Berufszugang und die Berufsausübung in mittelständischen Wirtschaftszweigen zu regulieren . . . oder gar zu beschränken (Fraenkel, Staat 199); Solange der Krieg sich auf Polen und Skandinavien beschränkte, waren die meisten neutral (Leonhard, Revolution 66); Schließlich werden die Behörden in ihrer Anzahl beschränkt (Sieburg, Robespierre 160).

Beschränkung:

> Seit der Weltwirtschaftskrise wird . . . die Landwirtschaft . . . durch eine mengenmäßige Beschränkung der Einfuhr ohne Rücksicht auf die Zollsätze . . . geschützt (Fraenkel, Staat 23); kennen Sie das Kapitel drei des Abkommens über gewisse Beschränkungen in der Ausübung des Beuterechts im Seekriege (Bieler, Bonifaz 12); Wo . . . war der „mittlere Franzose", der die weise Beschränkung darstellte (Sieburg, Blick 57); In dem unaufhörlichen Bestreben, dem Publikum zu dienen, legen wir uns Beschränkungen auf (Brecht, Groschen 257); Aber auch ihre entschiedene Beschränkung auf den Schutz von Staat und Verfassung kann nicht die Gefahr ausschließen (Fraenkel, Staat 80); jeder zeitlichen Beschränkung unterwirft er sich (Kafka, Schloß 124).

Beschränktheit:

> eine gewisse Beschränktheit des Horizonts (Friedell, Aufklärung 190); Die Dummheit — das ist nicht etwa eine Beschränktheit der Intelligenz (Auto 8/1965, 27).

einträchtig/einträglich/beträchtlich

Wenn zwei oder mehr Menschen im Denken und in den Neigungen übereinstimmen, gleich gestimmt sind und in Harmonie miteinander leben, beisammen sind oder etwas gemeinsam tun, nennt man sie oder ihr Tun **einträchtig**. Dieses Adjektiv wird meistens adverbial gebraucht:

> Einträchtig wie Brüder bahnten sich die Jungen den Heimweg durch die Tanzenden (Strittmatter, Wundertäter 224); so einträchtig Hand in Hand zu gehen (Th. Mann, Krull 79); wir wandern einträchtig dem Dortmunder Bier in der Gartenwirtschaft . . . entgegen (Remarque, Obelisk 127); Als einträchtige Daseinskomplizen gut aufeinander abgespielt, benutzen wir einunddasselbe Badewasser (Wohmann, Absicht 26).

Wenn sich etwas lohnt, wenn es Gewinn oder Vorteil bringt, nennt man es **einträglich**:

> Die Tabaksteuer ist für den Staat eine einträgliche Angelegenheit (Die Welt 2.8. 65, 11); Sie verkaufte die Kutter oder vermietete sie — was einträglicher war — an Jungfischer, die gerade geheiratet hatten (Grass, Hundejahre 59); Die Langbestraften hatten selten eine einträgliche Arbeit (Müthel, Baum 139).

Beträchtlich bedeutet *ziemlich groß, ins Gewicht fallend, erheblich* [*viel*]*, bedeutend:*

> nur mit beträchtlichen Verlusten erreichen sie das Schiff (Schneider, Leiden 74); ein beträchtliches Bankkonto vererben (Koeppen, Rußland 107); Mein Gefolge hat sich beträchtlich vermindert (Hacks, Stücke 29); wenn das Schuldgefühl oder

die Erbschaft beträchtlich ist (Remarque, Obelisk 7); Dann erwies sich das Gepäck dieser Dame als recht beträchtlich (Seghers, Transit 162).

Eintritt/Zutritt

Das Substantiv **Eintritt** hat mehrere Bedeutungen:
1. *das Hineintreten in einen Raum* (Eintritt verboten!).
2. *die gegen Bezahlung erhältliche Berechtigung zum Besuch oder zur Besichtigung von etwas* (der Eintritt ist frei).
3. *das Eintreten in eine Gemeinschaft, einen Verein usw.* Das Gegenwort ist *Austritt* (er erklärte seinen Eintritt).
4. *das Einsetzen, Beginnen eines neuen Stadiums innerhalb eines [Natur] prozesses* (bei Eintritt der Dunkelheit).

Hier steht nur die erstgenannte Bedeutung zur Diskussion, denn nur sie steht in Konkurrenz mit dem Substantiv *Zutritt:* Eintritt verboten/Zutritt verboten! Während sich mit *Eintritt* gegebenenfalls die Präposition *in* verbindet, hat *Zutritt* die Präposition *zu* bei sich (der Eintritt in das Zimmer; der Zutritt zu den Geschäftsräumen). Bezeichnet *Eintritt* ganz allgemein die Handlung des Eintretens, das Hineingehen in einen Raum, das Betreten eines Raumes, so bezeichnet *Zutritt* das Hinzutreten, den freien Zugang, die Annäherung an eine Person o.ä. und beinhaltet unausgesprochen noch die Erlaubnis für den Eintritt, wie die mit *Zutritt* verbundenen Verben erkennen lassen (Zutritt gewähren, bekommen, erhalten, erlangen, jemandem den Zutritt verwehren, verweigern, sich Zutritt erzwingen, sich Zutritt verschaffen). *Eintritt* schildert lediglich den Vorgang, was natürlich nicht ausschließt, daß sich manche der obengenannten Verben auch syntagmatisch mit Eintritt verbinden können.

Man kann einen *Eintritt* beobachten oder beim Eintritt in ein Haus etwas feststellen, aber man kann nicht einen Zutritt beobachten oder beim Zutritt in ein Haus etwas feststellen. Die Schüler warten auf den Eintritt, nicht auf den Zutritt des Lehrers. Diese Unterschiede zwischen Eintritt und Zutritt werden auch im übertragenen Gebrauch deutlich. Man spricht vom Eintritt des Satelliten in die Umlaufbahn, weil er eintritt, hineingelangt; aber man spricht davon, daß man eine chemische Verbindung vor Zutritt von Luft schützen muß, vor dem Hinzutreten, Hinzukommen zu dem bereits Vorhandenen.

In den folgenden Belegen kann *Eintritt* nicht mit *Zutritt* ausgetauscht werden:
> Herrschaften, bei deren Eintritt ich mich bescheiden an die Wand drückte (Th. Mann, Krull 178); Ich sah ihren Eintritt immer schon auf dem Gesicht des Arztes (Seghers, Transit 132); wenn Herrn Belfontaines stürmischer Eintritt nicht dazwischengekommen wäre (Langgässer, Siegel 108); Sein Eintritt in den Saal war immer von einer Befangenheit, die. . . hätte befremden können (Th. Mann, Krull 246).

In den folgenden Belegen könnte *Zutritt* nicht ohne Kontext- oder Inhaltsveränderung mit *Eintritt* ausgetauscht werden:
> dieses Amt. . . ermöglichte mir lediglich den Zutritt zu Ihnen (Kirst 08/15, 758); Der Zutritt steht grundsätzlich allen Bürgern offen (Fraenkel, Staat 220); Nur 450 besonders ausgesuchte Angehörige der Gesellschaft erhielten. . . Zutritt (Quick 48/1958, 38); Leute. . . die den Zutritt zu Diotima (einen Salon) nach großen Anstrengungen. . . erreicht hatten (Musil, Mann 997).

Daß sich mit dem Inhalt von *Zutritt* auch die Erlaubnis verbindet, spiegelt sich in der Fügung *Zutritt haben* wider: Wer Zutritt hat, darf oder kann kommen bzw. eintreten (nicht: Eintritt haben):
> In Wahrheit wollen Sie mir nur Eindruck machen mit Ihren Beziehungen, Ihrer Einladung auf die Gesandtschaft und damit, daß Sie überall Zutritt haben (Th. Mann, Krull 367).

In den folgenden Belegen ließen sich die Substantive *Eintritt* und *Zutritt* austauschen:
> In ihrem Zimmer hat sie dicke Vorhänge, die ihm den Eintritt verwehren (Fries, Weg 37); auf der anderen Seite stand:„Zutritt verboten!" (Reinig, Schiffe 56).

Einwohner/Bewohner

Die Substantive *Einwohner* und *Bewohner* unterscheiden sich in einigen Punkten. Während man unter dem Begriff **Einwohner** nur Menschen versteht, können **Bewoh-**

ner sowohl Menschen als auch Tiere und gelegentlich auch Pflanzen sein. Die Wörter *Einwohner* und *Bewohner* kann man gleichermaßen einsetzen, wenn es sich um einen Staat, eine Stadt, ein Dorf, eine Siedlung, ein Haus handelt. In bezug auf die Erde, die Planeten kann man nur *Bewohner* gebrauchen. Auch im Zusammenhang mit einer Wohnung spricht man von Bewohnern, nicht von Einwohnern. Man sagt also die Bewohner der Erde, des ersten Stocks usw., nicht aber die Einwohner der Erde, des ersten Stocks. Die Vorsilben rufen diese Abweichungen in der Distribution hervor. Ein Einwohner wohnt i n etwas, während ein Bewohner a u f etwas wohnt. Zu beobachten ist ferner, daß in Verbindung mit Zahlenangaben das Substantiv Einwohner gebraucht wird, was an der inhaltlichen Nuance und der entsprechenden Anwendung liegt. Es liegt näher, Einwohner, die sich i n einer Stadt, einem Land usw. befinden, zu zählen, als Bewohner, die a u f einem Gebiet, einer Insel usw. wohnen, davon in gewisser Weise Besitz ergriffen haben und darauf in irgendeiner Weise tätig sind. Während man das Wort *Bewohner* nur mit einem hinzugefügten oder gedachten, eine Ortsangabe enthaltenden Genitivattribut gebraucht, kann *Einwohner* ohne ein solches Attribut verwendet werden. Die *Einwohner* leben in einem größeren, als eine Einheit betrachteten Gebiet oder Raum; die *Bewohner* befinden sich auf einem in der Fläche nicht irgendwie als begrenzt vorgestellten Gebiet:
Einwohner:

> Als man die kleine Anhöhe des Ortes emporstieg, begegnete man einigen Einwohnern (Hauptmann, Thiel 47); Miniato ist ein . . . Dorf . . . Die Einwohner . . . führen ein . . . arbeitsames Leben (Jens, Mann 102); Der König nahm die Einwohner der eroberten Städte und verbrannte sie in Ziegelöfen (Reinig, Schiffe 77); Die Gemeinde . . ist eine . . . Siedlung, deren Einwohner zur Erledigung aller örtlichen Gemeinschaftsaufgaben in eigener Verantwortung zu einem rechtsfähigen Verband . . . zusammengeschlossen sind (Fraenkel, Staat 159).

Bewohner:

> einschließlich der Bewohner der sowjetischen Besatzungszone (Fraenkel, Staat 129); Man verlangt also von den Bewohnern des Bodenseegebietes etwas, das man den Anwohnern des Neckars nicht auferlegen will (Kosmos 2/1965, 50); hätte ich . . . den Bewohnern mehrerer Erdteile liebenswürdig erscheinen müssen (Th. Mann, Krull 79); Von den Bewohnern der Straße „Zur Himmelsleiter" hatte vielleicht so mancher . . . den Welttumult . . . nicht gesehen (Th. Mann, Krull 181); die unter Protest . . . abziehenden alten Bewohner (Plievier, Stalingrad 317); Der Speisesaal des Hotels . . . lag unter der Erde. Die Bewohner nannten ihn deshalb die Katakombe (Remarque, Triomphe 53); das Adonisröschen . . . , ein Bewohner der Steppenheide (Kosmos 3/ 1965, 107).

Verschiedentlich lassen sich beide Wörter gegeneinander austauschen. Man kann beispielsweise sowohl von den Einwohnern als auch von den Bewohnern eines Hauses sprechen. Den Unterschied können auch die Verben verdeutlichen. *Wer wohnt in dem Haus?* heißt soviel wie *wer lebt darin?* In dem Satz *wer bewohnt das Haus?* richtet sich das Augenmerk auch auf das Haus, dessen Bestimmung es ist, Menschen als Wohnung zu dienen, und man fragt nun, wer es ist, der das Haus seiner Bestimmung gemäß benutzt. *Bewohnen* bedeutet soviel wie *zum Wohnen verwenden, nutzen:*

> Ein Diensthaus ist schön für sachliche Bewohner, die sich nichts vormachen (Wohmann, Absicht 105).

Sowohl *Einwohner* als auch *Bewohner* sind in den folgenden Belegen möglich:

> es gereicht den Bewohnern des Ortes zu hoher Ehre (Jens, Mann 101); Er hofft, daß die Gestaltung des Konflikts zwischen den Bewohnern des zum Untergang verurteilten Dorfes und der Regierung seinen Sinn . . . schärft (Jens, Mann 146).

Entsprechend den jeweiligen Bedeutungen der einzelnen Wörter sind auch ihre Zusammensetzungen und Ableitungen:

> Einwohnermeldeamt, Einwohnerregister; Sechse von Ihren Kerls . . . halten Nipperows Einwohnerschaft mit Gesängen munter (Fallada, Herr 37); Sie sind darauf und daran, eine ernstliche Inspektion dieses Sternes und seiner gegenwärtigen Bewohnerschaft vorzunehmen (Th. Mann, Krull 301).

eklig/ekelhaft/ekelerregend

Wenn etwas oder jemand Ekel erregt oder durch sein Äußeres psychisches Unbehagen hervorruft, nennt man es oder den Betreffenden **eklig.** Was man aus Widerwillen nicht anfassen, nicht ansehen möchte, weil es einen abstößt ist *eklig:*

diese eklig daliegenden Hühnereingeweide; ich habe da im Rücken was, ich glaub 'nen Furunkel. . . vielleicht können Sie es sogar ausdrücken, wenn's Ihnen nicht eklig ist, manche sind in so was eklig (Fallada, Jeder 31); Revolution, das Wort schmeckt mir eklig (A. Zweig, Grischa 118).

Eklig wird in der Alltagssprache auch emotional-verstärkend in der Bedeutung *sehr, ganz gehörig, tüchtig* gebraucht:

> Du schneidest dich eklig, wenn du das glaubst (H. Mann, Unrat 139); so konnte es . . . Unteroffizieren eklig in die Bude regnen (A. Zweig, Grischa 89); Denn der wird sich eklig täuschen, welcher Frieden und Ruhe in dieser Welt erhofft (Busch, Briefe 47).

Ein Mensch, der anderen das Leben schwermacht, andere drangsaliert und schikaniert, wird in emotional abwertender Ausdrucksweise auch *eklig* genannt:

> er hat einen ekligen Vorgesetzten; Denn an Deck war es nicht geheuer für mich. Da hörte ich Pfeifen, Gelächter und Spott hinter jedem Belegnagel hervor. Und der Ekligste war zu Anfang der Bulle von Koch in der Kombüse (Leip, Klabauterflagge 32); Jetzt weint sie manchmal, weil verschiedene Leute eklig zu ihr sind (Keun, Mädchen 121).

Wenn *eklig* in dieser Bedeutung nicht auf Personen bezogen wird, nähert es sich inhaltlich dem Adjektiv *ekelhaft:*

> Ankerbuchten, die gerne von ekligen Fallwinden heimgesucht werden (Auto 8/ 1965, 91).

Diese Fallwinde sind nicht leichtzunehmen, mit ihnen ist nicht zu spaßen, sie sind scheußlich, sind ekelhaft.

Ekelhaft bedeutet soviel wie *widerlich, widerwärtig, abscheulich, scheußlich, unangenehm* und drückt den Ärger über etwas oder jemanden und die persönliche Ablehnung des Sprechers (Schreibers) aus:

> Du bist anscheinend über Nacht zu einem ekelhaften Materialisten herabgesunken (Remarque, Obelisk 69); Er zerrte die Kleine aus dem Bett, reißt ihr das Nachthemd vom Leib und beginnt mit ekelhaften Manipulationen (Noack, Prozesse 231); Eduard hat plötzlich ein ekelhaft süffisantes Lächeln (Remarque, Obelisk 148); Ekelhaft, einem die Freude an einem gelungenen Geschäft verderben zu wollen (Remarque, Obelisk 17); Ich muß ja um neun schon zurück in die ekelhafte Stinkbude (Remarque, Obelisk 101).

Oft sind die Adjektive zwar gegeneinander austauschbar, doch unterscheiden sie sich inhaltlich insofern, als *ekelhaft* die subjektive negative Empfindung des Sprechers (Schreibers) und seine Ablehnung emotional wiedergibt, während *eklig* den Abscheu, das Abstoßende charakterisieren soll, das sich [objektiv] in dem so Charakterisierten findet.

Man kann einen Hund ein *ekelhaftes* Tier nennen, wenn man sich über ihn ärgert oder wenn er einem in irgendeiner Weise durch sein Betragen mißfällt. Man kann eine Kröte oder eine Schlange ein *ekliges* Tier nennen, wenn man ihr Äußeres als Ekel erregend empfindet.

Ekelhaft drückt – wenn man es auf eine einfache Formel bringen will – einen geistig-seelischen Widerwillen aus, *eklig* einen physischen. *Ekelhaft* charakterisiert etwas Nichtphysisches (z.B. das Verhalten), *eklig* charakterisiert Konkretes, Physische. Wenn etwas *ekelhaft* aussieht, findet man es abscheulich; es widerspricht dann dem eigenen Geschmack. Wenn man etwas *eklig* findet, empfindet man Widerwillen davor, weil es selbst schmutzig, häßlich o.ä. ist.

Ein *ekelhafter* Mensch ist jemand, den man ablehnt, über den man sich ärgert. Ein *ekliger* Mensch ist ein unsauberer oder sonstwie äußerlich abstoßender Mensch. Ein ekliger Mensch kann jedoch – wie bereits erwähnt – auch ein Mensch sein, der andere quält und schikaniert.

Wenn man von *ekelhaften* Angriffen spricht, dann sind es unangenehme, scheußliche Angriffe. Wenn man von *ekligen* Angriffen spricht, dann nimmt man auf ihre Stärke, Grausamkeit o.ä. Bezug, d.h., man sagt, wie man sie in ihren Auswirkungen empfindet.

Der Terror gegen die Juden ist ekelhaft (Hochhuth, Stellvertreter 168) besagt, daß der Terror Empörung und Abscheu hervorruft. Hieße es, der Terror sei eklig, dann würde man auf die Schwere des Terrors emotional Bezug nehmen. Wenn es heißt *Weibergeschichten sind mir immer ekelhaft gewesen (Fallada, Herr 19),* dann besagt das, daß sie der Hörende ablehnt, kein Gefallen an ihnen findet. *Eklig* würde auf

das physische Unbehagen und nicht auf das geistig-seelische hinweisen.
Das zusammengesetzte Adjektiv **ekelerregend** bedeutet *das Gefühl von Ekel, Übelkeit hervorrufend*. Es bezieht sich auf Äußeres, Konkretes:

> Diese Arbeit, die Vorreinigung abgespeisten Geschirrs, das Einstreifen des Liegengelassenen in Abfallzuber war. . . ekelerregend (Th. Mann, Krull 234); An den Wänden seidene Tapeten, aber . . . überall ein durchdringender, fader Geruch . . . einfach ekelerregend (Fallada, Herr 228); Die protzige Vitalität dieser neuen Generation ist ekelerregend (Werfel, Himmel 62).

Ekelerregend stimmt zwar mit *eklig* in der Bedeutung weithin überein, doch besteht insofern ein Unterschied, als *ekelerregend* stärker die Wirkung auf andere kennzeichnet, während *eklig* das Betreffende selbst charakterisiert. Das zeigt sich auch darin, daß eklig im Sinne von *niederträchtig, gemein, schikanierend* in bezug auf Menschen gebraucht wird (ein ekliger Vorgesetzter), was dem Adjektiv *ekelerregend* nicht eigen ist.

elektrisch/elektronisch

Elektrisch bedeutet *die Elektrizität benutzend, zu ihrer Messung oder Verwendung dienend; auf der Anziehungs- bzw. Abstoßungskraft geladener Elementarteilchen beruhend*. Glühlampen, Föne u.a. sind elektrische Geräte. Ein elektrisches Klavier ist ein mechanisches Klavier, dessen Saiten nicht durch manuell betätigte Tasten, sondern mit Hilfe elektrischer Antriebsmittel angeschlagen werden. Bei elektronischen Musikinstrumenten werden die Töne elektronisch, d.h. mit Hilfe elektronischer Bauelemente wie Röhren, Transistoren u.a. erzeugt:

> ein elektrischer Rasierapparat; die Benutzung elektrischer Kochgeräte (Leonhard, Revolution 75); Natürlich hat man sie (die Befestigungsanlagen) auch mit elektrisch geladenen Hindernissen. . . ausgestattet (Musil, Mann 586); Der Fahrstuhl war. . . elektrisch erleuchtet (Th. Mann, Krull 168).

Elektronisch bedeutet *die Elektronik, d.i. die Lehre von den Elektronen betreffend,* worunter man die Technik der Geräte mit Elektronenröhren versteht. Zur Elektronik gehören auch die Photozellen, das sind Elektronengeräte, die ultraviolettes, sichtbares oder infrarotes Licht in elektrische Ströme oder Spannungen umwandeln:

> Eine große elektronische Rechenmaschine mit mehreren 10 000 (10^4) Transistoren (Wieser, Organismen 39); Einrichtung des Fragebogens für die spätere elektronische Verarbeitung der Antworten (Noelle, Umfragen 80); nachdem die Lochungen in elektronische Impulse verwandelt und der Text auf Magnetbänder übertragen ist (MM 15.9.66,4); Was taugen aber Lehrer, die keine brauchbare Antwort auf Fragen nach der elektronischen . . . Musik wissen (Die Welt 28.7.62, Die geistige Welt 3).

elektrisieren/elektrifizieren

Elektrisieren bedeutet *einen Körper in Kontakt mit elektrischem Strom bringen, ihn durch Reibung oder Influenz elektrisch aufladen;* im übertragenen Sinn bedeutet es *jemanden in spontane Begeisterung versetzen, ihn mitreißen:*

> Glaubst du, daß es dich auch als jungen Menschen nicht elektrisiert hätte? (Musil, Mann 1113); . . . hatte die Jugend der anderen schon längst sich von den synkopierten Gehtänzen. . . elektrisieren lassen wie von Märschen (Adorno, Prismen 128).

Elektrifizieren bedeutet *an die elektrische Leitung anschließen, mit Elektrizität versorgen, [eine bisher mit Dampf betriebene Eisenbahn] auf elektrischen Strom umstellen:*

> die Strecke zwischen Hannover und Hamburg ist elektrifiziert worden.

Ellbogenfreiheit/Bewegungsfreiheit

Mit **Ell[en]bogenfreiheit** wird die Verhaltensweise eines Menschen gekennzeichnet, der sich selbst den nötigen Spielraum zur Erreichung seiner Ziele schafft und dabei andere beiseite drängt:

> Machen wir uns keine Illusionen: Die neudeutsche Kombination von Kälte, aggressivem Materialismus, Ellenbogenfreiheit. . . mag individualistischer sein als der Obrigkeitsglaube von einst; aber die Mixtur ist für die Umwelt nicht genießbarer geworden (Die Welt 4.11.67,2).

Unter **Bewegungsfreiheit** versteht man die Freiheit oder Möglichkeit, sich ohne Eingeschränktheit, ungehemmt zu bewegen bzw. selbständig zu handeln:

Bei der Verwirklichung des Ziels, eine willkürliche Handhabung der staatlichen Exekutivgewalt zu verhindern, ohne gleichzeitig deren unerläßlich notwendige Bewegungsfreiheit über Gebühr einzuschränken (Fraenkel, Staat 284); Aus der Verlautbarung. . . geht hervor, daß Ojukwu in seiner Bewegungsfreiheit nicht eingeschränkt ist, sich aber . . . nicht politisch betätigen darf (MM 25./26.1.70,2) Ob die deutschen Interessen als Industriestaat, die Bewegungsfreiheit der Forschung . . . gewährleistet sind (MM 5.9.68, 1).

Nicht sprachüblicher Gebrauch von *Ellbogenfreiheit* (statt Bewegungsfreiheit) liegt im folgenden Beleg vor:

Damit wiederum ließen sich etliche... Querverweise einsparen, so daß vielleicht noch etwas mehr Ellbogenfreiheit für den voraussichtlichen Zuwachs an Wortstoff herauskäme (Bibliographisches Handbuch, Seite 1644).

Emigrant/Immigrant

Wer aus seiner Heimat aus politischen, religiösen o.ä. Motiven in ein anderes Land auswandert, ist ein **Emigrant:**

Es leben in Moskau einige Tausend deutsche und österreichische Emigranten, darunter auch viele Schutzbündler, Teilnehmer des Aufstandes gegen Dollfuß im Februar 1934 (Leonhard, Revolution 12); Politische Emigranten fliehen, weil in ihrem Land nicht alles nach ihrem Kopf geht, in ein fremdes Land, wo gar nichts nach ihrem Kopf geht (Kesten, Geduld 20).

Das seltener gebrauchte Wort **Immigrant** bezeichnet die gleiche Person unter einem anderen Aspekt. Betont das Wort *Emigrant,* daß der Betreffende sein Land verläßt, aus seiner Heimat auswandert, besagt *Immigrant,* daß er in ein anderes Land einwandert:

die Zahl der Immigranten steigt von Jahr zu Jahr, obgleich die Einwanderungsquote begrenzt ist.

eminent/evident/effizient/effektiv/effektvoll/affektiv

Das im allgemeinen als Attribut verwendete Adjektiv **eminent** betont, daß eine als positiv empfundene Qualität in hohem Maße vorhanden ist. *Eminent* bedeutet zwar *außerordentlich, äußerst,* wird aber im Unterschied zu diesen Adjektiven nicht auf Negatives bezogen, so daß etwas äußerst, außerordentlich oder eminent wichtig oder daß jemand äußerst, außerordentlich oder eminent fleißig sein kann, aber nicht eminent faul (jedoch: äußerst, außerordentlich faul!):

seine geistige Erziehungsaufgabe. . . das wäre ja eine eminent männliche Aufgabe (Bodamer, Mann 139); Hier handelt es sich um Sorgen von eminenter Bedeutung (Bundestag 190/1968, 10296).

Das Adjektiv **evident** besagt, daß etwas offen zutage liegt, offenkundig und klar ersichtlich ist. Das können Vorzüge, aber auch Mängel und Fehler sein:

Sontheimer machte evident, daß sich die Universität der Weimarer Republik 193 deshalb nicht als ein Hort der Freiheit erweisen konnte (Die Welt 25.1.66,7); Die Originalität von Belzners Poesie ist evident (Deschner, Talente 257); Nachdem meine These . . . durch die Bilder und den Bericht des Malers in evidenter Weise bestätigt worden war (Jens, Mann 85).

Effizient bedeutet *wirksam, tatsächlich, Wirksamkeit habend, nicht unwirksam, sich tatsächlich als Kraft auswirkend,* womit eine positive Aussage über Leistung, Leistungskraft oder Leistungsvermögen von etwas oder jemandem gemacht wird:

Von den Stiftungen wurde eine Strategie der Erneuerung der Wissenschaft und des Bildungswesens gefordert. Dazu sollten die Stiftungen in die Lage versetzt werden, effizient zu planen (MM 31.5.68, 34); Sie stammen aus der „guten alten Zeit", sind lautlos und effizient nur um das Wohl ihrer Herrschaft bemüht (MM 30.1.69, 3).

Effektiv bedeutet soviel wie *tatsächlich, wirklich vorhanden, nicht nur gedacht, vermutet, geplant o.ä. Effektiv* besagt, daß etwas als eine Realität in eine Berechnung, Planung o.ä. einbezogen werden kann:

wir haben bei diesem Verkauf effektiv nichts verdient; Alternativrechnungen sollen . . . für den Fall aufgestellt werden, daß die effektive Entwicklung von der Prognose abweicht (Bundestag 189/1968, 10258); zwei Damen. . . , von denen ich effektiv weiß, daß sie jahrelang auf den Strich gegangen sind (Kuby, Rosemarie 94); Der tatsächliche Wert ist maßgebend. Manche Finanzämter nehmen als effektiven Wert eines Hauses den vier- bis fünffachen Einheitswert an (DM Test 1/1966, 48).

Effektiv bedeutet daneben auch soviel wie *wirksam, ergiebig, von wirklichem Nutzen* und berührt sich in dieser Bedeutung mit *effizient.* Während *effizient* aber auf die einer Sache innewohnende und von ihr möglicherweise ausgehende Wirksamkeit hindeutet, verbindet sich mit *effektiv* die deutlich sichtbare, die sich manifestierende, nachweisbare, greifbare Wirkung:

> Die Reserveübungen. . . müssen so ausgebaut werden, daß unsere Territorialverteidigung effektiver wird (Bundestag 189/1968, 10253); manche Untersuchung wäre sicherlich effektiver, wenn sie selbst auf einer erst enstehenden aufbauen könnte (Zielsprache Deutsch 1/1972, 44); Wenn schon Wiedervereinigung, dann erst auf dem Umwege über eine allgemeine Entspannung und effektive Vereinbarungen über die Abrüstung in Deutschland und Europa (Die Welt 23.1. 65,3); Notwendig ist es auch, die Beamtenschaft. . . in den Stand zu setzen, ihre Aufgaben effektiv . . . ausführen zu können (Die Welt 1.10.66,3).

Effektvoll bedeutet *wirkungsvoll, von besonderem Effekt,* und zwar in bezug auf die Wirkung, die etwas bei anderen als Reaktion hervorruft:

> der Schluß seiner Rede war sehr effektvoll; ich fand die ganze Aufmachung der Feier recht effektvoll; Er sprach gemessen, mit effektvollen Pausen (Thieß, Frühling 5); Tollers politische Handlungen waren . . . effektvolle Einfälle, keine zielsicheren taktischen . . . Maßnahmen (Niekisch, Leben 99); das Gesicht wie aus braunem Holz geschnitzt, eine Maske, die effektvoll unter Blumen lag (Fries, Weg 135).

Affektiv bedeutet *das Gefühlsleben betreffend, auf den Affekt bezüglich, affekthaft,* womit üblicherweise ein Verhalten bezeichnet wird, das durch heftige Gefühlsäußerungen gekennzeichnet ist:

> den affektiven Zustand muß man erst abklingen lassen, bevor man mit ihr über die strittigen Punkte spricht; Die Sprache der Tiere besteht aus Affektäußerungen, die in den Genossen die gleichen Affekte hervorrufen. . . Diese affektive Suggestibilität soll aber auch beim Menschen noch vollständig vorhanden sein, trotz der entwickelten Verstandessprache (Musil, Mann 1206).

empfindlich/empfindsam/empfänglich

Empfindlich bedeutet sowohl *spürbare, besonders unangenehme Empfindung verursachend, in besonders starkem Maße* [*spürbar*]:

> Weniger angenehm empfand es Notburga, deren Heimkehr mit dem Freunde der Jugend so empfindlich gestört war, daß sie nicht mehr in diese Messe zu kommen beschloß(A. Kolb, Daphne 119); ein kleiner Saal mit . . . drei bis zum Fußboden reichenden Fenstern, durch die es empfindlich zog (Th. Mann, Hoheit 107); . . . daß . . . empfindlich viel Zeit verlorengehen werde (Th. Mann, Hoheit 144); das Wasser konnte schon empfindlich kalt sein(Bergengruen, Rittmeisterin 348)

als auch *auf Grund seiner weniger starken oder robusten Beschaffenheit bzw. Natur leicht zu verletzen, leicht reagierend.* In der letztgenannten Bedeutung kann *empfindlich* auf Dinge und Personen bezogen werden; es deutet an, daß der oder das Betreffende auf äußere Einwirkungen o.ä. sehr fein reagiert:

> Das Auge ist ein sehr empfindliches Organ; diese Tapete ist nicht empfindlich (braucht nicht besonders vorsichtig behandelt zu werden); Der Strom rief . . . eine Spannungsänderung hervor, die Geiger an einem empfindlichen Elektrometer ablesen konnte (Menzel, Herren 119); seit den Beschimpfungen. . . war er ungemein empfindlich gegen Pöbeleien geworden (Thieß, Reich 554).

In bezug auf Personen deutet *empfindlich* darauf hin, daß die betreffende Person leicht beleidigt und leicht zu kränken ist, daß man sich ihr gegenüber sehr behutsam äußern und verhalten muß:

> sie ist sehr empfindlich, und man muß bei ihr jedes Wort auf die Goldwaage legen; Er ist dann empfindlich wie eine Mimose. Ein böser Blick, ein zu hartes Wort von mir würden ihn verletzen (Genet [Übers.],Tagebuch 155).

Empfindsam bezieht sich heute vor allem auf Personen und ist synonym mit *zartfühlend, einfühlsam, sensibel.* Während *empfindlich* die mehr oder weniger wahrnehmbare Reaktion auf äußere Einwirkungen einschließt, kennzeichnet *empfindsam* die innere, gemühtafte Verarbeitung eines Erlebnisses:

> Culafroy begriff nicht, daß eine Geige, infolge ihrer verzerrten Formen, seine empfindsame Mutter beunruhigte und daß durch ihre Träume eine Geige spukte (Genet [Übers.],Notre Dame 97); Roth war ein empfindsamer Mensch und nahm es sich zu Herzen, daß er damals so oft zum Unglücksboten werden mußte (Remarque, Obelisk 278).

Früher wurde *empfindsam* auch synonym für *sentimental, zarte Gefühle verratend oder weckend* gebraucht:

> die Kupferstichillustration zu einer empfindsamen Geschichte aus der Biedermeierzeit (Geissler, Wunschhütlein 162).

Empfänglich bedeutet *leicht geneigt, sich äußeren Einwirkungen zu öffnen, sie gern aufzunehmen oder auf sich wirken zu lassen:*

> Ich wäre für einen Kuß wieder ganz empfänglich (Fallada, Herr 158); Vielmehr lehrte diese Tagesfahrt mich wieder, daß, je empfänglicher Seele und Sinn geschaffen sind für Menschenreiz, sie in desto tieferen Mißmut gestürzt werden durch den Anblick menschlichen Kroppzeugs (Th. Mann, Krull 143); Solange die schossen, war Jan für keinen Zuspruch empfänglich (Grass, Blechtrommel 291).

Empire/Empirie

Mit **Empire** (das Empire; gesprochen: ã'pi:r) wird das *erste französische Kaiserreich* unter Napoleon I. und der *klassizistische Stil* dieser und der folgenden Zeit (bis ungefähr 1830) bezeichnet, und zwar besonders auf dem Gebiet der Raumgestaltung und -ausstattung:

> Dieser Salon. . . war nicht nur im Geschmack, sondern auch noch mit dem echten Hausrat des bürgerlichen Empire eingerichtet (Musil, Mann 717).

Mit **Empire** (das Empire; gesprochen: 'ɛmpɪə) wird *das britische Weltreich* bezeichnet.

Es handelt sich hier um sogenannte Homographen, d.h. um Wörter, die zwar gleich geschrieben, aber anders ausgesprochen werden und eine andere Bedeutung haben.

Unter **Empirie** versteht man *die Belehrung durch Erfahrung; das auf Beobachtung, Experiment o.ä. beruhende Erfahrungswissen.*

emporkommen/hochkommen/aufkommen/heraufkommen/raufkommen/hinaufkommen/kommen auf

I. Wenn von jemandem gesagt wird, er sei **emporgekommen**, ist damit gemeint, daß der Betreffende eine höhere gesellschaftliche Stufe erreicht und größeres Ansehen gewonnen hat:

> Doch sagte ich mir zu gleicher Zeit, daß es eines Mannes, der entschlossen sei, sehr hoch emporzukommen . . . daß es seiner unwürdig sei, ungeduldig zu werden und von seinen Entschlüssen abzuweichen (J. Roth, Beichte 24).

An Stelle von *emporkommen,* das mehr der gehobenen Stilschicht angehört, wird in der Alltagssprache **hochkommen** gebraucht, das dieselbe Bedeutung hat. Das dazugehörige Substantiv ist aber nur *Emporkömmling* (nicht: Hochkömmling), was im Unterschied zum Verb immer eine Abwertung ausdrückt:

> eines durch die Revolution hochgekommenen Mannes (St. Zweig, Fouché 150); ich sah die Herren der Welt hochkommen und verwesen (Seghers, Transit 12).

Emporkommen und *hochkommen* bedeuten nicht nur, daß j e m a n d eine höhere Position erreicht; beide Wörter können auch gebraucht werden, wenn man ausdrücken will, daß e t w a s von unten nach oben, an die Oberfläche gelangt, und zwar konkret und bildlich:

> Sie überlegte, daß dieser Laut heute noch genau so in ihrer Brust drinnen sein müsse wie damals. Es war ein Laut ohne Schonung und Rücksicht, aber er war niemals wieder zur Oberfläche emporgekommen (Musil, Mann 437); Dann sprangen sie zusammen . . . und tauchten . . . Niemand hatte so schnell bemerkt, daß Konrad nicht mehr hochkam (Grass, Hundejahre 161); Der Mond kam über dem See hoch (Ch. Wolf, Nachdenken 230); Diesen Satz wird sie vorerst vergessen, er kommt später wieder hoch (Ch. Wolf, Nachdenken 134); . . . weil sie das Mißtrauen nicht hochkommen lassen wollte, das in ihr aufstieg (Rinser, Mitte 84).

Soll dagegen ausgedrückt werden, daß jemand oder etwas wieder in die vorherige Lage oder Stellung gelangt, z.B. nach einem Sturz, dann gebraucht man nur *hochkommen,* nicht *emporkommen:*

> Leiber und Gesichter von Gestürzten. Sie kamen nicht mehr hoch (Plievier, Stalingrad 133); Vor einem Baum. . . sah ich, als ich wieder einmal hochkam (bei einer Schlägerei), die beiden Weiber stehen (Lynen, Kentaurenfährte 156).

Auch in der Fügung *jemandem kommt etwas hoch* läßt sich *emporkommen* nicht einsetzen:

> Jetzt kommt ihm auch noch einmal der Ärger hoch, der vorhin unterdrückte (Bobrowski, Mühle 69).

Aufkommen bedeutet im außerpersönlichen Gebrauch soviel wie *nach und nach entstehen, auftreten, hervorkommen, aufkeimen* und kann bei entsprechenden Texten in Konkurrenz zu *hochkommen* treten:

> Trotzdem sollte der Giftgas-Vorschlag im August 1944 abermals hochkommen (auch möglich: aufkommen), als plötzlich die Bedrohung durch deutsche Fernraketen akut wurde (Der Spiegel 48/1965,83).

In Sätzen, in denen die Substantive auch die Vorstellung des In-die-Höhe-Steigens zulassen, könnte auch *hochkommen* statt *aufkommen* stehen, wodurch jedoch eine inhaltliche Nuancierung entstände: Gefühle, Zweifel, Mißtrauen, Gedanken usw. können *aufkommen*, d.h., sie können entstehen, existent werden. Gefühle, Zweifel, Mißtrauen, Gedanken usw. können aber auch *hochkommen*, d.h., sie können aufsteigen, sich ausbreiten, deutlich in Erscheinung treten. Wenn Nebel aufkommt, dann ist er im Entstehen, dann wird es neblig; wenn aber der Nebel hochkommt, dann steigt er auf und breitet sich aus. Wenn der Mond *aufkommt*, dann bedeutet das, daß er erscheint, daß er nun zu sehen ist; wenn der Mond aber *hochkommt*, dann wird damit ausgedrückt, daß er in die Höhe steigt:

> Dann kam der Mond auf (Gaiser, Jagd 23); Zuletzt war ein Nebel in der Grabentiefe aufgekommen (Schröder, Wanderer 111); Die bedeutenden Werke, sagt Schopenhauer, hätten es leichter durchzudringen, wenn nicht diejenigen, die unfähig sind, solche hervorzubringen, sich zugleich verschworen hätten, sie nicht aufkommen zu lassen (Bloch, Wüste 66); aber ich lasse es (das Gefühl) nicht aufkommen. Wenn es aufkommt, ist die Verwirrung wieder da (Remarque, Obelisk 129); Vor mehr als fünfzig Jahren kam die psychologische Richtung der Volkswirtschaftslehre auf (Jacob, Kaffee 262).

In den folgenden Belegen ließen die Objekte auf Grund ihres Inhalts keinen Austausch mit *hochkommen* zu:

> Loos, der von vornherein keine Mißverständnisse aufkommen lassen wollte (Kirst, Aufruhr 107); es kam der Vorschlag auf, alle Mann sollten so gewaltig Heil rufen, daß . . . (Küpper, Simplicius 21); Ich hätte. . . schon dafür Sorge getragen, daß ein fremdes Übergewicht nicht aufgekommen wäre (Benrath, Konstanze 92); das Wort war gerade unter uns aufgekommen (Ch. Wolf, Nachdenken 12); Wind kam auf (Ch. Wolf, Nachdenken 20).

Das Verb *aufkommen* hat auch noch andere Bedeutungen, die hier nicht dargestellt werden, weil sie nicht in den Bereich der Verwechselbarkeit gehören, z.B. etwas kommt auf = etwas wird bekannt; für etwas aufkommen = für etwas die Kosten tragen; gegen etwas nicht aufkommen = einer Sache nicht gewachsen sein.

Heraufkommen bedeutet in dem hier diskutierten Zusammenhang *sich nähern und dabei sichtbar, wahrnehmbar werden:*

> ein Gewitter kommt herauf; Dieser Morgen war fast windstill heraufgekommen (Gaiser, Jagd 200); Als sie aßen, kam schon der schmale Frühlingsmond herauf (Wiechert, Jerominkinder 24).

Hier könnten auch *aufkommen* und *hochkommen* eingesetzt werden; die Aspekte wären lediglich ein wenig anders.

II. Das Verb **heraufkommen** [auf] hat aber auch noch die Bedeutung *von (dort) unten nach (hier) oben kommen* und somit an einen höhergelegenen Ort gelangen:

> er kommt [die Treppe, den Berg] herauf; du wirst nur schwer [auf den Berg] heraufkommen; Komm sofort herauf! Hier kam der Frühling nur zögernd herauf (Apitz, Wölfe 7).

In der saloppen Umgangssprache werden für *heraufkommen* auch *hochkommen* und *raufkommen* gebraucht:

> Habe ich dir nicht verboten, auf dem Wäscheplatz zu spielen? Sofort kommst du hoch (Wochenpost 20.6.64, 14); der Briefträger kam rauf [in die Wohnung] und brachte mir das Geld.

Hinaufkommen [auf] bedeutet *von (hier) unten nach (dort) oben kommen,* wobei im Unterschied zu *heraufkommen* der Blick von unten nach oben gerichtet ist:

> Soll ich zu dir [auf den Berg] hinaufkommen?

Hinaufkommen und *heraufkommen* werden konkret und auch bildlich gebraucht, d.h., die Verbzusätze hinauf- und herauf- verbinden sich mit *kommen* nicht zu einer neuen Bedeutung, sondern präzisieren nur die Richtung, während die Bildung mit auf- übertragen-abstrakte und z.T. sehr spezialisierte Bedeutungen entwickelt hat. In der saloppen Umgangssprache wird für *hinaufkommen* ebenfalls *raufkommen* gebraucht:

> Auf diesen Felsen werde ich nie raufkommen; wie ist der kleine Junge denn nur [auf den Tisch] raufgekommen? ; das Mädchen wollte zum Spielen auf die Straß gehen und fragte: ,,Wann soll ich wieder raufkommen? ".

Kommen auf bezeichnet in diesem Zusammenhang eine Bewegung, die auf ein höhergelegenes Ziel gerichtet ist, wobei die Bewegung vom Ziel aus gesehen wird:

> ich werde nur mit Mühe auf diesen Berg kommen; komm doch [zu uns] auf die Alm!

Endogamie/Exogamie

Unter **Endogamie** wird eine Heiratsordnung verstanden, nach der nur innerhalb eine bestimmten sozialen Verbandes (z.B. eines Stammes bei Naturvölkern, einer Kaste) geheiratet werden darf.

Der Gegenbegriff ist **Exogamie**, worunter man eine – besonders bei Naturvölkern – vorgeschriebene Heirat außerhalb des Stammes oder der Kaste versteht:

> Sobald es mehrere Herrscherhäuser in einer Staaten- und Völkergruppe gibt, übern nehmen auch die Herrscher die familiären Exogamiegebote, beschränken sie aber aus den gleichen sozialen Bedürfnissen, die zur Inzestehe geführt haben, durch eine strenge standesgemäße Endogamie (Schelsky, Sexualität 93).

endogen/exogen

Endogen bedeutet *im Innern [des Körpers] selbst entstehend, sich im [Körper]-inneren befindend;* oft in bezug auf Stoffe oder Krankheiten:

> endogene Gifte; eine endogene Psychose; Alle diese Beispiele deuten auf eine endogene Verankerung gewisser Bewegungsformen und motorischer Leistungen (Wieser, Organismen 133).

Das Gegenwort **exogen** bedeutet *außerhalb [des Körpers] enstehend; von außen her in den Organismus eindringend oder eingebracht;* oft auch in bezug auf Stoffe, Kram heitserreger oder Krankheiten:

> exogene Gifte; diese Krankheit ist exogen bedingt; Die Weltwirtschaftskrise ließ sich nicht allein aus exogenen Faktoren wie der internationalen Verschuldung und den Reparationen erklären; auch ihr lagen vielmehr endogene Kräfte zugrun de (Fraenkel, Staat 377).

endokrin/exokrin/ekkrin

Die drei Adjektive gehören der medizinischen Fachsprache an und beziehen sich auf die Sekretion der Drüsen.

Endokrin bedeutet *mit innerer Sekretion.* Endokrine Drüsen geben ihre Sekrete (Ho mone) unmittelbar in die Blutbahn ab:

> Zu den sicher endokrin tätigen Organen rechnen wir: die Hypophyse. . . (Fischer Medizin II 22).

Die Gegenwörter **exokrin** oder häufiger **ekkrin** bedeuten *nach außen heraustretend.* Ekkrine Drüsen sondern ihren Inhalt an der Hautoberfläche ab, z.B. die Schweißdrüsen.

engagieren (sich)/arrangieren (sich)

Sich **engagieren** bedeutet *seine Interessen, Aktionen usw. auf etwas richten und sich dadurch binden und für anderes nicht mehr frei sein; sich zu einer bestimmten Sache oder Weltanschauung bekennen und dafür eintreten:*

> Da war zum Beispiel die Hetag. . . Ihre Aktienmajorität war zu haben. Herr Heßreiter schwankte, ob er sich so stark engagieren solle (Feuchtwanger, Erfolg 625) Nach Kräften müsse man ihn treiben, sich in Abessinien zu engagieren, dann habe Deutschland Mussolini in der Hand (Niekisch, Leben 262); Der Mannheimer Mediziner, der sich gegen den Wiederaufbau des Nibelungensaales. . . engagiert hat (MM 6.5.69, 4); Grass. . . hat sich politisch engagiert (MM 11.4.67, 18).

Sich **arrangieren** bedeutet *sich mit jemandem verständigen und eine Lösung für etwa. finden; eine Übereinkunft treffen trotz gegensätzlicher Standpunkte:*

> Nunmehr wird es auch für Hanoi höchste Zeit, sich zu arrangieren (MM 4.9.69,2) Die Arbeiter bilden das Fundament des Staates und mit ihnen muß sich das Regi arrangieren (MM 11.9.70,3); Diese Keime von Bürgersinn, die sichtbar werdende Bereitschaft der Ostdeutschen, sich mangels einer Alternative mit der DDR zu arrangieren (Der Spiegel 41/1969,76).

Enklave/Exklave/Konklave

Eine **Enklave** ist ein vom eigenen Staatsgebiet eingeschlossener Teil eines fremden Staatsgebietes:

> In der österreichischen Enklave Jungholz...gibt es ein geheiztes Freibad (MM Reisebeilage 19.7.69, 5).

Vom Standpunkt des fremden Staates aus wird dieses Gebiet **Exklave** genannt. Eine *Exklave* ist also ein von fremdem Staatsgebiet eingeschlossener Teil des eigenen Staatsgebietes:

> Die Dreisektoren-Stadt... West-Berlin ... soll „deutsche Hauptstadt" sein und ist doch nur westdeutsche Exklave (Die Zeit 22.9.67,2).

Konklave bedeutet sowohl die zur Wahl eines neuen Papstes einberufene Versammlung der Kardinäle als auch die bis zum Abshluß der Wahl streng von der Außenwelt abgeschlossenen Versammlungsräume selbst:

> Alle Kardinäle waren in Rom eingetroffen; das Konklave konnte beginnen.

entern/kentern

Entern bedeutet *mit einem Schiff ein anderes überfallen, erobern, es gewaltsam in Besitz nehmen:*

> Ein Prisenkommando... enterte den Tanker und zwang den Kapitän, den Kurs zu ändern (Der Spiegel 17/1966, 123); Piratenschiffe wurden von Konkurrenzgruppen überfallen, geentert und erobert (MM 29./30.7.67,33).

In der Seemansprache bedeutet *entern* auch *hochklettern:*

> in die Takelage entern; die Bordwand entern; Schiffe schützen sich vor den fetten Nagern durch sogenannte Rattenscheiben ..., die ... den Ratten so das Entern verwehren sollen (Der Spiegel 44/1966, 129).

Kentern bezeichnet sowohl das Umkippen eines Bootes:

> Da kippte er um ... Schlug mit den Schenkeln auf den Bootsrand, daß das Fahrzeug zu kentern drohte (Jahnn, Geschichten 226); die Fähre kentert nicht, die Deiche brechen nicht (Grass, Hundejahre 15)

als auch das Umschlagen in eine andere Richtung (in bezug auf Wind und Strömung):

> Als aber nach Sonnenuntergang die Tide kenterte (Schnabel, Marmor 39); Der Strom kentert erst ziemlich spät (Hausmann, Abel 9).

enthalten/beinhalten

Enthalten bedeutet *in sich schließen; bergen, der Inhalt von etwas sein; als Inhalt haben* und kann sich sowohl auf Konkretes als auch auf Abstraktes, Geistiges beziehen:

> Der eine LKW enthielt Marketenderware (Kirst 08/15, 630); Die Alte glättete einen Schein nach dem anderen, bis ihre Tasche keinen Schein mehr zu enthalten schien (Böll, Adam 57); Der Plan war richtig angelegt, doch er enthielt einen Fehler (Hacks, Stücke 280); jeder Brief, ... der nichts enthielt als die Mitteilung, daß ... (Seidel, Sterne 5).

Das Verb **beinhalten** wird von Sprachkritikern häufig als überflüssige und unschöne Bildung abgelehnt, doch ist dieses Verb keineswegs gleichbedeutend mit *enthalten,* wie der Gebrauch erkennen läßt. *Beinhalten* gibt nicht nur den Inhalt an, sondern es verdeutlicht oder interpretiert erst den Inhalt. Ein Austausch der beiden Verben gegeneinander ist wegen dieses Unterschieds oft gar nicht möglich. *Beinhalten* bedeutet *als Inhalt mit etwas verknüpft sein, zum Inhalt haben, besagen:*

> das Schreiben beinhaltet, daß ... ; Sie müssen erklären, was dieses Abkommen beinhaltet; Er klagte darüber, daß diese Tätigkeit zumeist sehr düstere Ämter beinhalte (Werfel, Himmel 38); Der Ausdruck Tumor (auch Neoplasma genannt) beinhaltet jede Art von Geschwulst oder Schwellung (Fischer, Medizin II 99).

entweichen/entwischen/ausweichen

Das Verb **entweichen** mit den starken Formen „entwich, ist entwichen" bedeutet *sich [in aller Stille] aus etwas oder irgendwohin entfernen,* z.B. um sich in Sicherheit zu bringen oder um die Freiheit zu erlangen. Auch Gas kann aus einem Behälter entweichen:

> Ich entwich aus der Klinik, um hier zu sterben(Dürrenmatt,Meteor 26); Vielleicht kam sie von einem aus dem Zentralgefängnis entwichenen Häftling, der sich in geringer Entfernung vom Kinderbagno aufhielt (Genet [Übers.],Notre Dame 169); ... duckte sich Rico und wollte schnell wie ein Marder in die Küche

entweichen (Thieß, Legende 98); dann bestiegen sie einen Zug und entwichen darin nach Bamberg (Niekisch, Leben 75).

In übertragenem und gehobenem Sprachgebrauch tritt *entweichen* auch in Verbindung mit dem Dativ (statt Raumangabe) auf und nähert sich dann inhaltlich manchmal der Bedeutung von *ausweichen, sich entziehen:*

> Eine Kälte in allen Sachen. Sie kommt von weit her, durchdringt alles. Man muß ihr entweichen, ehe sie an den Kern kommt (Ch. Wolf, Nachdenken 91); Vergebens haben die Unentschiedenen... gehofft, sie könnten einer öffentlichen und bindenden Stellungnahme durch geheime Stimmabgabe entweichen (St. Zweig, Fouché 18); Asch entwich dem Tumult und begab sich ... zu den Garderobenräumen (Kirst 08/15, 438).

Das Verb **entwischen** mit den schwachen Formen „entwischte, ist entwischt" bedeutet *schnell und unauffälig [jemandem] weglaufen oder einer Bedrohung, Ergreifung Bewachung o.ä., meist durch eine List, zu entkommen suchen.* Im Unterschied zu *entweichen* gehört *entwischen* der gelockerten, familiären Alltagssprache an. Oft wird die Person oder die Situation, der sich der Betreffende entziehen will, im Dativ auch mit genannt:

> Es ist nicht das erste Mal, daß wir ihnen entwischen (Frisch, Cruz 46); wie er einmal schon fast in den Klauen der Gestapo gewesen, um im letzten Augenblick doch wieder zu entwischen (K. Mann, Wendepunkt 429); die Tür ging auf, und das Kaninchen entwischte (Küpper, Simplicius 168).

Manchmal rückt *entwischen* im Gebrauch in die Nähe von *entweichen:*

> aber am nächsten Tage erwischt der Großonkel das „Pummelchen", wie es mit einem Tablett... in das obere Stockwert entwischen will (Fallada, Herr 186); Jemand war dort mitten im Tanz aus dem Karree entwischt, hatte im Sprung vom Büfett ein belegtes Brötchen stibitzt... (Th. Mann, Hoheit 68).

Das Verb **ausweichen** bedeutet *aus dem Wege gehen, zur Seite treten, um mit jemandem oder etwas nicht in Berührung zu kommen;* es kann sowohl eine Person als auch eine Situation sein, der jemand oder vor der jemand ausweicht:

> Sie weichen zwei Betrunkenen aus (Jens, Mann 12); Er warf es Barbara, die nicht auswich, vor die Füße (Kirst 08/15, 721); Das Ich strebt nach Lust, will der Unlust ausweichen (Freud, Abriß 8); ... wollte er einer Entscheidung nicht länger ausweichen (Musil, Mann 792).

Eremitage/Ermitage

Eine **Eremitage** ist eine abseits gelegene Grotte, eine Einsiedelei, die Wohnung eines Eremiten oder eine Nachahmung einer Einsiedelei in Parkanlagen des 18. Jahrhunderts.

Die staatliche Kunstsammlung in Leningrad heißt Eremitage oder auch **Ermitage:**

> Wir besichtigten in Leningrad einige industrielle Werke... Vor allen Dingen lockte uns die Ermitage (Niekisch, Leben 217).

ernst/ernsthaft/ernstlich/bierernst/todernst

Das Adjektiv **ernst** hat im Vergleich zu den anderen Wörtern dieser Gruppe den größten Anwendungsbereich. Was ernst ist, ist nicht heiter, nicht nur Spaß. Das kann einerseits bedeuten, daß es traurig, tragisch o.ä. ist; es kann aber andererseits auch bedeuten, daß man sich darauf verlassen kann, daß es seriös ist. Daraus ergeben sich für *ernst* folgende Bedeutungen:

1. *nicht sorglos-heiter, nicht lachend; sich forschend, prüfend einer Person oder Sache gegenüber verhaltend:*

> der Leutnant lachte, dann wurde sein Kindergesicht ernst (Böll, Adam 63); Er hatte seine Mutter noch nie so eifervoll gesehen und bemühte sich ... ernst zu bleiben (Geissler, Wunschhütlein 92); Ich habe damals zum erstenmal alles ernst bedacht: Vergangenheit und Zukunft (Seghers, Transit 283); Sie ... küßte ihn oder blickte ihn ernst an (Bachmann, Erzählungen 118); ernste Wissenschaftler (Lorenz, Verhalten I 205); daß Mahlke viel für ernste Musik übrig hatte (Grass, Katz 76).

2. *aufrichtig, Vertrauen verdienend:*

> damit wir sehen konnten, daß er es ernst meinte, stand er auf und zog sich den Mantel an (Bieler, Bonifaz 89); Da muß man halt warten, bis einer kommt, dem man die ernsten Absichten gleich am Gesicht ankennt (Schnitzler, Liebelei 48).

3. *Wichtigkeit, eigene Bedeutung, besonderes Gewicht habend, schwerwiegend sein:*
eine ernste Unterredung; Der Leutnant grinst, ein . . . widerliches Grinsen in so
ernster Sache (Plievier, Stalingrad 130); daß man das erste Frühstück hier als
eine ernste Mahlzeit behandelte (Th. Mann, Zauberberg 64); Seit 1914 hat der
demokratische Sozialismus. . . in einer Reihe von Ländern ernste Niederlagen
erlitten (Fraenkel, Staat 307); wenn die Sowjets in einen wirklich ernsten Krieg
gegen Großmächte eintreten müßten (Leonhard, Revolution 61); Wie kann man
das ernst nehmen (Remarque, Westen 66).
4. *zu Sorgen, Bedenken Anlaß gebend; schlimm, kritisch:*
Arbeitern. . . wird nahegelegt, das Silvesterfest still und den ernsten Zeiten gemäß zu feiern (Grass, Hundejahre 41); Nicht nur die herabstürzenden Wasser,
sondern auch die vielen darin mitgeführten Steine bilden eine ernste Gefahr
(Eidenschink, Bergsteigen 125); Die Lage war ernst geworden (Eidenschink,
Bergsteigen 92).

Das Adjektiv *ernst* kennzeichnet die E i g e n s c h a f t , die einer Person, einem
Geschehen o.ä. zukommt. In Verbindung mit Verben, die sich auf das Sprechen
oder Aussehen beziehen, kennzeichnet es auch in adverbialem Gebrauch die A r t ,
wie etwas ausgeführt wird, z.B. jemanden ernst ermahnen.
Was **ernsthaft** ist, muß ernst genommen werden, ist kein Spaß, zeugt von Ernst,
sieht ernst aus, dem sieht man den Ernst auch äußerlich an. Während *ernst* auf die
innere Beschaffenheit Bezug nimmt, drückt *ernsthaft* auch die äußere Erscheinungs-
form aus, so daß man sagen kann: Obgleich er sehr belustigt war, setzte er eine ernsthafte Miene auf:
Wir können ihn (einen Katalog) nur solchen von unseren Kunden zustellen, die
ernsthafte Interessenten sind (Gaiser, Schlußball 51); . . . entsteht. . . im schrift-
stellernden Journalismus eine ernsthafte Konkurrenz (Fraenkel, Staat 223);
weil seine Mutter ernsthaft erkrankt ist (Grass, Hundejahre 121); Diese verstie-
genen Christen nun genossen . . . von bischöflicher Seite ernsthafte Beachtung
(Thieß, Reich 299); Dennoch war die Verwundung ernsthaft (Maass, Gouffé
191); Freunde von mir, die vor drei Jahren noch vernünftig waren, glauben heute ernsthaft, daß sie England in drei Monaten besiegen können (Remarque,
Triomphe 300).

Ernstlich bedeutet *im Ernst; ernst gemeint[nicht nur zum Spaß gesagt]; tatsächlich,
wirklich* und macht deutlich, wie nachdrücklich oder intensiv etwas getan wird,
bezieht sich also nicht auf eine Person, sondern charakterisiert die Handlung selbst.
Es wird daher üblicherweise adverbial gebraucht:
Niemand verdächtigte ihn bis jetzt ernstlich (Remarque, Triomphe 225); Wie
konnten Sie sich von dem König einschüchtern lassen, das frage ich Sie ernstlich (Hacks, Stücke 277); Sie werden sich nun hoffentlich. . . die Sache noch
einmal ernstlich überlegen (Walser, Gehülfe 93); Aber auf die Gefahren. . . muß
auch hier ernstlich hingewiesen werden (Kosmos 2/1965, 72); Er hält Beerboom
fest. Aber wenn diese ernstlich wollte, nützte Festhalten gar nichts (Fallada, Blechnapf 183); als Monsieur Gouffé sich wegen der Zukunft. . . ernstlich Gedanken
gemacht. . . habe (Maass, Gouffé 28).

In attributiver Stellung findet sich *ernstlich* dann, wenn das Substantiv ein substan-
tiviertes Verb oder Teil einer verbalen Fügung ist. Man kann etwas ernstlich erwägen,
und man kann von ernstlichen Erwägungen sprechen. Etwas kann etwas ernstlich
bedrohen, und man spricht dann von ernstlicher Bedrohung. Man kann ernstlich
Verdacht hegen, ernstlich Schaden nehmen, ernstlich Gründe haben. Das in solchen
Fügungen vorkommende adverbial gebrauchte *ernstlich* kann auch als attributives
Adjektiv beim Substantiv der verbalen Fügung verwendet werden, z.B. ernstlichen
Verdacht hegen. Das ist jedoch nur dann möglich, wenn sich die Semantik (Bedeu-
tung) des Adjektivs sowohl mit dem Verb bzw. der verbalen Fügung als auch mit
dem Substantiv allein vereinbaren läßt. Man kann jemanden zwar ernstlich zur Ord-
nung rufen, aber nicht zur ernstlichen Ordnung rufen:
So was gibt's doch nicht, das faßt man doch nicht ernstlich ins Auge (H.Mann,
Unrat 75).

Hier wäre der attributive Gebrauch von *ernstlich* (ins ernstliche Auge fassen) nicht
möglich; genauso wie man jemanden unbarmherzig oder ungerührt zur Kasse bitten,
aber nicht zur unbarmherzigen oder ungerührten Kasse bitten kann. Der attributive
Gebrauch von *ernstlich* außerhalb der verbalen Abhängigkeit kommt nur selten vor:
diese naheliegende Möglichkeit kam mir flüchtig zwar in den Sinn, brachte es

aber dort zu keiner ernstlichen Glaubwürdigkeit (Th. Mann, Krull 179); Das menschliche Zahlenverhältnis lag für die Besitzer zu ungünstig: Bei einem ernstlichen Sklavenaufstand hätten sie sich nicht halten können (Jacob, Kaffee 230); Vor allem erhält sich die Hemmung, ernstlich zuzubeißen, während sie beim ernstlichen Kampfe... sofort vollständig ausgeschaltet wird (Lorenz, Verhalten I 183).

Prädikativ wird *ernstlich* nicht gebraucht. *Ernst* wird sowohl attributiv und prädikativ als auch adverbial gebraucht; *ernsthaft* überwiegend attributiv and adverbial, *ernstlich* in erster Linie adverbial und attributiv vor allem vor Substantiven einer verbalen Fügung. Die Adjektive *ernst, ernsthaft* und *ernstlich* sind öfter gegeneinander auszutauschen. Es gibt aber auf Grund ihres nuancierten Inhalts gewisse Unterschiede, die gleichzeitig auch wieder der Austauschbarkeit gewisse Grenzen setzen, was an den folgenden Belegen deutlich wird:

Ich versuchte dennoch ernsthaft zu studieren (Leonhard, Revolution 106); ein ernsthafter und solider Angestellter sei es nicht gewohnt, bis in alle Nächte hinein Karten zu spielen (Walser, Gehülfe 161); Das Bestreben jedes ernsthaften Amateurs ist es, seine Bilder dort veröffentlicht zu sehen (Fotomagazin 8/1968,54).

Jemand kann *ernst* oder *ernsthaft,* aber nicht *ernstlich* nicken; man kann einen anderen *ernst* oder *ernsthaft,* aber nicht *ernstlich* betrachten; von etwas kann *ernsthaft* oder *ernstlich,* aber nicht *ernst* die Rede sein.

Ernste Bedenken sind *schwere, schwerwiegende* Bedenken. *Ernsthafte* Bedenken sind Bedenken, die ernst zu nehmen sind, denen man den Ernst ansieht.

Ernstliche Bedenken sind Bedenken, die in der Tat vorhanden, die ernst gemeint sind, die daher nicht als unbedeutend abgetan werden können.

Wenn man über etwas *ernst* spricht, charakterisiert man damit die Personen und ihre Haltung zu dem Thema. Wenn man über etwas *ernsthaft* spricht, wird das Gespräch, das von Ernst zeugt und mit Ernst geführt wird, charakterisiert. Wenn man über etwas *ernstlich* spricht, dann ist es eine andere Beziehung. *Ernstlich* stellt eine andere Beziehung her. Es wird die A r t der Gesprächsführung gekennzeichnet. *Ernstlich* drückt eine Art Intensität aus, betont die Nachdrücklichkeit (z.B. er wurde ernstlich verwarnt).

Das umgangssprachlich gebrauchte Adjektiv **bierernst** bedeutet *übertrieben, besonders ernst und ohne eine sonst übliche Reaktion, z.B. Heiterkeit,zu zeigen:*

Bierernst nimmt Showmaster Carrell seinen Beruf als Zwerchfellerschütterer. Aus dem Ärmel kullern sie (die Gags) nicht (Hörzu 38/1972,24);Hatte er es mit bierernsten Kommunisten und den lahmen Zwischenrufen einiger Sozis zu tun (Grass, Blechtrommel 137); ,,Nachtruhe kann nicht immer garantiert werden." Der Angestellte notierte auch diese Forderung mit bierernstem Gesicht. ,,So" , sagte er, ,,das hätten wir. . ." (ND 20.6.64, Beilage 6).

Das Adjektiv **todernst** bedeutet *besonders ernst, gar nicht heiter und damit anders als es von jemandem angenommen worden ist. Todernst* ist jedoch keine Steigerung von *ernst,* sondern wird nur emotional-verstärkend gebraucht:

Mit todernstem Gesicht konnte er die lustigsten Geschichten erzählen; du brauchst gar nicht so zu lachen, das ist wirklich todernst; Die Sache war tatsächlich ernst, todernst (Plievier, Stalingrad 303).

Erosion/Korrosion

Das Substantiv **Erosion** hat mehrere Bedeutungen. Man versteht darunter

1. die Zerstörungsarbeit des fließenden Wassers; in weiterem Sinne auch die des Windes und des Eises:

Erosion: Weiche Kalkschichten werden durch Wasser ausgespült, es entstehen rinnenartige Vertiefungen im Kalk (Eidenschink, Bergsteigen 78);

2. den Gewebeschaden an der Oberfläche der Haut und der Schleimhäute (z.B. eine Abschürfung);
3. das Fehlen oder die Abschleifung des Zahnschmelzes;
4. die mechanische Zerstörung feuerfester Baustoffe durch die Beschichtung in der Hüttentechnik.

Erosion wird auch häufig in der Gemeinsprache gebraucht, und zwar in der Bedeutung *Abtragung, Abbröckelung, Auflösung, Beeinträchtigung, Einbuße an geschlossener Kraft:*

Die durch das nukleare Patt bewirkte Erosion der Macht bei den beiden führenden Weltmächten (Die Welt 16.1.65, 1); Der Erosion im Weltkommunismus wird

Vorschub geleistet. Weder Moskau noch Peking tragen somit durch ihr Verhalten zu der von beiden Zentralen emphatisch geforderten Einheit des Weltkommunismus bei (FAZ 10.10.68, 2); Volkstribun Strauß hatte den ersten Stein gegen den neuen Kanzler geworfen. . . Die Erosion der Erhard-Macht begann (Der Spiegel 43/1966, 47).

Unter **Korrosion** versteht man

1. die durch chemische Einwirkung hervorgerufene Veränderung fester Körper (z. B. von Gesteinen und Metallen) an der Oberfläche:

> Campingkocher sollten nicht rosten − auch nicht bei feuchter Meeresluft. Zur Prüfung des Korrosionsschutzes wurden die Geräte. . . einer rostfördernden Atmosphäre ausgesetzt. Ergebnis: Keiner war ausreichend gegen Korrosion geschützt (Der Test, August 1967,11);

2. in der Geologie die Wiederauflösung von früh ausgeschiedenen Mineralien durch die Schmelze;

3. in der Medizin die durch Entzündungsvorgänge oder Ätzmittel hervorgerufene Zerstörung von Geweben.

Im Unterschied zu *Erosion* wird *Korrosion* nicht in der Gemeinsprache auf andere, nichtfachliche Erscheinungen übertragen. *Erosion* leitet sich von lat. erodere = abnagen, anfressen her; während sich *Korrosion* von lat. corrodere = zernagen herleitet.

eskalieren/eskaladieren

Eskalieren bedeutet im transitiven Gebrauch *etwas allmählich, stufenweise steigern; den Einsatz der Mittel und Kräfte, die zur Erreichung eines militärischen, politischen o.ä. Zieles geeignet erscheinen, der Lage entsprechend verstärken:*

> Die Vorfälle wurden nicht eskaliert, sondern heruntergespielt (Der Spiegel 44/1966, 3); Wieder rückten die Granaderos aus . . . und eskalierten die Unruhe auf die Höhe eines Aufstandes (MM 27.9.68, 15); Die Israelis würden diesen Kleinkrieg vermutlich noch eskalieren helfen, wenn sie den Terrorismus ungestraft duldeten (MM 6.8.68,2).

Das Verb wird auch intransitiv gebraucht. Wenn „etwas eskaliert" oder wenn „sich etwas eskaliert", dann nimmt etwas immer größere Ausmaße an, steigert sich immer mehr, entwickelt sich immer mehr in einer bestimmten Richtung:

> Nur im moskaufeindlichen Albanien eskaliert der Kindersegen (Der Spiegel 24/1967, 110); Denn das Professoren-Scharmützel eskalierte zu einem Architekten-Krieg (Der Spiegel 38/1967, 60); Innerhalb von vier Wochen eskalierte sich die öffentliche Meinung unter Führung der Springer-Presse in eine Atomsperr-Hysterie (Der Spiegel 10/1967, 17).

Eskaladieren bedeutet *eine Eskaladierwand (d.i. eine aufgebaute Hinderniswand) überwinden.* Früher bedeutete eskaladieren soviel wie *eine Festung mit Sturmleitern erstürmen.* Eine Verwechslung mit eskalieren liegt im folgenden Beleg vor:

> die Sowjets . . . haben . . . alles Interesse an einem Ende des Vietnam-Krieges, der sie selber, sollte er weiter eskaladieren, in eine bedrohliche Konfrontation mit der anderen nuklearen Übermacht hineinzerren könnte (Die Zeit 7.1.66,1).

esoterisch/exoterisch

Als **esoterisch** wird bezeichnet, was nur für Eingeweihte bestimmt ist oder nur von Fachleuten − also einem kleinen Personenkreis − verstanden wird:

> Nach kurzer Lehrzeit bei verschiedenen esoterischen Gruppen schloß er sich der Anthroposophischen Gesellschaft an (K.Mann, Wendepunkt 126); Wenn die Künste und Wissenschaften auf diese Weise esoterisch werden, zu einer Art Geheimbesitz kleinster. . . Minderheiten (Gehlen, Zeitalter 27).

Das Gegenwort zu esoterisch ist **exoterisch.** Es wird weniger oft gebraucht und bedeutet soviel wie *für die Öffentlichkeit bestimmt, allgemein verständlich.*

Establishment/Etablissement

Als **Establishment** (gesprochen: is'tæbliʃmənt) wird heute einerseits in abwertender Weise die etablierte bürgerliche Gesellschaft und andererseits die Oberschicht der politisch, wirtschaftlich oder gesellschaftlich einflußreichen Personen bezeichnet:

> Auch Augstein, so meinen die Studenten, ist auf dem Weg, eine Figur des Establishment zu werden (Der Spiegel 2/1968, 90); Denn allzuoft hatte Student Baethge. . . das professorale Establishment attackiert (Der Spiegel 31/1968,44);

Es hat sich wieder einmal gezeigt, daß eben auch im Land der Revolution der Werktätigen die Funktionäre Establishment sind und mit den Kapitalisten paktieren (Der Spiegel 47/1968, 222).

Das Substantiv **Etablissement** (gesprochen: etablɪs[ə]'mã:) bedeutet einerseits *Einrichtung, Betrieb, Anlage, Fabrik*, andererseits *Vergnügungsstätte, gepflegtes Restaurant:*

> Ich sehe sie noch vor mir, wie sie hurtig durch die muffig dunklen Zimmer und Korridore ihres Etablissements watschelte (K. Mann, Wendepunkt 137); Wo bei Düsterberg . . . fünf Arbeitskräfte je 1000 Portionen herstellen, schaffen das Betriebs-Etablissements nur mit 20 Personen (Der Spiegel 48/1965,74); Ich reklamierte entschieden . . . das Gefühl, daß die Kellner mich nicht ernstnehmen . . . ein leeres Etablissement mit fünf Kellnern (Frisch, Homo 139); In der Bismarckstraße . . . wurde unweit des Ernst-Reuter-Platzes mit dem Bau eines Vergünungs-Etablissements begonnen (Die Welt 13.11.65, 14).

In verhüllender Weise wird *Etablissement* auch für *Bordell* gebraucht:

> Sie war sehr stolz darauf, daß seit mehr als einem Jahr keiner ihrer Kunden sich in ihrem Etablissement etwas geholt hatte (Remarque, Triomphe 50).

Euphorie/euphorisch/Euphemismus/euphemistisch/Euphonie/euphonisch

Wenn ein Patient sich trotz schwerer Krankheit subjektiv wohl fühlt, sich u.U. sogar in besonderer Hochstimmung befindet, nennt man diesen Zustand **Euphorie**. Solch ein **euphorischer** Zustand schwereloser Heiterkeit, der alle drohenden Gefahren und Hindernisse vergessen, der alles rosig und angenehm erscheinen läßt, tritt auch bei gewissen Geisteskrankheiten und nach Genuß von Rauschgiften auf; man bezeichnet mit diesem Wort aber auch eine besondere augenblickliche, heiter-zuversichtliche Gemütsstimmung:

> unberechtigte Wagemutigkeit infolge der mit dem Alkoholgenuß verbundenen Euphorie (Fischer, Medizin II 56); Man hört Musik. . . so ist ihm zumute, ein wunderbarer Zustand, eine Euphorie, wie sie im Buche steht; alles erscheint ihm so möglich und leicht, er fühlt sich voll Leben, mehr als wir alle zusammen, voll Musik (Frisch, Cruz 16); . . . daß sich diese Große Koalition nunmehr in einem Zustand befindet, in dem die Euphorie der ersten Monate vorbei ist (Bundestag 189/1968, 10247); Zum Schluß seiner Rede, euphorisch gestimmt, sang Adenauer . . . die dritte Strophe des Deutschlandlieds (Die Welt 13.3.65, Die geistige Welt 1).

Unter **Euphemismus** versteht man eine Beschönigung oder Verhüllung. Ein Euphemismus hat den Zweck, etwas Unangenehmes angenehmer darzustellen, eine Unhöflichkeit höflicher und etwas Schreckliches harmloser auszudrücken, etwas Anstößiges oder Peinliches durch Fachausdrücke oder beschönigende Bilder „sagbar" zu machen. Ein *Euphemismus* oder eine **euphemistische** Umschreibung beschönigt oder verhüllt den dargestellten Sachverhalt, z.B. wenn man statt *sterben* oder *Geschlechtsverkehr* die Wörter *heimgehen* oder *Beiwohnung* wählt:

> die „Bundesgenossen" Frankreichs, wie man mit starkem Euphemismus die unterworfenen Völker nannte, teilten diese Eitelkeit nicht (Jacob, Kaffee 173); Sie sind eine Art von Feigling und Duckmäuser, Mensch, und wenn Ihr Vetter Sie einen Zivilisten nennt, so ist das noch sehr euphemistisch ausgedrückt (Th. Mann, Zauberberg 731).

Unter **Euphonie** versteht man den sprachlichen Wohlklang, den Wohllaut im Gegensatz zur Kakophonie; so entspricht beispielsweise der Einschub des t in eigentlich und allenthalben **euphonischen** Gründen.

Exitus/Exodus

Exitus wird vor allem in der Sprache der Medizin sowohl in der Bedeutung *Ausgang* (z.B. in bezug auf die Anatomie) als auch in der Bedeutung *Ende, Tod* gebraucht:

> Ich pumpte Ihre Lungen mit Giftgas voll. Ich verseuchte Sie mit radioaktiven Elementen. Ohne an Ihre Heilung zu glauben, das ist das Tragische. Ich stemmte mich blindwütig gegen Ihren Exitus (Dürrenmatt, Meteor 60).

Exodus bedeutet *Auszug*. So ist auch der Titel des. 2. Buches Mose, so genannt nach dem Auszug der Kinder Israel aus Ägypten:

> Als sie ihrer Ohnmacht im Parlament gewahr wurden, veranstalteten sie einmal einen Exodus; sie zogen theatralisch aus dem Parlament aus (Niekisch, Leben 231).

Exkurs/Exkursion

Ein **Exkurs** ist die Erörterung eines Sonderproblems innerhalb einer Abhandlung oder eines Vortrags; er ist gewissermaßen eine Abschweifung vom Thema, aber doch noch im Zusammenhang damit:

> Wie komme ich also dazu, sogar einen Exkurs über Psychologie einzuschieben? (Musil, Mann 1602); Berger... ließ die Gelegenheit nicht ungenutzt, in einem Exkurs über Kommerzialismus des imperialistischen Monopolkapitals... zu sprechen (Fries, Weg 231).

Eine **Exkursion** ist ein Ausflug, und zwar im allgemeinen zu wissenschaftlichen Zwecken, um etwas zu erkunden:

> Mit den Pflanzen ist es anders, denn wir hatten einen passionierten Botaniker, mit dem wir auf Exkursion gingen (E. Jünger, Bienen 88); Der Flug der... wendigeren Elster kann im Käfig viel vollkommener zur Ausbildung gelangen ..., denn der Aktionsradius dieser ersten Exkursionen blieb nicht viel hinter dem der weitesten Flüge Tschocks zurück (Lorenz, Verhalten I 27).

extrem/extremistisch

Was **extrem** ist, hat sich dem höchsten Grad eines Zustandes o.ä. genähert, befindet sich ziemlich am äußersten Punkt einer Entwicklung o.ä., ist in besonderem Maße ausgeprägt. Wer extrem sparsam ist, ist außergewöhnlich und dadurch auffallend sparsam:

> ... spaltete sich die junge Arbeiterbewegung in einen gemäßigten sozialistischen und einen extremeren kommunistischen Flügel (Fraenkel, Staat 167); diese extremen Temperaturen (Die Welt 24.11.65, 13); die Gläser beschlagen nur unter extremen Bedingungen (Auto 6/1965, 75).

Das im allgemeinen pejorativ gebrauchte Adjektiv **extremistisch** gehört zum Substantiv *Extremismus* und bedeutet soviel wie *in besonderem Maß extrem, radikal.* Dieses Adjektiv wird im allgemeinen auf politische Richtungen bezogen. Während *extrem* auch positiv wertend gebraucht werden kann (z.B. *er ist extrem hilfsbereit; bei dieser Kapitalanlage kann man extreme Gewinne erzielen),* drückt extremistisch Ablehnung des Sprechers oder Schreibers aus. In der Politik spricht man von Rechts- und Linksextremisten:

> extremistische Kreise forderten die Todesstrafe.

Die Anwendung des Adjektivs außerhalb des politischen Bereichs ist weniger häufig:

> ... setzt G. sich mit den extremistischen Auffassungen des Monismus und des Dualismus auseinander (Germanistik 2/1972, 247).

die Extreme/ die Extremitäten/die Exkremente

Die **Extreme** sind die *äußersten Grenzen, der höchste erreichbare Grad, die äußerste Möglichkeit:*

> die Voraussetzungen für die Entfaltung geistiger und politischer Freiheit im Abendland jenseits der Extreme von Theokratie und Cäsaropapismus (Fraenkel, Staat 151); Das Klima ist sehr trocken und weist große Temperatur-Extreme auf (Kosmos 3/1965,97).

Unter **Extremitäten** versteht man *die Gliedmaßen, Arme und Beine:*

> die Leute machten... erstaunte und mokante Gesichter; es schien dem Wanderer, als ob dies Erstaunen vor allem seinen unteren Extremitäten gelte (Schröder, Wanderer 56).

Unter **Exkrementen** werden die *Ausscheidungen,* besonders *der Kot* verstanden:

> Die Exkremente der fremden Vögel... unterschieden sich in nichts von anderem Dünger (Jacob, Kaffee 243); Matern..., der mit den Zähnen knirschen kann: Kies im Kot; der immerzu Gott sucht und allenfalls Exkremente findet (Grass, Hundejahre 439).

Faktion/Fraktion/Fraktur

Unter einer **Faktion** versteht man eine [kämpferische] parteiähnliche Gruppierung; eine sezessionistisch tätige, militante Gruppe, die sich innerhalb einer Partei gebildet hat und deren Ziele und Ansichten von der Generallinie ihrer Partei abweichen:

> Wenn eine Situation entsteht, in der zwei mächtige Faktionen nichts anderes mehr wünschen als den Krieg (Andersch, Rote 146); Das korrupte Fraktionswesen... hat maßgeblich dazu beigetragen, die als 'Faktionen' bezeichneten Parlamentsgruppen... zu diskreditieren (Fraenkel, Staat 101).

Unter einer **Fraktion** versteht man einerseits die fest organisierte Verbindung der Abgeordneten der gleichen Partei, also die parlamentarische Vertretung einer Partei und andererseits eine Gruppierung innerhalb einer Partei oder eine Vereinigung von politisch Gleichgesinnten innerhalb einer Volks- oder Gemeindevertretung:

> Hätte man die beiden Fraktionen — die CDU/CSU und die FDP . . . ins Konklave gesperrt (Dönhoff, Ära 28); auf dem X. Parteitag der Bolschewiki. . . wurde. . . sogar die Bildung von 'Fraktionen' mit verschiedenen politischen Plattformen innerhalb der bolschewistischen Partei ausdrücklich verboten (Fraenkel, Staat 49); Da es sich bei diesen 'Faktionen' nicht um Vereinigungen von Wählern, sondern um Zusammenschlüsse der Gewählten handelte, stellen sie im Sinn unseres Sprachgebrauchs Fraktionen und nicht Parteien dar (Fraenkel, Staat 101).

Die Herkunft der beiden Wörter gibt zusätzlich Aufschluß über ihren Inhalt und Gebrauch. *Faktion* leitet sich von factio= das Machen, die Verbindung bzw. von facĕre = machen, es mit jemandem halten her, während sich *Fraktion* von lat. fractio bzw. frangĕre = brechen herleitet.

Das Substantiv **Fraktur** bedeutet in der Medizin *Knochenbruch. Fraktur* ist aber auch die Bezeichnung für die deutsche Schrift.

fälschen/verfälschen

Fälschen bedeutet 1. *in betrügerischer Absicht etwas Falsches, nicht Echtes an die Stelle von etwas Echtem setzen oder es dem Echten nachbilden und für echt ausgeben:*

> Von vertrauenswürdiger Seite wurde mir berichtet, es sei ursprünglich beabsichtigt gewesen, gefälschte Dokumente „aufzufinden" (Niekisch, Leben 234); er hatte in den Zeitungen von Leuten gelesen, die mit gefälschten Pässen ertappt worden waren (Johnson, Ansichten 175); Mann, der einen kleinen Wechsel fälschte (Grass, Blechtrommel 429); Unterschriften von großen Leuten können gefälscht werden(Fallada, Blechnapf 226).

2. bedeutet *fälschen* soviel wie *etwas durch Abändern oder Hinzusetzen in falscher Weise darstellen, um dadurch einen bestimmten, den Tatsachen nicht entsprechenden Eindruck hervorzurufen:*

> . . . daß sie den Tatbestand gefälscht haben (Fallada, Mann 179).

Verfälschen bedeutet *etwas auf Grund seiner Überzeugung o.ä. anders, als die objektive Wirklichkeit ist, darstellen und dadurch ein falsches Bild von etwas geben:*

> über längere Zeiträume hinweg „Material gegen" oder „Material für" die untersuchte Zeitung zu sammeln, wäre wenig fair und könnte das Ergebnis verfälschen (Enzensberger, Einzelheiten I 24); Jegliche romantische Vorstellung damit zu verbinden, würden den Gehalt dieses Pilgerlebens verschieben und verfälschen (Nigg, Wiederkehr 106); Vom „Bettelmann" avanciert man aber nicht zum „Bauern". Dieser Anspruch verfälscht bereits den Begriff der Ordnung bzw. er stellt diese, wo er auftritt, in Frage (Hofstätter, Gruppendynamik 126); diese historischen Geschehnisse, wurden uns in Vorlesungen ausführlich geschildert, allerdings. . . in stalinistisch verfälschter Darstellung (Leonhard, Revolution 165).

Verfälschen konkurriert in gewisser Weise mit der zweiten Bedeutung von *fälschen.* *Fälschen* betont mehr die H a n d l u n g, während *verfälschen* mehr das R e s u l - t a t hervorhebt. Wer die Geschichte *fälscht,* stellt sie falsch dar und ist ein Geschicht fälscher. Wer die Geschichte *verfälscht,* interpretiert oder bewertet manche historischen Tatsachen objektiv falsch und gibt auf diese Weise ein unrichtiges Bild von der Geschichte. Hier liegt nicht wie bei fälschen eine direkte Absicht mit entsprechender Handlung vor, daher spricht man auch nicht von einem Geschichtsverfälscher. Hier können also beide Verben gebraucht werden, ohne daß ein Unterschied immer deutlich empfunden wird:

> Hat der Marxismus noch eine Chance? So wird Geschichte verfälscht (Fries, Weg 183); sie fälschen die Geschichte (Brecht, Groschen 121).

Verfälschen wird noch im zweiten Partizip *verfälscht* gebraucht, und zwar in der Bedeutung *durch Zusatz von etwas Schlechtem im Wert gemindert:*

> mit all seinen Matrosenschenken . . . und den mit Zimt und Rübenzucker verfälschten Madeiraweinen (Koeppen, Rußland 67); mit Margarine verfälschte Butter (Remarque, Obelisk 19).

falten/falzen/fälteln

Falten bedeutet soviel wie *kniffen, zusammenlegen:*
> einen Zettel, ein Blatt Papier falten; die Papierservietten . . . kann ein Mann un-
> möglich falten (Geissler, Wunschhütlein 175).

Seltener ist die Bedeutung *in Falten legen:*
> Kleid. . . , das. . . über dem Magen den Busen in eine kunstvoll gefaltete Weite
> auflöste (Musil, Mann 185).

Falzen dagegen beschreibt einen Arbeitsgang in der Buchbinderei. Beim Falzen werden Papierbogen durch starken Druck an einer bestimmten Stelle sorgfältig ge-brochen oder gefaltet, so daß eine scharfe Kante entsteht:
> Prospekte, Druckbogen falzen.

Das Wort **fälteln** bedeutet *in kleine, dichte Falten legen:*
> Sie saß da in dem starr gefältelten Kleid (Fussenegger, Haus 85); In einem
> Portemonnaie aus dunkelblauem sanftem, zierlich gefältetem Leder (Johnson,
> Ansichten 218).

faschistisch/faschistoid

Faschistisch bedeutet 1. *den Faschismus, d.h. die von Mussolini organisierte rechts-radikale Bewegung betreffend, zu ihr gehörend:*
> Noch ausgesprochener war dies der Fall bei dem faschistischen Umsturz in Italien
> im Jahre 1922 (Fraenkel, Staat 299).

2. *einer politischen Bewegung oder einem politischen System totalitären, diktatori-schen, nationalistischen Charakters angehörend, entsprechend; rechtsradikal:*
> Die gesamte Verantwortung für diesen räuberischen Überfall auf die Sowjetunion
> fällt somit voll und ganz auf die deutschen faschistischen Herrscher (Leonhard,
> Revolution 88); Dr. Neumann, der selbst die Schrecken der faschistischen Konzen-
> trationslager erleben mußte (ND 1.6.64, 2).

Faschistoid bedeutet *dem Faschismus ähnlich, Züge des Faschismus aufweisend:*
> Aber wer sich mit dem Rechtsradikalismus in der Bundesrepublik beschäftigt,
> kann sich nicht auf die rechtsradikalen Parteien beschränken, sondern er muß
> eingehen auf das faschistoide Gedankengut in den Vertriebenen- und Soldaten-
> verbänden (MM 30.5.68,8); Die kritische Jugend im SDS wird aufgerufen, sich
> von den „anarchistischen Bankrotteuren" zu trennen, die sich „faschistoider
> Methoden" bedienten (MM 5.9.69, 21).

faßbar/faßlich

Faßbar ist, was in seinem Inhalt erfaßt, verstanden werden kann. Dieses Adjektiv drückt die M ö g l i c h k e i t aus:
> feine, kaum faßbare Unterschiede.

Faßlich dagegen gibt ein M e r k m a l an. Was *faßlich* ist, ist leicht zu begreifen, ist verständlich:
> Eine wertvolle, weil leicht faßliche und einprägende Ergänzung und Hilfe sind
> die . . . Sprechübungen (Muttersprache 2/1972, 125).

fatal/fatalistisch

Fatal bedeutet *sehr unangenehm, peinlich,* ja oft sogar *verhängnisvoll:*
> es wäre sehr fatal, wenn ausgerechnet jetzt der Papst das Maul aufreißen würde
> (Hochhuth, Stellvertreter 146); Stamm hatte das fatale Gefühl, der Oberleutnant
> beabsichtige, dem lieben Gott einen. . . Wink zu geben (Kirst 08/15, 744); . . .
> wenn er selbst, nicht ohne ein fatales Lächeln, die besorgte Antwort gab (K.
> Mann, Wendepunkt 164); Wie wir aus der Vergangenheit wissen, ist die Mensch-
> heit nicht frei von der fatalen Neigung, Kriege zu führen (Kosmos 3/1965, 114).

Fatalistisch heißt soviel wie *von der Unabänderlichkeit des Schicksals überzeugt, sich willenlos und ohne Abwehrversuch dem ergeben, was einem bestimmt zu sein scheint; dem Schicksal gegenüber resignierend:*
> Man nahm, wie man vieles nahm, mit der fatalistischen Gelassenheit, die die
> einzige Waffe der Hilflosigkeit war (Remarque, Triomphe 237); Sein fatalistisch
> gedeuteter Determinismus wurde immer wieder zum Hemmschuh schöpferischer
> sozialistischer Aktion (Fraenkel, Staat 193).

Eine Angelegenheit ist vielleicht *fatal,* unangenehm, aber nicht fatalistisch; *fatali-stisch* kann dagegen eines Menschen Einstellung oder Lebenshaltung sein, wenn er dem Schicksal gegenüber resigniert.

feindlich/feindselig/feind

Feindlich hat im Unterschied zu feindselig einen breiteren Bedeutungs- und somit Anwendungsbereich. Es bedeutet **1.** *dem Feind gehörend, vom Feind ausgehend:*
> das feindliche Lager; Die feindlichen Luftangriffe (Leonhard, Revolution 88); wegen Abhörens feindlicher Sender (Fallada, Jeder 213).

2. *in der Weise eines Feindes, wie ein Feind, nicht freundlich:*
> feindlich gegen jemanden gesinnt sein; feindliche Gesinnungen; Man ist nicht immer der liebende Mann, man muß auch zuweilen hinaus ins feindliche Leben (Schnitzler, Reigen 109); Ich war in Spanien, Frankreich und Italien; aber jeder Berg ist dort feindlich (Schneider, Erdbeben 38); Wanderungen durch die . . . der Armut feindlich gesinnte Stadt (Th. Mann, Krull 89).

Von dieser Bedeutung leitet sich der suffixartige Gebrauch von *feindlich* in Verbindung mit Substantiven her, wobei *feindlich* ausdrücken soll, daß etwas oder jemand den Interessen oder dem Wohlergehen des im Substantiv Genannten kraß entgegensteht oder -handelt:
> wählerfeindlich, regierungsfeindlich, nudistenfeindlich; mit ihrer verbraucherfeindlichen Preis- und Wirtschaftspolitik (MM 22.6.66, 6); Der apartheidfeindliche Rechtsanwalt (Der Spiegel 39/1966, 120).

Wer oder was **feindselig** ist, empfindet einem anderen gegenüber Feindschaft, er ist böse oder haßerfüllt gegen jemanden. Das Adjektiv *feindselig* kennzeichnet also vor allem die innere Einstellung, die einem anderen Böses zufügen will:
> Feindselig standen sie sich gegenüber (Borchert, Draußen 108); Ein unverhohlen feindseliger Blick traf ihn (Broch, Versucher 64); Er starrte den Arzt feindselig an (Sebastian, Krankenhaus 76); nicht ein einziges Mal begegneten wir einer feindseligen Haltung (Leonhard, Revolution 29).

Feindselig ließe sich gelegentlich mit *feindlich* in der zweiten Bedeutung austauschen, doch bestehen dann jeweils gewisse inhaltliche Unterschiede.
Feindliche Gesichter z.B. sind Gesichter, die Ablehnung ausdrücken, sie sind unfreundlich, während *feindselige* Gesichter nicht nur Ablehnung, sondern darüber hinaus noch deutlich Haß zeigen, der dem andern zu schaden sucht, der Böses im Sinn hat. Mit diesem Adjektiv wird nicht nur ein gegnerisches, sondern ein deutlich erkennbar negativ-emotionales Verhältnis ausgedrückt.
Dieser Unterschied wird im folgenden Beleg deutlich:
> . . . wenn die Jungen einen fremden und vielleicht feindseligen Altvogel nicht abwehren (Lorenz, Verhalten I 160).

So drücken auch *feindselige* Gesichter das Bedrohliche und Haßerfüllte noch stärker aus als *feindliche* Gesichter.
Feind wird nur in den Verbindungen *einer Sache / jemandem feind sein, bleiben, werden* gebraucht. Wer z.B. dem Alkohol feind ist, lehnt das Trinken von Alkohol entschieden ab.

fett/fettig

Das Adjektiv **fett** wird im Sinne von *fettreich, Fett als organischen Bestandteil in oder an sich habend, dick, feist* gebraucht. Das Gegenwort ist *mager:*
> fettes Fleisch; fette Brühe; ein fetter Mann mit einem Schnurrbart (Remarque, Obelisk 348); Er haßte dieses fette Gesicht (Böll, Adam 62); Ein junges Mädchen aus Paris hatte fette Waden (Tucholsky, Werke I 408); er war fett geworden (Jahnn, Geschichten 51).

Das Wort wird auch bildlich und übertragen gebraucht:
> Die Mennoniten des Dorfes. . ., die alle auf fettem Werderboden Weizen anbauten (Grass, Hundejahre 21); ein fettes Gelächter (Remarque, Obelisk 303).

Im ü b e r t r a g e n e n Gebrauch bedeutet *fett* sowohl *gewinnbringend, sehr einträglich:*
> In den fetten Jahren der „prosperity" (K. Mann, Wendepunkt 309); Neben der Siegesprämie . . . hielt der Veranstalter noch ein fettes Honorar. . . bereit (Die Welt 2.6.65, 9)

als auch in bezug auf gedruckte Buchstaben *durch stärkeren Schriftgrad besonders ins Auge fallend:*
> fette Buchstaben; eine fette Überschrift.

Fettig bedeutet sowohl *mit Fett beschmiert:*

Sie hatte Brote geschmiert und hatte nun ganz fettige Hände; Eine Pfanne . . .
Sie ist fettig, schwarz (Grass, Hundejahre 124); Es waren Zeitungen, grau, glänzend, fettig – die Schrift verwischt (Strittmatter, Wundertäter 247)

als auch *[wie] mit Fett versehen:*

Er hatte flache rote Haupthaare, die fettig schwer und schmutzig von Schweiß
. . . waren (Jahnn, Geschichten 222).

Wenn *fett* und *fettig* verwechselt werden, bekommt die Aussage einen ganz anderen Sinn:

Marschner. . . wischte sein fettiges Gesicht mit dem Handrücken ab (Strittmatter,
Wundertäter 347),

denn ein *fettes* Gesicht ist ein feistes, dickes Gesicht, während ein *fettiges* Gesicht
mit Fett beschmiert oder eingerieben worden ist. Oder:

Bis zu 700 Meter dick sind die fettigen Flöze, die an den Uferhängen des Colo-
radozuflusses Green River offen zutage liegen. Sie bergen den größten Erdölvor-
rat der Erde (Der Spiegel 15/1966, 166).

Wenn man hier von der Q u a l i t ä t sprechen wollte, dann müßte es *fette Flöze*
heißen; will man jedoch das A u s s e h e n – von Fett, Öl durchzogen – beschreiben, dann ist *fettig* richtig. Man kann also nur von einem *fettigen* Stück Papier sprechen, nicht von einem *fetten,* wie man andererseits nur von einem *fetten* Ackerbo-
den spricht und nicht von einem *fettigen.*

feudal/feudalistisch/frugal

Das Adjektiv **feudal** wird in der Alltagssprache bewundernd und mit einem scherzhaften Unterton in der Bedeutung *vornehm, herrschaftlich, was das Aussehen, das
Äußere betrifft* gebraucht:

er wohnt feudal, ist feudal eingerichtet; droben gibt es ein feudales Hotel mit
großer Aussichtsterrasse (MM Reisebeilage 19. 7. 69, 4).

Feudal bedeutet auch soviel wie *aristokratisch, den höheren Ständen angehörend:*

als Liebhaber konservativ feudaler Lebensgewohnheiten (Musil, Mann 388); für
den feudalen, eleganten Metternich, der gute Manieren für notwendiger hielt als
Charakter oder Geist einer Persönlichkeit (Goldschmit, Genius 185); In Bayern
war eine gefährliche separatistische Strömung durchgebrochen. Sie war von feudalen und bürgerlichen Kreisen getragen (Niekisch, Leben 107).

Feudal bedeutet auch *das Lehnswesen, das Lehnsrecht betreffend* und bezieht sich
damit auf einen früheren gesellschaftlichen Zustand:

Die Bolschewiki hatten sofort nach der Machtergreifung den ,,feudalen" Groß-
grundbesitz enteignet (Fraenkel, Staat 49); Feudale Erscheinungen, die mit den
fränkischen Lehnsverhältnissen vergleichbar sind (Fraenkel, Staat 88).

Das Adjektiv **feudalistisch** steht der letztgenannten Bedeutung von *feudal* nahe; es
gehört zum Substantiv Feudalismus, worunter die vorkapitalistische Wirtschafts- und
Gesellschaftsform, die auf dem Lehnswesen beruhende staatliche Organisationsform
verstanden wird. Man kann sowohl von einer *feudalistischen* als auch von einer *feudalen* Gesellschaft sprechen. Ein gravierender Unterschied besteht jedoch nicht. *Feudal* gibt an, w i e die Gesellschaft aufgebaut ist, auf dem Lehnsrecht nämlich. *Feudalistisch* gibt an, welcher bestimmten Epoche die Gesellschaft zuzuordnen ist, nämlich der des Feudalismus. *Feudalistisch* kennzeichnet die Z u g e h ö r i g k e i t
(= dem Feudalismus eigen); *feudal* gibt eine C h a r a k t e r i s i e r u n g:

in den Kreuzfahrerstaaten trug der Feudalismus ein spezifisch koloniales Geprä-
ge, während man in Polen und den skandinavischen Ländern nur von feudalistischen Ansätzen. . . sprechen kann (Fraenkel, Staat 88).

In den folgenden Belegen sind dementsprechend beide Adjektive mit entsprechender Inhaltsnuancierung möglich:

Der Verfall der feudalen Gesellschaftsordnung und das Heranrollen der Französischen Revolution (Nigg, Wiederkehr 90); die Herrschaft der preußischen Mili-
täraristokratie, die unter den Bedingungen der feudalistisch-ständischen Gesellschaft des 18. Jhs. errichtet worden war (Fraenkel, Staat 194); als Reaktion auf
die revolutionäre Zersetzung der alten kirchlichen, dynastischen, feudal-ständi-
schen oder bürokratisch-militärischen Ordnungsstrukturen (Fraenkel, Staat 213).

Das Adjektiv **frugal,** dem das lat. Wort frux (Genitiv: frugis) = Frucht zugrunde liegt,
bedeutet *genügsam, einfach in bezug auf die Lebensweise,* z.B. auf das Essen:

Es gab nur ein frugales Mahl.

Heute wird *frugal* schon öfter in der Bedeutung *üppig, auserlesen, lukullisch* gebrau-
wozu das ähnlich klingende Wort feudal in der Bedeutung herrschaftlich, vornehm
beigetragen haben kann:

> wir haben uns heute ausnahmsweise einmal ein frugales Mahl geleistet.

fiebrig/fieberhaft

Wenn jemand Fieber hat, dann befindet er sich in einem **fiebrigen** Zustand. Fiebri-
ges Aussehen rührt vom Fieber her oder von einem dem Fieber ähnlichen glühenden
oder erregten Zustand:

> er ist fiebrig; Sein Gesicht war fiebrig gerötet (Th. Mann, Krull 158); ihre Köpfe
> glichen Totenschädeln, in denen fiebrige Augen brannten (Apitz, Wölfe 327).

Bildlich:

> Das abendliche Dorf mutete fiebrig an (Strittmatter, Wundertäter 208).

Die übertragene Verwendung in der Bedeutung *fieberhaft* ist selten und beschränkt
sich auf literarischen Gebrauch:

> Dieses Verstecken und Auftauchen, dieses fiebrige Hin und Her dauert Tage (St.
> Zweig, Fouché 160); Schnelligkeitsrekord der Vernichtung; . . . das ist es, wozu
> die Patrioten sich fiebrig rüsten (K. Mann, Vulkan 370).

Statt *fiebrig* wird sonst im übertragenen Gebrauch **fieberhaft** verwendet, womit auf-
geregt-hastige Bemühungen gekennzeichnet werden:

> Sartorik überlegte fieberhaft, was er tun solle (Sebastian, Krankenhaus 149); Sie
> . . . riß alle Schubladen auf und kramte fieberhaft herum (Lederer, Liebe 40);
> Alle Beobachtungen deuteten darauf hin, daß da draußen fieberhafte Tätigkeit
> entwickelt wurde (Apitz, Wölfe 307).

Fieberhaft wird aber auch konkret in der Bedeutung *mit Fieber verbunden* gebrauc-

> fieberhafte Infekte; bei fieberhaften Erkrankungen (Hörzu 20/1972, 143).

Bildlich:

> die weißen Blüten, fieberhaft aufgespreizt, boten sich an (Gaiser, Jagd 129); Eine
> unglaublich süße, sich verzehrende, fieberhafte Stimme (Hagelstange, Spielball
> 40).

Der Unterschied zwischen beiden Wörtern besteht im heutigen Sprachgebrauch im
konkreten Bereich darin, daß *fiebrig* bedeutet *Fieber habend, mit Fieber verbunden*
[und davon zeugend], während *fieberhaft* nur bedeutet *mit Fieber verbunden.* Man
sagt also: eine fiebrige Röte, sich fiebrig fühlen, fiebrig aussehen, aber nicht: eine
fieberhafte Röte, sich fieberhaft fühlen, fieberhaft aussehen.

jemanden finden/auffinden

Jemanden **finden** bedeutet *auf jemanden durch Suchen oder zufällig stoßen; jeman-*
den entdecken, ermitteln, ausfindig machen:

> wir haben den Mann gefunden, der das Rad gestohlen hat; wir haben einen Mann
> gefunden, der unser Radio repariert; wir haben ihn in der Kneipe gefunden.

Auffinden wird im allgemeinen mit einer Angabe verbunden, w i e , auf welche Weise jemand gefunden worden ist. *Auffinden* betont stärker als *finden,* daß etwas durc
planmäßiges Suchen schließlich irgendwo gefunden worden ist. Wer aufgefunden wir
befindet sich im allgemeinen irgendwo in einer hilflosen Lage, aber nicht in Bewegun
daher sagt man nicht, ich habe ihn unter den Tausenden von Demonstranten nicht
auffinden (sondern: finden) können:

> Natalja. . . wurde. . . erfroren aufgefunden (Plievier, Stalingrad 159); An einem
> Freitagnachmittag. . . wird. . . eine 24 Jahre alte Prostituierte ermordet aufge-
> funden (Noack, Prozesse 9); Von vertrauenswürdiger Seite wurde mir berichtet,
> es sei ursprünglich beabsichtigt gewesen, gefälschte Dokumente „aufzufinden"
> (Niekisch, Leben 234); Kowalski war nicht aufzufinden (Kirst 08/15, 502).

Auffinden ist im Gebrauch eingeengter als *finden.* Man kann zwar für *auffinden* das
Verb *finden* einsetzen, umgekehrt aber nicht immer für *finden* auch *auffinden,* z.B.
er hat den Lehrling in der Kantine gefunden, aber nicht: aufgefunden.

sich **finden**/ sich **anfinden**/sich **wiederfinden**/sich **einfinden**

Wenn Personen **sich finden,** dann heißt das: Sie treffen sich, ohne sich an einer bestimmten Stelle oder für einen festgelegten Zeitpunkt verabredet zu haben:

> Wir werden uns auf dem Ball schon finden; sie fanden sich erst am dritten Tage
> in ihrem Urlaubsort.

Auf Gegenstände bezogen, bedeutet *sich finden,* daß etwas, was man vermißt und schon gesucht hat, [unvermutet]gefunden wird, wieder zum Vorschein kommt:

> das Buch, der Schlüssel hat sich gefunden.

Dafür wird auch **sich anfinden** gebraucht:

> das Portemonnaie hatte sich angefunden; Daß Fehlendes sich mit der Zeit wieder anfinden werde, hing nur von seinen Magnetkräften ab (Kästner, Zeltbuch 52).

Im Unterschied zu *sich finden* hebt *sich anfinden* das wirklich gegenständliche Vorhandensein hervor und ist somit im Gebrauch eingeengter, denn man kann sagen: „Die Fehlerquelle fand sich schnell", aber nicht: „die Fehlerquelle fand sich schnell an".

Während das Präfix an- in *sich anfinden* darauf hindeutet, daß man nun über etwas Vermißtes wieder verfügt, daß es an Ort und Stelle greifbar vorhanden ist, liegt der Akzent bei **wiederfinden** mehr auf dem erneuten Im-Besitz-Sein von etwas Vermißtem. Das sind aber nur feine inhaltliche Nuancen, die den Benutzern der Wörter meist gar nicht bewußt werden.

Sich einfinden wird von Personen gesagt und bedeutet *zu einer bestimmten Zeit kommen, an einem bestimmten Ort erscheinen:*

> Eine stattliche Menschenmenge hatte sich zu der gewohnten Zeit vor der Kirche eingefunden (Kirst, Aufruhr 222); Man fand sich meistens zum Diner um sieben Uhr ein (Th. Mann, Krull 22); Die Damen hatten sich . . . ziemlich pünktlich im Alten Schlosse eingefunden (Th. Mann, Hoheit 231); . . . daß . . . es hauptsächlich die . . . Halbwelt war, was sich, höchst elegant, wie zu einer Galaveranstaltung des Theaters eingefunden hatte (Maass, Gouffé 252); Dann liefen sie durch die Nacht. . . liefen weiter, bis sie zurücktaumelten und sich erschöpft wieder in ihren Löchern einfanden (Plievier, Stalingrad 191).

fleischig/fleischlich/fleischern

Früchte, Blätter o.ä. werden als **fleischig** bezeichnet, wenn sie viel Fleisch haben; fleischige Arme sind kräftig-dicke Arme:

> Sein fleischiges Gesicht bekam harte Konturen (Kirst 08/15, 901); ihre weiße, weiche, fleischige Hand (Genet[Übers.], Totenfest 11); Seine fleischigen Schultern schienen das billige Nylonhemd sprengen zu wollen (Molsner, Harakiri 133); fleischige Schenkel (Jahnn, Geschichten 111); Er spürte eine tolle Gier auf dieses saftige, fleischige Zeug und aß sechs Aprikosen (Böll, Adam 58); Sie bricht eine Tulpe ab und betrachtet. . . den fleischigen Stengel (Remarque, Obelisk 37).

Das Adjektiv **fleischlich** bezieht sich auf das Fleisch im Gegensatz zum Geist, auf den Körper, und zwar vor allem in bezug auf Sinnlichkeit:

> fleischliche Lüste; Die Rüstung trennt unseren Trieb von seinem Gegenstand, besonders den fleischlichen (Hacks, Stücke 30); Der Mund wurde eine Orchideenblüte in ihrer größten Entfaltung. Eine fleischliche Pracht (Jahnn, Geschichten 133); Sie dachte, dieser (Bäckerbursche) würde dem Gymnasiasten. . . besser gefallen als der Milchbursche. Weil er so fleischlich roch (Jahnn, Geschichten 120).

Das Adjektiv **fleischern** ist selten und bedeutet *aus Fleisch bestehend.* Luther benutzte es z.B. in Hesekiel 11,19: fleischernes Herz. Heute findet es sich vor allem in der umgangssprachlichen Substantivierung *Fleischernes* und bezeichnet Fleischgerichte:

> Er ißt gern Fleischernes.

Föderation/Konföderation

Unter **Föderation** versteht man einerseits eine Verbindung mehrerer unabhängig bleibender Staaten zu einem bestimmten [zeitlich und sachlich begrenzten]Zweck. Andererseits wird dieses Substantiv synonym gebraucht zu Konföderation in der Bedeutung *Staatenbund,* worunter ein völkerrechtlich begründeter Staatenbund verstanden wird:

> Gelingt es der nichtkommunistischen Welt, . . . den Nationalismus, Imperialismus und Kolonialismus durch internationale Kooperation und Föderation zu ersetzen, so kann sie hoffen, die Machtausweitung des Kommunismus einzudämmen (Fraenkel, Staat 169).

Föderation bedeutet außerdem auch allgemein *Verband, Bündnis:*

> Die Labour Party. . . ist eine Föderation der lokalen Parteiorganisationen, einiger schwacher sozialistischer Gruppen und der . . . Gewerkschaften (Fraenkel, Staat 27).

Unter **Konföderation** versteht man sowohl einen Staatenbund als auch einen nicht

straff organisierten Bundesstaat (→Bundesstaat/Staatenbund):
> Vom Staatenbund (Konföderation), einer rein völkerrechtlichen Verbindung, die die Souveränität der Mitgliedstaaten grundsätzlich unangetastet läßt und keine eigene Staatsgewalt besitzt. . . (Fraenkel, Staat 62); der Zusammenschluß der 13 ehemals britischen Kolonien an der Ostküste Nordamerikas zu einer Konföderation (1777), die . . . in einen Bundesstaat übergeleitet wurde (Fraenkel, Staat 63).

Fond/Fonds

Obgleich beide Wörter aus demselben lateinischen Grundwort *fundus* (Grund, Boden, Grundstück) entstanden sind, haben sie im Laufe der Zeit verschiedene Bedeutungen angenommen. **Fond**, das im Französischen Boden, Untergrund, Hintergrund, Hauptsache bedeutet, bezeichnet im Deutschen **1.** den Rücksitz im Wagen:
> In einer Autotaxe, wo fast immer ein Spalt zwischen den Scheiben ist, die Führer sitz und Fond trennen (Fallada, Mann 240); Ich ließ ihn (den Wagen) volltanken und warf den häßlichen Koffer in den Fond (Simmel, Affäre 37).

2. den Hintergrund, z.B. eines Gemäldes:
> der Fond des Gemäldes ist in Blau gehalten

und **3.** auch den [zurückbleibenden] Grund, den Bodensatz bei Soßen o.ä.:
> Die übernommenen Schweine werden geschlachtet, gebrüht, abgerieben, in Salzbrühe, deren Fond dreißig Jahre alt ist, gepökelt (Kisch, Reporter 181).

Fonds ist eigentlich die Pluralform zum Singular *Fond,* aus der sich ein neues, singularisches Wort mit der Bedeutung *Geld- oder Vermögensreserve für bestimmte Zwecke, Vorrat* gebildet hat. Der Plural zu *Fonds* wird zwar genau wie der Singular geschrieben, aber das im Singular stumme Endungs-s wird im Plural mitgesprochen [fõ:s] :
> da er gern Lehrer werden wollte, so waren ihm aus einem öffentlichen Fonds die Mittel zur Seminarausbildung bewilligt worden (Th. Mann, Hoheit 56).

Manchmal könnten bei einer Zusammensetzung sowohl *Fond* als auch *Fonds* gewählt werden, womit jedoch jeweils Verschiedenes ausgesagt wird, z.B. der Wissensfonds oder der Wissensfond; auch:
> Bis 1890 zehrte er den übernommenen Ideenfond auf (Musil, Mann 1592).

Fondant/Fondue

Fondant ist eine Zuckerware mit beigegebenen Farb- und Geschmacksstoffen, meist in Form einer Praline hergestellt:
> Er liebte Christbaumkringel über alles, wie er Zuckerwaren überhaupt liebte; Streuselkringel, solche aus Fondant mit Schokoladeguß (Beheim-Schwarzbach, Freuden 81).

Fondue ist ein Gericht, bei dem entweder kleine Brotstücke in eine durch Erhitzen flüssig gehaltene Mischung aus Käse, Weißwein und Gewürzen getaucht und dann verzehrt werden, oder ein Gericht, bei dem kleine Fleischstücke, besonders von Rind oder Kalb, mit langen Gabeln in siedendes Fett zum Garen gehalten und mit verschiedenen Salaten verzehrt werden.

formell/formal/formalistisch/förmlich/-förmig/formlich

Formell bedeutet **1. a)** *dem Gesetz oder der Vorschrift nach, offiziell, amtlich.* Das Gegenwort ist *informell:*
> die Aufgaben der Kritik und der Kontrolle, die das Publikum der Staatsbürger informell, und während der periodischen Wahlen auch formell, gegenüber der staatlich organisierten Herrschaft ausübt (Fraenkel, Staat 220); Ich . . . befürwortete einen Beschluß, dem Herzog die Aufenthaltsgenehmigung in Augsburg formell zu erteilen (Niekisch, Leben 42); Materiell ist die anglo-amerikanische Rule of Law des 19. und beginnenden 20. Jhs. durch ihren individualistischen Charakter bestimmt; formell ist sie durch das Monopol der ordentlichen Gerichte zur Behandlung aller aufkommenden Rechtsfragen. . . charakterisiert (Fraenkel, Staat 286); Durch den Erlaß des Einparteiengesetzes vom 14. Juli 1933 wurde das parlamentarische Regierungssystem auch formell beseitigt (Fraenkel, Staat 242).

b) *den Regeln der Umgangsformen, der Höflichkeit entsprechend:*
> Ich hielt es für nicht mehr als korrekt. . . , wenn ich die Stadt nicht wieder verließ, ohne bei unserem diplomatischen Vertreter. . . Karten abgegeben zu haben. Diese formelle Artigkeit ließ ich mir gleich am ersten Tage meines Hierseins ange-

legen sein (Th. Mann, Krull 373); beim formellen Abendanzug Unistoffe (Herren-journal 3/1966,50).

2. bedeutet *formell* auch *auf Grund festgelegter Ordnung, aber nur äußerlich, nicht selbst entscheidend handelnd; nur nach außen hin; nur um dem äußeren Anschein zu genügen; zwar offiziell, aber ohne eigentlichen Wert.*
Diese zweite Bedeutung von formell leitet sich aus der ersten ab. Wenn nämlich die offizielle Vorschrift o.ä., nach der man handelt oder sich richtet, nur noch eine Form-sache ist, dann ist sie nichts mehr weiter als eine Äußerlichkeit. Solch ein Übergang von der einen Bedeutung zur anderen liegt zum Beispiel in folgenden Belegen vor, die in aufschlußreicher Weise mit *obwohl* konstruiert sind:

> Er bildete den Senat um zu einer ihm völlig ergebenen Körperschaft, deren Macht-funktionen nur symbolischen Wert besaßen, obwohl ihr formell die gesamte mili-tärische und richterliche Machtfülle übertragen war (Goldschmit, Genius 31); Ob-wohl die Wähler formell zum erstenmal das Recht hatten, Kandidaten auf der Einheitsliste zu streichen, wurden von insgesamt 246260 Kandidaten nur zwei abgelehnt (Die Welt 12.10.65,2).

Die Verwendung von *nur noch* in Verbindung mit *formell* unterstreicht oft noch diesen Inhaltsverlust des Adjektivs:

> Im modernen England beschäftigen sich die Haushaltsdebatten nur noch for-mell mit Budgetproblemen (Fraenkel, Staat 57); die Führer der Parlamentsmajo-rität stellen die Minister, die vom Könige nur noch formell ernannt werden (Fraen-kel, Staat 200); Vom Auswärtigen Amt hatte er zu Zwecken des Vertriebs einige nichtssagende formelle Zeilen als Empfehlung in der Tasche (Niekisch, Leben 311).

3. bedeutet *formell* soviel wie *unpersönlich-förmlich, auf persönliche Distanz hal-tend, engeren persönlichen Kontakt meidend, sich [bedauerlicherweise] nur auf die unverbindliche Umgangsform beschränkend:*

> Es ist eine Verabredung, daß wir von kurz vor Mitternacht bis zum Ende der Geisterstunde Wilke duzen. . . Nach ein Uhr sind wir wieder formell (Remarque, Obelisk 246); ,,Madame", sprach ich hart formell, indem ich mich erhob. ,,Ich bedaure die Störung Ihrer Nachmittagsruhe. . . " (Th. Mann, Krull 440).

Formal bedeutet **1.** *die äußere Form, die Anlage o.ä. von etwas betreffend, auf die äußere Form, Anlage o.ä. bezüglich:*

> Sie unterschieden sich von den landläufigen Vogelscheuchen. . . . nicht nur for-mal, sondern auch im Effekt (Grass, Hundejahre 40); Ein Modell aus der Kau-feld-Kollektion: exklusiv, formal überzeugend, handgearbeitet . . . Der ideale Liegesessel (Der Spiegel 48/1965, 25); Es kann aber auch rein formal die Ein-heit aller Gruppenbildungen gemeint sein (Fraenkel, Staat 108); Während sich die Freiheits- und Staatsbürgerrechte zumeist formal exakt bestimmen und durch-setzen lassen (Fraenkel, Staat 128).

Während *formal* in der ersten Bedeutung die Funktion eines Zugehörigkeitsadjektivs hat, das wie alle Zugehörigkeits- oder Relativadjektive eine allgemeine Beziehung ausdrückt und in der Regel nicht steigerungsfähig ist, ist *formal* in der zweiten Be-deutung ein Eigenschaftswort.

2. bedeutet *formal* soviel wie *jemandes Recht, Stellung o.ä. nach außen hin demon-strierend, deutlich werden lassend, der Form nach zwar vorhanden, ohne daß sich damit aber auch zwangsläufig der eigentlich dazugehörende Inhalt verbindet.* In die-ser Bedeutung berühren sich zwar *formal* und *formell*, doch unterscheiden sie sich insofern, als man bei dem als *formal* Bezeichneten auf die äußere F o r m , den äuße-ren Eindruck Bezug nimmt (z.B. formal Widerstand leisten), während man bei dem als *formell* Bezeichneten das A m t l i c h e , das Gesetz, die Vorschrift, das schrift-lich Festgelegte im Auge hat (z.B. ein [nur] formell demokratischer Staat).Daß sich *formal* von *formell* im Gebrauch und in der Bedeutung jedoch unterscheidet, können die folgenden Belege deutlich machen:

> Denn die formale Wahrung äußerer Gesetzmäßigkeit schließt keineswegs aus, daß eine Handlung in grober Weise gegen die Gerechtigkeit verstößt, damit zwar legal bleibt, aber in einem tieferen Sinn illegitim wird (Fraenkel, Staat 102); die for-malen Voraussetzungen für das Funktionieren einer pluralistischen Demokratie (Fraenkel, Staat 75); ,,Das Bürgermeisteramt wird ab sofort mir unterstellt", er-klärte Schulz tönend und erwartete, sprungbereit, einigen, wenn auch nur for-malen Widerstand (Kirst 08/15, 795).

Gelegentlich, wenn sowohl das Amtliche, Gesetzliche als auch die äußere Form ge-meint sein können, ließen sich beide Adjektive mit entsprechender Akzentverlage-

101

rung verwenden. *Formale* Gründe sind Gründe, die in der Form zu suchen sind; *formelle* Gründe sind Gründe, die in der Vorschrift oder auch im Förmlichen, Höflichen zu finden sind:

> Die Frau wird dort zwar, anders als hier, dem Mann tatsächlich und nicht nur formal, wirtschaftlich und sozial und nicht nur juristisch gleichgestellt (Petra 10/1966, 6); Insofern, als die. . . Gesellschaft. . . glaubt, mit der formalen Gleichheit des Menschen sei auch schon dessen Freiheit real (Fraenkel, Staat 138).

In Zusammensetzungen tritt nur *formal-* auf: formalästhetisch, formaljuristisch.

Das leicht abwertend gebrauchte Adjektiv **formalistisch** gehört zum Substantiv *Formalismus,* worunter man eine Überbetonung der Form, des Formalen, den rein äußerlichen Vollzug versteht:

> Solange die Gerichte sich von dieser Theorie leiten ließen, war die Rechtsprechung durch ihren positivistischen (vielfach als formalistisch kritisierten) Charakter gekennzeichnet (Fraenkel, Staat 105); Ohne Rückbindung an materiale Wertideen . . . begibt sich die Demokratie auf einen Weg, der über eine wertneutrale, formalistische Legalität zur Diktatur führen kann (Fraenkel, Staat 182).

Ähnelt das Adjektiv *formalistisch* auch den Bedeutungen von *formal* und *formell,* so zeigen die dort aufgeführten Belege jedoch, daß *formalistisch* in der Regel nicht ohne weiteres für *formal* oder *formell* in sinnähnlichen Bedeutungen eingesetzt werden kann, denn *formalistisch* nimmt nicht in erster Linie Bezug auf die F o r m (formal) oder offizielle V o r s c h r i f t (formell), sondern kennzeichnet die A r t und Weise des Vorgehens oder das in der Weise Aufgebaute. Wer seine Pflichten *formalistisch* erfüllt, dem kann man offiziell nichts vorwerfen, weil er alles nach den Vorschriften o.ä. erledigt hat, wenngleich er der Sache selbst damit auch so gut wie nicht genützt hat. Er hat gegen nichts verstoßen, aber auch dem eigentlichen Sinn seiner Pflichten nicht entsprochen. Wenn man sagt, daß jemand seine Pflichten *formal* erfüllt hat, dann bedeutet das zwar auch nur, daß er der Form, dem Äußeren Genüge getan hat, doch fehlt dieser Aussage die deutliche Kritik an der inhaltsleeren und seelenlosen Art der Ausführung, die in *formalistisch* enthalten ist. Wer seine Pflichten *formell* erfüllt , kann sie entweder dem Gesetz, der Vorschrift entsprechend erfüllt haben, oder er kann sie auch n u r formell, nur förmlich erfüllt haben, indem er eben nur nicht gegen die Vorschrift verstoßen hat. Man kann ihn eben nicht belangen. Im Unterschied zu *formalistisch* enthält *formell* nicht den Hinweis auf die Art der Erfüllung, auf das bloß äußerliche Bestreben, gegen nichts zu verstoßen. Es wird nichts ausdrücklich darüber gesagt, daß es ohne inneren Anteil getan worden ist.

Förmlich entspricht dem Adjektiv *formell* sowohl in dessen Bedeutung *offiziell, amtlich, durch Vorschrift angeordnet:*

> Der Sicherheitsausschuß muß dem Wohlfahrtsausschuß förmlich unterstellt werden (Sieburg, Robespierre 242); . . . daß ein förmlicher Verlegebefehl nachfolgen werde (Gaiser, Jagd 42)

als auch in der Bedeutung *betont oder ausschließlich die Umgangsformen beachtend; konventionell, steif, nicht persönlich-zwanglos:*

> Er war zuerst recht kühl und förmlich zu mir (Fallada, Herr 209).

In der aufgelockerten Umgangssprache wird *förmlich* als Attribut oder adverbial auch in der Bedeutung *in der Tat so, wie man es sagt; tatsächlich, nicht übertrieben, buchstäblich, richtiggehend* gebraucht, womit das Überraschende, das Ungewöhnliche, das in dieser genannten Intensität eigentlich nicht Vermutete oder Erwartete extra betont werden soll:

> er ertränkte mich förmlich in einem Schwall von Worten (Fallada, Herr 244); Man riß sich förmlich um das attraktive und amüsante Paar (Prinzeß-Roman 43, 28); der Professor. . . tanzte förmlich auf seinem Sitz (Fallada, Herr 101); Genießerisch ließ er den Burgunder im Munde zergehen, kaute ihn förmlich (Fallada, Herr 164); daß. . . ein förmlicher Sterne-Kultus in Deutschland einsetzte (Greiner, Trivialroman 54); . . . daß . . . ein förmliches Zischen der Erregung. . . im Saale hörbar gewesen sei (Th. Mann, Hoheit 233).

-förmig tritt in Zusammenbildungen – fast schon suffixartig – auf und bedeutet *eine bestimmte Form habend, die Form des in dem ersten Teil des Wortes Genannten habend, in der Form von, gestaltet wie:* eiförmig, fächerförmig, gasförmig, herzförmig, strahlenförmig, treppenförmig, großförmig. In den Adjektiven einförmig, gleichförmig, unförmig liegen bereits lexikalisierte Wörter vor.

Das nicht prädikativ verwendbare und nur selten gebrauchte Zugehörigkeitsadjektiv **formlich** – ein Adjektiv zu *Form* in der Bedeutung „Gestalt" – bedeutet *im Hinblick auf die Form; die Gestalt des Gegenstandes betreffend:*
die Möbel sind farblich und formlich recht ansprechend.

fragil/agil

Fragil bedeutet *zerbrechlich-zart, hinfällig:*
Ich konnte anfangs kaum glauben, daß sie überhaupt krank war, . . . dann aber begriff ich, daß hinter dieser fragilen Konstruktion trotzdem lautlos das Chaos wehte (Remarque, Obelisk 34); Zwischen uns und dem Nichts steht unser Erinnerungsvermögen, ein allerdings etwas problematisches und fragiles Bollwerk (K. Mann, Wendepunkt 19); Die welkende Blüte ist unaufdringlich schön, anspruchsvoller schön, auf eine fragile Weise schön (Dorpat, Ellenbogenspiele 94); Das gläsern fahle Blau der frühen Zeit mit ihren Absinthtrinkerinnen, fragilen Zirkuskindern, Bettlern am Meeresstrand (K. Mann, Wendepunkt 367); Ich war überzeugt, daß diese Gedichte denselben „fragilen Charme" . . . atmeten wie seine lockere Diktion (Thieß, Frühling 2).

Agil bedeutet *körperlich oder geistig gewandt, beweglich:*
Professor Pringsheim seinerseits -klein von Statur, äußerst agil und lebhaft (K. Mann, Wendepunkt 15); plötzlich erschien er jung oder doch alterslos – ein agiles Heinzelmännchen voll Weisheit und Humor (K. Mann, Wendepunkt 412).

fraglich/fragwürdig

Das Adjektiv **fraglich** hat zwei Bedeutungen: **1.** *unsicher, ungewiß, nicht leicht zu entscheiden; gar nicht so sicher, wie es scheint:*
Sehr fraglich ist bei einer Dreierseilschaft die Einordnung des Schwächsten (Eidenschink, Eis 26); ob es sie wirklich freut, scheint mir fraglich (Spoerl, Maulkorb 64); Die Erfahrung der letzten Jahre macht es jedoch fraglich, wieweit das Regime solche Umwälzungen ohne Massenterror verwirklichen . . . kann (Fraenkel, Staat 53).

2. *in Frage kommend, betreffend, zur Diskussion stehend.* In dieser Bedeutung wird *fraglich* nur attributiv gebraucht:
Pohlmann sei an dem fraglichen Dienstag zur Mittagszeit bei ihr erschienen (Noack, Prozesse 24); . . . den fraglichen Darlehensbetrag zurückzuerstatten (R. Walser, Gehülfe 92); Ich habe leider den Auftrag, das fragliche Gefäß zu inspizieren (Brecht, Mensch 128); der eine war in der fraglichen Nacht bei seinen Eltern in Kassel (Spoerl, Maulkorb 98).

Fragwürdig bedeutet *zu Bedenken Anlaß gebend, zweifelhaft, in seiner Art nicht [mehr] überzeugend; nicht das darstellend, was es eigentlich sein sollte, verdächtig:*
Jede Organisation von Deutschen in einem demokratischen . . . Land, muß heute einen fragwürdigen, ja provokanten Charakter annehmen (K. Mann, Wendepunkt 358); eine unter dem Deckmantel der Frömmigkeit sich vollziehende Reiselust mit allerlei fragwürdigen Abenteuern (Nigg, Wiederkehr 10); Die Begriffsbestimmungen der Demokratie . . . sind im Lauf des 20. Jhs. fragwürdig geworden (Fraenkel, Staat 72); Dem biederen Manne, . . . der auf seinem Gang durch den Zug mit allen Schichten der Gesellschaft, auch mit ihren fragwürdigen Elementen, in dienstliche Berührung kam (Th. Mann, Krull 299); die Schonung eines höchst fragwürdigen Ehrgefühls (Benrath, Konstanze 77); Sittlichkeit, die ja nur Schützerin des Eros ist, wurde fragwürdig (Bodamer, Mann 89); Fällt Nebel ein, so ist . . . ein Biwak in einer Schneehöhle einem fragwürdigen Abstieg vorzuziehen (Eidenschink, Bergsteigen 94); etwas für fragwürdig (nicht: fraglich) halten.

Lassen sich in manchen Texten gelegentlich auch beide Adjektive einsetzen, so ist die Aussage doch jeweils anders.
Wenn es z.B. heißt, seine Reaktion ist *fraglich,* so bedeutet das, daß man noch nicht weiß, wie er reagieren wird. Der Blick ist also auf die Zukunft gerichtet, auf etwas, was noch nicht eingetreten ist.
Wenn es jedoch heißt, seine Reaktion ist *fragwürdig,* dann hat er bereits reagiert, doch betrachtet man seine Reaktion mit Skepsis und hat Vorbehalte.

-frei/-los

Die Suffixe **-frei** und **-los** drücken aus, daß das im Stammwort Genannte nicht vorhanden ist. Der Unterschied zwischen beiden Suffixen ist in den meisten Fällen, daß *-frei* lediglich das Nichtvorhandensein, die Nichtexistenz feststellt (atomwaffenfrei, fehlerfrei, fieberfrei, fleckenfrei, gefahrfrei, geruchfrei, geschmackfrei, grätenfrei, keimfrei, nikontinfrei, risikofrei, sorgenfrei, straffrei, vorurteilsfrei), was als Vorzug betrachtet wird, während -los ein Fehlen konstatiert, das sowohl erwünscht (fehlerlos Ggs. fehlerhaft, fleckenlos, furchtlos, gefahrlos, geruchlos, grätenlos, kostenlos, neidlos, risikolos, vorurteilslos) als auch unerwünscht (charakterlos, erfolglos, ergebnislos, geschmacklos Ggs. geschmackvoll, hoffnungslos, rücksichtslos, schutlos, würdelos, ziellos) sein kann. Es kann auch ganz ohne Wertung sein, wenn es nur das Nichtvorhandensein von etwas sonst Üblichem bezeichnet (ärmellos, schaffnerlos). Ob ein Fehlen als Vorzug oder Mangel empfunden wird, ist manchmal nur dem Kontext zu entnehmen (z.B. bartlos, fleischlos, straflos, waffenlos, wortlos). -frei bedeutet *frei, befreit von etwas;* -los bedeutet *ohne etwas* (z.B. arbeitsfrei/arbeitslos) Während die mit -frei gebildeten Adjektive eine sachliche Feststellung enthalten, haben die mit -los gebildeten die Funktion zu charakterisieren;→niveaufrei/niveaulos, → schmerzfrei/schmerzlos, → schneefrei/schneelos, → sorgenfrei/sorgenlos/sorglos, → tadellos/tadelfrei.

freigebig/freizügig/großzügig/großmütig

Wer **freigebig** ist, gibt gern und meist auch nicht wenig:
> Madame Hegström ist auch immer sehr freigebig (Remarque, Triomphe 125); ... würdest du von dem Geld mit mir saufen gehen, mir was schenken, freigebig zu mir sein (Lynen, Kentaurenfährte 259).

Mit dem ironischen Nebensinn der Bedenkenlosigkeit und Hemmungslosigkeit:
> Die Flasche, aus der Sie sich soeben so freigebig einschenken, Hochwürden ... (Remarque, Obelisk 216); Es gibt neben dem Kochsalz drei Sorten Auftausalze, die von den Straßenbauverwaltungen in oft recht freigebiger Weise verwendet werden (Kosmos 2/1965, 42); ... daß Sie manchmal etwas freigebig mit den Blicken Ihrer Augen... sind (Fallada, Junger Herr 9); ... weil die Künstlerin Fröhlich sich tief gegen ihn verneigt und ihm die Öffnung ihrer Korsage freigebig zugewendet hatte (H. Mann, Unrat 79).

Freizügig hat zwei Bedeutungen:
1. *nicht an einen Ort gebunden.* Hier wird im allgemeinen nur das Substantiv *Freizügigkeit* gebraucht:
> ... den modernen Rechtsstaat ..., zu dessen Attributen auch ... die Freizügigkeit des Wohnsitzes und die Gewerbefreiheit gehören (Fraenkel, Staat 183).

2. *nicht streng an eine Vorschrift gebunden, uneingeschränkt, ohne Bedenken großzügig:*
> Vor einigen Wochen warnte die Arzneimittelkommission der US-Ärzteschaft ... vor freizügigem Gebrauch des Mittels (Der Spiegel 48/1965, 164).

Großzügig bedeutet *nicht kleinlich, nicht eingeengt,* und zwar sowohl im Finanziellen oder Materiellen, wo es in bezug auf Personen auch synonym mit freigebig gebraucht wird, als auch in Anschauungen, Bedingungen o.ä.:
> Ihre Freundin, großmütig und großzügig... sagt: „Nimm es ... " (Dariaux, Eleganz 100); Gegen ein großzügiges Lehrgeld stellte ihm sein Meister einige Matrosen zur Verfügung (Hildesheimer, Legenden 50); Dabei sind es weniger die finanziellen Verlockungen als die viel besseren und großzügigeren Forschungs- und Arbeitsbedingungen (Kosmos 3/1965, 120); Nun hat man sie (die Universitätsinstitute) neu errichtet, großzügig wie die Industrieladen eines forschrittlichen Unternehmens (Koeppen, Rußland 38); Matzerath war großzügig genug, dem Ortsbauernführer den kleinen Fehler nachzusehen (Grass, Blechtrommel 371); Die Kaiser. .. haben durch eine großzügige Baupolitik die Arbeitslosigkeit zu bekämpfen versucht (Thieß, Reich 357).

Wer **großmütig** ist, läßt anderen gegenüber Nachsicht walten und zeigt sich ihren Bitten und Wünschen aufgeschlossen; er ist hochherzig und von edler Gesinnung und handelt entsprechend:
> jmdm. großmütig verzeihen; Könntest du nicht auch gegen Professor Lindner großmütig sein? (Musil, Mann 1178); Elvira, du bist nicht großmütig... Du willst mich zwingen, daß ich rede. Daß ich lüge (Frisch, Cruz 84).

freimütig/freisinnig

Wer was **freimütig** ist, sagt rückhaltlos und ohne Furcht offen seine Meinung und hat keine Hintergedanken bzw. verrät eine entsprechende geistige Haltung:
> Ich gestehe freimütig, daß es mir ... oft schwergefallen ist, dem Erotischen... so wenig Raum in meinen Schriften zu geben (Jens, Mann 100); Lichtspiele, die

sexuell ebenso freimütig wie politisch anzüglich waren (Der Spiegel 52/1965,26); Ich bin entsprossen aus einem geringen Geschlecht. . . gesteht er freimütig (Nigg, Wiederkehr 32).

Wer freisinnig ist, ist unabhängig im Denken, vorurteilslos und undogmatisch, und zwar besonders in Religion und Politik. Dieses Adjektiv wird jedoch heute kaum noch auf gegenwärtige Personen oder Anschauungen bezogen. Es war vor allem im ausgehenden 19. Jahrhundert in Gebrauch und charakterisierte damals eine links-liberale bürgerliche Richtung:

Der Frankfurter Historiker. . . hatte sich . . . um die Einigung der freisinnigen Gruppen große Verdienste erworben (Fraenkel, Staat 187).

fremdsprachlich/fremdsprachig

Wenn in der Schule eine fremde Sprache gelehrt und gelernt wird, dann spricht man von fremdsprachlichem Unterricht. Wenn jedoch Unterricht i n einer fremden Sprache und nicht nur ü b e r eine fremde Sprache gehalten wird, dann spricht man von fremdsprachigem Unterricht.

Fremdsprachlich bedeutet *auf eine fremde Sprache bezüglich, in einer fremden Sprache vorhanden:*

Eine fremdsprachliche Formkategorie wird bei Interferenz in dem Umfang gebraucht, wie es eine entsprechende, scheinbar identische muttersprachliche Formkategorie gestattet (Czochralski, Interferenz 9).

friedlich/friedfertig/friedliebend/friedsam/friedvoll

Friedlich bedeutet 1. *den Frieden und nicht dem Krieg dienend, dem Frieden nützend:*

Dafür erhielt jeder Staatsobligationen, die nach zwanzig Jahren zurückgezahlt werden sollten. Die Zeichnung stand diesmal unter der Parole: ,,Stärkung des friedlichen Aufbaus" (Leonhard, Revolution 84); Richard Löwenherz kommt als Bruder der Königin-Witwe Johanna nicht in friedlicher Absicht (Benrath, Konstanze 66); der Vater durfte sich wieder den friedlichen Arbeiten zuwenden, die er im August 1914 aus vaterländischem Pflichtgefühl unterbrochen hatte (K. Mann, Wendepunkt 77).

2. *ohne Gewalt und Krieg bestehend, sich vollziehend; nicht kriegerisch:*

mit friedlichen Mitteln und durch Einverständnis und Einvernehmen der Beteiligten in einer gemeinsamen Bemühung um die Schaffung eines europäischen Friedens (Bundestag 190/1968, 10299); Die Aufforderung an Neu-Delhi und Rawalpindi, die Waffen schweigen zu lassen und unverzüglich über eine friedliche Lösung im Kaschmir-Streit zu verhandeln (Die Welt 9.9.65, 4); Wenn man aber zur friedlichen Koexistenz (ein Zustand, der die Rivalität nicht beseitigt, sie aber stärker auf das wirtschaftliche und soziale Gebiet verlagert) entschlossen ist (Dönhoff, Ära 12); Wenn sie nicht in der Stimmung war, eine Szene zu machen, ließ sie Bolda ungehindert passieren oder fing einen friedlichen Plausch mit ihr an (Böll, Haus 68).

3. *still, ruhig, Ruhe und Sicherheit gewährend; ohne die Harmonie, das herrschende Einvernehmen zu stören:*

als es einen Zwischenfall mit großen verdächtigen Wettverlusten gab und aus friedlichen Zuschauermassen i:n Nu eine See wurde, die in den Platz flutete und nicht nur alles, was in ihrem Bereich war, zerstörte, sondern auch . . . (Musil, Mann 590); ein Fischer, der friedlich den Sonntag verangelte (R. Walser, Gehülfe 20); ob sie im Ernst mit anderen tauschen wollte. Zum Beispiel mit all denen, die jetzt friedlich in ihren Betten lagen (Nossack, Begegnung 245); ein halbfertiger, trauernder Löwe kauert auf dem Boden . . . und daneben stehen friedlich zwei leere Bierflaschen (Remarque, Obelisk 28).

Friedfertig wird im Unterschied zu *friedlich* nur auf Lebewesen in bezug auf ihren Charakter und ihre Absichten gebraucht und bedeutet *nicht auf gewaltsames Handeln gerichtet; verträglich.* Mit einem friedfertigen Menschen läßt es sich gut leben, von ihm sind keine Angriffe und Störungen zu erwarten:

Den jungen Dohlen gegenüber war sie ganz friedfertig, nachdem sie sie einmal von ihrer Überlegenheit überzeugt hatte (Lorenz, Verhalten I 28); Man konnte anstellen, was man wollte, der blieb friedfertig und spielbereit (Kirst 08/15, 199); ,,Mein lieber Freund", wollte ich sagen, unterließ es dann aber, denn der Wein stimmte mich friedfertiger (Menzel, Herren 35).

Friedliebend bedeutet *den Frieden liebend, gern in Frieden lebend.* Dieses Wort findet sich heute vor allem im politischen Sprachgebrauch der DDR:

> Ob die westdeutschen Militaristen . . . das gefährliche Wettrüsten fortsetzen kön-
> nen, hängt in hohem Maße vom Auftreten der friedliebenden Menschen in West-
> deutschland . . . ab (ND6.6.64, 2); Er war einer der ersten Christdemokraten, der
> . . . nach Adenauer die Sowjetunion als friedliebend bezeichnete (MM. 25.8.66,2)

Die nuancierten Wortinhalte der einzelnen Adjektive lassen sich wie folgt erläutern:
Ein *friedlicher* Mensch ist ein ruhiger, stiller Mensch, mit dem man auf Grund seiner
Natur gut auskommen kann. Ein *friedfertiger* Mensch ist ein verträglicher, nicht zum
Streit geneigter Mensch, der von sich aus bestrebt ist, mit anderen nicht in Konflikte
zu geraten. Ein *friedliebender* Mensch liebt den Frieden, will keinen Unfrieden, ach-
tet darauf, daß kein Streit entsteht. Er beschwichtigt da, wo Konflikte zu entstehen
drohen, oder geht um des Friedens willen Streitenden lieber aus dem Wege.
Friedsam wird selten und dann auch nur in gehobener Sprache gebraucht, und zwar
in der Bedeutung *auf Frieden bedacht; dem Krieg und der Gewalt abhold, von friedlicher Gesinnung zeugend:*

> es soll. . . das friedsamste Volk sein in diesem dunklen Erdteil (Frisch, Ganten-
> bein 299); So ging es auch mit der Stadt: Sie blieb friedsam, mehr auf stilles
> Wachstum bedacht als auf gefährliche Ehren (Fussenegger, Haus 25).

Friedvoll bedeutet soviel wie *voll innerer Ruhe, gelassen, ohne sich in seinem inneren Frieden stören zu lassen.* Im Unterschied zu *friedlich,* das die Wirkung der Verhaltensweise nach außen kennzeichnet, charakterisiert *friedvoll* in besonderer Weise den inneren Zustand des Betreffenden:

> Inzwischen kam unten ein Fußgänger daher, sah die kaputten Automobile liegen,
> . . . setzte sich friedvoll auf die Mauer, trank aus der Flasche (Hesse, Steppenwolf
> 225).

frieren/gefrieren/zufrieren/einfrieren/eingefrieren/einfrosten/frosten/frö-steln/erfrieren/durchfrieren

Das Verb **frieren** bedeutet 1. *Kälte empfinden:*

> Während des langen Wartens froren wir erbärmlich (Bergengruen, Rittmeisterin
> 212); Isabels Haut friert unter dünnem schwarzem Kleid (Fries, Weg 36).

2. *unter den Gefrierpunkt sinken:*

> es soll heute nacht frieren; draußen friert es; Seit Dezember hatte es scharf ge-
> froren (Schnabel, Marmor 39).

3. *zu Eis werden, erstarren:*

> Im Winter friert der See; das Wasser in der Leitung friert; wenn die Oberfläche
> des Sees friert. . .

Die letztgenannte Bedeutung von *frieren* wird heute nur noch selten verwendet,
nicht zuletzt wegen der anderen üblicheren Bedeutungen, die zu falschen Vorstellungen führen könnten (z.B. der See friert = der See empfindet Kälte, ihm ist kalt).
Daher tritt für *frieren* in der Bedeutung *zu Eis werden* das Verb *gefrieren* ein, oder
es werden die präfigierten Verben *einfrieren* oder *zufrieren* gewählt.
Gefrieren entspricht mehr der naturwissenschaftlichen Vorstellung, da es stärker
den Vorgang, der zu einem Abschluß kommt, deutlich macht. Die Zusammensetzungen werden auch auf *Gefrier-* gebildet: Gefrieranlage, Gefrierfleisch, Gefrierge-
müse, gefriergetrocknet, Gefrierobst, Gefrierpunkt, Gefrierschiff, Gefriertrocknung,
Gefriertruhe.
Gefrieren wird auch im bildlichen Gebrauch gegenüber dem Verb *frieren* bevorzugt.
Im Unterschied zu *frieren* bedeutet *gefrieren* auch *festfrieren, zu etwas zusammen-
frieren,* denn das *ge-* hat hier noch die alte Bedeutung *zusammen.* Das *ge-* gibt dem
Verb die Bedeutung des momentanen Geschehens, so daß *gefrieren* sowohl das In-
einen-Zustand-Geraten als auch den Abschluß eines Vorgangs ausdrücken kann. Da-
her auch *das Wasser gefriert bei 0°C:*

> Jetzt war es längst dunkel und Wiesen und Wagenfurchen gefroren (Bieler, Boni-
> faz 5); Im Westen nieselte Regen, der zu Eis gefror (Der Spiegel 8/1966, 34);
> die Luft ist so kalt, daß . . . die Feuchtigkeit aus triefenden Augen augenblick-
> lich zu Eis gefriert (Plievier, Stalingrad 239); Der Kot, der. . . in dicken Stutzen
> unter den Fahrgestellen gefror (Plievier, Stalingrad 348); Nerv um Nerv erstarrte,
> mir wurde kalt, Zelle für Zelle gefror (Rinser, Mitte 212); Im vergangenen Winter
> schob Lina sogar in der Nacht ihr Entenwagl durch die Stadt, auch wenn es schne-
> te und gefror (Die Zeit 20.11.64, 47); Was Sie an dem Toten suchen, ist schon

dahin. Ich werde ihn gefrieren lassen (Jahnn, Geschichten 206).
Bildlich:
> Wenn ein Mensch, ein vertrauter, uns zum erstenmal haßt, wirkt es ja fast wie
> eine Farce, aber es war sein wirkliches Gesicht, wahrhaftig, und ihr Lachen gefror
> (Frisch, Stiller 345); Die Aura, mit welcher Romantik den Weitgereisten umgab,
> gefriert zum Warenzeichen, das den Fetischcharakter der Tour verbürgt (Enzens-
> berger, Einzelheiten 202).

Zufrieren bedeutet *von Eis ganz bedeckt sein, eine Eisdecke haben, sich ganz mit einer Eisschicht bedecken:*
> ... als der See zugefroren war (Geissler, Wunschhütlein 140); Reihen von kleinen
> Gasflammen ... verhindern das Zufrieren der Scheiben (Th. Mann, Krull 94).

Einfrieren bedeutet im intransitiven Gebrauch
a) *festfrieren, zu Eis werden:*
> das Wasser in der Wasserleitung friert ein.

Bildlich:
> Es war, als sei die Welt einen Augenblick eingefroren und totenstill (Remarque,
> Triomphe 220).

b) *dadurch, daß die in einem Gefäß o.ä. befindliche Flüssigkeit zu Eis wird, unbenutzbar, funktionsunfähig werden:*
> Die Wasserleitung ist eingefroren; eingefrorene Motoren (Plievier, Stalingrad 138).

c) *durch zu Eis gefrierendes Wasser an der Weiterbewegung gehindert werden:*
> machte ich ... einen Ausflug über die zugefrorene See zu unserem eingefrore-
> nen Minensuchboot (Grass, Katz 50).

Im transitiven Gebrauch bedeutet *einfrieren* soviel wie *durch künstlich erzeugten Frost konservieren, haltbar machen:*
> Die Polizei will die Zungenspitze bis zur Verhandlung aufheben, ist aber ... noch
> nicht darüber klar, ob sie sie in Spiritus legen oder einfrieren soll (MM, Weihnach-
> ten 1966, 9); Biochemischer Nachweis des Einfrierens und Auftauens von Fleisch
> (Umschau 6/1966, 196); Nach seinen Angaben haben sich ... mehrere ältere
> Leute gemeldet, die sich mit dem Gedanken tragen, sich nach ihrem Tod einfrie-
> ren zu lassen (MM 3.3.67, 10).

Einfrieren wird außerdem übertragen sowohl intransitiv als auch transitiv gebraucht und bedeutet dann
a) *unbeweglich werden, auf dem gegenwärtigen Stand bleiben:*
> ein Kredit friert ein; man hat die Verhandlungen einfrieren lassen.

b) *nicht weiterführen, bewußt weiterhin in dem gegebenen Zustand belassen [damit sich etwas nicht mehr weiter oder anders entwickelt]:*
> Die Denkschrift beschäftigt sich mit der Bonner Antwort auf den polnischen Vor-
> schlag, die Kernwaffen in Mitteleuropa einzufrieren (ND 19.6.64,5); Die gegen-
> wärtige Situation kann aber nicht eingefroren werden (FAZ 70/1958,2); Der ...
> Außenminister ... erklärte ..., die diplomatischen Beziehungen ... würden
> ...„eingefroren" (Die Welt 11.10.67,3); Niederlande frieren Preise ein (MM
> 10.4.69,23).

Wenn man die Handlung des Einfrierens von Fleisch o.ä. als Vorgang, d.h. intransitiv, darstellen will, dann kann man das Verb **eingefrieren** gebrauchen:
> eine Gruppe seitlich hinauslegen, irgendwohin und auch noch so, daß die sich
> nicht rühren kann vor lauter Genauigkeit des Befehls, und sie dann einfach lie-
> gen zu lassen seitlich im Schnee, da kann sie wohl eingefrieren bis zum Jüngsten
> Tag (H. Kolb, Wilzenbach 40).

Zwischen *einfrieren* und *eingefrieren* bestehen die gleichen Unterschiede wie zwischen *frieren* und *gefrieren.*

Einfrosten wird synonym zu einfrieren in der Bedeutung *durch Frost konservieren* gebraucht.
Da *einfrieren* mehrere Bedeutungen hat, ist *einfrosten* der eindeutigere Ausdruck für diese Tätigkeit:
> alles wird vorgekocht, anschließend bis minus 40 Grad eingefrostet und dann
> bis minus 25 Grad in einem ... Tiefkühlkeller eingelagert (Presse [Wien] 9.10.
> 68, 5).

Das Verb **frosten** hat zwei Bedeutungen. Es wird **1.** synonym gebraucht zu *einfrosten* und *einfrieren* in der Bedeutung *durch Frost konservieren:*
> Die Verwendung von gefrosteter (=tiefgekühlter) Sahne zur Herstellung von
> Butter und anderen Milcherzeugnissen (Buchtitel von W. Godbersen 1965).

Im Unterschied zu *einfrosten* und *einfrieren*, die mit der Vorsilbe *ein-* das Hineinbringen in einen Zustand deutlich machen, kommt dies beim Verb *frosten* nicht in dem Maße zum Ausdruck. *Frosten* besagt eigentlich nur, daß man Kälte, Frost auf etwas einwirken läßt mit dem Ziel, daß das so Behandelte nicht verdirbt.
2. bedeutet *frosten* in dichterischer Ausdrucksweise soviel wie *frieren, unter den Gefrierpunkt sinken:*
> Im Frühling, wo es nächtlich oft noch frostet (A. Zweig, Grischa 93).

Frösteln bedeutet *leicht frieren, vor Kälte leicht zittern, eine „Gänsehaut" bekommen:*
> Er erwachte gegen Morgen. Ihn fröstelte, und er zog sich das Hemd an (Strittmatter, Wundertäter 129); Aber sie fröstelt in ihrer Nacktheit, im Dunkeln liegend (Fries, Weg 149); Das Wasser war tiefschwarz, es machte sie frösteln (Johnson, Ansichten 226); Enrico fröstelte ein wenig unter diesem Blick, aber er hielt ihn aus (Thieß, Legende 40).

Erfrieren bedeutet
1. a) *durch Frost sterben, in der Kälte umkommen:*
> drei Soldaten, die vor der Bunkertür eingeschneit und erfroren waren (Plievier, Stalingrad 149); . . . nachdem die Bataillone und Regimenter erfroren in den Schluchten liegen (Plievier, Stalingrad 263).

b) *durch Frost absterben, verderben:*
> die Rosenhecke ist erfroren; dem sie Essen beibrachte. . . und oftmals Überleben an den erfrorenen Kartoffeln und Wruken (Johnson, Ansichten 97).

Übertragen in der Bedeutung *erstarren, gefrieren:*
> auf seinem Gesicht erfror das Lächeln (Hesse, Narziß 249).

2. *durch Frosteinwirkung gesundheitlich geschädigt werden:*
> Er begegnete einem bekannten Panzerleutnant, der beide Hände erfroren . . . hatte (Plievier, Stalingrad 223).

Das zweite Partizip *erfroren* wird umgangssprachlich noch in der Bedeutung *von der Kälte ganz durchdrungen, völlig durchgefroren* gebraucht:
> wir haben fast zwei Stunden bei der Kälte im Fußballstadion gestanden und sind ganz erfroren.

Durchfrieren bedeutet *durch längeren Aufenthalt in der Kälte frieren und von ihr ganz durchdrungen werden:*
> Wenn man bei der Kälte lange draußen steht, friert man sehr durch; er kam ganz durchgefroren/(selten:) durchfroren nach Hause.

frühzeitig/rechtzeitig/vorzeitig

Das Adjektiv **frühzeitig** besagt, daß etwas schon recht früh, früher als üblich oder nötig geschieht oder geschehen ist. Wer frühzeitig etwas tut, für etwas sorgt, sich um etwas bemüht, tut es als einer der ersten, wobei ein Zeitpunkt oder Termin als Bezugspunkt dient; es liegt zeitlich vor dem sonst Üblichen (→zeitig):
> Pierre Cardin hat sich als einziger der großen Pariser Couturiers frühzeitig mit der Herrenmode beschäftigt (Herrenjournal 3/1966, 12); James II. rechnete es sich als Verdienst an, diese Entwicklung frühzeitig erkannt zu haben (Kirst 08/15, 894); daß jene Angelegenheit sehr frühzeitig in meinem Leben eine Rolle spielte (Th. Mann, Krull 59); für den Fall eines frühzeitigen Todes (Benrath, Konstanze 158).

Das Adjektiv **rechtzeitig** besagt, daß etwas zur rechten Zeit geschieht, daß es noch nicht zu spät ist. Wer *frühzeitig* zu einer Party kommt, erscheint früher als die anderen und vor dem eigentlichen Beginn. Wer *rechtzeitig* zu einer Party kommt, trifft gerade so ein, daß er nichts von dem versäumt, was nach seinem Kommen beginnt:
> Die Mutter. . . kam gerade noch rechtzeitig, um das Kind aufzufangen (Jens, Mann 148); Wir hatten rechtzeitig von seinem Plan gehört und deshalb. . . den gesamten Erlös. . . dazu verwendet. . . Eßmarken en gros zu kaufen (Remarque, Obelisk 21); er . . . hob Würmer auf. . . tötete sie, wenn ich sie ihm nicht noch rechtzeitig aus der Hand nahm (Bachmann, Erzählungen 119); beklagt euch bei Zebula, wenn ihr nicht rechtzeitig wegkommt (Schnurre, Fall 50).

Während *frühzeitig* auf den Beginn eines Zeitabschnitts oder einer Entwicklung hindeutet, besagt **vorzeitig**, daß etwas noch vor diesem Zeitabschnitt, dieser Entwicklung oder dem einen eigentlich festgesetzten Zeitpunkt liegt. Man kann schon frühzeitig altern, d.h. schon relativ früh Zeichen des Alterwerdens zeigen; man kann auch vorzeitig altern, dann setzt dieser Prozeß noch vor dem sonst üblichen Zeitpunkt ein:

seinen Urlaub vorzeitig abbrechen; Sein Vater war . . . vorzeitig. . . in den Ruhestand getreten (Prinzeß-Roman 43, 6); wie sehr dagegen das Gesicht dieser jungen Frau vorzeitig gealtert war (Kessel [Übers.] , Patricia 28); Die politische
Spionage . . . beruht auf der törichten Idee, daß die politischen Unternehmungen . . . geheimen . . . Entscheidungen entspringen, die mit Hilfe der Spionage
rechtzeitig, das heißt vorzeitig, ermittelt werden können (Habe, Namen 405);
,,Um Gottes willen . . . habe ich Sie warten lassen? " ,,Keineswegs, ich bin vorzeitig gekommen. Sie sind mit dem Glockenschlag da . . . " (Bergengruen, Rittmeisterin 321); Ehlers. . . muß vorzeitig nach Quatschin zurück, weil seine Mutter ernsthaft erkrankt ist (Grass, Hundejahre 121).
Gelegentlich können sowohl *rechtzeitig* als auch *vorzeitig* gebraucht werden, wobei
dann jeweils der Blickpunkt verschieden ist. Wenn z.B. eine gelegte Bombe schon
vor der Explosion entdeckt und entschärft wird, dann wird der Bombenleger sagen
,,die Bombe wurde vorzeitig entdeckt", während der Bedrohte davon sprechen würde, daß die Bombe (noch) rechtzeitig entdeckt worden ist.

funktionieren/fungieren

Funktionieren bedeutet *entsprechend seiner Bestimmung und Konstruktion in Betrieb sein oder gegebenenfalls in Betrieb sein können; alle Voraussetzungen für den
richtigen Ablauf einer Arbeitsleistung erfüllen.* Dieses Verb wird auch bildlich und
auf Personen übertragen gebraucht:
    Der Ventilator funktionierte nicht, die riesigen Glasfenster wiesen die Hitze nicht
    ab (Dorpat, Ellenbogenspiele 16); Käufer, die nach einem Auto suchen, das zu-
    verlässig funktioniert (Auto 7/1965, 31); wenn mein Magen nicht funktioniert,
    kann ich saugrob werden (Adorno 08/15, 938); Ein volles Jahr funktionierte die
    ,,Dienststelle für Härtefälle" nahezu reibungslos (Die Welt 6.10.65,2); Der Chef
    des Personalamtes . . . hatte funktioniert (Plievier, Stalingrad 170); Hab ich wis-
    sen können, daß die Anna so gemein ist und mich gleich anzeigt. Bloß weil sie's
    mir nicht gönnt. Weil es mit ihrem Alois nicht mehr funktioniert (Walser, Eiche
    16).
Im Veralten begriffen ist der Gebrauch von *funktionieren* in Verbindung mit *als*,
wofür heute das Verb *fungieren* eintritt:
    Die Girls . . . , von denen jede einzelne ihre Individualität aufgegeben zu haben
    scheint, um mit den anderen als kollektiver Tanzautomat zu funktionieren, wer-
    fen die Beine in wortloser Präzision (K. Mann, Wendepunkt 308).
Fungieren als bedeutet *eine bestimmte Aufgabe erfüllen, eine bestimmte Funktion
ausüben, zu etwas dasein,* wobei das Subjekt sowohl eine Person als auch eine Sache sein kann:
    Die Kriegsgefangenen, die hier als Totengräber fungierten . . . , standen teilnahms-
    los herum (Kirst 08/15, 942); Hübner. . . , der Wert darauf legte, als Verbindungs-
    mann zwischen Killinger und mir weiter zu fungieren (Niekisch, Leben 129); Die
    Beispiele fungieren als beliebige auswechselbare Illustrationen (Adorno, Prismen
    38); Schließlich war auch die Pacht, die von der AG an die als Besitzgesellschaft
    fungierende Muttergesellschaft abgeführt wurde, geringer (Die Welt 5.8.65, 13).
Fungieren wird ohne *als* nur selten gebraucht und bedeutet dann *tätig sein, wirken:*
    Unter den Belastungszeugen fungierte auch Baron von Vansittart (Rothfels, Oppo-
    sition 190 [Anm.]); Bis zur dauerhaften Legalisierung der politisch fungieren-
    den Öffentlichkeit (Fraenkel, Staat 224).

Furunkel/Furunkulose/Karbunkel/Karfunkel

Ein **Furunkel** ist ein Eitergeschwür, eine akut-eitrige Entzündung eines Haarbalgs
und seiner Talgdrüse.
Unter **Furunkulose** versteht man das Auftreten zahlreicher Furunkel zugleich oder
kurz nacheinander.
Unter **Karbunkel** versteht man eine Gruppe mehrerer, dicht beieinander stehender,
ineinanderfließender Furunkel.
In volkstümlicher Sprache wird für *Karbunkel* auch **Karfunkel** gebraucht, doch ist
Karfunkel eigentlich die alte Bezeichnung für einen Edelstein mit rotem Feuer
(Granat, Rubin u.a.).

gangbar/gängig

Gangbar bedeutet *so schaffen, daß man es begehen kann.* Gangbar wird vor allem
in bildlichem Gebrauch verwendet:

Nur durch das Zusammenwirken aller wird der Weg nach vorn für die Betroffenen und für unser Volk gangbar sein (Bundestag 190/1968, 10291).

Gängig bedeutet *allgemein üblich und weit verbreitet:*
> Die gängigsten Modetänze (DM 5/1966, 49); in den gängigen Praktiken der Bundesligavereine (Die Welt 19.5.65, 6).

Man spricht auch von *gängigen Waren,* womit Waren gemeint sind, die viel verkauft werden:
> Modelle, die zunächst nur in einigen gängigen Größen produziert werden (Herren journal 3/1966,16).

Unüblich wird heute der Gebrauch von *gangbar* für gängig wie im folgenden Beleg:
> Das bedeutet, daß sie auf die gerade gangbaren Modeneuheiten verzichten (Dariaux [Übers.], Eleganz 83).

Gasthaus/Gasthof/Gästehaus

Ein **Gasthaus** ist ein *Haus, in dem Fremde gegen Bezahlung essen und trinken können.* Als Synonyme werden Wirtshaus, Lokal, Restaurant u.a. gebraucht. Im Unterschied zu diesen kann man in manchen Gasthäusern jedoch auch übernachten:
> Er geht jeden Abend ins Gasthaus und kommt spät in der Nacht betrunken nach Hause; Majie hatte im kleinsten Gasthaus des Ortes ein Zimmer genommen (Salomon, Boche 113).

Ein **Gasthof** ist ein meist *größeres Gasthaus auf dem Lande mit Zimmervermietung:*
> die Feriengäste aßen immer im Gasthof zum Hirschen.

Ein **Gästehaus** ist ein *Haus, das für die Unterbringung von Gästen vorgesehen ist.*
> Die Regierung eines Landes, größere Unternehmen, Heime usw. verfügen oft über derartige Gästehäuser, in denen sie Besuche, Delegationen usw. unterbringen.

geboren/gebürtig

Geboren bedeutet *von Natur aus für etwas begabt, zu etwas geeignet:*
> Irgendein Herr nannte ihn einen geborenen Kammerdiener (Jahnn, Geschichten 161); Vielleicht bin ich der geborene Zuhörer (Lenz, Brot 90); . . . Ich bin zum Tänzer geboren (K. Mann, Wendepunkt 125); es ist nicht jeder dazu geboren, tragische Situationen durchzustehen (Niekisch, Leben 276); Ich bin nicht geboren für ein solches Leben (Frisch, Cruz 59).

Das Adjektiv *geboren* gibt an, wo jemand auf die Welt gekommen ist und aus welcher Familie er stammt, so vor allem bei verheirateten Frauen. Wer in Berlin lebt und auch dort geboren ist, ist im Unterschied zu den in Berlin lebenden, aber dort nicht geborenen Berlinern ein geborener Berliner. Wer in Berlin geboren ist, aber nicht mehr dort lebt, ist ein gebürtiger Berliner:
> Sie ist eine geborene Batzke; Frau Balzer, geborene Michaels; diese gepriesenen Konditoren. . . waren. . . keine geborenen Berliner (Jacob, Kaffee 192).

Gebürtig bedeutet *geboren in, der Geburt nach [stammend aus],* und zwar in bezug auf Heimatort oder Heimatstaat zur Zeit der Geburt:
> Willy Junghans, gebürtiger Mecklenburger (DM 5/1966, 3); Rosza. . . war aus Ungarn gebürtig (Th. Mann, Krull 138).

Gebürtig und *geboren* werden manchmal verwechselt. Es heißt richtig *geboren in Berlin,* aber *gebürtig aus Berlin:*
> Klaus Malzer, geboren 4.5.1935 in Berlin; ein. . . in Pisa am Arno geborener Mann (Jens, Mann 107). Nicht: Er erzählte mir. . . , daß er ein Maler sei, in der Schweiz gebürtig (K. Mann, Wendepunkt 240).

der Gefallen/das Gefallen/das Wohlgefallen

Der Gefallen bedeutet *Gefälligkeit, Freundschaftsdienst:*
> Euch tu ich keinen Gefallen mehr (Ott, Haie 128); der Tommy tat ihnen in der ganzen Zeit nicht den Gefallen, einzufliegen (Küpper, Simplicius 72).

Das Gefallen bedeutet *persönliche Freude an jemandem oder etwas, was man als angenehm in seiner Wirkung auf sich empfindet:*
> Sie fand einiges Gefallen an dem jungen, damals kaum zwanzig Jahre alten Menschen (R. Walser, Gehülfe 83); Niemals habe ich eitles und grausames Gefallen gefunden an den Schmerzen von Mitmenschen, denen meine Person Wünsche erregte, welche zu erfüllen die Lebensweisheit mir verwehrte (Th. Mann, Krull 239).

Nicht hochsprachlicher Gebrauch von *der Gefallen* statt *das Gefallen* findet sich im folgenden Beleg:

Ich kann keinen Gefallen daran finden, wenn man über eine Frau spricht, die mir so nahesteht wie du (Lederer, Bring mich heim 129).
Das **Wohlgefallen** ist ein höherer Grad von Gefallen, ist die innere Freude an einer Person, deren Aussehen, Verhalten o.ä. Wer oder was Wohlgefallen auslöst, wirkt anziehend, macht auf den Betrachter einen angenehmen Eindruck.
Der Unterschied zwischen *Gefallen* und *Wohlgefallen* wird aus den Anwendungsmöglichkeiten deutlich. Man kann einen hübschen Menschen mit Wohlgefallen betrachten, aber nicht mit Gefallen. Man hat oder findet Gefallen an einem Sport, aber man hat oder findet nicht Wohlgefallen an ihm. Wenn ein junger Mann an einem jungen Mädchen Gefallen findet, dann findet er es nett, hübsch. *Gefallen finden an etwas* bedeutet soviel wie *Geschmack finden an etwas, Vergnügen haben an etwas, auf den Geschmack kommen.*
Jemand kann am Quälen Gefallen haben, aber nicht Wohlgefallen. Wer sein Wohlgefallen an jemandem hat, freut sich beispielsweise über dessen gute Anlagen, gute Taten o.ä. *Das Gefallen* richtet sich stärker auf Äußeres von Personen und Gegenständlichem; *das Wohlgefallen* bezieht sich mehr auf Seelisch-Geistiges und ist also auf Personen gerichtet. *Das Wohlgefallen* bleibt passiv; *das Gefallen* kann sich auch aktiv äußern. Wer nämlich an einem Mädchen sein Wohlgefallen hat, der erfreut sich an ihm und seinem Wesen. Wer an einem Mädchen Gefallen findet, sucht es zu umwerben, bemüht sich um das Mädchen.

gefärbt/farbig/-farbig/-farben/farblich

Das 2. Partizip von *färben*, nämlich **gefärbt**, bezeichnet den durch die Handlung des Färbens bewirkten Zustand. *Gefärbt bedeutet sowohl mit einer bestimmten Farbe versehen, mit einem bestimmten Farbstoff behandelt als auch die Farbe von etwas angenommen habend:*
gefärbtes Haar; gefärbte Ostereier; Fräulein Puck schob die unvollkommen. . . gefärbten Lippen vor (Sebastian, Krankenhaus 19); von Brikettasche gefärbte Lache (Böll, Und sagte 91); ein Keller, der . . . ein Keller der allgemein eingetretenen Muskelstarre, grünlich gefärbter Bauchdecken. . . sein mußte (Plievier, Stalingrad 290).
Im übertragenen Gebrauch bedeutet *gefärbt* soviel wie *eine bestimmte Schattierung aufweisend, eine bestimmte Tendenz zeigend; nicht objektiv-sachlich, sondern mit einer bestimmten Tendenz dargestellt:*
ein gefärbter Bericht über die Finanzlage; . . . sagte er in schweizerisch gefärbtem Deutsch (Th. Mann, Krull 170); Die nach innen gewendete Destruktionssucht entzieht sich ja, wenn sie nicht erotisch gefärbt ist, meist der Wahrnehmung (Freud, Unbehagen 158).
Das Adjektiv **farbig** bezeichnet eine dauernde Eigenschaft und bedeutet einerseits *bunt, mehrere Farben aufweisend* und andererseits *eine andere Farbe als weiß oder schwarz habend* oder auch speziell *keine weiße Hautfarbe habend:*
in einem übertriebenen Abendkleid, farbig wie ein Papagei (Frisch, Stiller 223); die so unwahrscheinlich farbige Dämmerung über Manhattan (Frisch, Stiller 372); Farbfernsehgeräte werden zunächst sehr teuer sein, herkömmliche Geräte sind in der Lage, farbige Sendungen in Schwarzweiß wiederzugeben (Die Welt 26.8. 65, 13); Mitten in der Nacht kam ein farbiger amerikanischer Soldat auf die Polizeiwache (MM. 11.11.65, 4).
Im übertragenen Gebrauch bedeutet *farbig* soviel wie *lebendig, lebhaft in bezug auf die Art der Darstellung oder Ausführung:*
Es knallte sehr bald. . . und die Wehrmachtsberichte wurden farbiger, Siegesmeldungen überschlugen sich (Kuby, Sieg 183).
In Verbindung mit einer bestimmten Farbe oder mit Dingen, die für eine bestimmte Farbe charakteristisch sind, wird **-farbig** in der Bedeutung *die Farbe von . . . habend* gebraucht, z.B. beigefarbig = in der Farbe beige; fleischfarbig = in der Farbe des Fleisches:
ein nagelneuer cremefarbiger Mercedes (Prinzeß-Roman 43, 27).
Produktiver als *-farbig* ist heute jedoch **-farben:**
beigefarben, lachsfarben, fleischfarben; Seilfarbener Regenmantel mit interessantem Kragenschnitt (Herrenjournal 3/1966, 6).
Farblich bedeutet *im Hinblick auf die Farbe, die Farbe betreffend, mit Hilfe von Farbe:*

ein farblich schönes Gemälde; 1963 machte ein Feriengast... den Vorschlag, man möge ihm Farbe und Pinsel geben, dann würde er ... einen Teil der Wege markieren. Vielleicht beherzigen einige Naturfreunde diesen Rat. Voraussetzung für eine farbliche Markierung ist... die Aufstellung einer Orientierungstafel im Ort (Das Volk 7.7.64, 7).

Farblich ist ein Relativ- oder Zugehörigkeitsadjektiv und wird nicht prädikativ gebraucht. Man kann also nicht sagen *das Bild ist farblich*, sondern nur *das Bild ist farbig.*

das Gehalt/der Gehalt/der Inhalt

Das Gehalt ist die regelmäßige und im allgemeinen monatliche Bezahlung, die Beamte oder Angestellte für ihre Arbeit erhalten. Der Plural lautet „die Gehälter":

> Er war dort Prokurist; er hatte ein gutes Gehalt (Nossack, Begegnung 358); Der Gesellschaft gelang es, die Aufwendungen für Löhne und Gehälter ... zu senken (Die Welt 5.8.65,13).

Landschaftlich, z.B. auch im Österreichischen, wird für d a s Gehalt auch d e r Gehalt gesagt:

> Nur der eine Gedanke flackerte ihm wie ein Irrlicht vor dem Bewußtsein: Er hatt seinen Gehalt noch nicht und gestattete sich — solche Torheiten (Walser, Gehülfe 148).

Der Gehalt ist der Anteil eines bestimmten Stoffes in einer Mischung:

> der Gehalt an Sauerstoff wird herabgesetzt, wenn sich faulende Stoffe im Wasser befinden.

Auch im übertragenen Bereich wird „der Gehalt" gebraucht, und zwar in bezug auf Geistiges. Der Gehalt ist dann der wesentliche Gedankeninhalt, der eigentliche und innere Wert von etwas, unabhängig von der äußeren Gestalt und vom Aussehen. Der Plural lautet „die Gehalte":

> Mußte sie nicht durch Fragestellungen ohne jeden sittlichen Gehalt, wie es die nach der Natur Christi sind, verflacht werden? (Thieß, Reich 335); Jegliche romantische Vorstellung damit zu verbinden, würde den Gehalt dieses Pilgerlebens verschieben und verfälschen (Nigg, Wiederkehr 106); Dennoch bedürfen sie (die Grundrechte), deren wichtigste Gehalte zumeist nur in Generalklauseln lapidar formuliert sind, der näheren Ausgestaltung durch Gesetz (Fraenkel, Staat 127).

Der Inhalt ist das, was in einem Gefäß, Behälter o.ä. räumlich enthalten ist, was sich darin befindet:

> Er knöpfte seine linke Tasche auf, suchte ein Pergamenttütchen heraus und schüttete den Inhalt vorsichtig in seine Hand (Böll, Adam 69); Eine Flasche kippte um, deren Inhalt ergoß sich über den Tisch (Kirst 08/15, 764); Sie hatte wirklich nur die Schulmappe bei sich, deren spärlichen Inhalt sie mir vorwies (Hartung, Piroschka 93).

Auch im übertragenen Bereich wird *Inhalt* in bezug auf Geistiges gebraucht, worunter das verstanden wird, was der Sache, dem Stoffe nach, z.B. in einer Rede, einer Schrif einem Buch, enthalten ist:

> Er (der Brief) kam aus München, sein Inhalt war dunkel (Feuchtwanger, Erfolg 653); Es erschien ihm gewiß, daß ihm etwas Schreckliches bevorstehe. Diese Angs hatte keinen vernünftigen Inhalt (Musil, Mann 613); Kleinere Zeitungen hatten sich... darauf beschränkt, den Inahlt des Buches zu skizzieren (Sebastian, Krankenhaus 165); Sie spürte, daß es für ihn nur einen kleinen Flirt bedeutete, was für sie in einer Woche der einzige Inhalt ihres Daseins geworden war (Baum, Paris 59); Alle diese altmodischen kleinen Gesänge hatten Liebe, Leid... zum Inhalt (Musil, Mann 21).

In den eben genannten Belegstellen ließe sich auf Grund des Kontextes für *Inhalt* nicht Gehalt einsetzen wie im folgenden Beleg für Gehalt nicht Inhalt gewählt werden kann, denn es gibt nur die Verbindung *Gehalt an* n i c h t : *Inhalt an:*

> Es war mir nicht möglich, diese Erlebnisse, von denen Hallers Manuskript erzählt, auf ihren Gehalt an Realität nachzuprüfen (Hesse, Steppenwolf 28).

Im übertragenen Bereich lassen sich *Inhalt* und *Gehalt* zwar oft miteinander austauschen, doch ändert sich jeweils die Aussage entsprechend. Wenn man vom *Inhalt* eines Buches spricht, dann meint man das Thema, die Handlung usw. Wenn man vom *Gehalt* eines Buches spricht, meint man den geistigen, den gedanklichen Wert des Buches. Den *Inhalt* eines Romans kann man erzählen, wie man den Inhalt eines

Gefäßes nennen kann. Den *Gehalt* eines Romans kann man nicht erzählen; man kann ihn feststellen, bestimmen. In den folgenden Belegen ließen sich zwar beide Substantive miteinander austauschen, es wäre jedoch damit eine entsprechende inhaltliche Veränderung verbunden, da sich Inhalt von Gehalt insofern unterscheidet, als Inhalt immer mit der Vorstellung verbunden ist, daß er von etwas umgeben, umschlossen ist, was für Gehalt in der Weise nicht zutrifft:

> Der Inhalt des Volksbegehrens ist zwar in zähen Verhandlungen mit der Regierung inzwischen verwässert worden... (National-Zeitung 30.9.68); Bei solcher Einstellung erschien es unendlich viel wichtiger, sich des elementaren Inhalts politischen Lebens... anzunehmen (Rothfels, Opposition 113); Sie hätten es mitangesehen ..., wie das Prinzip der allgemeinen Wehrpflicht seines inhaltlichen Inhalts beraubt ... wurde (Rothfels, Opposition 95); Dann haben sie jederzeit ein schönes Beispiel vor Augen, wie ein Pullover nicht nur einen oberflächlichen Inhalt, sondern einen tiefen Gehalt umhüllt (Bamm, Weltlaterne 54); Planmäßigkeit der gesamten Wirtschaft ist demgegenüber eine alte Arbeiterforderung; sie ist der wesentliche Gehalt des Sozialismus (Niekisch, Leben 223).

Im folgenden Beleg hätte man in der Verbindung mit dem Adjektiv *tief* statt *Inhalt* besser *Gehalt* gewählt:

> als Genosse, der die Beschlüsse des Zentralkomitees in ihrem tiefen Inhalt verwirklichen wollte (ND 11.6.64,3).

Geisel/Geißel

Unter einer **Geisel** versteht man einen Menschen, den man gefangenhält, um für seine Freilassung die Erfüllung bestimmter Forderungen zu erreichen:

> Gib all die Geiseln los, ehe es zu spät ist (Reinig, Schiffe 62); Ich war mir sofort klar, ... daß der Kaiser nur aus Furcht vor meinem Verbleiben in Paris mich als Geisel in der Hand haben wollte, indem er mich zu sich berief (St. Zweig, Fouché 167).

Eine **Geißel** ist eine Peitsche mit mehreren Riemen, die früher zur Züchtigung benutzt wurde:

> Denn jetzt waren sie (die Gefühle) mit Wollust untermischt, als schwänge er eine Geißel in der Faust, den Erdball zu züchtigen (Musil, Mann 1079).

Heute wird dieses Wort vor allem übertragen gebraucht, wenn man die Existenz oder das Wirken einer Person oder einer Sache als harte Strafe und wie eine Züchtigung empfindet:

> die furchtbarste Geißel der Menschheit, die Geschlechtskrankheiten (Lynen, Kentaurenfährte 299); Hat der europäische Mensch nicht seine Mission recht oft verleugnet und vergessen? Er, der als Künder der Freiheit und der Karitas hätte kommen sollen, machte sich zur Geißel fremder Rassen (K. Mann, Wendepunkt 184).

In der Bedeutung *Peitsche* wird das Wort heute noch im Süden des deutschen Sprachraums gebraucht:

> Der liebe Knabe vergnügte sich damit, das Wasser, das in einer Pfütze stand, mit einer Geißel aufzupeitschen (Fussenegger, Haus 229); ... als die Mutter im Heumonat ihm mit der Geißel drohte im Vorübergehen (Andres, Die Vermummten 12).

In der Biologie versteht man unter *Geißel* ein fadenförmiges Organ, mit dem sich Bakterien fortbewegen:

> ... daß Bakterien sich aktiv fortbewegen können. Sie vermögen dies mit Hilfe von Geißeln, sehr feinen, nur mit besonderen Methoden darstellbaren Fäden von Eiweißcharakter (Fischer, Medizin II 125).

Geisteswelt/Geisterwelt

Die **Geisteswelt** ist das Reich der Gedanken, des Geistes.

Die **Geisterwelt** ist die Welt der Gespenster, der [abgeschiedenen] Geister.

geistig/geistlich

Geistig bedeutet *den Geist, das Denkvermögen, die Verstandeskräfte des Menschen betreffend, für den Geist bestimmt und ihm angemessen:*

> geistige und körperliche Arbeit; geistige und leibliche Genüsse; die Bevölkerung, ihre geistige und materielle Notlage (Fraenkel, Staat 354); angesichts der gegenwärtigen geistigen und politischen Situation in Deutschland (Dönhoff, Ära 7); Gerade mit Frankreich fühlten sich viele Vertreter der Intelligenz noch geistig verbunden (Leonhard, Revolution 66).

Außerdem bedeutet *geistig* auch *sich mit den Dingen des Geistes beschäftigend, Verstand habend:*

Es gibt nur eine Sorte Menschen, die der Zeitungsverleger nicht fürchtet: das sind die geistigen Menschen. Die können protestieren, das macht nichts (Tucholsky, Werke II 229).

Mit *geistigen Getränken* sind *alkoholische Getränke* gemeint.

Geistlich bedeutet *die Religion, die Kirche betreffend, zu ihr gehörend:*

geistliche und weltliche Lieder; der geistliche Herr (=Pfarrer); Es hatte mit dem Tode eine fromme, sinnige und traurig schöne, das heißt geistliche Bewandtnis (Th. Mann, Zauberberg 43).

gelehrt/gelehrig/gelernt

Wer **gelehrt** ist, besitzt gründliche wissenschaftliche Bildung:

ein gelehrter Mann.

Das Adjektiv **gelehrig** besagt nicht, daß jemand leicht lernt oder besonders lernwillig ist, sondern daß er sehr schnell die Gewohnheiten, Praktiken o.ä. eines anderen annimmt oder sich rasch einer besonderen Lage anpaßt. Oft handelt es sich dabei um schlechte Gewohnheiten, die der Betreffende annimmt und nachahmt:

Kania war ein gelehriger Schüler Bruhns (Fallada, Blechnapf 297); Aus der ungewöhnlichen Situation heraus, in der es sich befand, spürte das Kind gelehrig die Gefahr und verhielt sich still (Apitz, Wölfe 252).

Gelernt bedeutet *umfassend für ein Handwerk o.ä. ausgebildet:*

er ist ein gelernter Mechaniker/ein gelernter Tischler.

gemeinsam/gemeinschaftlich

Das Adjektiv **gemeinsam** drückt aus, daß zwei oder mehrere etwas in gleicher Weise tun oder haben, wobei ein gleicher zeitlicher Bezugspunkt gegeben ist. Es wird auf die Übereinstimmung in bestimmten Dingen hingewiesen.

Wenn zwei oder mehrere Personen zur gleichen Zeit dasselbe tun, sich zusammen an etwas beteiligen oder wenn ihnen das gleiche zuteil wird, wenn sie von dem gleichen betroffen werden, dann tun sie es *gemeinsam,* bzw. dann sind sie durch das gleiche miteinander verbunden. Auch wenn zwei oder mehrere Personen in gleicher Weise an etwas Anteil haben, dann haben sie es *gemeinsam.* Das können sowohl konkrete Dinge sein als auch abstrakte, wie z.B. Ziele:

Während des Trainings waren sie jetzt oft zusammen; Dohrn aß mit Bert, gemeinsam absolvierten sie ihre Waldläufe (Lenz, Brot 130); wir wollten gemeinsam in diese Ausstellung (Lenz, Brot 122); Es geht... um eine gemeinsame Außenpolitik (Augstein, Spiegelungen 42); gemeinsame Ferien (Frisch, Gantenbein 371); ... daß sämtliche Anwesende durch ein Ereignis gemeinsam betroffen werden (Hofstätter, Gruppendynamik 22); auch der Schulweg... sowie die nähere Umgebung des Stadtrandes... gehörten zum eigenen gemeinsam (Küpper, Simplicius 5); Am Donnerstag... habe er... seinen Schwager Gouffé zusammen mit einer gemeinsamen Bekannten... beim Apéritif sitzen sehen (Maass, Gouffé 16); ... bis einmal jeder im gleichen Maß ein Hüter sein wird aller gemeinsamen Güter (Weiss, Marat 132); Eine gemeinsame Vergangenheit ist keine Kleinigkeit (Frisch, Stiller 484); Als wirksam erwiesen sich vier Situationen: a) der gemeinsame Gegner ... b) die gemeinsame Not... c) der gemeinsame Vorteil... d) die gemeinsame Freude (Hofstätter, Gruppendynamik 97).

Wenn man sagt, daß jemand oder etwas mit jemandem oder mit einer Sache etwas *gemeinsam* hat, oder wenn man sagt, daß mehreren etwas *gemeinsam* ist, dann heißt das, daß die in Beziehung gesetzten Personen oder Dinge in etwas Bestimmtem übereinstimmen:

Die Hetäre der Vergnügungslokale und die Marquise von Pompadour hätten nichts miteinander gemeinsam? Alle ... haben das gemeinsam, daß. .. (Jacob, Kaffee 130); ein Gesöff. .., das mit Kaffee nur die Farbe gemeinsam hatte (Sebastian, Krankenhaus 164); Hier unterscheiden sich die Amateure nicht von den Berufsköchen, der großzügige Umgang mit dem Geschirr... ist ihnen allen gemeinsam (Herrenjournal 3/1966, 189).

Während man beim Gebrauch des Adjektivs *gemeinsam* zwei oder mehrere Personen nur zusammen betrachtet und in Beziehung setzt, ohne daß sie als Einheit aufgefaßt werden und ohne daß sie zusammengehören müssen, setzt das vom Substantiv *Gemeinschaft* abgeleitete **gemeinschaftlich** eine tatsächliche, wenn auch u.U. nur vorübergehend hergestellte Einheit, eine organische Zusammengehörigkeit voraus. "Gemeinsam" bedeutet *dem einen wie dem andern zukommend, zugehörend;* „gemeinschaftlich" besagt, daß mehrere in Beziehung auf etwas vereinigt sind. Das heißt also auch, daß mehrere Personen als Gruppe zusammen in gleicher Weise zum gleichen Zweck etwas tun. *Gemeinschaftlich* betont den Mitbesitz oder die Teilhabe am Tun anderer; es besagt, daß sich etwas in Gemeinschaft, im Verein mit anderen vollzieht. „Wir haben das gemeinsam gemacht" besagt, daß wir alle daran gearbeitet haben, daß jeder einen Teil dazu beigetragen hat. „Wir haben das gemeinschaftlich gemacht" bedeutet, daß wir uns als Gemeinschaft der Sache angenommen und sie erledigt haben. Oft berühren sich die Inhalte der beiden Wörter *gemeinsam* und *gemeinschaftlich,* wie die folgenden Belege zeigen.

Dieses. . . Proletariat. . . konnte jedoch erst dann zum Träger einer Arbeiterbewegung werden, als. . . die gemeinschaftliche Vertretung der Interessen gegenüber dem Arbeitgeber. . . als notwendig erkannt worden war (Fraenkel, Staat 25); Sie sieht ihre Aufgabe darin, gemeinschaftliche sozialpolitische Belange wahrzunehmen (Fraenkel, Staat 275).

In solchen Fällen könnten die Adjektive zwar gegeneinander ausgetauscht werden, doch decken sich ihre Inhalte nicht ganz. Ihre Unterschiede und Nuancen werden im folgenden Zitat bewußt betont:

Eines Tages würden sie beide gemeinsam sterben müssen, aber das Sterben würde leichter gemacht dadurch, daß es gemeinschaftlich geschah (Fallada, Jeder 335).

In den beiden folgenden Belegen könnte statt *gemeinsam* auch *gemeinschaftlich* stehen, doch hieße es dann nicht, daß die Kasse ihnen allen in gleicher Weise gehörte, daß sie für alle da wäre, sondern es hieße darüber hinaus, daß die Kasse ihnen als Gemeinschaft gehörte:

. . . was aber Giovanni mit kommerziellem Scharfsinn für die gemeinsame Kasse auszubeuten wußte (Thieß, Legende 25); werft den Erlös in einen gemeinsamen Pott (Weiss, Marat 107).

genial/genialisch/genital

Wenn man einen Menschen oder etwas als **genial** bezeichnet, will man ihn als überragend in seinen geistigen und schöpferischen Leistungen charakterisieren bzw. das, was es geschaffen hat oder was von ihm ausgeht, als von einem Genie stammend, als bahnbrechend und großartig kennzeichnen:

Ein Genie kann wohl schizophrene Züge haben, doch ein Schizophrener kann nicht im Nebenberuf ein genialer Dichter sein (Thieß, Frühling 161); die genialen Erfindungen der großen Ärzte (Borchert, Draußen 128); ein . . . genialer Einfall (Kirst 08/15, 625); die geistige Gestalt Lenins wurde in ihren großen Ausmaßen und Umrissen genial aufgezeigt (Niekisch, Leben 193); Dabei fällt mir ein, daß es ein Österreicher war, der diesen genial einfachen Informationsdienst erfunden hat (Menzel, Herren 24).

Aus dem heute selten gebrauchten Adjektiv **genialisch** war im 18./19. Jh. das Wort *genial* hervorgegangen, womit eine Differenzierung der beiden Wörter einherging. *Genialisch,* das früher die Bedeutung von *genial* mit vertreten hatte, wird heute beschränkt auf die Bedeutung *nach Art eines Genies, in Art und Leistung über das Normale, den Durchschnitt hinausgehend:*

ich hielt wenig von der Dämonie des schöpferischen Menschen, wenig von seelischem Abgrund. . . und genialischer Gebärde (Jens, Mann 73); Alle erwarteten von ihm, daß er einmal in ganz genialischer Form verkomme . . . würde (Augustin, Kopf 45); der so jung aus dem Leben geschiedene genialische Vertreter der Gruppe (Die Welt 25.1.66,7); Von diesem genialischen Charakter elementarer Poesie hat der „Siegwart" nichts (Greiner, Trivialroman 51).

Was *genialisch* ist, tendiert also zum Genialen hin, ohne selbst schon genial zu sein. Mit dem Adjektiv *genial* kann man Anerkennung und Bewunderung mit bewußter, emotional geladener Wertung ausdrücken; das Adjektiv *genialisch* dagegen ist beschreibend, zuordnend, drückt oft Skepsis aus, so daß man zwar bewundernd von einem genialen, aber nicht von einem genialischen Erfinder spricht. In der eben genannten Weise unterscheidet sich auch eine geniale (= großartige) Nachahmung von einer genialischen; → sensibel/sentimental/sentimentalisch.

Genital bedeutet *zu den Geschlechtsorganen gehörend, von ihnen ausgehend;* → kongenial/kongenital.

genießerisch/genüßlich/genußvoll/genußreich/genußsüchtig

Jemand, der möglichst intensiv auskostet, was ihm Genuß bereitet, wer sich dem Genuß ganz hingibt und wer voller Behagen genießt, tut es **genießerisch**, wie ein Genießer mit angenehmen körperlichen Empfindungen:

Jeden Sonntagnachmittag verbringt er dort mit einer Thermosflasche Kaffee ... und einem Paket Streuselkuchen genießerische Stunden (Remarque, Obelisk 214); Rudolf lehnte sich genießerisch zurück (Hildesheimer, Legenden 55); Er... machte als geübter Erzähler genießerisch eine Pause (Broch, Versucher 65); ein jüdischer Baron... betatschte genießerisch ihre Schultern (Remarque, Triomphe 355).

Wer nicht sinnlich-naiv und mit rein körperlichem Behagen genießt, sondern bewußt mit geistig-seelischer Freude, auch mit gewisser Raffinesse den Genuß des Genießens auskostet, tut es **genüßlich**:

der Prozeß des Malens als ein „aktives" Tun, nicht als genüßliches Spiel des Künstlers (FAZ 15.11.61,24); ... weil die Erinnerungen der beiden an seinen ersten Abend mit der D. ihn mit einem genüßlichen Gefühl der Schwere ausstatteten (Johnson, Ansichten 91); Mehrmals und genüßlich wiederholt Felsner eine bestimmte... Passage (Grass, Hundejahre 215); er vollführte die Entkleidung ohne jede Eile, fast genüßlich (Dorpat, Ellenbogenspiele 34).

Genußvoll hat in der Bedeutung Ähnlichkeit mit *genießerisch,* doch ist die inhaltliche Aussage ein wenig nuanciert. In *genießerisch* (= wie ein Genießer) klingt das zugrunde liegende Substantiv Genießer deutlich an, während *genußvoll* (= mit Genuß) auf den Genuß hindeutet:

Der Major blätterte noch einmal die Meldungen durch, wobei er sein Kinn genußvoll schabte (Kirst 08/15, 272); „Ich bestehe auf meiner Strafe", erklärte er genußvoll (Kirst 08/15, 506); Genußvoll stieß er die erste Rauchwolke aus (Kirst 08/15, 713); Wilke wirft mir einen wilden Blick zu ... und scharrt genußvoll in seinem Kistchen, ohne es mir anzubieten (Remarque, Obelisk 116).

Genußreich (= Genuß bietend) wird von etwas gesagt, *was großen und mit innerer Freude verbundenen Genuß bietet,* so daß man sagen kann, ein Konzert war *genußreich,* nicht aber *genießerisch* oder *genußvoll:*

Über die angenehme Mahlzeit hinaus sah ich einem genußreichen Abend entgegen (Th. Mann, Krull 267); eine Darbietung... müsse auch mir erträglich, wenn nicht genußreich sein (Th. Mann, Krull 426).

Wer Genuß sucht, wer sehr oder gar unmäßig nach Genüssen verlangt und ihnen ergeben ist, wird **genußsüchtig** genannt:

Der Advokat führte seinen Vermouth an den Mund und betrachtete dabei, genußsüchtig blinzelnd, die geschlagene Miene seines Gegners (H. Mann, Stadt 62).

gering/geringfügig

Gering bedeutet **1.** *nicht hoch [eingeschätzt, angesehen], nicht von großem Wert, nicht viel geltend, niedrig:*

Ich bin entsprossen aus einem geringen Geschlecht (Nigg, Wiederkehr 32); gemäß seines geringen Dienstgrades (Apitz, Wölfe 244); hier ist sandiger, geringer Boden (Waggerl, Brot 109).

2. *wenig* in bezug auf Umfang, Ausdehnung oder Gewicht; *klein:*

unsere Vorräte sind außerordentlich gering (Plievier, Stalingrad 36); gegen geringen Zins Folcherts... Schuppen zu mieten (Grass, Hundejahre 50); daß Sie in keinem Brief auch nur die geringste Andeutung machen dürfen (Leonhard, Revolution 154); Sie zeigten geringe Lust, ihre Hände in die Sache zu stecken (Niekisch, Leben 38); Zur Erschöpfung führen... Gewaltleistungen, zu schnelles Tempo bei schlechter körperlicher Verfassung oder geringem Training (Eidenschink, Bergsteigen 129); Die Freunde folgten mit geringem Abstand (Eidenschink, Bergsteigen 92); Der Ertrag war aber so gering (Jacob, Kaffe 59).

Mit der letztgenannten Bedeutung von *gering* konkurriert das Adjektiv **geringfügig.** Was *geringfügig* ist, ist unbedeutend, nicht ins Gewicht fallend:

Eine ... lächerlich geringfügige Verletzung (Böll, Adam 24); die „grausame" Behandlung .... die sie als Wärterin nur durch geringfügige Kleinigkeiten zu mildern imstande gewesen wäre (Maas, Gouffé 271); obwohl er dort nur geringfügigen Besitz hatte (Benrath, Konstanze 158); selbst die geringfügigste politische Äußerung (Leonhard, Revolution 77); mit Normalbenzin wäre der Verbrauch geringfügig höher gewesen (Auto 8/1965, 24); indem er... die Kirche

116

... finanziell nur noch geringfügig unterstützen wollte (Hochhuth, Stellvertreter 245).

Das Adjektiv *geringfügig* kann in bezug auf einen Schaden, Verlust oder auf zwangsläufig entstehende Ausgaben angewendet werden. *Geringfügig* bezieht sich auf etwas, worauf man selbst keinen Einfluß hat. Verletzungen, die jemand erlitten hat, können geringfügig sein. Man kann sich vornehmen, die Unkosten für etwas gering, nicht aber geringfügig zu halten. Dagegen kann man sagen „Ihnen werden nur geringe/geringfügige Ausgaben entstehen." Wenn man von *geringen* Kosten spricht, dann will man sagen, daß die Kosten nicht hoch, nur niedrig sind. Wenn man von *geringfügigen Kosten* spricht, dann heißt es, daß die Kosten, die entstehen werden oder entstanden sind, unerheblich, unbedeutend, kaum der Rede wert, kaum von Belang sind. Was als *geringfügig* bezeichnet wird, hat sich auf Grund von etwas ergeben oder ist unabsichtlich geschehen. Im Unterschied zu *gering* spiegelt *geringfügig* das persönliche Urteil des Sprechers (Schreibers) wider.

Wenn man von *geringen* Änderungen oder von einer *geringen* Preisdifferenz spricht, dann handelt es sich um kleine Änderungen oder um eine kleine Preisdifferenz. Spricht man von *geringfügigen* Änderungen oder von einer *geringfügigen* Preisdifferenz, dann werden diese kleinen Änderungen und diese kleine Preisdifferenz überhaupt als kaum erwähnenswert hingestellt. Dieser Unterschied wird im folgenden Beispiel deutlich, wo *geringfügig* nicht einsetzbar ist:

Schon bei dem geringsten Verdacht sollte er die Polizei verständigen.

Gerümpel/Geröll

Wertloser alter Hausrat, unbrauchbar gewordene Geräte werden als **Gerümpel** bezeichnet:

Rostiges Gerümpel lag vor der Tür (Sebastian, Krankenhaus 37); Ich sollte das Gerümpel auf dem Dachboden mit einigen anderen aufräumen (Nossack, Begegnung 279).

Mit **Geröll** bezeichnet man die an Berghalden und Flußläufen „angerollten" größeren und kleineren Felsbrocken und Steine, meist abgebrochenes Felsgestein:

Der Anstieg im Geröll ist mühsam (Eidenschink, Bergsteigen 34); Das Geröll besteht aus Schiefer (Jahnn, Geschichten 64).

geschäftig/geschäftlich

Wer sich auffallend eifrig betätigt, vielbeschäftigt ist oder sich mit viel sichtbarer Bewegung tätig zeigt, sich eilfertig einer Aufgabe annimmt, der oder dessen Tun ist **geschäftig**:

Ist dies das geschäftige, quirlende Rom des Lichts..., so gibt es auch ... das dunkle Rom (Koeppen, Rußland 179); er schleppt bienenhaft mit unzähligen winzigen Maschen, einem geschäftigen Hin und Her, tausend... Beobachtungen zusammen (St. Zweig, Fouché 132); ... trieben geschäftige Dolmetscher ihre kleinen Herden zusammen, heute waren es Lehrerinnen aus Skandinavien (Koeppen, Rußland 93); Die Kellner schoben sich geschäftig durch den langgestreckten Raum (Kirst 08/15, 345).

Nicht selten enthält dieses Adjektiv eine leichte Kritik, indem es ironisch andeutet, daß die geschäftig ausgeführte Tätigkeit eigentlich nicht gar so eifrig betrieben werden müßte.

Das Adjektiv **geschäftlich** bedeutet *die Geschäfte, Geschäftsinteressen oder Angelegenheiten eines [gewerblichen] Unternehmens betreffend* und steht in Opposition zum Adjektiv *privat*. Wenn man sich *geschäftlich,* also mit bestimmten Aufgaben betraut, im Auftrag oder Dienst eines Betriebes o.ä. irgendwo aufhält, ist man *nicht als Privatmann* dort:

Ich muß geschäftlich sehr oft nach Paris (Baum, Paris 153); Juan ist meistens geschäftlich unterwegs (Roehler, Würde 165); die Rakitsch erklärte ihr, was sie geschäftlich zu tun habe, leichte Büroarbeit (Gaiser, Schlußball 45); Der Meister ... trank zwei Biere hintereinander und entschuldigte sich mit geschäftlichen Aufregungen (Strittmatter, Wundertäter 139).

Geschichtsbuch/Geschichtenbuch

Ein **Geschichtsbuch** ist ein Lehrbuch für Geschichte.
Ein **Geschichtenbuch** ist ein Buch, das Geschichten, Erzählungen enthält.

geschlechtlich/-geschlechtig

Geschlechtlich bedeutet **1.** *sich auf die sexuelle Liebe, die Sexualität beziehend:*
mit jemandem geschlechtlich verkehren; So gehört das reine Genußmittel von
vornherein ebenso zu den Wesenseigentümlichkeiten des Menschen wie die Verfolgung der bloßen geschlechtlichen Lust um ihrer selbst willen (Schelsky, Sexualität 14); die Emanzipation der Frau, durch die sie sich. . . endlich ihre geschlechtliche Freiheit. ... erobert hätte (Bodamer, Mann 113); Die Entwicklung der eigentlichen Wirbeltiere dagegen beruht ausschließlich auf der geschlechtlichen Fortpflanzung (Fischer, Medizin II 37).
2. *das männliche oder weibliche Geschlecht betreffend:*
die geschlechtlichen Verschiedenheiten; die geschlechtliche Entwicklung; Vielleicht lag der Beweis für Vivaldos Liebe in der Tatsache, daß er an Cass nie geschlechtlich gedacht hatte, nie als an eine Frau, sondern als an eine Dame und Richards Gattin (Baldwin [Übers.] , Welt 319); Die Voraussetzung für eine normgerechte Sexualentwicklung sind geschlechtlich polarisierte, männliche und weibliche Kontakte bietende Sozialstrukturen (Schelsky, Sexualität 79).
-geschlechtig kommt nicht als selbständiges Wort vor. Es bedeutet. . . *Geschlecht habend,* z.B. beidgeschlechtig, eingeschlechtig. *Doppelgeschlechtig* wird z.B. ein Individuum genannt, bei dem Geschlechtsorgane bzw. Geschlechtsmerkmale beider Geschlechter vorhanden sind. Zwitter sind doppelgeschlechtig, d.h., sie haben doppeltes Geschlecht, vereinen beide Geschlechter in sich.
Wer dagegen einen sowohl auf männliche als auch auf weibliche Partner gleichermaßen gerichteten Geschlechtstrieb hat, wer also bisexuell im psychischen, nicht im physischen Sinne ist, empfindet zwei- oder doppelgeschlechtlich. Es besteht verschiedentlich Unsicherheit bei derartigen Bildungen. Bisexuell wird daher sowohl mit *doppelgeschlechtig* als auch mit *zweigeschlechtlich* wiedergegeben. Der Gebrauch von *-geschlechtig* ist nur dann richtig, wenn das betreffende Individuum tatsächlich beiderlei Geschlechtsmerkmale in sich vereinigt. Soll bisexuell jedoch nur besagen, daß sich der Sexualtrieb eines Individuums auf beide Geschlechter richtet, dann ist die Bezeichnung zweigeschlechtlich korrekt. Wenn sich der Geschlechtstrieb auf Partner des gleichen Geschlechts richtet, dann handelt es sich um *gleichgeschlechtliche* Liebe bzw. um einen gleichgeschlechtlichen Partner. Ein Irrtum ist es zu glauben, daß es gleichgeschlechtiger Partner heißen müßte, weil der Partner das gleiche Geschlecht hat. ,,Die Substantive, die in solchen Zusammenbildungen auftreten sind durchweg Teilbegriffe, die ein Ganzes voraussetzen, zu dem sie gehören" (Brinkmann 123). Die -ig-Bildungen dieser Art setzen also voraus, daß das Individuum oder der Gegenstand das im substantivischen Teil der Zusammenbildungen Genannte in sich selbst vereinigt. Ein großblumiges Kleid ist beispielsweise ein Kleid mit großen Blumen; ein kurzbeiniger Dackel ist ein Dackel mit kurzen Beinen, er hat kurze Beine; ein gleichschenkliges Dreieck ist ein Dreieck mit gleichen Schenkeln, es hat gleiche Schenkel.
Von dieser Gruppe unbedingt zu trennen sind die Formen vorübergehender gleichgeschlechtlicher Kontakte, wie sie in der Pubertät. . . zu beobachten sind (Studium Generale 5/1966, 306); zehn Prozent waren mehr oder weniger gleichgeschlechtlich veranlagt (Die Zeit 3.4.64, 41); aber der Vogel kann im Pfleger einen zu vertreibenden gleichgeschlechtlichen Artgenossen sehen (Lorenz, Verhalten I 79).
Ungeschlechtige Lebewesen sind Lebewesen ohne Geschlecht; eine *ungeschlechtliche* Fortpflanzung ist eine Fortpflanzung ohne geschlechtliche Befruchtung. Entsprechend den oben dargelegten Unterschieden bestehen nebeneinander eingeschlechtig/eingeschlechtlich, doppelgeschlechtig/doppelgeschlechtlich, aber nur: gleichgeschlechtlich, andersgeschlechtlich.

gesinnt/gesonnen

Die beiden Partizipialformen werden oft verwechselt. **Gesinnt** leitet sich unmittelbar von *Sinn* her (ist n i c h t 2. Partizip von *sinnen*) und bedeutet *eine bestimmte Gesinnung oder Sinnesart habend.* Es steht in Verbindung mit einer Artangabe:
Die Vorsehung, welche mir so oft schon bitterfeindlich und so oft schon freundlich gesinnt war (Benrath, Konstanze 68); ein menschenfreundlich gesinnter Kriegsgegner (Hesse, Steppenwolf 235); da man damals. . . der Scheidung nicht günstig gesinnt war (Musil, Mann 935).
Gesonnen wird nur in der Verbindung mit *sein* gebraucht und bedeutet *willens, ge-*

willt, entschlossen sein, etwas zu tun:
> Man könnte bei ihm anfragen, ob er gesonnen sei, mich als Pensionär bei sich aufzunehmen (K. Mann, Wendepunkt 126).

Nicht selten wird fälschlicherweise *gesonnen* statt *gesinnt* (aber kaum umgekehrt!) gebraucht, z.B.:
> Dennoch hatte es, vor dem Paulskirchenparlament und dem Vormärz, einen freiheitlich gesonnenen Republikanismus gegeben (Börsenblatt 85/1968, 6191);
> . . . Gummireisender von Beruf und außerordentlich offizierlich gesonnen (A. Zweig, Grischa 504); Er (der Staat) muß seine Herrschaft insgesamt mit Lohnabhängigen aufrechterhalten, und diese. . . sind nicht nur von Natur aus, sondern nur durch intensive ideologische Erziehung bourgeois gesonnen, sind vielmehr natürliche potentielle Verbündete der Arbeiterklasse (Diskussion Deutsch 7/1972, 97); → bewegt/bewogen.

gewaltig/gewaltsam/gewalttätig

Gewaltig bedeutet **1.** *große Gewalt, Macht habend; mächtig stark:*
> Aber noch immer zögern sie, den gewaltigsten Mann Frankreichs anzugreifen, ihn, den Mächtigen, der alle Mächte in seinen Händen hat (St. Zweig, Fouché 67); Das Gegengewicht dazu sind die Gewerkschaften und ihre politischen Nebenorganisationen mit den beiden gewaltigen Dachverbänden (Fraenkel, Staat 271); Die Angst. . . und der Neid sind die gewaltigsten Triebkräfte der Welt (Benrath, Konstanze 73); . . . daß eine so gewaltige Idee wie die Vereinigung Europas nur unter Blut und Qualen . . . verwirklicht werden kann (Hochhuth, Stellvertreter 93).

Gewaltig bedeutet **2.** *von überraschend großen, mächtigen Ausmaßen, durch seine Größe beeindruckend:*
> Meyers Lexikon, das bei Andreas im Wohnzimmer gewaltig im Schrank stand (Küpper, Simplicius 46); Lohese saß hinter einem gewaltigen Schreibtisch (Sebastian, Krankenhaus 9).

Gewaltig wird **3.** auch verstärkend in der Bedeutung *sehr [groß]* gebraucht:
> ich . . . nehme einen gewaltigen Zug Kornschnaps (Remarque, Obelisk 143); Er reist in einem gewaltigen amerikanischen Auto (Koeppen, Rußland 25); Die soziale Ordnung der Städte . . . stellt nämlich einen gewaltigen Fortschritt . . . dar (Thieß, Reich 455); Sie haben . . . einen gewaltigen bürokratischen Organisations- und Machtapparat (Fraenkel, Staat 274); Wenn der neue Bundesfinanzminister Strauß glaubt. . . , dann irrt er sich ganz gewaltig (Der Spiegel 3/1967,5).

Wenn etwas nur unter Anwendung physischer Kraft bewerkstelligt oder herbeigeführt werden kann, wenn zur Überwindung eines Widerstandes Gewalt, also überlegene Kräfte aufgeboten werden, dann wird es auf **gewaltsame** Weise getan:
> Man unterscheidet zwischen gewaltsamer und friedlicher Herrschaftsbestellung (Fraenkel, Staat 355); Wie die Revolution . . . bezweckt auch der Staatsstreich, durch einen gewaltsamen Akt die bestehende staatliche Herrschaftsgewalt zugunsten einer anderen zu beseitigen (Fraenkel, Staat 323); Ihre politische Aufgabe ist Schutz des Staates gegen die Gefahr gewaltsamer Zerstörung (Fraenkel, Staat 366); eine Folge der gewaltsamen Einigung Deutschlands (Fraenkel, Staat 194); Gerda Oed. . . . legte. . . wenige Tage vor ihrem gewaltsamen Tod ein Examen ab (MM 28.5.66, 11).

Gewaltsam kann auch soviel bedeuten wie *Gewalt einschließend, betonend, ausdrückend:*
> Musik und Marschtakt werden immer gewaltsamer (Weiss, Marat 135); . . . müssen wir bedenken, . . . daß in seinen gewaltsamen Umsturztheorien vieles noch unausgegoren war (Weiss, Marat [Nachwort] 143).

Gewaltig und *gewaltsam* können zwar gelegentlich gegeneinander ausgetauscht werden, doch ändert sich dann jeweils deutlich der Sinn. Wenn man sich *gewaltig* anstrengt, dann wird die Intensität der Anstrengung hervorgehoben. Wenn man sich aber *gewaltsam* anstrengt, etwas zu tun, dann wird die besondere Mühe und der besondere Einsatz von Kraft betont, der Widerstände hat überwinden müssen:
> Ich strengte mich gewaltsam an, meinen Kopf nicht zu wenden (Seghers, Transit 289); ich quäle mich gewaltsam zu lachen und zu sprechen, aber ich bringe kein Wort hervor (Remarque, Westen 114).

Ein Mensch der zu Gewalttaten fähig ist, der seinen Willen mit Gewalt, roh, brutal und rücksichtslos durchsetzt, wird **gewalttätig** genannt:
> Marianne. . . war in einem munteren Gespräch mit einem gewalttätig aussehen-

den jungen Mann begriffen (Baum, Paris 127); Ihre Augen ... streichelten diese unbekannte Gestalt mit den gewalttätigen Schenkeln (Jahnn, Geschichten 134); Gerade dieser Möglichkeit jedoch, mit sichtbarem Effekt etwas gewalttätig zu vollbringen, was nur mit Zartheit in Zeit erreicht werden kann, mit geduldigem Abwarten seiner Inkubation, entsteigen auch seine Gefahren (Dwinger, Erde 119); dann hätte die gewalttätige Verfahrensweise der UdSSR und ihrer Invasionsgruppe doch auch auf einer Seite sogar eine ganz heilsame Wirkung (Bundestag 190/1968, 10304); indem hier das nationalstaatliche Prinzip ... übersteigert wurde, schlug es in einen gewalttätigen Imperialismus um (Fraenkel, Staat 213).

gewieft/gewiegt

Das umgangsprachliche Wort **gewieft** bedeutet soviel wie *schlau und durchtrieben, gerissen, clever.* Wer gewieft ist, weiß, wie er am besten und ohne große Skrupel seine Vorteile wahrnehmen kann. Dementsprechend wird man ihn auch nicht hintergehen können, ohne daß er es erkennt:

ein gewiefter Bursche.

Wer **gewiegt** ist, ist auf Grund von Erfahrung und persönlichem Geschick in der Lage, in geschäftlicher o.ä. Hinsicht recht klug vorzugehen. Er ist geschäftstüchtig. Im Unterschied zu gewieft verbindet sich mit gewiegt nicht im gleichen Maße die Vorstellung des Gerissenen und Durchtriebenen:

er ist ein gewiegter Geschäftsmann, Politiker, Verteidiger; Seine Karten gingen vermutlich ... durch so viele Hände, daß auch der gewiegteste Polizeibeamte nicht mehr ausmachen konnte, was des Schreibers Abdrücke waren (Fallada, Jeder 123).

gewitzigt/gewitzt/witzig

Gewitzigt bedeutet *durch unangenehme Erfahrungen, durch Schaden klüger geworden:*

Als 1924 erneut eine Katastrophenernte den „Ruf nach dem Staatseingriff" anschwellen ließ, änderte, durch Schaden gewitzigt, der Staat seine Wirtschaftspolitik (Jacob, Kaffee 254); Da ihm seine Koalitionspartner, durch Erfahrungen gewitzigt, diese Zusicherung nicht glaubten ... (Dönhoff, Ära 25).

Gewitzt bedeutet soviel wie *schlau, pfiffig.* Wer gewitzt ist, geht geschickt und schlau bei seinen Unternehmungen vor und läßt sich auf Grund seines praktischen Sinns von anderen nichts vormachen, weiß, wie er etwas zu machen oder wie er sich zu verhalten hat:

Der Junge ist ganz gewitzt; Der Chef ist sehr gewitzt, mitunter klug; in gewissen Sachen dagegen ... mit einem Brett vor dem Kopf versehen (Tucholsky, Werke I 57).

Da man schlau auch durch Erfahrung werden kann, sind oft beide Adjektive gegeneinander austauschbar wie im folgenden Beleg:

Jetzt war ich auch schon gewitzt genug, nicht dauernd lustig drauflos zu schwadronieren (Leonhard, Revolution 152).

Witzig bedeutet *Witz, Humor habend bzw. enthaltend; die Fähigkeit besitzend auf lustig-geistreiche Art zu unterhalten bzw. aus dieser Fähigkeit heraus entstanden:*

ein witziger Conférencier; er hielt eine witzige Hochzeitsrede.

In der Umgangsprache kann mit *witzig* ausgedrückt werden, daß der Sprecher (Schreiber) das Benehmen oder die Handlung eines andern mit Kopfschütteln betrachtet, nicht so recht versteht und leicht mißbilligt:

ich finde es ja recht witzig, daß er einfach fehlt, ohne sich zu entschuldigen; das ist vielleicht ein witziger Kerl, nimmt sich gleich das größte Stück Kuchen; woraus leiten Sie Ihre Überlegenheit her ... so vernichtend zu urteilen, die witzige Scheidung: Ich und die anderen zu machen (Tucholsky, Werke II 523).

gewohnt/gewöhnt

Die beiden Wörter unterscheiden sich weniger inhaltlich als in der Art des Gebrauchs: „Er ist gewohnt, sich regelmäßig die Zähne zu putzen" bedeutet soviel wie *es ist seine Gewohnheit, es ist Brauch bei ihm.* Und: „Er ist daran gewöhnt, sich regelmäßig die Zähne zu putzen" bedeutet soviel wie *regelmäßige Wiederholung hat die Vertrautheit damit bei ihm bewirkt.* Man sagt: Er ist an schwere Arbeit gewöhnt (worden) oder: Er ist schwere Arbeit gewohnt (d.h. hat Übung, Erfahrung darin).

Gewohnt wird mit dem Akkusativ, selten mit dem Genitiv verbunden. Üblich ist vor

allem die Konstruktion mit dem Infinitiv mit *zu.*
Gewöhnt wird mit der Präposition *an* verbunden: Wir sind an diese Störungen schon gewöhnt. Nicht korrekt: Wir sind diese Störungen schon gewöhnt.

gläsern/glasig/verglast/glasklar

Gläsern ist etwas, was aus Glas besteht:
> große, sauber verzinkte Kästen mit Gesteinsproben unter gläsernen Deckeln (Böll, Adam 67); An der schaurigen Zeile gläserner Versicherungsklötze vorbei: Wie ein Spalier von durchsichtigen Särgen erschienen sie (Lenz, Brot 159).

In gehobener Sprache bedeutet *gläsern* − übertragen auf Abstraktes − *glasähnlich; durchsichtig, spröde wie Glas:*
> Aber jetzt genoß ich die gläserne Luft (Jahnn, Geschichten 68); Ihre Stimme ist etwas gläsern (K. Mann, Wendepunkt 122); die Augen hatten im Laternenlicht einen Ausdruck so gläserner Leere (Remarque, Triomphe 5).

Wenn konkrete Dinge *wie aus Glas* aussehen und ein wenig durchscheinend sind, nennt man sie glasig, z.B. gekochte Kartoffeln, die Frost bekommen haben:
> Knoblauch und Zwiebel hacken. Olivenöl in einem Topf erhitzen. Beides darin glasig werden lassen (Petra Rezepte 8/1967, 15); zur Spree, die schwarz und glasig zwischen schwach belaubten Pappeln lag (Hauptmann, Thiel 13); Weil er . . . sich das weiße Brot dick mit den glasigen Gallertfrüchten belegte (Jahnn, Geschichten 110); die langgestreckten Leiber (der jungen Libellen), noch glasig und weich, durchscheinend, ertrugen noch keine Nahrung (Gaiser, Schlußball 211).

Aber auch die Augen Betrunkener, die feucht schimmern und teilnahmslos blicken sowie ihr Blick werden *glasig* genannt:
> sie . . . tranken Cognak, hatten schon vorher glasige Augen (Küpper, Simplicius 109); . . . während die Augen, glasig vor Trunkenheit, blicklos zum Himmel starrten (K. Mann, Wendepunkt 67).

In bezug auf den Blick und die Augen wird − wenn auch selten − das Partizip verglast für *glasig [geworden]* gebraucht:
> Man bemerkte Edgar Allan Poe, den verglasten Alkoholikerblick in Fernen gerichtet. . . (K. Mann, Wendepunkt 101); Amerikanische Matrosen tanzten mit leicht verglasten Whiskyaugen (Bamm, Weltlaterne 77).

Sonst bedeutet *verglast* soviel wie *mit Glasscheiben versehen:*
> das verglaste Schulportal (Grass, Blechtrommel 449).

Etwas, was als glasklar bezeichnet wird, ist *so klar wie Glas,* durch das man hindurchsehen kann [so daß] alles nicht trüb ist, sondern deutlich sichtbar] :
> das Quellwasser ist glasklar; glasklare Formulierungen; noch niemals aber war es so glasklar, daß der moderne Olympiabetrieb ein Riesengeschäft ist (Expreß, Wien 11.10.68, 1); Die Luft war an diesem Tag nicht dick, die Luft war glasklar (Plievier, Stalingrad 208).

der Gläubiger/der Gläubige

Der Gläubiger und der Gläubige sind ganz verschiedene Personen. Ein *Gläubiger* (= der Gläubiger) ist jemand, der einem anderen Geld geliehen hat oder der aus einem Vertragsverhältnis von einem anderen eine Leistung zu fordern hat. Das Gegenwort ist *Schuldner:*
> ich denke, ich kann die volle Summe herausschlagen, bevor die anderen Gläubiger auftreten (Hacks, Stücke 249).

Ein *Gläubiger* (= der Gläubige) ist ein im religiösen Sinne gläubiger, ein an Gott glaubender Mensch. Das Gegenwort ist *Ungläubiger:*
> Dagegen spricht, daß „die Kirchen politisch mehr indirekt durch die Gläubigen als direkt durch die kirchliche Organisation wirken"(Fraenkel, Staat 279).

gleichfalls/ebenfalls/gleichermaßen/gleicherweise/gleichmäßig/ebenmäßig

Gleichfalls und ebenfalls bezeichnen eine Übereinstimmung. In der Regel sind beide Wörter gegeneinander auszutauschen. Der vorhandene feine Unterschied liegt in den Wörter *gleich* und *eben.* „Gleich" weist auf eine völlige Übereinstimmung hin, auf I d e n t i t ä t ; „eben" deutet auf die entsprechende Beschaffenheit und auf eine annähernde Übereinstimmung, auf eine weitgehende Ähnlichkeit, auf P a r a l l e l i t ä t hin. *Ebenfalls* besagt, daß es Parallelen gibt. Mit *ebenfalls* verbindet sich die Vorstellung, daß zu einem bestimmten Fall o.ä. ein weiterer, noch einer, ebenso einer hinzukommt. Ein altes Synonymwörterbuch drückt das so aus: Wenn jemand einem Dritten, dem ein Glück widerfahren ist, gesagt hat, daß er den innigsten Anteil daran nehme, und ich dann hinzusetze: ich gleichfalls, so ist das verbindlicher, als wenn ich gesagt hätte: ich ebenfalls. Der erste Ausdruck besagt, daß meine Teilnahme im geringsten nicht kleiner sei als die Teilnahme des anderen, welches der zweite Ausdruck nicht einschließt.

Danach würde *danke gleichfalls* als Entgegnung auf einen Wunsch (z.B. „Alles Gute!" „Danke gleichfalls ") wirkliche Identität im Wünschen ausdrücken, während *danke ebenfalls* zwar auch dasselbe wünscht, ohne jedoch die gleiche Intensität damit verbinden zu müssen. In der Sprechpraxis werden diese Unterschiede in der Regel nicht mehr empfunden; gewisse Nuancen sind jedoch festzustellen. *Gleichfalls* und *ebenfalls* sind nicht überall gleich gut gegeneinander auszutauschen. Eventuell vorhandene Unterschiede sind eher analytisch herauszufinden als im praktischen Gebrauch vorhanden, wie die folgenden Belege erkennen lassen. *Gleichfalls* und *ebenfalls* bedeuten soviel wie *auch, genauso, in gleicher Weise:*

> Das Mädchen... liebt einen jener prachtvoll unbekümmerten „boys" des amerikanischen Westens, verzichtet aber zum Schluß auf ihn, teils aus Großmut (eine ... Amerikanerin fliegt gleichfalls auf den schönen Fußballspieler), teils aus melancholischer Arroganz (K. Mann, Wendepunkt 186); Die Tochter seines Chefs war gleichfalls siebzehn Jahre alt (Kesten, Ungeduld 65); Kanadier... hatten aber gleichfalls kein Glück (Jacob, Kaffee 253); im Augenblick, da sein Vater, gleichfalls von einem Herzanfall überwältigt, starb, endet sie (Jens, Mann 151); Die USA kennen gleichfalls keine ausdrücklichen Notstandsklauseln (Fraenkel, Staat 321); Zweiter wurde der in Innsbruck gleichfalls sieglose Gerhard Nenning (Olympische Spiele 1964, 17); eine andere (Arbeit) über meine Jugendjahre brachte ich gleichfalls zu Papier (Niekisch, Leben 302); Am Bordrande stand ein Buick und glitzerte ebenfalls (Remarque, Triomphe 17); Bis halb sieben trinken wir Kaffee... und rauchen dazu Offizierszigarren... ebenfalls aus dem Proviantamt (Remarque, Westen 166); Solche Bunker... zogen sich am Tatarenwall entlang, ebenfalls bis Stalingrad (Plievier, Stalingrad 191); Ein Kolloquium mit Naphta und Settembrini war auch nicht just das Geheuerste; ebenfalls führte es ins Weglose und Hochgefährliche (Th. Mann, Zauberberg 659); Bilkhager... saß ebenfalls im Gefängnis (Böll, Haus 16); da zerre ich röchelnd ebenfalls die Maske weg (Remarque, Westen 55).

Wenn sich der andere „Fall" auf dieselbe Person o.ä. bezieht, dann verwendet man meistens *ebenfalls,* z.B., er schreibt wissenschaftliche Bücher und ist ebenfalls (= auch noch, außerdem) an der Herausgabe von alten Texten beteiligt. *Gleichfalls* wird nur dann ohne weiteres an Stelle von *ebenfalls* gebraucht, wenn es sich nicht um die gleiche Person, sondern um einen Vergleich mit einer anderen handelt, z.B., Herr X reiste zu Verhandlungen nach Paris, Herr Y ebenfalls/gleichfalls:

> Das war in... Chile, wo er ebenfalls eine Textilfabrik leitete (Plievier, Stalingrad 234); Sie zahlen ebenfalls bei Tod ihrer Versicherten Hinterbliebenenrenten (Fraenkel, Staat 316); Studenten erzählten mir, daß früher in diesem Haus ebenfalls eine Hochschule gewesen sei (Leonhard, Revolution 70).

Gleichermaßen bedeutet *im gleichen Maße [verteilt], in der gleichen Stärke vorhanden:*

> Gesundheit ist ein Wert..., der allen Menschen gleichermaßen zukommt (Sebastian, Krankenhaus 24); Dabei wird gleichermaßen wirtschaftliche, gesundheitliche, aber auch erzieherische Arbeit geleistet (Fraenkel, Staat 381); Diese Rechte können nur begrenzt werden durch allgemeine, d.h. alle Äußerungsformen gleichermaßen treffende Gesetze (Fraenkel, Staat 129).

In bezug auf zwei Personen, Vorgänge o.ä., die miteinander in Beziehung gesetzt werden, entspricht *gleichermaßen* der Bedeutung von *sowohl... als auch:*

> Aber hier lassen Phantasie und Erfahrung die Verfasserin gleichermaßen im Stich (Greiner, Trivialroman 43); Für ein Zeitalter, das gleichermaßen durch die Atombombe wie durch die Forderung nach Freiheit und Menschenwürde gekennzeichnet wird (Fraenkel, Staat 195); In München... war die Reaktion gleichermaßen gehässig bei Presse und Publikum (K. Mann, Wendepunkt 148).

Gleicherweise bedeutet *in gleicher Weise.* Es entspricht der Bedeutung von *gleichermaßen.* Der nicht ins Gewicht fallende Unterschied liegt nur darin, daß *gleicherweise* auf die Art und Weise hindeutet, während *gleichermaßen* auf die Stärke, das Ausmaß Bezug nimmt:

eine Regelung, gegen die sich die Sozialdemokratie wie das Zentrum gleicherweise wandten (Niekisch, Leben 211); die Existenz einer Rechtsordnung. . . , der
Herrscher und Beherrschte gleicherweise unterworfen sind (Fraenkel, Staat 294).

Gleichermaßen und *gleicherweise* unterscheiden sich von *gleichfalls* und *ebenfalls*
insofern, als sie speziell auf die Beschaffenheit hinweisen, während es sich bei *gleich-*
falls und *ebenfalls* um den Hinweis auf einen anderen, parallelen Fall handelt. Der
folgende Beleg kann das verdeutlichen:

sie genießen brüderlich Schutz und Recht der Gesetze, von denen Anatole France
sagte, sie verbieten Armen und Reichen gleichermaßen, unter Brücken zu schla-
fen und Brot zu stehlen (Koeppen, Rußland 161).

Gleichfalls und *ebenfalls* zählen also einen neuen, parallelen Fall auf, z.B., er ist müde;
ich bin gleichfalls/ebenfalls müde. *Gleichermaßen* geht auf die Übereinstimmung in
der Stärke ein, z.B., er ist sehr müde; ich bin gleichermaßen müde (auch nicht weniger
müde als er).
Da, wo solche Beziehung nicht gegeben ist, kann man *gleichfalls/ebenfalls* nicht durch
gleichermaßen ersetzen, z.B., sie ist gleichfalls/ebenfalls siebzehn Jahre (nicht: sie ist
gleichermaßen siebzehn Jahre).

Gleichmäßig bedeutet *sich in Größe, Menge nicht unterscheidend; im Maß gleich,*
gleichbleibend; unverändert in der Intensität:

Die Beute gleichmäßig verteilen; gleichmäßige Wärme; der Puls schlägt gleichmäßig; gleichmäßig arbeiten.

Ebenmäßig bedeutet *von schönem Gleichmaß, als Teil eines Ganzen zum Ganzen*
ein gleiches oder angemessenes Verhältnis habend; symmetrisch:

das Mädchen hat ebenmäßige Gesichtszüge; ein Sprinter mit ebenmäßig gewach-
senen Beinen.

glücklich/glückselig/glückhaft/glücklicherweise

Glücklich ist im Vergleich zu *glückselig* und *glückhaft* das Wort, das den umfassend-
sten Inhalt hat. Was oder wer den erwünschten Erfolg hat oder vom Glück begünstigt
ist; was durch Glück entstanden ist, was jemandem oder einer Sache vom Glück zuteil geworden ist, all das wird *glücklich* genannt. Im Unterschied zu *selig,* das sich
mehr auf Inneres bezieht und für einen inneren Zustand kennzeichnend ist, hängt
ein *glücklicher* Zustand viel stärker von äußeren Dingen ab und drückt sich auch wieder stärker nach außen hin aus. Das Gegenwort ist *unglücklich.*

sozialistische Gedanken. . . als Ausdruck des Sehnens nach einer besseren und
glücklicheren Welt (Fraenkel, Staat 305); . . . wenn man grenzenlos glücklich
ist (Rinser, Mitte 25); es traf sich gewiß glücklich, daß Antonie ihn gerne litt (A.
Kolb, Daphne 93); „Herrgott, Gustav", rief ich glücklich, "daß man dich einmal
wiedersieht!. . . " (Hesse, Steppenwolf 214); . . . daß er wenigstens. . . von den
glücklich überstandenen Gefahren erzählen konnte (Nigg, Wiederkehr 61); . . .
konnte ich durch eine glückliche Zufallsbeobachtung an Freiheitsvögeln meine
Vermutung bestätigen (Lorenz, Verhalten I 30); In ihren Armen hielt sie den Zög-
ling. . . Er machte sie sehr glücklich und durft' es hören, daß er es tat (Th. Mann,
Krull 203).

Glücklich kann auch ganz allgemein soviel bedeuten wie *vorteilhaft, günstig:*

Im übrigen ist der Ausdruck Pluralismus. . . nicht besonders glücklich (Fraenkel,
Staat 256); Das war sogar eine ganz glückliche Lösung (Musil, Törleß 126).

In der Synonymität mit den Adverbien *schließlich, endlich, Gott sei Dank* ist *glück-*
lich weitgehend sinnentleert:

damit ich einen Schurken, den wir glücklich gefangen haben, wieder in Freiheit
setze (Hochhuth, Stellvertreter 134); Bei dem Gedanken, daß dies nun glücklich
ausgeschlossen sei, goß Unrat. . . das ganze Glas hinunter (H. Mann, Unrat 43).

Glückselig ist ein verstärkendes Wort, das die Inhalte von *glücklich* und *selig* verbindet und nur auf Personen bzw. deren Zustand oder Äußerung bezogen wird. Wer
glückselig ist, ist in hohem Grade glücklich von innen heraus, ist überglücklich, wobei der Anlaß auch seelisch bedingt ist. Reichtum mag glücklich machen, aber nicht
selig oder glückselig:

Ein glückseliges Lächeln breitete sich über ihr Gesicht (Werfel, Himmel 228);
→ selig/seelisch.

Glückhaft wird seltener und meist nur in gehobener Ausdrucksweise gebraucht; es
bedeutet *mit Glück verbunden, zum Glück führend, Glück enthaltend, Glück brin-*

123

gend, deutet also auf glückliche Entwicklung oder auf ein glückliches Ergebnis als Folge von etwas hin, wird also nicht auf Personen bezogen:

> ... daß die Holländer ... eine dem Menschen sehr wertvolle Pflanze nach Ostindien gebracht hätten und sie dort glückhaft kultivierten (Jacob, Kaffee 137); Glückhafte Handelspolitik hieß also: Steigerung der Ausfuhr (Jacob, Kaffee 121); Preise..., die nach seiner eigenen Auffassung unrechtmäßig hoch, unverdient, glückhaft waren (Johnson, Ansichten 145); Beifall für Horst Stein und das während des ganzen Abends besonders glückhaft agierende Nationaltheaterorchester (MM 16.4.69, 15); Ist hier eine glückhafte Minute hereingebrochen? (Ceram, Götter 121); Die Schatten seiner glückhaften Existenz (Jahnn, Geschichten 59).

Glücklicherweise ist ein Adverb, das in der Bedeutung *zum Glück, erfreulicherweise* gebraucht wird:

> glücklicherweise wurde bei dem Unfall niemand schwer verletzt; die arbeitenden Frauen schienen mir die ersten Opfer eines glücklicherweise noch nicht entbrannten Krieges zu sein (Koeppen, Rußland 107).

golden/gülden/goldblond/goldfarbig/goldgelb/goldig

Was **golden** ist, ist entweder aus Gold:

> ein goldenes Armband; die reizende goldene Traubenbrosche (Th. Mann, Krull 189)

oder es hat die Farbe des Goldes:

> die goldene Sonne; er betritt den goldenen Sand der Arena (Koeppen, Rußland 9); Ich küsse die zarten Sterne deiner Brust, die goldenen Härchen auf dem brünetten Grunde deines Unterarms (Th. Mann, Krull 207)

oder es ist – übertragen gebraucht – von sehr hohem Wert, besonders geschätzt:

> goldene Worte; alte Patrizierpaläste aus dem siebzehnten, dem goldenen Jahrhundert der Stadt (Koeppen, Rußland 64).

Gülden für *golden* (= aus Gold oder mit Gold versehen) wird nur noch dichterisch oder ironisch gebraucht:

> die einen, die hatten um den Hals ein gülden Band, daran die Laute hangen (Gaiser, Schlußball 37); Jugendbewegt trugen die Wandervögel am güldenen Band die Klampfe (Der Spiegel 39/1966, 75).

Goldblond wird vom Haar gesagt, das wie Gold glänzt.

Goldfarbig bedeutet *wie Gold glänzend, aussehend,* während **goldgelb** ein sehr tiefes leuchtendes Gelb charakterisiert, das der Farbe des Goldes oder einer Orange ähnelt:

> ein goldgelbes Eidotter.

Das Adjektiv **goldig** kennzeichnet das ästhetische Wohlgefallen des Betrachters und dessen angenehmes Gestimmtsein durch den Anblick; es bedeutet *reizend, entzücken im Aussehen und Benehmen.* Im allgemeinen wird es auf Kinder bezogen:

> ein goldiges Kind; der Kleine ist ja goldig!

Gourmand/Gourmet

Im Französischen bedeutet le **gourmand** soviel wie *Schlemmer,* während le **gourmet** mit *Feinschmecker* zu übersetzen ist. Im Deutschen ist dieser Unterschied nicht festgehalten worden. Schon im 18. Jahrhundert bei der Übernahme des Wortes ins Deutsche ist *Gourmand* in der Bedeutung *Feinschmecker* gebraucht worden. Wenn auch eine strenge Scheidung zwischen *Gourmand* und *Gourmet* im Deutschen nicht besteht, kann man bei bewußtem Gebrauch folgende Bedeutungsnuancen feststellen: Ein *Gourmand* ist ein Mensch, der gern gut und zugleich viel ißt, während ein *Gourm* auf Grund seiner diesbezüglichen Kenntnisse in der Lage ist, über Speisen und Getränke ein fachmännisches Urteil abzugeben und gern ausgesuchte, besonders feine und leckere Dinge, Delikatessen, verzehrt, ohne jedoch unmäßig dabei zu sein.

grammatisch/grammatikalisch

Grammatisch bedeutet 1. *die Grammatik betreffend, in bezug auf die Grammatik:*

> das ist ein grammatisches Problem; eine grammatische Schwierigkeit.

2. *den Regeln der Grammatik entsprechend, nach diesen Regeln korrekt gebildet, grammatikgemäß, sprachrichtig.* Das Gegenwort ist *ungrammatisch.* Der Satz „Seine Tochter schrieb den Brief nicht" ist grammatisch, während der Satz „Seine Tochter den Brief nicht schrieb" ungrammatisch ist:

> der Begriff „grammatischer Satz" ist nicht identisch mit „sinnvoll" im semantischen Sinn.

Grammatikalisch bedeutet *die Grammatik betreffend, sprachkundlich. Grammatikalisch* entspricht also der ersten Bedeutung von *grammatisch.* Heute wird überwiegend *grammatisch* gebraucht, während *grammatikalisch* im Veralten begriffen ist:

> Ebenso vorteilhaft ist es, die Worte aus den grammatikalischen Bindungen zu befreien (Musil, Mann 1531); Die Briefe . . . waren weder orthographisch noch grammatikalisch richtig (Kuby, Rosemarie 149); rein grammatikalische Fragen (Sprachspiegel 4/1966, 132); Ein Publikum, das grammatikalisch korrekten Beifall zu spenden weiß-"Bravo" für den Sänger, "Brava" für die Sängerin, "Bravi" für das Ensemble (Der Spiegel 39/1966, 148).

Nur selten lassen sich deutliche Grenzen zwischen den beiden Wörtern ziehen. *Grammatikalisch* ist ein Relativadjektiv und kann im Unterschied zu *grammatisch* nicht prädikativ verwendet werden.

grausam/grausig/greulich/grauslich/grauenhaft/grauenvoll/graulich/grus[e]lig

Grausam bedeutet *[absichtlich und mit Freude] andere peinigend; Qualen, Leiden, Schmerzen verursachend; hartherzig, herzlos, brutal oder davon zeugend.* Wenn das Adjektiv nicht in bezug auf Personen, sondern in bezug auf deren Handlungen o.ä. gebraucht wird, bedeutet *grausam* soviel wie *hart; außerordentlich heftig in der Auswirkung, im Grad der Intensität:*

> Feldwebel Spierauge hatte angeordnet, daß der Bjuschew. . . sein Grab selber graben solle. Das klang sehr grausam; aber der erfahrene Mann wußte, daß manche Wohltat hart aussieht (A. Zweig, Grischa 457); Diese Eingeborenen sind heimtückisch und grausam (Hacks, Stücke 142); Je reifer wir wurden und unsicherer, sie zu halten, desto grausamer erfanden wir Strafen und Peinigungen (Jahnn, Geschichten 22); Ich bin grausam ernüchtert – wie ein Gefangener nach einem Traume, der ihn die Freuden der Freiheit schmecken ließ (Hagelstange, Spielball 312); Man hat uns. . . immer von den dunklen, primitiven, grausamen vorchristlichen Zeiten erzählt (Remarque, Obelisk 155); Eine grausame Kälte war auf die milden Vorfrühlingslüfte der Faschingstage gefolgt (A. Kolb, Daphne 113); Der grausame Lautsprecher trieb die schreienden Menschen noch mehr auseinander (Apitz, Wölfe 317).

Grausig bedeutet *Entsetzen, Abscheu hervorrufend, erregend; schrecklich, fürchterlich, gräßlich.* Während sich *grausam* auf die Sinnesart eines Menschen bzw. deren Auswirkung oder auf Personifiziertes bezieht, ist *grausig* ein Adjektiv, das den Eindruck wiedergibt, den eine Tat auf den Betrachter macht. Ein Mensch selbst wird in der Regel nicht als grausig bezeichnet. Eine *grausame* Tat zeugt von der Unmenschlichkeit und Brutalität des Täters. Wenn jemand von einer *grausigen* Tat spricht, bekundet er damit, daß die Tat bei ihm – dem Leidenden oder Betrachter – Entsetzen und Abscheu hervorgerufen hat:

> Greifenberg sieht grausig aus. Auf dem Marktplatz ist ein russischer Friedhof angelegt. . . Sehr viele Häuser. . . sind zerstört (Normann, Tagebuch 150); Die Seele wollte mir heraus, zumal wenn wir. . . das lange Treibnetz Meter um Meter in das grausig dümpelnde Boot zogen (Leip, Klabauterflagge 7).

Grausam und *grausig* lassen sich - wie in den folgenden Belegen - öfter gegeneinander austauschen, doch ändert sich dann jeweils der Aspekt. Ein *grausames* Leiden z.B. verursacht Schmerzen o.ä.; ein *grausiges* Leiden wird als schrecklich empfunden:

> Bei diesem grausamen Leiden sind es weniger die krankhaften Gliederverrenkungen, die den Patieten gefährden (Werfel, Bernadette 367); Eng aneinandergedrückt, um sich gegen den grausamen Nachtfrost zu schützen (Apitz, Wölfe 16); Nicht länger ausüben das grausame Handwerk würde der Schlächter (Jahnn, Geschichten 32); nach Jahrhunderten grausamster Ausbeutung (Fraenkel, Staat 259); Die peinliche Prozedur wurde mit grausiger Feierlichkeit durchgeführt (K. Mann, Wendepunkt 47); Noch immer wehte ein grausiger Sturm und schlug uns unzählige Eiskristalle. . . ins Gesicht (Eidenschink, Bergsteigen 91); In dieser grausigen Zeit wurden . . . noch Witze erzählt (Leonhard, Revolution 35).

Greulich bedeutet *mit Abscheu und Widerwillen verbundene Furcht erregend, abscheulich, fürchterlich, entsetzlich.* In diesem Adjektiv, das sich inhaltlich mit *grausig* berührt, wird gleichzeitig auch die Furcht betont, die mit dem Abscheu verbunden ist. Auf Personen wird *greulich* nicht bezogen:

> ein greuliches Verbrechen; als sie durch den Park ging, sah sie auf einer Bank ein totes, verstümmeltes Mädchen liegen. Sie konnte diesen greulichen Anblick nicht vergessen.

Grauslich bedeutet *leichtes Schaudern auslösend*. Grauslich ist ein volkstümliches Wort, das den *mit leichtem Schauder empfundenen Abscheu* kennzeichnet. *Grauslich* wird folglich auch nicht in bezug auf Verbrechen o.ä. gebraucht, sondern mehr als emotionales Wort zur Charakterisierung für etwas, was einem innerlich widerstrebt, was man gar nicht schön, sondern eher erschreckend findet. Man kann von grauslichem Lärm sprechen, oder man kann finden, daß etwas grauslich schmeckt bzw. aussieht, womit auf emotionale Weise Ablehnung ausgedrückt wird:

> Auch zeichnen sich Musiker durch einen fühlbaren Mangel an Humor aus – das ist grauslich (Tucholsky, Gestern 80); Sie zeigen heute noch, sofern man die Fassaden nicht geändert hat, recht grausliche Zierate (Doderer, Wasserfälle 33); In den Zimmern war es grauslich, aber ordentlich (Doderer, Wasserfälle 102).

Grauenhaft bedeutet *mit Grauen und Entsetzen verbunden, kaum zu ertragen, entsetzlich, scheußlich:*

> dem Rundbau des Mustergefängnisses..., benachbart den alten grauenhaften Verliesen der Päpste (Koeppen, Rußland 194); durch die grauenhaften Strapazen und Entbehrungen gestorben (Leonhard, Revolution 154); Ich denke einen Augenblick daran, daß ihr Lied (der Drossel)... für die Würmer... ohne Zweifel nichts weiter ist als das grauenhafte Signal des Todes (Remarque, Obelisk 28); Trotz des grauenhaften Ernstes der Situation (Leonhard, Revolution 68); da nichts so grauenhaft auf den Soldaten drückt wie die Eintönigkeit seines... Daseins (A. Zweig, Grischa 274); der Schweiß auf der Stirn... tropfte von dort langsam in die grauenhafte Wunde (Sebastian, Krankenhaus 129).

Grauenvoll bedeutet *voller Grauen, entsetzlich, scheußlich:*

> Menschen, die familienweise kremiert werden, nach einem grauenvollen Sterben (Hochhuth, Stellvertreter 65); Die Weltpresse... die Agenten – sie bringen grauenvolle Einzelheiten (Hochhuth, Stellvertreter 83); Es ist... die gemarterte Kreatur, ein wilder, grauenvoller Schmerz, der da stöhnt (Remarque, Westen 50); Nach einer kleinen Pause, einer jenen grauenvollen Minuten des Schweigens... (Leonhard, Revolution 183); Die Freikorps verrichteten... grauenvolle Dinge (Niekisch, Leben 77).

Grauenhaft und *grauenvoll* werden wie Synonyme gebraucht. Eine latent vorhandene Nuance liegt darin, daß sich mit *grauenvoll* die Vorstellung verbindet, daß es sich um eine Fülle von Grauen handelt, während *grauenhaft* die Art – mit Grauen verbunden – kennzeichnet.

Wenn man den Unterschied definieren will, der zwischen *grauenhaft* und *grauenvoll* einerseits sowie *greulich* andererseits besteht, so läßt sich sagen, daß *greulich* stärker emotional den persönlichen Abscheu zum Ausdruck bringt. Sowohl *grauenhaft* als auch *grauenvoll* können verstärkend gebraucht werden, wenn einem etwas gar nicht gefällt, und zwar in der Bedeutung *sehr schlecht:*

> dieser Lärm ist ja grauenhaft/grauenvoll; das war ein grauenhaftes/grauenvolles Gestümper; „.... wir haben uns auch in der Aufregung die Autonummer nicht gemerkt." „Das ist natürlich grauenhaft", sagt Georg (Remarque, Obelisk 276).

Grus[e]lig bedeutet *furchterregend; Schauder, ein Gruseln hervorrufend, unheimlich und daher zum Fürchten Anlaß gebend:*

> Dem geteerten und gefederten Großen Vogel Piepmatz standen... wahrhaft unnatürlich die Federn zu Berge. Er sah insgesamt gruslig aus (Grass, Hundejahre 98); Glücklicherweise ist dieser gruslige Vorfall nicht wirklich geschehen, sondern eine Szene aus dem... Spielfilm „Mord im Studio" (Bild und Funk 17/1966,29).

Graulich ist ein volkstümliches Wort, das soviel bedeutet wie *vor etwas, was einem unheimlich ist, Furcht empfindend; so geartet, daß man sich leicht fürchtet oder daß es Furcht hervorruft*. „Gruslig" kennzeichnet das Aussehen oder den Inhalt von jemandem oder etwas, während „graulich" die Gefühle und Empfindungen charakterisiert, die durch etwas bei jemandem ausgelöst werden. Wenn jemand *gruslig* aussieht, dann fürchtet man sich vor ihm; wenn jemand *graulich* ist, dann fürchtet er sich leicht:

> das Mädchen ist sehr graulich; im Keller ist es so graulich; „.... Warum denn Klabautermann?" „Weiß nicht. Fiel mir so ein. Vielleicht, weil er die Leute graulich machen will." (Fallada, Jeder 127).

graziös/grazil

Wer sich voller Anmut, geschmeidig und ästhetisches Wohlgefallen auslösend bewegt, den oder dessen Bewegungen nennt man **graziös**:

ihre Bewegungen wirkten graziös (Sebastian, Krankenhaus 44); einem untersetzten, kurzbeinigen Mädchen, dessen Erscheinung sich jedoch aufzulösen schien in der graziösen Hingabe an den Rhythmus (Lenz, Brot 123); Er saß . . . hinter dem Steuerrad, das er nahezu graziös mit zwei Fingern der linken Hand bewegte (Kirst 08/15, 525); Niemals seither habe ich solch ein graziöses Hinken gesehen, es war kein Gebrechen, eher eine Vollkommenheit (Roth, Beichte 34).

Das Adjektiv **grazil** kennzeichnet die Gestalt, den Körperbau eines Menschen und bedeutet *zart, zartgliedrig, schmächtig, schlank, zierlich:*

> Sie war sehr schlank, grazil,fast zerbrechlich (Maegerlein, Piste 85); Der erste Sprung glückte Julitta. Federleicht hob sich ihre grazile Gestalt von der Eisfläche ab (Erika-Roman 963, 3); . . . während seine linke Hand, bemerkenswert grazil, auf einem schwarzen Konzertflügel liegt (Frisch, Stiller 278); Er rührt sie nicht an, er streckt nur den Arm nach ihr aus — eine leichte, grazil andeutende Aufforderung, mit ihm zu gehen (Hochhuth, Stellvertreter 225).

Manchmal lassen sich *grazil* und *graziös* gegeneinander austauschen, und zwar dann, wenn — wie im letzten Beleg — grazil in der Bedeutung von *zierlich* o.ä. gebraucht wird.

Graziös deutet auf eine harmonische Abgestimmtheit der Bewegung hin; *grazil* auf die Feingliedrigkeit.

gründen/begründen

Zwischen beiden Verben bestehen in der hier zur Diskussion stehenden konkurrierenden Bedeutung leichte Unterschiede. **Gründen** bedeutet *ins Leben rufen, neu schaffen, den Grundstein für etwas, das Fundament zu etwas legen.* Wenn etwas gegründet wird, geschieht es oft mit einem deutlichen oder offiziellen Akt. *Gründen* wird im allgemeinen auf Einrichtungen, auf Formen menschlicher Gemeinschaft o.ä. bezogen:

> Er war auf der Stelle angelegt, wo einst Byzas in grauer Vorzeit die Stadt gegründet haben soll (Thieß, Reich 449); den Gottesstaat auf Erden zu gründen (Döblin, Märchen [Nachwort] 71); Die Zeitschrift, die ich jetzt gründen möchte, müßte natürlich in englischer Sprache erscheinen (K. Mann, Wendepunkt 357); Er gründet keine neue Partei (Nigg, Wiederkehr 10); da können sie lieber gleich einen Gesangverein gründen (Döblin, Berlin 292); Das Sanatorium, . . . von einer wohltätigen Schwester im Anfang der zwanziger Jahre gegründet (Jens,Mann 52); Als aber . . . deren Kinder Familien zu gründen begannen (Mehnert, Sowjetmensch 78).

Begründen bedeutet in dem Zusammenhang — also abgesehen von anderen Verwendungsweisen — *eine Grundlage schaffen für etwas, Ausgangsbasis für etwas sein, etwas auf festen Grund stellen, den festen Grund zu etwas legen,* womit sich die Vorstellung verbindet, daß das als Objekt Genannte in sich abgeschlossen ist und als Ganzes und Fertiges betrachtet werden kann, während *gründen* noch stärker den ersten Schritt, den Beginn betont und den weiteren Ausbau, die Weiterentwicklung einschließt. *Begründen* wird oft auf etwas Abstraktes bezogen:

> Ein solcher Wille begründet Sekten und Religionen (Tucholsky, Werke II 381); mit seiner Lehre vom positiven Recht, das durch allgemeine Vereinbarung begründet wird (Fraenkel, Staat 264); Die preußische Städteordnung. . . hat. . . die kommunale Selbstverwaltung als bleibende Einrichtung begründet (Fraenkel, Staat 160); die Doktrin. . . der von Lenin. . . 1903 begründeten Fraktion der russischen Sozialdemokratie (Fraenkel, Staat 45); Quesnay. . ., der . . . die Schule der Physiokraten begründete (Friedell, Aufklärung 71); das England eroberte und sogar das Russische Reich begründet und aufgeschlossen hat (Langgässer, Siegel 403).

Auf Grund der inhaltlichen Ähnlichkeiten sind beide Verben sehr oft gegeneinander austauschbar. Auch da, wo man üblicherweise *gründen* gebraucht, wird gelegentlich *begründen* eingesetzt, womit die Sprecher oder Schreiber aber meistens gar keinen inhaltlichen Unterschied ausdrücken wollen:

> Erst 1923 konnte die 1914 zerfallene 2. Internationale neu begründet werden (Fraenkel, Staat 307); Auch die wenigen Blätter. . . haben erst in diesem Zeitraum ihre spätere Geltung erlangt (z.B. . . . die Berlinske Tidende, 1749 begründet) (Enzensberger, Einzelheiten I 20); Es kam hinzu, daß der 1928 begründete Faschistische Große Rat die Befugnis hatte . . . (Fraenkel, Staat 85); Zunächst bin ich sehr froh, verheiratet zu sein und einen eigenen Hausstand begründet zu haben (Th. Mann, Buddenbrooks 207).

Im folgenden Beleg könnte genausogut *begründen* statt *gründen* eingesetzt werden: selbst revolutionäre Usurpatoren der Macht beeilen sich, die neue Ordnung, auch wenn sie gewaltsam gegründet wurde, als legitim zu bezeichnen (Fraenkel, Staat 180).

gültig/geltend

Was **gültig** ist, hat einen gewissen anerkannten Wert, es wird in seiner Art oder Funktion akzeptiert, es verleiht eine Berechtigung. Ein gültiger Fahrschein berechtigt zu einer entsprechenden Fahrt; ein Ausweis, der nicht mehr gültig ist, wird nicht mehr als Legitimation anerkannt:

> es ist keine leere Formsache, den bisher gültigen Ausweis durch Unterschrift und Stempel zu bestätigen (MM 9./10.8.69, 8); . . . ob sie ihm den Versicherungsschutz wegen Fahrens ohne gültige Fahrerlaubnis entziehen werde (MM. 9./10.8.69,54); eine ewig gültige, trostlose Geschichte (Roth, Beichte 101); . . . den ewig gültigen . . . Gotteswillen vorleben (Nigg, Wiederkehr 26); Das waren die einzigen Sätze in gültiger Prosa (Böll, Erzählungen 71); . . . auch wenn er sich einer gültigen Formulierung zunächst entziehen sollte (Hofstätter, Gruppendynamik 32).

Im Unterschied zu *gültig* erstreckt sich der Gebrauch von **geltend** auf Grund seiner Bedeutung *in Kraft seiend* nicht auf einen so großen Anwendungsbereich:

> Die bis zum 30. März 1970 geltenden Übergangsvorschriften (MM 30./31.8.69,16); . . . die ihren Niederschlag im geltenden Recht gefunden hatten (Fraenkel, Staat 111); Die wichtigsten geltenden Typen der Gemeindeverfassung sind: a) Die norddeutsche Ratsverfassung. . . b) Die (unechte) Magistratsverfassung (Fraenkel, Staat 162).

Geltend kann nur in bezug auf die Gegenwart oder Zukunft gebraucht werden: das bis zur nächsten Wahl geltende/gültige Gesetz (oder: das Gesetz gilt bis zur nächsten Wahl, ist bis zur nächsten Wahl gültig).

In bezug auf die Vergangenheit kann *gültig gewesen* verwendet werden: der nur bis zum vorigen Monat gültig gewesene Ausweis.

Was man als verbindlich ansieht, ist für einen gültig (die für mich gültige Grundlage). Wenn Vorschriften alle angehen und betreffen, spricht man von „für alle geltende Vorschriften."

Dort, wo sich beide Inhalte mit dem Bezugswort verbinden lassen, sind *gültig* und *geltend* gleichermaßen möglich:

> du wirst eine . . . Leugnung. . . aller gültigen Regeln, Grundsätze und Vorschriften erhalten, auf denen die Gesellschaft ruht (Musil, Mann 367); Ein allgemein gültiges Urlaubsgesetz (Fraenkel, Staat 313).

In diesen Beispielsätzen ließe sich auch *geltend* einsetzen, denn ein Gesetz kann sowohl *gültig,* also im Augenblick anerkannt, als auch *geltend,* nämlich in Kraft, sein. Nur heute gültige Eintrittskarten werden nur heute anerkannt und berechtigen nur heute zum Eintritt.

Nur heute geltende Eintrittskarten sind nur heute in Kraft.

Mit dem Wort *geltend* verbindet sich stärker als mit *gültig* der Aspekt der zeitlichen Begrenzung.

Geltend wird im Unterschied zu *gültig* auch in den Verbindungen *etwas geltend machen* (= etwas durchsetzen wollen, vorbringen) und *sich geltend machen* (= in Erscheinung treten, sich bemerkbar machen, sich zeigen) gebraucht:

> Der Gemeindevorsteher hatte seinen Einfluß geltend gemacht (Remarque, Obelisk 102); Der Einfluß des Staatsoberhaupts macht sich nur geltend, wenn keine politische Partei eine Mehrheit im Parlament besitzt (Fraenkel, Staat 239).

Gültig kann im Unterschied zu *geltend* auch in Verbindung mit *sein* (etwas ist gültig) gebraucht werden:

> Beim Tode sei Treu und Glauben noch gültig (Remarque, Obelisk 193).

haarscharf/haargenau/haarklein

Das Adjektiv **haarscharf** bedeutet *sehr nah; so dicht, daß es fast zu einer Berührung kommt oder gekommen wäre [was aber dem Betreffenden oder der Sache zum Schaden gereicht hätte, was nachteilige Folgen mit sich gebracht hätte]* und wird oft bildlich gebraucht, um zu kennzeichnen, daß etwas ganz dicht an etwas herangekommen ist oder daß etwas beinah eingetreten oder erreicht worden wäre:

> der Ball flog haarscharf an ihr vorbei; Das ging haarscharf an der Niederlage Nixons vorbei (MM 8.8.69, 2); er. . . sieht nicht den Tod, der haarscharf daneben

steht (Koeppen, Rußland 9); Leitner. . . , der schon wie in Squaw Valley haarscharf an einer Medaille vorbeigelaufen war (Olympische Spiele 1964, 17).

Daneben wird *haarscharf* auch noch, aber seltener, in der Bedeutung *sehr genau* verwendet, und zwar vorwiegend in bezug auf ein Tun:

wenn er haarscharf beobachtet (Winckler, Bomberg 108); Die Kasuistik dieses klaren . . . Geistes zieht auf Grund der Schilderungen eines politischen Tatbestandes haarscharf die Linie des richtigen politischen Handelns (Niekisch, Leben 25); Die beiden Wörterbücher entsprechen einander haarscharf, abgesehen von den Titeln (Zielsprache Deutsch 2/1971, 102).

Der folgende attributive Gebrauch des Wortes in der Bedeutung *sehr genau* und *sehr scharf* kann als ungewöhnlich betrachtet werden:

Für solche Sachen habe sie kein haarscharfes Gedächtnis (R. Walser, Gehülfe 96); doch hatte sie (die Äffin) mit ihren haarscharfen Zähnen nicht gebissen (H. Grzimek, Tiere 30).

Das Adjektiv **haargenau** bedeutet *sehr genau* und entspricht damit zwar der zweitgenannten Bedeutung von *haarscharf,* bezieht sich aber im Unterschied zu diesem mehr auf eine Übereinstimmung, seltener auf ein Tun:

Er wählte seine Worte präzis, und man konnte sicher sein, daß sie mit der offiziellen Linie haargenau übereinstimmten (Leonhard, Revolution 161); Die Iwans benahmen sich in der Tat haargenau wie der Räuber in der Bibel (Küpper, Simplicius 173); dann werden wir abrechnen. Haargenau — auf Heller und Pfennig (Kirst 08/15, 761); Wenn wir zuschlagen, dann auf die Richtigen. . . Wir können uns nur einen Schlag leisten, und der muß haargenau sitzen (Apitz, Wölfe 121).

Das Adjektiv **haarklein** bedeutet soviel wie *in allen Einzelheiten* und wird in bezug auf Berichte, Erzählungen o.ä. gebraucht:

Von dir erfährt man haarklein, wie's damals gewesen ist (Lynen, Kentaurenfährte 239); Morgen bekam er ihren Brief, der ihm haarklein mitteilte, was der berühmte Professor meinte (A. Kolb, Daphne 144); Das werden Sie ja alles. . . Ihrer Grädigen heute früh haarklein erzählen können (Fallada, Herr 172).

handlich/handgreiflich

Was **handlich** ist, ist auf Grund seiner Konstruktion bequem zu handhaben:

Mit handlichem Beilchen versuchte er, das Eis aufzuschlagen (Grass, Katz 51); Mit seiner vorzüglichen Ausstattung im großen, aber handlichen Format von 18 x 24 cm eignet sich dieses einmalige schöne Buch zweifellos auch als willkommenes Geschenk (Herrenjournal 3/1966, 68); Die Figuren waren aber jetzt sehr klein, so groß etwa wie handliche Schachfiguren (Hesse, Steppenwolf 228); . . . kann der Radeinschlag größer und damit der Wendekreis kleiner werden: Der Wagen wird handlicher für den Stadtverkehr (Auto 6/1965, 32).

Bildlich:

da haben sich plötzlich alle Ereignisse. . . in handliche Schwänke und Schnurren verwandelt (Ch. Wolf, Nachdenken 187).

Handgreiflich wird genannt, was so offenbar, so deutlich als solches zu erkennen ist, daß man glaubt, mit Händen greifen zu können:

Trostgeschichten von der . . . handgreiflichen Moral der Schulfibeln (Bergengruen, Rittmeisterin 331); Dieser gemeine Mann, dessen Sinn sonst am Boden haftete, der außer dem handgreiflich Nützlichen nichts. . . in Bedacht nahm (Th. Mann, Hoheit 117); Die beiden Vorgänge sind äußerst geschickt nebeneinandergestellt, um den unleugbaren Fortschritt handgreiflich zu machen, der durch die moderne Technik erreicht wurde (Nigg, Wiederkehr 193).

Handgreiflich wird auch in der Wendung *handgreiflich werden* gebraucht, was soviel bedeutet wie *in einer Auseinandersetzung mit Schlägen o.ä. gegen seinen Kontrahenten vorgehen:*

Raus mit Ihnen oder ich werde handgreiflich! (Dürrenmatt, Meteor 63); Das Publikum wird ungemütlich und will gegen Jand handgreiflich werden (Winckler, Bomberg 222).

harmonieren/harmonisieren

Harmonieren bedeutet *im Einklang sein; mit jemandem oder etwas übereinstimmen; gut zu jemandem oder etwas passen, so daß keine Unstimmigkeiten entstehen:*

da Höflichkeit selten mit der Wahrheit harmoniert (Deschner, Talente 155); Hemdblusenkragen harmonieren selten mit den Kragenpartien moderner Kostüme (Dariaux [Übers.], Eleganz 44); er rühmte, wie musterhaft SS und Industrie in Auschwitz harmonieren (Hochhuth, Stellvertreter 208).

Harmonisieren bedeutet *mehrere Dinge o.ä. miteinander in Einklang bringen, aufein ander abstimmen; etwas einem bestimmten System anpassen:*

die Löhne mit den Preisen harmonisieren; die Wohnungsbauprämie (soll) mit der Sparprämie „harmonisiert" werden (DM 5/1966, 7).

harren/beharren/verharren/ausharren

Das Verb **harren** gehört der gehobenen Stilschicht an und bedeutet *eine gewisse Zeit [sehnsüchtig oder geduldig] auf etwas oder jemanden warten:*

. . . wo wiederum. . . eine nach Tausenden zählende Menge seines Anblicks harrte (Maass, Gouffé 197); Schließlich darf. . . die Reformation nicht als endgültige Lösung betrachtet werden, sie harrt einer Fortführung (Nigg, Wiederkehr 49); Den ganzen Sabbat harrte ich vergebens auf ein Wort von ihm (Buber, Gog 18).

Mit dem Verb **beharren** wird eine Willensäußerung ausgedrückt, wird gesagt, daß der Betreffende gegen innere und äußere Widerstände festbleibt und nicht nachgibt, daß er seine Haltung nicht ändert. *Beharren* betont im Unterschied zu *verharren* die Hart näckigkeit:

Clarisse beharrte jedoch ernsthaft dabei, daß die geistig Gesunden weniger dächten als die geistig Nichtgesunden (Musil, Mann 1193); Sie aber beharrte auf ihrer Weigerung (Buber, Gog 42); der Wachtmeister beharrte eisern auf seiner Instruktion (Fallada, Herr 88); So beharrte er eigensinnig darauf, kein Stroh in seinen Strohsack zu füllen (Kästner, Zeltbuch 78); er beharre auf seiner Kündigung (R. Walser, Gehülfe 100).

Der Gebrauch von *beharren* im räumlich-übertragenen Bereich ist selten. In dieser Verwendung nähert sich sein Inhalt dem von *verharren* und bedeutet *an einer bestimmten Stelle o.ä. sein und auch weiterhin bleiben:*

In traditionalistischen Kulturen, wo die Kultur noch in festen Formen beharrt . . . , ist das Ziel der Kulturpolitik wesentlich auf die Erhaltung und Sicherung des Bestehenden gerichtet (Fraenkel, Staat 174).

In solchen Zusammenhängen, die sich auf Räumliches oder Zuständliches beziehen, ist das Verb **verharren** sprachüblich, das besagt, daß jemand oder etwas in dem gegebenen Zustand bleibt, ohne daß damit eine besondere Aktivität oder der Wille des Betreffenden hervorgehoben wird, wie es im Verb beharren zum Ausdruck gebracht wird:

. . . wobei er die Hände unter die Stirn schob und in dieser Stellung verharrte (Langgässer, Siegel 521); Ich verharrte am Eingang (Koeppen, New York 36); Er besaß nicht das Recht, in dieser Gefühllosigkeit. . . zu verharren (Kessel [Übers.], Patricia 187); Aber darf man immer in der Resignation der persönlichen Erfahrung verharren? (FAZ 17.11.61,1).

Der Gebrauch im übertragenen Sinn - gewissermaßen in Konkurrenz zu *beharren* - ist zwar als Bild denkbar, aber nicht sprachüblich.

Ausharren bedeutet *trotz unangenehmer Umstände an einem Ort o.ä. bleiben; bis zum Ende aushalten:*

Man hat auf seinem Posten auszuharren oder zu sterben (Thieß, Reich 543); . . . daß ich so lange an der Seite dieses Mannes ausgeharrt habe (Musil, Mann 732); jene Krone, die Gott denen gibt, die bis zum Ende ausharren (Nigg, Wiederkehr

heimelig/anheimelnd/heimisch/einheimisch/heimatlich/heimlich/geheim/insgeheim

In einer behaglich-stillen Umgebung, in der man sich wohl und geborgen fühlt, ist es **heimelig**:

Ein heimeliges Zimmer mit alten Nußbaummöbeln und Spitzendecken — schmal warm, mit getupften Gardinen (Faller, Frauen 108); Ein Ausblick auf eine breite Allee mit Bankhäusern im Wolkenkratzerstil. Espressobars, leichte Aluminiumstüh le vor der Tür und wieder kleine, dunkle und heimlige Gassen (Koeppen, Rußland 29); Das heimelige Reich der Dämmerung breitet sich aus (Joho, Peyrouton 20); Der Wald wurde heimeliger (Strittmatter, Wundertäter 120); . . . wollte mir die Metrostation Maison Blanche heimelig, fast wohnlich vorkommen (Grass, Blechtrommel 731).

Was **anheimelnd** ist, das gibt einem ein behaglich-heiteres Gefühl, das zieht durch seine vertraute, wohlige Atmosphäre an, weil man sich wie in angenehmer häuslicher Geborgenheit fühlt.

Während *heimelig* die behagliche Atmosphäre kennzeichnet, charakterisiert *an-*

heimelnd darüber hinaus noch die daraus resultierende Wirkung, das Anziehende, indem es über das Gefühl unmittelbar einen Kontakt zu einem Menschen herstellt:

> Mächtige Wohnblöcke... und plötzlich daneben morsche Holzhäuser anheimelnd wie altrussische Erzählungen (Koeppen, Rußland 91); ihm sei das Glück nicht zuteil geworden, eine Gattin zu besitzen, die sein Haus auch für liebe Gäste anheimelnd gemacht haben würde (Jahnn, Geschichten 171); Matthieu erkannte... eine schmale Bettstatt mit Kissen, Laken und Decken, gleichsam anheimelnd; – ein unerwarteter Gegensatz zum kalten Kellergelaß (Jahnn, Nacht 136); er... betrat...das anheimelnde Arbeitszimmer (L. Frank, Wagen 34).

Das Adjektiv **heimisch** stellt einen Gegensatz zu *fremd* her.

Das Heimische ist die gewohnte, vertraute Umgebung der eigenen Häuslichkeit oder des Heimatlandes, das in eine gegensätzliche Beziehung zu einer anderen, ungewohnten und fremden Umgebung gesehen wird:

> Durch die Avenue de l'Opéra... kehrte ich in die heimische Rue Saint-Honoré zurück (Th. Mann, Krull 193); ich denke an... meine heimische Studierstube (Jens, Mann 95).

Oft wird das Adjektiv in der Bedeutung *wie zu Hause, nicht wie in der Fremde* in den Verbindungen *sich heimisch fühlen; heimisch werden, sein* gebraucht:

> Ich hoffe, Sie werden sich bei uns einleben und heimisch fühlen (Roth, Beichte 63); Er trat langsam von der tätigen Seite der Welt auf die stillhaltende hinüber; ohne die eine zu verlassen, ward er auch in der anderen heimisch (A. Zweig, Grischa 182); Zwar gab es Herren..., die ihre Jugend im Ausland verbracht hatten, in Hamburg so gut wie heimisch waren (H. Mann, Unrat 133); als... die Heiligtümer der heimischen Götter verteidigt werden konnten (Fraenkel, Staat 258).

Heimisch bedeutet auch soviel wie *einheimisch:*

> Die... USA... haben strenge Einwanderungsbeschränkungen und sichern damit ihren Raum im wesentlichen der heimischen Bevölkerung (Fraenkel, Staat 44).

Einheimisch bedeutet *zu dem betreffenden Lande oder Ort gehörend, dort daheim, zu Hause, dort vorhanden, sich darin aufhaltend oder darin geschehend:*

> Also schickte er Aufkäufer in das Städtchen, worüber sich die einheimische Kaufmannschaft ehrlich freute (Kirst 08/15, 27); Später waren auch Franzosen unter den Eisträgern. Sie schulterten die Blöcke genauso wie die einheimischen Eisträger (Grass, Hundejahre 313);... daß für den beim Aufbau der Staatsbibliothek in Berlin benötigten Granit nicht nur polnisches Rohmaterial..., sondern auch einheimischer Granit... verwendet... wird (Bundestag 188/1968, 10149); Lenkungsstelle für die Erfassung einheimischer Produkte (Kirst 08/15, 609).

Heimatlich bedeutet *die Heimat betreffend, zur Heimat gehörend; in der Heimat, zu Hause vorhanden; wie in der Heimat, an die Heimat erinnernd:*

> Unter einem Torbogen... ergriff ihn mit einer heimatlichen Wehmut die Glocke des Wasserverkäufers (Schneider, Erdbeben 42); Wir aber sind in die Gnade Deiner Gesetze getaucht wie in das heimatliche Meer (Reinig, Schiffe 9); Abwesend winkt er mir zu und strebt die Straße hinab, dem heimatlichen Schreibtisch zu (Remarque, Obelisk 260).

Die folgenden drei Wörter haben nur noch lautlich, aber nicht mehr inhaltlich mit den vorangegangenen Ähnlichkeit. **Heimlich, geheim** und **insgeheim** besagen, daß etwas vor anderen verborgen ist. Was *heimlich* vor sich geht oder geschieht, ist fremden Blicken entzogen, bleibt anderen verborgen, wobei es sich oft um etwas Unerlaubtes oder Unerwünschtes handelt, was von den anderen, die es angeht, nicht gebilligt würde:

> er ist ein heimlicher (nicht:geheimer) Säufer; er sagt es ihm heimlich (nicht: geheim) ins Ohr; Otto Bambus... macht heimlich Notizen (Remarque, Obelisk 190); Herr von Kessel... hat mich heimlich im Morgengrauen aufgesucht (Hochhuth, Stellvertreter 163); Wir erfuhren, daß diejenigen, die wir bisher als vorbildliche Parteiführer gekannt hatten, in Wirklichkeit Spione... gewesen sein sollten, die heimlich Verhandlungen mit Hitler-Deutschland... geführt hätten (Leonhard, Revolution 22); Tränen, heimliche Tränen (Frisch, Cruz 66); von dem heimlichen Ehrgeiz beseelt, Künstler zu werden (Jens, Mann 80); niemand ahnte den heimlichen Zweck des wie zufällig liegengelassenen Holzes (Apitz, Wölfe 358); Niemand aber konnte den heimlichen Liebhaber nennen (Jahnn, Geschichten 14).

Gelegentlich verbindet sich mit *heimlich* der Nebenbegriff des im stillen, unbemerkt vor sich Gehenden oder des innig Traulichen:

> da die Innenbeleuchtung des Wagens eingeschaltet war, sah ich, wie er sich gegen

131

ihre Schulter lehnte, den Kopf unmerklich zurücklehnte wie in heimlichem Behagen (Lenz, Brot 107); Mochte die Person zu dem heimlichen Wohlwollen, das sie wegen ihrer Schönheit und ihres gräßlichen Rufes genoß, auch noch die Lacher auf ihre Seite bekommen (Maass, Gouffé 127); Guilleaume... beobachtete mit heimlichem Erstaunen Stetigkeit und Grad dieser Entrücktheit (Maass, Gouffé 343).

Die Bedeutung *behaglich, angenehm, anheimelnd* gilt heute als veraltet, findet sich aber noch im Österreichischen:

Diotima sah Arnheim am Fenster ihrer Küche stehn, ein sonderbar heimlicher Anblick, nachdem sie während des ganzen Abends nur vorsichtige Worte miteinander gewechselt hatten (Musil, Mann 1036).

Was **geheim** ist, wird absichtlich vor anderen verborgen gehalten oder ist im Tiefen verborgen und für andere nicht sichtbar. *Geheim* ist, wovon die Öffentlichkeit ausgeschlossen ist, was die Menge, das Publikum nicht weiß und auch nicht wissen soll. *Geheime* Gedanken sind solche, die jemand in sich verschließt, die er vor anderen bewußt verbirgt; *heimliche* Gedanken dagegen sind Gedanken, die jemand hat, ohne daß die anderen etwas davon ahnen. Wenn jemand mit einem anderen *heimlich* verhandelt, dann heißt das, daß es andere nicht gemerkt haben, was natürlich auch beabsichtigt war. Wenn jemand jedoch *geheim* verhandelt, dann hat er bewußt andere nicht informiert, hat sie bewußt ausgeschlossen, wobei er auch entsprechende Vorkehrungen getroffen hat:

Die Voraussetzung ihrer begnadeten Seelsorge war, daß man ihnen mit völliger Aufrichtigkeit entgegenkam. Man mußte ihnen die geheimsten Gedanken offenbaren (Nigg, Wiederkehr 161); Geheime Kommandosache (Hartung, Junitag 76); Er wollte geheime Flugblätter... gegen die Männer des Dritten Reiches herstellen (Niekisch, Leben 144); Allgemeine, gleiche, unmittelbare und geheime Wahlen wurden zugesichert (Fraenkel, Staat 351); die Stimme vertraulich senkend, wie um geheime Botschaft mitzuteilen (Fries, Weg 93); Seine Stimme war angenehm: ölig-intelligent, schwingend von einer geheimen Sensibilität (Böll, Haus 21); Die zarten und geheimen Kräfte, die von ihr zu uns gingen (Remarque, Westen 90).

In solchen Fällen, wo das Verborgene sowohl das nicht Bekannte als auch das bewußt nicht Bekanntgegebene sein könnte, lassen sich beide Adjektive verwenden, je nachdem, was ausgedrückt werden soll. In den folgenden Belegen wäre also auch *heimlich* für *geheim* einsetzbar:

Ich merkte auch gleich, daß mich die Wirtin mit geheimer Schadenfreude beobachtete (Seghers, Transit 226); Es wäre also besser gewesen, den Gesandten geheim zu empfangen (Jakob, Kaffee 76); sie mußte für ihn eine geheime Anziehungskraft besitzen (Broch, Versucher 62); um unsere geheimen Wünsche zu erfüllen (Kafka, Schloß 203); Sie verstehen nicht, daß sich bei Fouché nur eine geheime Spiellust an der eigenen Tätigkeitskraft berauscht (St. Zweig, Fouché 141).

Insgeheim ist ein Adverb und bedeutet *nicht nach außen hin sichtbar oder in Erscheinung tretend, aber doch im Inneren [vorhanden]* :

Wir hatten ihm insgeheim längst vergeben, worüber wir offiziell noch grollten (Lenz, Brot 170); ... aber verborgen, so meinte er, ganz insgeheim sei der Sport ja wohl ursprünglich eine Kriegsübung gewesen (Lenz, Brot 31); Doch insgeheim sah sie es gar nicht gern, daß das Mädchen sich so offenkundig an die Deutschen verdingt hatte (H. Kolb, Wilzenbach 101).

Insgeheim und *heimlich* stehen sich inhaltlich recht nahe. Der Unterschied besteht darin, daß *insgeheim* l o k a l e Bedeutung hat und angibt, w o sich etwas vollzieht, während *heimlich* dort, wo es mit *insgeheim* in Konkurrenz treten kann, die A r t u n d W e i s e angibt, w i e sich etwas vollzieht. Man kann etwas *insgeheim* nicht gern sehen, es im Innern, innerlich ablehnen, aber man sieht jemandem *heimlich,* nämlich ohne daß er es merkt, zu:

Sie wollte, daß Frank französisch sprechen könne, und sie wünschte insgeheim, daß die französischen Frauen ihn für die Liebe erziehen sollten (Baum, Paris 51).

Wenn man etwas *insgeheim* wünscht, dann wünscht man es in der Tiefe seines Herzens (wo?); würde man es *heimlich* wünschen, dann wünschte man es auf solch eine Weise, daß es andere nicht merken (wie?). Auch in den folgenden Belegen ließe sich *insgeheim* mit der entsprechenden Inhaltsnuancierung durch *heimlich* austauschen:

ein Mann, der die Partei haßte, vielleicht insgeheim gegen sie arbeitete (Fallada, Jeder 166); die Arbeiterschaft meuterte gegen die Kriegskreditbewilliger und

wünschte insgeheim die Niederlage der eigenen Regierung (Niekisch, Leben 37).
Unüblich ist es, *insgeheim* in der Bedeutung von *heimlich* adverbial oder als attributives Adjektiv zu gebrauchen wie in den folgenden Belegen:

> Einige. . . packen insgeheim ihre Zahnbürste ein, sagen der Schwester, sie müß-
> ten auf die Toilette (Frisch, Stiller 139); . . . hatte er begonnen, insgeheim von
> seinem letzten Hammelfleisch zu fressen (Frisch, Stiller 198); Es war wirklich
> eine Art von Verfolgungswahn, wie er Leute, sobald sie Julika als Freunde begeg-
> neten, für seine insgeheimen Feinde hielt(Frisch, Stiller 132); Er brachte jeden
> Bogen zu Daphne, die ihn insgeheim korrigierte (A.Kolb, Daphne 134).

heizen/beheizen/einheizen/verheizen

Heizen und **beheizen** lassen sich zwar gelegentlich gegeneinander austauschen, doch
unterscheiden sich beide Verben durch bestimmte Bedeutungsnuancen. Außerdem
hat *heizen* einen breiteren Anwendungsbereich als *beheizen*. Es kann nämlich im Unterschied zu *beheizen* auch intransitiv gebraucht werden. Während *heizen* soviel wie
warm machen bedeutet, lenkt *beheizen* den Blick auf die Tätigkeit, nämlich darauf,
daß Wärme einem Raum zugeführt wird, daß durch Heizen etwas warm gemacht
wird. Wenn man sagt, das Freibad ist *beheizt,* dann heißt das, daß ihm *Wärme zugeführt* wird. Sagt man, der Raum ist *geheizt,* so heißt das, daß er warm und nicht
kalt ist. Von einem Freibad sagt man nicht, daß es geheizt ist, weil sich heizen in
der Regel auf einen geschlossenen Raum bezieht. Spricht man von gut *geheizten*
Räumen, so denkt man an angenehm warme Räume; spricht man von gut *beheizten*
Räumen, dann denkt man zwar auch daran, daß die Räume warm sind, aber es verbindet sich damit zusätzlich die Vorstellung, daß der Raum reichlich mit Wärme
versorgt worden ist. Genauso ist es, wenn man von der Heizung oder Beheizung
spricht, wo jeweils die Wärme bzw. die auf das Objekt gerichtete Tätigkeit der Wär-
mezuführung gemeint ist. Nicht austauschbar gegen beheizen ist *heizen* grundsätzlich im intransitiven Gebrauch:

> Wenn wir Briketts machen, die verkauft werden, aber nicht heizen. . . verstehen
> wir nichts von Briketts (Hacks, Stücke 337); Der kleine Ofen heizt sehr gut
> (Fallada, Mann 235); In Südamerika heizen sie mit Mais (Tucholsky, Werke II
> 143); So irrsinnig brauchten sie nun auch nicht zu heizen (Geissler, Wunsch-
> hütlein 124).

Im transitiven Gebrauch ist ein Austausch nur möglich, wenn die mit *beheizen* verbundenen Nebenvorstellungen mit dem Kontext vereinbar sind:

> Einen „Panje" hatte er dabehalten, der mußte den Ofen heizen (Plievier, Stalin-
> grad 163); in den leeren Becken sah man die Röhren bloßliegen, welche die Bö-
> den heizten (Gaiser, Jagd 120); Die Wärme heizte ausgedehnte Treibhäuser (Gai-
> ser, Jagd 120); Ich betrat einen großen Parterreraum; er war. . . nur schlecht ge-
> heizt (Niekisch, Leben 117); Er fotografierte. . . das Publikum der geheizten
> Bürgersteigcafes (Johnson, Ansichten 144).

Bildlich:

> man friert bei diesem Hundewetter. . . und sollte wenigstens innerlich ein biß-
> chen heizen (Geissler, Nacht 80).

Der Unterschied zwischen *heizen* und *beheizen* wird auch in den Komposita und
Ableitungen deutlich. In dem mit *heizen* gebildeten Wörtern wird auf die Wärme
Bezug genommen:

> Heizkraft, Heizöl; Die Heizwirkung läßt sich mit Pappdeckeln nicht verbessern
> (Auto 6/1965, 39); längs der Wand verlaufen Heizröhren (Kisch, Reporter 12);
> der Heizsonnen wegen, die die Bildhauer um mich aufstellten (Grass, Blechtrom-
> mel 579).

Beheizen:

> Beheizte Straßen gegen Glatteis (MM 2.2.55, 10); zentral beheizt von einem
> modernen Buderus-Kessel (Der Spiegel 16/1966, 143); den Kunden, welche die
> Neuanschaffung von Haushalt-Allgas-Geräten planen oder nun mit dieser ide-
> alen Energie ihre Wohnungen und Häuser beheizen wollen (Werbeprospekt 1968);
> Holzkohle, mit der man die Plätteisen beheizt (Bobrowski, Mühle 121); kalte
> oder mit kleinen Blechöfen beheizte Waggons (Plievier, Stalingrad 163); Die
> Schneide sitzt auf einem rotierenden Metallstab, der elektrisch beheizt wird
> (Fischer, Medizin II 65); In der kalten Jahreszeit klagen Mieter von zentral-
> beheizten Wohnungen oft darüber, daß ihre Wohnungen nicht genügend be-
> heizt werden (Mieterzeitung 12/1970, 1).

Einheizen bedeutet *im Ofen o.ä. Feuer machen zur Erwärmung des Zimmers.*

Einheizen wird aber vor allem auch in der saloppen Umgangssprache in übertragener Bedeutung gebraucht:

a) in der Wendung *etwas heizt jemandem ein,* was soviel bedeutet wie *etwas macht jemandem warm, bringt ihn in Hitze:*

> „Pull doch auch mal paar Schläge, das heizt ein." Zähneklappern bot das Heck als Antwort (Grass, Katz 169).

b) *jemandem einheizen* bedeutet *jemanden in irgendeiner Weise beunruhigen, ihn in Bedrängnis bringen, ihn aus seiner Ruhe aufstören, ihn in Unruhe versetzen, innerlich erregen:*

> Er versuchte dann, die dünne Frontlinie des Gegners sichtbar zu machen. „Und wie oft heizen Sie den Brüdern drüben ein?" (Kirst 08/15, 329); er, der Hauptwachtmeister, hatte den Unteroffizieren tüchtig eingeheizt (Kirst 08/15, 81); Willi Schulz, Kapitän der deutschen Elf: „Die Jugoslawen haben uns ganz schön eingeheizt, nur schießen können sie nicht. . . " (MM 5.5.67, 17); Radikale Katholiken heizen dem Kirchentag ein (MM. 6.9.68, 2).

Verheizen bedeutet *zum Heizen gebrauchen oder verbrauchen:*

> Vor vierzig Jahren wohnte ich hier und malte auch. Dann verheizte ich meine Bilder und begann zu schreiben (Dürrenmatt, Meteor 10); . . . wenn gar kein Standesamtsregister mehr existiert? Das kann man sich doch unter den Arm klemmen und irgendwo verheizen (Kirst 08/15, 774); In der Nacht vorher war die Pritsche verheizt worden (Plievier, Stalingrad 65).

Verheizen wird aber vor allem in der saloppen Umgangssprache in übertragener Bedeutung gebraucht. *Jemanden verheizen* bedeutet *jemanden rücksichtslos im Einsatz für etwas opfern, ruinieren:*

> Eine potentielle Forschergeneration wurde im Zweiten Weltkrieg verheizt (Der Spiegel 9/1966, 40); Aber immerhin gehörte er zu den wenigen, die eine eigene Meinung hatten und die es auch als ihre Offizierspflicht betrachteten, von ihrer Meinung Gebrauch zu machen und die ihnen anvertrauten Soldaten nicht sinnlos verheizen zu lassen (Kirst 08/15, 280).

hermeneutisch/Hermeneutik/heuristisch/Heuristik/hermetisch

Das Adjektiv **hermeneutisch** bedeutet *erklärend, auslegend.* Es gehört zum Substantiv **Hermeneutik,** worunter man das wissenschaftliche Verfahren und gleichzeitig die Kunst der Auslegung und Erklärung von Texten oder Kunstwerken versteht:

> „In Wahrheit leben die Bilder davon, daß sie. . . und hinweisen, was sie nicht sind. . . " Die Hermeneutik darf vom „Ungesagten" in den Texten nicht absehen (Mitteilungen 4/1971, 29).

Das Adjektiv **heuristisch** gehört zum Substantiv **Heuristik,** was soviel bedeutet wie *Erfindungskunst; methodische Anleitung, Anweisung, Neues zu finden oder zu erfinden.* Ein „heuristisches Prinzip" ist eine Arbeitshypothese als Hilfsmittel der Forschung, ist eine vorläufige Annahme, um einen noch nicht geklärten Sachverhalt besser zu verstehen:

> Da die KG (kontrastive Grammatik) nach seiner Meinung in methodischer. . . Hinsicht. . . nur einen heuristischen Wert beanspruchen dürfe, sieht er den Eigenwert der KG auf dem Gebiet des Sprachvergleichs (Mitteilungen 4/1971, 31).

Wenn etwas so absolut dicht ist, daß nichts eindringen kann, dann nennt man es **hermetisch** verschlossen oder abgeschlossen, z.B. werden Ampullen mit Medikamenten hermetisch verschlossen, damit sie keimfrei bleiben. Häufiger wird das Adjektiv jedoch übertragen gebraucht. Man kann beispielsweise ein Gebiet hermetisch abriegeln, um zu verhindern, daß andere Personen hineingelangen:

> Der Wenzelsplatz wurde hermetisch abgeriegelt (MM 22.8.69, 14); So entstand um uns herum, oder auch in uns. . . ein hermetischer Raum (Ch. Wolf, Nachdenken 72).

herzlich/herzig/herzhaft

Herzlich bedeutet *aus dem Herzen, dem Inneren heraus kommend; mit starker innerer Empfindung; mit dem ganzen Herzen, Gefühl beteiligt:*

> die Verleihung des Ordens. . . zu welcher Papa und ich Dir herzlich gratulieren (Th. Mann, Krull 400); er gab sich ganz dem Anblick der Toten hin, mit jener sonderbaren Mischung von herzlichem Mitfühlen und kalter Beobachtung (Hesse, Narziß 266); so lebten wir in herzlicher Wechselneigung (Th. Mann, Krull 29).

In adverbialem Gebrauch wird *herzlich* auch verstärkend in der Bedeutung *sehr* gebraucht:

Der Windschutz aus Stroh verbarg den Himmel und die Sterne. Das machte mir herzlich wenig aus (Kessel [Übers.] , Patricia 79); Ich bin des ganzen Unsinns herzlich satt (Seghers, Transit 215).

Herzig bedeutet soviel wie *niedlich, goldig, durch Aussehen oder Art liebenswert.* *Herzig* bezeichnet eine Eigenschaft, der zufolge jemand oder etwas jemandem lieb ist, also dadurch, daß das G e f ü h l angesprochen wird, während *herzlich* den U r s p r u n g , nicht die Wirkung angibt:

Ein herzigeres Kind als die kleine Christine Wagner mit ihren blonden Locken und den roten Bäckchen konnte man sich nicht vorstellen (Prinzeß-Roman 43, 42); Später durfte der Gatte der Gattin das Mieder zuschnüren, . . . durfte ihr das Schuhwerk an die herzigen Füße passen (Fussenegger, Haus 205).

Herzhaft bedeutet *so recht von Herzen [kommend] ; kräftig; sich im Vollgefühl seiner Kraft äußernd:*

sie . . . küßt mich herzhaft auf den Mund (Remarque, Obelisk 93); Er gähnte laut und herzhaft (Sebastian, Krankenhaus 88); Sie . . . sah ihm herzhaft ins Auge und sagte, daß sie glücklich wäre, wenn er ihr einmal etwas Schönes vorsingen wolle (Thieß. Legende 115); Jeder trank einen herzhaften Schluck auf das Wohl des Gefeierten (Hasenclever, Die Rechtlosen 484); es wäre ein herzhafter Spaß, wenn man den Zeitraffer anbringen könnte und das ganze Leben . . . donnerte mit einem Male herunter (Tucholsky, Werke II 501).

Herzlich und *herzhaft* lassen sich gelegentlich austauschen, doch ändert sich dann auch die Aussage entsprechend. Wenn man *herzlich* lacht, dann lacht man s e h r , dann ist man besonders belustigt. Wenn man *herzhaft* lacht, dann lacht man k r ä f - t i g , so recht aus vollem Halse. Herzlich bezeichnet die I n t e n s i t ä t , während *herzhaft* die A r t des Lachens charakterisiert:

Die Clowns. . . , über die Stanko und ich so herzlich lachten (Th. Mann, Krull 221); Er brach in ein herzhaftes Lachen aus, Latten mußte schreien, um von Kätta gehört zu werden (Andres, Liebesschaukel 169).

Im folgenden Beleg hätte man eher *herzlich* statt *herzhaft* erwartet:

quer durch eine Bevölkerung, die ihnen als unkultiviert herzhaft verächtlich war (A. Zweig, Grischa 74); →treu/treuherzig.

hilfsbereit/hilfreich/behilflich

Das Adjektiv **hilfsbereit** hat positiven Inhalt; es bedeutet *bereit zu helfen:*
ein hilfsbereiter Mensch; er ist sehr hilfsbereit.

Hilfreich bedeutet auch soviel wie *hilfsbereit, wohltätig:*

Edel sei der Mensch, hilfreich und gut (Goethe, Das Göttliche); Hilfreich springen nacheinander mehrere Männer für die Schöne in die Flut (Hörzu 9/1971, 63); nun gab oben der Mönch zu erkennen, daß er den Besucher nicht vergessen hatte: ein hilfreiches Licht erhellte plötzlich den ganzen Bereich (Carossa, Aufzeichnungen 67).

Heute wird *hilfreich* jedoch vor allem in der neueren Bedeutung *nützlich* gebraucht, während die andere Bedeutung seltener verwendet wird:

eine hilfreiche Kritik; seine Anregungen waren sehr hilfreich; Sein Skizzenbuch, Zeichenstifte und den hilfreichen Wischer gab er mir auch (Th. Mann, Krull 297); „Gute Reise in Italien" heißt eine Broschüre mit hilfreichen Hinweisen (Auto 7/1965, 63).

Das Wort **behilflich** kommt nur in der Wendung *jemandem behilflich sein* vor, was soviel bedeutet wie *jemanden bei der Bewältigung von etwas durch kleinere Hilfeleistungen unterstützen,* wobei über den Erfolg dieser Unterstützung nichts gesagt wird:

man wollte wissen. . . , was für Papiere sie hätten und wer ihnen unterwegs behilflich sein würde (Remarque, Triomphe 163); . . . daß das ZK. . .bittet, dem Genossen Leonhard bei seiner Übersiedlung nach Alma Ata behilflich zu sein (Leonhard, Revolution 120).

Ungewöhnlich ist es, wenn *behilflich* nicht auf Personen bezogen wird:

Vielleicht waren es auch edlere Gründe, die ihnen dabei behilflich waren (Jacob, Kaffee 70).

Gegen die Sprachüblichkeit verstößt der folgende Gebrauch von *behilflich* in der Examensarbeit eines Ausländers, weil *behilflich* nicht als selbständiges Adjektiv, sondern nur in der obengenannten Wendung gebraucht wird:

Als sehr behilflich für das Sammeln von „Schwankungen" haben sich sprachkritische und sprachpflegerische Werke erwiesen.

Hinterseite/Rückseite/Kehrseite

Die Substantive **Hinterseite** und **Rückseite** bedeuten *hintere, rückwärtige Seite*. Ihr Gegenwort ist *Vorderseite*. Sind beide Wörter auch weitgehend synonym, so ergeben sich doch gelegentlich gewisse Unterschiede im Gebrauch, die auf die einzelnen Bestandteile der Wörter zurückzuführen sind. Die *Hinterseite* ist die h i n t e r e Seite; die *Rückseite* ist die R ü c k e n seite. Bei der Rückenseite, der Rückseite, ist die Vorstellung einer Fläche, die sich von oben bis unten erstreckt, noch stärker mit enthalten.

Man spricht von der *Hinterseite* eines Hauses, eines Schrankes, eines Bildes. Bei Heften, Papieren usw. bevorzugt man das Wort *Rückseite*. Im Wort *Hinterseite* klingt noch die Opposition zu vorn mit an, wobei die Vorstellung mitschwingt, daß die vordere Seite die schönere, bevorzugtere ist. Das Wort *Rückseite* enthält diese mitschwingende Wertung nicht, wie ja Rücken ebenso wie Brust oder Bauch lediglich die gegensätzliche Lage wertfrei angeben:

> der sie (die Zahlen) von der Hinterseite des Zettels liest (Frisch, Gantenbein 220); Ich schrieb auf die Rückseiten ihrer Aufsatzhefte (Bieler, Bonifaz 198); Frau Melde ordnete ihre Karten und sah mich über die karierten Rückseiten hinweg mit einem Auge an (Bieler, Bonifaz 216); Sie hatte etwas konstruiert, eine Art von Leiter an der Rückseite des Hauses (K. Mann, Wendepunkt 433).

Das Substantiv **Kehrseite** wird im konkreten Bereich nicht so häufig gebraucht. Im Unterschied zu den anderen beiden Wörtern weist es auf einen V o r g a n g hin, nämlich den des Umdrehens, Umkehrens, wodurch eine sonst nicht sichtbare, weniger schöne Seite zum Vorschein kommt. Das Wort *Kehrseite* setzt voraus, daß das Betreffende beweglich, handhabbar ist:

> Die Einhängekästchen sind auch auf der Rückseite furniert. Sie haben keine Kehrseite und wirken auch von der Rückseite dekorativ (St. Galler Tagblatt 570/1968)

Im übertragenen Gebrauch bedeutet Kehrseite soviel wie *die andere, negative Seite einer positiv scheinenden Sache:*

> Die Kehrseite: Firmenrenten werden gekürzt (MM 3.11.67, 14); Aber die Panne ist sozusagen die moralische Kehrseite der Geschwindigkeitsmedaille (Bamm, Weltlaterne 139); Zweifel ist die Kehrseite des Glaubens (Remarque, Obelisk 81).

Alle drei Substantive werden als Synonym für Gesäß verwendet:

> er zeigte ihm die Rückseite; Um meine Gäste dann für immer zu vertreiben, nehme ich die im Ruck mit ausgepellte Hinterseite hinzu, besinge ihre Kimme (Lynen, Kentaurenfährte 60); Es empfiehlt sich für einen, der auf einem dünnbeinigen Taburett sitzt, mitnichten, wilde Indianertänze aufzuführen. Sonst kippt das Taburett um, der Tänzer sitzt auf der Kehrseite (Tucholsky, Werke II 42).

Hirn/Gehirn

Hirn und **Gehirn** – medizinisch Cerebrum genannt – bezeichnen die weiche weißliche Masse des Zentralnervensystems im Schädel, die auch Sitz des Bewußtseins ist. Beide Wörter bedeuten im übertragenen Bereich *Verstand, Geisteskraft*. In der F l e i s c h e r e i wird vorwiegend *Hirn* gebraucht (z.B. Kalbshirn), obgleich sich sonst gerade mit dem Wort *Gehirn* stärker die konkrete Bedeutung verbindet. *Hirn* klingt gehoben, literarisch:

> zerschlagene Knochen blieben ihr und ein bleiernes Hirn und die abendliche Wollust. . . (Böll, Haus 36); Haben Sie schon Leichname. . . mit ausgesaugtem Hirn gesehen? (Plievier, Stalingrad 119); Hier nun kann die Vernebelung der Hirne . . . einsetzen (Kirst 08/15, 909); Offenbar versteht unser Herz besser als unser Hirn den Lobgesang der Engel (Sommerauer, Sonntag 106); ein . . . Mann, der Kenntnisse. . . mißtrauisch in sein Hirn verschließt (Feuchtwanger, Erfolg 687); dagegen erfand sein nimmermüdes Hirn ein Mittel: die Festsetzung von Höchstpreisen (Thieß, Reich 244).

Die Belege für *Gehirn* zeigen, daß sich mit diesem Wort in stärkerem Maß noch die Vorstellung eines konkreten, in bestimmter Weise funktionierenden Organs verbindet:

> Acht Minuten nach Stillstand der Durchblutung ist das Gehirn irreparabel geschädigt (Fischer, Medizin II 228); Die Erregungen werden auf kurzem Wege . . . dem Gehirn zugeleitet (Fischer, Medizin II 23); Hielscher sagte, ihm sei die Vorstellung grauenhaft, daß sein Gehirn aus der Gehirnschale ausgekratzt werde (Niekisch, Leben 127); dieser kleine Mann. Mit einem übermäßig entwickelten

Gehirn, dem nichts Gedrucktes. . . fremd war (Hasenclever, Die Rechtlosen 395); Hauptmann Wagner fühlte sich als das militärische Gehirn (Niekisch, Leben 162); Ich bin mir wohl bewußt, daß der Krieg die Gehirne vernebelt (Hagelstange, Spielball 50); Barbara schien ihr kleines Gehirn. . . anzustrengen (Kirst 08/15, 749); Erst eine Sekunde später fing sein logisches Gehirn zu arbeiten an (Baum, Paris 163).

hölzern/holzig

Hölzern ist etwas, was aus Holz besteht:

ein hölzerner Griff; ein hölzerner Löffel; Denn wenn auch ein Müllerssohn in Steegens hölzernem Kapellchen getauft wurde (Grass, Hundejahre 25).

Aber auch ein Mensch, dessen Bewegungen steif und ungelenk sind und der im Umgang mit anderen nicht gewandt ist, wird *hölzern* genannt:

Ich selbst bin ein hölzerner Bursche (Langgässer, Siegel 363); sie saß ganz hölzern auf seinen Knien (Gaiser, Jagd 171).

Was aber nicht selbst aus Holz ist, sondern nur so ähnlich beschaffen ist wie Holz, ist holzig; z.B. kann der Stengel einer Pflanze holzig sein. Wenn Kohlrabi, Radieschen oder Spargel harte Fasern haben, nennt man sie abwertend holzig, und sie werden nicht mehr gern gegessen:

Ob Scheiben, Stücke oder Crush auf dem Etikett steht, sagt aber nichts darüber aus, ob die Ananas holzig oder zart ist (DM 5/1966, 28).

Homophilie/Hämophilie

Das in den letzten Jahren in Gebrauch gekommene Wort **Homophilie,** das aus griech. homos (gleich, gemeinsam) und griech. philos (lieb, Freund) gebildet wurde, ist ein verhüllendes Synonym für *Homosexualität.*

Mit **Hämophilie,** gebildet aus griech. haima (Blut) und griech. philos (lieb, Freund), wird die Bluterkrankheit bezeichnet, bei der es wegen mangelnder Gerinnungsfähigkeit des Blutes spontan oder bei kleinsten Verletzungen zu schwer stillbaren Blutungen kommt.

human/humanitär/humanistisch

Human bedeutet *dem Menschen und seiner Würde entsprechend, angemessen,* womit Milde, Freundlichkeit, Nachsicht und Menschlichkeit im Handeln gemeint sind. Das Gegenwort ist *inhuman:*

Das Mitleid bleibt dennoch die Triebfeder aller humanen Bestrebungen (Hasenclever, Die Rechtlosen 466); Sie braucht humane, liberale, christliche Menschen (Kirst 08/15, 761); Diese. . . Deutschen, die dem alliierten Bombenterror zum Opfer fielen, sind keineswegs humaner umgekommen als die Juden (Der Spiegel 15/1966,40); Wir sind ein humanes Institut, deshalb gewähren wir Ratenzahlung (F. Wolf, Zwei 14).

Human in der Bedeutung *zum Menschen gehörend, dem Menschen entsprechend, menschenwürdig,* allerdings ohne Bezug auf Milde und Nachsichtigkeit, sondern mit Bezug auf Moral und Ethik und eher im Gegensatz zur abwertenden Bedeutung von „tierisch", ist weniger gebräuchlich:

Plädoyer für eine humane Sexualität – wider den Sexkult (Börsenblatt F 50/ 1967, 3315).

Während *human* eine positive Eigenschaft von Menschen oder Handlungen charakterisiert, kennzeichnet **humanitär** rein sachlich Bestrebungen, die auf das Wohl der Menschen, auf die Linderung menschlicher Not gerichtet sind:

Es war vorauszusehen, daß die humanitären. . . Modalitäten der Passierscheine von den Kommunisten in ihrem Sinne politisch ausgewertet werden würden (Die Welt 11.1.64, 1); Es ist die Gesellschaft vom Reißbrett. . . , bar des humanitären Gehalts sozialer Bewegungen (Die Welt 7.5.66, 3); Wir haben eine humanitäre Aufgabe. So werden wir in jedem Fall bestrebt sein, . . . die Menschen zu betreuen und zu versorgen (Der Spiegel 48/1965, 65); Mit dieser, dem Osten abgerungenen humanitären Erleichterung wurde die Diskriminierung der Westberliner etwas gemildert (Die Welt 6.10.65, 2).

Menschen können also nur *human,* aber nicht humanitär sein. Wenn man von *humanen* Forderungen spricht, dann meint man milde, akzeptable und relativ gut zu erfüllende Forderungen; *humanitäre* Forderungen dagegen zielen darauf ab, die Lage der Menschen zu erleichtern. Man kann jemanden *human* (= milde, nachsich-

tig) bestrafen, aber nicht humanitär; ein Urteil kann *human* sein, aber üblicherweise nicht humanitär; man kann jemanden *human* behandeln, aber nicht humanitär.
Humanistisch bedeutet *den klassischen Studien gewidmet, auf Sprachen und Kultur der Antike aufbauend:*

> ein humanistisches Gymnasium; Welches Weib mit humanistischer Bildung mochte ihm die Torheit eingeblasen haben (Jahnn, Geschichten 188).

Humanistisch bedeutet außerdem *die Würde des Menschen bewahrend, vom Geist der Menschlichkeit erfüllt und in diesem Sinne wirkend oder davon zeugend,* womit sich geistige und ideale Ziele verbinden − im Unterschied zu *human* und *humanitär,* die mehr im Hinblick auf konkrete, oft bedrückende und die einzelnen Menschen belastende Situationen gebraucht werden:

> Die Aufführung des dramatischen Oratoriums, dessen humanistische Aussage von Gedanken des Friedens, der Freiheit und des menschlichen Glücks bestimmt wird (ND 18.6.64,6); Unter sozialistischer Demokratie verstehen wir wahrhaft humanistische Beziehungen zwischen Staat und Bürgern (ND 17.6.64,6).

Der Gebrauch des Wortes in dieser Bedeutung ist besonders in der DDR beliebt.
In manchen Bereichen berühren sich die Inhalte der drei Adjektive, so daß dann mit entsprechender inhaltlicher Nuancierung ein Austausch möglich wäre, z.B. *human* für *humanistisch:*

> Intoleranz, die erst allmählich durch einen humanistischen Zug zur Toleranz gemildert wird (Fraenkel, Staat 153).

Oder *human* für *humanitär:*

> Die Höhe der Summen wird nicht von humanitären Regungen bestimmt, sondern von der Finanzkraft der Luftfahrtgesellschaft (Der Spiegel 48/1965, 144).

Oder *humanistisch* für *humanitär:*

> eine neue Verbindung der konservativen Tradition mit der christlichen und humanitären Freiheitsidee (Fraenkel, Staat 172).

humorlos/witzlos

Wer **humorlos** ist, hat keinen Humor, kann nicht mit Heiterkeit und Gelassenheit sich und seine Umwelt betrachten, hat keinen Sinn für heitere Situationen:

> weil er humorlos war, ärgerte er sich über die Witze, die die anderen über ihn machten; er sah, wie sie den Kopf schüttelte, eine humorlose Frau (Böll, Adam 53).

Im Unterschied zu *humorlos* wird **witzlos** auf Vorhaben bezogen, deren Ausführung nicht mehr sinnvoll ist, weil eine ursprüngliche Voraussetzung nicht mehr besteht.
Witzlos bedeutet *ohne Sinn und Reiz; der eigentlichen Absicht nicht mehr entsprechend:*

> es ist ja völlig witzlos, bei diesem schlechten Wetter zu verreisen; Was soll dieser Konsum, diese Kauferei − völlig witzlos (Der Spiegel 53/1967, 106).

hydro-/hygro-

Hydro− (aus griech. hydor = Wasser) ist das Bestimmungswort von Zusammensetzungen mit der Bedeutung *Wasser, wäßrige Körperflüssigkeit, Feuchtigkeit:* Hydrographie (= Gewässerkunde), Hydrometer (= Gerät zur Messung der Geschwindigkeit fließenden Wassers), Hydrant (= größere Zapfstelle zur Wasserentnahme aus Rohrleitungen):

> Diese Organismenumwelt. . ., die Biosphäre, hat zwei Hauptteile, die Hydrosphäre (das Wasser) und die Atmosphäre (das Land) (Thienemann, Umwelt 103).

Hygro− (aus griech. hygros = feucht, naß) ist das Bestimmungswort von Zusammensetzungen mit der Bedeutung *Feuchtigkeit, Wasser,* z. B. hygroskopisch (= Wasser, Feuchtigkeit an sich ziehend), Hygrometer (=Luftfeuchtigkeitsmesser).

hyper-/hypo-

Hyper- ist eine Vorsilbe mit der Bedeutung *über, übermäßig, über . . . hinaus.* Vor allem in der Medizin verbindet sich damit die Vorstellung des *Zuviel* im Gegensatz zu **hypo-** mit der Bedeutung *unter, darunter,* womit sich die Vorstellung des *Zuwenig* verbindet. Eine *Hyperfunktion* ist also in der Medizin eine Überfunktion, die gesteigerte Tätigkeit eines Organs; eine *Hypofunktion* eine Unterfunktion, die verminderte Arbeitsleistung eines Organs (z.B. einer Drüse mit innerer Sekretion):

Störungen der Magen- und Dünndarm-Motilität können im Sinne eines Zuviel (Hypermotilität) oder eines Zuwenig (Hypomotilität oder Atonie) auftreten (Fischer, Medizin II 274); diese hypernervöse Spannung (Die Zeit 10.4.64,10); Motorjournalisten sind hyperkritisch (Auto 8/1965, 54); Er soll in Brasiliens hypermoderner Hauptstadt Brasilia ein Hotel dekorieren (Der Spiegel 5/1966,94).

ideal/ideell/idealisch/idealistisch/ideologisch

Ideal können Personen, Gegenstände usw. sein, womit gesagt wird, daß sie der Vorstellung von Vollkommenheit entsprechen. Wenn etwas oder jemand genau den Vorstellungen, Anforderungen usw. entspricht, wird es oder er *ideal* genannt. *Ideal* wird heute in der Gemeinsprache als Synonym zu *vollkommen, musterhaft, vorbildlich,* gebraucht:

> Bedenkt man, daß er eine unpersönliche Beziehung im Persönlichsten suchte, so war sie eine ideale Partnerin (Kuby, Rosemarie 142); Eine geradezu ideale Rutschbahn bildet langes Gras (Eidenschink, Bergsteigen 96); breite Schultern bei schmalen Hüften. Wer hatte ihn so ideal wachsen lassen? (Grass, Hundejahre 262); Der Elektromotor wäre der ideale Antrieb für einen Stadtwagen (Auto 8/1965,34); Mit dieser weichen Kraftübertragung sind ideale Voraussetzungen für winterglatte Straßen gegeben (Auto 7/1965, 45); Auch der Blutdruck ist nahezu ideal (Dürrenmatt, Meteor 56).

Ideell ist ein Zugehörigkeitsadjektiv, das soviel bedeutet wie *auf einer Idee beruhend; nur gedanklich, nicht dem Materiellen zugehörend; im Geistigen, und nicht im Materiellen, Nützlichen oder Praktischen begründet.* Das Gegenwort ist „materiell".
Ideell bezieht sich nur auf Nichtdingliches, also nicht direkt auf Personen oder Gegenstände:

> Noch schwerwiegender als der materielle Mangel war jedoch die ideelle, geistige Situation eines großen Teiles der Bevölkerung (Klein, Bildung 13); die politische und ideelle Vorbereitung des Nationalstaatsgedankens (Fraenkel, Staat 211); wir . . . fördern die Jugendfotografie ideell und materiell (Bulletin 56/1966, 438); innerhalb. . . einer gesellschaftlich oder ideell gebundenen Gruppe (Marek, Notizen 17).

Es besteht also ein Unterschied zwischen einer *idealen* und einer *ideellen* Bindung, zwischen *idealen* und *ideellen* Zwecken. Manchmal jedoch sind beide Möglichkeiten denkbar:

> einer hemmungslosen Raubgier hängten sie das irreführende Mäntelchen idealer und religiöser Zwecke um (Niekisch, Leben 266).

F a l s c h ist jedoch der folgende Gebrauch:

> In unseren Kinderdörfern. . . haben über 100 heimatlose. . . Kinder ein Daheim, Geschwister und eine gute Mutter gefunden. Aber auch ideale (gemeint ist wohl: ideell eingestellte) Frauen und Mädchen fanden dort eine erfüllende Aufgabe (Inserat).

Während *ideal* als Bestimmungswort in Zusammensetzungen auftreten kann (Idealbild, Idealzustand), ist dies bei *ideell* nicht möglich;→-al/-ell.
Idealisch wird heute nur noch selten und dann in gehobener Sprache gebraucht. Die Endung -isch bedeutet hier aber nicht nur eine Angleichung an das deutsche Wortbildungssystem, wie es sonst gelegentlich der Fall ist (perfektiv/perfektivisch), denn *idealisch* ist nicht völlig gleichbedeutend mit *ideal*= mustergültig, vollkommen, sondern stellt die Beziehung zum Substantiv das *Ideal* her und bedeutet *einem Ideal entsprechend,* ist also mehr noch Zugehörigkeitsadjektiv als Eigenschaftswort (→ genial/genialisch, →sensibel/sentimental/sentimentalisch):

> Besonders der Zylinder, der ihm. . . schief in der Stirn saß, war in der Tat das Traum- und Musterbild seiner Art, ohne Stäubchen noch Rauheit, mit idealischen Glanzlichtern versehen (Th. Mann, Krull 34); Ist es ein Wunder, daß bei all diesen idealischen Bildern vom Himmel gesegneter und von Menschenhand musterhaft gepflegter Natur ein Auge sich feuchtet? (Th. Mann, Krull 382); . . . so entfernen wir uns sogar ziemlich weit von der Plattform des trivialen Mittelmaßes, jedoch nicht im Sinne einer idealischen Erhebung, sondern nach der Tiefe hin (Greiner, Trivialroman 71); . . . mir fehlt die Objektivität: Mein George-Bild würde entweder idealisch ausfallen oder zu gehässig (K. Mann, Wendepunkt 383).

Idealistisch gehört zum Substantiv Idealismus und bedeutet *an Ideale glaubend und nach Verwirklichung dieser Ideale strebend,* wobei die Neigung besteht, die Wirklichkeit nicht so zu sehen, wie ist ist, sondern wie sie sein sollte. Sowohl Personen als auch Abstraktes können folglich als *idealistisch* bezeichnet werden. Das Gegenwort ist *materialistisch* (→ materiell):

> wie eine Dorfschulklasse ihren idealistischen jungen Lehrer zu Tode prügelt (Dürrenmatt, Meteor 20); die idealistische Konstruktion des platonischen Staats (Fraenkel, Staat 262); die Bilder. . . stellten Ausschnitte der russischen Gegenwart idealistisch dar (Koeppen, Rußland 147); Lassalle der zwar von Marx beeinflußt, aber sehr viel . . . idealistischer gesinnt war (Fraenkel, Staat 304).

Ideologisch gehört zum Substantiv *Ideologie* und bedeutet *weltanschaulich; das System von Ideen, Anschauungen und Begriffen, das einen bestimmten gesellschaftlichen Standpunkt widerspiegelt, betreffend.* Die leicht abwertende Note, die früher mit dem Wort verbunden war, verliert sich im modernen Sprachgebrauch immer mehr:

> Die Ursachen der ideologischen Schwächen bei Literaten, die Mitglieder der Partei sind (ND 13.6.64, 6); Der ideologische Konflikt zwischen Moskau und China (Die Welt 23.1.65, 4); . . . wo die Parteiorganisationen ideologische Arbeit leisteten (ND 1.6.64, 1); Die Partei sollte. . . die einzelnen Grundorganisationen ideologisch anleiten (ND 19.6.64,4).

Früher bedeutete *ideologisch* auch *die Ideologie, d.h. die Begriffslehre, die Wissenschaft von den Gründen der Erkenntnis, die Metaphysik betreffend* und daraus sich herleitend auch *schwärmerisch, träumerisch, unklar:*

> Dies ist allerdings ein Vorteil der Schrift, durch welchen sie sich aber vom Boden der Sprache, dem sie sich durch das Lautzeichen genähert hatte, wieder gänzlich losmacht und eine rein ideologische Bahn einschlägt. So hat die Schrift den Chinesen dazu gedient, begriffliche Unterschiede klar und fest in ihrem Bewußtsein zu erhalten (Steinthal, Schriften 237).

Ideal/Idol

Als **Ideal** wird etwas oder jemand bezeichnet, das oder der von anderen als Muster oder Verkörperung von Vollkommenheit angesehen wird. Oft wird dieses Ideal als Ziel angestrebt:

> Joseph kam sich wie das Ideal eines Angestellten vor (R. Walser, Gehülfe 57);
> . . . ist Gerechtigkeit nur ein unerreichbares Ideal geblieben (Thieß, Reich 33); denn immer wieder müssen wir für diese zahlen/die wir reden hören von hohen Idealen/ die von Reinheit sprechen und geistigen Zielen/ und mit dem Ausbeuter unter einer Decke spielen (Weiss, Marat 133).

Mit dem Substantiv **Idol** verbindet sich oft eine leichte Abwertung, weil damit jemand oder etwas bezeichnet wird, dem man meist übermäßige Verehrung entgegenbringt. Das Idol ist der Gegenstand abgöttischer Verehrung, ist eine Person, die auf Grund der Bewunderung und Verehrung, die ihr zuteil wird, idealisiert wird. Ein Idol ist eine Art Götzenbild in Menschengestalt, ein Abgott, ein falsches Ideal oder gar ein Trugbild:

> Meist berauschten sich die Kulturkritiker an Idolen (Adorno, Prismen 13); Das Glück. . . , es war das Idol des Jahrhunderts, die vielbeschriene Gottheit (Fussenegger, Haus 88); alle diese Ideale von einst erweisen sich als recht abgelebte, verschossene Idole (Hofmannsthal, Prosa I, 168 [nach Klappenbach]).

In manchen Texten ließen sich sowohl *Ideal* als auch *Idol* gebrauchen. Wenn man – wie in den folgenden Belegen – *Idol* und nicht *Ideal* wählt, wird eben nicht auf eine bewunderte, vorbildhafte Vollkommenheit hingewiesen, sondern es wird Bewunderung und meist übertriebene Verehrung ausgedrückt:

> Nachdem 1954 die deutschen Vertragsspieler Weltmeister geworden waren, strömten die Jugendlichen zu Zehntausenden in die Klubs, um als Amateure ihren Idolen nachzueifern (Die Zeit 15.5.64, 26); War für mich mein Vater, der den Herrschenden hurtig diente . . . , das nachahmenswerte Idol, so wurde sein eigenes Idol immer mehr der umstürzlerische Jüngling (Habe, Im Namen 31).

Der Unterschied zwischen beiden Wörtern wird auch am folgenden Zitat deutlich:

> Sie liegen vor jedem Idole im Staube (C. Hauptmann, Einhart 2, 151 [nach Klappenbach]);

denn vor einem *Ideal* läge man nicht im Staub, auch wenn man es in seiner Vollkommenheit verehrte und bewunderte.

-ieren/-isieren

Den Verben auf -ieren und -isieren liegt in den meisten Fällen ein fremdsprachiges Wort zugrunde. Auf der einen Seite haben sich eindeutige Bildungen und Differen-

zierungen zwischen den beiden Ableitungssuffixen entwickelt (pulverisieren, ameri-
kanisieren, rationieren, rationalisieren, harmonieren, harmonisieren), auf der anderen Seite haben sich gleichbedeutende Doppelformen – vor allem im Bereich der
Technik – gebildet: transistorieren/transistorisieren, desodorieren/desodorisieren,
tabuieren/tabuisieren, dekartellieren/dekartellisieren.
Wenn gleichbedeutende Wörter konkurrieren, werden oft die Formen auf -ieren
bevorzugt angewendet, z.B. volltransistorierter Fernsehmeßdemodulator.
Es bestehen aber auch andere konkurrierende Endungen, wie sie z.B. in den folgenden Paaren gleichbedeutender Wörter sichtbar werden: plastizieren/plastifizieren,
konkurrieren/konkurrenzieren, parken/ parkieren, lacken/lackieren, chloren/chlo-
rieren, normen/normieren; → elektrisieren/elektrifizieren, →harmonieren/harmoni-
sieren, → rationieren/rationalisieren.

-ierung/-ation

Von den Verben, die auf -ieren enden, können Substantive oft sowohl auf **-ierung**
als auch auf **-ation** gebildet werden. Es stehen häufig beide Bildungen ohne Bedeutungsunterschied nebeneinander:
Demobilisierung/Demobilisation, Isolierung/Isolation, Kastrierung/Kastration, Klas-
sifizierung/Klassifikation, Kombinierung/Kombination, Konfrontierung/Konfronta-
tion, Konzentrierung/Konzentration, Koordinierung/Koordination, Organisisierung/
Organisation, Qualifizierung/Qualifikation, Ratifizierung/Ratifikation/Restaurierung/
Restauration, Resozialisierung/Resozialisation, Sterilisierung/Sterilisation, Urbani-
sierung/Urbanisation, Variierung/Variation, Zentralisierung/Zentralisation. Manche
Verben haben nur eine von beiden Substantivbildungen sprachlich verwirklicht, z.B.
nur auf *-ierung:* Rationalisierung, Normalisierung, Industrialisierung; nur auf *-ation:*
Operation.
Die Wörter auf *-ierung* betonen stärker das G e s c h e h e n , die H a n d l u n g ,
während die Wörter auf *-ation* mehr das E r g e b n i s einer Handlung bezeichnen.
In der Gemeinsprache wird jedoch zwischen beiden Bildungen meist nicht deutlich
unterschieden. In der Regel können die Substantive auf *-ation* sowohl eine Handlung als auch ein Ergebnis bezeichnen, während sich die Bildungen auf *-ierung* im
allgemeinen auf die Handlung beziehen. Nur gelegentlich haben sich feste Differenzierungen zwischen den konkurrierenden Ableitungen herausgebildet. Wo Ver-
balsubstantive auf *-ierung* und *-ation* nicht völlig gleichbedeutend nebeneinander-
stehen, empfiehlt es sich, die Bildung auf *-ierung* zu wählen, wenn eine Handlung,
ein Geschehen gemeint ist; die Bildungen auf *-ation* sollten dementsprechend dann
gebraucht werden, wenn das Ergebnis einer Handlung gemeint ist.
Die Unterschiede werden z.B. bei den Wortpaaren Kanalisierung/Kanalisation und
Restaurierung/Restauration deutlich. Bei der Kanalisierung handelt es sich um das
Anlegen, den Bau eines Systems unterirdischer Kanäle zur Ableitung von Abwäs-
sern; bei der Kanalisation handelt es sich um das angelegte, fertige System unterirdischer Kanäle. Daneben aber werden beide Wörter gelegentlich auch in der Bedeutung der jeweils konkurrierenden Bildung gebraucht.
Bei der *Restaurierung* handelt es sich um das Wiederherstellen eines früheren Zustandes, um eine Handlung.
Dafür kann zwar auch Restauration (die Restaurierung/Restauration ist nun abgeschlossen) gebraucht werden, doch bezeichnet *Restauration* auch außerdem das Ergebnis (diese Restauration gefällt mir gar nicht). Außerdem wird mit *Restauration*
ein Zeitabschnitt der deutschen Geschichte (1815–1830 bzw. 1848) bezeichnet, in
dem man fast in ganz Europa die Zustände der Zeit vor der Französischen Revolution in reaktionärer Weise wiederherzustellen versuchte. *Restauration* ist außerdem
eine ältere Bezeichnung für *Gastwirtschaft.* In den beiden letztgenannten Bedeutungen kann Restauration nicht durch *Restaurierung* ersetzt werden; → Automation/
Automatisierung/Automatisation, → Integrität/Integration/Integrierung.

illegal/illegitim

Illegal bedeutet *ungesetzlich, gesetzlich nicht erlaubt; dem Gesetz nicht gemäß,
nicht entsprechend; ohne behördliche Genehmigung.* Das Gegenwort ist *legal:*
   Robespierre hat niemals illegal gehandelt, aber er hat die Gesetze so mißbraucht,

daß sie nicht mehr den Menschen, sondern nur noch den Götzen schützen (Sieburg, Robespierre 28); Kreibel weiß nie, schämen sie sich, weil sie sich gleichgeschaltet haben, oder sind sie vorsichtig, weil sie illegal arbeiten (Bredel, Prüfung 341); Wegen kommunistischer Propaganda war er einige Jahre hindurch von der Gestapo verfolgt worden, hatte illegal gelebt (Niekisch, Leben 316); Lenins letzte illegale Wohnung in Petersburg (Koeppen, Rußland 144).

Illegitim bedeutet *nicht rechtmäßig, im Widerspruch zur Rechtsordnung [stehend], nicht im Rahmen bestehender Vorschriften [erfolgend].* Das Gegenwort ist *legitim.* Während das Adjektiv *illegal* einen unmittelbaren Bezug auf das oder ein bestimmtes Gesetz und auf die Gesetzlichkeit herstellt, sagt *illegitim* aus, daß etwas nicht im Rahmen bestehender Bestimmungen oder Gesetze erfolgt, sondern ihnen widerspricht. Es besteht für etwas zwar kein bestimmtes Verbot, aber auf Grund der Verhältnisse und Gegebenheiten gilt etwas als nicht rechtmäßig, als illegitim. In einer verbotenen Organisation kann man *illegal* arbeiten, aber nicht *illegitim:*

> Dieser einflußreiche Kirchenfürst hat... die Regierung Nagy... über den Budapester Rundfunk für illegitim erklärt (Augstein, Spiegelungen 80); je illegitimer Herkunft und Aufstieg auf den Kaiserthron waren, desto mehr wurde die Legitimität betont (Bildende Kunst I, 12); Al-Andalus, das durch einen illegitimen Beischlaf an die Afrikaner gekommen war (Fries, Weg 12).

Wenn *illegitim* auf andere Bereiche übertragen wird, was im Unterschied zu *legitim* nicht so oft geschieht, bedeutet es soviel wie *nicht vertretbar, nicht richtig:*

> Dennoch muß ich darauf hinweisen, daß die Transposition Eliotscher Motive und Gleichnisse illegitim, ja verwerflich ist (Jens, Mann 127); ... aber es ist illegitim, allgemein von einem Bereich in den anderen zu schließen (WW 6/1970,366

Es gibt Texte, in denen sowohl *illegal* als auch *illegitim* möglich sind, je nachdem, ob man sich auf die fehlende gesetzliche Grundlage von etwas bezieht oder ob man nur die Nichtrechtmäßigkeit, das Unerlaubte einer Handlung herausstellen will:

> Denn die formale Wahrung äußerer Gesetzmäßigkeit schließt keineswegs aus, daß eine Handlung in grober Weise gegen die Gerechtigkeit verstößt, damit zwar legal bleibt, aber in einem tieferen Sinn illegitim wird (Fraenkel, Staat 182).

imponierend/imposant

Beide Wörter sind sich zwar sehr ähnlich, doch unterscheiden sie sich inhaltlich insofern, als **imponierend** als erstes Partizip von imponieren noch verbalen Charakter trägt und weitgehend als Vorgang oder Geschehen empfunden wird, während das Adjektiv **imposant** eine charakteristische Eigenschaft angibt. *Imponierend* kennzeichnet die Wirkung, *imposant* den Eindruck, das Aussehen. *Imponierend* bedeutet soviel wie *durch seine Art beeindruckend, wirkend, Bewunderung hervorrufend:*

> es war imponierend, wie er alle Fragen souverän beantwortete; eine imponierende Persönlichkeit; seine imponierende Gelassenheit.

Imposant bedeutet soviel wie *eindrucksvoll auf Grund von Größe o.ä.* Wer oder was imposant ist, vereinigt in sich Merkmale, die Beachtung und Bewunderung bewirken:

> es ist imposant (nicht: imponierend) zu sehen, wie die Wasserkunst bei Nacht in allen Farben erstrahlt; ein imposantes Schloß; eine imposante Persönlichkeit.

Dieser Unterschied zwischen dem Partizip, das ein verbales Geschehen kennzeichnet, und dem entsprechenden Adjektiv, das eine Eigenschaft darstellt, die einer Person oder Sache zukommt, findet sich recht häufig, z.B. divergierend/divergent; informierend/informativ; explodierend/explosiv; konvergierend/konvergent; → korrupt/korrumpiert.

inbrünstig/brünstig/brunftig

Inbrünstig bedeutet *sich mit starker Innigkeit und großer innerer Leidenschaft äußernd:*

> in den Kirchen wurde inbrünstig fürs Vaterland gebetet (Böll, Haus 28); ich habe dann die Pflicht, Güte und Liebe inbrünstig zu suchen, zu üben und zu geben (Molo, Frieden 92); Lange Zeit konnte sie... keine Bilder von Italien sehen, und wenn man sie doch dazu nötigte, überkam sie... eine körperliche Übelkeit. Es war ihr dann stets, als begehe sie einen Verrat an ihrem Geheimnis, als gebe sie ihr inbrünstiges Verlangen damit preis (Edschmid, Liebesengel 53).

Brünstig bedeutet *in besonders starkem Maße von sinnlichem Verlangen durchdrun-*

gen, vom Geschlechtstrieb getrieben; in bezug auf bestimmte Tiere soviel wie *zur Begattung bereit:*

Umgekehrt kann unter Umständen ein brünstiges Männchen einem stärkeren Geschlechtsgenossen gegenüber weibliche Triebhandlungen beobachten lassen (Lorenz, Verhalten I 217); Allen hat gezeigt, daß bei sehr vielen ... Vögeln die Männchen ... eine ganz kurze der Empfängnisbereitschaft des brünstigen Weibchens ... entsprechende Periode der Fruchtbarkeit haben (Lorenz, Verhalten I 230).

Bildlich:

dieser brünstige Frühling (Jahnn, Geschichten 228).

Brunftig ist ein Wort der Jägersprache und bedeutet auch soviel wie *bereit zur Begattung,* und zwar in bezug auf Wild (→Brunft):

ein brunftiger Hirsch.

individuell/Individual-/individualistisch

Individuell bedeutet *dem Individuum eigentümlich, für eine bestimmte Person charakteristisch, ihr gemäß oder entsprechend.* Gegenwörter sind u.a. *kollektiv, gesellschaftlich:*

die Angleichung der individuellen und kollektiven Belastungen (Fraenkel, Staat 310); ... wobei sie gegenüber dem individuellen Gewinn- und Machtstreben die gesellschaftliche Bindung ... des Individuums betonen (Fraenkel, Staat 302); Die uralte Spannung zwischen individuellem Freiheitsbedürfnis und staatlichem Herrschaftsanspruch (Fraenkel, Staat 123); Er starb ganz individuell, ein ... altmodisches Einzelschicksal (Hochhuth, Stellvertreter 196); ... daß ... das Strafmaß individuell zu bestimmen sei (Leonhard, Revolution 43).

Auch übertragen wird *individuell* gebraucht, und zwar in der Bedeutung *etwas als ganz persönliche Eigenart, Note an sich habend, etwas ganz allein besitzend, als kennzeichnendes Merkmal an jemandem oder etwas hervortretend:*

Die individuellen Eigenschaften der betreffenden Atome (Kosmos 3/1965, 105); Zwei flotte Anoraks mit ... individuellen Taschenverarbeitungen (Herrenjournal 2/1966, 76); die aufregend junge Duftkomposition ... entfaltet sich auf Ihrer Haut völlig individuell (Petra 10/1966, 105); in Schulenberg sollen nur noch wenige Genossenschaftsbauern eine individuelle Kuh haben (ND 20.6.64,6).

In Zusammensetzungen tritt für *individuell* die Form **Individual-** ein:

Eingriffe in die Individualsphäre des Staatsbürgers (Fraenkel, Staat 347); Wandlung von der Gattungspoesie zur Individualpoesie (Greiner, Trivialroman 20).

Das Adjektiv **individualistisch** gehört zum Substantiv *Individualismus,* also zu einem Begriff, der eine Weltanschauung oder eine Lebensweise charakterisiert, die den einzelnen Menschen für wichtiger hält als die großen Gemeinschaften und deshalb die Rechte und Bedürfnisse des einzelnen betont. Wer *individualistisch* ist, betont die Persönlichkeit in ihrer Eigenart, oft in eigenwilliger Weise:

Materiell ist die anglo-amerikanische Rule of Law ... durch ihren individualistischen Charakter bestimmt (Fraenkel, Staat 286); Demütigungen am laufenden Band, um jeder individualistischen Regung die Knochen zu zerbrechen (Kirst 08/15, 217).

infolge/zufolge

Die Präposition **infolge** wird mit dem Genitiv verbunden und vorangestellt. *Infolge* weist mittelbar auf den zurückliegenden Grund oder Umstand, in dem das folgende Geschehen, der folgende Zustand seinen Ursprung hat; *infolge* gibt den Grund für etwas an, und zwar in der Art, daß eine bestimmte Situation, ein bestimmtes Verhalten gewisse Folgen gehabt hat. Das von ihm abhängende Substantiv kann nur ein Geschehen, keine Sache oder Person bezeichnen. *Infolge* bedeutet *als Folge oder Wirkung von, auf Grund von. Infolge* kann die Folge, aber auch einen Grund angeben. In begründendem Sinn kann *infolge* auch durch *wegen* ersetzt werden.

Die Präposition *infolge* wird vor allem dann gebraucht, wenn es sich um das Ergebnis von Vorgängen handelt:

eine leichte Lähmung der Augenlider infolge ungehorsamen Verhaltens während der Masern bleibt unheilbar (Frisch, Gantenbein 475); Infolge dichten Nebels kam es gestern früh auf der Autobahn ... zu Serienunfällen (MM 6.5.69, 8); das Telegramm war infolge eines Luftangriffs auf die Stadt B. nicht pünktlich ausgetragen worden (Jens, Mann 150).

Infolge kann auch mit *von* verbunden werden: infolge von Krankheit mußte ich den Unterricht versäumen. Gelegentlich wird die Präposition *infolge* auch an Stelle von *durch, wegen* oder *auf Grund* gebraucht, was aber als ein Stilfehler angesehen wird: durch (statt „infolge von" oder „wegen") Krankheit mußte der Künstler sein Konzert verschieben; Sie schieden infolge dieses Wortes kalt voneinander (R. Walser, Gehülfe 87); Die Aussicht war genußreich. . . über die Anlage und die Häuser hinweg zu dem langen bronzierten, infolge verschiedener niedergerissener Bauten zur Zeit freigelegten Dach der Frauenkirche (A. Kolb, Daphne 11); Vermeiden Sie auch eine Erkältung infolge von Trimmen oder Scheren (Kosmos 2/1965, *42).

Sprachüblich wäre das letzte Zitat, wenn es sich auf ein bereits vergangenes Geschehen bezöge: Infolge von Trimmen (=weil er getrimmt worden war) hatte sich der Hund erkältet.

Nicht korrekter Gebrauch mit dem Dativ:

Sturz infolge mangelndem technischem Können (Eidenschink, Bergsteigen 97). Die Tendenz, alleinstehende, stark gebeugte Substantive nach Präpositionen, die den Genitiv verlangen, flexionslos anzureihen, ist auch bei *infolge* zu beobachten: Das . . . Wettfischen. . . muß infolge Hochwasser (statt: Hochwassers) ausfallen (MM. 1.7.65, 6); infolge Ablauf (statt: Ablaufs) der Amtsdauer (Der Bund Bern 279/1968, 13).

Die Präposition **zufolge** wird heute meistens nachgestellt und mit dem Dativ verbunden. *Zufolge* besagt, daß man für die Beurteilung oder Darstellung einer Sache von einer Behauptung, einer Aussage, einem Verhalten o.ä. ausgeht, daß man sie der Stellungnahme zugrunde legt. Man kann dafür auch *nach* oder *laut* einsetzen: Baesecke zufolge hat Herzog Bolko II. . . . diese Kirche gestiftet (Curschmann, Oswald 213); den meisten Beschreibungen zufolge hat die Trauermeise ein stilles . . . Wesen (Kosmos 3/1965, 122); Den Zeitungen zufolge hätte ich Patente . . . gestohlen (Kesten, Geduld 8).

Früher wurde *zufolge* auch noch gebraucht, um das Verhältnis der Folgeleistung oder Gemäßheit auszudrücken (er tat es meinem Auftrag zufolge/zufolge meines Auftrags) heute jedoch wird *zufolge* vorwiegend gebraucht, um den Erkenntnis- oder Beweisgrund anzugeben.

Die Präpositionen *infolge* und *zufolge* werden manchmal verwechselt: die Veröffentlichung hat sich infolge Urlaubs (nicht: zufolge von Urlaub) verzögert. Der Unterschi zwischen beiden Präpositionen wird in folgenden Beispielsätzen sichtbar: seinem Verhalten zufolge muß man auf ein schlechtes Gewissen schließen (d.h., er verhält sich so, als ob er ein schlechtes Gewissen habe); infolge seines Verhaltens wurde er von der Teilnahme ausgeschlossen (d.h., er hat sich so schlecht o.ä. benommen, daß sein Ausschluß die Folge war).

Informand/Informant

Unter einem **Informanden** versteht man einen Menschen, der – im Unterschied zum *Informanten* – informiert werden will, der sich informieren will, der speziell [im Rahmen einer praktischen Ausbildung] mit den Grundfragen und -aufgaben eines bestimmten Tätigkeitsbereichs vertraut gemacht werden soll; im besonderen auch einen Ingenieur, der sich in verschiedenen Abteilungen eines Betriebes informieren soll:

das Werk schickte einige Mitarbeiter als Informanden in die USA, damit sie die neuen Herstellungsmethoden kennenlernen konnten.

Ein **Informant** ist dagegen jemand, der selbst Informationen liefert oder liefern kann und der somit auch als Gewährsmann für eine Auskunft gilt:

Ein Informant, der im Mordfall Sharon Tate der Polizei Hinweise auf mögliche Täter gab, ist. . . unter ständigen Polizeischutz gestellt worden (MM 29.8.69,28); Die strukturelle Linguistik ist nicht möglich ohne einen Informanten. Ein Informant ist eine Person, die die zu untersuchende Sprache als Muttersprache spricht und die Fragen beantworten muß . . . (Deutsch als Fremdsprache 1/1966, 2).

informativ/informatorisch/informell

Die Adjektive *informativ* und *informatorisch* sind inhaltlich sehr ähnlich, doch gibt es gewisse Unterschiede: Was **informativ** ist, dem kann man – wenn man will – Informationen entnehmen, das gibt Aufschlüsse. Ein Gespräch z.B. kann recht informativ sein:

. . . wie ein Autor objektiv die Sexualisierung und Liberalisierung unserer Moral darstellen kann. Warum wird dieser Versuch. . . nicht schon um 20.15 Uhr gesendet, damit alle. . . diesen informativen und zugleich schockierenden Bericht sehen konnten (Hörzu 45/1970, 66); → imponierend/imposant (dort: informierend/informativ), → -iv/-orisch.

Was **informatorisch** ist, hat im Unterschied zu informativ direkt die Absicht oder Aufgabe zu informieren. Ein informatorisches Gespräch will und soll Informationen vermitteln.

Wenig war es, was die Pariser Buchhandlungen an informatorischem wissenschaftlichen Material zu bieten hatten (Ceram, Götter 97).

Informell wird in dieser Bedeutung selten gebraucht. Inhaltlich steht es dem Adjektiv *informatorisch* nahe. Es bedeutet auch soviel wie *sich oder andere informierend, sich unterrichtend:*

ich komme informell zu Ihnen (= um mich zu informieren); informelle Gespräche führen.

Informell wird vor allem in der Bedeutung *ohne formalen Auftrag, ohne Formalitäten, nicht offiziell, nicht bewußt veranstaltet, nicht organisiert* gebraucht. Das Gegenwort ist *formell:*

ein kurzer, informeller Empfang; die Aufgabe der Kritik und der Kontrolle, die das Publikum der Staatsbürger informell, und während der periodischen Wahlen auch formell, gegenüber der staatlich organisierten Herrschaft ausübt (Fraenkel, Staat 220); Ein längerfristiger Weg, solche informellen Dialoge aus ihrer Unverbindlichkeit herauszuführen . . . (Diskussion Deutsch 8/1972, 118).

Infusion/Transfusion/Fusion

Bei einer **Infusion** werden größere Flüssigkeitsmengen, z.B. physiologische Kochsalzlösung, mit Hilfe einer Hohlnadel, meist tropfenweise, in den Organismus gebracht, entweder über die Blutwege (intravenös), über das Unterhautgewebe (subkutan) oder durch den After (rektal). Die *Infusion* soll der Besserung des Wasser-, Eiweiß- oder Elektrolythaushalts eines Patienten dienen. Manchmal werden der Infusionsflüssigkeit Arzneimittel zugesetzt. Eine besondere Art der Infusion ist die Bluttransfusion.

Bei einer **Transfusion** ([Blut]übertragung) werden Blut, Blutersatzlösung oder andere Flüssigkeiten über die Blutbahn in den Organismus übertragen. Bei der Bluttransfusion erhält der Patient (Empfänger) Blut eines Gesunden (Spender), um z.B. eine Blutkrankheit zu bekämpfen, das Verbluten zu verhindern oder einen Schwächezustand nach einer Operation zu beheben:

Je exakter Spender- und Empfängerblut übereinstimmen, um so reaktionsloser wird eine Transfusion vertragen (Fischer, Medizin II 268).

Unter einer **Fusion** versteht man eine Vereinigung, Verschmelzung, z.B. zweier oder mehrerer wirtschaftlicher Unternehmen, Gesellschaften.

inländisch/binnenländisch

Inländisch bedeutet *aus dem Inland, dem eigenen Land stammend, auf das Inland bezüglich.* Das Gegenwort ist *ausländisch:*

Ein ausländischer Kritiker sah es lange an und schrieb in sein Büchlein: Die Kunst wird freier. Ein inländischer Kritiker verwunderte sich nicht (Reinig, Schiffe 94); Ausfuhrverbote für inländische Rohstoffe, . . . Ausfuhrprämien für inländische Industrieerzeugnisse (Fraenkel, Staat 135).

Binnenländisch bedeutet *das Binnenland, also das küstenferne, das innere Land betreffend, aus ihm stammend oder zu ihm gehörend.*

Institution/Institut

Eine **Institution** ist eine Einrichtung, die für bestimmte Aufgaben zuständig ist und die bestimmte Befugnisse hat, z.B. die Kirche, der Tierschutzverein:

diejenige Regierungsform, in welcher der Inhaber der Staatsgewalt, im allgemeinen ein Monarch, eine von anderen Menschen oder Institutionen nicht kontrollierte Macht ausübt (Fraenkel, Staat 17); Die Armee wurde zur vornehmsten Institution des Staates, zur „Schule der Nation" (Fraenkel, Staat 195); der Heilige Stuhl sei die bestinformierte Institution der Erde (Hochhuth, Stellvertreter 251 [Nachwort]); die „Institution" Familie (Bulletin 55/1970, 515).

Ein **Institut** ist eine Lehr-, Forschungs- oder Arbeitsstätte, an der Mitarbeiter mit bestimmten Aufgaben und Arbeiten betraut sind. Es ist eine Art Unternehmen mit eigenen Räumlichkeiten im Unterschied zur *Institution,* die in erster Linie als abstraktes, geistig strukturiertes Gebilde, als kulturelles, soziales o.ä. Instrument existiert:

> er war zwei Jahre lang an einem pathologischen Institut angestellt gewesen (Benn, Leben 7); . . . sie der Einsamkeit des väterlichen Hauses zu entziehen . . . , hatte man sie in ein geistliches Institut getan (Musil, Mann 727).

instrumental/instrumentell/instrumentatorisch

Instrumental bedeutet *durch Musikinstrumente ausgeführt, auf Musikinstrumente bezüglich.* Das Gegenwort ist *vokal:*

> Die Konkurrenz des Kulturmarkts hat eine Anzahl von Zügen, wie Synkopierung, halb vokalen, halb instrumentalen Klang. . . als besonders erfolgreich erwiesen (Adorno, Prismen 122); die Leichtigkeit der gesanglichen, die Durchsichtigkeit der instrumentalen Artikulation (Die Welt 14.7.62, Die geistige Welt 3); die gewissermaßen instrumentale Disziplin einer großen Händelschen Kantilene (Die Welt 17.9.66, 14).

Instrumental bedeutet auch *als Mittel oder Werkzeug dienend:*

> im Unterschied zu den zivilistischen Staaten, die, ohne auf Militär und Kriegführung zu verzichten, beiden doch eine ausschließlich instrumentale Funktion zuweisen (Fraenkel, Staat 193); Der Deutschunterricht hat. . . instrumentale Techniken zu entwickeln. . . , z.B. Debatte, freie Diskussion, Interview, Podiumsgespräch (Diskussion Deutsch 8/1972, 117).

In der Sprachwissenschaft spricht man von einer *instrumentalen Konjunktion,* womit man ein das Mittel angebendes Bindewort, z.B. ,,indem", bezeichnet.

Instrumentell bedeutet *auf Instrumente, Geräte bezüglich, damit versehen; unter Zuhilfenahme von Instrumenten:*

> die instrumentelle Ausrüstung eines Krankenhauses; ein Geschoß instrumentell aus dem Körper entfernen; die instrumentelle Bindung der physikalischen Theorie. . . an den speziell begrenzten Sachbereich bestimmter. . . Phänomene (Natur 10); Max Horkheimer: Zur Kritik der instrumentellen Vernunft (Börsenblatt F 75/ 1967, 5271).

Instrumentatorisch bedeutet *die Anordnung und Verwendung der Orchesterinstrumente zwecks bestimmter Klangwirkungen in mehrstimmigen Tonwerken betreffend.*

Integrität/Integration/Integrierung

Integrität bedeutet *Makellosigkeit, Unbescholtenheit, Lauterkeit, Rechtschaffenheit:*

> . . . daß es sowohl Gewissenhaftigkeit wie Integrität des Forschers gebieten, vor der Tür des Schlafzimmers haltzumachen (Jens, Mann 100); Was diese Jugend anzieht, ist die Kompromißlosigkeit, mit der Mies van der Rohe die Integrität der Form anstrebt (Herrenjournal 3/1966, 205).

Integrität bedeutet auch soviel wie *Unverletzlichkeit,* womit ein Zustand o.ä. gekennzeichnet werden soll, der Achtung, Respektierung verdient:

> die politische Integrität eines Landes; aber die revolutionären Führer, die von ihren Gegnern als eine Bande blutrünstiger Vandalen hingestellt wurden, waren in Wirklichkeit Männer, die das Talent und die Integrität eines Schriftstellers respektierten (K. Mann, Wendepunkt 60).

Unter **Integration** versteht man die *Verbindung einer Vielzahl einzelner Personen, Gruppen o.ä. zu einer Einheit, zu einem Ganzen,* bedeutet also soviel wie Vervollständigung, Zusammenschluß, Vereinigung:

> Im Smendschen Begriff der Integration als dem Prozeß, in dem der Staat die Vielheit der gesellschaftlichen Interessen zur Einheit eines Staatswillens fortlaufend integriert . . . (Fraenkel, Staat 256); Wer immer mit Fremdwörtern umgeht – und das muß bei der fortschreitenden Integration des Fremdworts in die Umgangs- und Geschäftssprache fast jeder – weiß, daß . . . (Herrenjournal 3/1966, 206); Anwendung des Prinzips der Integration von Fächern mit dem Ziel, eine Senkung der Gesamtstundenzahl zu erreichen (Die Welt 8.2.64, Das Forum); die drei großen fundamentalen Leistungen Konrad Adenauers . . . die Integration der Bundesrepublik in die freie Welt (Dönhoff, Ära 14).

Das Substantiv *Integration* kann sowohl den V o r g a n g als auch – und das in besonderem Maße – das E r g e b n i s bezeichnen. In vielen Fällen läßt der Kontext beide Möglichkeiten der Deutung zu.

Integrierung entspricht der Bedeutung von *Integration,* wird jedoch in erster Linie für die Bezeichnung des Vorgangs verwendet (→ -ierung/ -ation):

eine entscheidende Etappe in dem Prozeß der Integrierung des Bürgertums in den Staat des 19.Jhs., vergleichbar der Integrierung der Arbeiterschaft in den demokratischen Staat des 20. Jhs. (Fraenkel, Staat 286); Ein Objektivwahlknopf erlaubt die Integrierung aller Wechselobjektive (Einschließlich der Fremdfabrikate) (Fotomagazin 8/1968, 4).

intellektuell/intellektual/intellektualistisch/intelligent/intelligibel

Intellektuell bedeutet *das Erkenntnis- und Denkvermögen, den Verstand betreffend, geistig, vom Verstand bestimmt, veranlaßt* (im Gegensatz zum Gefühl). Intellektuell wird nicht prädikativ gebraucht:

... daß im religiösen Leben das mystische Glühen und nicht das intellektuelle Wissen ausschlaggebend ist (Nigg, Wiederkehr 115); Diese höchst ungerechte Kritik, zu der nur Frauen fähig sind, war eine Art Rache für seine intellektuelle Überlegenheit (Hasenclever, Die Rechtlosen 396); der obszöne Wortschatz ist besonders in den intellektuellen Zirkeln der Gesellschaft nach dem letzten Weltkrieg kommun geworden (Marek, Notizen 134); Dieses war nicht mehr das betrübte Antlitz der alternden, intellektuellen Frau (K. Mann, Mephisto 59); an dem entsetzlichen Mord... habe dieser Koltwitz intellektuellen Anteil (Bredel, Prüfung 143); Ich ... hatte eigentlich nie viel für diese ein wenig eintönige und intellektuelle Musik übrig (Wochenpost 13.6.64, 16).

Intellektual wird nur selten gebraucht. Es ist ein Relativadjektiv, das die Zugehörigkeit ausdrückt. Es bedeutet *sich auf den Intellekt, das Erkenntnisvermögen beziehend, von ihm sich herleitend* und kann in dieser Bedeutung in Konkurrenz zu *intellektuell* treten, das aber darüber hinaus neben der Zugehörigkeit auch die Eigenschaft, mit der sich eine Wertung verbindet, bezeichnet:

Das Wertvollsein einer Sache wird durch einen emotionalen, nicht durch einen intellektualen Akt erfaßt (Philosophisches Wörterbuch 644); Ihm lebte das Altertum wie in einer intellektualen Anschauung (Steinthal, Schriften 565).

Das abwertend gebrauchte **intellektualistisch** bezieht sich auf das Substantiv *Intellektualismus,* worunter man eine *Überbetonung des Verstandesmäßigen und Theoretischen* sowohl im Denken als auch im Handeln versteht.

Intelligent bedeutet *klug, begabt, von rascher Auffassungsgabe und mit einem sicheren Urteilsvermögen:*

Ich zweifle nicht, daß Wolfgang Bugenhagen ein intelligenter und achtbarer junger Mensch gewesen ist (Jens, Mann 190); Der ist zwar intelligent, geistig außerordentlich beweglich, selbständig im Denken und Urteilen; aber er hat einen Komplex (Mostar, Liebe 10); ... weil ich mir immerfort Mühe geben mußte, ein intelligentes Gesicht zu machen und zu tun, als könne ich folgen (Gaiser, Schlußball 115).

Eine falsche Vorstellung verband ein Unteroffizier mit diesem Wort, als er zu einem Rekruten mit Abitur ärgerlich sagte: „Was, Sie wollen telligent sein? Intelligent sind Sie!"

Intellektuell und *intelligent* lassen sich zwar gelegentlich austauschen, doch ändert sich dabei jeweils der Inhalt der Aussage. Dies machen die folgenden Belege deutlich:

Er lehnt die intellektuellen Weiber entschieden ab (F. Wolf, Menetekel 17); Die Japanerinnen spielten intelligenter und schneller als die körperlich überlegenen ... Russinnen (Die Welt 24.10.64, 15).

Wenn man sagt, daß jemand der *intellektuelle* Urheber eines Verbrechens ist, dann meint man, daß er der geistige Urheber ist, daß er den Plan erdacht hat, meist im Gegensatz zu dem, der ihn dann ausführt. Spräche man von dem *intelligenten* Urheber, würde man damit ein Lob aussprechen, indem man auf die guten geistigen Fähigkeiten des Urhebers hinwiese. Es ist auch nicht gesagt, daß das, was intellektuell ausgedacht worden ist, auch intelligent ist.

Intelligibel bedeutet *nur mit dem Verstand erfaßbar, übersinnlich; nur durch den Verstand erkennbar im Gegensatz zur sinnlichen Erfahrung.* Dieses Wort wird vorwiegend in der Philosophie verwendet.

Intention/Intension

Intention bedeutet *Absicht, Bestreben, Vorhaben:*

147

Vielmehr war es Grass' Intention. . . so anreizend und aufreizend. . . wie nur möglich zu schreiben (Deschner, Talente 361); ein stabiles Berufsbeamtentum, das die Intentionen der jeweiligen Regierung. . . pflichtbewußt ausführt (Die Welt 1.10.66, 3); Für „Intention des Unterrichts" sagen wir auch „Lehrziel" (Zielsprache 4/1970, 163).

Intension bedeutet *Verstärkung der inneren Kraft, Anspannung; Kraft, Eifer.* Es wird nur noch selten gebraucht und heute meist durch *Intensität* oder *Intensivierung* ersetzt:

die Intension eines Eindrucks, eines Gefühls; etwas mit Intension betreiben; Zur Intension unserer Bemühungen im technischen Bereich. . . ; Synonyme für die Begriffe „Inhalt" und „Umfang" von Begriffen sind. . . die Bezeichnungen Intension und Extension (erstes ist nicht mit Intention = „Absicht" zu verwechseln!) (Brekle, Semantik 56).

introvertiert/extravertiert/extrovertiert/invertiert

Jemand, der vorwiegend nach innen gewandt ist, der seine Erlebnisse innerlich verarbeitet, der sein Interesse von der Außenwelt weg auf innere, seelische Vorgänge konzentriert – meist als Folge von Kontakthemmung und Kontaktarmut –, wird als **introvertiert** bezeichnet. Das Denken, Fühlen und Handeln des introvertierten Menschen ist durch die Innenwelt determiniert. Er schirmt sich gegen die Außenwelt weitgehend ab und verhält sich ihr gegenüber vorsichtig und überlegt:

Nach dem Gesetz erotischer Dialektik ziehen die zwei unvermeidlicherweise einander an, der strahlend gesunde Athlet und der introvertierte Intellektuelle (K. Mann, Wendepunkt 186); Meine Passivität erscheint als introvertierte Selbstgerechtigkeit und psychische Onanie (Wohmann, Absichten 68); . . . ist das Stereotyp des Künstlers zugleich das des Introvertierten, des egozentrischen Narren, vielfach des Homosexuellen (Adorno, Prismen 130).

Das Gegenwort zu *introvertiert* ist **extravertiert** (seltener **extrovertiert**). Ein *extravertierter* Mensch ist für äußere Einflüsse sehr empfänglich, ist nach außen gerichtet, der Umwelt gegenüber aufgeschlossen; er konzentriert seine Interessen auf äußere Objekte und richtet seine psychische Energie nach außen im Unterschied zum introvertierten Typ. Der extravertierte Mensch hat ein offenes und entgegenkommendes Wesen, ist unbekümmert und vertrauensvoll:

Was kann man als junger Dirigent bei einem so extrovertierten Mann wie Bernstein lernen? (Die Welt 25.2.69, 19).

Invertiert bedeutet *umgekehrt, anders als üblich* und daraus sich herleitend *sich sexuell dem eigenen Geschlecht zuwendend, homosexuell.*

isolieren/abisolieren

In der Technik bedeutet **isolieren** soviel wie *mit Hilfe von entsprechenden Materialien etwas vor Kälte, Wärme, Schall, Feuchtigkeit schützen* oder *einen spannungführenden elektrischen Leiter durch Stoffe mit geringster elektrischer Leitfähigkeit abdecken, um Störungen in elektrischen Anlagen zu vermeiden:*

Dann ging er in die Küche, behob bedächtig den Kurzschluß, isolierte die Verbindungsstelle mit dem Stück Band (Kuby, Rosemarie 115).

Im übertragenen Gebrauch hat *isolieren* die Bedeutung *jemanden oder sich von anderen absondern, trennen, getrennt halten:*

Gönnern. . . sagte ihm, er solle den Hauptmann . . . von den übrigen Offizieren isolieren (Plievier, Stalingrad 260); . . . so braucht man nicht erst ein heranwachsendes Junges zu isolieren, um zu wissen, daß diese Handlungsweise ererbt ist (Lorenz, Verhalten I 91); Je ungestümer sich die SPD die Forderungen nach „Sozialisierung" und „Mitbestimmung" zu eigen machte, desto hoffnungsloser isolierte sie sich von der Mehrheit (Augstein, Spiegelungen 26).

In den Naturwissenschaften meint *isolieren,* daß man Stoffe oder Elemente, die üblicherweise nur in Verbindung mit anderen vorkommen, von den anderen abtrennt, um sie für einen bestimmten Zweck für sich allein und rein darzustellen:

. . . daß es nunmehr gelungen sei, eines der gefährlichsten Bakteriengifte. . . in reiner Form zu isolieren (Natur 33); Das Experiment besteht. . . in dem Verfahren, Naturvorgänge so zu isolieren, daß sie beobachtbar und meßbar werden (Gehlen, Zeitalter 12).

Abisolieren ist das Gegenwort zu *isolieren* und bedeutet *den isolierenden Überzug von einem Draht o.ä. [vollständig] entfernen:*

das leichte, formschöne Abisoliergerät. . . Die besonderen Vorteile sind: . . .
abisoliert alle thermoplastischen Stoffe, wie PVC, Nylon, Gummi usw. . . ,
verhindert jede Beschädigung und ein Abreißen der Drähte (Werbung 1971).

-itis/-ose

-itis ist ein Suffix, das kennzeichnend für entzündliche Erkrankungen ist (Parodontitis = Entzündung des Zahnfleischsaumes mit Ablagerung von Zahnstein, Bildung
eitriger Zahnfleischtaschen und Lockerung der Zähne).
Das Suffix -ose wird in der Medizin speziell zur Bezeichnung eines meist nicht entzündlichen Krankheitszustandes oder -prozesses verwendet (Parodontose = Zahnfleischschwund, nicht entzündliche Erkrankung des Zahnbettes mit Lockerung der
Zähne); → Arthritis/Arthrose.

-iv/-orisch

Die Suffixe -iv und -orisch konkurrieren verschiedentlich miteinander, z.B. →
informativ/informatorisch, provokativ/provokatorisch, kommunikativ/kommunikatorisch.
Die -iv-Bildungen besagen, daß das im Basiswort (z.B. Information, Provokation)
Genannte in etwas enthalten ist, ohne daß es ausdrücklich beabsichtigt ist, während die -orisch-Bildungen den im Basiswort genannten Inhalt auch zum Ziel haben.
Eine provokative Frage enthält eine Provokation; eine provokatorische Frage ist gestellt worden, um bewußt zu provozieren.
Eine informative Schrift enthält interessante Informationen; eine informatorische
Schrift hat den Zweck zu informieren.
Die obengenannten Bedeutungsfunktionen der Suffixe -iv und -orisch sind jedoch
nicht immer ganz klar ausgebildet, so z.B. nicht bei den konkurrierenden Adjektiven *interpretativ* und *interpretatorisch:*

> Strukturalismus als interpretatives Verfahren (Börsenblatt F 53/1971, 4243);
> nicht nur interpretative Funktion (ZDL 2/1969, 134); Das Lieblingsargument
> der Puristen, all dies solle man dem Werk an sich überlassen. . . , damit es rede,
> während die eigentlich interpretative Darstellung herausschreie, was sich ohne
> Zutun schlicht, doch um so eindringlicher kundgebe (Adorno, Prismen 144).

-jährlich/-jährig

In adjektivischen Zusammensetzungen bedeutet -jährlich *in einem bestimmten zeitlichen Abstand wiederkehrend,* wobei der erste Wortteil das im zweiten Teil genannte Zeitmaß im einzelnen näher bestimmt. Wenn eine Tagung halbjährlich oder fünfjährlich stattfindet, wird sie jedes halbe Jahr oder alle fünf Jahre abgehalten.
-jährig bedeutet in Zusammenbildungen *eine bestimmte Zeit dauernd oder eine bestimmte Zahl an Jahren habend, alt,* wobei der erste Wortteil das im zweiten Teil
genannte Zeitmaß im einzelnen näher bestimmt. Wenn eine Tagung nach halbjähriger oder fünfjähriger Pause wieder stattfindet, hat die Pause ein halbes Jahr bzw.
fünf Jahre gedauert. Wenn ein Hotel ganzjährig geöffnet ist, ist es das ganze Jahr
über offen. Ein dreijähriges Kind ist drei Jahre alt.
Während *jährlich* auch selbständig als Adjektiv gebraucht werden kann, tritt *-jährig*
nur in Zusammenbildungen auf.

jüdisch/jiddisch

Jüdisch heißt *zu den Juden gehörend, die Juden betreffend, aus Juden bestehend:*
> die jüdische Kultur; das jüdische Volk; eine jüdische Gemeinde; der zweite war
> ein jüdischer Schriftsteller (Remarque, Triomphe 163); ein vielleicht vierzehnjähriger, jüdisch aussehender Junge (Leonhard, Revolution 67); Warum nur plötzlich wieder diese jüdische Hast! (Hochhuth, Stellvertreter 151).

Jiddisch bedeutet *in der Sprache der jüdischen Bevölkerung in Mittel- und Osteuropa, die aus älteren deutschen Elementen sowie hebräischem und slawischem Sprachgut besteht:*
> Wortschatz des deutschen Grundbestandes der jiddischen (jüdischdeutschen)
> Sprache (S.A. Wolf, Jiddisches Wörterbuch); das Stück kam gleichzeitig. . . in
> vier verschiedenen Sprachen heraus: auf englisch, deutsch, jiddisch und italienisch (K. Mann, Wendepunkt 313); Ihre Umgangssprache (Jiddisch) beruhte
> auf einem mittelalterlichen deutschen Dialekt (Fraenkel, Staat 142).

juristisch/juridisch

Juristisch heißt *das Recht oder die Rechtswissenschaft betreffend, ihr entsprechend, sich auf sie beziehend:*

> Juristisch ist nur eine gesamtdeutsche Regierung legitimiert, den Friedensvertrag zu unterschreiben (Die Welt 30.1.65, Das Forum); Der Handkoffer aber. . . ist ein juristischer Gegenstand. . . , der kann geerbt werden (Seghers, Transit 24); die Angeklagten. . . mit juristischen Finessen festzunageln (Noack, Prozesse 191); Eines Tages also werden die drei Werften nur noch als juristische Personen bestehen (Die Welt 18.11.67, 18).

Juridisch ist ein heute veraltetes, aber in Österreich noch häufiger verwendetes Adjektiv, das in der Bedeutung mit *juristisch* übereinstimmt. Früher wurde zwischen *juristisch* und *juridisch* unterschieden. Unter *juristisch* führen ältere Wörterbücher die Bedeutung *rechtslehrig, die Rechtsgelehrsamkeit betreffend* an, während sie unter *juridisch* soviel wie *rechtsförmig, gerichtlich, rechtskräftig, rechtsbeständig* verstehen

> Zum erstenmal seit Bestehen der Freien Universität zu Berlin wurde der Lehrbetrieb einer Fakultät, nämlich der juridischen, für eine Woche eingestellt (Die Presse 16.1.1969); Seine (des Generalstaatsanwalts) Sprache ist frei von abschreckender juridischer Manier (MM 26.11.66, 1 Bücherbeilage).

kaltblütig/kaltschnäuzig/kaltherzig/hartherzig/kaltsinnig/hartleibig

Kaltblütig ist jemand, der selbst in einer kritischen oder gefährlichen Lage nicht den Kopf verliert, sondern die Situation besonnen abwägt und entsprechend handelt. Wer *kaltblütig* ist, läßt sich durch äußere Umstände nicht aus dem Gleichgewicht bringen, beurteilt die Gegebenheiten sachlich-nüchtern, was anderen in gleicher Lage oft nicht gelingt:

> kaltblütig stellte er sich dem Einbrecher in den Weg; Mit einem Gemisch von Zorn und Bewunderung blickt Bonaparte auf den eisernen Rechner, der wieder einmal mit seinen kaltblütigen Kalkulationen recht behalten hatte (St. Zweig, Fouché 113); Er spürte, wie in dem andern eine Welle von Wut hochstieg. . . Das war immer so, wenn man völlig kaltblütig aussprach, was man dachte (Andersch, Sansibar 54).

Wer nicht nur in kritischen Situationen ohne Gemütsbewegung und ohne innere Erregung bleibt, sondern auch bei eigenen Gewalttaten und unmenschlichen Handlungen anderen gegenüber, kann zwar auch als *kaltblütig* bezeichnet werden, doch bedeutet das dann soviel wie *brutal, mitleidlos, skrupellos:*

> Er konnte die Quälerei kaltblütig mitansehen; kaltblütig lieferte er seinen Mitarbeiter der Gestapo aus; um seine schwangere Freundin kümmerte er sich nicht. Er überließ sie kaltblütig ihrem Schicksal.

In dieser letztgenannten Bedeutung berühren sich *kaltblütig* und **kaltschnäuzig**. Wer *kaltschnäuzig* ist, bleibt *unbeeindruckt* von etwas, was ihn eigentlich beeindrucken sollte. Während das Adjektiv *kaltblütig* das Verhalten und das Handeln einer Person charakterisiert, spiegelt *kaltschnäuzig* die innere Reaktion wider, zeigt, daß bei dem Betroffenen keine Resonanz, keine innere Teilnahme ausgelöst wurde. Wer sich einem anderen gegenüber, der Mitleid und Mitgefühl erwartet oder verdient, abweisend, lieblos und sogar schnippisch-frech verhält, ist *kaltschnäuzig:*

> Sie bat ihn um Hilfe, doch sagte er kaltschnäuzig, er habe keine Zeit; sie hatte eine kaltschnäuzige Art im Umgang mit Patienten; ,,Sie hätten sich keine Kinder anschaffen sollen", sagte der Chef kaltschnäuzig, ,,dann könnten Sie auch verreisen."

Das Adjektiv **kaltherzig** ist zwar ähnlich in der Bedeutung, unterscheidet sich aber doch von *kaltblütig* und *kaltschnäuzig* in mancher Hinsicht. *Kaltherzig* ist jemand, der anderen gegenüber kein Gefühl empfindet, der ohne Herzenswärme und Erbarmen und unfähig zur Liebe oder Freundschaft ist, der seine eigenen Absichten auch auf Kosten und zu Lasten anderer durchsetzt:

> Sie ist eine kaltherzige und egoistische Frau.

Während bei *kaltblütig* in der entsprechenden Bedeutung der Akzent darauf liegt, daß etwas Verwerfliches o.ä. ohne innere Erregung, ohne Emotion und Affekt getan wird, und während bei *kaltschnäuzig* die Gleichgültigkeit gegenüber der Not, Bedrängnis o.ä. anderer hervorgehoben wird, liegt bei *kaltherzig* der Akzent auf der egoistischen Einstellung, auf der mangelnden Teilnahme anderen gegenüber.

Hartherzig hat wieder einen anderen Aspekt. Als *hartherzig* wird jemand bezeichnet, der sich Bitten um Hilfe verschließt, Notleidenden seine Unterstützung versagt und sie abweist:

der hartherzige Mann ließ die Flüchtlinge nicht in seinem Haus übernachten; Meist sind es die älteren Brüder oder Schwestern von Held oder Heldin, sie verhalten sich falsch, sind böse, neidisch, hartherzig (Lüthie, Es war einmal 110).

Das selten gebrauchte, mehr literarische Adjektiv **kaltsinnig** steht inhaltlich dem Adjektiv *kaltherzig* nahe. Wer *kaltsinnig* ist, zeigt keine Anteilnahme am Geschick des anderen, ist kalt, unverbindlich; andere sind ihm gleichgültig:

Sie sollten nicht so kaltsinnig und abweisend neben mir hergehen, wo ich so glücklich bin (Th. Mann, Hoheit 192); Ich habe die Wahl zwischen den Managern auf dieser, den sturen kaltsinnigen Funktionären auf jener Seite (Kantorowicz, Tagebuch I 97); bei aller Achtung vor ihrer Begabung habe ich nie eine persönliche Beziehung zu der kaltherzigen und kaltsinnigen Frau (A. Seghers) finden können (Kantorowicz, Tagebuch I 332).

Das Adjektiv **hartleibig** hat mit den Bedeutungen der vorhergenannten Wörter nichts gemeinsam. Es bedeutet *an Verstopfung leidend:*

die Patientin ist hartleibig

oder in übertragenem Gebrauch *in Geldsachen nicht sehr freigebig, geizig:*

er hat schon oft mehr Geld vom Vater verlangt, aber der ist hartleibig; Er galt als eine große Nummer im Verkaufen, aber er hatte noch nie so hartleibige Leute zu überreden gehabt wie diese drei Burschen (Baum, Paris 51).

Karton/Kartonage/Cartoon

Das Substantiv **Karton** bedeutet 1. *Schachtel aus Pappe,* also ein Behälter, in den man etwas hineintut:

die Photographien befinden sich in einem alten Karton.

2. *leichte, dünne Pappe; festes, dickeres, steifes Papier:*

Kreti, der am Tisch saß und Fahrkarten malte, mit spitzer Feder auf braunen Karton (Bieler, Bonifaz 120).

3. *Entwurfzeichnungen für Wandgemälde oder Gobelins auf starkem Papier:*

In Santa Maria Novella arbeitete Leonarda am Karton für die Wandgemälde, und wenige Wochen darnach ging er bereits daran, den Karton auf die Wand des Ratssaales zu übertragen (Goldschmit, Genius 108).

Unter **Kartonage** versteht man die *aus Karton oder Pappe bestehende Schutzhülle, eine aus festem Material bestehende Verpackung.* Ein Karton in seiner Eigenschaft als Schutzhülle, Umhüllung gehört zur Kartonage, doch stellt man sich unter Karton immer eine Schachtel, einen Gegenstand vor, zu dem ein Inhalt gehört, gehört hat oder gehören soll, auch wenn man ihn wegwirft. Wenn man die Kartonage wegwirft, denkt man – auch wenn es Kartons sind – in erster Linie an das als Schutz und Umhüllung dienende Material, weniger an die Form.

Unter **Cartoon** (gesprochen: kar'tu:n) versteht man in der angewandten Kunst eine *Zeichnung, die in humorvoller, satirischer oder karikierender Weise politische oder allgemeine Themen – oft symbolhaft – darstellt.*

Katheder/Katheter

Ein **Katheder** ist ein *Pult für Lehrende:*

Den Fortschritt vom Katheder zu verkünden (Fries, Weg 20); Wann immer der DDR-Regent in den letzten Wochen ans Katheder trat, warnte er vor dem Prager Kontaktgift (Der Spiegel 45/1968, 70).

Ein **Katheter** ist ein *ärztliches Instrument* in Form einer kleinen Röhre, das in Körperorgane (z.B. in die Harnblase) zu deren Entleerung, Spülung, Füllung oder Untersuchung eingeführt wird:

Vom rechten Arm aus schiebt Oberarzt Dr. Ursimus einen Katheter durch die Arterie und einen in die Vene bis kurz zum Herzen vor, um genau den Blutdruck registrieren zu können (Wochenpost 13.6.64, 5).

Kaverne/Taverne/Taberne

Unter einer **Kaverne** versteht man in der Medizin einen *durch Zerstörung von Gewebe, durch Gewebseinschmelzung, z.B. infolge eines Abszesses, entstandenen Hohlraum, besonders in tuberkulösen Lungen:*

eine der Lungen war voll von verkapselten Kavernen (Remarque, Triomphe 272).

Mit *Kaverne* bezeichnet man auch *eine Höhle, einen ausgebauten unterirdischen Hohlraum zur Unterbringung bestimmter Einrichtungen o.ä.:*

Die Mobil Oil AG. . . beabsichtigt im Salzstock Bremen-Lesum zwei Kavernen von je 150 000 Kubikmetern für die Untertagespeicherung von Mineralöl. . . anzulegen (Die Welt 14.8.68, 13).

Bildlich:

Paris, mit kaltem Todesschweiß betaust du deine Kinder, die du liebst, die du wiegst in den finsteren Kavernen der Armut (Fussenegger, Zeit 45).

Eine **Taverne** ist eine *italienische Weinschenke, ein Wirtshaus:*

Wir gingen von einer Taverne in die andere (Genet [Übers.] , Tagebuch 51).

Taberne ist eine ältere Form für *Taverne.*

der Kiefer/die Kiefer

Der Kiefer ist ein Knochen, der mit einem anderen zusammen die Mundhöhle bildet und in dem die Zähne sitzen. Der Plural lautet „die Kiefer":

Während ihre Kiefer kauten, ihre Freude am Essen noch ungebrochen war (Jaeger, Freudenhaus 253); der Kanonikus. . . betrachtete. . . die hektisch eingesunkenen Schläfen, den zahnlosen Kiefer (Langgässer, Siegel 221).

Die Kiefer ist ein Baum mit langen Nadeln. Der Plural lautet „die Kiefern":

Sie sah ihren Jungen, klein und knorrig wie eine Kiefer (Plievier, Stalingrad 232); Die Kiefern bogen sich und rieben unheimlich knarrend und quietschend ihre Zweige aneinander (Hauptmann, Thiel 26).

Kinderkopf/Kindskopf

Ein **Kinderkopf** ist der *Kopf eines Kindes.*

Ein **Kindskopf** ist ein *Dummkopf, ein Mensch, der sich kindisch, albern benimmt:*

Du Kindskopf! Als ob dir jemand mich, Frau Melani oder deine Schlittschuhe fortnehmen wollte! (Erika-Roman 963, 15).

kindlich/kindisch

Kindlich bedeutet *einem Kind gemäß; in der Art eines Kindes; unschuldig, naiv:*

Probleme der kindlichen Erfahrung (Meyer, Unterrichtsvorbereitung 13); in meiner kindlichen Vertrauensseligkeit (Maass, Gouffé 148); etwas kindlich Wildes (Musil, Mann 682).

Kindisch wird abwertend gebraucht und bedeutet *als Erwachsener sich wie ein Kind benehmend; lächerlich, albern:*

. . . weil Zouzous Art. . . mir wirklich kindisch schien (Th. Mann, Krull 410); dieses kindische Vorhaben (Nigg, Wiederkehr 62); von kindischen Greisen (Grass, Hundejahre 107); Es ist der alte, kindische Trick (Remarque, Obelisk 25).

klassisch/klassizistisch

Das Adjektiv **klassisch** bedeutet *die Antike, die Klassik, das Altertum betreffend:*

Bis weit in die klassische, ja hellenistische Zeit hinein war dieses Gebirgsland von Griechenland her gesehen fern, rauh, barbarisch (Bildende Kunst I, 68); Denn weil in den Kreisen der gebildeten Byzantiner die Kenntnis Homers. . . eine Selbstverständlichkeit war, blieb auch das klassische Griechisch lebendiger . . . Besitz aller (Thieß, Reich 408).

Da die Antike als Maßstab angesehen wurde, verbindet sich im übertragenen Gebrauch mit *klassisch* ein positiver Inhalt. Was als klassisch bezeichnet wird, gilt als ideal, vollkommen, ist zeitlos gültig, ist Beispiel, Muster, ist *typisch,* entspricht in seiner Erscheinung genau den überlieferten Vorstellungen:

seine klassisch schöne . . . Gemahlin (Th. Mann, Krull 405); Bis dahin war alles bestimmt und ganz genau festgelegt wie in einem klassischen Stück von Racine (Langgässer, Siegel 441); Der Polizist, der Bobby mit dem klassischen Konstablerhelm (Koeppen, Rußland 164); Kindergeschenke, sofern sie halbwegs in den Grenzen pädagogischer Vernuft liegen, sind klassisch, sind konventionell. Puppe, Teddybär, Kaufmannsladen (St. Galler Tageblatt 564/1968, 27); Aus dem klassischen Innenministerium ist im Laufe der Zeit eine ganze Reihe von Wirtschafts- und Nebenwirtschaftsministerien ausgegliedert worden (Fraenkel, Staat 373).

Als **klassizistisch** wird etwas bezeichnet, was der Antike nachgeahmt ist, was zum Stil des Klassizismus gehört:

das Schloß ist im klassizistischen Stil gebaut.

Kleidung/Bekleidung

Die beiden Substantive sind sich in der hier diskutierten Bedeutung inhaltlich sehr

152

ähnlich. **Kleidung** ist das allgemeinere Wort, während *Bekleidung* durch das Präfix be-, das soviel wie *um-herum* bedeutet, intensivierenden und perfektivierenden Akzent bekommen hat. Mit *Kleidung* wird die Gesamtheit dessen, was der Mensch trägt, bezeichnet, wird vor allem auf die äußere Erscheinung (den „Aufzug") Bezug genommen, was aus den beigeordneten adjektivischen Attributen (bei Komposita aus dem Bestimmungswort) oder aus dem damit in Zusammenhang stehenden Verben deutlich wird. Man kann z.B. sagen, daß jemandes *Kleidung* gepflegt ist, aber nicht, daß seine *Bekleidung* gepflegt ist:

> Er trägt geistliche Kleidung und Tonsur (St. Zweig, Fouché 6); Ihr Schuhwerk
> . . ., das sich von ihrer eleganten städtischen Kleidung widerspruchsvoll abhob
> (Musil, Mann 733); In ärmlicher Kleidung (Langgässer, Siegel 615); die zarte,
> frauenhafte Brust bettete sich in das Schwarz der strengen Kleidung (Musil, Mann
> 694); Ein alter Mann in abgerissener Kleidung (Mehnert, Sowjetmensch 262);
> er ist dabei behindert durch enge Kleidung (Gaiser, Jagd 45); . . . daß sie . . .
> wegen ihrer unvorteilhaften Kleidung unansehnlich war (Menzel, Herren 26);
> Man beliebe vor Verlassen des Abortes die Kleidung zu ordnen (Nossack, Begegnung 225).

In Zusammensetzungen:

> trotz . . . geckenhafter Zirkuskleidung (Hesse, Steppenwolf 232); in seiner schlichten Werktagskleidung (Döblin, Märchen 17); Die beiden Interpreten hatten . . .
> Rokokokleidung angelegt (Hildesheimer, Legenden 12).

Mit dem Substantiv **Bekleidung** wird stärker darauf hingewiesen, daß die Kleidungsstücke angezogen, angelegt werden, daß sie den bloßen Körper bedecken. Der Unterschied zwischen beiden Wörtern läßt sich folgendermaßen verdeutlichen: Wenn jemand nackt ist, dann ist er ohne *Bekleidung,* unbekleidet. Wenn jemandem auf einer Reise seine Koffer gestohlen werden, dann ist er im Augenblick zwar nicht ohne Bekleidung, aber ohne reine Kleidung. Auch bei *Bekleidung* sind die adjektivischen Attribute kennzeichnend für den nuancierten Inhalt:

> das natürliche Duwesen, das sie ihm auch in spärlicher Bekleidung zu bedeuten
> hatte (Musil, Mann 898); Gleichzeitig klopfte es an der Haustür. . . seine mangelhafte Bekleidung fiel ihm ein (Hildesheimer, Legenden 128).

Kleidung und *Bekleidung* sind in manchen Kontexten gegeneinander austauschbar, wobei sich der Akzent aber jeweils ein wenig verlagert. Man kann von warmer Kleidung, aber auch von warmer Bekleidung sprechen:

> Besonders Mißliebige wurden gröblich mißhandelt, bespuckt, ihrer Kleidung
> beraubt (Feuchtwanger, Erfolg 726); Sie fühlte ihre Kräfte noch immer wachsen. Ihre Kleidung zerriß, Walter griff in die Fetzen (Musil, Mann 1433).

Hätte beispielsweise im letzten Beleg *Bekleidung* statt *Kleidung* gestanden, dann hätte der Akzent auf das Bekleidet- und Bedecktsein gelegen, so aber wird das Augenmerk lediglich auf die Kleidungsstücke, die Gegenstände an sich gerichtet. Man kann auch sowohl von Herrenkleidung und Frauenkleidung als auch von Herrenbekleidung und Frauenbekleidung sprechen. Mit *Frauenbekleidung* sind Kleidungsstücke gemeint, mit denen sich Frauen bekleiden, die sie anziehen, während *Frauenkleidung* besagt, daß es Kleidungsstücke für Frauen sind, denen man ansieht, daß sie für Frauen bestimmt sind. Folglich kann man sagen: Der Transvestit erschien in Frauenkleidung (n i c h t : in Frauenbekleidung) zur Gerichtsverhandlung. Durch adjektivische Attribute können diese Komposita ebenfalls auf einen bestimmten Inhalt festgelegt werden, so daß dann nur eine Form möglich ist, wie die folgenden Belege zeigen:

> der Premier (in derangierter Frauenkleidung) (Kästner, Schule 127); Es war ein
> kleiner Uralter in abgetragener Herrenkleidung (H. Mann, Stadt 86).

Übrigens ließe die Präposition *in* an sich schon keinen Austausch mit -bekleidung zu.

kodieren/kodifizieren

Kodieren bedeutet *eine Nachricht verschlüsseln:*
einen kodierten Text entschlüsseln.
Kodifizieren bedeutet *alle einzeln vorhandenen Gesetze, Normen, Erscheinungen
o.ä. eines bestimmten Sachgebietes systematisch erfassen, sammeln, zusammenstellen:* . . . daß der Richter in dem kodifizierten Gesetzestext eine Antwort auf jede
etwa auftauchende Rechtsfrage finden könne (Fraenkel, Staat 105).

Kommers/Kommerz

Ein **Kommers** ist ein Trinkgelage, vor allem von Verbindungsstudenten: einen Kommers veranstalten.

Kommerz bedeutet *Handel, das Kaufmännische, Geschäftliche:*
Darauf deutet Kulturkritik und empört sich über Flachheit und Substanzverlust. Indem sie jedoch bei der Verfilzung von Kultur mit dem Kommerz stehenbleibt, hat sie an der Flachheit teil (Adorno, Prismen 15).

Kompromiß/Komplott

Ein **Komplott** ist eine Verschwörung, eine heimliche Vereinbarung, Abmachung, die sich gegen jemanden richtet:
Alle dachten, wir gehörten zur Opposition und wollten ein Komplott schmieden (Nossack, Begegnung 8); ... weil er angeblich an einem Komplott gegen das französische Volk beteiligt gewesen sei (Goldschmit, Genius 17).

Ein **Kompromiß** ist eine Übereinkunft, ein Ausgleich in einer strittigen Angelegenheit auf der Grundlage gegenseitiger Zugeständnisse:
gleich werden sie ein Kompromiß schließen (Tucholsky, Gestern 10); Melanchthon sei in den Auseinandersetzungen mit den Bischöfen über die Gnade und die Glaubenswunder zu Kompromissen bereit gewesen, die den Sinn des Luthertums gefährdet hätten (Goldschmit, Genius 11); Weniger kluge lassen sich hoffnungsvoll auf faule Kompromisse ein (Die Welt 28.7.62, Die Frau).

Kondensator/Kondensor

Unter einem **Kondensator** versteht man 1. eine Vorrichtung zum [kurzzeitigen] Speichern elektrischer Ladungen bzw. elektrischer Energie; 2. eine in der Kältetechnik übliche Vorrichtung zur Kondensation von Dampf von Kältemitteln (zB. Ammoniak).

Ein **Kondensor** ist ein Verdichter, Verstärker, ein Beleuchtungslinsensystem, d.h. ein System von Linsen in optischen Apparaten zum richtigen Beleuchten. Der Kondensor erhöht die Lichtwirkung der Beleuchtung durch strenge Bündelung und Richtung des Lichts:
Die Beleuchtungseinrichtung des Diaprojektors besteht aus der Projektionslampe..., dem Lampenkamin..., dem Reflektor... und der Beleuchtungslinse (Kondensor) (Solf, Fotografie 362).

Konfitüre/Kuvertüre

Konfitüre ist besonders feine Marmelade aus einer oder mehr Obstsorten mit ganzen Früchten:
zum Frühstück gab es Konfitüre und Honig.

Kuvertüre ist eine Überzugsmasse aus Kakao, Kakaobutter und Zucker für Gebäck und Süßwaren:
der Napfkuchen ist mit Kuvertüre überzogen.

konfus/diffus

Was als **konfus** bezeichnet wird, ist ungeordnet, unklar, verworren. Wenn ein Mensch konfus ist, ist er nicht in der Lage, klar zu denken; er ist verwirrt:
Die Liebe macht die Frau scharfsinnig und den Mann konfus (Remarque, Triomphe 205); meine eigenen... Versuche waren natürlich nur ein mattes und konfuses Echo der vielerlei Stimmungen und Gedanken (K. Mann, Wendepunkt 72); Aber die Situation... bleibt trotzdem unerfreulich oder doch konfus und problematisch (K. Mann, Wendepunkt 449); Denn Fortschritt sei nur in der Zeit; in der Ewigkeit sei keiner und auch keine Politik und Eloquenz. Dort lege man, sozusagen, in Gott den Kopf zurück und schließe die Augen. Und das sei der Unterschied von Religion und Sittlichkeit, konfus ausgedrückt (Th. Mann, Zauberberg 639).

Das Adjektiv **diffus** wird vor allem in den Fachsprachen (Technik, Chemie, Physik) gebraucht und bedeutet *zerstreut, ohne bestimmte Grenzen, ohne eine bestimmte Richtung* (→ absurd/abstrus):
Diffuses Licht der Scheinwerfer erleuchtete die lüsternen Gesichter (Simmel, Affäre 16).

Im übertragenen Gebrauch bedeutet *diffus* soviel wie *verschwommen, getrübt, nicht klar umrissen:*

diffuse Andeutungen; seine Pläne wirken recht diffus; Er stand auf einem blanken Parkettfußboden... Im ersten Augenblick hatte er nur den diffusen Eindruck von Gold und Farben gehabt (Jahnn, Nacht 26); die verbannten Literaten bildeten wohl so etwas wie eine homogene Elite, eine wirkliche Gemeinschaft innerhalb der diffusen und amorphen Gesamtemigration (K. Mann, Wendepunkt 233); Der Betrachter sieht sich einer konturlosen und diffusen Wolke von einzelnen Informationen gegenüber, deren innere Struktur nicht leicht auszumachen ist (Enzensberger, Einzelheiten I 23); Die semantische Dimension ist schon erheblich diffuser und mehr gestaffelt (Linguistische Berichte 18/1972, 19).

Im übertragenen Gebrauch berühren sich *diffus* und *konfus* inhaltlich. Der Unterschied zwischen beiden Wörtern wird von der Etymologie her deutlich. *Diffus* leitet sich vom lateinischen Verb diffundere = ausgießen, zerstreuen her, wobei *dis-* auf die T r e n n u n g hinweist, auf das Auseinandergehen von etwas, während sich *konfus* von confundere=verwirren herleitet. *Con-* bedeutet *zusammen, fundere* bedeutet *gießen.* Die Vorsilbe *con-* weist also auf einen Vorgang hin, der im Gegensatz zu dem mit *dis-* ausgedrückten steht. Ist für *diffus* charakteristisch, daß etwas unscharf ist auf Grund dessen, daß es nicht zusammen auf etwas gerichtet ist, ist für *konfus* charakteristisch, daß etwas unscharf, unklar, verworren ist auf Grund der Tatsache, daß es innerlich nicht klar geschieden ist. *Konfus* bezieht sich auf Gedanken und seelische Zustände und kann auch direkt auf Personen bezogen werden. Es hat immer einen negativen Inhalt. *Diffus* hat diesen ausgesprochen negativen Inhalt nur im übertragenen Gebrauch. Im Unterschied zu *konfus* wird *diffus* nicht auf Personen bezogen. Man kann also einen Menschen *konfus,* aber nicht *diffus* nennen.

kongenial/kongenital

Wenn jemand oder etwas als **kongenial** bezeichnet wird, soll damit ausgedrückt werden, daß jemand mit einer anderen Person oder etwas mit einer Sache geistig übereinstimmt, daß beide sich geistig-seelisch entsprechen:

Selten hat ein Autor einen so kongenialen Interpreten gefunden wie hier Uwe Johnson (Deschner, Talente 325); als der geniale Zigarettenindustrielle... und sein kongenialer Werbeberater... die Markenzigaretten... herausbrachten (Der Spiegel 4/1966,50).

Kongenital bedeutet *angeboren, auf Grund einer Erbanlage bei der Geburt vorhanden,* z.B. eine körperliche Mißbildung.

Konjunktiv/Konjunktivitis

Der **Konjunktiv** ist die Möglichkeitsform im Unterschied zur Wirklichkeitsform, dem Indikativ. Der Konjunktiv stellt eine Aussage als Wunsch oder Begehren dar, als nur vorgestellt und irreal oder als eine ohne Gewähr vermittelte Aussage eines anderen, z.B. ich k ä m e gern, wenn ich Zeit h ä t t e ; er sagte, er h a b e keine Zeit. In diesen Sätzen sind „käme", „hätte" und „habe" Konjunktivformen.

Das Substantiv **Konjunktivitis** stammt aus der medizinischen Fachsprache und bezeichnet die Entzündung der Augenbindehaut.

Die in der medizinischen Fachsprache zur Bezeichnung verschiedener Entzündungskrankheiten vorkommende Endung -itis wird auch gelegentlich scherzhaft übertragen gebraucht, z.B. er hat die Renneritis (= er hat Durchfall). Auf diese Art bildete Siegfried Jäger, der längere Zeit über den Konjunktiv gearbeitet hatte, auch das Wort Konjunktivitis, womit er die schon als lästig empfundene dauernde Beschäftigung mit dem Thema Konjunktiv ironisch bezeichnen wollte, ohne daß er die medizinische Bedeutung dieses Ausdrucks kannte. Er schreibt: In ein paar Wochen hätte ich diese verdammte Konjunktivitis endlich hinter mich gebracht; S. Jäger, Der Konjunktiv in der deutschen Sprache der Gegenwart 160.

konkav/konvex

Als **konkav** bezeichnet man etwas, was nach innen gewölbt, ausgehöhlt ist:

konkave Linsen; ein blondbärtiger, schlaffer Herr mit konkavem Brustkasten und glotzenden Augäpfeln (Th. Mann, Zauberberg 121); Die Stirnbeine traten unterhalb der konkaven, auffallenden Schläfenflächen stark hervor (Kuby, Sieg 405).

Konvex ist das Gegenwort zu *konkav* und bezeichnet etwas, was nach außen gewölbt, erhaben ist:

Bisher hatte ich konkave Brillengläser getragen; ich vermutete, vielleicht jetzt konvexe zu benötigen (Niekisch, Leben 308).

Konvent/Konventikel/Konvention

Das Substantiv **Konvent** bedeutet *Zusammenkunft, Versammlung* (Pfarrkonvent, Nationalkonvent, Stehkonvent):

Das klassische Beispiel einer übermäßigen Machtkonzentration von Parlamentsausschüssen stellten der Wohlfahrtsausschuß und der Ausschuß für die allgemeine Sicherheit des französischen Konvents (1792—94) dar (Fraenkel, Staat 236); Diese Konvente haben die verfassunggebende Gewalt teilweise unmittelbar ausgeübt (Fraenkel, Staat 218).

Das **Konventikel** ist sowohl eine [heimliche] private Zusammenkunft einer sektiererischen Gruppe, eine außerkirchliche Versammlung zur privaten religiösen Erbauung als auch die Vereinigung einer kleinen Gruppe Gleichgesinnter:

Innerhalb der Neuigkeit, daß „alle Orte allen Menschen zu jeder Zeit zur Verfügung standen", gab es natürlich Konventikel, gab es natürlich Kaffeehäuser, die diesen oder jenen Kreis von Interessenten anzogen (Jacob, Kaffee 133); Verloren wäre auch, wer sich aus Widerwillen vor den industriellen Apparaten ins vermeintlich Exklusive zurückzöge, da die industriellen Muster längst bis in die Bankreistungen der Konventikel durchschlagen (Enzensberger, Einzelheiten I 17); Die liberalen Redaktionen und radikalen Konventikel von New York erwiesen sich als wahre Schatzhäuser für ihre Neugier (Die Welt 13.1.65, Die geistige Welt).

Das Substantiv **Konvention** hat zwei Bedeutungen: 1. *Überlieferung, Herkommen, Brauch, Sitte, Förmlichkeit:*

der Strom dieser Leidenschaften, bis dahin durch Konvention und Etikette unterdrückt (Goldschmit, Genius 74); Die Fähigkeit, unablässig neue Aspekte herzustellen, weniger indem er Konventionen kritisch durchbrach, als . . . (Adorno, Prismen 232); Kritisierend und korrigierend greifen sie dann in den Bannkreis bourgeoiser Konventionen und Beschränkung ein (Deschner, Talente 159).

2. *Abkommen, Vereinbarung, vertragliche Übereinkunft mehrerer Staaten über rechtliche, politische, wirtschaftliche, militärische und kulturelle Angelegenheiten (*die Konvention von Tauroggen 1812, die Genfer Konvention):

Die . . . am 4. November 1950 in Rom abgeschlossene Konvention zum Schutze der Menschenrechte und Grundfreiheiten (Fraenkel, Staat 126).

korrupt/korrumpiert

Korrupt bedeutet *bestechlich, bestochen; moralisch verdorben und dadurch unzuverlässig.:*

hier kann man fast alles kaufen. Eine korrupte Bande (Remarque, Triomphe 326); Korrupte Beamte werden heute streng bestraft (Die Zeit 12.6.64, 3); Dem „korrupten und verfaulten Parlamentarismus der bürgerlichen Gesellschaft" stellt Lenin Körperschaften gegenüber, in denen die Parlamentarier selbst arbeiten müssen (Fraenkel, Staat 122); Laval. . . Der brutale Reaktionär und korrupte Schieber als Vorkämpfer internationaler Verständigung (K. Mann, Wendepunkt 189); In Frankreich . . . ist das Zeitungswesen unmittelbar korrupter als bei uns, wo es durch obskure Einwirkungen beeinflußbar ist (Tucholsky, Werke II 226); Woran hätte Rosemarie. . . bemerken sollen, daß sie eine korrupte Existenz führte? (Kuby, Rosemarie 143).

Während *korrupt* jemanden oder etwas charakterisiert, eine Eigenschaft angibt, drückt **korrumpiert** (als zweites Partizip von korrumpieren) aus, daß jemand oder etwas auf Grund äußerer Einwirkungen so geworden ist. Wenn man einen Beamten korrupt nennt, dann sagt man etwas über seine Person und seinen Charakter aus; wenn man sagt, daß er korrumpiert sei, dann weist man auf den Vorgang hin, daß ihn jemand bestochen hat, daß er auf eine besondere, auf nicht korrekte Weise verführt, beeinflußt und verdorben worden ist. Man kann z.B. sagen, daß jemand durch und durch korrupt, aber nicht, daß er durch und durch korrumpiert ist:

Millionen von unterernährten, korrumpierten, verzweifelt geilen. . . Männern und Frauen torkeln und taumeln dahin im Jazz—Delirium (K. Mann, Wendepunkt 112); Von beiden Seiten wurden damals große Fonds in den korrumpierten Volkskörper hineingepumpt (Tucholsky, Werke II 361); Ein Schriftsteller, den unsere heutige Gesellschaft an den Busen drückt, ist für alle Zeiten korrumpiert (Dürrenmatt, Meteor 33); Er sagt vielmehr: diesen mag ich nicht, und jenen liebe ich, und dieser ist mir ein Greul und ein Scheul, und jener ist korrumpiert (Tucholsky, Werke II 281); vgl. auch: imponierend/imposant bezüglich der Wortbildung.

Kosten/Unkosten

Unter **Kosten** versteht man allgemein alles, was für eine Sache aufgewendet wird oder worden ist, sowohl das Entgelt für die gekauften oder zu kaufenden Gegenstände als auch das Entgelt für die geleistete oder zu leistende Arbeit; vor dem Bau eines Hauses berechnet man z.B. die Kosten dafür:

> Der Angeklagten fallen die Kosten des Verfahrens zur Last (Noack, Prozesse 168); Dabei scheut man keine Kosten (MM 2.2.68, 11); Beeinflußbare Kosten und alle Verlustquellen aufzudecken war das Ziel einer Arbeitsgruppe (ND 5.6.64, 6); die Kosten im voraus veranschlagen (Johnson, Achim 333); Der Vater des nichtehelichen Kindes ist verpflichtet, ... die Kosten für eine... Krankenversicherung des Kindes zu tragen (Hörzu 12/1971, 54).

Als **Unkosten** bezeichnet man die oft unvorhergesehen entstehenden Kosten, die außer den normalen Ausgaben zusätzlich und ohne eigentlichen Gewinn entstehen. Unkosten werden als Verlust oder unnötig angesehen. Wird jemand in eine andere Stadt versetzt, können ihm Unkosten durch Umzug, Wohnungsrenovierung usw. erwachsen. Wenn man eine Wohnung einrichtet, Möbel, Lampen usw. kauft, dann spricht man von Kosten, nicht von Unkosten.

Für eine Konzertagentur ist die Saalmiete ein Teil der unvermeidlichen *Kosten* wie Gage, Heizung, Licht, Lohn für Platzanweiserinnen und Garderobenkräfte. Wenn dagegen ein Verein einen Saal für ein Fest mietet, dann sind das *Unkosten.* Bei gewerblichen Veranstaltungen, an denen also verdient wird, entstehen Betriebs*kosten;* bei privaten Veranstaltungen müssen die *Unkosten* gedeckt werden. Im Unterschied zu „Kosten" wird bei „Unkosten" meistens kein genitivisches Attribut (die Kosten des Verfahrens) angeschlossen:

> Die Unkosten, die dabei entstanden waren, beliefen sich auf 200 Mark; es kamen noch die Unkosten für das Zubereiten hinzu; Hochzeiter sind meist finanziell arg belastet. Und ich meine deshalb, daß die Gäste einen Teil der großen Unkosten tragen sollten (Hörzu 38/1971, 119).

Das Präfix *Un-* hat hier übrigens nicht verneinenden Sinn (wie z.B. bei Untreue, Unfreundlichkeit), sondern verstärkenden (wie z.B. bei Unwetter, Unmenge, Unzahl).

In manchen Kontexten können *Kosten* und *Unkosten* miteinander ausgetauscht werden, wobei sich jedoch der Akzent der Aussage entsprechend den angegebenen Wortinhalten verschiebt:

> Die Regierung erklärte sich bereit, den Patrioten die Kosten der Vorbereitungen / die Unkosten für die Vorbereitungen zu ersetzen; Anstatt daß ich Erde anfahren lasse, nehme ich sie hinten weg. Das spart... Kosten (Gaiser, Schlußball 166); es bleibt uns noch Geld übrig, für unvorhergesehene Kosten (Baum, Bali 150); Ein edler Spender... hat... einen namhaften Betrag zur Verfügung gestellt, der einen erheblichen Teil der Unkosten decken wird (Kirst, Aufruhr 105); Machen Sie sich keine unnötigen Unkosten! (Leip, Klabauterflagge 61).

Der Gebrauch von „Unkosten" mit Genitivanschluß ist selten:

> Sie hatte es fertiggebracht, die Unkosten ihrer großartigen Gründung ... abzudecken (Geissler, Wunschhütlein 155).

Nicht miteinander austauschbar sind *Kosten* und *Unkosten,* wenn es sich – wie in den folgenden Belegen – um feste Fügungen oder Verbindungen handelt:

> Er hatte immerhin seine eigene Hose verkauft, die von Schneidermeister Grunk angefertigt gewesen war, auf seine Kosten (Böll, Adam 55); auf Kosten des Vertragspartners (Fraenkel, Staat 135); Das blutgierige Publikum ist auf seine Kosten gekommen (Thieß, Legende 198); Jedes Lachen droben ging ohnehin auf meine Kosten (Hartung, Piroschka 103); Ich hatte große Unkosten; Ich fürchtete, sagte ich, er habe sich sogar in Unkosten gestürzt (Niekisch, Leben 219).

Im geschäftlichen Bereich werden oft die Aufwendungen, die zu den Betriebskosten im engeren Sinn hinzukommen, als *Unkosten* bezeichnet:

> die Unkosten, die durch den Arbeitsausfall entstanden sind, übernehmen wir.

In der Betriebswirtschaftslehre ist dieser Ausdruck jedoch verpönt, wenn er auch in der Geschäftspraxis durchaus vorkommt.

kostspielig/kostbar/köstlich

Wenn man etwas als **kostspielig** bezeichnet, dann will man damit sagen, daß etwas viel Aufwand erfordert, daß das Betreffende, vor allem eine Unternehmung, viele einzelne Ausgaben mit sich bringt und verhältnismäßig viel kostet. Damit verbindet

sich oft die Nebenvorstellung, daß es mehr kostet, als es eigentlich wert ist:
> Militärisch liefert es ein hochqualifiziertes, ständig kriegsbereites. . . Instrument, das freilich relativ kostspielig ist (Fraenkel, Staat 368); Der Freund des Millionärs war seinerseits mittellos; niemand wußte, wie er sein kostspieliges Leben finanzierte (K. Mann, Wendepunkt 167).

Kostspielig wird auch als Synonym für *teuer, im Preis hoch* gebraucht:
> Es war eines der hübschen, kleinen, sehr kostspieligen Restaurants in ländlicher Aufmachung (Langgässer, Siegel 456); Dabei rauchte sie kostspielige Zigaretten (Hasenclever, Die Rechtlosen 426).

Was **kostbar** ist, hat einen großen Wert, ist aus teurem Material [hergestellt], ist nur für einen sehr hohen Preis zu haben:
> meine Bibliothek mit den kostbaren Erstausgaben der Enzyklopädisten (Langgässer, Siegel 217); Warum sollte ein Geologe keine Maßanzüge tragen, kostbare Bilder erwerben (Menzel, Herren 111); Eine Frau, die ein anderer begehrt. . . , wird sofort kostbarer als vorher (Remarque, Obelisk 117); Ein Pelzkragen. . . gibt diesem Modell ein kostbares Aussehen (Herrenjournal 3/1966, 163).

Kostbar wird auch übertragen gebraucht, wenn man etwas als so wertvoll bezeichnen will, daß man es nicht unnütz oder gedankenlos vertun darf; daß man damit sorgsam umgehen muß:
> Es war wie im Märchen, wenn die Fee oder das Männchen eine Frage freigeben und man Gefahr läuft, die kostbare Möglichkeit ganz müßig zu vertun (Th. Mann, Zauberberg 923); Jede Stunde war kostbar, denn jede Stunde konnte sich unübersehbares Unheil ereignen (Apitz, Wölfe 133); Wir brauchten kostbare Wochen, um all diese technischen Spitzfindigkeiten zu enträtseln (Menzel, Herren 84).

Köstlich bedeutet *ausgezeichnet* (in bezug auf Speisen, Getränke o.ä.), *gut schmeckend, lecker.* Im Unterschied zu kostbar spiegelt *köstlich* stets deutlich die subjektiven Eindrücke und Empfindungen des Sprechers (Schreibers) wider:
> köstliche Birnen lagen zwischen Holzwolle in Kisten (Thieß, Legende 160); köstliche Hühnchen (Remarque, Obelisk 197); Man tue den ganzen Tag nichts, esse köstlich (R. Walser, Gehülfe 19); wir . . . entdeckten den Schatz. Er war weit größer und köstlicher, als ich je vorher hätte hoffen . . . mögen (Leip, Klabauterflagge 44); Auch nach dem Bade bleiben Sie noch für viele Stunden in köstlichen Fenjaduft gehüllt (Petra 10/1966, 103); Wir saßen . . . im Eßzimmer eines der köstlichen alten Landhäuser (Brecht, Geschichten 85).

Köstlich bedeutet umgangssprachlich auch soviel wie *heiter, entzückend, amüsant* und dient auch hier dazu, die positive emotionale Anteilnahme des Sprechers (Schreibers) zu charakterisieren, so daß man sagt:,,Er erzählte uns eine köstliche Geschichte" oder,,Ich werde euch eine köstliche Geschichte erzählen", aber z.B. nicht:,,Erzähle uns einmal eine köstliche Geschichte". Dagegen wäre es möglich zu sagen:,,Erzähle uns doch noch einmal d i e s e köstliche Geschichte", weil der Sprecher den Inhalt bereits kennt und ihn amüsant gefunden und ihn mit Vergnügen, Belustigung aufgenommen hat. Was köstlich ist, bereitet jemandem ein inneres Vergnügen, findet gute Aufnahme und Zustimmung. Wer einen anderen als einen köstlichen Menschen bezeichnet, der freut sich über diesen, weil er amüsant, lustig, einfallsreich o.ä. ist:
> Ich verlebte eine köstliche Zeit dabei: jeden Menschen, den ich nicht leiden konnte, ließ ich sterben (Remarque, Obelisk 16); Sie schienen sich köstlich zu amüsieren (Kirst 08/15, 211); Dieser Aktenclown. . . war köstlich (Kirst 08/15, 799).

Kreuzverhör/Kreuzfeuer

Wer im **Kreuzverhör** steht, wird von mehreren Seiten sehr eingehend befragt, muß genaue Auskunft auf kritische Fragen geben:
> In einem folgenden lebhaften Kreuzverhör von Verteidigung und Staatsanwaltschaft bleibt der Beamte. . . die Antworten schuldig (Noack, Prozesse 28); Mehr konnte M. trotz eines regelrechten Kreuzverhörs. . . nicht aus Maria. . . herausholen (MM 14./15.1.67, 11); Böck. . . ist sichtlich froh, aus dem Kreuzverhör entlassen zu werden (Noack, Prozesse 194).

Das Substantiv **Kreuzfeuer** hat zwar ähnliche Bedeutung wie *Kreuzverhör,* doch deuten die verschiedenen Grundwörter (-verhör bzw. -feuer) an, daß im Kreuzverhör von dem Betroffenen genaue Auskunft über etwas verlangt wird, während der Betroffene im Kreuzfeuer von vielen Seiten in bezug auf etwas „beschossen", d.h. der Kriik unterzogen wird. Der Betroffene wird zwar nicht verhört, er muß keine Auskunft geben, aber er wird sich oder etwas doch zu verteidigen suchen. Wie die Belege zeigen, lassen die jeweiligen syntagmatischen Verbindungen nicht immer einen Austausch der beiden Wörter zu, wenngleich sie sich inhaltlich recht nahe stehen:

> Vor einem Jahr verabschiedet, stand dieses Gesetz von Beginn an im Kreuzfeuer (MM 26.3.69, 2); Kostspielige Importwaren. . . im Kreuzfeuer ungarischer Kritik (MM 9./10.5.70, 45); noch heute kämpft jeder Forscher zwischen den Kreuzfeuern des Publikums und der Fachwelt (Ceram, Götter 65); in diesem Neubaugebiet, das schnell ins Kreuzfeuer der Kritik geraten ist (Hörzu 38/1971, 83).

Krimineller/Kriminaler/Kriminalist/Krimi/Kriminologe

Wer ein *Verbrechen begangen hat,* wer straffällig geworden ist, ist ein **Krimineller:**

> Der perfekte nordische Wohlfahrtsstaat gewährt auch seinen Kriminellen ein Höchstmaß an Wohlstand in fidelen Gefängnissen (Der Spiegel 40/1967, 154).

Ein **Kriminaler** ist ein *Kriminalbeamter:*

> In Dortmund weckten Kriminale das ehemalige Mitglied der Freien Deutschen Jugend (Der Spiegel 30/1968, 46); Als in der Pension gar noch ein paar Diebstähle entdeckt werden, geht's vollends drunter und drüber. Sogar ein Kriminaler muß bemüht werden (Bild und Funk 3/1966, 21); Senatsrat. . . Prill. . . regiert über Schupos und Kriminale (Der Spiegel 32/1968, 28).

Ein **Kriminalist** ist ein *Beamter der Kriminalpolizei, ein Kriminalbeamter, ein Sachverständiger.* Nur noch selten wird das Wort in der Bedeutung *Lehrer oder Kenner des Strafrechts, Strafrechtler* gebraucht:

> Von den Kriminalisten der Mordkommision. . . hart ins Verhör genommen (Bild und Funk 7/1966, 49); Archäologen sind Fährtensucher. . . Sie haben es einfacher als ein Kriminalist? (Ceram, Götter 38); Wo nur chemisch oder physikalisch erkundbare Spuren über den Tod Auskunft geben können, beginnt der Bereich der wissenschaftlichen Kriminalisten (Noack, Prozesse 57); In dem Maße, in dem die Technik in die Kriminalistik vordrang, ist die Vorstellung von dem intuitiv arbeitenden Kriminalisten verschwunden (Noack, Prozesse 57).

Die Abkürzung **Krimi** für Kriminalbeamter ist wegen der anderen Bedeutungen von Krimi (=Kriminalfilm oder Kriminalroman) nicht sehr gebräuchlich:

> Ich verkomme ja hier, Willi, zwischen diesen Gespenstern, zwischen diesen Krimis, die um dich schleichen (Fr. Wolf, Zwei 51).

Ein **Kriminologe** ist ein *Wissenschaftler, ein Fachmann auf dem Gebiet der Kriminologie,* worunter man die Wissenschaft von der Aufklärung und Verhütung von Verbrechen versteht, die sich mit dem Verbrechen als einer sozialen Gegebenheit befaßt und seine Ursachen zu erklären sucht.

künden von/verkünden/verkündigen/ankündigen/ankünden/abkündigen

Wer oder was von etwas **kündet,** der oder das bringt von etwas Kunde, berichtet über etwas in feierlicher Form, legt von etwas Zeugnis ab:

> er kündete von fernen Ländern; die Ausgrabungen kündeten von der hohen Kultur der Bewohner.

Wer etwas **verkündet,** macht etwas Wichtiges öffentlich bekannt:

> das Urteil wurde verkündet.

Verkünden bedeutet auch *etwas mit deutlich wahrnehmbarer Stimme mitteilen, erklären:*

> Aus der Familie erhob sich ein Männlein. . . und verkündete ruhig die Entscheidung (Seghers, Transit 209); Er verkündete höflich, mein Antrag sei zwecklos, ich könne niemals durch Spanien fahren (Seghers, Transit 217).

Das gehobene **verkündigen** entspricht inhaltlich dem Verb verkünden in der Bedeutung *etwas Wichtiges öffentlich bekanntmachen,* und zwar in feierlicher, proklamatorischer Weise. Es wird jedoch seltener, und vor allem im religiösen Bereich gebraucht:

> das Wort Gottes verkündigen.

Etwas **ankündigen** bedeutet *ein bevorstehendes Ereignis, etwas Kommendes bekanntgeben.* „Ankündigen" ist nicht so feierlich und gewichtig wie *verkündigen:*

> ein Konzert ankündigen; seinen Besuch ankündigen; einen Sänger auf der Bühne ankündigen.

Ankündigen wird auch reflexiv in der außerpersönlichen Form *etwas kündigt sich an* gebraucht und bedeutet dann *etwas macht sich in Anzeichen bemerkbar, etwas deu-*

tet in Anzeichen auf sein baldiges Eintreffen hin:
 der Frühling, das Gewitter kündigt sich an.
Das heute kaum noch gebrauchte **ankünden** entspricht in der Bedeutung dem Verb *ankündigen.*
Das Verb **abkündigen** gehört dem religiösen Sprachgebrauch an und bedeutet *etwas, was die Gemeinde betrifft, nach der Predigt am Ende des Gottesdienstes bekanntmachen,* z.B. Hochzeiten oder Todesfälle.

künstlich/künstlerisch/kunstvoll/kunstreich/kunstgerecht/gekünstelt

Was **künstlich** ist, ist nicht natürlich, nicht auf natürliche Weise entstanden , ist auf chemische oder technische Art hergestellt, womit sich ein abwertender Nebensinn verbinden kann, wenn *künstlich* in Opposition zu *natürlich* gesehen wird und es als Mangel empfunden wird, daß etwas nicht natürlich, sondern unecht, falsch ist:
 selbst die jungen Mädchen sitzen wie künstliche Blumen. . . auf den unbequemen Bänken (Koeppen, Rußland 190); Besondere Kennzeichen. . . : ,,Künstliches Gebiß. . . ''(Grass, Hundejahre 267); von . . . künstlich herbeigeführten Ausfallserscheinungen (Lorenz, Verhalten I 108); der größte künstliche See der Welt (Koeppen, Rußland 116); Im Tageslicht wirkte es. . . viel farbiger als bei Dämmerung oder künstlicher Beleuchtung (Maass, Gouffé 162); Der Advokat begann mit künstlicher Wildheit zu kichern (H. Mann, Stadt 365); Er lacht künstlich, da er berechtigte Angst hat, zu weit gegangen zu sein (Hochhuth, Stellvertreter 38).

Künstlerisch bedeutet *im Sinne oder Interesse der Kunst, die Kunst betreffend, in der Art der Ausführung Kunst darstellend oder der Kunst zuzurechnen, der Kunst oder einem Künstler gemäß:*
 künstlerische Techniken; ein typisches Beispiel für den Humoristen wider Willen, dem es noch nicht gelingt, den Humor künstlerisch fruchtbar zu machen (Greiner, Trivialroman 67); Ich überwache. . . die Anordnung der Denkmäler. . . Sie sollen. . . freundliche Gruppen bilden und künstlerisch durch den Garten verteilt werden (Remarque, Obelisk 88); Im ganzen aber muß man sagen, daß diese Bücher nicht eigentlich schlecht geschrieben sind, sondern bloß umständlich und ohne jede künstlerische Ambition (Friedell, Aufklärung 126).

Kunstvoll und **kunstreich** bedeuten *von Kunst und künstlerischem Können oder Geschick zeugend.* Die beiden Wörter unterscheiden sich insofern, als *kunstreich* der gehobenen Stilschicht angehört und im Unterschied zu *kunstvoll* stärker die Fülle an künstlerischen Details betont:
 kunstvolle Schnitzereien; ein kunstvoller Satzbau; ein kunstvoll gearbeiteter Halsschmuck; eine kunstvoll garnierte Platte mit Aufschnitt; kunstreiches Schnitzwerk; ein kunstreicher Altar.

Kunstgerecht bedeutet *in fachmännischer, sorgfältiger, genau in der richtigen Weise [ausgeführt], dem Gegenstand angemessen:*
 etwas kunstgerecht verpacken, kleben, entfernen; er lieferte uns in wenigen Minuten eine kunstgerechte Übersetzung der Rede.
Das leicht pejorativ gebrauchte Adjektiv **gekünstelt** bedeutet *unnatürlich, gewollt, geziert; in verkrampfter Weise bemüht, einen vornehmen Eindruck zu erwecken oder freundlich zu erscheinen.* Was als gekünstelt bezeichnet wird, wird abgelehnt und dem Natürlichen und Ungekünstelten entgegengestellt:
 Frey lachte gekünstelt, während Nestor seine Brauen noch höher zog (Molsner, Harakiri 25); Tulla lief Jenny nach, ohne das starr und gekünstelt gehende Mädchen einholen zu wollen (Grass, Hundejahre 273).
Obgleich auch *künstlich* einen abwertenden Nebensinn haben kann, besteht doch ein Unterschied zwischen *künstlich* und *gekünstelt.* Nur in bestimmten Kontexten, die sich auf Äußerungsformen beziehen, lassen sich beide Wörter austauschen, wobei sich jedoch der Sinn jedes Mal deutlich ändert. Wenn nämlich jemand *künstlich* lächelt, dann lächelt er gequält, täuscht ein Lächeln vor. Wenn jemand *gekünstelt* lächelt, dann lächelt er nicht in üblicher Weise, sonder geziert. Wer *künstlich* lächelt, dem ist gar nicht nach Lächeln zumute. Wer *gekünstelt* lächelt, lächelt nicht ungezwungen, sondern stilisiert das Lächeln in bestimmter Weise. Gegenstände können künstlich, also nicht echt sein, aber nicht gekünstelt, denn das Adjektiv *gekünstelt* setzt immer einen Menschen voraus, dessen Gebaren nicht natürlich ist.

Kurs/Kursus

Das Substantiv **Kurs** hat verschiedene Bedeutungen.

1 a) *Richtung des zurückzulegenden Weges, Verlauf der Fahr- oder Flugstrecke:*
> Der Kahn hatte eine Weile Kurs gegen den Strom (Bieler, Bonifaz 144); das Flugzeug liegt wieder auf Kurs (Fr. Wolf, Menetekel 257); Auf den beiden von Air France beflogenen Kursen Berlin-Frankfurt und Berlin-München (Die Welt 24.11.65, 13).

Bildlich:
> ... daß es die höchsten sowjetischen Stellen sind, die den neuen Kurs verfügt haben (FAZ 4.11.61, 7); Die Angeklagten waren damit auf einen Kurs gegangen, den der Bundesgerichtshof mit seinem Urteil ermöglicht hatte (Noack, Prozesse 83).

b) *[Renn]strecke:*
> Zwei Zehntelsekunden dahinter, fast am Hinterrad klebend, jagte der Schweizer ... auf seinem Lotus über den Kurs (MM 9.9.68, 13); Oft halten die Zuschauer den Atem an, wenn der Skiläufer... mit klappernden Brettern über die ganze Breite des Kurses getragen wird (Gast, Bretter 91).

2. *Preis von Wertpapieren, Devisen:*
> Die Kaufkraft des Rubels betrug etwa 50 Pfennig, der offizielle Kurs hingegen war 2,10 Mark (Niekisch, Leben 218); In den letzten Monaten war es zwar meistens falsch, Rentenwerte zu kaufen, weil ihre Kurse seit über einem Jahr sanken (Die Welt 5.8.65, 13).

Bildlich:
> Kameradschaft steht unter Kommilitonen hoch im Kurs (Die Welt 22.2.64, Das Forum).

3. In der Bedeutung *Lehrgang* ist *Kurs* synonym mit **Kursus**. Im Singular wird das Wort *Kursus* oft bevorzugt, weil es im Unterschied zu *Kurs* keinen Verwechslungen mit anderen Bedeutungen ausgesetzt ist:
> jeder Automobilist mußte sich... einem solchen Kursus unterziehen (Frankenberg, Fahren 159); Auch er hat... vor seinem Einsatz als Ausbilder praktisch nur einen Kursus auf einer Truppenschule durchgemacht (Noack, Prozesse 187).

Der Plural lautet bei beiden Wörtern gleich, nämlich *Kurse:*
> Der Staat, die Gewerkschaften, die Betriebe selbst unterhalten Kurse und Schulen (Niekisch, Leben 223); Von Karsch weggegangen, hatte sie die Kurse ihrer Schauspielschule beendet (Johnson, Achim 299).

kursiv/kursorisch

Buchstaben, die *schräg* gedruckt sind, werden als **kursiv** bezeichnet:
> Wir sind gar nicht gegen alle Kriege. Wir sind gegen ihre Kriege und „ihre" ist kursiv gedruckt und enthält eine Welt (Tucholsky, Werke II 331).

Kursorisch bedeutet *fortlaufend, nicht unterbrochen, hintereinander.* Unter einer *kursorischen Lektüre* versteht man das fortlaufende Lesen eines Textes im Unterricht ohne genaue Erläuterung. Im Gegensatz dazu ist eine *statarische Lektüre* eine durch ausführliche Erläuterungen des gelesenen Textes immer wieder unterbrochene, nur langsam fortschreitende Lektüre.

kürzen/kürzer machen/abkürzen/verkürzen

Etwas, was zu lang ist, muß oder kann man **kürzen.** So kann man einen Rock, ein Kleid, einen Ärmel, Gardinen usw. kürzen, d.h. **kürzer machen,** indem man etwas von der Länge wegnimmt. Man kann auch einen Aufsatz kürzen, wenn er zu lang ist, d.h., man muß ihn in knappere Form bringen, kann weniger ausführlich sein. Man kann ihn aber n i c h t *kürzer machen. Kürzen* (aber nicht: kürzer machen) kann man auch eine übliche, bereits festgelegte Menge oder Summe und bestimmte feststehende Ausgaben:
> mir haben sie die Rente gekürzt (Döblin, Berlin 85); denn müssense 'n Etat kürzen (Zuckmayer, Hauptmann 114).

Auch die übliche, für etwas zur Verfügung stehende Zeit kann durch etwas verringert, gekürzt werden:
> die Freizeit kürzen; Sie haben sich wohl mit einigem Staunen gefragt, warum ich Ihnen Ihren Schlaf kürze (Benrath, Konstanze 68).

Gekürzt werden können auch Bezüge, Löhne und Gehälter. In der Mathematik können Brüche gekürzt werden, d.h., Zähler und Nenner eines Bruches werden durch die gleiche Zahl geteilt und so auf kleinere Werte reduziert. *Kürzer machen* kann man also nur entsprechende, als zu lang empfundene G e g e n s t ä n d e, so daß lediglich bei ihnen *kürzen* und *kürzer machen* miteinander ausgetauscht werden können. **Abkürzen** kann man ein Wort oder auch einen Weg. Während man durch *Kürzen* das Betroffene wirklich an sich verändert, bleiben das abgekürzte Wort oder der abgekürzte Weg an sich unverändert. Derjenige, der ein Wort abkürzt, schreibt es nur nicht ganz aus ebenso wie derjenige, der einen Weg abkürzt, den Weg an sich nicht verändert, sondern nur eine vom eigentlichen Weg abweichende Strecke wählt, auf der er schneller zum Ziel kommt:

> sie . . . wollte deshalb den Weg abkürzen quer über die Wiese der Mauer zu (Gaiser Schlußball 195).

Etwas, was sich über eine Z e i t hin erstreckt, kann auch abgekürzt werden, z.B. indem man auf einiges, was vorgesehen war, verzichtet und dadurch den Vorgang o.ä. früher beendet, als ursprünglich geplant war. Es wird etwas knapper, aber doch ausreichend behandelt, durchgeführt:

> ein Gespräch, ein Verfahren, einen Aufenthalt, einen Besuch abkürzen; Es ist eine Kriegslist, um die Belagerung abzukürzen (Thieß, Reich 607); die biblische Genesis hat vollkommen recht, in ihm die Schöpfung gipfeln zu lassen. Nur kürzt sie den Prozeß ein wenig drastisch ab (Th. Mann, Krull 307).

Das Verb **verkürzen** wird vor allem in bezug auf Zeitliches, in der Zeit Ablaufendes gebraucht:

> Reisevorhaben, die mir den Aufenthalt in Lissabon so unliebsam verkürzen wollten (Th. Mann, Krull 361); Tatendrang verkürzte seinen Schlaf (Kirst 08/15, 819); Wie immer. . . möchte der dem Leid beiwohnende Augenzeuge das Leid verkürzen, ein schnelleres Ende herbeiführen (Grass, Blechtrommel 316); eine Religion . . . ,die . . . verbot, ihm seine Qualen zu verkürzen (Remarque, Triomphe 302).

Oft handelt es sich dabei gar nicht um eine wirkliche Verkürzung der Zeitspanne, sondern nur um den Eindruck des Betroffenen, dem es so vorkommt, als dauere etwas Unangenehmes weniger lange:

> sie wolle uns eine Geschichte. . . vorlesen, um die langen Stunden zwischen Mittagessen und Tee zu verkürzen (K. Mann, Wendepunkt 70); James I wandte sich, nicht zuletzt um die Wartezeit ein wenig zu verkürzen, an den ehemaligen Gefreiten Stamm (Kirst 08/15, 896).

Verkürzen ist kennzeichnend dafür, daß etwas zeitlich weniger lange dauert als eigentlich vorgesehen. Deshalb spricht man von *verkürzter* Arbeitszeit (Arbeitszeitverkürzung), denn *abgekürzte* Arbeitszeit wäre ein einmaliger Vorgang oder jedenfalls nicht eine grundsätzlich festgelegte kürzere Arbeitszeit. Und *gekürzte* Arbeitszeit (Kurzarbeit) bedeutet eine Einbuße im Unterschied zur Verkürzung. In bezug auf eine Zeitdauer oder auf etwas in der Zeit Ablaufendes bedeutet das Verb *kürzen* einen einmaligen, vorübergehenden oder aus dem Augenblick hervorgegangenen Eingriff im Unterschied zu *verkürzen.* Eine Pause kann z.B. gekürzt werden, d.h., man beendet sie vorzeitig. Wenn dagegen die Zeit für etwas verkürzt wird, z.B. für einen Aufenthalt, dann ist das im allgemeinen die Folge bestimmter Umstände, dann kommt die Verkürzung durch das Einwirken anderer Faktoren zustande: Etwas verkürzt etwas.
Wenn eine Pause oder ein Aufenthalt *abgekürzt* wird, dann ist das nicht ein Eingriff, sondern eine subjektive Entscheidung: Man macht eben keine so lange Pause, oder man hält sich eben nicht so lange, wie ursprünglich geplant, irgendwo auf. Handelt es sich beim Verb *kürzen* also meistens um etwas, was fortan grundsätzlich kürzer als bisher ist, so bezieht sich das Verb *abkürzen* im allgemeinen auf einen einmaligen Vorgang.
Die Zeit einer Strafe kann *verkürzt,* aber nicht *gekürzt* werden, denn mit Kürzung werden im allgemeinen negative Vorstellungen für den Betroffenen verbunden.
Rauchen kann die Lebensdauer *verkürzen,* aber nicht *kürzen,* denn hier handelt es sich ja nicht um einen bewußten Eingriff, sondern um die Auswirkungen bestimmter Umstände.
Wenn ein Aufsatz in *gekürzter* Form erscheint, dann ist der Vorgang des Kürzens deutlich ausgedrückt und erkennbar; erscheint der Aufsatz in *verkürzter* Form, dann heißt das, daß er kürzer, knapper dargestellt ist, daß er nicht alles enthält, was ursprünglich vorgesehen war.
Verkürzen kann sich neben der zeitlichen auch auf die räumliche Ausdehnung bezie-

hen, so daß etwas kürzer als gewöhnlich oder gewollt erscheint, ohne daß damit auch die Vorstellung einer bestimmten Länge verbunden ist, wie z.B. bei *kürzen* (einen Rock kürzen):

> das durch eine Operation stark verkürzte rechte Bein; . . . daß ich mangels nordisch-körperlicher Bestbeschaffenheit des Führers Elite um ein Glied verkürzte (Küpper, Simplicius 57); Vier Jahre waren damals vergangen . . . seitdem wir . . . viele um einen Kopf verkürzt (Weiss, Marat 18).

kurzsichtig/weitsichtig

Wer nur auf kurze Entfernung gut sehen kann, ist **kurzsichtig:**

> Die zweite (Legende) sagt, daß er sich im Kampf gegen die Feinde unseres Landes die Nase an einer Kanone eingedrückt hat, wohl, weil er stark kurzsichtig ist (Bieler, Bonifaz 229).

Im übertragenen Gebrauch enthält *kurzsichtig* eine Kritik und besagt, daß jemand bei seinen Handlungen und Entscheidungen nicht deren Folgen bedenkt:

> Im Anfang war er noch kurzsichtig genug, den Unteroffizieren deutlich zu verstehen zu geben, wie gering das Interesse war, das er an ihnen hatte (Kirst 08/15, 26); Eigenes Unglück macht kurzsichtig (Gaiser, Jagd 131).

Wer in die Ferne gut sehen kann, aber für die Nähe, beispielsweise zum Lesen, eine Brille braucht, wird als **weitsichtig** bezeichnet.

In übertragenem Gebrauch enthält *weitsichtig* ein Lob und besagt, daß jemand bei seinen Handlungen und Entscheidungen die möglichen zukünftigen Folgen vorausbedenkt und berücksichtigt:

> er hat sehr weitsichtig gehandelt, als er eine Ausbildungsversicherung für seinen Sohn abschloß.

Lamprete/Pastete

Da diese Wörter nicht nur im Klang eine gewisse Ähnlichkeit haben, sondern da sich auch mit beiden Wörtern gleichermaßen die Vorstellung eines delikaten und feinen Gerichts verbindet, sind die beiden Wörter hier nebeneinandergestellt. Die **Lamprete** gehört zu den Rundmäulern, den Meerneunaugen, das sind mit neun Organöffnungen versehene primitive Wirbeltiere von fischähnlicher Gestalt und Lebensweise. Lampreten gelten als eine beliebte Speise:

> Ich hatte immer nur von Lampreten gehört — „Ich werde dir wohl Lampreten kochen”, schalt meine Mutter, wenn ich mit ihrer Brotsuppe nicht zufrieden war — aber hier gab es wirklich Lampreten (Hauptmann, Schuß 34).

Eine **Pastete** ist ein feines Gericht aus Fleisch oder Fisch in einer Teighülle oder auch die Teighülle selbst.

Landmann/Landsmann

Ein **Landmann** ist ein Bauer, ein Landwirt.

Ein **Landsmann** ist jemand, der aus demselben Land, derselben Gegend stammt wie ein mit Bezug auf diesen Genannter:

> An zweiter Stelle hielt sich sein Landsmann Kalevi Laurila (Olympische Spiele 1964, 23); was den Reiz der Bilder seines Landsmanns Chagall ausmacht (Jens, Mann 82).

landschaftlich/landsmannschaftlich

Landschaftlich bedeutet *eine Landschaft, eine bestimmte Gegend betreffend, zu ihr gehörend.* Es gibt z.B. Wörter, deren Gebrauch landschaftlich begrenzt ist, beispielsweise das Adjektiv *„heikel”,* das im Süddeutschen für „wählerisch im Essen”, gebraucht wird. Man spricht von landschaftlichen, fälschlich von landsmannschaftlichen Besonderheiten:

> diese Stadt liegt landschaftlich sehr schön; Der landschaftlich schönste Zugang zu einem Berg verläuft in vielen Fällen über einen Grat oder auf einer Kante (Eidenschink, Bergsteigen 46).

Landsmannschaftlich ist eine Ableitung von *Landsmannschaft,* worunter man heute eine Vereinigung versteht, der sich Menschen zusammengeschlossen haben, die nach 1945 ihre Heimat in den früheren deutschen Ostgebieten verlassen mußten oder verlassen haben:

> landsmannschaftliche Zusammenschlüsse.

Unter *Landsmannschaft* wurde früher auch eine studentische Verbindung verstanden.

Im folgenden Beleg ist *landsmannschaftlich* mit *landschaftlich* verwecnselt worden:
Deutschland war auf dem langen Weg seiner Geschichte fast ausnahmslos ein föderalistisches Gebilde. Das erbrachte eine Vielfalt landsmannschaftlicher Besonderheiten, z.B. in der Kunst und Architektur (Hörzu 40/1972, 79).

Lappe/Lappländer

Die Bewohner von Lappland werden *Lappen* oder *Lappländer* genannt. **Lappe** ist ein ethnischer Begriff. Das Wort **Lappländer** wird vor allem im politisch-administrativen Bereich auf die Bewohner Lapplands angewendet, die nicht Lappen sind.

Lasur/Glasur

Unter einer **Lasur** versteht man eine Farbschicht, die den Untergrund durchscheinen läßt:
Die Regensträhnen geben den Wänden graue Lasur (Kisch, Reporter 149).
Unter **Glasur** versteht man einen Überzug, z.B. aus Zucker – einen Zuckerguß – oder aus einer glasartigen Masse auf Tonwaren.

latent/labil

Latent bedeutet *nur verborgen, versteckt vorhanden; nach außen hin nicht sichtbar, nicht in Erscheinung tretend:*
wir befinden uns . . . im Zustand einer latenten Krise (Bundestag 190/1968, 10298); Kein Schüler nimmt von außen in sich auf, was er nicht ohnehin in sich hätte, sei es auch nur latent, im Unbewußten (K. Mann, Wendepunkt 203); Aber mindestens 60 Prozent ihrer Straftaten bleiben, wie die Kriminalisten sagen, latent (Der Spiegel 14/1966, 58).
Labil bedeutet *nicht stabil, nicht fest in sich ruhend, leicht aus dem Gleichgewicht kommend, schwankend.* Beim Gebrauch im nicht konkreten Bereich verbindet man mit dem Wort im allgemeinen eine leichte Kritik im Gegensatz zu stabil:
Nervenzellen sind im wesentlichen plastisch und labil, während technische Schalt elemente im wesentlichen starr und stabil sind (Wieser, Organismen 39).
Nicht konkret:
Frühreif und verzärtelt, labil und einsam, allen äußeren Eindrücken hilflos preisgegeben (Jens, Mann 151); Die Geschlossenheit, ja Verschlossenheit seines Wesens trat als Ausdruck reiner Männlichkeit in beglückenden Gegensatz zu meinem labilen Temperament (Thiess, Frühling 137); Die westliche Demokratie erscheint als ein kompliziertes und labiles Gebilde, das ständig Anfechtungen und Gefahren ausgesetzt ist (Fraenkel, Staat 78).

Lauf/Ablauf/Verlauf

Alle drei Substantive bezeichnen gleichermaßen ein zeitliches Kontinuum, aber unte verschiedenen Aspekten. Diese verschiedenen Aspekte werden durch die jeweiligen Präfixe bzw. durch die Präfixlosigkeit hervorgerufen. **Lauf** hat die allgemeinste Bedeutung und bezeichnet das Fortschreiten eines Geschehens oder einer Handlung:
Der Lauf der Geschichte aber hat erwiesen, daß der reine Geist nicht unmittelbar zur Macht gelangen kann (Niekisch, Leben 151); Glaubst du, dies alles liege im üblichen Lauf der Welt (Werfel, Bernadette 373); So daß man . . . die Dinge ihrem Lauf überläßt (Ch. Wolf, Nachdenken 44); die Geschicke. . . nahmen einen anderen Lauf (Schaper, Kirche 8); das schreiende Organ Callaros, der seinem Zor über Caruso freien Lauf ließ (Thieß, Legenden 202).
Die Fügung *im Laufe* (im Laufe des Lebens, des Gesprächs) bedeutet soviel wie *während* und muß hier außerhalb der allgemeinen Betrachtungen bleiben, weil diese Fügung als lexikalisierte Wendung anderen sprachlichen Gesetzen unterliegt. Da das Substantiv Lauf in der hier zur Diskussion stehenden Bedeutung ein unbegrenztes Fortschreiten zum Inhalt hat, steht es nicht in Kontexten, die das Ende eines zeitlichen Prozesses einschließen (nicht: n a c h dem Lauf eines langen Lebens. Oder: der szenische Lauf des Films).
Verlauf bezeichnet einen konkreten, überschaubaren Prozeß, und zwar mit Blick auf das Ende.

Oft unterstreicht der Kontext, z.B. durch entsprechende Verben oder Attribute beim Substantiv, den auf den Abschluß hindeutenden Gehalt des Wortes:

Die Entwicklung ist noch nicht abgeschlossen, vielleicht nimmt sie einen ganz anderen Verlauf, als wir annehmen (Müthel, Baum 26); ob auch bei ihm der Tag nach dem Verlassen des Paradieses einen so hundsgemeinen Verlauf genommen habe (Thieß, Legende 80); Von seiner Umsicht. . . ist der glückliche Verlauf einer Bergfahrt abhängig (Eidenschink, Bergsteigen 50); Zwölf Stunden waren vergangen, und der Rundfunk hatte noch immer nichts über den Verlauf der Kampfhandlungen gemeldet (Leonhard, Revolution 91); Der Herzbeutel hatte sich mit Blut gefüllt. Dies gehörte zum üblichen Verlauf bei Herzwunden (Thorwald, Chirurgen 308); Besonders oft verfolgen sie den Rand eines dicken Teppichs. . . Interessant ist, daß diese lineare Gebilde bei ihnen . . . die Vorstellung einer Bewegung wachrief, sprechen doch auch wir vom „Verlauf" einer Linie (Lorenz, Verhalten I 105); Heilungen dieser Krankheiten wurden selbst bei jahrelangem Verlauf bisher nicht beobachtet (Fischer, Medizin II 175).

Die Vorsilbe *ver-* hat perfektivierende Wirkung, deutet auf den Abschluß. Da sich das Substantiv *Verlauf* auf das Ende bezieht, kann man nicht sagen *nach dem Verlauf von drei Jahren,* sondern nur *nach Ablauf von drei Jahren,* denn *Ablauf* schließt den ganzen zeitlichen Prozeß ein, an den sich ein neuer zeitlicher Prozeß anschließen kann. Oft läßt sich *Verlauf* auch mit *Ablauf* austauschen, wenn beide Aspekte möglich sind. Wenn es heißt, *mit diesem Verlauf hatte niemand gerechnet,* so sieht man das Ende; heißt es *mit diesem Ablauf hatte niemand gerechnet,* so sieht man die ganze Entwicklung von Anfang bis zu Ende:

Der Küchenunteroffizier war über den Verlauf dieses Telefongesprächs wenig erfreut (Kirst 08/15, 184); Die Stärke des Widerstandes der alten Machthaber ist ein Faktor, der den Verlauf der Revolution mitbestimmt (Fraenkel, Staat 297).

Im folgenden Beleg handelt es sich nicht um einen Prozeß und dessen Ende, sondern um einen Zeitraum und dessen Abschluß. *Nach Verlauf (von)* ist wie *im Laufe (von)* eine Fügung, die bereits als lexikalisiert aufzufassen ist und soviel wie *nach* bedeutet, worauf auch der fehlende Artikel (nicht: nach d e m Verlauf) hinweist:

Nach Verlauf zweier Arbeitsstunden ließ Frau Tobler durch eines der Kinder zum Nachmittagskaffee rufen (R. Walser, Gehülfe 9).

Ablauf bezeichnet einen konkreten, oft auch geregelten und organisierten Prozeß, und zwar vom Beginn bis zum Ende.

Ablauf verbindet sich daher oft mit Zeitangaben, die einen bestimmten Zeitraum umfassen, wie z.B. Frist (nach Ablauf der Frist). Man kann im voraus den Ablauf eines Festes planen, nicht aber den Verlauf (z.B. folgender Tagesablauf ist für morgen vorgesehen). Man spricht von einem reibungslosen Ablauf, aber üblicherweise nicht von einem reibungslosen Verlauf, wie man andererseits von einem glücklichen Verlauf (= Abschluß), jedoch üblicherweise nicht von einem glücklichen Ablauf spricht, während sich andere Attribute für beide Substantive eignen (ein guter Verlauf/Ablauf).

Auch in den folgenden Belegen unterstreicht der Kontext durch die beigegebenen Attribute oder Verben, daß das Geschehen als ein in einem Zeitraum sich vollziehender Prozeß angesehen wird, der einen Anfang und ein Ende hat. Der Abschluß kann, aber muß nicht mit ins Auge gefaßt sein. Der ganze Ablauf wird als technisch, reibungslos, regelmäßig, vorgeschrieben usw. charakterisiert:

Aber es war nicht der technische Ablauf, um den er sich sorgte (Müthel, Baum 15); Drei entscheidende Neuerungen sichern den ungestörten Ablauf des Schreibvorganges (Der Spiegel 19/1966, 81); da diese zunächst einmal den reibungslosen Ablauf. . . stören (Mehnert, Sowjetmensch 113); Teile eines seelischen, geschichtlichen oder anderen zeitlich-wirklichen Ablaufs (Musil, Mann 1119); Der natürliche Ablauf der Lebensfunktionen (Fischer, Medizin II 141); Im zügigen Ablauf des Programms boten die Chöre ihre Lieder (Das Volk 1.7.64, 7); dem Ablauf der Weltgeschichte (Langgässer, Siegel 295); Sie kennen den Ablauf der . . . Gespräche (Bergengruen, Rittmeisterin 332); daß er nachträglich glaubte, den Ablauf der Dinge von seinem Ende her rückwärts geträumt . . . zu haben (Langgässer, Siegel 278); daß selbst dem Übel innerhalb geschichtlicher Abläufe ein tiefer Sinn innewohnt (Thieß, Reich 19).

Wie der letzte Beleg zeigt, bedeutet *Ablauf* immer die zeitliche Erstreckung. Diese Zeitspanne, wenn auch mit besonderem Blick auf das Ende, ist im folgenden Beleg gemeint:

erst gegen Ablauf seines zweiten Lebensjahres lernte er notdürftig sprechen und gehen (Hauptmann, Thiel 9).

Das Substantiv *Verlauf* wäre in diesem Text nicht möglich. Anders ist es im folgenden Beleg, wo auch *Verlauf* gebraucht werden könnte:

> Nach Ablauf einer Stunde, nachdem immer noch nichts passiert war, brüllte ihn Witterer telefonisch an (Kirst 08/15, 505).

Wenn man sich nach dem *Ablauf* einer Veranstaltung erkundigt, dann will man wissen, was im einzelnen geboten worden ist usw. Wenn man sich nach dem *Verlauf* einer Veranstaltung erkundigt, hat man besonders das Ende, den Ausgang, das Ergebnis im Blick.

Daß sich *Verlauf* auf das Ende bezieht, wird auch deutlich in der Wendung *einen [guten] Verlauf nehmen = ein [gutes] Ende nehmen* (nicht: einen guten Ablauf nehmen).

Während von *Lauf* und *Verlauf* gemeinsprachlich kein Plural gebildet wird, tritt bei *Ablauf* gelegentlich ein Plural auf.

Zusammenfassend läßt sich sagen, daß *Lauf, Verlauf* und *Ablauf* manchmal gegeneinander auszutauschen sind, daß sich damit jedoch immer auch die Aussage verändert in dem Sinne, daß *Lauf* den Prozeß in seinem Fortschreiten unbegrenzt sieht, während *Verlauf* den Prozeß schon als Ergebnis überblickt und *Ablauf* die ganze zeitliche Erstreckung des Prozesses vom Beginn bis zum Ende ins Bewußtsein bringt.

launig/launisch/launenhaft

Launig bedeutet *witzig, humorvoll, von heiter-munterer Gemütsstimmung.* Personen werden üblicherweise nicht als *launig* bezeichnet:

> sie (die Fältchen) hatten mit den Jahren noch kleine Abzweigungen. . . erhalten, so, daß dies vielfache. . . Runzelwerk seinen blauen Augen den beständigen Ausdruck launiger Verschlagenheit verlieh (Th. Mann, Hoheit 219); die launigen Masken, in denen sich die Gesellschaft zusammengefunden (Th. Mann, Krull 22); Mercier. . . , der die Geschichte dieses Cafés sehr launig aufgezeichnet hat (Jacob, Kaffee 134).

Wer **launisch** ist, hängt von Stimmungen ab, sein Verhalten anderen gegenüber ist wechselhaft. Ein launischer Mensch ist ohne ersichtlichen Grund bald mißgestimmt, bald heiter. Als charakteristisch für den launischen Menschen gilt jedoch eigentlich nur, daß er seine schlechte, mürrische Stimmung anderen gegenüber zeigt:

> sie ist immer sehr launisch; sie ist schon als launische Zicke verschrien.

Während *launisch* den Wechsel zwischen den Stimmungen anklingen läßt, – jemand ist „mal so, mal so" –, betont **launenhaft** die Unberechenbarkeit. Das Glück wird als *launenhaft* bezeichnet. Es kann jemanden fliehen, es kann aber auch einen Treffer bescheren, wenn man es gar nicht erwartet:

> Venus ist launenhaft; der Haussegen hängt oft schief (Petra 10/1966, 81); Wenn wir uns in einer Sprache ausdrücken, die nicht unsere Muttersprache ist, begehen wir oft grammatische Fehler. . . , weil wir zwar ihre Transformationsregeln kennen, aber nicht alle ihre unberechenbaren und launenhaften Transformationsprogramme (Wandruszka, Sprachen 218).

lebenslang/lebenslänglich

Die Adjektive **lebenslang** und **lebenslänglich** werden heute in bezug auf das Strafmaß unterschiedslos nebeneinander gebraucht. Früher bekam ein Verbrecher eine lebenslängliche Freiheitsstrafe; heute ist man vielfach bestrebt, das Adjektiv *lebenslänglich* durch *lebenslang* zu ersetzen, weil man glaubt, daß es sich bei lebenslänglich um eine nicht korrekte Bildung (längliches Leben) handele. Seit 1941 findet sich daher wohl auch *lebenslang* an Stelle von *lebenslänglich* im Strafgesetzbuch. Da den zusammengesetzten Wörtern aber sehr unterschiedliche syntaktische Verhältnisse zugrunde liegen können, kann das Adjektiv *lebenslänglich* auch als eine Ableitung aus *Lebenslänge* (für die Länge des Lebens) angesehen werden. Daß beide Wörter gewisse inhaltliche Nuancen aufweisen, geht aus dem sonstigen Gebrauch dieser Adjektive hervor. *Lebenslang* wird weitgehend nur attributiv verwendet und bedeutet *ein ganzes Leben lang [andauernd]:*

> ein „Nein" bestätigt wahrscheinlich seine lebenslange Freiheitsstrafe (MM 15./16.7.67, 21); Dieser Satz. . . ist der Niederschlag lebenslanger leidvoller Erfahrungen (Natur 19); . . . daß der gute Gesundheitszustand Ihres Großvaters auf

seine lebenslange Tätigkeit im Freien zurückzuführen ist (MM 27./28.5.67, 39);
Aber laß uns nicht um dieser zwei Worte willen lebenslang auf Knien rutschen
(Reinig, Schiffe 9).

Lebenslänglich bedeutet *für die ganze Lebenszeit geltend, erst mit dem Tode endend:*
Lebenslänglich für Frauenmörder (MM 28.5.66, 11); die Hypothese. . . , die unter
Umständen für ein Urteil auf lebenslänglich Zuchthaus ausgereicht hätte (Noack,
Prozesse 70); die lebenslängliche Sperre gilt in allen 130 Mitgliedsländern des Welt-
fußballverbandes (Die Welt 94, 8); Ach, diese Sehnsucht. . . und diese lebenslängliche Bemühung, anders zu sein, als man erschaffen ist (Frisch, Stiller 228); wenn
ich einen Beruf mit lebenslänglicher Anstellung als Beamter hätte (Remarque,.
Obelisk 27); Zwei eidgenössische Zeughäusler, beide verfettet und bleich von
lebenslänglicher Kampferluft (Frisch, Stiller 179); Der Titel „Sport und Kunst"
ist so sinnlos wie der Versuch, lebenslänglich ein Läufer zu bleiben (Lenz, Brot
123); Das alles ist sicher nicht angeboren . . . Dohlen verstecken lebenslänglich,
auch wenn sie immer wieder schlechte Erfahrungen damit machen (Lorenz, Verhalten I 111).

Da sich die Inhalte beider Wörter sehr nahe stehen, ist in vielen Fällen ein Austausch
möglich:
ein lebenslanger/lebenslänglicher Aufenthalt in einer Höhle.

Es kommt jeweils auf den gewünschten Aspekt an. Will man die Dauer betonen,
dann wählt man *lebenslang*. Will man nicht so sehr die Vorstellung der Dauer, sondern mehr die zeitliche Ausdehnung, die Erstreckung über einen Zeitraum hin oder
will man den Endpunkt dieser Strecke hervorheben oder darauf hinweisen, daß etwas erst mit dem Tode ein Ende findet, dann wird *lebenslänglich* gewählt. Für den
einzelnen Sprecher oder Schreiber sind diese feinen Unterschiede aber meist irrelevant.

legal/legitim

Legal bedeutet *gesetzlich [erlaubt], dem Gesetz gemäß, entsprechend.* Das Gegenwort ist *illegal:*
So hat sich heute der Sozialismus auch dort für den gewaltlosen legalen Weg entschieden, wo die „Reformen" so rasche. . . Strukturveränderungen mit sich bringen (Fraenkel, Staat 304); Ich sollte doch etwas unternehmen, um dem Herzogs-
paar einen legalen Aufenthalt in Augsburg zu ermöglichen (Niekisch, Leben 42);
Denn die formale Wahrung äußerer Gesetzmäßigkeit schließt keineswegs aus, daß
eine Handlung in grober Weise gegen die Gerechtigkeit verstößt, damit zwar legal
bleibt, aber in einem tieferen Sinn illegitim wird (Fraenkel, Staat 182); . . . daß
sich Herr von Lassenthin. . . legal hat trauen lassen (Fallada, Herr 93); . . . daß
eine konstitutionell begründete Diktaturgewalt auf scheinbar legalem Wege zu
einem verfassungswidrigen . . . Dauerzustand führt (Fraenkel, Staat 80).

Legitim bedeutet *rechtmäßig, im Rahmen bestehender Vorschriften[erfolgend].*
Das Gegenwort ist *illegitim.*

Während das Adjektiv *legal* einen unmittelbaren Bezug auf das oder ein bestimmtes
Gesetz und auf die Gesetzlichkeit herstellt, drückt *legitim* aus, daß etwas nicht gegen
Bestimmungen oder Gesetze verstößt, daß also nichts dagegen zu sagen ist. Ohne ein
direkt darauf bezügliches Gesetz, aber auf Grund der Verhältnisse und Gegebenheiten gilt etwas als rechtmäßig, als legitim. Man kann Devisen legal oder illegal erwer-
ben, aber nicht legitim bzw. illegitim. Und man kann sagen, daß ein Kind legitim ist,
aber nicht, daß es legal geboren ist:
Die Kämpfe, die jetzt zwischen dem legitimen und dem unrechtmäßigen König
geführt wurden (Goldschmit, Genius 67); die Forderung nach öffentlichem Anhören der Interessenvertreter, um die Verbände legitim ins politische Spiel zu
bringen (Fraenkel, Staat 283); Er kann in einem tieferen Sinn höchst legitim sein,
wenn er von einer Bewegung, die sich rechtmäßig auf das Widerstandsrecht berufen kann, durchgeführt wird, um eine ungerechte Herrschaft zu stürzen, wie das
Beispiel des 20. Juli 1944 zeigt (Fraenkel, Staat 324).

Bildlich:
So ist . . . auch Beckers Idee. . . ein legitimes Kind der Romantik (Haselbach,
Grammatik 28).

Heute wird *legitim* auch oft auf andere Bereiche übertragen und bedeutet dann soviel wie *vertretbar, verständlich, vernünftig, richtig:*
als einzige legitime wissenschaftliche Beschäftigung mit der Sprache (LS 6/1965,
181); Ein hübsches Beispiel für das echte und legitime Bedürfnis des Kindes . . .

(Lüthi, Es war einmal 84); Ich . . . halte es. . . für legitim, mit zwei Sprachen anzufangen (Gipper, Metamorphosen 9); Die wenigen Seiten. . . liefern kein legitimes Bild ostdeutschen Lebens (Deschner, Talente 191).

Es gibt Texte, in denen sowohl *legal* als auch *legitim* möglich wäre, je nachdem, was ausgedrückt werden soll, ob man die gesetzliche Grundlage betonen oder nur die Rechtmäßigkeit, das Erlaubte einer Handlung herausstellen will. *Legale* Mittel beispielsweise sind Mittel, die auf einem Gesetz begründet sind; *legitime* Mittel sind erlaubt und verstoßen nicht gegen Bestimmungen und Gesetze. Die Volksbefragung durch freie Wahlen ist ein *legales,* ein gesetzlich verankertes politisches Mittel. *Legitime* Mittel sind Flugblätter, Plakate usw., die von den Parteien für ihre Wahlpropaganda verwendet werden.

legendär/legendarisch

Legendär bedeutet *sagenhaft, sagenumwoben, legendenhaft, der Sage angehörend.* Eine legendäre Gestalt ist eine Person, deren Existenz nur erfunden worden ist oder zumindest nicht verbürgt ist:

ein Held von legendärer Herkunft.

Das Adjektiv *legendär* wird auch emotional in der Bedeutung *unwahrscheinlich, unglaublich; so erstaunlich [ausgeprägt], daß man davon wie von einer Sage spricht* gebraucht, wenn etwas in unvorstellbarer Weise vorhanden ist, und zwar in bezug auf Dauer, Stärke o.ä.:

er hat ein legendäres Alter erreicht; Ein cleverer Kaufmann aus Osaka hat . . . auf geniale Weise unter Beweis gestellt, daß der legendäre Geschäftsinstinkt seiner Heimatstadt nicht nur in Worten . . . weiterlebt (MM 9./10.9.72, 56); ein Air des Legendären wob sich um dieses junge Weib (Maass, Gouffé 156).

Legendarisch bedeutet *eine Legende betreffend, zur Legende gehörend, nach Art der Legenden; Legenden enthaltend.* Wenn man etwas als *legendarisch* bezeichnet, drückt man damit aus, daß das Betreffende zeitlich so weit entrückt ist, daß man nicht mehr weiß, ob es je in der Weise existiert hat:

etwas ist schon legendarisch geworden; in der Heiligenvita tritt Historisches mit Legendarischem vermischt auf; der römische Kalender von 1969 hat viele Heiligenfeste wegen ihres legendarischen Charakters gestrichen (Brockhaus Enzyklopädie Bd 11, 267).

Im Unterschied zu *legendär,* das ein charakterisierendes Adjektiv ist, kennzeichnet *legendarisch* die Zugehörigkeit und weist das so Bezeichnete dem Bereich der Legende zu. Einer *legendären* Darstellung gegenüber muß man in bezug auf die Glaubwürdigkeit und Wirklichkeitsbezogenheit Vorbehalte haben; eine *legendarische* Darstellung enthält Legenden. *Legendarisch* sagt etwas über den I n h a l t der Darstellung aus, während *legendär* die A r t der Darstellung kennzeichnet.

Lehnwort/Fremdwort

Ein **Lehnwort** ist ein Wort, das aus einer fremden Sprache übernommen worden ist, das sich aber im Unterschied zum Fremdwort der einheimischen Sprache angeglichen hat und dessen fremder Ursprung nicht mehr sogleich erkennbar ist:

Das Wort „Fenster" ist ein Lehnwort.

Ein **Fremdwort** ist ein Wort, das aus einer fremden Sprache übernommen worden ist, dessen Lautung und Schreibung jedoch der einheimischen Sprache nur wenig oder gar nicht angepaßt worden ist, so daß daran und an den Wortbildungselementen noch deutlich die fremde Herkunft erkannt werden kann:

„ . . . in einer . . . relativ behaglichen Wohnung . . . " man fühle, wie gewöhnlich . . . dieses ausgespuckte und törichte Fremdwort „relativ" hier ist (Tucholsky, Werke II 363).

Lehrerfamilie/Lehrersfamilie

Eine **Lehrerfamilie** ist eine Familie, in der es viele Lehrer gibt, in der in mehreren Generationen Lehrer vorkommen:

die Batzkes sind eine alte Lehrerfamilie.

Eine **Lehrersfamilie** ist die Familie eines Lehrers.

Lehrling/Anlernling

Lehrlinge und Anlernlinge werden als Auszubildende bezeichnet. Ein **Lehrling** ist jemand, der in einer Lehre bei einem Meister oder in einem Industrieunternehmen als Handwerker, Kaufmann, Industriehandwerker o.ä. ausgebildet wird. Sowohl junge Männer als auch junge Mädchen können Lehrlinge sein. Gewöhnlich endet die Ausbildung mit einer Gesellen- oder Gehilfenprüfung.

Unter einem **Anlernling** versteht man einen Angestellten oder Arbeiter, der eine Spezialausbildung von ein bis zwei Jahren auf einem engeren Fachgebiet durchmacht. Die Ausbildung soll ihm Kenntnisse und Fähigkeiten für schwierige Arbeiten vermitteln. Der Anlernling unterscheidet sich vom Lehrling darin, daß er nicht wie der Lehrling für ein Fach ganz allgemein ausgebildet wird. Er schließt zwar mit einer Abschlußprüfung, aber nicht mit einer Gesellenprüfung seine Ausbildungszeit ab. Anlernlinge gibt es vor allem im Handel und in der Industrie.

Lehrmittel/Lernmittel

Als **Lehrmittel** wird das Material bezeichnet, das im Schulunterricht der Veranschaulichung dient. Lehrmittel sind Hilfsmittel, die vom Lehrer eingesetzt und von der Schule für den Unterricht beschafft werden. Im weiteren Sinne versteht man darunter alle Gegenstände, die Lehr- und Lernzwecken dienen. Im engeren Sinne werden darunter Unterrichtsfilme, Karten, Modelle, Anschauungsmaterial usw. verstanden. Von den Lehrmitteln unterscheiden sich die **Lernmittel** wie Hefte, Lehrbücher, Zeichen- und Werkmaterial usw. Lernmittel sind Unterrichtshilfen, die – im Unterschied zu den Lehrmitteln - der Schüler in die Hand bekommt. Wenn dem Lernenden diese Hilfsmittel unentgeltlich zur Verfügung gestellt werden, spricht man von Lernmittelfreiheit. Sowohl Lehrmittel als auch Lernmittel werden üblicherweise im Plural gebraucht:

> Benutzen wir ergänzend zu unseren Erklärungen die Tafel, ein Lehrmittel, ein Lern- oder Arbeitsmittel? (Meyer, Unterrichtsvorbereitung 49); Wird man dereinst Landkarten der beiden Deutschland drucken und in den Schulen als Lehrmittel aufrollen (Grass, Hundejahre 538).

Leichtfuß/leichtfüßig

Obgleich beide Wörter den gleichen Wortstamm haben, weichen sie inhaltlich doch sehr voneinander ab.

Das Substantiv **Leichtfuß** bezeichnet einen – meist jüngeren – Mann, der das Gegenteil eines gewissenhaften und ernsten Menschen ist. Er nimmt das Leben leicht, ist unbekümmert, macht sich nicht viel Gedanken über mögliche böse Folgen seiner Handlungen, nimmt alles nicht sehr genau:

> Frau Käthe träumt vom reichen Bräutigam. . . , indes steht dem Sportwagenfahrer und Leichtfuß der Sinn lediglich nach einem flüchtigen Abenteuer (Bild und Funk 20/1966, 25); du Leichtfuß, du Bummler (Bredel, Väter 12).

Enthält das Substantiv einen Vorbehalt oder leichte Kritik, so liegt im Adjektiv **leichtfüßig** eher Bewunderung und Lob, denn wer *leichtfüßig* genannt wird, ist flink und gewandt, ohne Schwerfälligkeit, bewegt sich mit tänzerischer Anmut:

> Leichtfüßig eilte sie treppab (Zuckmayer, Herr 153); Percy erhob sich leichtfüßig von seinem elastischen Bett (Hasenclever, Die Rechtlosen 427).

Bildlich:

> Das Lustspiel . . . , behandelt es doch trotz allen leichtfüßigen Humors durchaus ernsthaft die Unzufriedenheit einer. . . verheirateten Frau (Bild und Funk 12/1966, 48).

leidig/leidlich

Das Adjektiv **leidig** wird nur attributiv gebraucht und dient zur Charakterisierung von etwas, was als unangenehm und lästig zugleich empfunden wird und unfroh macht:

> Immer liegt alles am leidigen Geld; wenn sie bloß die Weisheit ihrer Erfahrung an ihre Kinder weitergäben, statt sie ihnen mit der leidigen Ausrede, es wäre gut für sie, „sich selbst anzuschlagen", gröblich vorzuenthalten (Habe, Namen 26); Dieser Gedanke wird durch das leidige Problem verdrängt, womit das heutige Abendessen bereitet werden soll (Werfel, Bernadette 69).

Was gerade ausreicht, was in einer Weise oder Stärke vorhanden ist, die nicht als schlecht oder als nur schwer erträglich empfunden wird, kennzeichnet man als **leidlich**, was gleichbedeutend ist mit *einigermaßen[gut], nicht schlecht, zufriedenstellend:*

Die Straßen sind in leidlichem Zustand; Constantin war viel früher, bei noch leidlichem Wetter, heimgekehrt (A. Kolb, Daphne 89); Er war siebzig Jahr alt, ein leidlicher Diagnostiker, aber ein schwacher Operateur (Remarque, Triomphe 185); Hoffentlich habt Ihr eine leidlich hübsche Weihnachtsfeier (K. Mann, Wendepunkt 408); Eine leidlich deckende Abwehr hatte Mühe, bis zur Pause mehr als nur das eine Kopfballtor von Wild zu verhindern (Die Welt 10.5.65, 17).

lesbar/leserlich

Was **lesbar** ist, ist so beschaffen, daß man es lesen kann. Das Adjektiv bezieht sich auf das Geschriebene, und zwar sowohl als äußerlich Sichtbares wie auch als Inhaltliches. Auch klare und deutliche Schrift ist schlecht oder nicht mehr lesbar, wenn sie im Laufe der Zeit vergilbt ist oder durch andere Einwirkungen beeinträchtigt worden ist:

diese alte Handschrift ist noch gut lesbar; die Aufschrift auf dem Paket war kaum noch lesbar.

Das Wort *lesbar* kann sich aber auch − wie oben bereits erwähnt − auf den Inhalt oder Stil des Geschriebenen beziehen und bedeutet dann soviel wie *gut, leicht zu lesen, zu verstehen:*

Die knapp gefaßte, fließend lesbare Kennzeichnung wird ergänzt durch Hinweise auf besondere Eigentümlichkeiten (Kosmos 3/1965, *96); Die Lehrbücher der Anatomie ... enthielten sehr viel anatomisches Material, waren als Nachschlagewerke unübertrefflich, aber lesbar waren sie nicht (Fischer, Medizin II 25); Was alles würde man erfahren, wenn es jemandem gelingen könnte, die Hieroglyphen lesbar zu machen (Ceram, Götter 100).

Das Adjektiv **leserlich** sagt etwas über die Art, die Deutlichkeit der Schriftzüge oder Schriftzeichen aus. Was *leserlich* ist, ist so geschrieben, daß man es lesen kann, ist deutlich geschrieben. Etwas kann zwar leserlich, aber der Inhalt kann unverständlich sein. Das Gegenwort ist *unleserlich:*

er hat eine leserliche Handschrift; er schreibt nicht gut leserlich; →lösbar/löslich.

leugnen/ableugnen/verleugnen/verleumden

Wer etwas **leugnet,** was von einem anderen als These, Lehre o.ä. vertreten wird, sagt damit, daß er nicht dieser Ansicht ist, daß das als existent Bezeichnete seiner Meinung nach nicht existiere:

atheistische Predigten, in denen er die Unsterblichkeit und das Dasein Gottes leugnet (St. Zweig, Fouché 30); Wer leugnet seine Tüchtigkeit? (H. Mann, Stadt 12); er leugnet nicht den Nutzen des Wissens (Musil, Mann 390); ich will gar nicht leugnen, daß er sich große Mühe gibt, aber der Erfolg ist nur gering.

Wenn sich *leugnen* auf das Tun oder Sein einer Person bezieht, dann bedeutet „etwas leugnen" soviel wie *etwas verneinen, es für unwahr, unrichtig, falsch erklären,* dann verbindet sich mit dem Verb von seiten des Sprechers (Schreibers) die Vermutung, daß der Betreffende der Wahrheit zuwider oder gegen besseres Wissen etwas verneint hat. Weil sich in dem Zusammenhang mit *leugnen* diese Vorstellung verbindet, wird das Verb üblicherweise nur auf andere bezogen. Bezieht es der Sprecher auf sich selbst, dann ist er sich auch bewußt, daß er andere hinters Licht führen will, z.B., Ich werde, wenn ich gefragt werde, alles leugnen:

Diesmal rettet er sich noch, indem er feige alle Mitschuld leugnet (obwohl er gemeinsam mit Collot jedes Blatt unterzeichnet hatte) (St. Zweig, Fouché 76); Sie selbst leugnet, einen solchen Kimono gehabt zu haben, besinnt sich sehr spät darauf, etwas Ähnliches doch wohl besessen zu haben (Die Zeit 20.3.64, 21); Ebenso tritt die Versuchung des störrischen Leugnens nur an einen Verbrecher heran, der nicht in flagranti ertappt worden ist (Habe, Namen 246); Es steht fest, daß die Angeklagte viele Dinge leugnet, die, von ihr zugegeben, noch lange nicht belegt haben würden, daß sie den Mord beging. Erst daß sie sie abstritt, machte es für sie schlimm (Die Zeit 20.3.64, 21); Eyraudt leugnete nicht seine Identität, es sei alles ein Mißverständnis. . . (Maass, Gouffé 190).

Wer etwas **ableugnet,** weist eine Behauptung oder Beschuldigung mit Nachdruck zurück oder gibt nicht zu, etwas, was ihm zur Last gelegt wird, getan zu haben; er behauptet, unter Umständen auch wider besseres Wissen, daß etwas nicht wahr sei. *Ableugnen* wird wie *leugnen* im allgemeinen nur auf andere bezogen und betont mehr als leugnen, daß der zur Diskussion stehende Sachverhalt den Betreffenden unmittelbar angeht und stärker berührt:

> Niemand würde es glauben, wenn er es ableugnete, und selbst, wenn man die Hose als seine identifizierte, er könnte sagen, sie sei gestohlen worden (Böll, Adam 55); Hast du ihr die Sonette nicht auch schon geschickt. . .Laß nur, du brauchst es nicht abzuleugnen! Ich werde sie schon ohnehin sehen (Remarque, Obelisk 148); Plötzlich wurde mir klar, daß es ziemlich schlecht mit mir stand . . . ich konnte vor mir selbst nicht länger ableugnen, daß es schlecht mit mir stand (Seghers, Transit 83); denn daß gerade auf dem Gebiete des Geschlechtlichen beim Menschen besonders viele rein triebhafte Verhaltensweisen erhalten geblieben sind, wird niemand ableugnen wollen (Lorenz, Verhalten I 206).

Der Unterschied zwischen *leugnen* und *ableugnen* besteht darin, daß *leugnen* einen breiteren Anwendungsbereich hat, indem es nicht nur wie ableugnen etwas als falsch oder unwahr bezeichnet, sondern darüber hinaus auch die Nichtexistenz von etwas Behauptetem postulieren kann. Man kann die Existenz Gottes leugnen, man leugnet sie aber nicht ab. *Ableugnen* würde erst dann anwendbar sein, wenn eine geäußerte Behauptung direkt zurückgewiesen werden soll.

Wenn man etwas **verleugnet**, dann handelt oder benimmt man sich so, wie es seinem eigentlichen Wesen und seinen wahren Eigenschaften nicht entspricht. Wer etwas nicht verleugnet, steht dazu, bekennt sich dazu und handelt entsprechend:

> . . . indem sie den Abstand von Herrn und Magd auch jetzt nicht verleugnete (Langgässer, Siegel 270); Hat der europäische Mensch nicht seine Mission recht oft verleugnet und vergessen? (K. Mann, Wendepunkt 184); welche. . . um seinetwillen eigenen Glauben und eigene Rasse verleugnet (Jahnn, Geschichten 89); ich verleugne meine Herkunft (Brecht, Groschen 133).

Den Unterschied zwischen *verleugnen* und *leugnen* bzw. *ableugnen* kann der folgende Beleg deutlich machen:

> Wahrscheinlich bestand sein ganzes Heidentum darin, daß er eine Symphathie für die alte Götterverehrung nicht verleugnete (Thieß, Reich 508).

„Seine Symphathie für etwas nicht verleugnen" heißt soviel wie „keinen Hehl aus seiner Symphathie machen, sie offen zeigen". Wenn es heißt, daß jemand seine Symphathie für etwas nicht leugnet oder ableugnet, dann besagt das, daß er diese Symphathie nicht abstreitet, sie als vorhanden bestätigt, ohne daß sie wie im Zusammenhang mit verleugnen durch Handlung oder Benehmen sichtbar wird. Der Gebrauch von *verleugnen* in den beiden folgenden Belegen ist jedoch ungewöhnlich. Üblich wäre *leugnen* statt *verleugnen*:

> Die Widersprüche und Feindseligkeiten, die es zwischen uns gibt, kann man nicht verleugnen, aber man kann sie sich „aufgehoben" denken (Musil, Mann 1217); Mag seine historische Geltung auch an Wert verlieren, dadurch, daß der spätere Herzog von Otranto dann verzweifelt verleugnete, was er einstmals als bloßer Bürger Joseph Fouché gefordert hat (St. Zweig, Fouché 25).

Im Unterschied zu *leugnen* und *ableugnen* kann sich *verleugnen* auch auf ein personales Objekt beziehen. Man kann nämlich einen Menschen verleugnen, was soviel bedeutet wie *eine Verbindung oder Gemeinschaft mit ihm abstreiten, nicht wahrhaben wollen, zu ihm stehen:*

> Wie immer verleugnet prompt Fouché seinen Bundesgenossen (St. Zweig, Fouché 78); Du hast deinen Herrgott verleugnet, den du am Halse trägst. . . Das habe ich (Frisch, Nun singen 104).

Die Redewendung *sich verleugnen lassen* bedeutet *entgegen der Wahrheit sagen lassen, man wäre nicht zu Hause:*

> Goron bemühte sich um eine persönliche Fühlungnahme mit dem Präfekten und ging, da dieser sich hartnäckig verleugnen ließ, so weit, ihm regelrecht aufzulauern (Maass, Gouffé 66).

Jemanden **verleumden** bedeutet *über jemanden Unwahres oder Unrichtiges verbreiten und dadurch das Urteil anderer über ihn negativ beeinflussen:*

> Die Partei plant eine große Säuberungsaktion an allen Universitäten, einige Dozenten sollen öffentlich verleumdet und dann ausgebootet werden (Müthel, Baum 38).

liebenswert/liebenswürdig

Das Adjektiv **liebenswert** spiegelt die Wirkung eines Menschen auf andere wider, während **liebenswürdig** den Menschen selbst im Umgang mit anderen charakterisiert. Ein *liebenswerter* Mensch ist anderen sympathisch, womit gleichzeitig etwas über sein

Wesen, seinen Charakter ausgesagt wird. Ein *liebenswürdiger* Mensch ist freundlich, zeigt sicht entgegenkommend und verbindlich, womit aber noch nichts über sein Inneres ausgesagt ist. Es ist z.B. möglich, daß jemand einen anderen liebenswürdig willkommen heißt, obgleich er ihn innerlich ablehnt. *Liebenswert bedeutet anderen durch sein angenehmes Wesen sympathisch; anmutig; wert, geliebt zu werden:*

> Da und dort, fand ich, gab es sehr blühende Lippen... und ich konnte mir denken, daß Hanna noch immer sehr schön ist, ich meine liebenswert (Frisch, Homo 112); Jemand kann ein schlechter Maler sein und doch ein liebenswerter Mensch (Frank, Liebesgeschichte 63); Eine freundliche, eine liebenswerte Bevölkerung zeigt sich einfach und geschäftig (Koeppen, Rußland 197); ein Fehler an seiner Person, wovon man... abzusehen gewöhnt war..., weil er es einem mit liebenswerter Kunst erleichterte, davon abzusehen (Th. Mann, Hoheit 207).

Liebenswürdig bedeutet *angenehm-freundlich, höflich, verbindlich; zuvorkommend:*

> Sie machte es genauso, wie sie es in einem Buch gelesen hatte... kaltblütig und doch liebenswürdig (Böll, Haus 12); selbst der leichte Tadel bekommt eine liebenswürdige Melodie, wenn er so ausgesprochen wird (Tucholsky, Werke II 201); Ein junger, liebenswürdiger Mensch erklärte das Haus (Koeppen, Rußland 122); Aber konnte man aus gesellschaftlichem Anlaß nicht liebenswürdig sein und, was man nicht fühlte, heucheln (Koeppen, Rußland 140); Frau Camuzzi wandte sich liebenswürdig nach ihrem Gatten um (H. Mann, Stadt 168); Komplott der Männer gegen das liebenswürdig schwache Geschlecht (Maass Gouffé 301); eine alte Frau. Zwei schwarze Katzen begleiten sie. Das Bild ist liebenswürdig, verwunschen (Koeppen, Rußland 199).

In den letzten Belegen entspricht *liebenswürdig* weitgehend der Bedeutung von *liebenswert.*

logisch/logizistisch/logistisch

Als **logisch** wird bezeichnet, was von folgerichtigem Denken, vom richtigen Schließen auf Grund gegebener Aussagen zeugt. Das Gegenwort ist *unlogisch:*

> er verkörpert die Gesetze des logischen Denkens (Reinig, Schiffe 120); Theoretisch ist nun auch das Nervensystem in der Lage, logische Satzverknüpfungen darzustellen (Wieser, Organismen 98); Sein Brief war brillant..., scharf logisch (Feuchtwanger, Erfolg 513); Aber... nach den Gesetzen der Volkswirtschaft handelte er eigentlich logisch (Jacob, Kaffee 215).

Logisch wird in der Umgangssprache für *klar, einleuchtend, einsehbar, aus der Lage der Dinge heraus verständlich* gebraucht und soll dann eine Art Selbstverständlichkeit ausdrücken:

> Wenn es Krebs wäre, dann hätten sie mich sofort unters Messer genommen, das ist logisch (Frisch, Homo 234); ,,Logisch", sagte sie, ,,ihre Eltern haben mich ja schon geschnitten, als ich im sechsten Monat war mit ihm. So was vererbt sich." (Schnurre, Fall 55).

Mit dem Adjektiv **logizistisch** wird eine Denkrichtung charakterisiert, die alles an der Logik und ihren Prinzipien mißt, so z.B. auch eine Auffassung, nach der sich die gesamte konkrete Mathematik vollständig auf die Logik zurückführen läßt, so daß sich alle mathematischen Begriffe durch logische bestimmen lassen.

Mit *logizistisch* wird auch eine Mentalität in leicht abwertender Weise gekennzeichnet, die in übertriebener Weise die Logik als Maßstab und Denkprinzip anwendet:

> Stilpflege kann aber nicht darin bestehen, besondere Formen oder Wendungen ... aus pseudoästhetischer oder logizistischer Sprachkritik generell abzulehnen (Die Wissenschaftliche Redaktion V, 86).

Das Adjektiv **logistisch** gehört zum Substantiv Logistik in seinen beiden Bedeutungen, so daß es sich einmal auf den Zweig der militärischen Führung bezieht, der die materielle Versorgung, die Materialerhaltung, den Einsatz des Materials, die Verkehrsführung, den Abtransport von Verwundeten und Kranken sowie die Infrastruktur der Streitkräfte zur Aufgabe hat:

> deutsche logistische Bevollmächtigte für verschiedene NATO-Staaten; im Materialamt der Bundeswehr ein Mat-Fachstab "F-104", dem gleichfalls logistische Aufgaben obliegen (Der Spiegel 6/1966, 18).

Andererseits bezieht sich *logistisch* auf Logistik als Bezeichnung für die moderne formalisierte, algebraische, die mathematische Logik:

> (... die mathematischen und logistischen Formelsprachen), vermögen deren bestimmte Erkenntnisse zwar äußerst konzis..., aber doch mit höchster Präzision formuliert werden (Stiehl, Semantik 126).

Lorgnon/Lorgnette

Lorgnon ist die Bezeichnung für das früher übliche Einglas, das Monokel mit Stiel oder auch für die Lorgnette:

Er unterbrach die Lektüre und klappte sein Lorgnon auf, um ins Weite sehen zu können (B. Frank, Tage 32).

Lorgnette ist die Bezeichnung für die früher übliche Brille ohne Bügel, die an einem Stiel vor den Augen gehalten wurde:

„Nun, . . . " sagte die aufgeräumte Großmama und fixierte Hendrik ausführlich durch die Lorgnette, die ihr an einer langen. . . Silberkette auf der Brust hing (K. Mann, Mephisto 127).

lösbar/löslich

Lösbar ist, was gelöst, durchgeführt werden kann. Dieses Adjektiv drückt die **M ö g -l i c h k e i t** aus. Probleme sind lösbar, nicht löslich:

. . . wo Menschen an lösbaren Aufgaben arbeiten (Frisch, Gantenbein 400).

Löslich dagegen gibt ein **M e r k m a l** an, zeigt an, daß sich etwas in Flüssigkeit auflösen läßt:

löslicher Kaffee; in Alkohol lösliche Stoffe (Fischer, Medizin II 189).

In der Fachsprache wird *lösbar* auch für *löslich* gebraucht:

ein Stoff von lösbarer Beschaffenheit; →lesbar/leserlich.

Mandat/Mandant

Unter einem **Mandat** wird ein Auftrag, eine Vollmacht verstanden, insbesondere der Auftrag, den ein Abgeordneter von seinen Wählern erhält, und das damit verbundene Amt:

Aber Mussolini benutzte den . . . Auszug der Opposition aus dem Parlament dazu, schließlich ihre Mandate für ungültig zu erklären (Fraenkel, Staat 83); ein Reichstagsabgeordneter, der ein besoldetes Reichsamt übernahm, mußte sein Mandat niederlegen (Fraenkel, Staat 241); Er versichert, daß die Verteidigung ihr Mandat niedergelegt hätte, wenn . . . (Noack, Prozesse 73).

Das in der juristischen Fachsprache gebrauchte Wort **Mandant** bezeichnet den Auftraggeber, den Klienten, also denjenigen, der einen Rechtsanwalt beauftragt, eine Angelegenheit für ihn juristisch zu vertreten:

Rechtsanwalt . . . Messmer, der Verteidiger Leinauers, erklärte nach der Urteilsverkündung, er wolle für seinen Mandanten Revision einlegen (MM 25./26.11. 67, 10).

männlich/mannhaft/männiglich/mannbar

Männlich bedeutet *bestimmte Eigenschaften, die als besonders typisch in einer Gesellschaft oder bei bestimmten Personen für das männliche Geschlecht gelten, in sehr ausgeprägter Weise besitzend.* Es kann sich dabei um das Aussehen, um Wesen oder Verhalten handeln. Dieses Adjektiv enthält auf Männer bezogen meist eine positive, in bezug auf Frauen jedoch im allgemeinen eine leicht negative Wertung:

Seit der Antike gelten Maß und Besonnenheit, Ehrfurcht und Demut als männliche Haltungen (Bodamer, Mann 177); Was als Norm des Weiblichen oder Männlichen angesehen wird, unterscheidet sich durchaus in den verschiedenen sozialen Schichten einer Gesellschaft (Schelsky, Sexualität 24); . . . im Gegenteil, es waren männliche Strenge, Hochmut, moralische Gesundheit, Unangefochtenheit und Bequemlichkeit (Musil, Mann 537).

Während das Adjektiv *männlich* in der obengenannten Bedeutung eine Eigenschaft bezeichnet, kann es daneben auch die Zugehörigkeit angeben und bedeutet dann *von einem Mann ausgehend, dargestellt; den Mann als geschlechtliches Wesen betreffend, und zwar im Gegensatz zur Frau; zum Mann, zum zeugenden, befruchtenden Geschlecht gehörend:*

in Kunststoff gekleidete Mannequins posierten vor Kunststoffvorhängen, drei männliche Akte schnürten sich mit Kunststoffstricken zu einer Laokoon-Gruppe zusammen (MM 22.3.67, 26); Mit anderen Worten: die Dame braucht männlichen Schutz (Sebastian, Krankenhaus 167); . . . und ihre greifenden Hände zwar nicht von männlicher Größe, aber doch auch nicht klein genug, um die Frage ganz auszuschalten, ob sie . . . vielleicht ein Jüngling sei (Th. Mann, Krull 223).

Mannhaft deckt sich inhaltlich zum Teil mit *männlich* in der ersten Bedeutung als

Eigenschaft, doch bezieht sich *mannhaft* nur auf den Einsatz der Persönlichkeit, während *männlich* ganz allgemein das für den Mann Typische umschließt. Es kann also männliche Eitelkeit oder Strenge geben, aber keine mannhafte Eitelkeit oder Strenge, weil *mannhaft* synonym mit *mutig, tapfer, aufrecht* ist:

> Zwei Mitbürger des Hanselmann weigerten sich, das Todesurteil zu unterschreiben und büßen die mannhafte Tat gleichfalls mit dem Leben (Noack, Prozesse 87); Nach Art der Empfindsamen ist ihm das passive Verharren im Schmerz lustvoller als das mannhafte aktive und entschlossene Handeln (Greiner, Trivialroman 48); Schulz überwand seine erste Verwirrung mannhaft (Kirst 08/15, 903).

Männiglich wurde früher als Adverb in der Bedeutung *mannhaft, männlich* gebraucht. Heute ist es veraltet.

Mannbar bedeutet *geschlechtsreif, heiratsfähig, reif zur Heirat.* Ursprünglich wurde es von Mädchen gesagt (= für einen Mann geeignet), dann auch von jungen Männern, womit Reife und Erwachsensein charakterisiert werden:

> Nur einige, die ich damals als Kinder kannte und die nun zu Jünglingen und mannbaren Mädchen herangewachsen sind, hatten ein Leuchten in den Augen (Kantorowicz, Tagebuch I 344).

maßgebend/maßgeblich

Beide Wörter scheinen auf den ersten Blick völlig synonym zu sein, lassen sie sich doch meistens gegeneinander austauschen. Es gibt aber doch gewisse feine Unterschiede, die darin liegen, daß **maßgebend** noch stark den verbalen Charakter erkennen läßt (das Maß, die Richtung gebend). Es bedeutet soviel wie *richtunggebend, richtungweisend, für die weitere Entwicklung o.ä. bestimmend,* weist also in die Zukunft. Maßgebende Männer sind Personen, von deren Entscheidungen o.ä. die künftigen Handlungen und Entwicklungen abhängen. **Maßgebliche** Männer sind *wichtige* Männer; Männer, die auf Grund ihrer Stellung wie ihres Einflusses von besonderer Bedeutung und Wichtigkeit sind. Es ist selbstverständlich, daß solche maßgeblichen Männer eben auf Grund ihrer sozialen Stellung auch Entscheidungen fällen können, die gleichzeitig in die Zukunft hineinwirken. Wenn sie nicht nur maßgeblich, sondern auch maßgebend sind, dann bestimmen sie auch die Richtung für das künftige Handeln. Weil hier die Inhalte ineinander übergehen, werden beide Adjektive fast unterschiedslos gebraucht, vor allem in attributiver Stellung. Während *maßgebend* in erster Linie attributiv und prädikativ gebraucht wird, findet *maßgeblich* vorwiegend attributiv und adverbial Verwendung. Das Gegenwort zu *maßgeblich* ist unmaßgeblich. „Er war nicht unmaßgeblich an dieser Aktion beteiligt" besagt, daß der Betreffende in *besonderer, beachtlicher Weise, in großem Maße, entscheidend* daran beteiligt war. „Du bist für mich nicht maßgeblich" bedeutet „dich halte ich nicht für zuständig, nicht für wichtig und entscheidend". *Maßgebend* weist mehr auf die Wirkung hin, *maßgeblich* kennzeichnet den Wert, gibt die Wichtigkeit als Eigenschaft, die besondere Bedeutung an. *Maßgeblich* bedeutet auch soviel wie *in besonderem Maße; ausschlaggebend [für etwas].* In den meisten Fällen sind beide Wörter mit entsprechender Nuancierung gegeneinander austauschbar, wie die folgenden Belege zeigen:

Maßgebend:

> wobei sich die maßgebenden Fachleute Europas ein Stelldichein geben (Die Welt 7.12.65, 9); Nachdem ich mir am Nachmittag... das maßgebende Buch über Mescalin besorgt hatte (Jens, Mann 49); Diese ... Auseinandersetzungen sind zugleich für die Entwicklung der wirtschaftlichen Interessenvertretungen maßgebend gewesen (Fraenkel, Staat 134); Natürlich können wir Asiaten nicht in den Verdacht geraten, gerade in dieser Hinsicht als ... maßgebend zu gelten (Hagelstange, Spielball 206); Die ... innere Schwächung der Staatsgewalt und die gleichzeitige Intensivierung der Macht der öffentlichen Meinung trugen maßgebend dazu bei (Fraenkel, Staat 146); Es ist gelungen, gerade in England die wirklich maßgebenden Fachgeschäfte für die Kollektion zu begeistern (Herrenjournal 2/1966, 76).

Maßgeblich:

> ob das anfängliche Vorprellen Ostberlins maßgeblichen Männern im Kreml gelegen kam (Die Welt 25.7.68,2); Maßgebliche Vertreter der amerikanischen Regierung erklärten (MM 29.10.65, 1); An der politischen Arbeit... hatten Funktionäre der Komintern einen maßgeblichen Anteil (Leonhard, Revolution 146); die maßgeblich zum Sturz der Vierten Republik ... beigetragen hat (Fraenkel, Staat

252); Der Kampf um die Staatsform hat die Politik. . . maßgeblich bestimmt (Fraenkel, Staat 317); Seit dem Aufkommen des „neuen Mittelstandes" sind für die Zugehörigkeit. . . zum Bürgertum weitgehend subjektive. . . Vorstellungen maßgeblich (Fraenkel, Staat 66).

Nur in seltenen Fällen ist auf Grund des Kontextes ein Austausch nicht oder nur schlecht möglich, z.B. in den beiden folgenden Belegen:

> . . . hängt in der Gegenwart der repräsentative Charakter des Parlaments maßgeblich (= in besonderem Maße; nicht: richtungweisend) davon ab, daß . . . (Fraenkel, Staat 296); Die maßgeblichen (=wichtigen) Köpfe in beiden Hälften der Welt (Natur 34).

Der Unterschied zwischen beiden Wörtern wird im adverbialen Gebrauch in der verschiedenen Betonung deutlich: maßgebend bleiben (= weiterhin seinen Einfluß auf die Entwicklung behalten); aber: maßgeblich (=wichtig) bleiben (=weiterhin Autorität besitzen), maßgeblich (= entscheidend, sehr) beeinflussen.

materiell/material/materialistisch/martialisch

Materiell bedeutet 1. *stofflich, gegenständlich, als objektive Realität außerhalb und unabhängig vom Bewußtsein, als Materie vorhanden; nicht geistig.* Das Gegenwort ist *immateriell*:

> Die Bewegung eines materiellen Körpers wird in der Mechanik dadurch beschrieben, daß man Gesetze angibt (Natur 54); „freie Entfaltung der Persönlichkeit" . . . , worunter die Rechtsprechung des Bundesverfassungsgerichts. . . die Handlungsfreiheit des einzelnen im Rahmen der formell und materiell verfassungsmäßig zustande gekommenen Gesetze und übrigen Rechtsnormen versteht (Fraenkel, Staat 128); Die gute Schwester konnte sich das aus seinem Haupte hervorströmende Licht nicht anders als in dieser materiellen Weise erklären (Nigg, Wiederkehr 117).

2. bedeutet *materiell* soviel wie *in finanzieller, wirtschaftlicher o.ä. Hinsicht [vorhanden], sich auf das Finanzielle beziehend.* In dieser Bedeutung wird *materiell* im allgemeinen nicht prädikativ gebraucht:

> Außerdem sei auch ihr ein großer materieller Schaden entstanden, denn nach ihrer Flucht habe sie weitere vier Monate warten müssen, bis sie wieder eine neue Stellung bekommen habe (Mostar, Liebe 26); Während alle sonstigen Untergrundbewegungen über Europa hin reichliche materielle. . .Unterstützung erfuhren(Rothfels, Opposition 165); die kleinen. . . Landsitze von Leuten, denen es materiell nicht ganz schlecht geht (Koeppen, Rußland 101); eine Partei ist eine . . . Kampforganisation, die . . . so viel Macht besitzt oder zu erwerben sucht, daß sie ihre ideellen oder . . . materiellen Ziele verwirklichen kann (Fraenkel, Staat 243); Kernstücke von Ulbrichts zaghafter Entstalinisierung ist die Wirtschaftsreform — das „neue ökonomische System". Es hat, da es an die materielle Interessiertheit des einzelnen appelliert, den großen Vorteil, die Bevölkerung zur Mitarbeit geneigter zu machen; solche Mitarbeit am Aufbau des Sozialismus soll von nun an auch für das Individuum profitabler werden (Die Zeit 29.5.64, 3).

3. bedeutet *materiell* soviel wie *sehr auf Gelderwerb bedacht, in auffallender Weise nach Geld und Besitz strebend,* womit im allgemeinen Kritik an solcher Einstellung verbunden ist:

> Er ist sehr materiell eingestellt und macht nur, wenn er es bezahlt bekommt; wenn man nur materiell denkt, sollte man nicht den Beruf des Arztes ergreifen; Dieser Besuch blieb auch nicht ohne Einfluß auf seine Denkweise. Aus begreiflichen Gründen war er in der letzten Zeit sehr materiell geworden (Musil,Mann 1503).

Das Adjektiv **material** wird weniger häufig gebraucht. Es steht der erstgenannten Bedeutung von *materiell* inhaltlich sehr nahe, unterscheidet sich aber insofern von ihr, als es keine Eigenschaft, sondern als Relativadjektiv eine Zugehörigkeit kennzeichnet und eine Beziehung herstellt. Es besteht der gleiche Unterschied wie z.B. zwischen dem Zugehörigkeitsadjektiv väterlich = dem Vater gehörend, vom Vater ausgehend o.ä. (das väterliche Haus), das nur attributiv gebraucht wird, und dem Eigenschaftswort väterlich = wie ein Vater, verständnisvoll o.ä. (er sprach ihm väterlich Trost zu). *Material* bedeutet *sich auf einen Stoff, eine gegebene Materie o.ä. beziehend; als Material gegeben:*

> Erstens bezieht sich die Bemerkung. . . auf die formale Seite des Textes, nicht auf seine materiale (Diskussion Deutsch 7/1972, 100); Denn jedes Kunstwerk ist ein Kraftfeld, und wie vom Wahrheitsgehalt des logischen Urteils denkender Vollzug nicht sich abtrennen läßt, so sind wahre Kunstwerke nur so weit, wie sie ihre

materiale Voraussetzungen überschreiten (Adorno, Prismen 168); Ohne Rückbindung an materiale Wertideen und -grundsätze, auf denen eine Gemeinschaft beruht, begibt sich die Demokratie auf einen Weg, der über eine wertneutrale, formalistische Legalität zur Diktatur führen kann (Fraenkel, Staat 182); wo in der auch hier notwendig mit umfaßten Sachwelt entscheidend doch der Mensch zugegen ist, der Mensch mit seinem persönlichen Fühlen, Wollen, Denken und Gestalten, wo die materialen Inhalte sich also in den menschlich- geistigen Gehalt hinein integrieren (Börsenblatt F 84/1965, 2268); Linksliberale Politik und materiale Staatsrechtslehre (Buchtitel von Stephan Graf Vitzthum).

Im folgenden Beleg wird *material* synonym zu *materiell* gebraucht im Sinne von *stofflich; als Materialgrundlage vorhanden:*

Text sei eine rein materiale Gegebenheit und seine Elemente gehören ganz formal gewissen Strukturklassen . . . an (Germanistik 3/1963, 186).

In der Philosophie wird *material* gebraucht im Sinne von *das Inhaltliche an einer Gegebenheit betonend, sich darauf beziehend.* Das Gegenwort ist *formal.* Die traditionelle philosophische Auffassung betrachtet das Gegebene unter den korrelativen Kategorien von Materie und Form. In dem Zusammenhang bezieht sich *material* auf das Inhaltliche einer Gegebenheit und so ist Max Schelers Unterscheidung zu verstehen, wenn er den formalen Ethik Kants seine materiale Wertethik gegenüberstellt, indem er feststellt, daß weder alles Apriorische formal noch alles Aposteriorische material ist. Ein Wille, der material bestimmt ist, braucht nach Scheler nicht empirisch bestimmt zu sein.

Materialistisch ist das Adjektiv zu dem Substantiv Materialismus, worunter man eine Weltanschauung versteht, die nur das Stoffliche als wirklich existierend, als Grund und Substanz der gesamten Wirklichkeit anerkennt und das, was als Seele und Geist bezeichnet wird, als bloße Funktionen des Stofflichen betrachtet. Das Gegenwort ist *idealistisch* (→ideal):

Ergebnisse dieser Korrektur war die als Synthese gesehene materialistische Dialektik, die später auch als materialistische Geschichtsauffassung oder dialektischer Materialismus (Diamat) bekannt wird (Fraenkel, Staat 189); So grob materialistisch sich auch die Entfesselung der Atomkraft. . . ausgewirkt hat, es lag der Forschung. . . doch ursprünglich die Sehnsucht nach dem . . . Überirdischen zugrunde (Menzel, Herren 95).

In volkstümlicher Sprache wird *materialistisch* auch gebraucht in der dritten Bedeutung von *materiell,* und zwar abwertend für *nur auf Gewinn bedacht; eine Lebenshaltung und -einstellung verkörpernd, die das Materielle vor das Geistige stellt und die so gut wie ohne ethische Ideale und Ziele ist:*

er hat eine materialistische Lebenseinstellung; in unserem materialistischen Zeitalter zählen Geld, Leistung und Erfolg oft mehr als der Charakter und die Persönlichkeit eines Menschen.

Materiell und *materialistisch* in der eben genannten Bedeutung kann man als Synonyme betrachten; der Unterschied liegt lediglich in der Nuance. *Materiell* nennt mehr eine Eigenschaft oder kennzeichnet den betreffenden Charakter, während *materialistisch* darüber hinaus die Geisteshaltung, eine bestimmte Art von Weltanschauung oder Weltsicht charakterisiert. Im Effekt aber gibt es keinen Unterschied zwischen einem materiell und einem materialistisch eingestellten Menschen.

Martialisch bedeutet *kriegerisch, grimmig, wild, verwegen:*

martialische Drohungen gegen die Bevölkerung (MM 22.8.69, 2); er ist der einzige, der sich darüber Rechenschaft gibt, welch martialisches Gefühl, welchen Beitrag zu männlicher Empfindung dieser Kinnriemen leistet (A. Zweig, Grischa 483); Straßenjungen. . . , denen ihr martialisches Aussehen mächtig imponierte (Tucholsky, Werke II 88); beim Gänsebraten werden martialische Abenteuer erzählt (K. Mann, Wendepunkt 408); Wer er auch sei, ein Kleriker, ein Glied der kirchlichen Hierarchie oder jener anderen, der martialischen, ein treuherziger Unteroffizier in seiner Kaserne (Th. Mann, Krull 387); daß kein Gramm des für friedliche Zwecke zur Verfügung gestellten Roh-Urans womöglich martialisch mißbraucht wird (Der Spiegel 48/1965, 158); Die Kriege dauerten wohl nur halb so lange, wie sie dauern, wenn das martialische Sichherumtreiben „für Treu und Glauben, Weib und Kind" nicht auch der Waffe unter dem Leibrock so viele Angriffsziele zuspielte (Hagelstange, Spielball 83).

Maulesel/Maultier

Ein **Maulesel** ist eine Kreuzung zwischen einem Pferdehengst und einer Eselstute.

176

Ein **Maultier** ist ein Bastard von Eselhengst und Pferdestute. Das Maultier ist pferdeähnlich, während der Maulesel eselähnlich ist.

Medaille/Medaillon

Eine **Medaille** ist ein in Form einer Münze gefertigtes Relief aus Metall, das an eine Person oder an ein Ereignis erinnern soll oder das als Auszeichnung an jemanden vergeben wird:

> der Sieger erhielt eine goldene Medaille.

Ein **Medaillon** ist eine runde oder ovale kleine Kapsel, die ein Bild, ein Andenken o.ä. enthält und meist an einem Kettchen um den Hals getragen wird:

> Diesmal schenkt jeder jedem etwas: ein Medaillon wechselt immer wieder den Besitzer (Hörzu 38/1972, 127).

Unter *Medaillon* versteht man auch ein rundes oder ovales Relief, das als Schmuck in etwas eingearbeitet ist.

In der Kochkunst versteht man unter *Medaillon* eine kleine, rund ausgestochene Scheibe Fleisch.

Mehrheit/Mehrzahl

Die Substantive **Mehrheit** und **Mehrzahl** unterscheiden sich darin, daß sich *Mehrheit* nur auf Personen oder durch Personen Verkörpertes bezieht und in Opposition zu *Minderheit* gebraucht wird, während sich das Substantiv *Mehrzahl* sowohl auf Personen als auch auf Sachen bezieht und synonym mit *die meisten* gebraucht wird. Die *Mehrheit* ist die größere Anzahl, während die *Mehrzahl* die größere Zahl oder Menge ist. Aus den vorhandenen Gemeinsamkeiten ergibt es sich, daß die Wörter *Mehrheit* und *Mehrzahl* manchmal gegeneinander austauschbar sind, und zwar dann, wenn sie in bezug auf Personen oder Personengebundenes gebraucht werden wie in den folgenden Belegen:

> Die Mehrzahl des brasilianischen Volkes stand teilnahmslos und achselzuckend der Quemada gegenüber (Jacob, Kaffee 266); Schon längst gehört die überwiegende Mehrheit der Offiziere der Kommunistischen Partei an (Mehnert, Sowjetmensch 255); . . . daß seine Angehörigen ihrer überwiegenden Mehrzahl nach gewöhnliche Hohlköpfe sind (Th. Mann, Krull 51); sofern nicht ein anderweitiger Beschluß durch die Mehrheit sämtlicher Bundesminister gefaßt wird (Fraenkel, Staat 60); die Mehrheit der Italiener, die große Mehrheit lehnt den Terror ab (Hochhuth, Stellvertreter 212).

Daß aber auch in bezug auf Personen ein Unterschied im Gebrauch von *Mehrzahl* oder *Mehrheit* besteht, können die folgenden Belege deutliche machen. *Die Mehrzahl* bedeutet immer soviel wie *die meisten.* Würde man dafür *Mehrheit* einsetzen, so verlagerte sich der Akzent, und die Opposition zu „Minderheit" würde hervorgehoben. „Bei der Mehrzahl der Teilnehmer handelte es sich um Jugendliche" heißt *die meisten Teilnehmer waren Jugendliche.* „Die Mehrzahl der Abgeordneten ist dafür" heißt *die meisten Abgeordneten sind dafür.* „Die Mehrheit der Abgeordneten ist dafür" würde darauf hindeuten, daß nur eine Minderheit dagegen ist:

> Bei der Mehrzahl (= bei den meisten) handelte es sich um völlig unpolitische. . . Opfer des Hitlerschen Rassenwahns (K. Mann, Wendepunkt 261); Die Mehrzahl unserer Generäle sympathisieren mit den Emigranten (Weiss, Marat 100); Die Ansichten sind in Fachkreisen noch geteilt, die Mehrzahl befürwortet eine Sicherheitsbindung (Eidenschink, Eis 98); . . . gab. . . die Mehrheit des Bürgertums ihre Stimme für Hitler ab (Fraenkel, Staat 71); . . . wenn der Präsident und die Mehrheit des Kongresses verschiedenen Parteien angehören (Fraenkel, Staat 227).

Bei *Mehrheit* liegt die Vorstellung zugrunde, daß es sich um einen *als Einheit empfundenen größeren Teil* im Vergleich zu einem kleineren handelt, während *Mehrzahl* noch stärker die Vorstellung auslöst, daß etwas gezählt worden ist, daß es mehr als 50 % sind.

In bezug auf Gegenständliches wird *Mehrzahl* und nicht Mehrheit gebraucht. Man spricht von der Mehrzahl der Häuser, aber nicht von der Mehrheit der Häuser, weil man mit Mehrheit Personen, Willensträger verbindet:

> Die Praxis hat gezeigt, daß die Mehrzahl der verwendeten Haken Querformat haben (Eidenschink, Bergsteigen 66); In der Mehrzahl der deutschen Einzelstaaten (Fraenkel, Staat 234); . . . da die Länder auch die Mehrzahl der Bundesgesetze als eigene Angelegenheit ausführen (Fraenkel, Staat 65).

Im folgenden Beleg kann man *Mehrheit* nicht durch *Mehrzahl* ersetzen:

> Erreicht auch in der Wiederholungswahl kein Kandidat die absolute Mehrheit, so findet ein weiterer Wahlgang statt, in dem als gewählt gilt, wer die meisten Stimmen auf sich vereinigt, selbst wenn er nur eine relative Mehrheit erreicht hat (Fraenkel, Staat 356).

Wo *Mehrheit* eindeutig durch den Kontext auf den Gegensatz *Minderheit* eingegrenzt ist, ist – wie die folgenden Belege zeigen – auch kein Austausch mehr mit *Mehrzahl* denkbar:

> Der Kampf zwischen Mehrheit und Minderheit (Fraenkel, Staat 227); mit Hilfe ihrer knappsten Mehrheit im Bundestag (Augstein, Spiegelungen 10); Mit dieser Wendung an die Öffentlichkeit suchen Mehrheit und Opposition gleichermaßen, Führung und Kontrolle... zu koordinieren (Fraenkel, Staat 77); mit zwei Dritteln Mehrheit beschlossen (Fraenkel, Staat 229); Was können wir, die schweigende Mehrheit, schon gegen die geheimen Verführer tun (Börsenblatt F 48/1971, 3727).

Das Substantiv *Mehrzahl* wird im Unterschied zu *Mehrheit* auch noch in der Bedeutung *Plural* gebraucht.

meiden/vermeiden

Meiden bedeutet *sich von jemandem oder etwas fernhalten; bestrebt sein, mit jemandem oder etwas nicht in Berührung zu kommen; etwas umgehen, etwas fliehen; jemandem oder einer Sache auszuweichen suchen, ihm oder ihr aus dem Wege gehen.* Das Verb *meiden* wird im Zusammenhang mit Personen, Plätzen o.ä. im allgemeinen n i c h t in Konkurrenz mit *vermeiden* gebraucht. Gelegentlich werden auch Dinge wie Personen oder Plätze behandelt:

Auf Personen bezogen:

> Der Neger... holt die Gendarmerie. Die Austern zahle ich gern. Aber die Gendarmen wollen wir meiden (Frisch, Cruz 67); Den Dompastor aber mied ich seither wie die Pest (Remarque, Obelisk 78).

Auf Orte, Plätze bezogen:

> Sie mieden die großen Straßen (Rinser, Mitte 84); Die Raben pflegten nämlich Orte, an denen sie einmal sehr erschreckt worden waren, dauernd zu meiden (Lorenz, Verhalten I 178);... wie lange seine Frau schon die Heimat meide (Musil, Mann 947); Silvester meidet man öffentliche Lokale und feiert privat (Roehler, Würde 88).

Bezogen auf Dinge, die als Person oder Örtlichkeit aufgefaßt werden:

> weshalb der neuzeitliche Israelit den Alkohol meidet (Winckler, Bomber 105); ... weil wir die Lust suchten und die Unlust mieden (Musil, Mann 1261).

Vermeiden bedeutet *dafür sorgen, daß man etwas nicht tut, daß etwas nicht durch sein Tun geschieht; es nicht zu etwas kommen lassen, etwas unterlassen.* „Vermeiden" deutet darauf hin, daß durch bewußtes Tun oder Verhalten ein unerwünschtes oder befürchtetes Ergebnis nicht eintritt. Während *meiden* nur das Bestreben ausdrückt, mit etwas nicht in Berührung zu kommen, deutet *vermeiden* an, daß dieses Bestreben sein Ziel erreicht. Beide Verben werden mit einem Akkusativobjekt verbunden. Während von *vermeiden* öfter auch ein Infinitiv abhängt, ist diese Konstruktion bei *meiden* selten:

> der Hauptwachtmeister... vermied es, sich dem offenen Fenster zu nähern (Kirst 08/15, 207); als... derjenige vor ihm stand, den zu treffen er unbedingt hatte vermeiden wollen (Plievier, Stalingrad 298); Aus gutem Grund hat es das Grundgesetz... vermieden, die Wirtschaftsordnung konstitutionell im einzelnen festzulegen (Fraenkel, Staat 375); Wir müssen den Anschein vermeiden, daß es sich hier um politische Dinge handelt (Kirst, Aufruhr 104); Nur dadurch konnte eigentlich eine Katastrophe vermieden werden (Kirst 08/15, 258); daß ich einen Fehler gemacht habe, den du hättest vermeiden können (Fallada, Jeder 256).

Im Unterschied zu *meiden* wird im heutigen Sprachgebrauch *vermeiden* nicht mehr in bezug auf Personen gebraucht. Dieser Gebrauch ist veraltet:

> Seit Lindner Witwer war, lebte er als Asket und vermied Prostituierte und leichtsinnige Frauen grundsätzlich (Musil, Mann 1354).

Manchmal können sowohl *meiden* als auch *vermeiden* gebraucht werden. Man kann beispielsweise Diskussionen vermeiden, d.h., man gibt keinen Anlaß dazu; man kann Diskussionen aber auch meiden, d.h., man sucht sie nicht auf, man geht nicht hin. Wer Rachsucht vermeidet, will s e l b s t nicht rachsüchtig sein; wer Rachsucht meidet, will sich nicht der Rachsucht a n d e r e r aussetzen. Wenn man den Blick eines anderen meidet, dann sieht man ihn nicht an; wenn man den Blick eines anderen vermeiden will, muß man sich so postieren, daß der a n d e r e einen nicht ansehen kann:

Der Posten vermied ihren Blick. ,,Also denn los!" sagte er und ließ sie vorangehen (Fallada, Jeder 325); indem er meinen Blick mied (Th. Mann, Krull 53).

Wo also beide Sehweisen möglich sind, lassen sich sowohl *meiden* als auch *vermeiden* mit den jeweiligen Inhaltsunterschieden verwenden:

Der König reichte niemals die Hand. . . , er mied wie sengendes Feuer die menschliche Berührung (Frank, Tage 67); er bemüht sich, da er so kalt ist, jede Berührung mit Lämmchen zu vermeiden (Fallada, Mann 222).

Auch in den folgenden Belegen ließe sich *meiden* mit *vermeiden* austauschen:

Er mied alle Ausschweifungen (Bergengruen, Rittmeisterin 338); Aber wenn man so große Behauptungen aufstellt, tut man gut, das Pathetische zu meiden (Maass, Gouffé 307); Er meidet dieses Wort. . . mit bewußter Sorgfalt (Frisch, Stiller 383).

In den folgenden Belegen stünde besser *vermeiden* statt *meiden:*

Ich mied zwar eine direkte Lüge. Aber ich rettete mich in Ausflüchte hinein (Thorwald, Chirurgen 261); Bonn. . . suchte weiterhin ängstlich alle Kontakte mit denen drüben zu meiden (Dönhoff, Ära 12).

Der Gebrauch von *vermeiden* in bezug auf Örtlichkeiten ist unüblich, wo er jedoch auftritt, ist der Ort gleichsam als Ergebnis eines Tuns aufzufassen:

Der Zug war nun in das Stadtgebiet eingetaucht. . . Die Straßen mußten vermieden werden (Plievier, Stalingrad 244); Neu-Spuhl lag nicht in meinem Plan. . . Ich hätte die Stadt vermeiden können, denn es gibt ja die neue Umgehungsstraße (Gaiser, Schlußball 29) (= ich hätte vermeiden können, durch die Stadt Neu-Spuhl zu fahren): ich wollte die Kesch-Hütte vermeiden, weil dort vermutlich Offiziere waren (Frisch, Gantenbein 79) (= ich wollte vermeiden, zur Kesch-Hütte zu kommen).

Als Fehlgriff ist jedoch das Verb *vermeiden* (statt: meiden) im folgenden Beleg anzusehen:

Sie vermeidet weder die Gegend, in der ihr das Küken geraubt wurde, noch zeigt sie eine vergrößerte Furcht vor dem Räuber (Lorenz, Verhalten I 203).

Meinungsbildung/Willensbildung

Unter **Meinungsbildung** versteht man eine Einflußnahme auf die öffentliche Meinung in einer bestimmten Richtung mit Hilfe der Massenmedien, besonders in der Politik:

parlamentarische Diskussionen als Faktoren der politischen Meinungs- und Willensbildung (Fraenkel, Staat 232); Hätte man in den Organen der öffentlichen Meinungsbildung die Regeln des Geschmacks besser eingehalten (Noack, Prozesse 31).

Unter **Willensbildung** versteht man den Prozeß der Formung und Artikulierung vor allem politischer Zielsetzungen, die von einer Vielzahl von Interessengruppen getragen werden. In totalitären und autoritären Staaten ist dies das Monopol der herrschenden Klasse:

wenn schließlich eine öffentliche Meinung besteht, die die parlamentarische Willensbildung zu beeinflussen vermag (Fraenkel, Staat 78); Unter Bürgertum wird im folgenden eine. . . Schicht rechtlich freier, zur aktiven Teilnahme am Prozeß der politischen Willensbildung befugter. . . Personen verstanden (Fraenkel, Staat 65).

Meteorologie/Metrologie

Die **Meteorologie** ist die Wetterkunde.
Unter **Metrologie** versteht man die Maß- und Gewichtskunde.

Methode/Methodik/Methodologie/methodisch/methodologisch/Methodismus/methodistisch/Methodiker/Methodist

Unter einer **Methode** versteht man eine Unterrichts-, Forschungs-, Untersuchungs-, Behandlungs- oder Herstellungsweise, ein planmäßiges Vorgehen, ein Verfahren. Eine Methode ist ein erarbeitetes, entworfenes, praktiziertes System, nach dem planmäßig und rationell bei einer Arbeit o.ä. zu deren Bewältigung vorgegangen wird:

eine sichere, praktische Methode; diese Methode hat sich bewährt; das sind unlautere Methoden; Die Dialektik, als wissenschaftliche Methode, wird vom Verfasser weniger ernst genommen (Diskussion Deutsch 7/1972, 89).

Unter **Methodik** versteht man die Lehrkunde, die Lehrweise; Methodik ist die Darstellung, Erörterung und kritische Durchdringung der bes. pädagogischen Methoden sowie die Lehre der planmäßigen wissenschaftlichen Anwendung von Methoden. Im Unterschied zu *Methode*, der Art ganz allgemein, hat *Methodik* kollektive Bedeutung d.h., dieses Substantiv weist auf die einzelnen, in der Methode enthaltenen Schritte hin. Das Suffix -ik betont die zu einem Gesamtbegriff zusammengefaßten einzelnen Vorgänge (parallel dazu: Problem/Problematik, Geste/Gestik, Symbol/Symbolik, Thema/Thematik). In manchen Texten lassen sich sowohl Methode als auch Methodik einsetzen. Entscheidend ist dann, ob der Sprecher (Schreiber) lediglich ganz allgemein die Art meint oder ob er die zu einem Gesamtbegriff zusammengefaßten einzelnen Vorgänge der Methode mit dem Wort Methodik hervorheben will:

> er ist Professor für Methodik und Didaktik; er wollte wissen, ob denn Argumentation und Methodik in dem vorangegangenen Vortrag. . . überhaupt haltbar seien (Die Welt 13.11.65, 13); Sie hatte jene unheimliche Mischung von kalter Methodik und überraschenden Ideen (Edschmid, Liebesengel 175); Sie ist ein Kampf um die politische Methodik (Die Welt 30.1.65, Das Forum).

Unter **Methodologie** wird Methodenlehre, wird die Lehre von den Wegen wissenschaftlicher Erkenntnis in den Einzelwissenschaften, wird Methodentheorie als Kernstück der modernen Wissenschaftstheorie der Nachfolgerin der klassischen Erkenntnistheorie verstanden. Die Methodologie ist eine Erörterung der möglichen Methoden, dem dem Gegenstand angemessen sind und der Erreichung des angestrebten Zieles am besten zu dienen scheinen:

> Der sprachanalytische Teil des Buches, der zu der eigentlichen Methodologie hinführen soll, ist am geschlossensten gearbeitet. Die von Seiffert hier angewandte Methode ist die des „konstruktiven Denkens" (Diskussion Deutsch 7/1972, 89).

Methodik und *Methodologie* werden im Gebrauch nicht immer streng unterschieden. Es finden sich hier ähnliche Erscheinungen wie bei den Begriffen Technik und Technologie, über deren Bedeutung und Anwendungsbereiche auch in Fachkreisen keine einheitliche Auffassung besteht.

Die entsprechenden Adjektive sind methodisch und methodologisch.

Methodisch ist 1. Relativadjektiv und bedeutet *die Methode betreffend:*

> die methodischen Fragen müssen noch geklärt werden; die heutige Problematik der Biophysik ist durch dieselben methodischen Schwierigkeiten gekennzeichnet (Fischer, Medizin II 217); Ferner wird aus methodischen Gründen. . . auf die Erörterung des Wirtschaftsteils. . . verzichtet (Enzensberger, Einzelheiten I 24); Methodisch wirken sich diese beiden Unterscheidungen bei der logischen Analyse sprachlicher Ausdrücke anfänglich so aus, daß . . . (K. Lorenz, Sprachkritik 38); Auf einen theoretischen Teil folgt ein methodischer, in dem der Methodenforschung die Priorität gegenüber der Forschung selbst zugesprochen wird (Diskussion Deutsch 7/1972, 86).

2. als eine bestimmte Art kennzeichnendes Adjektiv bedeutet *methodisch* soviel wie *planmäßig, überlegt, durchdacht, schrittweise, nach einer bestimmten Methode:*

> Lassen Sie mich also methodisch vorgehen (Kirst 08/15, 246); Im Gegensatz zur Revolution als einer oft spontanen Massenerhebung wird der Staatsstreich sorgfältig und methodisch in der Regel von einer starken Führerpersönlichkeit vorbereitet (Fraenkel, Staat 323).

Methodologisch bedeutet *zur Methodenlehre gehörend, in bezug auf die anzuwendende Methode, die Methodologie betreffend:*

> Darüber hinaus will der Verfasser methodologische Reflexionen anregen und besonders auf die Notwendigkeit der Unterscheidung von Inhalts- und Ausdrucksseite hinweisen (Diskussion Deutsch 7/1972, 80); Aus methodologischen Gründen ist es zweckmäßig, nicht so sehr den Begriff „Begriff" als vielmehr die Begriffe als solche zum Gegenstand der Untersuchung zu machen (Stiehl, Semantik 63); Selbst . . . Haugen hat hier methodologische Fehler begangen (Probleme der kontrastiven Grammatik, Jahrbuch 1969 des Instituts für deutsche Sprache, 139); Zur Besonderheit der Amerikanistik gehört das ungelöste Problem der genetischen Verwandtschaft einzelner Sprachgruppen, dessen wichtigste methodologische Schwierigkeit der Vergleich von entfernt verwandten Sprachen oder Sprachgruppen. . . ist (Bibliographisches Handbuch I. 1625).

Wie die letztgenannten Belege zeigen, läßt sich nicht immer deutlich erkennen, ob *methodologisch* zu Recht gebraucht wird oder ob nur *methodisch* gemeint ist. *Methodische* Fehler sind nämlich Fehler, die auf falsches Vorgehen im Verfahren

zurückgehen. *Methodologische* Fehler sind schon im Ansatz falsch.
Wie für psychisch psychologisch und für sozial nicht selten soziologisch aus den bei
den genannten Wörtern angegebenen Gründen gebraucht wird, so wird heute auch
des öfteren für methodisch methodologisch gebraucht. Um nämlich eine Verwechslung beim Gebrauch des Relativadjektivs methodisch mit dem charakterisierenden
Adjektiv methodisch zu vermeiden, gebraucht man manchmal an Stelle des Relativadjektivs methodisch das Adjektiv methodologisch.
Das Substantiv **Methodismus** gehört zwar dem Wortstamm nach mit in diese Gruppe, tritt aber vom Sinn her nicht in Konkurrenz mit den anderen Wörtern. Der *Methodismus* ist eine aus dem Anglikanismus im 18. Jh. hervorgegangene evangelische
Erweckungsbewegung.
Das dazu gehörende Adjektiv **methodistisch** bedeutet *den Methodismus betreffend
bzw. in seiner Art denkend.*
Während ein **Methodiker** ein Mensch ist, der planmäßig bei einer Arbeit vorgeht oder
der eine bestimmte Forschungsrichtung begründet hat, ist ein **Methodist** ein Mitglied
einer Methodistenkirche, ein Anhänger des Methodismus.

mieten/anmieten/abmieten

Wenn man etwas **mietet,** ist man berechtigt, es gegen eine vertraglich festgelegte Bezahlung für einen bestimmten Zeitraum zu benutzen. Man kann eine Wohnung, einen Laden, ein Haus, einen Saal für ein Fest, in erster Linie also Räume, aber auch
ein Auto oder ein Boot, mieten:
> Ich habe dort ein Haus gemietet (Salomon, Boche 19); in einem Stübchen . . .
> das ich mir . . . in einem stillen Winkel des Zentrums gemietet hatte (Th. Mann,
> Krull 264); . . . in der auch Boote zu mieten waren (Gaiser, Jagd 159); Ich habe
> ein Auto gemietet, das . . . kaskoversichert war (DM 5/1966, 60).

Mieten in bezug auf Personen, deren Dienste man vorübergehend in Anspruch nimmt,
ist außer Gebrauch gekommen:
> Hatten Sie denn nicht die Idee, jemand zum Tragen zu mieten? (A. Zweig, Clau-
> dia 20).

Das neuerdings häufiger gebrauchte Wort **anmieten** besagt im Grunde das gleiche wie
mieten, bezieht sich aber nur auf Sachen. Durch die Vorsilbe an- wird die Richtung
zu jemandem unterstrichen. Wenn jemand etwas *anmieten* will, dann betont er mit
der Vorsilbe *an-,* daß er etwas durch Mieten an sich, d.h. in seine Verfügungsgewalt
bringt. Als berechtigt kann der Gebrauch dieses Verbs angesehen werden, wenn *anmieten* besagen soll, daß man einen oder mehrere Räume o.ä. mietet, die zu bereits
vorhandenen hinzukommen, womit dann auch eine Richtung ausgedrückt wird. Im
Unterschied zum Simplex *mieten* weist das präfigierte Verb *anmieten* einen deutlich terminativ-definitiven Aspekt auf. Durch die Vorsilbe kann eine feinere inhaltliche Differenzierung, stärkere Betonung und Verdeutlichung des Verbinhalts erzielt
werden. Wo solche Bedingungen nicht vorliegen, ist *anmieten* bzw. das Substantiv
Anmietung jedoch eine unnötige Aufschwellung des Ausdrucks:
> eine konspirative Wohnung anmieten; beim Anmieten eines Ersatzfahrzeugs
> (Hörzu 20/1972, 50); Das Land Baden-Württemberg hat dort mehrere Räume
> angemietet (Info 58/1966, 8); in einer solchen Gegend soll nun eine Art ständi-
> ges . . . Urlaubsquartier des Bundeskanzlers angemietet werden (Der Spiegel 2/
> 1968, 18); Ein Mieter, der bei der Anmietung einer Wohnung . . . Vorauszahlun-
> gen leistet (MM 29./30.3.69, 60); da zu der Anmietung eines Leihwagens durch
> einen Minderjährigen die Genehmigung der Eltern erforderlich ist (MM 10./11.9.
> 66, 53).

Wenn man etwas v o n jemandem mietet, dann spricht man von **abmieten.** Hier ist
der Aspekt dem von *anmieten* gerade entgegengesetzt. *Ab-* hat die Bedeutung *von –
weg.* „Abmieten" bedeutet also, daß man einen Teil von dem mietet, über das ein
anderer verfügt. Daher *mietet* man ein Haus, aber man mietet es nicht ab. Dagegen
kann man ein Zimmer mieten, aber auch abmieten, wenn es als Teil einer Wohnung
gesehen wird. Wenn jemand eine große Wohnung hat, kann man ihm vielleicht zwei
Zimmer abmieten:
> einer, der allein lebte, in zwei Zimmern, die er einer Witwe abgemietet hatte
> (Andersch, Rote 20); →vermieten/ abvermieten.

181

militant/militärisch/militaristisch

Militant bedeutet *kriegerisch, streitbar, angriffslustig, kämpferisch:*

die terroristische Aktivität ihrer militanten Stoßstrupps (SA und SS) abzuschirmen (Fraenkel, Staat 206); Dieser konservative Typ der Gewerkschaftsbewegung, der jede militante Streikaktion ablehnte (Fraenkel, Staat 27); nach 1918 war er ein ebenso militanter Revolutionär, wie er vor 1918 ein militanter Patriot gewesen war (Niekisch, Leben 75); Der militante Pazifist. Erinnerungen an Fritz von Unruh (Hörzu 11/1971, 97).

Das Adjektiv **militärisch** bezieht sich auf das Heer, die Armee, das Militär und kennzeichnet sowohl die Zugehörigkeit zu dem Bereich als auch die entsprechenden Eigenschaften, z.B. das Soldatische, Schneidige, Forsche:

Bismarck wurde von der Kenntnis der militärischen Entscheidungen ausgeschlossen (Goldschmit, Genius 12); militärische Schweigepflicht (Gaiser, Jagd 139); als ich . . . vor die militärische Aushebungskommission getreten war (Th. Mann, Krull 392); ein militärisches Geheimnis (Musil, Mann 775); militärische Gesinnung (Musil, Mann 1270); er hielt sich militärisch gerade (Sebastian, Krankenhaus 94).

Das Adjektiv **militaristisch** dagegen kennzeichnet übersteigerte militärische Gesinnung, Überbetonung der militärischen Macht und wird im allgemeinen abwertend gebraucht:

Ich bin doch gewiß keine militärische oder gar militaristische Natur, eher das Gegenteil: ein alter Individualist und Vagabund (K. Mann, Wendepunkt 450); Ruft sie auf, nicht zu dulden, daß militaristisches Gift in Kinderhände gerät (ND 10.6.64, 5).

Die folgenden Belege für das Substantiv machen den Inhalt des Wortes noch deutlicher:

Als Merkmal des Militarismus ist neben überdimensionalem Einfluß des Militärs auf die Politik in Frieden und Krieg vor allem auch auf die Militarisierung der Gesellschaft zu verweisen (Fraenkel, Staat 194); In diesem weitesten Sinne ist Militarismus ein wertfreier Begriff und bezeichnet lediglich das tatsächliche Vorherrschen des Militärs oder militärisch-kriegerischer Prinzipien in Staat, Gesellschaft und Politik (Frankel, Staat 193).

-minütlich/-minütig/-minutig/minuziös

In adjektivischen Zusammensetzungen bedeutet **-minütlich** *in einem bestimmten zeitlichen Abstand wiederkehrend*, wobei der erste Wortteil das im zweiten Teil genannte Zeitmaß im einzelnen näher bestimmt. Was fünfminütlich geschieht, wiederholt sich alle fünf Minuten.

-minütig /(selten)-**minutig** bedeutet in adjektivischen Zusammenbildungen *eine bestimmte Zeit dauernd*, wobei der erste Wortteil das im zweiten Teil genannte Zeitmaß im einzelnen näher bestimmt. Ein fünfminütiger Wortwechsel dauert fünf Minuten.

Während *minütlich* auch als selbständiges Adjektiv gebraucht werden kann, tritt *-minütig/-minutig* nur in Zusammenbildungen auf.

Minuziös bedeutet *bei einer Untersuchung o.ä. bis ins kleinste gehend, alles genau berücksichtigend, darlegend:*

eine minuziöse Untersuchung.

mißgünstig/ungünstig

Wer einem anderen etwas nicht gönnt, es ihm neidet, wer neidisch ist, wird als **mißgünstig** bezeichnet. Mißgünstig werden auch die Äußerungen eines solchen Menschen genannt:

So gerät Schliemann in Erregung, als er hört, mißgünstige andere Beamte hätten behauptet, Leonardos habe in Wirklichkeit 1000 Franken erhalten und habe den Rest unterschlagen (Ceram, Götter 62); Tante Betty wäre eine mißgünstige Person und würde zur Tante Millie gemeine Bemerkungen machen über meine Eltern (Keun, Mädchen 136); Es war also leicht möglich, daß ein hingeworfenes mißgünstiges Wort über den . . . Bühnenschriftsteller den Zaren bestimmen konnte, solch einen ungebetenen Gast zunächst einmal vorsorglich in Sibirien zu isolieren (Greiner, Trivialroman 91).

Im Unterschied zu *mißgünstig* bezieht sich **ungünstig** nicht auf Personen oder deren Äußerungen. Man spricht von einer ungünstigen Entwicklung, nicht aber von einer mißgünstigen. *Ungünstig* bedeutet *nicht günstig, den Wünschen und Vorstellungen nicht gemäß, ihnen nicht förderlich, sondern nachteilig; unvorteilhaft:*

> Der ungünstige Verlauf seiner geschäftlichen Operation auf ihm ungewohntem Boden (Brecht, Groschen 61); ungünstiges Klima (Fraenkel, Staat 278); In schwierigen Zeiten kann ein häufiger Regierungssturz sehr ungünstig auf Stimmung und Haltung des Landes wirken (Fraenkel, Staat 292); Das hängt hauptsächlich mit der ungünstigen Gewichtsverteilung. . . zusammen (Auto 8/1965, 21).

Mode/Moderne

Unter **Mode** versteht man den zeitweilig allgemein vorherrschenden, jedoch einem schnellen Wechsel unterliegenden Geschmack oder Brauch. Die Mode gestaltet Kleidung, Wohnkultur, Lebensweise und die Formen des gesellschaftlichen Verkehrs; sie bleibt auch nicht ohne Einfluß auf bildende Kunst, Literatur, Theater u.a.:

> schön gestreifte Seidenstoffe, die jetzt so stark in Mode sind (Sieburg, Robespierre 167); Weiße Blusen. . . sind ganz aus der Mode (Dariaux [Übers.], Eleganz 44); Das Tauschen ist ohnehin längst überall Mode. Man tauscht alte Betten gegen Kanarienvögel (Remarque, Obelisk 289); Schlagringe wurden Mode in der Oberschule (Küpper, Simplicius 76); Daß man auch die erotischen Beziehungen vom ironischen Gesichtspunkt betrachtete, geht aus den zahlreichen „Doppellieben" hervor, die man geradezu als eine Mode jener Zeit ansprechen kann (Friedell, Aufklärung 263).

Unter **Moderne** versteht man die gegenwärtige, neue Zeit, den modernen Zeitgeist, der sich oft als ein Gegensatz zum Alten empfindet, und vor allem die moderne Kunst. Aus diesem Gegenwartsbezug erklärt es sich, daß man rückblickend nicht von einer damaligen Moderne spricht, wie man auch nicht von einer damaligen Gegenwart spricht (aber: die damalige Mode). Mit *Moderne* wurde im besonderen auch der literarische Naturalismus Ende des 19. Jahrhunderts bezeichnet:

> Sie (die Oper) hat, zumal bei den Spätwerken Verdis, . . . einen ganz anderen Besucherkreis als das Schauspiel der Moderne (Herrenjournal 3/1966, 2); Weit mehr noch aber drängte sich ihm die Parallele zur Moderne auf bei Betrachtung der Menschen (Ceram, Götter 81); Mit der Moderne wollte die Volksbühne die Massen einst in Berührung bringen (Der Spiegel 20/1966, 124); In der Moderne. . . haben wir ein ähnliches Beispiel in Gottfried Benn (Fries, Weg 35).

modern/modernistisch/modisch/neumodisch

Modern bedeutet *seinem Wesen nach den [praktischen und geistigen] Erfordernissen und Umständen der gegenwärtigen Zeit entsprechend, angemessen; zeitgemäß.* Es bezieht sich vor allem auf Begriffe wie Lebensansichten, Weltanschauungen usw. und auf die Menschen, die diese vertreten. Die Gegenwörter sind *unmodern* und *altmodisch:*

> schon damals hatte man modernere Vorstellungen von Sauberkeit und Krankenhygiene (Sebastian, Krankenhaus 134); er hatte einen modernen Ton in das Ganze gebracht (Plievier, Stalingrad 102); Albert fand dabei die Unterstützung des sehr modern denkenden, beweglichen, eleganten Charles Locock (Thorwald, Chirurgen 117); der moderne Reisende. . . auf leichtem Metallstuhl (Koeppen, Rußland 178); Ich mal' für heutige Begriffe zu schräge. . . Soll schräge etwa modern heißen? (Grass, Blechtrommel 415).

Modern bedeutet aber auch soviel wie *seiner Erscheinung oder seinem Wesen nach den Erfordernissen sowie der herrschenden Geschmacks- und Stilrichtung der Gegenwart entsprechend, angepaßt,* womit vor allem Kleidungsstücke oder Gebrauchsgegenstände wie Möbel, Autos usw. charakterisiert werden:

> eine geräumige Etagenwohnung mit allem modernen Komfort (Hartung, Junitag 28); sie sitzen in modernen Stahlrohrsesseln (Frisch, Nun singen 112); Die Pestalozzischule war ein neuer. . . mit Sgraffitos und Fresken modern geschmückter . . . Kasten (Grass, Blechtrommel 86); Ellen . . . trägt ein schwarzes, modern geschnittenes Kleid (Jens, Mann 131).

Haben die beiden bisher genannten Bedeutungen von *modern* weithin positiven Inhalt gehabt, verbindet sich mit der nun folgenden keine entsprechende Assoziation. *Modern* ist in der Bedeutung *noch recht jung, noch nicht sehr alt; heutig, in der Gegenwart vorhanden und für die Gegenwart charakteristisch* wertneutral, so daß die Verbindung mit Adjektiven negativen Inhalts möglich wird:

> durch die Entstehung der modernen totalitären Regime (Fraenkel, Staat 269); Ein relativ modernes Beispiel dafür bietet das deutsche Kaiserreich (Fraenkel,

Staat 194); Handelsverträge sind in der modernen Geschichte vor allem Tarifverträge (Fraenkel, Staat 132); Eine darüber hinausgehende raumzeitliche Beschreibung des Vorgangs. . . ist nach der modernen Theorie unmöglich (Kosmos 3/1965, 104).

Modernistisch bedeutet *bewußt [und überbetont] modern; um jeden Preis nach Modernität strebend, alles Neuartige ohne Einschränkung vorurteilslos bejahend; moderner Anschauung o.ä. entsprechend, ihr angepaßt.* Dieses Adjektiv hat in den meisten Fällen einen abwertenden Beiklang:

> modernistischer Theaterrummel; er (der Christ) wird versuchen, ihn (den Nichtchristen) zu sich selbst zu bringen. Natürlich nicht, weil das Christentum modernistisch nur die Erklärung eines natürlichen religiösen Bedürfnisses wäre (Glaube und Leben 3/1967, 8).

In positiver Bedeutung:

> der daraus resultierende Slip-over-Pyjama erhält durch diesen Trick ein so modernistisches Gesicht, daß man sein Oberteil, ohne Anstoß zu erregen, auch bei weniger schläfrigen Gelegenheiten tragen könnte (Herrenjournal 3/1966, 177); . . . daß modisches Neuland ausschließlich von jenen Designern gepachtet ist, die für die modernistisch eingestellte Jugend schaffen (Herrenjournal 2/1966, 8).

Modisch bedeutet *in seiner äußeren Erscheinung, z.B. in Kleidung, Frisur, der gegenwärtigen Mode, dem Zeitgeschmack entsprechend, nach dem neuesten Chic oder auf ihn bezogen; mit der Mode gehend, modern und kleidsam.* Das Modische liegt in den besonderen Einzelheiten, die der augenblicklich herrschende Geschmack als üblich oder vorbildlich vorschreibt. *Modisch* wird in der Regel als positiv wertendes Wort gebraucht, doch wird es gelegentlich auch leicht kritisch benutzt. Auf den Menschen wird das Wort kaum bezogen. Das Gegenwort ist *unmodern:*

> Heute stellt Maria unter modisch kurzgeschnittenem Wuschelkopf nur die angewachsenen Läppchen zur Schau (Grass, Blechtrommel 320); Sie brauchen keine modische Frisur. . ., um frisch und gepflegt auszusehen (Dariaux [Übers.], Eleganz 79); in einem modisch blauen Anzug (Koeppen, Rußland 43); Arnheim trug in jener Zeit, wo fast alle modischen Männer sich glatt rasieren ließen, genau so wie früher einen kleinen, spitzen Kinn- und einen kurz geschorenen Schnurrbart (Musil, Mann 421); Die Industrie und die großen Warenhäuser nehmen den Frauen einen großen Teil der modischen Überlegungen ab (Dariaux [Übers.], Eleganz 91); eine unbekümmerte. . . Jungfamilie zwischen modischem Mobiliar (Johnson, Ansichten 156); daß hier im Kompositum ein hochwertiges Instrument zur Verfügung steht, um ein Bedürfnis nach . . . Verdeutlichung zu befriedigen, ein allerdings oft auch überflüssig modisches (vgl. abschmieren. . .) (Henzen, Gegenrichtung 9).

Modern und *modisch* lassen sich oft gegeneinander austauschen, doch ändert sich dann auch der Inhalt entsprechend. Ein *moderner* Bart ist ein Bart, wie er zeitgemäß ist, wie er im Augenblick getragen wird. Ein *modischer* Bart wird als modern und kleidsam zugleich angesehen. Das Adjektiv *modern* bezieht sich auf die gegenwärtige Zeit, während sich *modisch* auf den Zeitgeschmack bezieht und das Aussehen kennzeichnet. Moderner Komfort kann auch zugleich modischer Komfort sein. Maschinen dagegen können modern sein, aber sie sind nicht modisch. Was nämlich dem neuesten Stand der gesellschaftlichen, wissenschaftlichen oder technischen Entwicklung entspricht, wird als *modern* bezeichnet, z.B. auch der moderne Strafvollzug, die moderne Industriegesellschaft, der moderne Rechtsstaat usw. In der DDR wird dagegen in solchen Zusammenhängen statt *modern* das Adjektiv *neu* bevorzugt, z.B. die neue Justiz, die neue Verfassung, das neue gesellschaftliche Bewußtsein.

Das Adjektiv **neumodisch** enthält immer eine gewisse Abwertung und drückt Ablehnung und innere Zurückhaltung dem Neuen gegenüber aus; es bedeutet *bisher [in dieser Art] nicht üblich, neu eingeführt, der neuesten Mode entsprechend:*

> Geschimpft wie ein Feldwebel hatte er über diese neumodische Jugend (Feuchtwanger, Erfolg 771); die verdammte, neumodische Rastlosigkeit rächte sich (Feuchtwanger, Erfolg 384).

der **Moment**/das **Moment**

Der **Moment** ist 1. *ein sehr kurzer Zeitraum:*

> Ich sah einen winzigen Moment lang, den mir bekannten Harry (Hesse, Steppenwolf 210); Navarro stand einen Moment unschlüssig (Remarque, Triomphe 56).

2. *ein bestimmter Zeitpunkt:*

er . . . erwischte den richtigen Moment des Ansprungs auf dem Schanzentisch (Gast, Bretter 114); Jeden Moment kann ein Börsencoup gelandet. . . werden (Koeppen, Rußland 153).

Unter dem Neutrum **das Moment** versteht man einen entscheidenden, wesentlichen, sich in bestimmter Weise auswirkenden Umstand, Faktor, einen Gesichtspunkt, etwas Bestimmendes:

Ein besonders wichtiges Moment zu ihrer Beurteilung bringt die Frankfurter Allgemeine selbst bei (Enzensberger, Einzelheiten I 24); Eltern und Erzieher können in den wenigsten Fällen wissen, welches das auslösende Moment beim Stottern war (DM Test 45/1965, 43); Beim Zweireiher mit hochgestellter Taille ist die Breite und Placierung der Knopfstellung ein wichtiges modisches Moment (Herrenjournal 1/1966,48).

-monatlich/-monatig

In adjektivischen Zusammensetzungen bedeutet -**monatlich** *in einem bestimmten zeitlichen Abstand wiederkehrend,* wobei der erste Wortteil das im zweiten Teil genannte Zeitmaß im einzelnen näher bestimmt. Wenn ein Angestellter eine dreimonatliche Kündigungsfrist hat, muß er ein Vierteljahr, drei Monate, vor seinem Weggang kündigen.

-**monatig** bedeutet in adjektivischen Zusammenbildungen *eine bestimmte Zeit dauernd,* wobei der erste Wortteil das im zweiten Teil genannte Zeitmaß im einzelnen näher bestimmt. -*monatig* bedeutet außerdem *eine bestimmte Zahl an Monaten habend, alt.* Eine dreimonatige Reise d a u e r t drei Monate. Ein dreimonatiges Baby ist drei Monate alt.

Während *monatlich* auch als selbständiges Adjektiv gebraucht werden kann, tritt -*monatig* nur in Zusammenbildungen auf.

Moräne/Maräne/Muräne

Unter einer **Moräne** versteht man durch Gletscher transportierten, abgelagerten Gesteinsschutt:

Moränen sind Schuttansammlungen am Ufer — an der Seite, in der Mitte, innen und am Grunde des Gletschers (Eidenschink, Bergsteigen 17).

Eine **Maräne** ist ein in den Seen Nordostdeutschlands lebender, wohlschmeckender Lachsfisch.

Eine **Muräne** ist ein aalförmiger Knochenfisch, der vor allem in tropischen und subtropischen Meeren vorkommt und als Speisefisch geschätzt wird.

morbid/moribund

Morbid bedeutet *angekränkelt, verzärtelt, besonders empfindlich, zerbrechlich,* womit sich die Vorstellung verbinden kann, daß das derart Bezeichnete den Anforderungen und Gefahren nicht recht gewachsen ist oder am Rande des Verfalls steht. Aber oft hat das Morbide auch einen durch mangelnde Widerstandsfähigkeit entstehenden Reiz der Verfeinerung:

daß diese. . . Figuren, bei aller ästhetischen Ausgewogenheit, bei aller Raffinesse im Detail und morbiden Eleganz der äußeren Linie. . . (Grass, Hundejahre 223); Verhaltene bis morbide Farbtöne mit feinster Nuancierung (Fotomagazin 8/ 1968, 58).

Moribund bedeutet *im Sterben liegend, sterbend; so krank, daß keine Heilung möglich ist; dem Tode geweiht:*

Nach Dr. Volkmanns Angaben war der Schauspieler schon lange moribund gewesen und selbst die stärksten Drogen. . . hatten zum Schluß nicht vermocht, ihn der Lethargie zu entreißen (Jens, Mann 116); Ich bin innerlich aufgewühlt von den sich andeutenden Mysterien dieser physisch moribunden Stadt (Rechy [Übers.], Nacht 352).

mühevoll/mühsam/mühselig

Mühevoll bedeutet *viel Mühe und Umstände verursachend, mit viel Mühe verbunden, schwierig:*

Langsam führt er immer wieder die Hand zum Gesicht, langsam tupft er mit dem weißen Leder das warme Naß auf, und wenn diese mühevolle Tätigkeit nicht wäre, müßte man ihn für tot halten (Sieburg, Robespierre 15); Gieses Trainingsprogramm. . . war mühevoll komponiert (Lenz, Brot 71); in mühevoller Kleinarbeit

(Grass, Katz 75); Anstellige Leute konnten. . . sogar Stämme, allerdings mühevoll, tatwärts flößen (A. Zweig, Grischa 62); Die langsam dahinkriechenden Tage mühevollen Eingewöhnens (Jens, Mann 63).

Mühsam bedeutet *nur mit großen Anstrengungen durchführbar, unter schweren Bedingungen sich vollziehend, gerade noch, recht gequält, viel Beschwerden verursachend, beschwerlich.* Sind *mühevoll* und *mühsam* auch inhaltlich sehr ähnlich, so verbinden sich doch gewisse unterschiedliche Vorstellungen mit den einzelnen Wörtern. Wenn man von einer *mühevollen* Arbeit spricht, denkt man an die Schwierigkeiten und Mühen, die damit verbunden sind, die überwunden werden müssen. Spricht man von einer *mühsamen* Arbeit, dann verbindet sich damit die Vorstellung, daß die Arbeit nur langsam, recht beschwerlich und nur in kleinen Schritten vorangeht. Man sieht förmlich das Ringen mit den vielen kleinen Widerständen; eine Arbeit, die die Kräfte erschöpft. *Mühevoll* wird stärker attributiv, *mühsam* häufiger adverbial und prädikativ gebraucht:

als ob der Vogel mühsamer als sonst gehe (Lorenz, Verhalten I 210); Der Kampf um das Recht auf Urlaub war mühsam (Enzensberger, Einzelheiten I 195); „Und wer gut ist", fragte Karl mühsam, „der weiß so was alles"? (Schnurre, Fall 38); Mit mühsam gespielter Gleichmut häufte Maria den Rest des Waldmeisterbrausepulvers in ihrem . . . Handteller (Grass, Blechtrommel 335); die paar mühsam ersparten Rappen, Centimes oder Pfennige (R. Walser, Gehülfe 131); der Fischer . . . hielt sich nur mühsam auf den Beinen (Andersch, Sansibar 148); Dann gab es mühsame Erklärungsversuche (Der Spiegel 48/1965, 38); Heiß und zornig stürzte ich vor den Spiegel und sah mühsam durch die Maske durch (Rilke, Malte 76); jenes Grammophon, das Mahlke in mühsamer Kleinarbeit aus dem Kahn hochgeholt hatte (Grass, Katz 26).

Mühselig bedeutet *höchst beschwerlich, Leiden und Entbehrungen verursachend, Geduld erfordernd.* Auch *mühsam* und *mühselig* sind inhaltlich sehr ähnlich, können oft gegeneinander ausgetauscht werden, doch unterscheiden sie sich in gewissen Nuancen. Wenn man sagt, daß jemand *mühsam* den Gipfel des Berges erreicht hat, dann heißt es, daß es ihm schwergefallen ist, ihn zu erreichen. Hat jemand *mühselig* den Berggipfel erklommen, so wird die Vorstellung hervorgerufen, daß er auf dem Wege mancherlei Plagen hat auf sich nehmen müssen, die mit beschwerlichen kleinen Arbeiten, Anstrengungen verbunden waren. *Mühselig* steht in dieser Hinsicht dem Adjektiv *mühevoll* näher, das sich aber wiederum nicht in der Weise auf körperliche Leistungen bezieht. *Mühselig* kennzeichnet den Zustand, in dem sich jemand oder etwas bei etwas befindet, nicht die Art und Weise wie etwas bewältigt wird. Wer mühselig ist, ist unter einer Last gebeugt, befindet sich in schwerer, sorgenvoller Lage:

Nachdem wir den Gipfel mühselig erreicht hatten (Eidenschink, Bergsteigen 91); Er . . . watete weiter, mühselig (Remarque, Triomphe 198); Seine geneue Beobachtung ist überaus mühselig (Enzensberger, Einzelheiten I 23); Feinde deren . . . die da mühselig und beladen sind (K. Mann, Wendepunkt 184); mühselige Wanderung (Germanistik I/1962, 64); wie jemand zögernd den Weg zurückgeht, den er mühselig kam (A. Zweig, Claudia 74).

In sehr vielen Fällen lassen sich die drei hier behandelten Wörter gegeneinander austauschen, doch sind die Aussagen dann jeweils ein wenig nuanciert: *Mühevolle* Beobachtungen sind schwierig und mit Mühen verbunden; *mühsame* Beobachtungen sind beschwerlich und gehen nur langsam voran; *mühselige* Beobachtungen fallen dem Beobachtenden schwer. *Mühsam* bezieht sich vor allem auf die Tätigkeit und das Objekt, während *mühselig* die Widerspiegelung der Tätigkeit im Ausführenden zum Ausdruck bringt.

Multiplikator/Multiplikand

Unter einem **Multiplikator** versteht man die Zahl, mit der eine vorgegebene Zahl (der Multiplikand) multipliziert werden soll, während ein **Multiplikand** die Zahl ist, die mit einer anderen (dem Multiplikator) multipliziert werden soll. Bei der Rechnung $3 \cdot 7 = 21$ ist 3 der Multiplikand und 7 der Multiplikator.

muskulär/muskulös

Muskulär bedeutet *zu den Muskeln gehörend, die Muskeln betreffend:*

Er ist das Muster eines Helden: tapfer in den vorgeschriebenen Fällen, unterrichtet, wo er die Fragen kennt, stark, was das bloß Muskuläre betrifft (Hacks, Stükke 9).

Muskulös bedeutet *muskelreich, kräftig, mit starken Muskeln versehen* in bezug auf den Körperbau. Dieses Adjektiv wird meist anerkennend gebraucht. Wo das Muskulöse – z.B. bei Frauen – dem Schönheitsideal widerspricht, verliert das Adjektiv jedoch die anerkennende Nebenbedeutung:

Neben Bildern von Marx und Engels . . . hingen die Aufnahmen muskulöser Athleten (Bredel, Väter 145); Die muskulösen Körper lagen nackt, keusch ausgestreckt in der Feuchte des Sommers (Genet [Übers.], Totenfest 114); ich . . . entdeckte. . . , daß ihre aus den kurzen Ärmeln des Dirndlkostüms hervorlugenden Arme zu muskulös waren (Thiess, Frühling 3).

mystisch/mysteriös/mythisch/mythologisch

Mystisch ist einerseits das Adjektiv zum Substantiv *Mystik,* worunter man eine Art der Religiosität versteht, bei der der Mensch durch Hingabe und Versenkung zu persönlicher Vereinigung mit Gott zu gelangen sucht:

eine Art mystischer Versenkung; Der mystische Verkehr hatte ihn aus seinem gewöhnlichen Zustand herausgenommen und in ein anderes Sein versetzt (Nigg, Wiederkehr 114).

Mystisch bedeutet auch *geheimnisvoll-dunkel, unergründlich; tiefgründig:*

Die Japaner traten 660 vor Christus aus der Sage heraus, sie sind uralt, ihre heute herrschende Shinto-Religion verliert sich in mystische Ferne (Benn, Leben 152); Es wimmelte jetzt dort von Menschen. . . Ich weiß nicht, durch welchen Magnetismus sie angelockt worden waren, durch welche mystische Benachrichtigung (Seghers, Transit 32); Ihn trennten gewiß grundverschiedene Anlagen von Caesar: während dieser kühl und sachlich die Grenzen des Genies erkannte, illusionslos und nüchtern seine Entschlüsse faßte. . . , war Brutus zutiefst mystisch veranlagt (Goldschmit, Genius 43).

Andererseits wird in der Umgangssprache etwas, was man nicht zu durchschauen vermag, was einem unklar und rätselhaft ist, auch als *mystisch* bezeichnet:

Die ganze Angelegenheit kommt mir mystisch vor; was er von seiner Frau erzählt, klingt recht mystisch.

In der letztgenannten Bedeutung berührt sich das Adjektiv *mystisch* mit dem Inhalt von **mysteriös**. Die umgangssprachliche Bedeutung von *mystisch* drückt übrigens immer auch die persönliche Einstellung des Sprechers aus, der mit diesem Wort seine Zweifel, irgendeinen Verdacht, ein Mißtrauen einem Bericht o.ä. gegenüber äußert, während *mysteriös* soviel wie *rätselhaft, geheimnisvoll* bedeutet. Bei etwas als *mysteriös* Bezeichnetem weiß man nicht, was sich dahinter verbirgt, wie man es sich zu erklären hat:

Wer war die mysteriöse (nicht: mystische!) Anruferin? (Noack, Prozesse 23); Kurz nach dem fraglichen Datum meldete die Stadtpolizei Zürich das mysteriöse Verschwinden Stillers (Frisch, Stiller 230); Miguel dos Santos erinnerte sich sofort eines mysteriösen Erlebnisses (R. Schneider, Erdbeben 60).

Das Adjektiv **mythisch** gehört zum Substantiv *Mythos* und bezieht sich auf Mythen, Sagen, Legenden, Märchen und auf Überlieferungen, die die Vergangenheit [eines Volkes] betreffen:

die beiden berühmten Giebel des Tempels der Aphaia von Ägina. . . Hier sind alle mythischen Fabelwesen verbannt (Bildende Kunst I, 35); Ebenso kann man das aber auch am Willen der mythischen Urzeiten erläutern; als das Rad erfunden wurde, die Sprache, das Feuer und die Religion (Musil, Mann 1336); alle geformten Gedankenschöpfungen (wissenschaftliche und philosophische Weltbilder, mythische und religiöse Anschauungen, Symbole) (Fraenkel, Staat 174).

In den folgenden Sätzen bedeutet *mythisch* soviel wie *zu einem Mythos geworden, legendär:*

Dennoch geschieht es, daß . . . eine einzelne Gestalt aus der Reihe der Großen herauswächst und einen fast mythischen Charakter annimmt (Goldschmit, Genius 99); Der Dramatiker Hebbel, nie zu jenem mythischen Ruhm aufgestiegen wie Schiller oder Richard Wagner (Die Welt 16.3.63, Die geistige Welt 2).

Das Adjektiv **mythologisch** bedeutet *zur Mythologie gehörend oder sie betreffend,* wobei man unter *Mythologie* die Gesamtheit der in einem Volk überlieferten Märchen und Sagen versteht:

In einigen der gemalten mythologischen Szenen haben wir einen Nachklang der großen griechischen Malerei erhalten (Bildende Kunst I, 52); Die positivistische Dreistadienlehre sieht die Entwicklung der abendländischen Philosophie aus anti-

ken Anfängen von einem theologischen (mythologischen) Stadium über ein metaphysisches. . . zur wissenschaftlichen. . . Denkstufe fortschreiten (Natur 9); →
Mythos/Mythologie

Mythos/Mythus/Mythe/Mythologem/Mythologie/Mystik/Mystizismus Mystifikation/Mysterium

Unter **Mythos** (auch: **Mythus**) versteht man die Gesamtheit der Gestalten und
Begebenheiten aus Sage und Märchen, denen ein geheimnisvoller, tief im Volk
wurzelnder Zauber anhaftet, oder auch eine einzelne legendär gewordene Gestalt, Begebenheit o.ä., der ein Volk große Verehrung entgegenbringt, vor der es
Ehrfurcht empfindet; eine Legende:

> der Mythos des „Käfers" (=Volkswagens); Hitler. . . hat es schon geschafft, er ist
> schon Mythos (Hochhuth, Stellvertreter 65); die Schaffung eines spezifisch proletarischen Mythus der Revolution, der neben deren bürgerlichen Mythus trat
> (Fraenkel, Staat 67); Der Mythos vom Klassenfeind (der dem Mythos vom Klassenfeind in der bolschewistischen Herrschaftslehre entspricht) (Fraenkel, Staat
> 204).

Unter *Mythos* versteht man also einerseits den gesamten Komplex von Sagen, andererseits auch die einzelne Sage innerhalb der Gesamtheit. Der Plural lautet *die Mythen*.
Die einzelne Sage kann auch als **Mythe** bezeichnet werden:

> die Vertreibung aus dem Paradies ist wohl eine fromme Mythe (Thieß, Legende 118).

Hier handelt es sich um eine ähnliche sprachliche Erscheinung, wie sie bei den Pluralisierungen mancher abstrakter Substantive ist. Es wurden nämlich zu vielen Abstrakta, wie z.B. zu „Einsicht", „Vorliebe", „Einsamkeit", „Zwang",
die früher nur singularisch gebraucht wurden, und zwar als komplexe Begriffe, Plurale gebildet. Sowohl in der Dichtung als auch in den Fachsprachen kommen solche
Pluralisierungen vor (die Einsichten, die Vorlieben, die Einsamkeiten, die Zwänge
usw.). Auf diese Weise wird der komplexe Inhalt des Wortes in einzelne Gegebenheiten zerlegt, so daß nun auch der Singular nicht mehr nur Gesamtkomplex, Gesamtbegriff ist, sondern auch die einzelne Gegebenheit sein kann.
Es lassen sich von hier aus Parallelen zum Substantiv Mythos ziehen. *Mythos* ist
einerseits Gesamtkomplex, wie Einsicht, Vorliebe usw., andererseits einzelne Gegebenheit und in diesem Fall synonym mit *Mythe* (parallel dazu die einzelne Einsicht,
die einzelne Einsamkeit, die einzelne Vorliebe, der einzelne Zwang).
Unter einem **Mythologem** versteht man ein mythologisches Element innerhalb einer
Mythologie. Das Suffix -em drückt aus, daß das Betreffende durch Abstraktion als
Element, als Ergebnis, als Lehrsatz usw. herausgelöst worden ist, daß es ein Bestandteil, ein zum Grundbestand gehörendes Element einer Gesamtheit ist, z.B. Philosophem, Morphem, Phonem, Theorem. -em ist ein Hypothesensuffix.
Mythologie bedeutet einerseits *die Gesamtheit der in einem Volk überlieferten Märchen und Sagen* und andererseits *die Lehre von den Göttern und den mythischen
Überlieferungen eines Volkes:*

> In der antiken Mythologie war der Genius die Verkörperung der dem Manne bei
> der Geburt zugeflossenen Zeugungskraft, die das Einzelleben überdauert (Goldschmit, Genius 23); Seitdem Herr Olschewski in niedriger Schule von all den Göttern spricht, die es früher mal gegeben. . ., hat sich Amsel der Mythologie ergeben (Grass, Hundejahre 68).

Das Wort kann auch auf andere Bereiche übertragen werden:

> Im Leninismus und Stalinismus wurde der Marxismus schließlich vollends zu einer irrationalen Mythologie, die der Bürokratie zur Rechtfertigung ihrer Herrschaft. . . dient (Fraenkel, Staat 193).

Im Unterschied zum Substantiv *Mythologie* verbinden sich mit dem Wort *Mythos*
noch besondere Gefühlswerte, was auch die entsprechenden Adjektive *mythisch* und
mythologisch erkennen lassen; → mystisch/mysteriös/mythisch/mythologisch.
Unter **Mystik** versteht man eine besondere Form der Religiosität, bei der der Mensch
durch Hingabe und Versenkung zu persönlicher Vereinigung mit Gott zu gelangen
sucht. Mystik ist eine religiöse, subjektivistische und irrationale Anschauung des
engen Verbundenseins mit übersinnlichen Mächten. Damit verbunden sind meist
auch Ekstase und Selbstversenkung. Aber auch außerhalb des Religiösen wird das

Wort Mystik gebraucht, und zwar für im Irrationalen sich verlierende Spekulationen:

> In den Gruppen, die Luther als „Schwärmer" verurteilt, mischt sich eine Mystik der Abgeschiedenheit. . . mit dem Enthusiasmus der Weltveränderung (Fraenkel, Staat 153); Es ist nicht seine Schuld, wenn später jede Erscheinung, jeder Organismus durch Zahlenverhältnisse bestimmt wurde, was dann zu einer . . . widersinnigen Mystik geführt hat (Thieß, Reich 188).

Mystizismus bedeutet soviel wie *Wunderglaube, [Glaubens] schwärmerei; schwärmerischer Gedanke:*

> Eine wunderliche Mischung von Mystizismus und Rationalität trat darin (in den Schriften Fischers) zutage (Niekisch, Leben 192).

Eine **Mystifikation** ist dagegen eine Täuschung oder Vorspiegelung:

> Sie sind einer schlimmen Mystifikation zum Opfer gefallen (Winckler, Bomberg 218).

Ein **Mysterium** ist 1. ein [religiöses] Geheimnis oder auch eine Geheimlehre, insbesondere das Sakrament. Ein Mysterium ist etwas Unergründbares:

> wer eingeweiht ist, das oberste Geheimnis dieser Kirche, das Mysterium von Leib und Blut zu verwalten (Th. Mann, Krull 78); ihr (dieser Lehre) Mysterium habe in der Gleichheit und Einheit bestanden von Töter und Getötetem (Th. Mann, Krull 436); daß sogar der natürliche. . . 'Contrat social' des französischen Wesens von diesen sakramentalen Riten wie der Geist eines Seneca. . . von den sonderbar wilden Mysterien ihrer Zeit überschattet war (Langgässer, Siegel 489); weshalb wird man überhaupt bewundert und geliebt? Ist das nicht ein schwer zu ergründendes Mysterium? (Musil, Mann 421); Das Zugpersonal verläßt den Zug ohne Erregung, ohne am Mysterium der Reise teilgenommen zu haben (Fries, Weg 119).

2. ist *Mysterium* ein synonymes Wort für *Mysterienspiel,* worunter man ein mittelalterliches geistliches Drama versteht.

nachdrücklich/ausdrücklich

Nachdrücklich bedeutet *mit Nachdruck, [besonders] stark, mit besonderem Gewicht:*

> Dies zeigt, daß jahrelanges gewohnheitsmäßiges Rauchen. . . die sittliche Grundform eines Menschen. . . doch langsam und nachdrücklich verändert (Bodamer, Mann 152); . . . daß bloße Prahlbewegungen. . . einen nachdrücklicheren Eindruck machen sollten als spitze Krallen (Lorenz, Verhalten I 225); Er . . . setzte das Glas nachdrücklich auf den Tisch (Th. Mann, Krull 281).

Ausdrücklich bedeutet *klar, deutlich, entschieden geäußert.* Im adverbialen Gebrauch ist es synonym mit *besonders, extra, gerade deswegen.* Wenn man etwas *nachdrücklich* sagt, verleiht man der Aussage mehr Gewicht, verstärkt sie; wenn man etwas *ausdrücklich* sagt, dann hebt man das, worauf sich ausdrücklich bezieht, betont hervor, stellt es als sehr wichtig und erwähnenswert heraus, weil es in einem bestimmten Geschehensablauf besonders beachtet werden soll. *Ausdrücklich* steht im allgemeinen im Zusammenhang mit Verben oder als Attribut vor Substantiven, denen in der Regel ein Verb zugrunde liegt:

> Die Bundesregierung habe damals dazu ihre ausdrückliche Zustimmung gegeben (MM 10.12.65, 1); ein ausdrücklich vorgesehenes Bildungsziel der Reise (Th. Mann, Hoheit 83); . . . bemerke ich schon jetzt ausdrücklich, daß ein großer Teil dieses Versuches . . . aus Zitaten bestehen wird (Jens, Mann 10).

Gelegentlich sind – wie in den folgenden Belegen – beide Adjektive möglich, doch ist der Sinn jeweils ein anderer:

> Unglaublich, wo der Führer erst neulich wieder ausdrücklich betont hat, daß die Kirche nicht vor dem Endsieg angegriffen wird (Hochhuth, Stellvertreter 187); er sagte das. . . deshalb, weil ihn der Kommandant selbst . . . nachdrücklich dazu aufgefordert hatte (Kirst 08/15, 654); ich warne Sie nachdrücklich vor den Folgen des Meineids (Spoerl, Maulkorb 139).

Wenn jemand einen anderen *nachdrücklich* vor den Folgen einer Tat warnt, dann will er ihm die F o l g e n besonders eindringlich vor Augen führen; wenn jemand einen anderen *ausdrücklich* vor den Folgen einer Tat warnt, dann weist er darauf hin, daß die Tat Konsequenzen haben wird, ohne auf das Ausmaß der Folgen einzugehen.

nachtragend/nachträgerisch/nachträglich

Einen Menschen, der ein ihm einmal angetanes Unrecht, Böses o.ä. nicht so schnell vergißt und es den anderen auch immer wieder merken läßt, nennt man **nachtragend**: er ist sehr nachtragend.

In der gleichen Bedeutung — wenn auch nur selten und in gehobener Ausdrucksweise — wird auch das Adjektiv **nachträgerisch** gebraucht:

> Dieser Gefallsüchtige ist nicht empfindlich; Rachsucht, nachträgerische Kleinlichkeit liegen seinem Wesen fern (K. Mann, Wendepunkt 201); es regnete immer noch leise, als hätte der Himmel seinen Zorn zwar entladen, aber als wäre, nach dieser häuslichen Szene der Natur, eine nachträgerische Tristesse übriggeblieben (Habe, Namen 63).

Das Adjektiv **nachträglich** wird nur attributiv und adverbial gebraucht und bedeutet *hinterher, nach dem Zeitpunkt des Geschehens liegend, wenn alles bereits vorüber ist:*

> das Volk solle. . . die Ausübung öffentlicher Hoheitsgewalt einer vorherigen Autorisierung oder nachträglichen Billigung unterziehen (Fraenkel, Staat 294); . . . den nationalsozialistischen Vorgang zu bagatellisieren oder gar nachträglich zu rechtfertigen (Fraenkel, Staat 14).

namhaft/namens/namentlich/nämlich

Das Adjektiv **namhaft** wird in zwei Bedeutungen gebraucht. Die eine Bedeutung ist *bekannt, berühmt:*

> Namhafte Mediziner stehen dafür ein: Es ist unmöglich, mit einer allgemeinen Kur Haarausfall zu stoppen (DM 5/1966, 5).

Die andere Bedeutung ist *nennenswert, beträchtlich, groß, ansehnlich,* wobei betont wird, daß etwas — meist eine Summe — im Vergleich zu anderen so groß ist, daß es auffällt:

> einen namhaften Betrag für etwas stiften; es besteht kein namhafter Unterschied zwischen beiden Fabrikaten.

Neben der attributiven Verwendung des Adjektivs in den beiden obengenanten Bedeutungen wird *namhaft* noch adverbial in der Wendung *jemanden namhaft machen* gebraucht, was soviel bedeutet wie *den Namen dessen nennen, der für etwas verantwortlich oder geeignet ist:*

> Dem Eingeständnis des Mißerfolges weichen wir aber dadurch aus, daß wir für diesen Schuldige namhaft machen, die wir. . . aus unserer Gruppe ausstoßen (Hofstätter, Gruppendynamik 91); Wir müssen jetzt endlich Leute namhaft machen, die in der Lage sind, unsere Gebote zu halten (Brecht, Mensch 10).

Namens wird als Adverb und als Präposition gebraucht. Als Adverb bedeutet es soviel wie *mit Namen:*

> Ich hatte einen Schulfreund namens Siegfried Rosen (Kesten, Geduld 35); eine literarische. . . Revue namens ,,Die Sammlung" (K. Mann, Wendepunkt 266).

Als Präposition wird *namens* mit dem Genitiv verbunden und bedeutet *im Namen, im Auftrag:*

> Namens seiner Regierung bat der Botschafter den Heiligen Vater (Der Spiegel 1—2/1966, 59).

Namentlich bedeutet als Adjektiv *den Namen des oder der Betreffenden ausdrücklich nennend:*

> eine namentliche Abstimmung durchsetzen (Fraenkel, Staat 229); Auch die übrigen Geächteten werden namentlich aufgerufen (Sieburg, Robespierre 271).

Namentlich wird außerdem noch als Adverb in der Bedeutung *besonders, vor allem* gebraucht:

> sie verspricht sich davon nicht nur bedeutende Vorteile für meine Bildung, sondern namentlich auch eine wünschenswerte Kräftigung meiner. . . Gesundheit (Th. Mann, Krull 123); Das Inselreich hat namentlich in religiöser Beziehung wenige Ereignisse erfahren, die . . . (Nigg, Wiederkehr 45).

In dieser letztgenannten Bedeutung *besonders, vor allem* berührt sich *namentlich* manchmal insofern mit **nämlich,** als beide Wörter das Gesagte zusätzlich erläutern. Während *namentlich* jemanden oder etwas, wofür das vorher Gesagte in besonderem Maße gilt oder worauf es sich vor allem bezieht, bewußt mit Namen nennt, zählt *nämlich* in der Bedeutung *und zwar* lediglich Beispiele für das vorher Gesagte auf, hebt es also nicht in so bestimmter Weise hervor wie *namentlich:*

... daß das, was heute als wesentliche Begleiterscheinung der Demokratie gilt, nämlich Verschiedenheit der Ansichten und Interessen... (Fraenkel, Staat 255); Der französische Botschafter... hat... die Kollektion eines Couturiers, nämlich die von Cardin, vorgestellt (Herrenjournal 3/1966, 14).

Sowohl *nämlich* als auch *namentlich* geben eine nähere Bestimmung zu etwas, was vorher unbestimmt gelassen oder nur allgemein angegeben worden war: In diesem See gibt es viele Fische, nämlich Hechte, Barsche, Aale u.a. Bei besonderer Hervorhebung einiger Arten im Unterschied zur bloßen Aufzählung: In diesem See gibt es viele Fische, namentlich Hechte, Barsche, Aale. In dem Satz „Die Reise kann gefährlich sein, nämlich dann, wenn die Straßen vereist sind" wird durch *nämlich* mitgeteilt, worin Gefahr bei der Reise besteht. Der gleiche Satz mit *namentlich* würde besagen, daß zwar auf der Reise noch andere Gefahren drohen, daß aber die größte Gefahr die vereisten Straßen sind. In d e r Weise lassen sich auch die für *namentlich* zitierten Beispielsätze unterscheiden, wenn man dort das Adverb *namentlich* durch *nämlich* ersetzte. *Nämlich* und *namentlich* — in der entsprechenden Verwendung — sind aber oft auch d a n n nicht miteinander austauschbar, wenn man den Bedeutungsunterschied außer acht lassen wollte. Im folgenden Satz beispielsweise ließe sich *nämlich* nicht durch *namentlich* ersetzen, weil *nämlich* hier alle Jahreszeiten umfaßt, während *namentlich* nur eine oder einige hervorheben könnte: Es gibt vier Jahreszeiten, nämlich (nicht:namentlich) Frühling, Sommer, Herbst und Winter. Alle Jahreszeiten sind in diesem Lande schön, namentlich (nicht: nämlich) der Frühling und der Herbst. Aber: Alle Jahreszeiten, nämlich Frühling, Sommer, Herbst und Winter, sind schön. Oder einige hervorhebend: Alle Jahreszeiten, namentlich Frühling und Herbst, sind schön.

nässen/netzen/naß machen/nässeln/benetzen

Wenn etwas oder jemand durch etwas naß wird, ohne daß es beabsichtigt ist, spricht man von **nässen**:

Heute morgen... näßte meine Beine der Tau (Lynen, Kentaurenfährte 332); Der Schweiß rann ihm übers Gesicht..., näßte die Maske (Sebastian, Krankenhaus 130); der Dampf... schlug sich auf den Scheiben des... Fensters nieder und näßte die Decke (Sebastian, Krankenhaus 92); da schüttete er schon Wasser in ein Glas, seine Hand... zitterte so, daß es die Tischdecke näßte (A. Zweig, Claudia 89).

Netzen bedeutet, daß etwas — oft absichtlich — mit einer Flüssigkeit, und zwar meist in nur geringer Menge, feucht gemacht wird, wobei die betroffene Fläche unterschiedlich stark, mehr in Tropfen, mit Feuchtigkeit bedeckt ist:

Stanislaus... zog Semmeln aus dem Ofen, netzte sie mit Wasser und warf sie in die... Flechtkörbe (Strittmatter, Wundertäter 201); dann sah ich, wie ihm das Wasser aus den Augen lief und ihm den Bart netzte (Hagelstange, Spielball 17); Ja, ich will es schöpfen — das Wasser, das diese Augen netzt (Kaiser, Villa 244); der Jüngling wird, vom Sturm seiner Sehnsucht zu den Wurzeln uralter Bäume hingeschleudert, die er mit Tränen netzt (A. Zweig, Claudia 33); um die Blumen der Gräber mit Wasser netzen zu können (Schaper, Kirche 21).

Bis auf *naß machen* gehören alle Wörter dieser Gruppe nicht der Normalsprache an. Sie sind selten und treten nur in gehobener Ausdrucksweise auf. **Naß machen** kann man etwas sowohl absichtlich als auch versehentlich: Ein Schwamm wird naß gemacht, damit man die Tafel abwischen kann. Aber ein Baby kann die Windeln und auch sich selbst naß machen:

meinen kleinen Bruder hätte sie gern, wenn er nicht schreit und sich naß macht (Keun, Mädchen 150).

Das Verb **nässeln** wird selten gebraucht. Es bedeutet *ein wenig naß sein, werden, machen:*

Es nässelte aus allen Himmelrichtungen (Strittmatter. Wundertäter 246).

Das Verb **benetzen** bedeutet *an der Oberfläche nur leicht feucht machen,* was sowohl absichtlich als auch durch die Umstände hervorgerufen geschehen kann. Es sind im allgemeinen nur relativ kleine Stellen, die — oft durch Tropfen — benetzt werden. Die Zunge kann die Lippen, aber auch Tränen können das Gesicht benetzen. Das Verb benetzen deutet im Unterschied zu netzen durch die Vorsilbe be- darauf hin, daß der auf ein Ziel gerichteten Handlung eine bestimmte Absicht zugrunde liegt:

Fräulein Hortense. . . zog. . . einen Bleistift heraus, den sie mit der Zunge benetzte (Langgässer, Siegel 466); glauben Sie ja nicht, daß ich nachts weinend im Bett sitze und die Kissen benetze (Der Spiegel 36/1969, 31).

national/nationalistisch

Als **national** wird bezeichnet, was sich auf die Nation, auf die Gemeinschaft des Volkes, die sich im Staat manifestiert, bezieht:

> Die Ausdehnung des nationalen Arbeitsmarktes zu einem europäischen (Fraenkel, Staat 312); Das Deutsche Nationaltheater Weimar. . . gehört zu den bekanntesten Pflegestätten unseres nationalen Kulturerbes (ND 11.6.64, 8); die Erinnerung an den Untergang der „Titanic" . . . dieses nationale Unglück (Menzel, Herren 61).

National bedeutet manchmal auch soviel wie *vaterländisch, patriotisch, für die Nation fühlend,* womit sich der Übergang zu *nationalistisch* andeutet:

> sie würde dann die politische Führung über das Kleinbürgertum. . . gewinnen. Sie würde geradezu eine nationale Mission damit ergreifen (Niekisch, Leben 140); die Differenzierung zwischen „nationalen" und sonstigen Parteien während der Weimarer Periode (Fraenkel, Staat 230); außerdem hält er sich, wie jeder nationale Mann, für einen sehr widerstandsfähigen Zecher (Remarque, Obelisk 44).

Das Adjektiv **nationalistisch** wird heute im allgemeinen abwertend gebraucht; man charakterisiert damit ein übersteigertes Nationalgefühl, das zur Überheblichkeit gegenüber anderen Nationen führt:

> die Deutschnationale Volkspartei wurde zu einer nationalistischen und reaktionär-monarchistischen Massenpartei des ostelbischen Grundbesitzes (Fraenkel, Staat 247); er (der Neofaschismus) besitzt als nationalistische Extrembewegung keine übernationale Tragfähigkeit (Fraenkel, Staat 87).

negrid/negroid

Negrid bedeutet *zu den Negern gehörend.* Unter der Bezeichnung *negrider Rassenkreis* werden die dunkelhäutigen kraushaarigen Menschen der Südsee und Afrikas zusammengefaßt.

Negroid bedeutet *negerähnlich; äußerlich Merkmale, z.B. Kraushaar, wulstige Lippen, eines Negers aufweisend,* die auf negridem Einschlag beruhen können, aber auch vereinzelt bei anderen Rassen vorkommen:

> Fräulein Bernhard. . . einer stämmigen, brünetten kleinen Person mit negroiden Lippen (K. Mann, Mephisto 199).

nehmen aus/herausnehmen [aus]/rausnehmen [aus]/ausnehmen/mit hinausnehmen

Überall da, wo sich etwas in etwas befindet und mit der Hand ergriffen und woandershin gebracht werden kann, stehen **nehmen aus** und **herausnehmen [aus]** in Konkurrenz. Während *nehmen* in diesem Anwendungsbereich stets in Verbindung mit der Präposition *aus* und einer adverbialen Bestimmung des Ortes gebraucht wird, kann *herausnehmen* auch ohne Adverbialbestimmung stehen:

> er nahm zwei Eier aus dem Nest; er nahm zwei Eier [aus dem Nest] heraus; ich nehme das Buch aus dem Schrank; ich nehme das Buch [aus dem Schrank] heraus; aus Notre-Dame waren die Glasfenster herausgenommen (Seghers, Transit 234); Er . . . nahm die (Stecknadeln) heraus, die rote oder blaue Köpfe hatten (Böll, Adam 70); Er ging aber erst zu dem Schrank und öffnete, um die paar Sachen herauszunehmen (Gaiser, Jagd 118); (er) öffnete die innere Glaswand des Ladentisches und nahm von seiner Ware einige Stücke heraus (Th. Mann, Krull 181 Corinna nahm aus dem Blechkasten. . . eine Scheibe Brot heraus (Hausman, Abel 141); ich zog die Handbremse an und nahm den Zündschlüssel heraus (Simmel, Affäre 138).

Herausnehmen wird auch gebraucht für *durch operativen Eingriff entfernen,* z.B. jemandem den Blinddarm herausnehmen. In dieser Verwendung tritt *nehmen aus* nicht in Konkurrenz mit *herausnehmen* (nicht: der Arzt nahm den Blinddarm aus dem Bauch heraus; möglich wäre jedoch: der Arzt nahm nach der Operation die Tupfer aus dem Bauch heraus).

Wenn man einen Schüler aus einer Klasse nimmt, dann kommt er in eine andere Klasse oder geht ganz von der Schule. Möglich, aber weniger üblich wäre hier auch der Gebrauch von herausnehmen. In der – vor allem norddeutschen – Umgangssprache

wird statt *herausnehmen* auch **rausnehmen** [aus] gebraucht:
> Nimm ihm erstmal sein Gebiß raus (Ott, Haie 171); Von mir aus können sich die Herren jetzt ihren Blinddarm allein rausnehmen (Bieler, Bonifaz 49).

Das Verb **ausnehmen** besagt in der hier diskutierten Bedeutung in Konkurrenz zu *herausnehmen* nicht nur, daß etwas herausgenommen wird, sondern daß etwas von etwas leer gemacht, befreit wird (ein Nest, einen Fisch ausnehmen; eine Bank ausnehmen).

Bei Umsprung des Objekts bedeutet *ausnehmen* soviel wie *etwas in seiner Gesamtheit für immer aus etwas entfernen* (die Eingeweide ausnehmen).

Man nimmt also die Eier aus dem Nest oder aus dem Nest heraus, aber das Nest selbst nimmt man nur aus. Man nimmt alles Geld aus dem Tresor oder aus dem Tresor heraus, aber eine Bank kann von Einbrechern nur ausgenommen werden:
> ich kauf doch die Aale nicht umsonst, werden ja sauber ausgenommen und gewässert (Grass, Blechtrommel 183); Schulz aber versuchte ihn auszunehmen wie eine Weihnachtsgans (Kirst 08/15, 121); Wenn man Michael wäre, der die Habichtshorste ausnahm... (Wiechert, Jeromin-Kinder 20); Ich habe nie selber Krähen ausgenommen, und die Jungtiere, die ich erhielt, waren jedesmal schon auf Lebzeiten geschädigt (Lorenz, Verhalten I 21).

F a l s c h ist es also auch, wenn in den Schaufenstern Mäntel ausgestellt sind, bei denen der Hinweis angebracht ist *mit ausnehmbarem Futter*. Weder das Futter noch der Mantel sind ausnehmbar. Gemeint ist, daß das Futter nach Bedarf herausgenommen werden kann, also *herausnehmbar* ist.

Hinausnehmen wird nur in Verbindung mit der Präposition *mit* gebraucht. *Etwas mit hinausnehmen* bedeutet *etwas beim Verlassen eines Raumes mitnehmen und dort draußen abstellen o.ä.*:
> Würdest du bitte das Geschirr mit hinausnehmen? ; Nimm bitte den Liegestuhl mit [auf den Balkon]hinaus!

Neuralgie/neuralgisch/Neurologie/neurologisch/Neurose/neurotisch/Neurasthenie/neurasthenisch

Mit **Neuralgie** bezeichnet man in Anfällen auftretende Schmerzen im Ausbreitungsgebiet eines Nervs ohne nachweisbare Sensibilitätsstörungen oder entzündliche Veränderungen. Das dazugehörende Adjektiv ist **neuralgisch**:
> neuralgische Schmerzen treten bei Wetterveränderung an der Narbe auf.

Unter **Neurologie** versteht man einerseits die Lehre vom Aufbau und von der Funktion des Nervensystems und andererseits die Lehre von den Nervenkrankheiten, ihrer Entstehung und Behandlung. Das dazugehörende Adjektiv ist **neurologisch**:
> Abgesehen von diesen neurologischen und pädiatrischen Ergebnissen schritt die Forschung auch auf psychopathologischem Gebiete fort (Acta Paedopsychiatrica 3/1966, 68); ... daß zur körperlichen Untersuchung eine eingehende neurologische Untersuchung dazugehöre (MM 4.9.68, 13).

Eine **Neurose** ist eine auf der Basis gestörter Erlebnisverarbeitung im seelischen Bereich zwischen Ich und Umwelt entstandene krankhafte, aber reversible Verhaltensanomalie mit ungewöhnlichen seelischen Zuständen und verschiedenen körperlichen Funktionsstörungen ohne organische Ursache:
> Um diesen Preis... gelingt es der Religion, vielen Menschen die individuelle Neurose zu ersparen (Freud, Unbehagen 117).

Das dazugehörende Adjektiv ist **neurotisch**:
> Er denkt dabei an ... Träume und neurotische Symptome (Adorno, Prismen 256).

Unter einer **Neurasthenie** versteht man eine nervöse Erschöpfung, eine Nervenschwäche. Das dazugehörende Adjektiv ist **neurasthenisch**:
> Die Figur, welche Hendrik Höfgen aus dem Hamlet machte, war ein preußischer Leutnant mit neurasthenischen Zügen (K. Mann, Mephisto 386).

Niedergang/Untergang/Tiefgang

Wenn man vom **Niedergang** der Kultur, der Sitte oder der Wirtschaft spricht, will man damit sagen, daß Kultur, Sitte oder Wirtschaft nicht mehr das Niveau oder den hohen Stand haben wie zuvor, daß sie weniger gelten oder schon auf dem Wege des Verfalls sind:
> Mirabeau..., der ... dem Staat einen raschen Niedergang prophezeite (Friedell, Aufklärung 56); ... daß die Christen... Kinder ihrer Zeit waren. Einer Zeit, die

auf allen Gebieten einen traurigen Niedergang aufweist (Thieß, Reich 261).
Der *Niedergang* kann, aber muß nicht im Untergang enden. **Untergang** bedeutet das
völlige Verschwinden oder die völlige Vernichtung. Wenn man vom *Untergang* einer
Kultur oder eines Volkes spricht, dann gibt es die Kultur oder das Volk nicht mehr:

> Ich habe behauptet, daß ein General, der . . . Bataillone in den sicheren Untergang
> schickt, ein Mörder ist (Musil, Mann 273); In der heutigen Zeit sind es vor allem
> die Mittelständler selbst, die ihren Untergang oder die Gefährdung ihrer Existenz
> verkünden (Fraenkel, Staat 198); Dieses konstantinische Erbe der Einheit von
> Imperium und Kirche. . . ist dann nach dem Untergang von Byzanz (1453) auf
> Moskau. . . übergegangen (Fraenkel, Staat 150).

Unter **Tiefgang** versteht man den senkrecht gemessenen Teil eines Schiffes, der sich
unter Wasser befindet:

> der Fluß hat so niedrigen Wasserstand, daß nur Schiffe mit geringem Tiefgang
> passieren können.

Tiefgang wird auch im übertragenen Bereich in der Bedeutung *tiefes gedankliches
Eindringen in ein Problem* gebraucht:

> ein Buch ohne Tiefgang; Der Mensch gebraucht seine von Gott verliehene Frei-
> heit dazu, ständig neue Bilder von sich selbst zu entwerfen. Manchmal mit eini-
> gem Tiefgang, manchmal ohne solchen Aufwand (Sommerauer, Sonntag 53).

niveaufrei/niveaulos

Niveaufrei wird in der Fachsprache des Verkehrswesens gebraucht. Wenn eine Haltestelle einen niveaufreien Zugang hat, dann heißt das, daß die Haltestelle getrennt vom
übrigen Verkehr, also getrennt von der Fahrbahn ist. Durch Unter- oder Überführun-
gen können z.B. Straßenkreuzungen niveaufrei sein, das heißt, es kreuzen sich nicht
zwei Verkehrsadern in gleicher Höhe. Das Gegenwort ist *niveaugleich:*

> eine niveaufrei geführte Schnellstraße; Rhein-Neckar-Hochhaus als Haltestelle mit
> niveaufreiem Zugang. . . Rheinstraße als tiefliegende Haltestelle mit niveaufrei-
> em Zugang zu den Bahnsteigen (Informationsschrift der Stadtwerke Mannheim,
> Verkehrsbetriebe September 1971).

Wenn man jemanden als **niveaulos** bezeichnet, meint man damit, daß dessen Verhalten oder Benehmen Niveau, d.h. Bildung, Takt, geistigen Rang vermissen läßt. Das
Gegenwort ist *niveauvoll:*

> Deine Bemerkung war recht niveaulos; Hitlers niveaulose Hetztiraden; zur Zeit
> laufen in den Kinos nur recht niveaulose Pornofilme; → -frei/-los.

nominell/nominal/nominalistisch

Nominell bedeutet *vorgeblich; nur dem Namen nach [bestehend] ; nach außen zwar
so bezeichnet, aber nicht wirklich, dem Namen nach für etwas zuständig, etwas besitzend,* womit ausgedrückt wird, daß in Wirklichkeit ein anderer als der Genannte
die Verantwortung trägt oder der Ausführende ist oder daß ein anderer und nicht
der Genannte über etwas in Wirklichkeit verfügt:

> er gehört nur noch nominell zu unserer Abteilung; Partei des Präsidenten. . . rela-
> tiv unabhängig vom Präsidenten, der nur nomineller Parteichef ist (Fraenkel, Staat
> 240); . . . daß im kommenden Jahr die nominelle Entwicklung des Volkseinkom-
> mens der realen Zunahme mindestens in der ersten Jahreshälfte voraneilen wird
> (Bundestag 189/1968, 10257); weite Gebiete der Erde, die nominell nicht zu
> den Entwicklungsländern gehören und doch einen offenbar bedeutenden Texti-
> lienbedarf haben (Herrenjournal 1/1966, 77); außerdem hatte er seine Versetzung
> zur 6. Armee erhalten, nominell zur Einarbeitung in die Geschäfte eines Artillerie-
> kommandeurs (Plievier, Stalingrad 102).

Im Geldwesen wird *nominell* – wie auch *nominal,* dies aber seltener – gebraucht in
der Bedeutung *dem Nennwert nach.*
Nominal bedeutet *im Geldwesen dem Nennwert entsprechend, darauf bezüglich;
einen genannten, festgelegten Wert von . . . oder den genannten Status habend:*

> Aber sie ist mit nominal 6 v. H. und real 4,4 v.H. . . nicht wesentlich von der
> Grundtendenz. . . abgewichen (Bundestag 188/1968, 10167); Der Vorstand wird
> der HV „voraussichtlich" eine Dividende von 8 DM je Aktie über nominal 50 DM
> vorschlagen (Die Welt 18.11.67, 18); Mit Karl Löwenstein ist zu unterscheiden
> zwischen Verfassungen, die nicht nur rechtlich gültig, sondern auch politisch wirk-
> sam sind (normative Verfassungen), solchen Verfassungen, die sich in der politi-
> schen Realität nicht haben durchsetzen können (nominale Verfassungen) . . .
> (Fraenkel, Staat 331).

In der Grammatik wird *nominal* in der Bedeutung *das Nomen, das Substantiv betreffend, sich darauf beziehend* gebraucht:

> Die vorliegende Arbeit beschäftigt sich mit einer wichtigen Ausbaustelle unserer Satzmodelle, mit der Füllung des nominalen Satzgliedrahmens durch das erweiterte Adjektiv- und Partizipialattribut (Mitteilungen des Deutschen Germanisten-Verbandes 4/1971, 33).

In Zusammensetzungen tritt nur *Nominal- /nominal-* (nicht:nominell) auf:

> Nominaleinkommen; Das entspricht reichlich 15 Prozent des Nominalkapitals von 80 Millionen DM (FAZ 15.7.61, 9).

Nominalistisch bedeutet *den Nominalismus betreffend, sich auf ihn beziehend*, worunter man eine philosophische Lehre versteht, die besagt, daß die allgemeinen Begriffe (der Gattungen usw.) nur Wörter, Sammelnamen seien und nichts Wirkliches bedeuten (universalia sunt nomina post rem), womit sie sich in Gegensatz zur philosophischen Lehre des Realismus (universalia sunt realia ante rem) stellt.

nordisch/nördlich/nordwärts/nordistisch

Nordisch bedeutet *zum Norden, zum nördlichen Teil Europas gehörend oder demselben eigen:*

> Jacken mit und ohne nordische Muster (Fries, Weg 96); Eine olympische Bronzemedaille in der Nordischen Kombination war bis 1960 für Mitteleuropäer ein verwegener Wunschtraum (Olympische Spiele 1964, 30); Dünkt es uns doch, es blühe inmitten alles verflachender Zivilisation noch einmal oder wiederum nordisches Erbe auf (Grass, Hundejahre 71).

Nördlich mit dem Gegenwort *südlich* bedeutet **1.** *im Norden liegend, sich im Norden eines Gebietes befindend:*

> die nördliche Seite eines Hauses; der nördliche Teil Berlins; auch Oberst Steinle weiter nördlich, auch Major Keil . . . bemerkten die gleichen Raketen (Plievier, Stalingrad 168).

2. *nach Norden gerichtet:*

> das Schiff hat nördlichen Kurs.

3. *aus dem Norden kommend:*

> nördliche Winde.

4. *im Norden, und zwar außerhalb eines bestimmten Gebietes:*

> nördlich von Berlin-Pankow.

Nördlich wird in d e r Bedeutung auch als Präposition mit dem Genitiv gebraucht:

> Um den steigenden Bevölkerungszahlen nördlich des Neckars gerecht zu werden (MM 1.6.69, 2).

Nordwärts, das im Unterschied zu nördlich nicht attributiv, sondern nur adverbial gebraucht wird, bedeutet *nach Norden gerichtet, nach Norden zu:*

> Am Rand der Bahn vor uns wanderte Dietrich nordwärts (Simmel, Affäre 56).

Nordistisch gehört zum Substantiv *Nordistik,* worunter die Forschung auf dem Gebiet der nordischen, der skandinavischen Sprachen und Literaturen verstanden wird:

> er hat ein wichtiges Buch über ein nordistisches Thema geschrieben.

oberflächlich/oberflächig

Das zum Substantiv Oberfläche gehörende Adjektiv **oberflächlich** ist von Anfang an selten in seiner eigentlichen Bedeutung *auf oder an der Oberfläche befindlich und dazu gehörend* verwendet worden:

> . . . daß der Schnee in der Tiefe auch schon fest ist. Es besteht trotz der oberflächlichen, dünnen Schicht immer noch Lawinengefahr (Eidenschink, Bergsteigen 145).

Oberflächlich wird in erster Linie übertragen gebraucht, denn was nur an der Oberfläche vorhanden ist, kann unter Umständen als nicht sehr wertvoll oder sogar als negativ empfunden werden, so daß sich daraus die abwertenden übertragenen Bedeutungen herleiten lassen.

1. *sich nicht gründlich [nur obenhin anstatt eingehender] mit etwas beschäftigend:*

> Außerdem interessieren uns diese praktischen Gesichtspunkte nur ganz oberflächlich (Benn, Stimme 11); Streng dich doch an, ihm . . . wirklich zuzuhören, nicht nur oberflächlich(Kafka, Schloß 155).

2. *ohne geistig-seelische Tiefe in bezug auf den Charakter eines Menschen:*

> Du bist oberflächlich. . . Otto ist tief (Remarque, Obelisk 258).

Diese negative Bedeutungsentwicklung macht es begreiflich, daß zur Bezeichnung der eigentlichen Bedeutung gelegentlich das Adjektiv **oberflächig** verwendet wird:

> mit einer Salbe eine Wunde oberflächig behandeln; Bei Hautschäden des Alltags wie oberflächigem Wundsein, Sonnenbrand, Wundliegen (Gebrauchsanweisung für Puder).

In der medizinischen Fachsprache wird jedoch dafür im allgemeinen auch das Adjektiv *oberflächlich* verwendet:

> frische oberflächliche Blutergüsse.

oberirdisch/überirdisch

Oberirdisch bedeutet soviel wie *oberhalb, über, nicht unter der Erde befindlich.* Das Gegenwort ist *unterirdisch:*

> sie stand einmal lange vor dem oberirdischen Eingang einer U-Bahnstation (Johnson, Ansichten 212); Die Prämien (der Versicherung) richten sich danach, ... ob es sich um einen oberirdischen oder um einen unterirdischen Tank handelt (MM 14.10.66, 4).

Was **überirdisch** ist, entzieht sich den irdischen Maßstäben, ist der Erde entrückt, gehört dem geistigen, unkörperlichen Bereich an. Dieses Wort besagt nicht nur, daß etwas nicht irdisch, unirdisch ist, sondern es wertet das mit diesem Adjektiv Bezeichnete in besonders positiver Weise: Es ist von höherer Art. Das Gegenwort ist *irdisch:*

> Dies überirdische Wesen fühlte sich durch ihn nicht beleidigt (Jahnn, Geschichten 146); Genau dieses Glück nun, das man überirdisch nennen darf, hat ein launisches Geschick dem ehelichen Liebespaar zugespielt (Th. Mann, Tod 155).

Oberkleider/Oberbekleidung/Oberkleidung/Überkleider

Unter **Oberkleidern** versteht man Kleidungsstücke, die über der Unterwäsche getragen werden, vor allem solche, die die oberen Teile des Körpers bedecken, z.B. eine Bluse. Das Gegenwort zu Oberkleid ist *Unterkleid:*

> er griff in die Oberkleider des Kranken, zog einen Beutel hervor — einen Beutel voller Gold! (Ceram, Götter 75).

Unter **Oberbekleidung** oder **Oberkleidung** (→ Kleidung/Bekleidung) versteht man Kleidung, die sichtbar über anderen Kleidungsstücken getragen wird, z.B. Blusen, Anzüge, Kleider, Mäntel. *Oberbekleidung* ist vor allem ein Wort der Textilindustrie. Im Unterschied zum Substantiv Oberkleider, mit dem sich im allgemeinen die Vorstellung verbindet, daß es mehrere e i n z e l n e Stücke sind, ist Oberbekleidung ein kollektiver Begriff.

Mit dem Wort **Überkleider** werden zwar auch Kleidungsstücke bezeichnet, die über anderen getragen werden, doch besagt es außerdem, daß diese Kleidungsstücke z u s ä t z l i c h zur ganzen Bekleidung hinzukommen im Sinne von Überwurf, Mantel o. ä.:

> sein Körper dampfte in den schweren Überkleidern (Gaiser, Jagd 193).

objektiv/Objektivität/Objektivismus/objektivistisch

Objektiv bedeutet *sachlich, nicht von Gefühlen oder Vorurteilen bestimmt, tatsächlich in der angegebenen Art und Weise existent, unvoreingenommen, unparteiisch.* Das Gegenwort ist *subjektiv:*

> Elster unterscheidet... objektive und subjektive Eigenschaften des Stils (Seidler, Stilistik 256); Die objektiven Voraussetzungen für diese Zusammenarbeit... der sozialistischen Länder sind gut (ND 2.6.64, 3); die wenigsten wissen, daß es in anderen Ländern eine objektive Prüfung gibt mit völlig fremden Prüfern (Sebastian, Krankenhaus 123).

Das dazugehörende Substantiv **Objektivität** bedeutet *Sachlichkeit im Urteil, in der Darstellung; adäquate Widerspiegelung der Realität.*

Unter **Objektivismus** versteht man dagegen die Anschauung, daß es subjektunabhängige, objektive Wahrheiten und Werte gibt im Gegensatz zum Subjektivismus. In der Philosophie ist der *Objektivismus* eine Richtung der Erkenntnistheorie, die dem Erkennen die Erfassung realer Gegenstände zuschreibt. Außerdem wird *Objektivismus* - vor allem in der politischen Sprache der DDR - auch abwertend gebraucht, um eine Denkhaltung zu kennzeichnen, die jede Parteilichkeit als unvereinbar mit der Wissenschaftlichkeit betrachtet.

Das Adjektiv **objektivistisch**, das zum Substantiv *Objektivismus* gehört, soll also einerseits eine Erkenntnismethode oder Denkart charakterisieren, der man vorwirft, daß sie um der wissenschaftlichen Objektivität willen gesellschaftliche Zusammenhänge außer acht läßt und sich auf eine bloße Wiedergabe von Ereignissen und Meinungen beschränkt, ohne selbst Stellung zu nehmen. Andererseits gehört es als adjektivische Ableitung zu Objektivismus in seinen anderen, philosophischen Bedeutungen:

eine rein objektivistische Darstellung; Man muß deshalb unterscheiden zwischen historischer Exaktheit und objektivistischer Tendenz (Die Welt 14.7.62, Die geistige Welt 3); Es wird bemerkt, daß die Geschichtlichkeit eines Gegenstandes die Ursache dafür ist, daß es nicht gelingt, ihn objektivistisch aufgrund nur vorgegebener Daten zu definieren. . . Aufgrund hartnäckigen, objektivistischen Definitionsverlangens zerfallen ihm schließlich die Worte „wie modrige Pilze" (Diskussion Deutsch 8/1972, 176).

Im Unterschied zu *objektiv* ist *objektivistisch* charakteristisch für eine bestimmte bewußt vorgenommene Betrachtungsweise.

obligat/obligatorisch

Obligat bedeutet *nicht aus Zwang, sondern mehr aus Gewohnheit; nicht zu umgehen, herkömmlich, unerläßlich, dazugehörend, erforderlich, unentbehrlich, wie es allgemein üblich ist, unvermeidlich.* Mit *obligat* verbindet sich oft ein spöttischer Unterton:

Er hatte ihr nicht die obligaten Nelken, sondern zwei zauberhafte Orchideen mitgebracht (Prinzeß-Roman 43, 31); bis die große Schneeschmelze mit dem obligaten Frühjahrsdreck vorbei ist (Kirst 08/15, 427); Für Tausende gehört der Kraftwagen auf der Seereise bereits zum obligaten Gepäck (Die Welt 29.11.64, 17).

Obligatorisch bedeutet *wie es vorgeschrieben ist, bindend, verpflichtend, verbindlich, Pflicht. . . , Zwang. . . .* Das Gegenwort ist *fakultativ:*

obligatorische und fakultative Vorlesungen; die obligatorische Öffentlichkeit der Gerichtsverhandlungen (Fraenkel, Staat 220); der Besuch des „Olympiaballs" war nicht obligatorisch (Die Olympischen Spiele 1964, 9).

Da beide Wörter einen gemeinsamen inhaltlichen Kern haben, gibt es Fälle, wo sowohl *obligat* als auch *obligatorisch* mit entsprechenden inhaltlichen Nuancen verwendet werden können:

Die Hunde, die in der Serpentine gebadet werden, sehen alle aus wie die obligatorischen Queensshunde (Reinig, Schiffe 115); Sarah. . . , die gegenwärtig den für Israelinnen obligaten 20 Monate dauernden Militärdienst ableistet (Der Spiegel 48/1965, 170).

obsolet/desolat

Obsolet bedeutet *veraltet, abgenutzt, außer Gebrauch gekommen,* bes. in bezug auf Wörter und Redewendungen:

Er schreibt nachlässig, umständlich, obsolet und ridikül (Deschner, Talente 51); Was für ein zopfig-obsoletes Verfahren, die Erdbestattung, angesichts aller neuzeitlichen Umstände (Th. Mann, Zauberberg 631); Das österreichische Arrangement mit der EWG war . . . schon vor den „bekannten Ereignissen" mehr oder weniger obsolet (Presse, Wien 3.10.68, 3); ihre psychologischen Nachwirkungen sind in einer Periode lebendig geblieben, in der die Zinsverbote des kanonischen und jüdischen Rechts längst obsolet geworden sind (Fraenkel, Staat 141); Ihn sprachen die versteinerten, erfrorenen oder obsoleten Bestandsstücke der Kultur. . . an (Adorno, Prismen 237).

Desolat bedeutet *einsam, öde, vernachlässigt, verwüstet, verlassen* und daraus folgend *hoffnungslos, trostlos, traurig* in bezug auf einen Zustand:

als Folge dieser Sparkur werde. . . die Eschersheimer Landstraße, desolater Schauplatz des ersten Frankfurter U-Bahn-Baus, nach Fertigstellung des Bahntunnels als unbefahrbare Wüstenei liegenbleiben (Der Spiegel 48/1965, 62); Außerdem sollen Stiegenaufgänge, die sich schon in desolatem Zustand befinden, ausgebessert und erneuert werden (Expreß, Wien 11.10.68, 5); der Zustand seiner Nerven war so desolat (B. Frank, Tage 116); Desolate Prediger, über die der Geist gekommen ist, winseln (Rechy [Übers.], Nacht 112); Nicht so desolat, aber auch unergiebig ist der Stand der deutsch-englischen Beziehungen (Der Spiegel 48/1965, 34).

Odium/Otium

Odium bedeutet soviel wie *Makel:*

das Odium des scheinbaren Verrats seiner Überzeugungen auf sich nehmen (Kantorowicz, Tagebuch I 40); . . . muß auf ihr Recht Rücksicht genommen werden,

von dem Odium loszukommen (Noack, Prozesse 245).
Das heute nur noch selten gebrauchte Wort **Otium** bedeutet *Muße, Beschaulichkeit.*

offiziell/offiziös/offizinell

Während **offiziell** bedeutet *von einer amtlichen Stelle ausgehend, behördlich [ver-bürgt]* und somit ausdrückt, daß man den als offiziell bezeichneten Sachverhalt auch tatsächlich als von seiten eines Amtes oder einer Regierung beschlossen oder geäußert ansehen kann, bedeutet **offiziös** soviel wie *halbamtlich, mittelbar von einer Behörde beeinflußt* und drückt aus, daß eine Äußerung oder Handlung zwar mit Wissen eines Amtes oder einer Regierung getan worden ist, daß sie den Ansichten oder dem Willen dieser Stellen zwar entspricht, daß die Mitteilungen darüber jedoch nicht von den Behörden direkt gegeben worden sind. Die Gegenwörter zu *offiziell* sind *inoffiziell* und *privat:*

> Statt ihrer (der rechten Hand) besaß er ja zwei Unterarmprothesen, eine offizielle deutsche und eine inoffizielle russische (Küpper, Simplicius 68); Das eine war ein offizielles Gutachten, das andere ein privates (Sebastian, Krankenhaus 144); Ich gehe in der Großen Straße noch zu einem Kolonialwarengeschäft, das oft noch nach dem offiziellen Ladenschluß offen ist (Remarque, Obelisk 289); Die Kaufkraft des Rubels betrug etwa 50 Pfennig, der offizielle Kurs hingegen war 2,10 Mark (Niekisch, Leben 218).

Von der Bedeutung *amtlich, behördlich* her entwickeln sich weitere Bedeutungsnuancen wie z.B. *öffentlich:*

> Wir wollten unsere Verlobung nicht offiziell bekanntgeben (Sebastian, Krankenhaus 183);

nach außen hin, mit dem Gegenbereich *insgeheim, im stillen, in Wirklichkeit anders:*

> Wir hatten ihm insgeheim längst vergeben, worüber wir offiziell vielleicht noch grollten (Lenz, Brot 170); Offiziell gab es natürlich immer eine Bordwache (Fallada, Herr 51); Die Gesamtleitung hatte offiziell, laut Dienstplan, der Batteriechef (Kirst 08/15, 81);

feierlich, förmlich:

> er hatte eine offizielle Einladung bekommen; Für offizielle Anlässe modisch korrekt, doch nicht auffällig gekleidet (Herrenjournal 3/1966, 130).

Das Adjektiv *offiziös* hat derartige inhaltliche Nuancierungen nicht:

> die Wochenschauen Franco-Spaniens oder der Ostblockstaaten haben durchaus offiziösen Anstrich (Enzensberger, Einzelheiten I 127); die herbe Enttäuschung in Bonn über die von den Amerikanern an der Jahreswende offiziös bekundeten Vorbehalte (Die Welt 23.1.65, 1).

Offizinell leitet sich von *Offizin* (Werkraum [in dem Heilmittel hergestellt werden], Apotheke) her und bedeutet *in das amtliche Arzneibuch aufgenommen, als Heilmittel in Apotheken erhältlich; heilkräftig:*

> Ingwer. . . ist als Magenmittel offizinell (Brockhaus Enzyklopädie 9, 121).

okkult/okkultistisch/obskur/obskurantistisch

Die Adjektive **okkult** und **obskur** haben zwar verschiedene Anwendungsbereiche, doch haben sie Ähnlichkeiten im Inhalt. Beide Wörter besagen, daß etwas *dunkel und dem unmittelbaren Erkennen verborgen* ist. Als *okkult* wird etwas bezeichnet, was *in übersinnlicher Weise geheimnisvoll-dunkel* und mit den üblichen Erkenntnismethoden nicht zu erklären ist. *Okkulte* Einwirkungen werden durch Kräfte der Natur und des Seelenlebens ausgeübt, die in unser wissenschaftliches System nicht einzuordnen sind und die Reichweite unserer Sinnesorgane übersteigen. In den Bereich der *okkulten* Erscheinungen gehören z.B. Hellsehen, Telepathie (= Gedankenübertragung) und Spuk:

> Er entsann sich nun von allen mit ihr geführten Gesprächen gerade des einen, wo sie es als nicht unmöglich hingestellt hatte, daß in der Liebe okkulte Kräfte entstünden (Musil, Mann 1305).

Okkultistisch gehört zum Substantiv *Okkultismus,* worunter man die Beschäftigung mit bestimmten Erscheinungen versteht, die in Verkennung ihrer natürlichen Erklärung auf übersinnliche Kräfte zurückgeführt werden:

> eine okkultistische Sitzung.

Als *obskur* bezeichnet man zwar auch – wie okkult – etwas, was man nicht kennt, was dunkel und unklar ist, aber nicht unerklärbar, sondern mehr zweifelhaft, fragwürdig, verdächtig:

> Es macht ihm nicht einmal viel aus, seine Gedichte in obskuren Zeitschriften erscheinen zu sehen (Adorno, Prismen 211); . . . daß so grundlegende Ergebnisse wie die Mendels in der 2. Hälfte des vorigen Jahrhunderts gänzlich unbeachtet blieben. . . Der Hauptgrund dürfte die Veröffentlichung an sehr obskurer Stelle sein (Kosmos 2/1965, 82); In Frankreich. . . ist das Zeitungswesen unmittelbar korrupter als bei uns, wo es durch obskure Einwirkungen beeinflußbar ist (Tucholsky, Werke II 226); Er legte sich also in einem obskuren Genfer Gasthof zu Bett (Bergengruen, Rittmeisterin 290).

Das Adjektiv **obskurantistisch** gehört zum Substantiv Obskurantismus, womit man eine rückschrittliche, heuchlerische Denkart bezeichnet, die mit allen, auch mit sehr zweifelhaften Mitteln die Menschen in Unwissenheit zu halten sucht und das selbständige Denken verhindert:

> In der Mischung aus Revolution und Dunkelmännertum, die Naphta da seinen Zuhörern kredenzte, antwortete ihm Herr Settembrini, überwiege der obskurantistische Beisatz in unschmackhafter Weise (Th. Mann, Zauberberg 721).

ökonomisch/ökumenisch

Ökonomisch bedeutet sowohl *die Wirtschaft oder die Wissenschaft von der Wirtschaft betreffend:*

> Marxismus ist die von Karl Marx. . . und Friedrich Engels. . . begründete. . . ökonomische Lehre (Fraenkel, Staat 188); unsere Republik ökonomisch zu stärken (ND 10.6.64, 1); Außerdem wird die Wirtschaftsgesinnung. . . oft von anderen als ökonomischen Faktoren bestimmt (Fraenkel, Staat 21)

als auch *wirtschaftlich sparsam, ohne mehr aufzuwenden, auszugeben als für den Zweck erforderlich:*

> mit seinen Mitteln ökonomisch umgehen; Die traditionelle finanzpolitische Zielsetzung und die ökonomische Beschaffung und Verwendung der . . . Mittel (Fraenkel, Staat 93).

Ökumenisch – wörtlich *die bewohnte Erde, die Erde als Lebensraum der Menschen betreffend oder darauf beruhend* – bedeutet *die verschiedenen Kirchen und Religionsgemeinschaften und die Angehörigen aller Glaubensrichtungen umfassend;* es wird also in bezug auf Kirchen als Glaubensgemeinschaften gebraucht:

> Im Klima völliger Freiheit hat das Ökumenische Konzil die immense Arbeit bewältigt (Die Zeit 10.12.65, 9); ökumenischer Gottesdienst.

Omnibus/Autobus/Bus

Die Wörter Omnibus und Autobus sind weitgehend synonym. Es zeichnen sich jedoch bestimmte Gebrauchsweisen ab. Ein **Omnibus** oder ein Autobus ist ein größerer, mit Sitzen ausgestatteter Kraftwagen zur Beförderung von Personen. Bei einem *Omnibus* kann es sich sowohl um ein öffentliches als auch um ein privates Verkehrsmittel handeln:

> Sie stellte sich zu einer Gruppe durchnäßter Menschen und wartete mit ihnen auf einen Omnibus, der nicht so überfüllt war (Baum, Paris 58); ein anderer Wagen, ein kleiner Omnibus, hatte ebenfalls keinen Platz für Verwundete (Plievier, Stalingrad 158).

In Zusammensetzungen:

> Omnibusverbindung über die Heerstraße (Die Welt 5.5.62, 7); Omnibusbahnhöfe (Fraenkel, Staat 163); Omnibuslinie A (Reinig, Schiffe 120); In allen Ländern mit guten Touristenorganisationen werden die kauflüsternen Ausländer als Omnibusladung zu den örtlichen Basaren gefahren (Dariaux [Übers.], Eleganz 66).

Das im Vergleich zu Omnibus vielleicht etwas weniger gebrauchte Substantiv **Autobus** bezeichnet vor allem das öffentliche Verkehrsmittel. Ganz klar lassen sich beide Wörter jedoch nicht im Gebrauch voneinander abgrenzen:

> Laß dich mit ihnen in die Straßenbahnen und Autobusse wälzen (Bieler, Bonifaz 17); Hauptmann Tomas gelangte in jener Nacht nicht bis zu dem von Schüssen zerfetzten und jetzt verbeulten. . . Autobus (Plievier, Stalingrad 159).

In Zusammensetzungen:

> Es sind nur ein paar Autobusminuten (Koeppen, Rußland 171); ein Autobusschaffner (Seghers, Transit 280).

Omnibus kommt aus dem Lateinischen und bedeutet *für alle*. Früher gab es Pferde-omnibusse. Als man auf die Pferde verzichten und der Omnibus durch Motorkraft fahren konnte, nannte man ihn auch noch Auto(omni)bus oder kurz **Bus**.

Ontogenese/Ontogenie/ontogenetisch/Phylogenese/Phylogenie/phylogenetisch/Ontologie

Unter **Ontogenese** oder **Ontogenie** versteht man die Entwicklung des Individuums von der Eizelle zum geschlechtsreifen Zustand, während unter **Phylogenese** oder **Phylogenie** die Stammesgeschichte der Lebewesen verstanden wird. Die entsprechenden Adjektive sind **ontogenetisch** (= die Entwicklung des Individuums betreffend) und **phylogenetisch** (= die Stammesgeschichte betreffend):

> Es war die Erkenntnis, daß jede Gestalt eine Entwicklung hat, eine Entwicklung, welche individuell vom relativ Einfachen zum Komplizierten führt, und welche zugleich über diese individuelle Ontogenie hinaus in die geheimnisvollen Zusammenhänge der lebenden Wesen untereinander, in eine überindividuelle Stammesgeschichte oder Phylogenie weist (Fischer, Medizin II 33); Instinktives Verhalten auf der einen, erlerntes und einsichtiges Verhalten auf der anderen Seite sind weder ontogenetisch noch phylogenetisch aufeinanderfolgende Stufen (Lorenz, Verhalten I 135); Vor allem diese Experimente mit Erfahrungsentzug können. . . beim Tier eindeutig Hinweise auf phylogenetisch erworbene, d.h. angeborene Einstellungen und Verhaltensweisen geben (Studium 5/1966, 309).

Unter **Ontologie** versteht man in der Sprache der Philosophie die Seinslehre, die Lehre vom Wesen, die Grundwissenschaft; sie ist d e r Teil der Metaphysik, der die allgemeinen Eigenschaften angibt, ohne die ein Ding kein Ding sein würde.

Operateur/Operator

Ein **Operateur** ist 1. ein Arzt, der eine Operation vornimmt; ein Chirurg.
2. ein Kameramann, der die Bildkamera bei Filmaufnahmen bedient.
3. ein Toningenieur; ein Filmvorführer.
4. jemand, der eine Datenverarbeitungsanlage beruflich bedient und überwacht; der Maschinenbediener. Eine solche Fachkraft wird auch Operator genannt.
Unter einem **Operator** versteht man 1. jemanden, der die von einem Programmierer entworfenen Programme auf einem Computer laufen läßt. Er wird auch, aber seltener, Operateur (siehe dort unter 4) genannt.
2. versteht man in der Sprache der Wissenschaft und Technik unter Operator etwas Materielles oder Ideelles, was auf Materielles oder Ideelles einwirkt und es dadurch verändert. In den verschiedenen Anwendungsbereichen hat das Wort Operator jeweils eine spezielle Funktionsbedeutung. Ein Operator ist also ganz allgemein ein Mittel oder Verfahren zur Durchführung einer Operation. Mit Operatoren kann man z.B. symbolisch rechnen. In der Informationstheorie ist der Code der wichtigste Operator. In der Linguistik ist z.B. ein Symbol für eine Operation in der generativen Grammatik auch ein Operator. Das Symbol Ø bedeutet „wird getilgt"; das Symbol →bedeutet „wird ersetzt durch".
3. versteht man unter Operator (gesprochen: 'opereitər) jemanden, der Werbeflächen in öffentlichen Verkehrsmitteln pachtet.

opportun/opportunistisch

Was in einer bestimmten Lage in bezug auf Handlungen o.ä. günstig, angebracht und zweckmäßig erscheint, wird **opportun** genannt. Das Gegenwort ist *inopportun:*

> die Politik des kalten Krieges ist nicht mehr opportun; auch eine „falsche" Rücksicht kann zur „echten" werden, wenn sie außenpolitisch opportun ist (Enzensberger, Einzelheiten I 37).

Das im allgemeinen pejorativ gebrauchte Adjektiv **opportunistisch** gehört zum Substantiv *Opportunismus*. Wer *opportunistisch* ist, paßt sich geschickt der jeweiligen Lage an und richtet sich in seinen Handlungen nur nach dem, was ihm nützt und was ihm Vorteile bringt. Ein Opportunist stellt sich ganz auf die Mentalität dessen ein, von dem er dadurch Vorteile erwartet; er macht sich dessen Ziele zu eigen, auch wenn sie nicht seiner Überzeugung entsprechen. Wer *opportun* handelt, handelt in einer der Situation angepaßten, zweckmäßigen Weise, was sich auch als günstig darstellt. Er nützt eine günstige Lage, günstige Voraussetzungen aus, um Erfolge zu erzielen. Wer *opportunistisch* handelt, stellt sich ganz oder weitgehend auf die Wünsche anderer ein, sucht Vorteile dadurch zu gewinnen, daß er sich anpaßt:

> Wir brauchen jedoch − ich mache aus meiner sehr opportunistischen Einstellung gar kein Hehl − ein gutes Klima für die Entscheidungen, die in der Finanzreform ... in dieser Legislaturperiode erzielt werden müssen (Bundestag 188/1968, 10172).

Orangeade/Orangeat

Eine **Orangeade** ist ein Getränk aus Orangensaft, Wasser und Zucker; das **Orangeat** ist kandierte Orangenschale, die als Backzutat verwendet wird.

Organ/Organismus/Organisation/Organisierung

Ein **Organ** ist ein zu einem Körper gehörender, innerhalb des Ganzen eine bestimmte Aufgabe erfüllender Teil:

> Herz und Nieren gehören zu den inneren Organen.

Unter **Organismus** versteht man einen Komplex von in ihrer Wirkung aufeinander abgestimmten Organen:

> Wenn die Lebensäußerungen dieser Zellen gestört werden, wird der gesamte Organismus in Mitleidenschaft gezogen (Fischer, Medizin II 141); Der Hund ist ein von Flöhen bewohnter Organismus, der bellt (Leibniz) (Tucholsky, Werke I 26).

Bildlich:

> Eine Stadt ist ein Organismus, der um ein pulsierendes Herz... gewachsen und geworden ist (K. Mann, Wendepunkt 169).

Organisation bedeutet einerseits sowohl *das Organisieren, Vorbereiten, Arrangieren* als auch *das Ergebnis des Organisierens, das Organisierte, die Gliederung, den Aufbau:*

> die Organisation der Wettkämpfe lag in den Händen des Turnlehrers Klaus Balzer; die innere Organisation der Kirche.

Andererseits bezeichnet *Organisation* einen Verband mit bestimmten Zielen und Zwecken:

> internationale Organisationen boten ihre Hilfe an.

Unter **Organisierung** versteht man *das Organisieren, das Vorbereiten, Arrangieren, das organisatorische Handeln:*

> die Organisierung der Arbeit bereitet viel Mühe; → -ierung/-ation.

organisch/organismisch/organisatorisch

Organisch bedeutet a) *zur belebten Natur gehörend, diese betreffend:*

> organische Düngemittel; organisches Wachstum; Was den Homo sapiens auszeichne vor aller andern Natur, der organischen und dem bloßen Sein (Th. Mann, Krull 318).

b) *die Kohlenstoffverbindungen betreffend:*

> es handelt sich um organische Phosphorsäure-Ester (Natur 37).

c) *auf ein Körperorgan bezüglich, von ihm ausgehend:*

> eine organische Erkrankung; er ist organisch gesund.

Im übertragenen Sinn bedeutet *organisch* soviel wie *geordnet, gegliedert; nach bestimmten, der Natur der Sache entsprechenden, im richtigen Verhältnis stehenden Gesetzmäßigkeiten erfolgend:*

> Cäsars System war eine ausgesprochen persönliche Autokratie, nicht eine organische Staatsführung (Goldschmit, Genius 37); Die Eigentumsbildung werde sich auf Grund der Novelle organisch und nicht überstürzt entwickeln (Die Welt 23.1.65, 2).

Während sich *organisch* von *Organ* herleitet, gehört **organismisch** zu *Organismus,* bedeutet also *zu einem Organismus gehörend:*

> die organismische Theorie, nach der Krebs eine allgemeine Erkrankung des Organismus ist und die sichtbar werdende Geschwulst nur das Symptom dieser Erkrankung an einem beliebigen... Ort (Fischer, Medizin I 100); Becker ist sich... der Herkunft seines organismischen Prinzips... bewußt gewesen (Haselbach, Grammatik 53).

Organisatorisch bedeutet *den Aufbau und die Gliederung von etwas betreffend:*

> organisatorische Aufgaben, Mängel.

Orgasmus/Orgiasmus

Unter **Orgasmus** versteht man den Höhepunkt der Wollust beim Geschlechtsverkehr:

das amerikanische „Petting" . . . , der Austausch körperlicher sexueller Reize bis zum Eintreten des Orgasmus (Schelsky, Sexualität 121).

Mit **Orgiasmus** bezeichnet man den Verzückungsrausch, z.B. in der Ekstase. Inhaltlich können sich beide Wörter in entsprechenden Texten eng berühren:

Die Frauen, von ihren Männern vernachlässigt, erlebten den ersten Grad der Befriedigung. Es war ein Orgiasmus sondergleichen (Hasenclever, Die Rechtlosen 405).

orgastisch/orgiastisch

Orgastisch gehört zu Orgasmus, worunter man den Höhepunkt der sexuellen Erregung versteht. *Orgastisch* bedeutet folglich *den Orgasmus betreffend:*

Künftigen Spioninnen etwa wurde hier. . . künstlich nicht nur jede orgastische Fähigkeit, sondern auch jede physische Liebesfähigkeit genommen (Habe, Namen 255); Doch die vollkommene, totale Entspannung der weiblichen Hingabe, die unterschieden ist vom spezifisch orgastischen Verhalten, ist kaum bei Frauen vorhanden, die Jahre hindurch jeden Impuls. . . der Hingabe zügeln mußten (Schelsky, Sexualität 122).

Orgiastisch gehört zu Orgiasmus und bedeutet *schwärmerisch, rauschhaft-wild:*

In beiden Fällen handelt es sich . . . um Elemente orgiastischer Urreligiosität (Th. Mann, Zauberberg 708); Er lernt Jugendliche kennen, die stehlen, wild Motorrad fahren oder orgiastisch tanzen (Die Welt 5.12.64, Film); seine Verbindung mit der orgiastischen Ekstase, der rasenden Verzückung (Musil,Mann 1307).

originell/original/originär/ordinär

Wer oder was **originell** ist, fällt durch seine von der eigenen Persönlichkeit geprägte, einmalige und unverwechselbare Art auf:

mit wenig origineller Argumentation und unnötig erhitzt (Maass, Gouffé 291); Seine These war originell: die Richter seien Feinde des nationalsozialistischen Systems, sie verhängten so hohe Strafen nur deshalb, um die wahren Freunde Hitlers gegen den „Führer" zu erbittern (Niekisch, Leben 317); ihre eigenen Kollektionen . . . sind genauso originell und genauso wichtig (Dariaux [Übers.], Eleganz 24).

In Weiterführung seiner Bedeutung hat sich *originell* in der Umgangssprache zu einem Synonym von *komisch, drollig, ausgefallen* entwickelt:

das ist wirklich ein origineller kleiner Kerl; es gibt schon originelle Sachen.

Das Adjektiv **original** wird nur selten gebeugt. Es bedeutet soviel wie *ursprünglich, echt.* Wenn man also von *original Lübecker Marzipan* oder von *original Schweizer Käse* spricht, dann soll damit gesagt werden, daß das Marzipan wirklich in Lübeck und nach Lübecker Rezept hergestellt worden ist bzw. daß der Schweizer Käse wirklich aus der Schweiz kommt und nicht anderswo nach dem Schweizer Herstellungsverfahren produziert worden ist.

In dieser Bedeutung steht *original* vor allem bei artkennzeichnenden Adjektiven oder vor Komposita, auf deren Bestimmungswort es sich bezieht:

Original italienische Zutaten (Petra Rezepte 8/1967, 2); original englische Twiste (Herrenjournal 3/1966, 52); Seidenstoffe original indischer Saris (Herrenjournal 3/1966, 91); original werksverpackt (Kosmos 1/1965, *31); eine original Bockwindmühle (Grass, Hundejahre 19).

Auch wenn man hervorheben will, daß etwas wirklich vom Urheber stammt, wird *original* verwendet:

Seine Karikaturen und graphischen Phantasien sind ebenso gekonnt und original wie seine Verse (K. Mann, Wendepunkt 199); die originale griechische Plastik und Skulptur war eingefärbt (Ceram, Götter 31); Ortsdichter produzieren Historienstücke, die dann in der originalen Umgebung gespielt werden (Die Welt 28.7.62, Die geistige Welt 2); Der Kanonband . . . bietet erstmalig alle originalen Texte dar (Die Welt 28.6.65, 7).

In diesem Gebrauch berühren sich die Wörter *original* und *originell* inhaltlich:

Was ich ihm dieses Mal mitteilte, war sicher nicht klüger und nicht origineller, als was er schon hatte erfahren müssen (Dessauer, Herkun 9); Selbst S. Freud. . . konnte . . . an der verbrieften Tatsache nicht vorbei: Weiningers Zentralidee der Bisexualität war nicht original (Grass, Hundejahre 37).

Doch wird im folgenden Zitat der Unterschied zwischen beiden Wörtern in diesem Bedeutungsbereich bewußtgemacht:

Der Feuilletonist versucht, unentwegt originell zu sein; deshalb ist er nie original (Marek, Notizen 132).

Das Wort *originell* kennzeichnet die Urwüchsigkeit, Selbständigkeit, Einmaligkeit, Einzigartigkeit, während das Wort *original* den Ursprung und damit die Erstmaligkeit hervorhebt. Das Adjektiv *original* enthält einerseits eine Identifikation, andererseits wird es auch als Artangabe in der Bedeutung *direkt, unmittelbar* gebraucht:

Künftig soll ein Sender original von wichtigen Parlamentssitzungen berichten (Der Spiegel 52/1965, 14); Der Rundfunk überträgt. . . die zweite Halbzeit des Länderspiels original (Die Welt 22.11.67, 7).

Weitere Bedeutungsnuancierungen sind *im Original, eigens* und *nur [für den bestimmten Zweck]*:

Dieser erste Brief. . . und der original im Becker-Archiv aufbewahrte Brief Humboldts (Haselbach, Grammatik 51); Hochwürden predigte original für Schamoni, und die Doornkaat-Brüder tranken wirklich, um betrunken zu wirken (Der Spiegel 29/1967, 113).

Während *originell* als Eigenschaftsadjektiv die Eigenständigkeit charakterisiert und *original* als Relativadjektiv auf die Echtheit der Herkunft und die Unmittelbarkeit hinweist, ist **originär** ein lobendes Wort, das eine Leistung o.ä. als besonders anerkennenswert bezeichnet, weil sie aus dem eigenen Urgrund erwachsen ist und von schöpferischer Ursprünglichkeit zeugt. Bei *originell* richtet sich der Blick auf das eigenständig Hervorgebrachte als E r g e b n i s ; bei *originär* wird der Blick auf die G r u n d l a g e gelenkt, aus der das als originär Bezeichnete hervorgegangen ist. Auf diese Weise unterscheidet sich eine originelle Leistung von einer originären:

. . . des breiten Forschungsfundaments, aus dem Requadt seine originäre Leistung entwickelt (WW 4/1964, 286); von einer Vielzahl originärer Strebungen (Universitas 5/1966, 496); Der Sprachursprung wird K.F. Becker nur im Hinblick auf die Sprachschöpfung als originäre Geistestat problematisch (Haselbach, Grammatik 223).

Das Adjektiv **ordinär** gehört inhaltlich nicht in diese Gruppe, doch wird es wegen seiner Lautähnlichkeit und der daraus resultierenden Verwechselbarkeit mit *originär* hier aufgeführt. Es bedeutet sowohl *gemein, niedrig, gewöhnlich, unfein, vulgär:*

ein ordinäres Frauenzimmer; er gebraucht ordinäre Ausdrücke wie Scheiße, beschissen.

als auch *alltäglich, in seiner Art nicht besonders anspruchsvoll oder außergewöhnlich, sondern im Gegenteil ziemlich einfach:*

der Schrank ist aus ordinärem Sperrholz.

Pädiatrie/Päderastie/Pädophilie

Die **Pädiatrie** ist die Kinderheilkunde, d.i. ein Teilgebiet der Medizin, das sich mit den Krankheiten im Säuglings- und Kindesalter beschäftigt.

Die **Päderastie** ist eine besondere Art männlicher Homosexualität, und zwar die geschlechtliche Liebe von Männern zu Jungen, auch Knabenliebe genannt.

Unter **Pädophilie** versteht man die krankhafte sexuelle Liebe zu Kindern. Diese Form der Sexualität tritt vor allem bei Schwachsinnigen, Geisteskranken und Senilen auf.

parteiisch/parteilich

Wer **parteiisch** ist, ergreift für jemanden oder etwas Partei; er ist nicht objektiv, unbefangen und unparteiisch, sondern voreingenommen und einseitig in seinem Urteil:

von der ersten Minute an hatte Feisler die Grundpflicht jedes Richters verletzt, der die Wahrheit ermitteln soll: er war höchst parteiisch gewesen (Fallada, Jeder 360); wieso wäre ein Protest gegen die Judenausrottung als parteiischer Eingriff in die Geschehnisse des Krieges zu werten? (Hochhuth, Stellvertreter [Nachwort] 258); aus dem Bereich parteiischer Zweckwissenschaft (Fraenkel, Staat 15).

Parteilich bedeutet *zu einer Partei gehörend, die Partei betreffend:*

parteiliche Angelegenheiten.

Parteilich wird in dieser Bedeutung auch gelegentlich mit abwertender Nuance im Sinne von *parteiisch* gebraucht.

In der DDR bedeutet *parteilich* soviel wie *für die Arbeiterklasse Partei nehmend; die Parteigrundsätze entschieden vertretend und anwendend:*

In dem die Verfasserin. . . sich parteilich mit den verschiedensten Richtungen idealistischer sprachwissenschaftlicher Meinungen zur Semasiologie auseinandersetzt (Sprachpflege 10/1972, 222); In diesen Details spürst du die Anklage gegen eine Gesellschaft, die den Armen schuldig werden läßt, spürst du den parteilichen Standpunkt der Filmschöpfer, die ihre Helden so zeigen, wie das Schicksal sie zurichtete (Wochenpost 6.6.64, 8); . . . um aus einem... volksverbundenen, parteilichen Literaten den künftig naturwissenschaftlich-technisch orientierten Schrif steller zu machen (ND 17.6.64, 4).

Partisan/Partisane

Unter einem **Partisanen** versteht man einen bewaffneten Widerstandskämpfer, der gegen Besatzungsmächte und die Eroberer seines Heimatlandes, oft ohne die internationalen Kriegsregeln zu achten, kämpft:

Arabische Partisanen haben am Freitag in der Nähe der okkupierten jordanischen Stadt Hebron eine Fahrzeugkolonne der israelischen Armee angegriffen (ND 11. 8.69, 5).

Eine **Partisane** ist eine spießartige Stoßwaffe, die vom 15. bis zum 18. Jahrhundert verwendet wurde.

personal/personell

Personal bedeutet *die Einzelperson betreffend, als Person [existierend]:*

der Glaube an einen personalen Gott; neben der personalen Autorität (Vater, Lehrer usw.) gibt es auch institutionelle Autoritäten wie Familie Staat usw.; Diejenigen Begriffe nun, die wir von bestimmten Subjektiven abhängig machen, wollen wir personale Begriffe nennen (Stiehl, Semantik 68).

Personell bedeutet *das Personal, die Angestellten, Beschäftigten in einem Betrieb o.ä. betreffend:*

personelle Veränderungen haben sich als nötig erwiesen; die Redaktion muß personell verstärkt werden, damit sie alle ihre Aufgaben erfüllen kann; Die personelle Entwicklung und Fragen der Mitbestimmung (Hörzu 26/1972, 62); →
-al/-ell.

Perzeption/Apperzeption/perzipieren/apperzipieren

Unter **Perzeption** versteht man das sinnliche Wahrnehmen als Akt, als erste Stufe der Erkenntnis, während mit **Apperzeption** die innere Verarbeitung des Wahrgenommenen, das begrifflich urteilende Erfassen und das aktive Aufnahme eines sinnlich Gegebenen ins Bewußtsein gemeint ist. Im Unterschied zur *Perzeption*, zum bloßen Haben von Vorstellungen, bezeichnet *Apperzeption* also das aktive seelische oder erkennende Verhalten gegenüber neu auftretenden Bewußtseinsinhalten sowie die Einfügung neuer Kenntnisse und Erfahrungen in das System des bereits vorhandenen Wissens:

Mit Ihnen stimmt etwas nicht, Castorp, das wird Ihrer werten Apperzeption ja nicht entgangen sein (Th. Mann, Zauberberg 869); Weiß dieser (Valéry) etwas von der Macht, die Geschichte über Produktion und Apperzeption der Werke hat (Adorno, Prismen 184); Apperzeption ist also nicht ein müßiges Beobachten und Beobachtet-Werden einer Vorstellung oder Vorstellungsmasse durch die andere, sondern der eigentliche geistige Schöpfungsprozeß; nicht ein bloßes Sich-Beschauen, sondern ein Sich -Befruchten und Aus-Sich-Gebären (Steinthal, Schriften 259).

Die dazugehörenden Verben **perzipieren** und **apperzipieren** bedeuten entsprechend *sinnlich wahrnehmen bzw. etwas [sinnlich] Gegebenes aktiv in das Bewußtsein aufnehmen:*

Wenn also ein Nachtfaltermännchen im Dunkel eines Waldes plötzlich einen bestimmten Duft perzipiert, dann kann dies für ihn nur eines bedeuten (Wieser, Organismen 125); Es zeigt die unlösliche Verbundenheit der Verfasser mit der Gruppe ihrer traditionellen Ideale, daß sie vor etwas. . . warnen; statt den Versuch zu machen, es als Erste zu apperzipieren (Marek, Notizen 17).

Pfand/Unterpfand/Faustpfand

Unter einem **Pfand** versteht man einen Gegenstand, den jemand einem anderen als Sicherheit gibt oder überläßt für die Einlösung eines Versprechens, für die Tilgung einer Schuld o.ä.; ein Pfand ist etwas, was jemand in seinem Besitz hat und was ihm einem anderen gegenüber zur Sicherung oder Durchsetzung seiner Ansprüche dient:

ausgelöst hätte er die Pfänder wohl doch nicht (Schaper, Kirche 55); . . . daß man als Pfand nahm, was schon als Metall den höchsten Wert in der Kirche darstellte (Schaper, Kirche 42).

Für leihweise überlassene Dinge, z.B. Flaschen, den Schlüssel einer Badekabine, einen

Liegestuhl, eine Badehose muß man einen gewissen Betrag hinterlegen, also Pfand zahlen:

Der Feldwebel gab ihm... ein Handtuch, dafür mußte er das Soldbuch zum Pfand geben (Kuby, Sieg 393).

Pfand wird auch übertragen gebraucht in der Bedeutung *Beweis, Zeichen für den Fortbestand einer Verbindung, vor allem in bezug auf Liebe, Treue usw.*:

er gab ihr einen kostbaren Ring als Pfand seiner Liebe; ,,Ich werde dich erwarten'', sagte sie... ,,Dies zum Pfande!'' Und ehe ich mich's versah, war mein Kopf zwischen ihren Händen und ihr Mund auf dem meinen zu einem Kuß, der recht weit ging — weit genug, um ihn zu einem ungewöhnlich bindenden Pfande zu machen (Th. Mann, Krull 199).

In dieser übertragenen Bedeutung entspricht das Substantiv *Pfand* der Bedeutung und dem Gebrauch von **Unterpfand**, das gewissermaßen die Vertrauensgrundlage für etwas bildet. Sowohl ein Gegenstand als auch eine Person, eine Eigenschaft, ein Versprechen, ein Ehrenwort usw. können ein *Unterpfand* sein:

das Kind war für sie ein Unterpfand seiner Liebe;... durch jenes sehr bindende Unterpfand (den Kuß) (Th. Mann, Krull 200); ich hatte mich dafür verbürgt, mein Name stand als Unterpfand im Gästebuch (Fallada, Herr 32); das Stück brüchiger Guttapercha in der rückwärtigen Tasche seines Uniformrockes erschien ihm ... als ein Unterpfand glücklicher Zukunft (Th. Mann, Hoheit 210).

Als **Faustpfand** wird etwas (z.B. ein Besitztum) bezeichnet, was jemand als Macht- und Druckmittel zur Durchsetzung einer meist politischen Forderung einsetzen kann und will:

mit der strategisch wichtigen Insel verfügt die Regierung über ein politisches Faustpfand.

Phonetik/phonetisch/Phonologie/phonologisch/Phonemik/phonemisch/ Phonematik/phonematisch/Phon/Phonem

Unter **Phonetik** versteht man eine Wissenschaft, die die Vorgänge beim Sprechen, die Materialeigenschaften der menschlichen Sprachlaute rein für sich untersucht; Phonetik ist die Lehre von den akustischen Eigenschaften der Laute und den physiologischen Bedingungen der konkreten Schallerzeugnisse, die von dem Sprecher artikuliert werden. Das dazugehörende Adjektiv ist **phonetisch**.

Unter **Phonologie** versteht man die Wissenschaft, die an den Sprachlauten das untersucht, was für sie als Zeichen maßgeblich ist, die das System und die bedeutungsmäßige Funktion der einzelnen Laute und Lautgruppen betrachtet; Phonologie ist also eine Strukturlehre von den Lautformen, und zwar in ihrer Beziehung aufeinander; sie ist eine linguistische Teiltheorie, die das System der zur Bedeutungsübertragung verwendeten Lauteinheiten darstellt, wobei nur die mit dem Laut verbundenen unterscheidenden Merkmale in Betracht gezogen werden. Das dazugehörende Adjektiv ist **phonologisch**:

über die phonologische Struktur, also über die formelle Anlage bzw. Ausrichtung von Phonemfolgen in Äußerungen (Levine/Arndt, Grundzüge 45).

Vor allem in der amerikanischen Linguistik erscheint die *Phonologie* auch unter der Bezeichnung **Phonemik**, während *Phonologie* dort auch als Oberbegriff für *Phonetik* und *Phonemik* zugleich verwendet wird. Daneben tritt als Synonym auch **Phonematik** auf. Die dazugehörenden Adjektive sind **phonemisch** bzw. **phonematisch**. *Phonemisch* und *phonematisch* bedeuten auch *das Phonem betreffend*:

Die phonemische Analyse des Deutschen ist umstritten... Je größer der Wortschatz, desto schwieriger ist es, die Zahl der Phoneme festzustellen (Der Große Duden, Bd. 6, Aussprachewörterbuch 20); Die allzu ehrfürchtige Beibehaltung überkommener phonematischer Alphabete trotz phonologischer Umwälzungen in der Sprache und bei Übertragung auf ganz fremde Sprachen resultiert dann in der nicht ernst zu nehmenden, aber schwer abzuschaffenden Veraltung der Schreibung, die besonders das Englische und Französische heimgesucht hat, aber auch im Deutschen Relikte wie das eu und ei, sch, ch und tz hinterlassen hat... Zweitens kann eine phonematische Niederschrift mit Leichtigkeit wieder in eine phonetische umgesetzt werden (Levine/Arndt, Grundzüge 39); Wo nun ,,Fremdwörter'' Phoneme aufweisen, die dem Deutschen fremd sind, sprechen wir von phonematischer Charakterisierung (Engel, Plädoyer).

Ein **Phon** ist sowohl eine Maßeinheit der Lautstärke als auch ganz allgemein eine Schalleinheit, während ein **Phonem** die kleinste bedeutungsunterscheidende Lauteinheit ist, besonders ein Laut, der in derselben Stellung einen Bedeutungsunterschied hervorruft, z.B. *b* in Bein im Unterschied zu *p* in Pein:

> die... konsonantischen Laute oder Phone (Levine/Arndt, Grundzüge 24); Da jedes Phonem definitionsgemäß eine Klasse phonetisch ähnlicher Laute darstellt, ... ist es klar, daß in Kontrast stehende Phone verschiedenen Phonemen angehören müssen (Levine/Arndt, Grundzüge 45); Hätte eine Sprache nur sehr wenig Phoneme, so müßten die Morpheme länger (aus mehr Phonemen zusammengesetzt) sein, um sich zu unterscheiden; hätte sie sehr viele Phoneme, so wären die Phoneme selbst weniger leicht zu unterscheiden... Während im Deutschen aber zwei Wörter durch die Differenz u - i unterschieden sein können (Tusche/Tische), ist dies dort (in einer westkaukasischen Sprache) nicht möglich (Hörmann, Psychologie der Sprache 41).

Phrase/Phraseologie

Das Substantiv **Phrase** wird in drei verschiedenen Bedeutungen gebraucht. 1. abwertend für *abgegriffene, leere Redensart; leeres Gerede, Geschwätz:*

> Reinheit, Tugend, Kraft, Ordnung, Sinn und Zweck waren ebenso alberne Phrasen wie Herrentum und Ritterlichkeit (Feuchtwanger, Herzogin 141); wie der unbezwingbare Feldherr, nervös gemacht... einfältige und hohle Phrasen stammelte wie „Der Gott der Schlachten ist mit mir" (St. Zweig, Fouché 103).

2. in der Musik *selbständiger Abschnitt eines musikalischen Gedankens:*

> jedes sekundenlange Verweilen im gleitenden Piano, jene tänzerische und lustig stakkatierende Phrase (Thieß, Legende 95); daß es nun Walzerklänge waren, die verbraucht melodiösen Phrasen eines Gassenhauers (Th. Mann, Zauberberg 59).

3. in der Sprachwissenschaft *Redewendung, feste Redensart:*

> Der Rennreiter ist ganz erschrocken. Was ist das? Er hat doch nur eine belanglose Phrase sagen wollen, irgend etwas Verbindlich-Unterhaltsames — ihm ist das Buch in Wirklichkeit völlig gleichgültig (Tucholsky, Werke II 499).

Das Substantiv **Phraseologie** bezieht sich auf die letztgenannte Bedeutung von *Phrase* und bedeutet *[die in einer Sprache vorhandene Menge von] Redewendungen* oder auch *Sammlung von Redewendungen.*

Der folgende Wortwitz basiert darauf, daß der Erzähler das ihm unbekannte Wort *Phraseologie* nicht zu der letzten, sondern zur ersten Bedeutung von *Phrase* in Beziehung setzt:

> „Was glauben Sie denn", flüsterte Herr P., dessen Gebaren verriet, daß er Unerhörtes preisgab, seinem Tischnachbarn ins Ohr, „worüber ein Student in Moskau schreiben mußte? Ich weiß es von einem Bekannten, der hat es von einem Freund seines Sohnes erfahren: „Die Phraseologie in der Presse der DDR!" „Na und?" erwiderte der Angeredete ungerührt. „Sie sollten sich ein Fremdwörterbuch kaufen." (Sprachpflege 3/1972, 58).

phrasenhaft/phrasenreich/phraseologisch

Das abwertend gebrauchte Adjektiv **phrasenhaft** bedeutet *nichtssagend, hohl, nur leere Worte enthaltend, leer:*

> Doch wie ich vor ihm stand, dünkte mich eine solche Geste nun erst recht theatralisch und phrasenhaft (Thieß, Frühling 133); Es ist wohl überflüssig zu bemerken, daß die zitierte Probe leerer, nichtssagender, phrasenhafter gar nicht formuliert werden könnte (Enzensberger, Einzelheiten I 27).

Phrasenreich bedeutet *voller Phrasen; viele, aber nur leere, nichtssagende Worte enthaltend:*

> ihre phrasenreiche, pathetische Sprache wird ihm immer verdächtiger (Die Welt 17.11. 62, Literatur).

Phraseologisch gehört zum Substantiv Phraseologie und bedeutet die *Phraseologie, die Redewendungen einer Sprache betreffend:*

> ein phraseologisches Wörterbuch; Wer die Herrschaft hat, kann es sich nicht erlauben, ihr Ohr zu meiden... ; so aber, daß sie nur verstehen, was ihnen, als der Herrschaft bekömmlich, zugedacht ist, nämlich den Hülltext, die phraseologische Fassade (Enzensberger, Einzelheiten I 71).

Im letzten Beispiel nähern sich die Inhalte von *phraseologisch* und *phrasenhaft* auf Grund des Kontextes einander an. Der Unterschied besteht jedoch darin, daß mit *phrasenhaft* der I n h a l t abwertend charakterisiert wird, während sich *phraseologisch* auf den Text, auf den Zusammenhang von einzelnen zu einer Sinn- und Redeeinheit verbundenen Wörtern bezieht, die natürlich oft floskelhaft gebraucht werden.

physisch/physiologisch/physikalisch/physikalistisch/physiognomisch

Physisch bedeutet *körperlich, den Körper betreffend; in der Natur begründet;* es steht im Gegensatz zu *psychisch, seelisch:*

> Wir können den Gedanken, uns die kleinste Einschränkung aufzuerlegen, sei es physisch oder moralisch, einfach nicht mehr ertragen (Dariaux [Übers.], Eleganz 37); durch das falsche Geständnis eines geistig und physisch Armen (Mostar, Unschuldig 10); Seine Helferin milderte den Schmerz der Injektion. . . durch ihre physische Erscheinung (Fries, Weg 176).

Wenn man die Lebensvorgänge im Organismus, vor allem die Funktionen der einzelnen Organe, der Gewebe und Zellen untersucht, dann handelt es sich um eine **physiologische** Untersuchung. Man darf dieses Wort nicht mit physisch verwechseln; Qualen z.B. sind *physischer,* aber nicht *physiologischer* Natur:

> Die Bekleidungsindustrie, die pharmazeutische Industrie, die Flugtechnik benötigen physiologische Kenntnisse zur Herstellung besserer Produkte und zum Gewinn tieferer Einsichten in das Wesen der menschlichen Leistungsfähigkeit (Fischer, Medizin II 246); aber auch die physiologischen Bestandteile des Körpers selbst, wie Salze, Zucker und selbst Alkohol (Fischer, Medizin II 188); Die wesentlichsten physiologischen Folgen einer Atmungsinsuffizienz sind a) Sauerstoffmangel des Blutes. . . (Fischer, Medizin II 294).

Nicht selten wird *physiologisch* auch für *physisch* gebraucht, z.B. *physiologische* statt *physische Veränderungen.* Dieser eigentlich nicht korrekte Gebrauch entspringt weitgehend dem Bestreben, das Adjektiv *physisch,* das eine Zugehörigkeit (zum Körper gehörend, den Körper betreffend) kennzeichnet, zu vermeiden, weil die Zugehörigkeitsadjektive sehr oft zu Eigenschaftswörtern werden, die eine Stellungnahme oder einen Wert ausdrücken (wie z.B. das väterliche [= des Vaters] Haus; er sprach ihm väterlich [= wie ein Vater] zu). *Physische* Veränderungen sind körperliche, den Körper betreffende Veränderungen; *physiologische* Veränderungen dagegen betreffen die Lebensvorgänge im Organismus oder rühren aus ihnen her. Gelegentlich kann der Gebrauch von *physiologisch* für *physisch* aber auch gewollt sein:

> . . . und was bedeutet physiologische Treue, ist sie das Letzte, Beste oder ist sie bloße Gewohnheit eines stoffwechselhaft ungestörten Schamgefühls? (Brod, Annerl 54); Die physiologische und freie Liebe ist für mich etwas unantastbar Makelloses (Deschner, Talente 361).

Das Adjektiv **physikalisch** bezieht sich auf die Physik, also auf die Wissenschaft, die mit mathematischen Mitteln die Grundgesetze der Natur untersucht:

> Gefäßchirurgie, medikamentöse und physikalische Therapie sind nur einige von vielen Behandlungsmethoden. . . gegen den Herzinfarkt (Bild und Funk 18/1966, 41); Wir kennen eine Vielzahl krebserzeugender Faktoren, die. . . Virusarten und physikalische Faktoren umfassen (Fischer, Medizin II 115); Kraft ist etwas Rätselhaftes, zwar physikalisch definierbar, doch nur formelhaft faßbar (Dorpat, Ellenbogenspiele 135).

Physikalistisch gehört zum Substantiv Physikalismus, worunter man die grundsätzliche Betrachtung des Lebens und der biologischen Prozesse nach den Methoden der Physik versteht.

Das Adjektiv **physiognomisch** bezieht sich auf die Physiognomie, auf die durch den Ausdruck geprägten Gesichtszüge.

Population/Popularität/Popularisierung

Population bedeutet *Bevölkerung; Bestand, Gesamtheit der Individuen gleicher Abstammung in einem bestimmten Gebiet.* In statistischen Untersuchungen wird darunter auch die unter einem bestimmten Aspekt untersuchte, beschriebene Menge von Individuen verstanden:

> Am Anfang. . . ist festzulegen. . . , auf welchen Personenkreis sich die Ermittlungen richten sollen, für welche Gesamtgruppe, „Population". . . die Ereignisse der Erhebung gelten sollen (Noelle, Umfragen 110); Vergewaltigungsreaktionen, die niemals auf den eigenen Partner gerichtet werden, sind bei Enten, die in dichter Population leben, keineswegs selten (Studium 5/1966, 283).

Popularität bedeutet *Beliebtheit, Volkstümlichkeit:*

> Übrigens schließt dieser Neo-Primitivismus ebenso wie die Entsinnlichung und

Abstraktheit die Kunst von der Popularität aus (Gehlen, Zeitalter 34); Die Popularität ist keine sehr gründliche, aber eine großartige und umfassende Art der Vertraulichkeit (Th. Mann, Hoheit 58).

Wenn man bestrebt ist, etwas bekannt [und beliebt] zu machen, wenn man die Kenntnis vom Vorhandensein einer Sache in breitere Kreise bringen oder wenn man eine Erkenntnis, Forschung o.ä. in leicht verständlicher Form vielen zugänglich machen will, dann spricht man von *popularisieren,* wozu das Substantiv die **Popularisierung** lautet:

> Die Vereinigung dieser beiden Komponenten wurde bis 1941 immer wieder deutlich unterstrichen. Zu ihrer Popularisierung wurde auch ein völlig neuartiger Bürgerkriegsfilm aus dem Kampf der Roten Flotte in den Jahren 1918/19 gedreht (Leonhard, Revolution 96); An diese Worte knüpfte Dr. Semler. . . einen Katalog von Forderungen für die Popularisierung des Wertpapiersparens (Die Welt 21.11. 64, 10).

positiv/positivistisch

Wenn jemand etwas als **positiv** bezeichnet, drückt er damit *Zustimmung* und *Bejahung* aus; was er *positiv* nennt, entspricht seinen Vorstellungen und Anschauungen. Da diese jedoch recht verschiedenartig sein können, ist die Skala der Bedeutungsschattierungen entsprechend groß. Man kann eine positive, also eine bejahende, zustimmende, nicht ablehnende Antwort erhalten. Jemand kann eine positive, lebensbejahende Einstellung zum Dasein haben. Eine positive Kritik ist nützlich, eine positive Entwicklung günstig. Wenn man etwas positiv weiß, dann heißt das, daß es sich um eine Tatsache handelt, die unbezweifelbar ist. Was man positiv weiß, muß nicht immer günstig, muß nicht immer positiv im üblichen Sinne sein. So kann z.B. jemand positiv wissen, daß bei der Vergabe von Aufträgen Bestechungsgelder gezahlt wurden oder daß ein anderer eine Prüfung nicht bestanden hat. Genauso kann er positiv wissen, daß er und seine Kollegen im nächsten Monat eine Gehaltserhöhung bekommen werden:

> Ich wußte, daß er mit dem Kommunismus sympathisiere und positiv zur Sowjetunion stehe (Niekisch, Leben 275); Satire ist eine durchaus positive Sache (Tucholsky, Werke I 75); Marx sah die positive Leistung der Revolution in der „ruckartigen Nachholung verhinderter Entwicklung" (Fraenkel, Staat 297); . . . daß unsere Anträge. . . positiv entschieden werden (Bundestag 189/1968, 10220); . . . wurde der alte zaristische Admiral nicht negativ, sondern positiv gezeichnet (Leonhard, Revolution 96).

Bei medizinischen Untersuchungen bedeutet ein positives Ergebnis die Bestätigung, daß ein befürchteter Krankheitsprozeß im Gange ist; hier kann es also zu der Umkehrung kommen, daß man sagt „das Ergebnis der Blutuntersuchung war l e i d e r positiv" oder in der Negation „das Ergebnis der Blutuntersuchung war z u m G l ü c k negativ", obgleich das Gegenwort *negativ* außerhalb dieses Fachbereichs nichts Gutes bedeutet:

> anscheinend war seine Untersuchung positiv verlaufen, war er noch Bazillenträger (Küpper, Simplicius 48).

In der Elektrotechnik gibt es auch *positive* und *negative* Pole, doch ist damit kein Werturteil verbunden.

In der Rechtssprache steht dem *Naturrecht* das *positive Recht* gegenüber, worunter das in Gesetzen festgelegte *gesetzte Recht* verstanden wird:

> eine Herrschaftsgewalt (legitimiert sich) . . . , sobald sie diese Prinzipien auch als Quelle, als unabhängige Norm des positiven Rechts anerkennt (Fraenkel, Staat 180

Positivistisch bezieht sich auf *Positivismus,* worunter eine Wissenschaft und Philosophie verstanden wird, die ihre Forschung auf das Positive, Tatsächliche, Wirkliche und Zweifelsfreie beschränkt, sich nur auf Erfahrung beruft und jegliche Metaphysik als theoretisch unmöglich und praktisch nutzlos ablehnt:

> Die positivistische Dreistadienlehre sieht die Entwicklung der abendländischen Philosophie aus antiken Anfängen von einem theologischen. . . Stadium. . . zur wissenschaftlichen. . . Denkstufe fortschreiten (Natur 9); Zur Konkurrenz zweier verwandter Satztypen. Eine positivistische Studie. . . Der Verfasser einer positivistischen Studie wie der vorliegenden kann den hier nachgewiesenen Vorgang . . . nur als eine Analogiebildung betrachten (Ljungerud 356; in: Festschrift für Hans Eggers).

Heute hat das Adjektiv *positivistisch* vielfach einen leicht abwertenden Beiklang. *Positivistisch* wird gleichgesetzt mit *vordergründig;* wer sich z.B. bei einer wissenschaftlichen Arbeit darauf beschränkt, nur zu sammeln, zu berechnen, zu zählen usw., wer also nicht durch eigene Gedankenarbeit zu Erkenntnissen kommt, die über das konkrete Material hinausgehen und eine geistige Leistung darstellen, dessen Arbeit kann leicht als *positivistisch* abgestempelt und damit abgewertet werden:

> Sogar ein von Haus aus so kühler deskriptiver Ausdruck wie positivistisch . . . kann selbst innerhalb der Fachsprache unversehens zum Scheltwort werden, so daß man ihn nur unter Vorsichtsmaßnahmen noch zu sachlicher Kennzeichnung verwenden kann (Bibliographisches Handbuch 1600).

potent/potentiell

Das Adjektiv **potent** bedeutet *mächtig, vermögend,* was sich sowohl auf finanzielle Verhältnisse und persönliche Macht oder Tatkraft als auch auf die männliche Geschlechtskraft beziehen kann.

Bezieht es sich auf wirtschaftliche oder politische Macht, so stehen als Synonyme *einflußreich* und *zahlungskräftig* zur Verfügung:

> es haben sich sehr potente Interessenten um den Kauf beworben; Es ist unverkennbar, daß sich die potent gewordenen Sozialdemokraten immer stärker als Partner einer großen Koalition empfehlen (Der Spiegel 30/1966, 15); Nach dem Tode Stalins. . . sei mangels einer zweiten, gleich potenten Persönlichkeit eine ungeheure Last vom Volk gewichen (Vorarlberger Nachrichten 26.11.68, 3).

Im Bereich der Medizin bedeutet *potent* soviel wie *beischlaf-, zeugungsfähig:*

> mit siebzig Jahren war er noch potent.

Das Adjektiv **potentiell** bedeutet *der Anlage oder Struktur nach möglich, denkbar, der Möglichkeit nach in Frage kommend,* und zwar auf zukünftiges Geschehen oder Handeln gerichtet. Ein *potenter* Käufer ist ein über Besitz und Einfluß verfügender Käufer; ein *potentieller* Käufer ist jemand, der als Käufer in Frage kommt, der unter Umständen eine bestimmte Ware kaufen würde, weil sie seinen Interessen entspricht:

> Hans Lietzau. . . und Oscar Fritz Schuh werden als potentielle Nachfolger genannt (MM 26.4.66, 22); solange sie vorhanden sind, sind diese Werke eine potentielle Bedrohung für England (Der Spiegel 48/1965, 85).

praktisch/praktikabel/pragmatisch/paradigmatisch

Praktisch bedeutet 1. *auf die Praxis, auf die Wirklichkeit, auf die Berufserfahrung bezogen; in der Praxis vorkommend; nicht theoretisch:*

> Anatomie ist, theoretisch betrachtet, eine Teilwissenschaft der Biologie, praktisch gesehen, eine Grundwissenschaft der Medizin (Fischer, Medizin II 16); natürlich, jeder Generalstäbler braucht praktische Erfahrung (Plievier, Stalingrad 109); wie wollen Sie denn die Nato-Krise praktisch lösen? (Der Spiegel 14/1966, 36); ob man die Labormessungen auf das praktische Verhalten der Lampen beim Fahren übertragen kann (DM Test 49/1965, 52).

2. *zupackend, anstellig, geschickt; in einer bestimmten Situation gleich das Erforderliche, Nützliche und Richtige wissend, machend; sich zu helfen wissend; nicht unpraktisch:*

> Ich bin ein praktischer Mensch (Fallada, Mann 231); Mein praktischer Hausverstand sagt mir, daß . . . (Werfel, Bernadette 136).

3. *sich als Folge, Tatsache aus etwas ergebend; ein greifbares, tatsächliches, wirkliches, brauchbares Ergebnis bringend.* In dieser Bedeutung wird *praktisch* nur attributiv gebraucht:

> Die praktische Bedeutung dieser Absage (Fraenkel, Staat 217); Die Losung „Hilfe durch Grün" ist zu einem umfassenden Programm geworden, das bereits praktische Ergebnisse gezeitigt hat (Kosmos I/1965, 2).

4. *in Wirklichkeit; wenn man die Tatsachen so betrachtet, wie sie wirklich sind, wenn sie auch nicht so deutlich gesagt werden; so gut wie.* In dieser Bedeutung hat *praktisch* die Funktion eines Adverbs:

> Der Internationale Gerichtshof in Nürnberg hatte ihn praktisch für seinen kranken Vater Gustav wegen Plünderung. . . verurteilt (Der Spiegel 1-2/1966, 18); Man vergegenwärtige sich, daß über die Länge der Wehrdienstzeit in der Bundesrepublik praktisch das Pentagon entscheidet (Augstein, Spiegelungen 68); das Mädchen ist praktisch ohne Beschützer (Brecht, Mensch 123).

5. *sich beim Gebrauch, in der Auswirkung als nützlich erweisen; Vorteile, Erleich-*

terungen für die Handhabung von etwas bietend; zweckmäßig, gut zu handhaben; nicht unpraktisch:

eine praktische Einrichtung, Erfindung, Vorrichtung; dieser Apfelsinenschäler ist wirklich praktisch; in der Küche ist alles sehr praktisch eingerichtet; Oft verdrängt durch Pullover, die . . . praktischer. . . sind, haben die Blusen doch immer wieder ein Comeback erlebt (Dariaux [Übers.], Eleganz 43); Ich zumindest glaube, daß. . . die so heftig kritisierte Verordnung eine zwar nicht ideale, . . . aber wahrscheinlich die einzig praktische Möglichkeit darstellt, die Daseinsberechtigung des Fußgängers zu erhalten (Auto 6/1965, 6).

Das Adjektiv **praktikabel** befindet sich nur mit der letztgenannten Bedeutung von *praktisch* inhaltlich in Konkurrenz. *Praktikabel bedeutet gut geeignet, um es auszuführen, anzuwenden, um damit in bestimmter Weise oder Absicht zu arbeiten; gut handhabbar:*

Kenntnisse sollen durchweg praktikabel weitergegeben werden — als Anwendung wissenschaftlicher Erkenntnisse auf berufliche Probleme (MM 26./27.8.67, 20); Abtötung der Schnecken durch Gifte. . . wird trotz hoher Kosten in vielen Fällen praktikabel sein (Kosmos 2/1965, 72); . . . daß . . . der Klassenkampf weiterläuft. . . mit der Oktroyierung einer nicht praktikablen Ethik, die rein gesinnungshaft ist (Der Spiegel 37/1966, 56).

In den eben genannten Belegen läßt sich *praktikabel* zwar nicht mit *praktisch* (in der 5. Bedeutung) austauschen, doch gibt es des öfteren Fälle, in denen ein Austausch möglich ist.

In den folgenden Beispielen lassen sich die beiden Adjektive gegeneinander austauschen, doch ändert sich dann der Inhalt immer entsprechend:

dieser Entwurf ist nicht praktikabel, hat sich als praktikabel erwiesen; etwas praktikabel gestalten; Zwar wären uns. . . Engländer lieber gewesen, schon allein zur Vervollständigung unserer Quartaner-Kenntnisse in dieser praktikablen Sprache (Küpper, Simplicius 44); praktikable Heizung, eigenes Klo (Merkur 12/1965, 118′; Die Kripo versichert, daß die Art des Selbstmordes. . . ungewöhnlich, aber durchaus praktikabel sei (MM 25.8.66, 4).

Wer einen *praktischen* Vorschlag macht, zeigt Sinn für die Realität und für das im Augenblick Nötige und Zweckmäßige. Er sagt, w a s getan werden soll. Ein praktischer Vorschlag ist n ü t z l i c h :

Um eine Panik zu verhindern, machte er den praktischen Vorschlag, die Türen einzuschlagen.

Wer einen *praktikablen* Vorschlag macht, schlägt etwas gut Durchführbares, Brauchbares vor. Er sagt, w i e etwas ausgeführt werden soll, und die Art der vorgeschlagenen Ausführung ist günstig und vorteilhaft.

Das *Praktische* richtet sich auf Konkretes, bietet Vorteile und Nutzen für die Handhabung, für den Gebrauch. Das *Praktikable* richtet sich auf Abstraktes, und zwar insofern, als es in bezug auf eine Art von Konzeption gebraucht wird, die in sich gute und dem Zweck angemessene Voraussetzungen zur Verwirklichung enthält. Was *praktisch* ist, ist nicht kompliziert, ist zweckmäßig. Eine Maschine, ein Gerät, eine Erfindung kann praktisch sein. Was *praktikabel* ist, läßt sich gut durchführen, damit läßt sich gut umgehen, das läßt sich gut verwirklichen, anwenden. Eine Methode, ein Vorschlag kann praktikabel sein.

Pragmatisch bedeutet *unter Berücksichtigung der Umstände; auf Tatsachen gestützt, beruhend; sachlich und nüchtern von den Gegebenheiten, von Nützlichkeitserwägungen, vom Einzelfall ausgehend; anwendbar, der Praxis dienend,* womit eine inhaltliche Beziehung auch zu *praktisch* hergestellt ist. Ein pragmatisch denkender Mensch beurteilt alles nach seiner Anwendbarkeit und Nützlichkeit und mißt die Wahrheit und Gültigkeit von Ideen und Theorien allein an ihrem Erfolg. Mit *pragmatisch* können sich — je nach Einstellung — positive oder negative Assoziationen verbinden:

Die besondere Wesensart der Engländer, pragmatisch denken und handeln zu können (Börsenblatt F 24/1969, 1903); Er hat dann gesagt, wir müßten wohl pragmatisch vorgehen, wir müßten das Mögliche möglich machen (Bundestag 189/1968, 10254); Für eine Fortsetzung der deutschen Osthandelspolitik „mit pragmatischen Mitteln" . . . hat sich ... Schiller. . . eingesetzt (MM 30.8.68, 2); Die nächsten beiden Bücher handeln von Sprache und Denken nicht im theoretischen, sondern im pragmatischen bzw. politischen Sinn, indem sie. . . eine Verhaltensänderung bewirken wollen (Diskussion Deutsch 7/1972, 89); Aus solchen . . .

Gründen wurden. . . die verschiedenen Behandlungsweisen der Syntax als weniger befriedigend – nämlich besonders willkürlich und pragmatisch – empfunden (Levine/Arndt, Grundzüge 63).

Paradigmatisch bedeutet *als Beispiel, Muster dienend:*
Sein Lebenslauf ist für die Ansiedlung der Intellektuellen in Whitechapel paradigmatisch (Kisch, Reporter 348); In der „Politeia" ist das Bild des Staates, der ein Abbild der Seele ist, paradigmatisch in allen Einzelheiten entworfen (Fraenkel, Staat 262); Man sollte nun meinen, daß dies der paradigmatische Fall einer umweltgesteuerten Anpassung sei (Wieser, Organismen 138).
In der Linguistik bedeutet *paradigmatisch* soviel wie *die auf vertikaler, also nicht auf syntagmatischer Ebene assoziierbaren Einheiten einer Sprache als Elemente ihres Systems betreffend oder die Beziehung zwischen sprachlichen Einheiten betreffend, die in demselben Kontext auftreten können und sich in diesem Kontext gegenseitig ausschließen:*
Im aktuellen Sprachereignis wird aus einer Reihe paradigmatisch nebeneinanderstehender Wörter (Stuhl, Tisch, Mann, Frau, Licht, Unterschied. . .) eines ausgewählt. . . Erwachsene geben vorwiegend paradigmatische Assoziationen, Kinder dagegen vorwiegend syntagmatische. Auf „Tisch" antworten sie nicht mit „Stuhl", sondern mit „sitzen" oder „essen" oder „arbeiten" (Hörmann, Psychologie der Sprache 135 f.).

Praxen/Praktiken/Praktika

Der Plural die **Praxen** gehört zum Singular die *Praxis* in der Bedeutung *Räume für die Tätigkeit,* z.B. eines Arztes:
die Praxen der Ärzte sind meistens überfüllt.
Der Plural die **Praktiken** gehört zum Singular die *Praktik* in der Bedeutung *Art der Ausübung von etwas, Verfahrensweise, Handhabung:*
nachdem kurz zuvor Upton Sinclair in seinem berühmten Roman. . . die gewissenlosen Praktiken der Chicagoer Schlachthäuser enthüllt hatte (Jacob, Kaffee 293).
Der Plural die **Praktika** gehört zum Singular das *Praktikum,* worunter die vorübergehende Tätigkeit, z.B. von Studenten, verstanden wird, die sich in der Praxis auf ihren Beruf vorbereiten:
Vereinzelt kam es im Rahmen solcher Partnerschaften auch schon zu zusammenhängenden Praktika der Schüler im Betrieb (Klein, Bildung 24).

preziös/prätentiös/perniziös

Preziös bedeutet *geziert, unnatürlich, geschraubt, gekünstelt.* Wer *preziös* ist, will sich oder seinen Äußerungen bewußt den Anschein des Besonderen, Erlesenen geben:
Der Beginn der dritten Strophe ist nicht frei von etwas preziösem Pathos (Deschner, Talente 74); Noch die preziösesten literarischen Spielereien fungieren als Etüden zum chef d'oeuvre (Adorno, Prismen 236).
Prätentiös bedeutet *anspruchsvoll, hohe Anforderungen stellend;* aber auch *selbstgefällig,* anmaßend:
Die „Wunder" eines Kontinents zu erschließen, hatte sich Hans Dominick vorgenommen. . . Um den prätentiösen Vorsatz recht zu würdigen, muß man wissen, daß es den mit Wundern noch reicher gesegneten. . . Kontinent gibt (Die Welt 27.10.62, 8); Der hoheitsvolle und zuweilen prätentiöse Stil de Gaulles (Die Welt 28.5.66, 2); Sesams snobistische Dialektik und Gossmanns prätentiöse Subtilität . . . ergänzten einander in hohem Maße (Hasenclever, Die Rechtlosen 454).
Perniziös bedeutet *bösartig, unheilbar.* Man spricht von einer *perniziösen Anämie,* worunter man eine Blutkrankheit versteht, die durch den Mangel an einem in der Magenwand produzierten Enzym (einer organischen Verbindung, die den Stoffwechsel beeinflußt) hervorgerufen wird.

Prognose/Diagnose/Diagnostik/Prognostik

Unter einer **Prognose** versteht man die Vorhersage des voraussichtlichen Verlaufs einer zukünftigen Entwicklung auf Grund kritischer Beurteilung des Gegenwärtigen, vor allem in bezug auf den Verlauf einer Krankheit. Man spricht auch von Wetterprognose, Konjunkturprognose usw.:
zufolge einer. . . schlimmen Prognose, die eine Autorität gestellt hatte (Hauptmann, Schuß 8); . . . mit einer optimistischen Prognose ins neue Jahr: „Wir schaffen diesmal die Milliarden-Umsatzgrenze (DM Test 1/1966,3).

Unter einer **Diagnose** versteht man das Erkennen und Bezeichnen einer Krankheit: Sie . . . werden mir freundlicherweise helfen, die Diagnose zu stellen (Sebastian, Krankenhaus 38); Zu einer sicheren Diagnose gehören . . . auch Röntgenaufnahmen (Sebastian, Krankenhaus 7).

Sowohl die Lehre vom Erkennen und Bezeichnen der Krankheiten als auch die Kunst und Fähigkeit, Krankheiten zu erkennen, nennt man **Diagnostik**:
Natürlich ist es auch schwierig. . . , Vergleiche mit der Zeit vor der wissenschaftlichen Medizin zu ziehen, als es noch keine Krankheitssymptomatik und damit keine Diagnostik gab (Natur 63); Die Rolle der medizinischen Mikrobiologie in der modernen Medizin besteht einmal . . . in der Diagnostik von Krankheitserregern (Fischer, Medizin II 135).

Prognostik ist die Lehre von den Krankheitszeichen, an Hand deren eine Prognose gestellt werden kann.

Provision/Profession

Unter **Provision** versteht man eine meist prozentuale Gewinnbeteiligung eines Vertreters, Maklers usw. an der Vermittlung von Handelsgeschäften oder am Geschäftserfolg:
Es hieß von ihm, daß er seinen Kunden niemals zu einem Geschäft riet, nur um einen Abschluß mehr zu vermitteln, und daß er, ohne an die ihm zustehenden Provisionen zu denken, alle Aufträge ablehnte, die als wilde Spekulationen mit raschem Gewinn bezeichnet werden konnten (Nossack, Begegnung 132).

Profession ist ein heute nur noch selten gebrauchtes Wort für *Beruf, Gewerbe:*
drittens hütet er die Schweine der ganzen Gegend, was der gelernte Müller Soubirous für ungefähr die niedrigste Profession auf Erden hält (Werfel, Bernadette 18); Geschlechts- und Abstammungskunde ist mein Steckenpferd, besser gesagt: meine Profession (Th. Mann, Krull 304).

provisorisch/prophylaktisch

Was **provisorisch** ist, ist nicht endgültig, nicht für die Dauer gemacht; es soll einen augenblicklichen Notstand überbrücken und hat nur vorläufigen, behelfsmäßigen Charakter:
In seiner provisorisch errichteten Feldschmiede schrie der Schirrmeister einen Kraftfahrer zusammen (Kirst 08/15, 300); Das ist alles nur provisorisch. . . Nach und nach schaffen wir uns neue Sachen an (Bredel, Väter 332); So stellt er den Antrag, sofort eine provisorische Regierung. . . zu wählen (St. Zweig, Fouché 199)

Wenn etwas **prophylaktisch** getan wird, dann soll damit einer möglichen Erkrankung oder einer Infektion rechtzeitig begegnet oder einer unerwünschten Entwicklung vorgebeugt werden:
nur ein lokaler Schmerz. . . der . . . schon durch eine prophylaktische Behandlung behoben werden konnte (Fries, Weg 176); . . . in der prophylaktischen Arbeit der Telefonseelsorge (Die Welt 22.12.65, 9); die . . . Aufgabe, prophylaktisch die Entstehung politischer. . . Bedingungen zu verhüten, aus denen eine Gefährdung rechtsstaatlicher Prinzipien zu erwachsen vermag (Fraenkel, Staat 291).

Prozeß/Progreß

Die systematische gerichtliche Durchführung eines Rechtsstreits nach den Grundsätzen des Verfassungsrechts nennt man einen **Prozeß**:
Der Prozeß mußte sogar in Abwesenheit des Angeklagten geführt werden (Mehnert, Sowjetmensch 276); Es wurde ihm der Prozeß gemacht (Brecht, Groschen 371); es würde einen Prozeß mit Leo geben wegen der Alimente für Wilma (Böll, Haus 39).

Prozeß bedeutet aber auch soviel wie *Entwicklung, Verlauf, Ablauf von etwas; Vorgang, der sich über eine gewisse Zeit erstreckt:*
Er führt aus, daß der Prozeß der politischen Willensbildung sich auf vier verschiedenen Ebenen. . . abspielt (Fraenkel, Staat 123); Dieser Einbruch des Golfs von Oman stellt eine völlig ungewöhnlichen geologischen Prozeß dar (Die Welt 22. 10.65, 9); zunächst gewinnt man den Eindruck, als gleite es unaufhaltsam hinein in den allgemeinen Prozeß der Auflösung (Thieß, Reich 382).

Progreß ähnelt der letztgenannten Bedeutung von *Prozeß* insofern, als man darunter eine vorwärtsschreitende Entwicklung, den Fortgang, Fortschritt, das Fortschreiten, das Wachstum versteht, womit sich im Unterschied zu *Prozeß* ein positiver Inhalt verbindet, während *Prozeß* sowohl eine Entwicklung im Positiven als auch im Negativen sein kann:

(Sie) verbinden ihre Kritik mit Überlegungen zu einem Gegenentwurf. . . , der . . . den ständigen Progreß literarischer Kommunikation reflektiert (Mitteilungen 4/1971, 35); Vielmehr besteht diese (die Aufgabe der Psychologie) wesentlich in der Darstellung des psychischen Prozesses und Progresses, also in der Entdeckung der Gesetze. . . und in der Auffindung der Ursachen und Bedingungen jedes Fortschritts und jeder Erhebung in dieser Tätigkeit (Steinthal, Schriften 333); Der Erkenntnisprogreß zeigt im übrigen, daß ein Begriff etwas Veränderliches, Unkonstantes ist, das zwar vor und nach Erkenntnissen als eine konstante Einheit betrachtet werden kann, aber während desjenigen Erkenntnisaktes . . . stets die Möglichkeit einer Veränderung oder Modifikation in sich trägt (Stiehl, Semantik 84).

psychisch/psychologisch/psychologistisch/psychedelisch/psychiatrisch/ psychopathisch/psychopathologisch/psychosomatisch

Psychisch bedeutet *seelisch, die Seele betreffend,* und steht im Gegensatz zu *physisch, körperlich:*

Die Mönche nahmen seine psychische Störung wahr und fürchteten um seine Gesundheit (Nigg, Wiederkehr 96); psychische Emotion (Die Welt 14.7.62, Die geistige Welt 3); Bei psychischen Erkrankungen. . . (Fischer, Medizin II 194).

Wenn man den seelischen, psychischen Zustand eines Menschen wissenschaftlich, mit Hilfe der Psychologie, erklären oder beobachten will, dann spricht man von **psychologischer** Betrachtung, die sich also mit den Erscheinungen und Zuständen des bewußten und unbewußten Seelenlebens beschäftigt:

psychologische Tests; psychologisch interessiert mich natürlich nur der Mensch (Winckler, Bomberg 143); . . . da man versuchte, diese Tat seelisch zu begründen, religiös zu deuten oder psychologisch zu erklären (Goldschmit, Genius 257); Immerhin, es ist psychologisch schwer verständlich (Thieß, Frühling 170); aus Erwägungen der psychologischen Kriegsführung (Fraenkel, Staat 148).

Nicht selten wird *psychologisch* auch für *psychisch* gebraucht, z.B. *psychologische* statt *psychische Reaktion:*

die Gefangenen werden psychologisch mit ihrem Leben nicht fertig; Andererseits ist die Olympiade eine Prüfung der psychologischen Stabilität, der nicht jeder gewachsen ist (Sowjetunion heute 18/1972, 30); keine psychologischen Konflikte großen Stils (Fries, Weg 73); . . . weil sich . . . psychologisch bedingte Hindernisse in den Weg gestellt haben (Fraenkel, Staat 230); Der psychologische und wirtschaftliche Tiefpunkt. . . ist überwunden (Die Welt 7.11.64, 3).

Dieser eigentlich nicht korrekte Gebrauch entspringt weitgehend dem Bestreben, das Adjektiv *psychisch,* das eine Zugehörigkeit (= zur Seele gehörend, die Seele betreffend) kennzeichnet, zu vermeiden, weil die Zugehörigkeitsadjektive (auch Relativadjektive genannt) sehr oft zu Eigenschaftswörtern werden, die eine Stellungnahme oder einen Wert ausdrücken (wie z.B. das väterliche [= des Vaters] Haus; er sprach ihm väterlich [= wie ein Vater] zu). Gelegentlich könnte der Gebrauch von *psychologisch* für *psychisch* aber auch gerechtfertigt erscheinen, wenn ausgedrückt werden soll, daß etwas wissenschaftlich, mit Hilfe der Psychologie, der →Psychologie entsprechend erklärt und betrachtet wird:

Und wer sind diese Kinder? ,,Psychologisch und soziologisch anomal geartete Kinder. . . " (Mostar, Liebe 97); der psychologische Prozeß der Apperzeption (Steinthal, Schriften 261); vgl. auch sozial/soziologisch.

Psychologistisch bedeutet *den →Psychologismus betreffend; die Psychologie und die psychologischen Erkenntnisse überbewertend:*

unter dem Einfluß behavioristischer und psychologistischer Strömungen kam es zu einer Form der Betrachtung . . . (WW 3/1972, 150).

Mit **psychedelisch** wird ein besonderer, rauschhafter Zustand des Bewußtseins charakterisiert, der durch Rauschgift oder durch optische und akustische Effekte hervorgerufen wird:

psychedelische Lichteffekte; Eine Stunde lang, zu psychedelischer Rock-Musik . . . (Der Spiegel 7/1969, 127); Nach einem Bordellbesuch und einer – psychedelisch montierten – Katzenjammerszene (Der Spiegel 43/1969, 194); Diese Frontelemente sind. . . in Pop-Art und psychedelischen Dessins erhältlich (National-Zeitung Basel 4.10.68, 11).

Psychiatrisch bedeutet *die →Psychiatrie betreffend,* worunter man die Lehre und Wissenschaft von den seelischen Störungen und von den Geisteskrankheiten versteht.

Psychopathisch bedeutet *charakterlich abartig, die Abartigkeit des Gefühls- und Gemütslebens betreffend, die sich aus einer erblichen Disponiertheit heraus entwickelt und sich in von der Norm abweichenden willensmäßigen oder affektiven Verhaltensweisen äußert.*

Psychopathologisch bedeutet *die Lehre von den krankhaften Störungen und Veränderungen betreffend:*

> Abgesehen von diesen neurologischen. . . Ergebnissen schritt die Forschung auch auf psychopathologischem Gebiete fort (Acta Paedopsychiatrica 3/1966, 68).

Psychosomatisch bedeutet *die seelisch-leiblichen Wechselwirkungen* oder *die Lehre von der Bedeutung seelischer Vorgänge für die Entstehung und den Verlauf körperlicher Krankheiten betreffend:*

> Hier erkannten die Ärzte, daß das Herzleiden des Mannes psychosomatisch bedingt war (Der Spiegel 5/1971, 145); Die psychosomatische Hautkrankheit, die dieser sich während der Entbehrungen in seinen Kellerverstecken zugezogen hatt (Weiss, Marat 142 [Nachwort]).

Psychologie/Psyche/Psychologismus/Psychiatrie/Psychagogik/Pädagogik/ Physiologie/Physiognomie/Physionomie

Die **Psychologie** ist die Wissenschaft und Lehre von den Erscheinungen und Zuständen des bewußten und unbewußten Seelenlebens. Die Psychologen Rohracher und Pauli definieren wie folgt: ,,Psychologie ist die Wissenschaft, welche die bewußten Vorgänge und Zustände sowie deren Ursachen und Wirkungen untersucht" (Rohracher) und ,,Die Psychologie ist die Wissenschaft von den subjektiven Lebensvorgängen, die gesetzmäßig mit den objektiven verknüpft sind" (Pauli):

> In ähnlicher Weise, wie die moderne Psychologie bedeutende Antriebe aus der Psychiatrie, der Lehre von den Neurosen und Psychopathien, erhielt, erhält die Physiologie wesentliche Anregungen und Aufgaben aus der Klinik, d.h. aus der Beobachtung der möglichen Abweichungen von den normalen Funktionen (Fischer, Medizin II 245); Das 19. Jahrhundert, . . . das glaubte, mit Mitteln der Psychologie alle Geheimnisse der Seele enträtseln zu können (Goldschmit, Genius 264).

Im folgenden Beleg findet sich die gleiche Erscheinung, die auch beim Gebrauch von *psychisch* und *psychologisch* auftritt (siehe dort). Hier hätte man eigentlich Psyche statt Psychologie erwartet:

> Kleist hatte es entworfen, es war ganz auf die Psychologie der Offiziere berechnet (Niekisch, Leben 248).

Hier bedeutet Psychologie zwar soviel wie **Psyche,** aber nicht in der Bedeutung *,,Seele", Seelenleben; subjektiver, dem Körperlichen entgegengesetzter Bereich des Individuums,* sondern *eine einer inneren Gesetzmäßigkeit entsprechende seelische Verhaltens- und Reaktionsweise.* Spricht man von der Psyche eines Menschen, so wird der Gefühls- und Gemütsbereich insgesamt als etwas Komplexes gesehen, während das Wort Psychologie in diesem Zusammenhang den Ablauf und die Zusammenhänge einzelner innerer Vorgänge meint.

Unter **Psychologismus** versteht man eine Auffassung, die die Psychologie zur Grundwissenschaft ausweitet und sie auch zur Grundlage aller Philosophie machen will, da jedem Wissenschaftsgebiet Psychologie vorausgehe, weil nämlich keines ohne Psychologie, d.h. ohne Empfindungen, Wahrnehmungen usw. behandelt werden könne. Aus einer kritischen Einstellung zu dieser Anschauung wird das Wort *Psychologismus* dann auch gebraucht für *Überbewertung der Psychologie.*

Die **Psychiatrie** ist die Wissenschaft von den seelischen Störungen und Geisteskrankheiten, ihren Ursachen, Erscheinungen, Verlaufsformen sowie ihrer Behandlung und Verhütung.

Unter **Psychagogik** versteht man Menschenführung durch seelische Beeinflussung sowie die psychologische Erziehung mit dem Ziel der Persönlichkeitsfestigung.

Die **Pädagogik** ist die Wissenschaft und Lehre von der planvollen Erziehung und Bildung, besonders der Jugend; →Pädiatrie.

Die **Physiologie** ist die Lehre von den Grundlagen des allgemeinen Lebensgeschehens

im normalen Tier- und Pflanzenkörper, besonders von den normalen – nicht krankhaften – Lebensvorgängen und Funktionen des menschlichen Organismus.
Unter **Physiognomie** versteht man die äußere Erscheinung eines Lebewesens, beim Menschen Form und Ausdruck des Gesichts, die Rückschlüsse auf die Wesenszüge des Menschen gestatten:

> Die Physiognomie unseres Wirtes. . . habe ich längst vergessen (K. Mann, Wendepunkt 177); derselbe Beamte, dessen viehische Physiognomie mir schon einmal aufgefallen war (Niekisch, Leben 299).

Unter **Physionomie** versteht man die Lehre von den Naturgesetzen. Heute ist dieses Wort veraltet.

Psychopath/Pathologe

Ein **Psychopath** ist eine Person mit nicht mehr rückbildungsfähigen abnormen Erscheinungen des Gefühls- und Gemütslebens, die sich im Laufe des Lebens auf einer erblichen Disponiertheit entwickeln:

> Geständnisse, deren eines auf der Schwäche eines Halbverhungerten . . . und deren anderes auf dem Geltungsdrang eines Psychopathen beruhte (Mostar, Unschuldig 10); Aber doch auch Goethe ist, wie Möbius nachgewiesen hat, ein äußerst empfindsamer, reizbarer Psychopath und Gefühlsmensch gewesen (Benn, Leben 58).

Ein **Pathologe** ist ein Wissenschaftler und Lehrer auf dem Gebiet der Pathologie; das ist die Lehre von den Krankheiten, insbesondere ihrer Entstehung und den durch sie hervorgerufenen organisch-anatomischen Veränderungen:

> der Artikel, verfaßt von Dr. John Nichols, Pathologe an der Universität von Kansas (Der Spiegel 33/1967, 89).

punkten/pünkteln/punktieren

In der Sprache des Sports bedeutet **punkten** *nach Punkten bewerten:*

> es ist keineswegs so, daß nun die Punktrichter ganz nach ihrem Ermessen punkten können (Gast, Bretter 105).

Punkten wird außerdem im 2. Partizip *(gepunktet)* in den Bedeutungen *mit Punkten versehen:*

> Ihr Kleid aus Baumwolle – wenn ich nur wüßte: war es gepunktet, gestreift, kariert? (Grass, Hundejahre 321)

und *durch Punkte angedeutet, entstanden* gebraucht:

> unterhalb einer gepunkteten Linie stand: Hier reißen (Grass, Blechtrommel 330).

Pünkteln bedeutet *mit kleinen Punkten, Tupfen* versehen.
Punktieren bedeutet in der Sprache der Medizin *mit einer Hohlnadel Flüssigkeit aus Hohlräumen des Körpers abziehen, bei Wassersucht eine Punktion vornehmen:*

> der Patient wurde am Knie punktiert.

Wenn man etwas mit vielen Punkten flächenhaft versieht, spricht man ebenfalls von *punktieren:*

> einen Teil einer schematischen Darstellung punktieren.

Punktieren wird auch angewendet, wenn man mit einem Kopierrädchen eine Linie von einer Vorlage auf ein Papierblatt durch gestochene Punkte überträgt (z.B. Schnittmuster).
Das 2. Partizip *punktiert* bedeutet *durch Punkte angedeutet:*

> eine punktierte Linie.

Man sagt aber nicht, daß z.B. eine Bluse punktiert sei. Eine Bluse ist *gepunktet*, das heißt, sie hat Punkte, während eine Fläche *gepunktet* oder auch *punktiert* sein kann, d.h., sie ist mit Punkten versehen worden.
In der Musik spricht man von *punktierten* Noten und *punktiertem* Rhythmus. Durch das Setzen eines Punktes hinter eine Note wird ihr Wert um die Hälfte verlängert; die folgende Note hat dann nur halben Wert:

> indes Paasch versunken vor dem Klavier saß und mit dem Mittelfinger der Rechten, gleichsam Arlecqs Frage ins Ungewisse punktierend, den letzten und hellsten Ton anschlug (Fries, Weg 57).

pur/puristisch/Purismus/Purist/puritanisch/Puritanismus/Puritaner

Pur bedeutet *rein und in unvermischtem Zustand, nicht mit anderem vermischt:*

> eine tägliche Ration von extra starkem Rum. Ältere Dienstgrade dürfen ihn pur

trinken (MM 30./31.8.69, 33); pures Gold (Leip, Klabauterflagge 13).
Bildlich:

> daß die Lehrerin. . . in purem Entsetzen zur Gendarmerie geeilt sei (Niekisch, Leben 85); ihr, die ihr mich fesselt, wenn ich die pure Wahrheit sage! (Frisch, Cruz 37).

Im übertragenen emotionalen Gebrauch bedeutet *pur* soviel wie *bloß, weiter nichts als [ein], einzig und allein:*

> Christa. . . wiegt zweifelnd den Kopf — pure Taktik (Ch. Wolf, Nachdenken 136); ein purer Zufall (Seghers, Transit 213); Antoinette. . . hat. . . dafür nur vierzig Francs, den puren Macherlohn, begehrt (Werfel, Bernadette 100); daß es vielleicht nichts als pure Langeweile ist, die mich zum Schreiben veranlaßt (Hagelstange, Spielball 9).

Das Adjektiv **puristisch** gehört zu **Purismus,** worunter man das übertriebene Streben nach Sprachreinheit und den Kampf gegen die Fremdwörter versteht. Wer ein Gegner von Fremdwörtern ist, sie rigoros zu vermeiden sucht und ihren Gebrauch bekämpft, ist ein **Purist.**
Das Adjektiv **puritanisch** bedeutet 1. den **Puritanismus** betreffend, womit die streng kalvinistische Richtung in England des 16. und 17. Jahrhunderts bezeichnet wird. Ein **Puritaner** ist also ein Anhänger des Puritanismus:

> Die Niederlage der Krone in Verfolg der puritanischen Revolution (1641 — 60) stellte. . . den Schutz der individuellen Freiheitsrechte sicher (Fraenkel, Staat 286).

Puritanisch bedeutet 2. *sittenstreng; bewußt einfach,* vor allem in bezug auf die Lebensführung:

> Österreich war nie ein puritanischer Staat; dem Charakter seiner Bewohner entsprechend ist es auch von keinem Herrscher jemals spartanisch verwaltet worden (Jacob, Kaffee 153); in der Mehrzahl indes wirkte diese tonwertarme Fotografie erschreckend puritanisch, wenn nicht gar fad (Fotomagazin 8/1968, 66); Auf solchen puritanischen Lagern sollte von nun an in seinem Hause geschlafen werden (Fussenegger, Haus 135)

Quelle/Quell

In den Wörterbüchern werden **Quelle** und *Quell* oft als gleichbedeutend behandelt, obwohl sich beide Wörter im Gebrauch nicht völlig decken. *Quell* hat einen schmaleren Anwendungsbereich und kann zudem stets durch *Quelle* ersetzt werden. Man sagt z.B.: die Quelle (nicht: der Quell) des Überflusses; für seinen Aufsatz hat er diese Quelle (nicht: diesen Quell) benutzt; eine Nachricht aus guter Quelle (nicht: aus gutem Quell) haben.
Unter *Quelle* versteht man aus der Erde anhaltend quellendes Wasser, den Beginn eines Wasserlaufs, den Ausgangspunkt von etwas, die Herkunftsstelle, und zwar sowohl konkret als auch bildlich:

> Daß die Quelle mineralhaltig sei (Langgässer, Siegel 143).

Bildlich:

> . . . eine stete Quelle der Heiterkeit (Böll, Erzählungen 174); . . . der entzündete Appendix als Quelle der Krankheit (Thorwald, Chirurgen 292).

Unter **Quell** versteht man überwiegend etwas, was Ursprung, Anlaß von etwas Bewunderungswürdigem, Schönem, Gutem, Angenehmem ist; etwas, was ständig in dieser Weise wirkt. Im Unterschied zu *Quelle* enthält *Quell* eine stärker persönlich gefärbte Aussage und gehört schon einer gehobenen Stilschicht an:

> Das ist ein ewiger Quell der Freude; . . . so war Kraft der nie versiegende Quell aller Sünden und Siege dieses Mannes (Thieß, Reich 138).

Während der Plural zu *Quell* so gut wie gar nicht gebraucht wird und *die Quelle* lauten müßte, hat *Quelle* die Mehrzahlform *die Quellen.*

Rabbi/Rabbiner

Rabbi (mit den Pluralformen „die Rabbinen" und „die Rabbis") ist der Ehrentitel jüdischer Gesetzeslehrer. Ein **Rabbiner** (mit dem Plural „die Rabbiner") ist ein jüdischer Gesetzes- und Religionslehrer, ein Geistlicher und Prediger:

> Um die ganze Bedeutung dieser Antwort zu ermessen, muß an ein Wort aus der Lehre der jüdischen Rabbinen erinnert werden. Es lautet: „Vier werden einem Toten gleich geachtet: der Arme, der Blinde, der Aussätzige und der Kinderlose (Zeitung 1971).

Raffinesse/Raffinement/Raffiniertheit/Raffinade/Raffinerie/Raffinage/ Raffinierung

Raffinesse wird im allgemeinen leicht abwertend gebraucht in der Bedeutung *Schläue, Durchtriebenheit, Gemeinheit:*

> der Hochstapler ging mit einer Raffinesse ohnegleichen zu Werke; Wenn ich in meinen Berichten den Gefährlichkeiten. . . sowie der Tapferkeit und Raffinesse meiner Gegner den weitesten Platz einräumte (Habe, Namen 139).

Raffinesse bedeutet auch *besondere künstlerische, technische usw. Vervollkommnung, Feinheit;* sie ist etwas, was verwöhnten Ansprüchen in Erlesenheit und Luxus Genüge tut, was mit großer Exaktheit ausgeführt wird. In dieser Bedeutung wird *Raffinesse* oft im Plural in Verbindung mit der Präposition *mit* gebraucht:

> es gab ein Diner mit allen Raffinessen; Die Polizei arbeitete mit allen technischen Raffinessen: Nachtgläser und handliche Funkgeräte wurden ausgegeben (Der Spiegel 1–2/1966, 37); Der Liesegang A 16 ist ein Automat mit allen Raffinessen der Neuzeit (Fotomagazin 8/1968, 4); Zunehmende Raffinesse in der Komposition eines Romans hinsichtlich der Erzählebene. . . werden u.a. dargelegt am Beispiel Hölderlins (Börsenblatt F 97/1972, 2775); brilliert der Vorsitzende freilich in kämpferischer Attitüde und rhetorischer Raffinesse – insbesondere, wenn er gereizt wird (Der Spiegel 45/1972, 21).

Raffinement entspricht der letztgenannten Bedeutung von *Raffinesse* und bedeutet soviel wie *kunstvolles Arrangement:*

> Der Roman. . . ist doch zugleich allem artistischen Raffinement zum Trotz nicht das Kunstwerk geworden, das er nach dem Willen seines Autors werden sollte (Der Tagesspiegel 15.12.63, 36); hier war Wohnen nicht mehr Notwendigkeit, sondern Luxus, Kleidung nicht bloßer Bedarf der Natur und Sitte, sonder Sache des Geschmacks und des Raffinements (Ceram, Götter 81); Chic, die Essenz eines gewissen Raffinements, ist weniger erlernbar als Eleganz (Dariaux [Übers.], Eleganz 53).

Raffinement bedeutet aber auch *klug berechnendes, überlegtes Handeln, mit dem andere unmerklich in bestimmter Weise beeinflußt werden.* Im Unterschied zu *Raffinesse* in der Bedeutung *Durchtriebenheit* enthält *Raffinement* in der genannten Bedeutung keine Abwertung, denn es hat nicht den Unterton von Schläue, Durchtriebenheit, Gemeinheit, obwohl sich die Inhalte annähern. Die beiden Wörter unterscheiden sich in der Art des Vorgehens. Mit *Raffinement* verbindet sich die Vorstellung, daß etwas auf Grund fein und geschickt arrangierter Art und Weise nicht gleich durchschaubar ist, während sich mit *Raffinesse* die etwas weniger feine Art und Weise verbindet:

> Schwung aber trachtet mit perfidem Raffinement seither, mir Schwierigkeiten zu bereiten (Musil, Mann 318).

Mit **Raffiniertheit** wird eine durchtriebene und gerissene Art von Menschen oder Handlungen leicht pejorativ charakterisiert:

> Hier lernte er bei Talleyrand alle Raffiniertheiten der damaligen Diplomatie (Goldschmit, Genius 187).

Raffinade ist feingemahlener, gereinigter Zucker.

Eine **Raffinerie** ist eine Fabrik, in der Naturstoffe, z.B. Zucker, Öl, gereinigt oder veredelt werden:

> Bei der DEA, die in ihrer eigenen Raffinerie. . . rund 4,2 Millionen Tonnen jährlich verarbeitet, bedeutet ein durchschnittlicher Preissturz von 20 Mark je Tonne im gesamten Heizölgeschäft eine. . . Einnahmeeinbuße (Die Zeit 20.11.64, 41).

Eine Verwechslung mit Raffinesse oder Raffiniertheit liegt im folgenden Satz vor: Sie unterstellen uns hinterfotzige Raffinerie.

Das Substantiv **Raffinage** ist veraltet; es bedeutet *Verfeinerung.*

Unter **Raffinierung** versteht man das Reinigen von Naturprodukten wie Öl, Zucker o.a. Im übertragenen Gebrauch bedeutet es *Läuterung, Reinigung, Verfeinerung:*

> Man könnte glauben, daß wir unsere Thesen von der „Herabsetzung des Realkontaktes" und vom Subjektivismus als der Selbstverarbeitung und Raffinierung der vereinsamten Seele aus der modernen Kunst abgelesen. . . hätten (Gehlen, Zeitalter 63).

rassig/rassisch/rassistisch

Das Adjektiv **rassig** gehört zur Alltagssprache und drückt Anerkennung für jemanden

oder etwas aus, was man als imponierend in seiner äußeren Erscheinung, in seiner au
geprägten Eigenart empfindet. Was *rassig* ist, hat Rasse und unterscheidet sich dadurch von den vielen anderen. *Rassig* steht oft auch als Synonym für *edel, feurig,*
temperamentvoll:

> Ansas läßt sich von seiner rassigen Magd Busze verführen (Hörzu 10/1971, 57);
> SIMCA . . . Betont tief liegt die Gürtellinie. Sie . . . gibt der Karosserie die gestrec
> te rassige Form (Auto 6/1965,57); Für einen hocharomatischen, rassigen Kaffee
> (Der Spiegel 48/1965, 122); hohe rassige Beine (Lynen, Kentaurenfährte 66);
> Parfüm in Vollendung — unvergleichlich — rassig —elegant (Petra 10/1966, 112).

Hunde, die sorgfältig aus einer Rasse gezüchtet werden, nennt man *reinrassig.*
Das Zugehörigkeitsadjektiv **rasssisch** bedeutet *die Rasse betreffend, sich auf sie be*
ziehend:

> Neben der. . . physische Anthropologie, welche die Merkmale des menschlichen
> Organismus nach rassischen und genetischen. . . Gesichtspunkten prüft (Fischer,
> Medizin II 16); Aus dem ethnischen Nationalbegriff entwickelte sich auch jene
> pseudowissenschaftliche Scheidung der Nationen nach „rassischen" Merkmalen,
> die eine extreme Abart des Nationalismus. . . ad absurdum geführt hat (Fraenkel,
> Staat 212); Fabrikant Müller, Ehrenkonsul eines afrikanischen Staates, mit dem
> er gute Geschäfte macht, fühlt sich frei von rassischen Vorurteilen (Bild und Fun
> 12/1966, 37).

Rassistisch ist ein Adjektiv, das zum Substantiv *Rassismus* gehört, worunter man ein
übersteigertes Rassenbewußtsein und Rassenvorurteil versteht, das bis zur Unterdrückung und Verfolgung anderer Rassen gehen kann:

> eine „Provokation und Herausforderung" aller Völker Afrikas und der Verein
> ten Nationen durch die rassistische Regierung Südafrikas (ND 14.6.64, 7); Der
> Abt des Brünner Augustinerklosters hat nicht ahnen können, welche rassistischen
> Theorien. . . Demagogen aus seinen Erkenntnissen. . . entwickeln konnten (Die
> Welt 4.1.64, Die geistige Welt 1).

rational/rationell/rationalistisch

Rational bedeutet *die Vernunft betreffend, von der Vernunft ausgehend oder be*
stimmt. Das Gegenwort ist *irrational:*

> Wie rational Sie alles erklären! (Thieß, Frühling 149); angesichts der rationalen
> Klarheit des lateinischen Intellekts (Die Welt 16.1.65, 1); Mystik, die aller ratio
> nalen Erklärung spottet (Nigg, Wiederkehr 114).

Rationell bedeutet *zweckmäßig und vernünftig,* womit sich oft auch die Vorstellung
haushälterisch und *sparsam* verbindet:

> diese Stückzahlen kann man genauso rationell produzieren wie jedes andere Mo
> dell (Herrenjournal 3/1966, 14); Dadurch werde eine rationellere Produktion et
> wa von Kunstdünger. . . möglich (Die Welt 19.8.65, 9); Die sehr rationell laufen
> de Finnin Sonja Pusula hatte sich die Spitze erobert (Olympische Spiele 1964, 28

Rationalistisch, das zum Substantiv Rationalismus gehört, bedeutet *der Auffassung*
des Rationalismus entsprechend oder in dieser Auffassung begründet, was soviel heiß
wie *einer Anschauung entsprechend, die die Vernunft in den Mittelpunkt stellt und*
alles Denken und Handeln von ihr bestimmen läßt:

> In der „Politeia" ist das Bild des Staates. . . paradigmatisch in allen Einzelheiten
> entworfen...bis zum rationalistischen Aufbau der Arbeits- und eugenischen Zuch
> ordnung (Fraenkel, Staat 262).

Den Unterschied zwischen *rational, rationell* und *rationalistisch* können folgende
Beispiele deutlich machen: eine *rationale Methode* ist eine von der Vernunft geprägte
Methode, während eine *rationelle Methode* zweckmäßig ist und mit den angewendeten Mitteln das beste Ergebnis erreicht. Eine *rationalistische Methode* dagegen ist
nicht nur von der persönlichen Vernunft geprägt, sondern geht von einer weltanschaulichen Lehre aus, deren Prinzip die Ratio, die Vernunft ist.
Rational und *rationell* stehen übrigens in einem umgekehrten Verhältnis wie *ideal*
und *ideell* (—→-al/-ell).
Es gibt Kontexte, in denen sowohl *rational* als auch *rationell* eingesetzt werden können, wobei sich der Sinn der Aussage allerdings immer entsprechend ändert. Daher
ist es wichtig, diese Inhaltsunterschiede zu beachten.
In den folgenden Beispielen wäre *rational* zwar auch durch *rationell* zu ersetzen, doc
würde sich dadurch die Aussage inhaltlich ändern:

Das russische Mönchtum lebt wie jedes monastische Dasein aus ganz anderen Voraussetzungen heraus als denjenigen der bloß rational denkenden Menschen (Nigg, Wiederkehr 152); ... die Militär- und Beamtenmonarchie den Bedürfnissen einer rational organisierten Wirtschafts- und Erwerbsgesellschaft anzupassen (Fraenkel, Staat 286).

rationieren/rationalisieren

Rationieren bedeutet *nicht unbegrenzt zur Verfügung stellen oder ausgeben, sondern nur in festgelegten, relativ kleinen Rationen zuteilen, freigeben; genau einteilen:*

im Kriege wurden die Lebensmittel rationiert.

Bildlich:

Nun begannen militärische Geländeübungen, die viele Stunden, ja manchmal ganze Nachmittage unserer sonst so streng rationierten Studienzeit raubten (Leonhard, Revolution 175).

Rationalisieren bedeutet *das Zusammenwirken der Produktionsfaktoren zweckmäßiger und ökonomischer, z.B. durch neue Techniken, gestalten, vereinheitlichen, straffen:*

unwillkürlich fürchtet er, daß hier alles reglementiert, rationalisiert und rationiert sei, und er sieht sich gleich Charlie Chaplin zwischen endlose Fließbänder ihm unbekannter Ordnungen gesetzt (Koeppen, Rußland 88); John Wall. . . hat von der Londoner Regierung den Auftrag erhalten, die Post zu modernisieren und deren Betrieb zu rationalisieren (Die Welt 15.10.66, 22); Die I.A. Henckels Zwillingswerk AG hat im vergangenen Jahr mit beachtlichem Erfolg rationalisiert (Die Welt 5.8.65, 13).

Rationalisieren wird auch noch in der älteren Bedeutung *rationalistisch denken, vernunftgemäß gestalten, durch Denken erfassen, erklären* gebraucht:

In rationalisierter Form begegnet die gleiche Staatsauffassung in Montesquieus monumentalem Esprit des Lois (Fraenkel, Staat 267); Wer glaubt, die Nachbarn beobachten ihn aus Fernstern. . . , der leide an Beziehungs- und Verfolgungswahn, und wer daraus eine Art System mache, sei von der Paranoia angesteckt; ihm taugten Kafkas Werke einzig dazu, die eigene Beschädigung zu rationalisieren (Adorno, Prismen 254).

real/reell/realistisch

Als **real** wird bezeichnen, was selbst wirklich existiert oder sich auf etwas bezieht, was den tatsächlichen Verhältnissen entspricht oder in der Wirklichkeit vorhanden ist. Das Gegenwort ist *irreal:*

Es ist ganz offenkundig, daß die seltsame Verbindung realer und irrealer Momente. . . sich bereits in jenen Szenen. . . andeutet (Jens, Mann 87); die realen materiellen Interessen der Bauernschaft (Fraenkel, Staat 278); Clara ist . . . ein realer Mensch und kein Symbol (Die Zeit 20.11.64, 30); Real und verhältnismäßig niedrig ist für Steine dieser Qualität der . . . Preis von 6000 Mark (DM Test 45/1965, 58); Diese Erkenntnis, real erlebt. . . (Nigg, Wiederkehr 23); Weizsäcker. . . nennt den Nuntius einen real denkenden Mailanesen (Hochhuth, Stellvertreter 15).

Reell ist ein Synonym zu *ehrlich, redlich.* Es kann auf Personen, aber auch auf Dingliches und Nichtdingliches, z.B. Geschäftliches, bezogen werden. Mit diesem Eigenschaftswort wird ausgedrückt, daß man von jemandem oder bei etwas nicht in irgendeiner Weise betrogen oder benachteiligt wird bzw. worden ist. Das Gegenwort ist *unreell:*

solange du reell bist, bin ich's auch (Fallada, Jeder 100); Er war ein fleißiger Mann. . . Ihm eignete noch jene reelle Solidität, auf die man sich unbedingt verlassen durfte (Niekisch, Leben 12): am wichtigsten sind reelle Sachen wie Fett, Hartwurstwaren, Schokolade (Die Welt 17.11.62, Die Frau).

Reell wird neuerdings auch in den Bedeutungen *realisierbar, erfolgversprechend* sowie *tatsächlich vorhanden* gebraucht und nähert sich damit der Bedeutung von *real:*

die Möglichkeiten sind wenig reell; Mit Geld allein kann keine Politik gemacht werden. Auch der moderne Industriestaat braucht reellen Idealismus, Menschheitsideen und Hoffnungen (Bulletin 6/1972, 51); Auch jüngere entwicklungsfähige Bewerber haben eine reelle Chance (Börsenblatt F 30/1971, 2373).

In den Naturwissenschaften spricht man von *reellen Funktionen, reellen Bildern* und *reellen Zahlen.* Unter *reellen Zahlen* versteht man alle Zahlen, die man durch ganze Zahlen oder durch Dezimalzahlen mit endlich oder unendlich vielen Stellen darstellen kann.

Realistisch bedeutet *die tatsächlichen Verhältnisse beim Handeln, Urteilen berücksichtigend; wirklichkeitsnah, ohne Illusionen.* Das Gegenwort ist *idealistisch:*

> Ich lehne voll und ganz jegliche sogenannte realistische Regelung ab, welche dieses Imperium für festgelegt und eingefroren hält (Die Welt 30.1.65, Das Forum); Wir taxieren natürlich die Chance, Gehör zu finden, sehr realistisch ein (Hochhuth, Stellvertreter 156); Man hat Uns dann mit einer Summe, die nicht mehr realistisch war, erpressen wollen (Hochhuth, Stellvertreter 163).

Im Unterschied zu einer *realistischen* Summe, die man sich als real möglich vorstellen kann, aber zunächst nur in Gedanken, bei Planungen, Berechnungen usw. in Erwägung zieht, ist z.B. ein *reales* Vermögen ein tatsächlich in einer bestimmten Höhe vorhandenes Vermögen; → -al/-ell.

Referent/Reverend

Ein **Referent** ist sowohl ein Sachbearbeiter in einer Dienststelle sowie ein Gutachter als auch jemand, der über etwas berichtet, referiert:

> Wie üblich wurde am Schluß jeder Versammlung bekanntgegeben, daß der Referent Fragen beantworte (Leonhard, Revolution 61).

Reverend ist ein Titel der Geistlichen in England und Amerika:

> Wenn nun der Schreiber alle Möglichkeiten erschöpft hat, am Ende einen Unverdächtigen den Täter sein zu lassen, . . . wenn selbst Hochwürden nicht verschont blieb und Pastoren und Reverenden heranmußten, den Mörder zu machen. . . (Reinig, Schiffe 129); Dies erklärte gestern. . . der Propst der Kathedrale von Coventry, Reverend Harold C.N. Williams (Die Welt 9.11.65, 11).

renitent/resistent

Wenn sich jemand Anordnungen o.ä. widersetzt, wenn er widerspenstig und störrisch ist, nennt man ihn oder sein Verhalten **renitent:**

> die Schüler sind renitent; sie weigern sich, in der Pause auf den Schulhof zu gehen; bis das Kultusministerium den renitenten Junker praktisch enteignete (Der Spiegel 7.3.66, 111); eine der renitenten Äußerungen des Obergefreiten (Kirst 08/15, 522); Eine Gruppe blieb renitent: die alteingesessenen Winzer (Die Zeit 19.6.64, 19).

Resistent bedeutet *widerstandsfähig gegen bestimmte Stoffe;* besonders häufig wird das Wort in der medizinischen Fachsprache gebraucht:

> Er ist resistent gegen Erkältungen; sein Körper ist infolge häufiger Anwendung von Penicillin resistent dagegen geworden; gegen Antibiotika resistente Bakterien; gegen Säure resistente Kunststoffe.

Report/Reportage/Kolportage/Rapport

Unter einem **Report** versteht man einen Bericht, eine Darstellung oder Untersuchung eines allgemein interessierenden, meist zeitkritischen oder zeitgeschichtlichen Themas mit detaillierten Angaben:

> In Durants Jahrhundert-Report mischt sich sanfter Optimismus mit gemäßigtem Pessimismus (Der Spiegel 49/1967, 180); Der erste Spielfilm der Dokumentaristen . . . ist ein nüchterner Report über einen Ehealltag (Film, Dezember 1968, 9); So entstand ein Kapitel deutscher Zeitgeschichte. Es entstand der Report „Jahrgang 46" (MM 12./13.4.69, 13).

Eine **Reportage** ist die Berichterstattung über ein aktuelles Ereignis von einem anwesenden Reporter, die in Presse, Funk oder Fernsehen veröffentlicht wird. Im Unterschied zur Nachricht enthält die Reportage zusätzliche Informationen über Hintergrund und Begleitumstände, Interviews mit Beteiligten o.ä.:

> Auf der Wissenschaftsseite. . . bringen wir eine Reportage über das Gespräch (Die Welt 24.9.66, 1); Am 12. Dezember bringt das Hamburger Abendblatt eine Reportage, aus der hervorgeht, wo diese Arbeiten betrieben werden (Enzensberger, Einzelheiten I 39); Das Einzelbild wird als fotografische Leistung nach wie vor anerkannt. . . ; doch die Presse wird von der Bildgeschichte, der Reportage, beherrscht (Fotomagazin 8/1968, 16).

Unter **Kolportage** versteht man einen literarisch minderwertigen, auf billige Wirkung abzielenden Bericht; die Verbreitung von Gerüchten, Klatsch:

> die Darstellung der Presseballereignisse war die reinste Kolportage.

In der Schweiz und in Österreich bezeichnet man mit Kolportage noch den Zeitungs- und Zeitschriftenvertrieb.

Ein **Rapport** ist ein dienstlicher Bericht, eine dienstliche Meldung:

> Im Dienstanzug wurden sie zum Rapport befohlen (Kuby, Sieg 169); Mittels-
> mann Weyer meldete sich im FDP-Bundesvorstand zum Rapport (Der Spiegel
> 30/1966, 24).

Heute wird das Wort *Rapport* auch in Wirtschaft und Politik gebraucht für a) *regelmäßige Meldungen an zentrale Verwaltungsstellen eines Unternehmens oder einer
Behörde über Vorgänge und Ergebnisse, die für die weitere Planung wichtig sind;
b) Berichte von Unternehmen oder Interessenverbänden an Behörden oder übergeordnete Gemeinschaften.*

In der Psychologie wird mit Rapport der unmittelbare Kontakt zwischen zwei Personen bezeichnet, vor allem die in der Hypnose besondere Art von innerer Abhängigkeit und Bereitschaft zur Befehlsausführung zwischen Versuchsperson und Versuchs-
leiter, eine gewisse Kontaktwilligkeit:

> Nervenärzte. . . werden ihren größten Erfolg dann haben, wenn sie zu dem Ma-
> terial, in dem sie arbeiten, in einem gewissen Sympathieverhältnis und Rapport
> stehen (Musil, Mann 1405).

Rapport nennt man auch ein ständig wiederkehrendes Muster auf Geweben, Teppi-
chen und Tapeten:

> ebenso bedeutsam sind die künstlerischen Prinzipien des Rapports, der unendli-
> chen Wiederholung von Mustern auf der Fläche (Bildende Kunst I, 124).

Rest/Überrest

Die Wörter Rest und Überrest sind keineswegs identisch. Der **Rest** ist das Stück, der
Teil der von einem Ganzen (von einem Stück, einer Portion o.ä.) übrigbleibt [nach-
dem das andere verbraucht worden ist]:

> Jetzt rief Geest die Rotarmisten an und streckte mit dem Rest seines Stabes . . .
> die Waffen (Plievier, Stalingrad 330); Sie mußten. . . für den Rest Ihres Erden-
> daseins das Geschaute. . . in Ihrer Seele bewahren (Th. Mann, Tod 93); In wel-
> chem Koffer sind. . . die Sparbücher? Wir hätten den ganzen Rest abheben sol-
> len (Hochhuth, Stellvertreter 105); nach der Auflösung der letzten Reste monar-
> chischer Herrschaft (Fraenkel, Staat 158).

Das Wort **Überrest** wird meist im Plural gebraucht. *Überreste* sind Überbleibsel, meist
zerstreute, wahllos und ungeordnet zurückgebliebene Einzelteile von etwas. Dieses
Wort macht zusätzlich deutlich, daß ein Geschehen vorangegangen ist, das den gegebenen Zustand herbeigeführt hat. Man sagt folglich: der Rest ist Schweigen; der Rest
des Stoffballens und n i c h t : der Überrest ist Schweigen, der Überrest des Stoffballens; den Rest kannst du bekommen, n i c h t : den Überrest kannst du bekommen. Aber man sagt *er fand noch einige Überreste,* d.h., er fand noch Teile eines ursprünglich Ganzen, z.B. nach einer Katastrophe:

> Es war auch keine Division mehr. . . , sondern es waren nur noch Überreste der
> einstigen Division (Plievier, Stalingrad 253).

Gelegentlich lassen sich − wie in den folgenden Belegen − beide Wörter gegeneinander austauschen, weil beide Aspekte möglich sind:

> eine Welt (Griechenland), so gewaltig, daß wir noch heute bewundernd vor den
> kläglichen Resten dieser Leistungen einer. . . großen Menschenrasse stehen (Thieß,
> Reich 52); nachdem wir die sterblichen Reste meines Vaters der Erde anvertraut
> hatten (Th. Mann, Krull 82); Wird nach dem Brande ein Mensch vermißt, ohne
> daß man Überreste von ihm vorfindet, so ist es a priori wahrscheinlicher, daß er
> während des Brandes gar nicht zu Hause war (Fischer, Medizin II 52).

Restaurateur/Restaurator

Ein **Restaurateur** ist der Besitzer eines Restaurants, der Inhaber einer Gaststätte, ein
Gastwirt.
Ein **Restaurator** ist ein Künstler, der alte oder beschädigte Kunstwerke wiederher-
stellt oder ausbessert:

> polnische Restauratoren und Fachleute von jenseits der Elbe arbeiten in der Bun-
> desrepublik (Hörzu 7/1972, 56).

Im folgenden Beleg sind die Wörter verwechselt worden:

> Im Park von Sanssouci bewahren Restaurateure die Baudenkmäler vor dem Ver-
> fall (Berliner Zeitung, 3.5.71).

Reverenz/Referenz

Reverenz bedeutet sowohl *Verneigung, Verbeugung:*

> Das ist zumindest eine Reverenz an die Person des Hauptangeklagten (Noack, Prozesse 189); Er machte mir eine Art höfischer Reverenz (Fallada, Herr 85)

als auch *Hochachtung, Verehrung, Ehrerbietung, Respekt:*

> Es muß ferner in aller Reverenz vor diesem Unternehmen gesagt werden, daß . . (Frankenberg, Fahren 190); . . . indem er mich mit einer ironischen Reverenz be handelte (Habe, Namen 161); wenn sie aus dem Schloß Ihrer Väter stammt, so muß man ihr Reverenz erweisen (Th. Mann, Hoheit 196).

Das Substantiv **Referenz** wird meistens im Plural gebraucht und bedeutet.*Empfehlung.* Referenzen sind *schriftliche Auskünfte, besonders solche, die meist bekannte Personen in empfehlender Weise über jemanden zu dessen beruflicher Förderung erteilen:*

> Ich will, daß Sie so schnell herauskommen wie möglich. Wollen Sie mich als Referenz angeben? (Remarque, Triomphe 459); Niemand engagierte eine Erzieherin, die keine Referenzen aufzuweisen hatte (Silvia-Roman 674, 7).

Ein Fehler liegt im folgenden Beleg vor:

> um den alten Göttern, die dort (im Museum) ihr Altersheim haben, die Referen zu erweisen (Koeppen, Rußland 179).

Ritz/Ritze/Riß

In den Wörterbüchern werden **Ritz** und *Ritze* oft als gleichbedeutend bezeichnet; doch unterscheiden sich beide Wörter insofern, als man unter *Ritz* einerseits eine durch einen spitzen Gegenstand entstandene vertiefte Linie auf der Oberfläche von etwas, einen Kratzer, eine Schramme versteht:

> mit einer Nadel einen Ritz in die Haut machen; ich hätte nach dem Federmesse gegriffen, um damit das Bild oder den Stoff anzuritzen. Selbstverständlich hätt ich nur einen ganz kleinen Ritz gemacht (Nossack, Begegnung 412)

und andererseits eine recht schmale Spalte in etwas:

> Eva Dumont sah durch einen Ritz in der Fensterblende hinaus auf ein Stück wü sten. . . Bahnsteigs (Gaiser, Jagd 67); Zwischen Resten alten Gemäuers stieg die Straße bergan; manchmal ragte aus einem Ritz ein Eidechsenschwänzchen (Care sa, Aufzeichnungen 106); Ich schaute durch einen Ritz (Schnabel, Marmor 59).

In dieser letzten Bedeutung stimmt **Ritze** mit *Ritz* überein:

> er zwängte sich durch eine kleine Ritze; Er hob den Oberkörper gegen die Tür hin, durch deren Ritzen Licht quoll (Gaiser, Jagd 83); doch der Wind pfiff durc die breiten Ritzen der Bretterwände (Broch, Versucher 317).

Unter einem **Riß** versteht man eine z.B. durch Reißen, Brechen, Bersten entstande längs ausgedehnte Trennung im Material eines Gegenstandes, womit jedoch der Gegenstand nicht in zwei Teile gespalten wird. Wenn eine Mauer *Risse* hat, dann heißt es, daß sie Sprünge aufweist. Hat sie *Ritzen,* dann hat sie *Spalten,* wobei man − im Unterschied zu den *Rissen* − nicht ohne weiteres wissen kann, ob diese *Ritzen* von vornherein vorhanden und geplant waren oder ob sie durch entsprechende Einwirkung im Laufe der Zeit entstanden sind wie die Risse. Beim Gebrauch des Wortes *Riß* wird mehr auf den Vorgang, die Entstehung hingewiesen, während *Ritze* auf d. Ergebnis, auf das Faktum als solches, auf den entstandenen Zwischenraum hinweis

> Allmählich verrotteten die Gebäude und begannen Risse zu zeigen (Langgässer, Siegel 315); In den Türen sind Risse (Koeppen, Rußland 185); an der weißliche von Rissen geäderten Decke der Schiffskammer (Gaiser, Jagd 183); Eine Fraktur der Mittelhand, ein Riß im Oberarmknochen (Gaiser, Schlußball 109); die Knie bekamen Schründe und Risse (Salomon, Boche 135).

Eine damit in Zusammenhang stehende sondersprachliche Bedeutung liegt im folge den vor:

> Wird ein Kamin so eng, daß ein Hineinschlüpfen nicht mehr möglich ist, so hab wir es mit einem Riß zu tun (Eidenschink, Bergsteigen 43).

Riß wird auch oft bildlich gebraucht:

> Der Riß zwischen alter und neuer Generation ist bekannt (Bloch, Wüste 31); w er wirklich erlebt. . . , ist der Riß, der durch seine Person geht, der Riß zwische mir und ihm (Frisch, Gantenbein 200).

Rohr/Röhre

Ein **Rohr** ist ein zylindrischer, längerer Hohlk ö r p e r (oft mit größerem Durchme

222

...er), der aus festem Material besteht und eine dünne oder dicke, im Verhältnis zum Querschnitt jedoch weniger starke Wandung hat und der dazu dient, Gase, Flüssigkeiten, feste Körper, aber auch Licht, Schall usw. durchzulassen:

Rohre verlegen; ein nahtloses Rohr; saß Mister Pablo und blies begeistert in sein geschweiftes Rohr (in das Saxophon) (Hesse, Steppenwolf 189); Wahrscheinlich bersten auch die Rohre der Wasserleitungen (Nossack, Begegnung 265); Er (der Schuppen) sah so unbenutzt aus. Aber aus einem Rohr quoll dunkler Rauch (Kuby, Sieg 148); der Geschützführer... lehnte sich gegen das Rohr seiner Kanone (Kirst 08/15, 426).

Die **Röhre** ist ein von einem Körper umschlossener, langgestreckter, oft zylindrischer **Hohlraum**, der oft einen geringen Durchmesser hat und meist nicht besonders lang und meist auch an einem Ende begrenzt ist, bei dem aber die Gestalt des Körpers, in dem er sich befindet, ohne Belang ist. Er hat nicht so sehr die Funktion, irgendwelche Stoffe hindurchzulassen, sondern dient oft dazu, etwas in sich aufzunehmen. Die Ofen*röhre* z.B. befindet sich i m Ofen, in sie kann etwas hineingestellt werden, während sich das Ofen*rohr* a m Ofen befindet und dazu dient, den Rauch abziehen zu lassen. Bei den Röhren wird der Hohlraum in eine schon vorher bestehende feste oder flüssige Masse auf verschiedene Weise eingebracht, während ein Rohr auf die Weise entsteht, daß ein Mantel um einen Hohlraum gelegt wird:

in dieser Röhre sind Kopfschmerzentabletten; Hebenstreit drehte am Radio... da ist eine Röhre durchgebrannt (Kuby, Sieg 41); Nach dem Prinzip der kommunizierenden Röhren (Augstein, Spiegelungen 20); Es wird... zu einer Zeit gesendet, in der ohnehin nur die wenigsten vor der Röhre sitzen (Kronen-Zeitung 14. 12.67, 13); Und ich entdeckte eine vierte Larve... Dann mit einem Ruck zog es sich lang und schlank aus der Röhre; eine Wasserjungfrau saß an dem Halm (Gaiser, Schlußball 210); ein paar Beine in den Röhren der militärischen Ausgehhosen (Zuckmayer, Fastnachtsbeichte 7).

Wenn man es scherzhaft vereinfachend formulieren wollte, könnte man sagen: Ein *Rohr* ist ein Etwas um ein Nichts (Rößler); eine *Röhre* ist ein Nichts, das durch seine äußere Begrenzung zu einem Etwas geworden ist.

Rohr und *Röhre* werden jedoch nicht immer streng in der jeweils angegebenen Weise getrennt. Manchmal wird *Röhre* statt *Rohr* gebraucht; im ersten folgenden Beleg dient es zur Variierung des Ausdrucks:

... daß englische Firmen Groß*rohre* nach der Sowjetunion liefern,... daß die Sowjetunion etwa durch Zwischenschaltung englischer Firmen, die in Deutschland kaufen, indirekt doch noch mit deutschen Groß*röhren* beliefert werden könnte (FAZ 25.5.63); Ich nahm drei Mittelstücke von Gasleitungs*röhren*... „Wir legen die Röhren unter den Sarg..." (Bieler, Bonifaz 103); in den Abwasser*röhren* (Johnson, Ansichten 196); ein Lastwagen mit einem Bündel langer Eisen*röhren* (Frisch, Homo 182).

Rohstoff/Werkstoff

Unter einem **Rohstoff** versteht man ein Naturprodukt vor der Ver- oder Bearbeitung, jeden Grundstoff mineralischer oder pflanzlicher Herkunft (z.B. Kohle, Holz, Erze, Salze), der industrielle Produktion ermöglicht; im weiteren Sinn auch ein Zwischenprodukt (Halbfabrikat) der industriellen Erzeugung wie Stahl, Kunststoff, Glas. Mit dem Wort *Rohstoff* wird also das Fertigungsmaterial bezeichnet, das die Grundsubstanz der Fertigerzeugnisse darstellt:

Erdöl und Erdgas. Diese Rohstoffe der Petrochemie (Kosmos 3/1965, 113).

Werkstoff ist dagegen jedes Material, das in der Technik bei irgendeiner Fertigung verwendet wird. Holz beispielsweise ist bei der Papierherstellung ein *Rohstoff,* aber für den Architekten, der ein Haus aus Holz baut, ein *Werkstoff,* der also zum Werken, zum Arbeiten, zum Herstellen von etwas verwendet wird.

Werkstoff ist auch soviel wie eine Sammelbezeichnung für die Roh-, Hilfs- und Betriebsstoffe, die nicht für den Endverbraucher bestimmt sind, sondern als Bestandteile in andere Produkte eingehen.

romanisch/Romanik/römisch/romanistisch/Romanistik/romantisch/Romantik

Romanisch nennt man zusammenfassend die europäischen Sprachen, die sich aus dem Volkslatein entwickelt haben, z.B. Französich, Italienisch, Spanisch, Rumänisch:

Aus einer universalen Macht wurde das Papsttum zu einem Teil des mehr und mehr auf seine romanischen und slawischen Ränder zusammenschmelzenden corpus catholicum (Fraenkel, Staat 156).

Außerdem ist *romanisch* ein Adjektiv zu **Romanik,** womit ein mittelalterlicher Kunststil des 11. – 13. Jahrhunderts bezeichnet wird. Geprägt wurde diese Bezeichnung 1818 von dem französischen Kunsthistoriker de Gerville wegen der Ähnlichkeit mancher Motive der romanischen Baukunst mit römischen Bauformen:

eine romanische Kirche.

Das Adjektiv **römisch** bedeutet *die Stadt Rom oder auch die Römer betreffend, sich auf sie beziehend, davon herrührend.* Während sich *romanisch* von mittellateinisch „romanus" herleitet, geht das Adjektiv *römisch* auf althochdeutsch „romisc" zurück:

römische Ziffern; römisches Recht.

Das Adjektiv **romanistisch** gehört zum Substantiv **Romanistik,** worunter man einerseits die Wissenschaft von den romanischen Sprachen und Literaturen und andererseits die Wissenschaft vom römischen Recht versteht.

Das Adjektiv **romantisch** bedeutet 1. *die Romantik betreffend.* Mit dem Namen **Romantik** wird eine Epoche des – vor allem – deutschen Geisteslebens (von ungefähr 1800 – 1830) bezeichnet, die im Gegensatz zur Aufklärung und zum Klassizismus bzw. zur Klassik stand.

2. wird *romantisch* übertragen gebraucht und bedeutet dann einerseits soviel wie *malerisch, reizvoll,* andererseits leicht abwertend *sehr schwärmerisch, gefühlsbetont und nicht, wie es besser wäre, sachlich-nüchtern [betrachtet]:*

Man speist romantisch in der engen, dunklen Gasse der Armut (Koeppen, Rußland 26); man kann. . . den Mond romantisch am Himmel sehen (Koeppen, Rußland 165); daß dies so romantisch begonnene Abenteuer. . .auf nichts anderes hinauslief, als auf die Jagd nach ein paar hundert Mark (Fallada, Herr 70); ein etwas romantischer Kommunismus, wie er zu jener Zeit bei bürgerlichen Intellektuellen nicht selten war (Frisch, Stiller 164).

rot/rötlich

Was als **rot** bezeichnet wird, hat eine ähnliche Farbe wie frisches Blut:

die Stufen... waren mit rotem Velour belegt (Sebastian, Krankenhaus 113); An der Straßenkreuzung. . . lief er bei rotem Licht gegen ein langes übermächtiges Tier von Autobus (Johnson, Ansichten 239); er spürte, daß er rot wurde (Böll, Adam 67).

Rot wird auch in bestimmten Redewendungen und Verbindungen gebraucht:

er war auch trunken von Eifersucht! Er sah rot! (Maass, Gouffé 149); Arbeitet die Lufthansa mit roten Zahlen (mit einem Defizit), muß Bonn mit Subventionen helfen (DM 3/1966, 14).

Außerdem bedeutet *rot* in politischer Hinsicht *linksgerichtet, sozialistisch, kommunistisch:*

Zu Anfang hatte Walter Matern Schwierigkeiten, weil man um seine rote Vergangenheit. . . wußte (Grass, Hundejahre 226).

Rötlich bedeutet *leicht rot getönt, ins Rote gehend, sich der roten Farbe nähernd;* es kennzeichnet eine besondere Art von rot, stellt einen Annäherungswert dar:

Die Clowns. . . senkrechte Trieflinien unter den rötlichen Augen (Th. Mann, Krull 222).

rüsten/aufrüsten/abrüsten

Rüsten bedeutet zunächst allgemein *sich auf etwas vorbereiten.* In dem hier zur Diskussion stehenden Gebrauch hat *rüsten* die spezielle Bedeutung *mit Waffen usw. versehen, Mittel für einen Krieg bereitstellen, sich materiell auf Krieg und Kampf vorbereiten:*

Auf beiden Seiten rechnet man nicht mit einer längeren Dauer des Kampfes und rüstet (Fr. Wolf, Zwei 281); . . . daß ein wiedervereinigtes Deutschland auch gering bewaffnet ein zuverlässigerer Partner wäre, als es die größere Hälfte bis an die Zähne gerüstet jemals sein könnte (Augstein, Spiegelungen 36).

Wenn ein Land sein Militärpotential besonders ausbaut und seine Rüstung verstärkt dann **rüstet** es **auf.** *Rüsten* und *aufrüsten* haben fast den gleichen Inhalt; *aufrüsten* betont jedoch durch die Vorsilbe *auf-* stärker den zielgerichteten Vorgang:

Tatsache ist, daß ganz Deutschland in wirksamster Weise neutralisiert ist, solange die beiden Landesteile gegeneinander aufgerüstet werden (Augstein, Spiegelungen 42); Statt abgerüstet, wurde weiter aufgerüstet (MM 27./28.8.66, 2).

Das Gegenwort zu ,,aufrüsten" ist **abrüsten.** Wer abrüstet, vermindert die Rüstung seines Landes, begrenzt Waffen und militärische Ausrüstungen oder schafft sie ganz ab:

> Wer den Frieden will, muß abrüsten und verhandeln (MM 7.11.66, 6).

sanft/sanftmütig/sacht

Was **sanft** ist, ist frei von allem Rauhen, Harten und Heftigen, womit sich der Nebensinn des Angenehmen verbindet. Ein Mädchen kann sanft sein, kann sanft streicheln, wobei *sanft* soviel bedeutet wie *angenehm, behutsam, zart, vorsichtig.* Wenn ein Berg sanft ansteigt, dann steigt er nur langsam an, bietet also keine Schwierigkeiten, ist angenehm zu ersteigen:

> Das Boot schwankte sanft (Simmel, Affäre 262); In der Droschke, die sanft dahinrollte (Maass, Gouffé 240); Haseloff wollte Jenny sanft in den Fond des Autos schieben (Grass, Hundejahre 344); Der Fichtelberg mit seinen steilen Abfahrten und sanften Hügeln (Gast, Bretter 88a); das ging dann auch nur mit sanfter Gewalt (Der Spiegel 13/1966, 50); überflackert von einem sanften Feuer (Remarque, Westen 72); worauf Joachim ihn sanft anblickte (Th. Mann, Zauberberg 62); sehr sanfte Augen (Gaiser, Jagd 80); Dabei hatte der Müller Matern eher ein sanftes Gemüt (Grass, Hundejahre 62).

Wer **sanftmütig** ist, hat ein sanftes Wesen, wird auch dann, wenn man ihn kränkt nicht zornig, ist geduldig-nachsichtig. Mit *sanftmütig* kann nur die Gemüts- oder Sinnesart eines Menschen charakterisiert werden, nicht sein Tun. Jemand kann sanftmütig sein, aber nicht sanftmütig streicheln:

> Durch sie bin ich jähzornig geworden, sie hat mich wieder sanftmütig gestimmt (Jahnn, Geschichten 25); daß Georg. . . seinen Stahlhelm aufbehalten müsse – so sehr hätte seine Glatze selbst den sanftmütigsten Gegner verlockt, durch einen Schuß festzustellen, ob sie ein riesiger Billardball sei oder nicht (Remarque, Obelisk 9).

Das Adjektiv **sacht** ist eine niederdeutsche Nebenform von *sanft,* weicht aber in Bedeutung und Gebrauch davon ab. Während sich *sanft* sowohl auf die Beschaffenheit (sanfte Augen, sanfte Farben) als auch auf die Art der Ausführung von etwas (sanft vorwärtsschieben) beziehen kann, kennzeichnet *sacht* nur die Art der Ausführung in der Bewegung. In diesem Bereich sind beide Wörter mit entsprechender Inhaltsnuancierung gegeneinander austauschbar. Beide – sanft und sacht – bezeichnen einen geringen Grad der Stärke in Verbindung mit einem Tun. *Sanft* enthält eine Aussage über das Gefühl, das dabei in einem anderen hervorgerufen wird, während *sacht* über den Handelnden selbst etwas aussagt, nämlich w i e er etwas ausführt. Eine *sanfte* Berührung wird als angenehm empfunden. Wird jemand *sacht* berührt, dann ist die Berührung von seiten des Ausführenden vorsichtig, behutsam, nicht stark und heftig:

> Er drückte sacht die Klinke herunter (Sebastian, Krankenhaus 89); Der Kahn glitt sacht aus dem Tag (Koeppen, Rußland 175); sacht wurde der Großmutter Matern der rechte Handschuh ausgezogen (Grass, Hundejahre 100); Dann küßte sie mich sachte auf die Stirn (Fallada, Herr 192).

Zusammenfassend läßt sich sagen: *Sanft* kann sowohl mit *sanftmütig* als auch mit *sacht* in Konkurrenz stehen. Ein Boot kann sanft und auch sacht schwanken, eine Droschke kann sanft und auch sacht dahinrollen. *Sanft* spiegelt das angenehme Gefühl oder den angenehmen Eindruck wieder, *sacht* kennzeichnet lediglich die geringe Intensität. Aussehen kann etwas nur sanft, aber nicht sacht. Ein Mensch kann jedoch sanft oder auch sanftmütig aussehen, womit sein angenehm unaufdringliches und friedfertiges Wesen charakterisiert wird.

säumig/saumselig

Wer **säumig** ist, hält eine für etwas festgesetzte Zeit nicht ein, er ist langsam und nicht pünktlich beim Erfüllen einer Verpflichtung:

> Die Banken gingen rücksichtslos gegen die säumigen Schuldner vor (Niekisch, Leben 166).

Als **saumselig** bezeichnet man einen Menschen, der bei der Ausführung einer Arbeit ohne Eifer und recht langsam ist, der sich viel Zeit läßt. Während *säumig* eine sachliche Feststellung ist, enthält *saumselig* eine deutliche Abwertung. Jemand kann saumselig, aber n i c h t säumig arbeiten:

> die saumselige Bedienung der kleinen Konditorei (Feuchtwanger, Erfolg 197).

das **Schild**/der **Schild**

Mit dem Neutrum **das Schild** bezeichnet man eine – oft rechteckige – Platte aus Metall, Holz o.ä., auf der ein Name, ein Zeichen oder eine Bekanntmachung steht. Der Plural lautet „die Schilder":

> Mit einem Reißnagel befestigte Leopold ein Schild an der Außentür: „Heute geschlossen!" (Jaeger, Freudenhaus 81); In der Old Oakstraße waren Schilder gemalt worden (Brecht, Groschen 285).

Mit dem Maskulinum **der Schild** bezeichnet man einen Gegenstand, der früher im Kampf Mann gegen Mann zum Schutz vor einer Verwundung vor den Körper gehalten wurde. Der Plural lautet „die Schilde":

> ... sah er zum erstenmal ... das Schwert und den mächtig gebuckelten Schild (Langgässer, Siegel 273); breite Leute..., die durch die lächerlich schmalen Schilde nicht halbwegs gedeckt wurden (Brecht, Geschichten 110).

In der Wendung *etwas im Schilde führen* in der Bedeutung *eine bestimmte Absicht – meist nichts Gutes – heimlich verfolgen* liegt das Maskulinum zugrunde:

> Gar nicht ausgeschlossen, daß sie in ihrer hündischen Undankbarkeit sogar gegen mich etwas im Schilde führt (Maass, Gouffé 145).

Manchmal ließe sich sowohl das Neutrum als auch das Maskulinum verwenden, wenn der Sinn nicht eindeutig festgelegt ist:

> Neunzehnhundertfünfundvierzig, als eine Welt über uns herfiel und uns am Boden zu vernichten gedachte, blieb das Schild des deutschen Soldatentums blank (Kirst 08/15, 953).

schizophren/schizoid/schizothym

Schizophren bedeutet *an Schizophrenie leidend; zum Erscheinungsbild der Schizophrenie gehörend; auf Schizophrenie beruhend,* worunter eine Geisteskrankheit verstanden wird, die oft im jungen Lebensalter beginnt und die mit Denkzerfall, Wahnideen und absonderlichem Verhalten verbunden ist:

> Ein Genie kann wohl schizophrene Züge haben, doch ein Schizophrener kann nicht im Nebenberuf ein genialer Dichter sein (Thiess, Frühling 160).

Schizophren wird auch übertragen gebraucht im Sinne von *unsinnig, absurd,* womit man etwas in seiner Art als *ganz unverständlich, in sich widersprüchlich* oder diese Widersprüchlichkeit widerspiegelnd pejorativ charakterisiert:

> so schizophren es klingen mag: Die USA wollen den Frieden in Vietnam mit Gewalt und Bomben erzwingen; das war wirklich ein schizophrener Vorschlag; oder bewies sich erneut die schizophrene Unsicherheit, die offensichtlich jedem Bemühen innewohnt, die schreckliche Vergangenheit zu überwinden? (Noack, Prozesse 86).

Schizoid bedeutet *seelisch zerrissen, die Symptome der Schizophrenie in leichterem Grade zeigend, von introvertierter Veranlagung und in Wahnvorstellungen unter Selbstabsperrung von der Außenwelt lebend.*

Schizothym bedeutet *eine verborgene, nicht zum Ausbruch kommende Veranlagung zur Schizophrenie habend:*

> Mit dieser (der leptosomen oder asthenischen) Körperform sieht Kretschmer die schizothyme Wesensart verbunden, die in Überempfindlichkeit, Kühle, einer nach innen gerichteten, ungeselligen, kritischen Haltung besteht (Bühler, Psychologie 238).

schlechthin/schlechterdings/schlechtweg

Von diesen Wörtern hat **schlechthin** die breitere Anwendungsmöglichkeit. In der Bedeutung a) *vollkommen, par excellence, typisch* wird es nachgestellt:

> er ist der romantische Dichter schlechthin (= er verkörpert den Typ des romantischen Dichters); Hitler, so sagte er, sei die Gefahr schlechthin (Niekisch, Leben 274).

Schlechthin bedeutet b) *sich ganz allgemein, absolut, ohne Einschränkung auf etwas beziehend:*

> Nein, er hungerte nicht nach Macht schlechthin, aber er brauchte die Macht, um

seine philosophische Lehre zu verwirklichen (Sieburg, Robespierre 89); Man müsse gegen das Prinzip des Privateigentums schlechthin losziehen (Niekisch, Leben 206); Es war immerhin ein Fortschritt, verglichen mit der programmatischen Glorifizierung der „Jugend" schlechthin, als biologischen Zustand (K. Mann, Wendepunkt 153).

Schlechthin bedeutet c) *etwas als solches bewußt, eigentlich nur das, nicht mehr als das anstrebend, besitzend, auslösend; ganz einfach, eben, überhaupt:*

er gehört zu jenen seltenen Männern, die schlechthin keiner Niedrigkeit fähig sind (Niekisch, Leben 192); Man fragt sich schlechthin, was der Mensch auf dieser Erde eigentlich macht (Frisch, Stiller 30); Wer nicht schlechthin Austern essen möchte, muß sich erst einmal zwischen den „wilden" und den „gezüchteten" entscheiden (Der Spiegel 48/1965, 63); sie sagte schlechthin die Wahrheit (Maass, Gouffé 262); Er war schlechthin der ideale Dolmetscher (Niekisch, Leben 260); Aber den Finger eines anderen zwischen den Lippen zu haben, wäre ihm unausstehlich, es würde ihm schlechthin zum Ekel gereichen (Th. Mann, Krull 417); Sein„Waldgänger" ist schlechthin die Gestalt des Fliehenden (Niekisch, Leben 191); Manchmal sieht es in der Tat so aus, als ob ein solcher Plan schlechthin nicht existierte (K. Mann, Wendepunkt 449).

In der Bedeutung d) *geradezu, ganz und gar* steht *schlechthin* oft vor Adjektiven:

Er sah sich vor einem schlechthin unglaublichen Eingriff in seine Machtvollkommenheit (H. Mann, Unrat 77); Jede seiner Branchen fordert neue Erörterungen, neue Kritik heraus, so als wäre mit dem Tonfilm oder dem Fernsehen jedesmal etwas schlechthin Neues auf den Plan getreten (Enzensberger, Einzelheiten I 8); Sie (die Kraft des Geistes) ist eine schlechthin naturgegebene, unkorrigierbare und unveräußerliche Tatsache (Niekisch, Leben 151).

Der Gebrauch von **schlechterdings** ist im Vergleich zu *schlechthin* eingeengt. *Schlechterdings* bedeutet *durchaus, letztlich, im Endeffekt; schließlich, wenn man alles bedenkt.* In den meisten Fällen wird es in Sätzen verwendet, die irgendeine Negation enthalten. Während für *schlechterdings* immer auch *schlechthin* eingesetzt werden kann, läßt sich *schlechthin* durch *schlechterdings* nur dort ersetzen, wo die Inhalte sich berühren, was allerdings nur in den Gruppen c und d von *schlechthin* – und dort auch nicht überall – möglich ist:

noch mehr sparen als jetzt kann ich schlechterdings nicht: das ist schlechterdings unmöglich; der kleine Patient wurde so ruhig und glücklich, daß man schlechterdings an Heilerfolg glauben mußte (Broch, Versucher 290); ... um nicht das Skelett, das da im runden Schein der Lampe lag, schlechterdings für mein eigenes zu halten (Frisch, Stiller 191); Er stand für sich, war niemals einer von ihnen, ging schlechterdings in ihrer Anzahl nicht auf (Th. Mann, Hoheit 53); Es konnte schlechterdings von keiner ernsten Gefahr die Rede sein (Th. Mann, Hoheit 217); So hat jeder sein Steckenpferd. . . natürlich auch Anton Dolin, . . . dessen russifizierter Name noch immer darauf hinweist, daß man sich schlechterdings früher nicht vorstellen konnte, auch ein Engländer könne die Kunst des klassischen Tanzes erlernen (Die Welt 20.7.65, 7); Nun sind Meere, Küsten und Inseln, das ganze östliche Kolonialreich, für ihn offen, in dem schlechterdings alles erlaubt ist (Schneider, Camoes 69).

Schlechtweg steht der bei *schlechthin* unter c genannten Bedeutung *ganz einfach, überhaupt* nahe, ist also mit *schlechthin* nur in dieser Bedeutung und folglich manchmal auch mit *schlechterdings* austauschbar. Während aber *schlechterdings* inhaltlich noch ein gewisses Abwägen der Möglichkeiten zugrunde gelegt werden kann, erscheint diese Nuance bei *schlechtweg* so, daß es sich den Synonymen *unumwunden, ohne Umstände, geradezu, ohne weiteres* nähert:

eine schlechtweg irrige Auffassung vom Wesen der mathematischen Kunst (Hacks, Stücke 117).

Die Nuancen bestehen darin, daß eine *schlechtweg* irrige Auffassung eine g e r a d e - z u irrige Auffassung ist; eine *schlechterdings* irrige Auffassung kann o h n e E i n - s c h r ä n k u n g als irrig gelten; eine *schlechthin* irrige Auffassung ist eine u n b e - s t r i t t e n , g a n z e i n f a c h irrige Auffassung.

schmackhaft/geschmackvoll

Schmackhaft bedeutet *gut schmeckend, wohlschmeckend.* Dieses Adjektiv wird häufig attributiv (ein schmackhaftes Essen) und adverbial (das Essen ist schmackhaft zubereitet) gebraucht. Prädikativ ist es nur dann üblich, wenn der Bezug auf ein Verb im Hintergrund steht (das Essen ist in diesem Lokal immer recht schmackhaft [gekocht]). Unüblich und stilistisch nicht korrekt ist der prädikative Gebrauch von „schmackhaft" im folgenden Satz: *Ich esse gern italienisches Eis, denn es ist so schm haft.* R i c h t i g : Ich esse gern italienisches Eis, denn es schmeckt so gut:

> Marschner holte seine Mittagsportion und mäkelte ein wenig bei der Küche umhe Er hatte schmackhaftere Dinge (Strittmatter, Wundertäter 367).

Schmackhaft wird auch übertragen in Verbindung mit *machen* gebraucht, und zwar in der Wendung *jemandem etwas schmackhaft machen,* was soviel bedeutet wie *jem dem etwas so darstellen, daß er es für gut hält, Lust dazu bekommt:*

> Ich halte es nicht für ausgeschlossen, daß es Richard Ajellus gelingen wird, den G danken der friedlichen Eingliederung Siziliens in das Reich den Baronen und den Volke schmackhaft zu machen (Benrath, Konstanze 101).

Geschmackvoll bedeutet *viel Schönheitssinn, Geschmack verratend; von gutem [künstlerischem] Geschmack, von Sinn für Schönheit zeugend:*

> du wärest eine Handvoll Staub in einer geschmackvollen Urne (Remarque, Triomphe 231); ... indem er das Sätzchen... geschmackvoll auf Bütten drucken ließ und an Kunden wie Geschäftsfreunde als Neujahrsgruß verschickte (Grass, Hundejahre 41).

schmerzfrei/schmerzlos

Die Adjektive **schmerzfrei** und **schmerzlos** besagen, daß etwas nicht mit Schmerzen verbunden ist oder nicht von Schmerzen begleitet wird.

Mit dem Adjektiv *schmerzfrei* wird diese Tatsache als solche sachlich festgestellt. Mi *schmerzlos* verbindet sich in gewisser Weise noch eine persönlich gefärbte positive Wertung (→-frei/-los). Mit entsprechender Inhaltsnuancierung sind beide Wörter öfter, aber nicht immer gegeneinander auszutauschen. Man spricht zwar von einer schmerzfreien oder schmerzlosen Geburt, doch sagt man z.B. nur, daß ein Kranker nach zwei Wochen zum erstenmal schmerzfrei, nicht aber, daß er schmerzlos sei. *Schmerzfrei* bedeutet nämlich ganz allgemein *frei von Schmerzen. Schmerzlos* bedeu tet dagegen *keine Schmerzen verursachend. Schmerzfrei* kennzeichnet ein Befinden in einer bestimmten Situation; *schmerzlos* bezieht sich auf die Wirkung von etwas. Bei einer schmerzlosen Operation werden keine Schmerzen hervorgerufen; bei einer schmerzfreien Operation hat der Patient dabei keine Schmerzen:

> Schmerzlose Operation durch Akupunktur... Durch Einstechen von dünnen Metallnadeln in bestimmte Stellen des Körpers, ist es möglich, Patienten bei vollem Bewußtsein schmerzfrei zu operieren (Hörzu 29/1972, 66); mit Hilfe von Lachgas vollzog sich der Eingriff schmerzfrei; Ich narkotisiere nicht..., damit Sie sich überzeugen können, wie schmerzlos man mit meinem Gerät zu arbeiten vermag (Thorwald, Chirurgen 58).

Fest ist *schmerzlos* in der umgangssprachlichen Wendung *kurz und schmerzlos* in der Bedeutung *schnell und ohne Umstände; etwas ausführend, ohne [aus Rücksichtnahme] zu zögern:*

> der Abschied war kurz und schmerzlos.

schmerzhaft/schmerzend/schmerzlich

Schmerzhaft bezieht sich auf körperliche Schmerzen; *schmerzlich* auf seelischen Schmerz. Was *schmerzhaft* ist, verursacht Schmerzen:

> eine schmerzhafte Wunde; eine schmerzhafte Krankheit; die Operation war sehr schmerzhaft; Zwar weinte Klein-Amsel, wenn ihn die Horde... an einen Pfahl fesselte und ... schmerzhaft marterte (Grass, Hundejahre 42); Er hatte herausgefunden, daß eine gewisse Stellung am wenigsten schmerzhaft war (Ott, Haie 183).

Wenn sich jemand seinen Fuß verstaucht hat und Schmerzen empfindet, wenn ihm also der Fuß weh tut, dann kann er von einem **schmerzenden**, nicht aber von einem *schmerzhaften* Fuß sprechen.

Gelegentlich wird *schmerzhaft* auch auf andere Bereiche übertragen und berührt sich dann inhaltlich mit *schmerzlich:*

> Beim Menschen dagegen tritt es (das Zeitgefühl) um so schmerzhafter... ins Bewußtsein (Thieß, Reich 17); die Sache endete in einer für Maria sehr schmerzhaften Weise, da Fiechter... die eigene Braut... bei der Geheimen Staatspolizei anzeigte (Jens, Mann 98).

Schmerzlich bezieht sich auf den inneren Schmerz im Bereich der Seele und des Gemüts. Was *schmerzlich* ist, verursacht Leid, bereitet Kummer, ist bedrückend und macht den Betroffenen betrübt. Schmerzliche Gesichtszüge zeugen von Leid:

> Geblieben sind eine schmerzliche Erinnerung und ein Paar Strickschuchen (Hörzu 45/1970, 136); Es gibt viele Stufen des Verlassens und Verlassenwerdens, und jede ist schmerzlich (Remarque, Obelisk 159); der schmerzliche Zug um den Mund herum (Grass, Hundejahre 261); schmerzlich vermißte ich die Anwesenheit von Wolfgangs Bruder (Jens, Mann 51); . . . gewannen alle Stationen . . . . meines Lebens noch einmal jenen schmerzlich schönen Glanz des Vergangenen (Hesse, Steppenwolf 184).

schneefrei/schneelos

Schneefrei bedeutet *frei, befreit von Schnee:*

> die Straßen sind schneefrei und können gefahrlos befahren werden.

Schneelos bedeutet *ohne Schnee [fall], ohne daß Schnee gefallen ist:*

> Kommunen, die für den Ausbau von Wintersportanlagen hohe Kredite aufnahmen, kommen durch den schneelosen Winter in finanzielle Schwierigkeiten (Der Spiegel 4/1972, 66).

Sowohl *schneefrei* als auch *schneelos* weisen auf das Nichtvorhandensein von Schnee hin, doch besteht der inhaltliche Unterschied darin, daß *schneefrei* verwendet wird, wenn das Nichtvorhandensein als ein Vorzug empfunden wird, während *schneelos* auf das Fehlen von Schnee als eine meist negativ empfundene Ungewöhnlichkeit hinweist. Ein wesentlicher Unterschied zwischen den Adjektivsuffixen -frei und -los besteht auch darin, daß das als erste Konstituente mit -frei verbundene Substantiv konkreten Existenzgehalt hat, wobei dieses Substantiv die Art des Zustandes kennzeichnet, während das gleiche, aber mit -los verbundene Substantiv in dem Zusammenhang mehr als ein Abstraktum, als ein Vorgang, als eine Qualität aufgefaßt wird. Wenn nämlich etwas *schneefrei* ist, dann ist es ohne Schnee, dann l i e g t kein Schnee. Wenn etwas *schneelos* ist, dann ist es ohne Schneefall, dann ist kein Schnee gefallen.

Die mit -los gebildeten Wörter sind charakterisierende (arbeitslos, wertlos, niveaulos), die mit -frei gebildeten vor allem sachlich beschreibende (arbeitsfrei, wertfrei, niveaufrei)Adjektive; →-frei/-los.

schriftlich/schriftisch

Schriftlich bedeutet *geschrieben, in geschriebener Form.* Das Gegenwort ist *mündlich:*

> Die an sich vorgeschriebene mündliche Verhandlung tritt heute immer mehr zugunsten des schriftlichen Verfahrens zurück (Fraenkel, Staat 340); Man erhielt jedesmal eine schriftliche Einladung (Leonhard, Revolution 134).

In der stenographischen Fachliteratur wird auch gelegentlich das Adjektiv **schriftisch** gebraucht, was soviel bedeutet wie *sich auf die Schrift beziehend.* Man spricht von schriftischem Gestalten, womit das Arbeiten an einer Schrift, einem Schriftsystem, die Bearbeitung einer Schrift, das Umgehen mit einem Schriftsystem, die Weiterentwicklung eines Schriftsystems gemeint sein können.

Schweigen/Stillschweigen

Schweigen bedeutet einerseits *Ruhe; feierliche, ernste Stille:*

> das brütende Schweigen der Wälder vor seinen Toren (Wiechert, Jeromin-Kinder 365); das Schweigen war drohender als der Lärm zuvor (Kuby, Sieg 135); Auf dem Friedhof von Wahlheim herrschte wohltuendes Schweigen (Kirst, Aufruhr 89)

und andererseits das *Nichtssprechen, Nichtantworten:*

> Er hatte sich in weises Schweigen gehüllt und wich allen Fragen . . . aus (Strittmatter, Wundertäter 360); Das gestand sie nach anfänglichem verstockten Schweigen ein (Schaper, Kirche 156).

In Fortführung dieser Bedeutung kann *Schweigen* auch soviel heißen wie etwas nicht weitersagen, weil es geheim bleiben soll, weil das Bekanntwerden jemandem unangenehm wäre oder ihm schaden könnte. Mit dieser Bedeutung nähert sich *Schweigen* dem Wort *Stillschweigen:*

> Jetzt ist tiefes Schweigen geboten (H. Mann, Stadt 38); Wir müssen in dieser Sache sehr vorsichtig sein: es ist eine so alte Familie. Ihr erfahrt es doch, daher erbitte ich Euer Schweigen (H. Mann, Stadt 53).

Stillschweigen bedeutet einerseits *absolute Stille, vollkommene Ruhe,* die oft bedrückend wirkt:

> Mit viel Argumenten. . . plädierte Hilferding für den Volksentscheid. Als er fertig war, herrschte verlegenes Stillschweigen (Niekisch, Leben 114); Auch jetzt gelang es Doktor Hansen, kein peinliches Stillschweigen aufkommen zu lassen (Erika-Roman 963, 24).

Andererseits bedeutet *Stillschweigen,* daß über etwas, was aus Gründen der Diskretion nicht bekanntwerden soll, nicht mit einem Dritten gesprochen wird. Während *Schweigen* lediglich das Nichtsprechen ausdrückt, charakterisiert *Stillschweigen* bewußtes Geheimhalten und nähert sich damit dem Inhalt von *Verschweigen:*

> Jedoch fordere er die sämtlichen Anwesenden auf, . . . vollständiges Stillschweigen zu bewahren (Zuckmayer, Fastnachtsbeichte 54); wir alle vier gelobten Stillschweigen (G. Hauptmann, Schuß 55); Warum sie immer wieder zu Herrn Dietz zurückkehre. . . Am Ende sei sie ihm sexuell hörig. . . Das reizte sie, das brach ihr lang bewahrtes Stillschweigen (Brod, Annerl 110).

Zu jemandem, der schweigsam ist, nicht redet, sich nicht unterhält, kann man also sagen *Dein Schweigen geht mir auf die Nerven,* aber nicht *Dein Stillschweigen geht mir auf die Nerven.* Im bürgerlichen Recht wird zwischen Schweigen und Stillschweigen unterschieden. *Schweigen* ist passives Verhalten, also Ablehnung. *Stillschweigen* bedeutet Zustimmung durch schlüssiges Verhalten. Bei Rechtsgeschäften kann *Schweigen* aber auch, insbesondere unter Kaufleuten, Zustimmung bedeuten; → verschweigen/totschweigen/sich ausschweigen.

Schwester-/Schwestern-

Wenn man Schwester im verwandschaftlichen Sinne als Kind aus einer Geschwisterreihe meint, dann werden die zusammengesetzten Wörter mit **Schwester-** gebildet, z.B. Schwesterliebe. Das trifft auch für die Übertragungen zu, so daß es heißt Schwesterstadt, Schwesterfirma, Schwesterschiff:

> Vom Wirt das Schwesterkind (Tucholsky, Werke I 225); Jungs, es war die Schwestertochter von unserm Freund (Fr. Wolf, Menetekel 323): die Besorgnis, die durch diesen neuen Schritt der Schwesterpartei entstanden ist. Man vermutet, daß . . .Erhard in Kürze den CSU-Vorsitzenden Franz-Josef Strauß zu sich bitten wird (MM 9./10.10.65, 1); Zahlreiche komplizierte Bahnmanöver von Gemini 6 sind notwendig, um langsam an das Schwesterschiff heranzukommen (Die Zeit 10.12.65, 29).

Wenn bei einer Zusammensetzung das Wort Schwester in der Bedeutung Angehörige einer religiösen Gemeinschaft oder eines Ordens, Krankenschwester zugrunde liegt, dann wird die Zusammensetzung mit **Schwestern-** gebildet, z.B. Schwesterntracht, Schwesternhaus. *Schwestern-* wird auch dann gebraucht, wenn zwei oder mehr Schwestern in der Geschwisterreihe gemeint sind, z.B. Schwesternpaar:

> Schwesternhelferinnen des Deutschen Roten Kreuzes (DM 5/1966, 39); Die Krankenhausärzte sind überzeugt, daß es. . . bald keinen Schwesternmangel mehr gäbe (DM 5/ 1966, 38); . . . so wie sie einander schon auf der Schwesternschule geholfen hatten (Johnson, Ansichten 111); Schwesternpaar entführte Auto. .. war der Wagen von zwei Schwestern im Alter von 24 und 20 Jahren entführt. . . worden (MM 12./13.8.72, 4).

F a l s c h ist die Zusammensetzung *Schwesternzeitschrift* im folgenden Beleg:

> Unter den Autozeitschriften der Welt gilt die vierteljährlich erscheinende MOTOR REVUE − eine Schwesternzeitschrift von auto motor und sport − als die wertvollste (Auto 7/1965, 61).

Die Komposita *Schwesternliebe* und *Schwesterliebe* unterscheiden sich folgendermaßen: *Schwesternliebe* ist die Liebe zwischen Schwestern; *Schwesterliebe* ist die Liebe, die von der Schwester (z.B. zum Bruder) ausgeht.

schwül/schwul

Wenn das Wetter drückend heiß oder feuchtwarm ist − oft vor einem Gewitter − , dann sagt man, daß es **schwül** sei:

> Im Mondlicht der erstickend schwülen Julinacht (St. Zweig, Fouché 72); Es war unerträglich schwül in dem Zimmer (Langgässer, Siegel 117).

Übertragen bedeutet *schwül* soviel wie *sehnsuchtsvoll und sinnlich verlangend:*

> Beryll schmiegte sich in Jörgs Arme. . . Dabei war schon manchem Mann schwül geworden (Prinzeß-Roman 43, 18); Die Musik jauchzt oder dehnt ein schwüles Schwermutslied(Kaiser, Villa 137).

Männer, die *homosexuell* veranlagt sind, werden in der saloppen Umgangssprache als **schwul** bezeichnet:

> „Entweder du bist impotent oder schwul, mein Süßer", sagte sie freundlich im Vorbeigehen (Remarque, Triomphe 308).

-sekündlich/-sekundlich/-sekündig

In adjektivischen Zusammensetzungen bedeutet **-sekündlich/** seltener: **-sekundlich** *in einem bestimmten zeitlichen Abstand wiederkehrend,* wobei der erste Wortteil das im zweiten Teil genannte Zeitmaß im einzelnen näher bestimmt. Was fünfzehnsekündlich geschieht, wiederholt sich alle fünfzehn Sekunden.
-sekündig bedeutet in adjektivischen Zusammenbildungen *eine bestimmte Zeit dauernd,* wobei der erste Wortteil das im zweiten Teil genannte Zeitmaß im einzelnen näher bestimmt. Ein fünfzehnsekündiges Blinkfeuer leuchtet fünfzehn Sekunden lang. Während *sekündlich/sekundlich* auch als selbständige Adjektive gebraucht werden können, tritt *-sekündig* nur in Zusammenbildungen auf.

selig/seelisch

Wer **selig** ist, ist innerlich beglückt, in hohem Maße glücklich und sich dieses Zustands froh bewußt. Im Unterschied zu *glücklich,* das sich mehr auf äußere Ursachen bezieht, drückt *selig* innere Beglücktheit aus, die auch im Rauschzustand durch Drogen oder Alkohol erreicht werden kann:

> Dieser Mensch aber... brachte es nicht einmal fertig, ihr zu sagen: Jesus Maria, Leona, dein A... macht mich selig! (Musil, Mann 24); Das Leben eines Fünfjährigen ist voll von Problemen..., verglichen mit dem seligen Dämmern der Babyzeit (K. Mann, Wendepunkt 21); „Oh, Thomas", flüsterte sie selig (Erika-Roman 963, 62); Ich bin ganz selig gewesen, daß solch ein großer bedeutender Mann mich armes Pferdekomtesserl überhaupt hat anschauen mögen (Fallada, Herr 55);→ glücklich/glückselig.

Selig bedeutet außerdem *der überirdischen Glückseligkeit teilhaftig; durch den Tod zu höheren, himmlischen Freuden gelangt:*

> Selige Engel; der Reigen seliger Geister.

Selig in der Bedeutung *nach Empfang der Sterbesakramente verstorben* — oft dem Substantiv nachgestellt —, wird heute nur noch selten, meist mit ironischem Unterton,gebraucht:

> Mein Vater selig schrieb einmal in einem Brief (Frisch, Cruz 27); auch Tante Lülchen selig hauste ja dort (K. Mann, Wendepunkt 431); so stelle ich mir deinen seligen Vater immer vor (I. Seidel, Sterne 92).

Seelisch bedeutet *die Seele betreffend* und ist synonym mit psychisch. Das Gegenwort ist *körperlich:*

> was ein Mensch ertragen kann oder welche körperlichen Wirkungen aus seelischen Ereignissen ableitbar sind (Fischer, Medizin II 245); Während Carlotta... seelisch zusammenbricht (Hochhuth, Stellvertreter 224).

Semasiologie/Semantik/Semiotik/Semiologie/Onomasiologie/Onomastik

Vor allem die Termini Semasiologie und Semantik, aber auch Semiotik und Semiologie sind in den wissenschaftlichen Fachsprachen nicht immer streng getrennt.
Unter **Semasiologie** versteht man die Bedeutungslehre, die bei ihren Untersuchungen von der Lautform ausgeht und z.B. die verschiedenen Bedeutungen eines Wortes darstellt. Darüber hinaus untersucht die Semasiologie auch die semantischen Beziehungen zwischen den lexikalischen Einheiten. Dafür wird auch der Terminus **Semantik** gebraucht, denn unter Semantik versteht man einerseits die wissenschaftliche Beschäftigung mit den Beziehungen der Sprachformen zu den Inhalten bzw. Bedeutungen und darüber hinaus auch zum Denken, zum Verhalten und zur Außenwelt. Andererseits versteht man darunter die Lehre von der Bedeutung und dem Bedeutungswandel der Wörter im Sinne der Semasiologie. Semantik ist aber auch soviel wie Bedeutung oder Inhalt eines Wortes.
Unter **Semiotik** oder auch **Semiologie** versteht man die allgemeine Theorie der sprachlichen Zeichen, die sich generell mit dem Wesen und der Rolle dieser Zeichen befaßt. Sie beschäftigt sich in dem Zusammenhang auch mit der Syntax.
Unter *Allgemeiner Semantik* wird eine besondere,wesentlich außersprachwissenschaftliche Forschungsrichtung verstanden, die das menschliche Verhalten zur Um-

welt untersucht, und zwar soweit es in den sprachlichen Zeichen erfaßbar ist und durch sie beeinflußbar erscheint.

Die **Onomasiologie** ist die Bezeichnungslehre. Während die *Semasiologie* z.B. fragt „Was kann das Wort *Kamin* alles bedeuten? (1. an der Wand befindliche Feuerstelle in einem Raum. 2. Schornstein. 3. Raum, Spalte zwischen zwei Felswänden), fragt die *Onomasiologie* z.B. „Was für ein Wort kann ich für den Begriff *Kamin* noch gebrauchen? " (Kamin, Schornstein, Esse, Schlot, Rauchfang).

Die **Onomastik** ist die Wissenschaft von den Eigennamen, ist Namenkunde.

sensibel/sensitiv/sentimental/sentimentalisch/sensuell/sensualistisch/sensorisch/sensoriell/senil

Als **sensibel** wird jemand bezeichnet, der feiner seelischer Empfindungen fähig ist. Ein sensibler Mensch ist feinfühlig, einfühlsam, empfindsam, zartfühlend und alles andere als robust:

> es gäbe Beispiele, daß sensible Kinder sich erst nach Ablauf einiger Wochen eingewöhnten (Jens, Mann 53); Sensible Naturen werden ja schon durch den Auspufflärm halb verrückt gemacht, während sich die Robusteren. . . nicht einmal durch das Abfeuern einer Kanone stören lassen (Menzel, Herren 82); seit ich weiß wie sensibel sie ist, . . . habe ich nie wieder gefragt (Frisch, Gantenbein 326).

Im übertragenen Gebrauch bedeutet *sensibel* soviel wie *Behutsamkeit und Vorsicht im Umgang erfordernd oder zeigend*:

> man müsse mit einer so sensiblen Materie wie mit Nachrichten vorsichtig umgehen (Bundestag 189/1968, 10243); beeindruckend vor allem die sensible Führung der Kamera, die Szenen und Gesichter in ihren charakteristischen Zügen herauszuschälen weiß (MM 4./5.6.66).

Eine Art Steigerung von *sensibel* enthält das Adjektiv **sensitiv**, das *übermäßig empfindsam, empfindungsfähig* bedeutet. Der sensitive Mensch mit seiner gesteigerten Empfindamkeit und Überempfindlichkeit sowie seiner starken Verletzbarkeit des Selbstwertes neigt zu heftiger Nerven- und Gefühlserregbarkeit und zu Neurosen in Verbindung mit Selbsterniedrigung, Selbstbeschuldigung und Selbstquälerei:

> Der Typus des sensitiven Psychopathen. . . ist inzwischen in die meisten modernen Lehrbuchdarstellungen übergegangen (Kretschmer, Beziehungswahn 9); Er hat ein Organ für die sensitive Sphäre, für Gemütsspannungen und Empfindungsweisen (Deschner, Talente 55); Er . . . sang in sich hinein, denn sein Befinden war musikalisch und sensitiv (Th. Mann, Zauberberg 197).

Im Englischen haben die lautlich entsprechenden Wörter ganz andere Bedeutungen, was sich manchmal auch in deutschen Texten widerspiegelt. Das englische *sensitive* entspricht der Bedeutung des deutschen Adjektivs *sensibel,* während das englische *sensible* soviel wie *vernünftig* bedeutet.

Während mit dem Adjektiv *sensibel* auf die innere Erlebnisfähigkeit eines Menschen hingewiesen wird, kennzeichnet **sentimental** die auch nach außen sichtbar werdende Hingabe an ein Gefühl oder an eine seelische Stimmung, die oft an Rührseligkeit grenzt. Ein sentimentaler Mensch ist gefühlsselig, schwärmerisch, also ein wenig zu gefühlsbetont und romantisch:

> der Jazz-Sänger sang ein sentimentales Lied (Koeppen, Rußland 112); Ich saß in der Bar — Reisebekanntschaften! Ich wurde sentimental (Frisch, Homo 124); Eine schmale. . . Kette aus Golddoublé hatte das sterbende Mädchen um den rechten Fuß getragen — eine dieser Albernheiten, zu denen man nur fähig war, wie man jung, sentimental und ohne Geschmack war (Remarque, Triomphe 20)

Das Adjektiv **sentimentalisch** wird nur selten gebraucht. Ursprünglich waren *sentimental* und *sentimentalisch* gleichbedeutend und die Endung -isch bedeutete nur eine Angleichung an das deutsche Wortbildungssystem, wie es auch sonst öfter der Fall ist (perfektiv/perfektivisch). Im Unterschied zu *sentimental,* das eine innere Qualität, Beschaffenheit charakterisiert, gibt *sentimentalisch* jedoch an, in welchem Art, in welchem Stil sich etwas vollzieht (vgl. antikisch, genialisch, idealisch):

> Das sentimentalische Fernweh ist eine romantische Kategorie (Enzensberger, Einzelheiten I 186).

Im literarischen Gebrauch hat sich — so bei Schiller — eine besondere Bedeutung dieses Wortes entwickelt, und zwar wurde es als Gegensatz zu *naiv* gebraucht. Unter sentimentalischer Dichtung versteht Schiller eine Dichtung, die bemüht ist, die durch Kultur und Zivilisation verlorengegangene ursprüngliche Natürlichkeit durch Refle-

xion auf höherer Ebene wiederzugewinnen:
> die Natur suchend und fassend, nicht sentimentalisch, sondern in naiver Bewunderung ihres Reichtums (Goldschmit, Genius 114).

Wohl im Klang bzw. im Schriftbild, aber in der Bedeutung nur noch entfernt ähnlich sind die folgenden Wörter.

Sensuell bedeutet *die Sinne betreffend, auf ihnen beruhend, sinnlich:*
> die jüngere, Carla, beeindruckte die Herrenwelt durch sensuellen Charme (K. Mann, Wendepunkt 12); Der Dichtung fallen jene sensuellen Momente des Gegenstandes ... zu, die sich exakten Meßmethoden entziehen (Adorno, Prismen 192).

Sensualistisch gehört zum Substantiv *Sensualismus,*womit die psychologische und erkenntnistheoretische Anschauung gemeint ist, daß alle Erkenntnis nur auf den Sinneswahrnehmungen beruhe. Daneben wird *sensualistisch* auch an Stelle von *sensuell* gebraucht (wie psychologisch für psychisch usw.; →psychisch):
> Kreuders Sprache ist nicht neu. Aber sie bekundet sensualistische Qualitäten, sinnliche Anmut und Eindrücklichkeit (Deschner, Talente 170).

Sensorisch und **sensoriell** haben die Bedeutung *die Sinnesorgane betreffend.* Eine sensorielle Aphasie ist z.B. eine Worttaubheit. Im Unterschied zu *sensuell,* das die Wirkungen sinnlicher Eindrücke auf das Gefühl einschließt, deuten *sensorisch* und *sensoriell* lediglich auf die Vermittlung, Weiterleitung von Sinneswahrnehmungen o.ä. ins Bewußtsein hin:
> Da gibt es sensorische Herabminderungen, Gnadennarkosen (Th. Mann, Zauberberg 669); Kauders, O.: Über polyglotte Reaktionen bei einer sensorischen Aphasie.

Das oft abwertend gebrauchte Adjektiv **senil,** das gelegentlich auf Grund der Lautähnlichkeit mit *sensibel* verwechselt wird, bedeutet *greisenhaft, verkalkt:*
> er ist sehr senil geworden; er hat senile Ansichten; sie ist... eine senile Tante (Der Spiegel 47/1967, 206).

separat/separiert/apart/separatistisch

Was **separat** ist, besteht trotz eines allgemeinen Zusammenhangs mit etwas getrennt davon als etwas Selbständiges:
> die Wohnung hat einen separaten Eingang; ein Heft einer Zeitschrift separat bestellen; die beiden Staaten schlossen einen separaten Frieden; Meine Autogrammpost wird auch weiterhin separat bearbeitet (DM Test 45/1965, 14); Am Heck rechts und links die separaten Einfüllstutzen für die Tanks (Auto 7/1965, 37).

Das zweite Partizip vom Verb separieren, nämlich **separiert,** bedeutet *abgetrennt, abgesondert von etwas.* wobei im Unterschied zu separat noch der Vorgang, die Handlung mit ausgedrückt wird. *Separat* lenkt den Blick darauf, daß etwas für sich allein, selbständig existiert, während *separiert* noch deutlich auf den eigentlichen Zusammenhang mit etwas anderem hinweist, von dem es abgetrennt und dadurch für sich selbständig bestehend gemacht worden ist. Was *separat* ist, existiert g e t r e n n t von etwas. Was *separiert* ist, ist von etwas a b g e t r e n n t worden:
> Separiertes Zweibettzimmer ab 500,—— (Kronenzeitung 2997, 53).

Das Adjektiv **apart** wurde früher in der Bedeutung *für sich, einzeln, gesondert [stehend]*gebraucht:
> als wenn jedes für sich in einem aparten Hause wohnte (Heyse [nach Klappenbach]); Aber dafür (für eine Begleitung durch seine Frau) war er nicht: Praxis apart, Frau apart (Viebig [nach Klappenbach]).

Der Unterschied zum Adjektiv *separat* wird in der etymologischen Herkunft sichtbar. *Apart* geht auf französisch à part (= beiseite, zur Seite) zurück, während *separat* auf lateinisch separatus (= gesondert, getrennt) zurückzuführen ist.

Separatistisch gehört zum Substantiv Separatismus, worunter man das Bestreben nach Loslösung eines bestimmten Gebietes aus dem Staatsganzen versteht. *Separatistisch* bedeutet also *Loslösungsbestrebungen habend, den Separatismus betreffend; sich auf ihn beziehend.* Ein abwertender Beiklang haftet diesem Adjektiv an:
> es ist bekannt, daß es im Rheinland nach dem ersten Weltkrieg nicht wenige gab, die separatistisch eingestellt waren; ,,Diese separatistischen Gauner werden sich nicht lange ihres Sieges erfreuen..." (Marchwitza, Kumiaks 154); In Bayern war eine gefährliche separatistische Strömung durchgebrochen (Niekisch, Leben 107).

seriös/serös

Wenn jemand oder etwas als **seriös** bezeichnet wird, dann verbindet sich damit die Vorstellung des Zuverlässigen, Ernsthaften, Gediegenen und Würdigen:

> ... weil die Direktion eines seriösen Unternehmens an seriösen Werbemethoden rüttelt (DM Test 1/1966, 54); ... daß die Finanzplanung dieser Bundesregierung nicht seriös sei (Bundestag 190/1968, 10307); Ich erwarte irgendein belustigtes Zwinkern von ihm; aber er ist plötzlich seriös (Remarque, Obelisk 335); Ein seriöser Lederkoffer, hellgelb (Fries, Weg 114).

Serös bedeutet sowohl *aus Serum bestehend* oder *mit Serum vermischt* als auch *ein serumähnliches Sekret absondernd:*

> Von den drei großen Mundspeicheldrüsen liefert die Ohrspeicheldrüse... einen ... Speichel, der in sogenannten serösen Drüsenzellen gebildet wird (Fischer, Medizin II 26).

sichtbar/sichtbarlich/sichtlich/-sichtig/ersehbar/ersichtlich

Was **sichtbar** ist, ist so beschaffen, daß man es seiner Natur und den Umständen nach sehen kann. *Sichtbar* gibt die Möglichkeit an. Das Gegenwort ist *unsichtbar:*

> So war ihr dunkelbraunes Haar ganz sichtbar, von dem sie fast abnorm viel hatte (Doderer, Wasserfälle 7); Moses Deutsch kennt sich mit den Dienstgraden und Rangabzeichen aus, auch mit denen, die nicht sichtbar getragen werden, er sagt: Herr Geistlicher Rat (Bobrowski, Mühle 153); Der feurige Keil im Stalingrader Stadtbild und der Widerschein am Himmel waren weit sichtbare Zeichen (Plievier, Stalingrad 217); er sah sich selbst noch, wie er seine Hose auszog, seine zweite sichtbar wurde (Böll, Adam 53); wir alle gelangen... in den Zustand dieses Toten. Meistens legt man ein Tuch oder dunkle Erde über die sichtbare Auflösung (Jahnn, Geschichten 206).

Bildlich:

> zum Schutze Gorons nämlich, der doch ein Mann in weithin sichtbarer Position ... war (Maass, Gouffé 231); die unsinnige Bemerkung, die seiner Angst auch noch einen sichtbaren Anhaltspunkt verschafft hatte (Frisch, Stiller 511).

Im übertragenen Gebrauch bedeutet *sichtbar* soviel wie *als Gegebenheit, Faktum geistiger o.ä. Art zu erkennen, feststellbar:*

> Ohne sichtbaren Grund fiel sie um und war nur langsam... ins Bewußtsein zurückzubringen (Baum, Paris 20); Seit dem Jahr 1948 wurde die Tendenz stärker sichtbar, die Staats- und Gesellschaftsordnung der "DDR" nach sowjetischem Vorbild umzugestalten (Fraenkel, Staat 352); Unterschiede zwischen Andreas und mir traten erst sichtbar zutage, als wir... in andere Kreise kamen (Küpper, Simplicius 30).

Sichtbarlich, das hauptsächlich als Adverb gebraucht wird, unterscheidet sich insofern von sichtbar, als es einen stärkeren Akzent setzt und soviel bedeutet wie *recht deutlich herausgehoben, nicht zu übersehen.* Was *sichtbar* ist, ist zu sehen, kann gesehen werden, ist nicht den Blicken verborgen; was *sichtbarlich* vorhanden ist, ist deutlich zu sehen, ist unübersehbar, drängt sich förmlich dem Blick auf. Im Unterschied zu *sichtbar* wird *sichtbarlich* nicht prädikativ gebraucht. Man kann sagen, der Mond ist heute nacht sichtbar, aber n i c h t : der Mond ist heute nacht sichtbarlich:

> auf dem mit dem Diamanten eines Ringes sichtbarlich ein Herz eingraviert war (Genet [Übers.],Miracle 323); Ethik als Theorie der existentiellen Realität postuliert auch bei ihm sichtbarlich ein System semantischer Begriffe (Genet [Übers.], Tagebuch 19 [Einleitung]); sie ... rief aus dem Dunkel des Unbewußten meine Grübelsucht in sichtbarliche Wirklichkeit zurück (Maass, Gouffé 319); Priester: Gar oft kommt auch der glücklichste Mensch in die Lage, des Nächsten Hilfe bedürfen zu müssen. Kommissar: Unsere Freundin benötigt sichtbarlich nichts (Reinig, Schiffe 89); Einsam in seiner morgendlichen Glorie stand der Stern, der die Sonne sichtbarlich begleitet: der stete Planet Venus (A. Zweig, Grischa 71).

Der Unterschied zu *sichtbar* läßt sich am letzten Beleg verdeutlichen: Hieße es, daß der Stern die Sonne sichtbar begleitet, dann bedeutete es, daß er nicht unsichtbar, daß er zu sehen ist. So aber heißt es, daß er nicht zu übersehen ist, daß er recht deutlich in Erscheinung tritt.

Sichtlich wird vor allem adverbial, aber auch gelegentlich attributiv bei Substantiven, nicht aber prädikativ gebraucht. *Sichtlich* besagt *wie man aus den allgemeinen Anzeichen schließen, auf Grund der Anzeichen feststellen kann; augenscheinlich, offensichtlich, deutlich:*

wo er hinkam, nahm der Arbeitseifer sichtlich zu (Kirst 08/15, 10); Eduard tritt vom Kranz zurück, sichtlich erleichtert (Frisch, Nun singen 165); An der Tür lehnte... ein junger Herr, der mit seiner Baskenmütze spielte und lächelte. Er verstand, worum es ging, und es macht ihm sichtlich Spaß (Seghers, Transit 208); Er sah wieder weg und dachte so sichtlich an etwas anderes, daß sie gar nichts mehr zu sagen wagte (H. Mann, Unrat 143); Auf ihr Verlangen ... reagierte man allerdings zunächst mit sichtlicher Zurückhaltung (Silvia-Roman 674, 47); Seine erlebte Verkündigung fand einen sichtlichen Widerhall: zu Hunderten eilten die Leute von allen Seiten herbei (Nigg, Wiederkehr 43).

Mit *sichtbar* kann *sichtlich* nur im übertragenen, nicht im konkreten Bereich ausgetauscht werden. Man kann nicht sagen *die sichtlichen Gegenstände*, sondern nur *die sichtbaren Gegenstände*. Der Bedeutungsunterschied zu *sichtbar* liegt darin, daß *sichtbar* darauf hinweist, daß etwas in der betreffenden Person oder im betreffenden Objekt selbst ohne weiteres zu sehen ist, während *sichtlich* darauf hindeutet, daß man es erst durch eine Art geistigen Akt bemerkt, indem man von gewissen Anzeichen o.ä. auf etwas anderes schließt.

Wenn jemand *sichtlich* erleichtert ist, dann m e r k t man es ihm an, dann stellt man es durch Beobachtung an seinem Verhalten fest. Wenn jemand *sichtbar* erleichtert ist, dann s i e h t man es ihm selbst an, dann genügt das Sehen schon allein.

Es gibt viele Fälle, in denen *sichtbar* und *sichtlich* mit entsprechender Inhaltsnuancierung gegeneinander austauschbar sind, z.B. in den folgenden Belegen:

Der Diener ist eingetreten, noch sichtbar eingeschüchtert (Hochhuth, Stellvertreter 86); Gesetze, die sichtbar unter dem „Druck der Straße" zustande kommen (Fraenkel, Staat 225); Einem Stand, dem die Gnadensonne des Königs so sichtlich entzogen war, wollte plötzlich niemand mehr wohl (Jacob, Kaffee 129).

In manchen Kontexten würde ein Austausch den Sinn aber völlig ändern:

Ihr Verstand war nicht sonderlich ausgeprägt; aber viele andere Vorzüge, die sie sichtlich besaß, machten das wett (Kirst 08/15, 695).

In manchen Fällen ist ein Austausch nicht möglich, weil der Kontext Wörter enthält, deren Inhalt dem entgegenstünde:

Die entsprechende Polarisierung der fürstlichen Gewalt wird durch die Trennung des öffentlichen Budgets vom privaten Hausgut des Landesherrn sichtbar markiert (Fraenkel, Staat 222); sagte der Arbeiter ohne sichtbare Logik (Remarque, Triomphe 222); weil es im Leben sichtlich den Frieden nicht gab, den sie sich sehnlich wünschte (H. Mann, Unrat 115); Himmelstoß weiß sichtlich nicht, wie er sich benehmen soll (Remarque, Westen 63); „Sind Sie nun zufrieden? " fragte ich, und da Herr Ericke es sichtlich nicht war, ging ich... auf mein Zimmer (Fallada, Herr 31); Es war ihm sichtlich peinlich, sich im Mittelpunkt des Interesses zu fühlen (Kirst 08/15, 414).

Wo eindeutig das Sehen gemeint ist, kann auch nur *sichtbar*, nicht aber *sichtlich* stehen, z.B. sichtbar zutage treten, etwas sichtbar machen, sichtbar werden.

Das Adjektiv -sichtig wird nur noch in Zusammensetzungen gebraucht, und zwar in den Bedeutungen *sehbar* (durchsichtig) und *sehend* (kurzsichtig, weitsichtig).

Was *ersehbar* ist, kann aus etwas ersehen werden; was **ersichtlich** ist, kann l e i c h t aus etwas ersehen werden, d.h., es geht aus dem Gegebenen hervor, kann aus ihm leicht geschlossen werden. *Ersehbar* kennzeichnet die M ö g l i c h k e i t; *ersichtlich* eine Eigenschaft, ein Merkmal:

Aus diesen Unterlagen ist nicht ersehbar, ob die Rechnungen bezahlt sind; aus diesen Unterlagen ist ersichtlich, wie teuer die Geräte gewesen sind.

Gelegentlich kann *sichtbar* mit *ersichtlich* in Konkurrenz stehen:

Ohne sichtbaren Grund fiel sie um (Baum, Paris 20).

Ohne *sichtbaren* Grund heißt, daß ein Grund nicht zu sehen, äußerlich nicht festzustellen ist; ohne *ersichtlichen* Grund besagte, daß man — obgleich man sich darüber Gedanken macht — nichts finden kann, was als Grund in Frage käme.

Siesta/Fiesta

Siesta ist die „sechste" Tagesstunde, und man versteht darunter die Ruhe, vor allem die Mittagspause, den Mittagsschlaf, die Mittagsruhe:

von vier bis fünf Uhr nachmittags hat es im Hause auch wieder leise zu sein: es ist die Stunde der Siesta (K. Mann, Wendepunkt 23); Nur zwischen zwei und vier Uhr, während sie Siesta hielten (A. Kolb, Daphne 49).

Eine **Fiesta** ist ein spanisches Volksfest.

Sir/Sire

Sir (gesprochen: sœ:) ist die englische Anrede an einen Herrn, wenn kein Name genannt wird, und entspricht dem deutschen *mein Herr:*
> Verzeihung, Sir, wo ist hier die Universität?

In Verbindung mit Vornamen [und Nachnamen] ist *Sir* Adelstitel und Anrede:
> Sir Winston [Churchill] .

Sire (gesprochen: si:r) ist eine französische Anrede und bedeutet *Majestät:*
> Sire, geben Sie Gedankenfreiheit! (Schiller, Don Carlos 3, 10).

Sklave/sklavisch/Slawe/slawisch/slawistisch

Unter einem **Sklaven** versteht man einen Menschen ohne Rechte und persönliche Freiheit, der einem anderen als Eigentum gehört:
> einen netten Zuschuß von Negerblut nicht zu vergessen, von den vielen schwarzhäutigen Sklaven her, die eingeführt wurden (Th. Mann, Krull 302).

Bildlich:
> wie sehr wir alle mit wenigen Ausnahmen Sklaven eingewurzelter oder zumindest üblicher Vorstellungen sind (Thorwald, Chirurgen 186).

Zu dem bildlichen Gebrauch von Sklave gehört das Adjektiv **sklavisch,** das soviel bedeutet wie *sich wie ein Sklave verhaltend,* nämlich unterwürfig,und sich, ohne abzuweichen, dem Willen anderer unterordnend, genau das ausführend und sich an das haltend, was verlangt bzw. gesagt worden ist, ohne eigene Willenbekundung:
> Der Jünger hängt sklavisch an dem Meister (Goldschmit, Genius 265); Meine Kolkraben. . . wiederholten einen nur einmal geflogenen Weg sklavisch genau (Lorenz, Verhalten I 36).

Ein **Slawe** ist ein Angehöriger einer ost- oder südosteuropäischen Völkergruppe:
> Die Polen, Tschechen, Jugoslawen sind Slawen.

Das dazugehörende Adjektiv ist **slawisch** und bedeutet *die Slawen betreffend, zu ihnen gehörend, von ihnen stammend:*
> Prawda-Artikel. . . , der von dem gemeinsamen ewigen Kampf der Russen, Polen und anderer slawischer Völker gegen die Deutschen handelte (Leonhard, Revolution 161); Er hätte slawischer Abkunft sein können, mit seinem hochsitzenden . . . Backenknochen und schmalen Augen (K. Mann, Wendepunkt 109).

Das Adjektiv **slawistisch** gehört zum Substantiv Slawistik, worunter man die Wissenschaft von den slawischen Sprachen und Literaturen versteht.

skrupellos/skrupulös

Skrupellos bedeutet *ohne auf andere und deren Interessen bei seinem Handeln Rücksicht nehmend; sich über Nachteile, die anderen durch das Tun entstehen könnten, keine Gedanken machend.* Mit diesem Wort verbindet sich ein Vorwurf:
> da Fiechtner. . . die eigene Braut. . . bei der Geheimen Staatspolizei anzeigte und sie so, skrupellos und nur auf die Fortführung seines donjuanesken Treibens bedacht, schließlich ins Gefängnis brachte (Jens, Mann 98).

Skrupulös —nicht so oft gebraucht — bedeutet *ängstlich bestrebt, alles genau zu bedenken, bedachtsam vorzugehen und alles bei seinem Tun in seine Überlegungen mit einzubeziehen, um sich oder anderen nicht zu schaden:*
> Eine blendende Garderobe — eine Atmosphäre von Eau de mille fleurs und Bisam . . . alles das sollte die Delikatesse einer bürgerlichen Dirne nicht endlich bestechen können? . . . so skrupulös ist die Eifersucht nicht (Schiller, Kabale 3, 1).

sorgenfrei/sorgenlos/sorglos

Sorgenfrei bedeutet *ohne Sorgen [lebend], keine Sorgen habend, von Sorgen frei:*
> Als ich das Hotel betrat, staunte ich noch mehr. Es war komfortabel eingerichtet: Teppiche, Blumen, gutgekleidete Menschen, die sorgenfrei umhergingen (Leonhard, Revolution 120).

Sorgenlos entspricht der Bedeutung von *sorgenfrei,* ist aber seltener als dieses:
> ein sorgenloses Dasein; er hat nie sorgenlos leben können.

Während sich *sorgenfrei* und *sorgenlos* auf die äußeren Lebensumstände, auf die persönlichen finanziellen Verhältnisse eines Menschen beziehen — wer sorgenfrei ist, lebt in guten Verhältnissen, hat keine Probleme, hat Geld, kann sich leisten, was er braucht oder zu haben wünscht —, charakterisiert **sorglos** die innere Einstellung eines Menschen zu den Dingen seiner Umwelt. Wer *sorglos* oder sorgenfrei ist, h a t keine Sorgen. Wer *sorglos* ist, ist unbekümmert, unbeschwert, ohne Argwohn, ja leichtsinnig, er m a c h t sich keine Sorgen:

> Sorglos erschien ich beim Direktor in der Annahme, daß man Otto ordentlich den Kopf waschen und ich lediglich als Zeuge gehört würde. Es kam jedoch ganz anders (Leonhard, Revolution 182); Stalin rief die sowjetische Bevölkerung auf, „mit der sorglosen Gelassenheit und der Stimmung des Aufbaus Schluß zu machen" (Leonhard, Revolution 102).

Wer unbekümmert ist, mißt auch den Dingen des täglichen Lebens keine besondere Bedeutung bei, so daß er mit Dingen, die eigentlich der Sorgfalt, Aufmerksamkeit oder Pflege bedürfen, ebenfalls recht *sorglos*, d.h. dann unachtsam, umgeht:

> er geht mit den komplizierten teuren Geräten recht sorglos um.

sorgfältig/sorgsam/sorglich

Wer **sorgfältig** ist, zeigt bei seinem Tun Sorgfalt, widmet einer Sache aufmerksame Behandlung, ist ordentlich. *Sorgfältig* bezeichnet ein Verhalten, welches von Aufmerksamkeit für den Gegenstand zeugt:

> Es (das Mädchen) packte sorgfältig das Brot ein, den Rest Lauch und korkte die Flasche wieder zu (Böll, Adam 37); Er war sorgfältig gekleidet (A. Zweig, Claudia 29); ich ließ ihn besonders sorgfältig erziehen, Sekundarschule, Handelsgymnasium (Dürrenmatt, Meteor 65); inzwischen wurden alle seine Erlebnisse in der Sowjetunion sorgfältig aufgezeichnet — einschließlich seiner Lobeshymnen (Leonhard, Revolution 138); Er . . . strich im Notizbuch Namen und Adresse des verhafteten R. sorgfältig durch, so daß nichts mehr zu erkennen war (Leonhard, Revolution 39).

Wer behutsam, pfleglich, vorsichtig mit etwas umgeht, ist **sorgsam**. Während *sorgfältig* die Art der Ausführung in bezug auf das R e s u l t a t charakterisiert, spiegelt *sorgsam* die persönliche innere Anteilnahme des Betreffenden wider. *Sorgsam* bezieht sich auf die A r t der A u s f ü h r u n g selbst, schließt aber das Resultat nicht mit ein:

> Unter dem Schweigen der Mitreisenden legte er die Ringe sorgsam in den kleinen . . . Schmuckkoffer (L. Frank, Wagen 25); Seien Sie in allem sehr sorgsam, vor allem bei Geldangelegenheiten. Nicht leichtsinnig sein! (Petra 10/1966, 81); Für ihn gehört eine sorgsamere Überwachung seiner geistigen Nahrung, als wir sie durchführen können (Musil, Törleß 146); Sie hat wenig romantische Genüsse in ihrem Leben gehabt, aber eben deshalb. . . sieht sie sie. . . Was man vor dem Mann und der Welt sorgsam verbergen muß, weil man keine „überspannte Gans" sein will (Walser, Gehülfe 33); Sie sagten neulich, die Natur habe den einen Menschen vom anderen sorgsam getrennt und abgesondert (Th. Mann, Krull 416).

Sorgfältig und *sorgsam* könnten oft gegeneinander ausgetauscht werden, wobei der Inhalt jeweils ein wenig nuanciert würde:

> Das Futter wurde sehr sorgsam gewählt, für einige Mäntel wurde Twill verwendet (Herrenjournal 3/1966, 40); Er besitzt eine beträchtliche Kollektion natürlicher Kristalle, die er in einer großen Vitrine. . . sorgsam geordnet hat (Fr. Wolf, Meneteкel 223); Mein Schutzengel lobte mich sehr, weil ich alles genau und sorgsam ausführte (Seghers, Transit 211); wie sähe Brecht heute als Jüngling aus, ein Grab in der Dorotheenstadt und ringsum sorgsam aufgeräumte Trümmer, Nachfahren, Epigonen, ewige Wiederkehr (Koeppen, Rußland 201).

Am letzten Beispiel können die Nuancen verdeutlicht werden. Wenn es *sorgfältig aufgeräumte Trümmer* hieße, dann sollte die O r d n u n g hervorgehoben werden. *Sorgsam aufgeräumte Trümmer* deuten auf das persönliche Bestreben, Pietät o.ä. hin.

Sorglich bedeutet *um das Wohlergehen o.ä. besorgt; sich Sorgen, Gedanken machend:*

> wenn er mit seinen lieben Büchern so sorglich umging — wie gut würde es erst . . . ein geliebter Mensch in seiner Nähe haben (A. Zweig, Claudia 19); Der sorgliche Hausvater, den der Freund in den letzten Worten parodieren wollte, ist wider seinen Willen doch stärker als beabsichtigt zum Vorschein gekommen (Brod, Annerl 78); in den schwarzen Augen war ein Feuer, das den Erfahrenen sorglich stimmte, als dürfte es nicht lange dauern (Carossa, Aufzeichnungen 76).

Sorglich bedeutet auch soviel wie *mit Bedacht, gewissenhaft und sorgsam* in bezug auf eine Tätigkeit, nicht aber als charakterisierendes Adjektiv bei einer Person (nicht: ein sorglicher Mensch):

> Bei aller Achtung vor der sorglich überlegten Arbeit wünschen wir doch zu einer Neuauflage eine Überprüfung der Aussprüche „Schlafzimmer und Bad gehen nach

237

Osten" (Muttersprache 2/1972, 125).

Entsprechend ihren inhaltlichen Nuancen verbinden sich die einzelnen Adjektive nicht immer mit den gleichen Verben, Substantiven usw. Ein Mensch kann *sorgfältig* sein, er kann etwas sorgfältig tun, er kann auch sorgfältig mit etwas umgehen, aber es ist nicht üblich, daß jemand einen anderen Menschen sorgfältig behandelt. Das Adjektiv *sorgfältig* kann zur Charakterisierung eines Menschen herangezogen werden, kann eine feste Eigenschaft bezeichnen (ein sorgfältiger Arbeiter). *Sorgsam* charakterisiert nur jeweils die Art der Ausführung der einzelnen Handlung. Es ist daher nicht üblich, von einem sorgsamen Menschen zu sprechen. Nur im Umgang mit jemandem oder etwas kann jemand sorgsam sein und darin seine gemüthafte Anteilnahme zeigen. Andererseits kann ein Geschehen einen Menschen sorglich stimmen, aber nicht sorgfältig oder sorgsam.

Wer etwas sorgfältig tut, tut es ordentlich, akkurat. Wer etwas *sorgsam* tut, geht vorsichtig und behutsam vor, widmet der betroffenen Person oder dem betroffenen Gegenstand besondere Aufmerksamkeit, um ihm nicht zu schaden, ist auf das Wohlergehen o.ä. bedacht. Wer etwas *sorglich* tut, ist besorgt und macht sich Gedanken darüber, wie er etwas gewissenhaft und gut behandeln oder durchführen kann.

sozial/sozialistisch/soziabel/soziologisch

Sozial wird alles genannt, was mit den zwischenmenschlichen Beziehungen zusammenhängt und bedeutet sowohl *das menschliche Zusammenleben, die Gemeinschaft betreffend, gesellschaftlich:*

> hier muß man seinen Arbeitsplatz ausfüllen, um soziale und politische Geltung zu haben (Niekisch, Leben 221); eine Konstellation, die bei der konfessionellen und sozialen Struktur der Bundesrepublik nicht leicht zu erschüttern ist (Fraenkel, Staat 249); Der alte Darwin stellte hierzu sehr richtig fest, daß nur soziale Tiere unterjocht werden können, weil nur sie den Menschen als Herdenhaupt annehmen (Dwinger, Erde 199)

als auch *auf das Wohl des einzelnen als Glied der Gesellschaft oder auf Ausgewogenheit und Gerechtigkeit gegenüber den Belastungen des einzelnen in einer Gemeinschaft gerichtet, gemeinnützig, nicht unsozial:*

> (Schleicher bemühte sich) als sozialer... Kanzler zu erscheinen (Niekisch, Leben 232); eine Wohnung des sogenannten gehobenen sozialen Wohnungsbaues (MM 5.9.68, 6); Die SED weiß selber gut genug, daß ihr Rentensystem kaum sozial und schon gar nicht sozialistisch genannt werden kann (Die Zeit 20.11.64, 12).

Wenn das gemeinnützige, auf soziale Gerechtigkeit gerichtete Streben zum politischen Programm, zu einer Weltanschauung gemacht wird, dann charakterisiert man das mit diesen Zielen verbundene Wirken als **sozialistisch:**

> Der als Gegenbewegung zum Kapitalismus entstandene Sozialismus hat es fertiggebracht, den Kapitalismus erheblich zu reformieren und zu „sozialisieren", d.h., wenn auch nicht sozialistisch, so doch sozialer zu gestalten (Fraenkel, Staat 308); Auf einer Pressekonferenz... sagte er, man könne „sozialistische und soziale Marktwirtschaft nicht zugleich machen" (MM 22.9.69, 19); Typisch sozialistische Forderungen sind: 1. mehr oder weniger weitgehende „Vergesellschaftung" oder „Verstaatlichung" der wichtigeren Produktionsmittel (Frankel, Staat 303); In den sozialistischen Ländern (Klein, Bildung 11).

Wer die Neigung, aber auch die Fähigkeit hat, sich gesellschaftlich, also einer Gemeinschaft, an- und einzupassen, wird **soziabel** genannt:

> er ist ein soziabler Typ, dem es nicht schwerfällt, in der neuen Umgebung schnell heimisch zu werden.

Wenn man die Art und Weise des Zusammenlebens der Menschen sowie die daraus sich ergebenden Probleme betrachtet, so nennt man diese Betrachtung **soziologisch:**

> Soziologisch gesehen ist die Bezeichnung Mittel-„Stand" heute falsch, da die ständische Gesellschaftsordnung durch die Folgen der Französischen Revolution und die moderne industrielle Entwicklung beseitigt worden ist (Fraenkel, Staat 196); ... behandelt sie Aufbau und innere Struktur des Gemeinwesens unter historischen, soziologischen und rechtlichen Gesichtspunkten (Fraenkel, Staat 268).

Nicht selten wird *soziologisch* auch für *sozial* in der Bedeutung *die Gemeinschaft betreffend, gesellschaftlich* gebraucht, um eine Verwechslung mit *sozial* in der Bedeutung *gemeinnützig, menschlich, hilfsbereit, fürsorglich* auszuschließen, z.B. *soziologische Struktur,* obwohl es *soziale Struktur* heißen müßte, denn es handelt sich um die Struktur der Gesellschaft, nicht um die der Gesellschaftswissenschaft, um eine gesellschaftliche Struktur, nicht um eine gesellschaftswissenschaftliche:

> Wird nun auch zum Gegenstand der öffentlichen Verhandlung, was alles sich an soziologischer Hintergründigkeit im Falle Pohlmann-Nitribitt verbirgt (Noack, Prozesse 19); Auf Grund der soziologischen Entwicklung unserer Gesellschaft wird der Buchmarkt weiter wachsen (MM 4./5.12.65, 13).

Gelegentlich kann der Gebrauch von *soziologisch* für *sozial* auch gerechtfertigt erscheinen, wenn man ausdrücken will, daß man etwas wissenschaftlich, mit Hilfe der Soziologie, der Soziologie entsprechend erklärt und betrachtet:

> Und wer sind diese Kinder? ,,Psychologisch und soziologisch anomal geartete Kinder, die so erzogen werden sollen, daß sie nach einem möglichst kurzen Aufenthalt im Heim als geheilt und vollwertige Mitglieder der Gemeinschaft leben können (Mostar, Liebe 97); vgl. auch psychisch/psychologisch.

Spalt/Spalte

In den Wörterbüchern werden **Spalt** und *Spalte* oft als gleichbedeutend bezeichnet. Doch beide Wörter decken sich sowohl im Gebrauch als auch im Inhalt nicht völlig. Wie auch bei dem Wortpaar Ritz/Ritze gibt es gewisse Unterschiede. Unter einem *Spalt* versteht man eine schmale, meist senkrecht verlaufende Öffnung von gewisser Länge, einen Einschnitt:

> ... um durch den Spalt cremefarbener Vorhänge in das Innere vornehmer Restaurants zu blicken (Th. Mann, Krull 99); Sie sah durch den Spalt zwischen Mantelrand und Fensterrahmen auf den Stadtbahnzug (Johnson, Ansichten 229); ... als sie schließlich ihren Groschen in den Spalt (des Telefonautomaten) steckte (Baum, Paris 57); ... sah er... dort, wo der Spalt klaffte, ein Gesicht erscheinen (Augustin, Kopf 195); Ein feiner mit wenig Flüssigkeit gefüllter Spalt bleibt erhalten (Fischer, Medizin II 21); Sie ... zog die Augen zu einem Spalt zusammen (Baum, Paris 118); Da sagte er mit kleingezogenen Augen, daß nur noch ein Spalt offen war (H. Kolb, Wilzenbach 73); Der Junge... preßte den Mund so stark nach innen, daß er nur noch wie ein Strich war, ein verriegelter Spalt (Jahnn, Nacht 145); Sein halb geöffneter Mund war zu einem Spalt geworden (Genet [Übers.], Totenfest 15).

Wenn ein Fenster oder eine Tür nur ein wenig geöffnet wird, entsteht ein *Spalt,* so daß *Spalt* auch als eine Art Maßangabe gebraucht wird:

> Dann macht er die Tür wieder auf und steckt den Kopf durch den Spalt (Bobrowski, Mühle 94); Weyde hatte. . . das Fenster. ... einen Spalt offengelassen (Roehler, Würde 30); Da geht die Wagentür einen Spalt breit auf (Bobrowski, Mühle 76).

Der folgende sondersprachliche Beleg bildet schon den Übergang zu Gebrauch und Bedeutung von *Spalte:*

> Spalt: Ein Einschnitt, in dem nur Arme und Beine Platz finden (Eidenschink, Bergsteigen 75).

Während *Spalt* soviel bedeutet wie Einschnitt, schmale Öffnung, kennzeichnet das Wort **Spalte** einen Zwischenraum innerhalb von etwas. Ein *Spalt* entsteht meist durch entsprechende Einwirkung mehr oder weniger vorübergehend; eine *Spalte* ist im allgemeinen als Faktum vorhanden. Man öffnet die Augen, den Mund oder eine Tür also nur einen Spalt, aber nicht eine Spalte:

> er sah durch die Spalte im Bretterzaun dem Fußballspiel zu.

Bildlich:

> Der Geist. . . des Kleinmuts weiß sich wie Ungeziefer in den geheimsten Spalten der Seele zu verstecken (Thieß, Reich 227).

In der Fachsprache der Druckerei ist *Spalte* die Maßangabe für die Zeilenbreite eines Textes:

> In dem Wörterbuch hat jede Seite drei Spalten; Seine. . . Liebe aber galt England, wo er das größte Echo gefunden, wo sich die Spalten der ,,Times" ihm stets geöffnet hatten (Ceram, Götter 70).

Während der Plural zu *Spalt* nur selten gebraucht wird und *die Spalte* lautet, heißt von *Spalte* die Mehrzahlform *die Spalten.*

sparen/einsparen/ersparen/absparen/ansparen/zusammensparen/aufsparen/ aussparen

Die Verben **sparen** und *einsparen* sind nicht völlig gleich. Man kann zwar für *einsparen* meist auch *sparen* einsetzen, doch läßt sich umgekehrt für *sparen* nicht immer auch *einsparen* verwenden. Man spricht vom Sparer, aber nicht vom Einsparer.

Sparen bedeutet **1 a)** *Ersparnisse machen, Geld [für einen bestimmten Zweck] zurücklegen:*

> Auch wenn Sie schon prämienbegünstigt sparen. . . (Deutsche Bank, Werbung 1965); Ich spare schon wie wild (Fallada, Blechnapf 127); Ich spare auf einen Plattenspieler (Gaiser, Schlußball 36).

b) *Geld o.ä. nicht ausgeben, nicht verbrauchen, erübrigen:*

> die Verbraucher anzuregen, einen kleineren Teil ihres Einkommens zu sparen und einen größeren zu verbrauchen (Fraenkel, Staat 377); während die Schule, um Geld zu sparen, je nach Verlangen für Buchführungskurse und Exerzitien vermietet wurde (Langgässer, Siegel 179); die Laternen löschen, um Brennstoff zu sparen (Frisch, Stiller 196); begann er Schwimmbewegungen zu machen, um Sauerstoff zu sparen (Ott, Haie 364); Gib ihm doch gleich die ganze Brieftasche . . . , dann könnten wir eine Menge Zeit sparen (Lenz, Brot 103).

c) *sparsam sein, haushalten, sparsam mit etwas umgehen:*

> Er war zu sparen gezwungen und tat dies am falschen Ort, d.h. am Schutzmittel für seinen Wagen (Hofstätter, Gruppendynamik 79); Können wir nur am Essen sparen (Fallada, Mann 20); Es wurde an Material gespart (Brecht, Groschen 106); Ihre Freundin hat selbst nicht mit Andeutungen gespart (Musil, Mann 819); mit Munition ist zu sparen (Plievier, Stalingrad 82).

2. *etwas nicht tun, etwas unterlassen, weil es nutzlos ist, weil es sich nicht lohnt, übel flüssig ist:*

> „. . . Spar deine Worte!" sagte Kurt eisig (Aichinger, Hoffnung 32); „Sparen Sie sich die Flausen", brummt er in meine Richtung (Remarque, Obelisk 47); Die Fuhre hättst du dir sparen können (Schnurre, Fall 44).

Das Verb **einsparen** ist eine jüngere Bildung und bezieht sich im Unterschied zu *sparen,* das meist in Verbindung mit Geld gebraucht wird, vor allem auf Material und bedeutet *nicht verwenden, einbehalten, nicht ausgeben,* womit gesagt werden soll, daß von den eigentlich vorgesehenen oder nötigen Aufwendungen durch geschickte Planung, Rationalisierung o.ä. ein Teil nicht gemacht zu werden braucht. Wenn eine Firma durch bestimmte Maßnahmen 2000 Mark spart, dann ist damit ausgedrückt, daß sie die 2000 Mark behält, weniger auszugeben braucht und auf diese Weise mehr Geld im Besitz hat. Wenn die Firma die 2000 Mark *einspart,* dann ist damit im Prinzip zwar das gleiche ausgedrückt, doch ist der Aspekt ein wenig anders. Die Ausgaben o.ä. haben sich verringert, d.h., der Betrag für etwas brauchte nicht in der erwarteten Höhe ausgegeben zu werden. Baumaterial, Papier, Arbeitsstunden, Kosten und Arbeitskräfte können eingespart werden:

> Sie greifen in ihre Aktentaschen nach den belegten Broten, die man ihnen zu Hau se wie Schulkindern auf den Weg gegeben hat, damit sie die Reisespesen einsparen und zum Gehalt verbuchen können (Fries, Weg 119); Und Sie wissen sie am rechten Ort einzusparen (Hacks, Stücke 97).

Ersparen und *sparen* sind gelegentlich miteinander austauschbar. Die Vorsilbe *er-* läßt den Vorgang, der zu einem Ergebnis führt, deutlich werden. Durch längeres Sparen wird etwas erreicht, zusammengetragen, wird der Erwerb von etwas ermöglicht:

> er hatte sich 1000 Mark, ein Häuschen erspart.

In den folgenden Belegen ließe sich mit entsprechender Nuancierung auch *sparen* statt *ersparen* einsetzen:

> er werde ein Kaffeehaus eröffnen; das Geld dafür habe er sich erspart (Jahnn, Geschichten 159); Ein Landarbeiter. . . hatte . . . das vom Vater ersparte Geld an sich genommen, in der Mordnacht vertrunken und verschenkt (Bachmann, Erzählungen 134).

Im übertragenen Gebrauch bedeutet *ersparen* soviel wie *etwas [von jemandem] fernhalten, [jemanden] mit etwas verschonen:*

> Er war entschlossen, Uschi den Anblick der Wasserleiche zu ersparen (Kirst, Aufruhr 71); Der großherzoglichen Staatsforstverwaltung waren die schwersten Vorwürfe nicht zu ersparen (Th. Mann, Hoheit 25); ihm (dem Patienten) damit Schm zen und Leiden zu ersparen (Fischer, Medizin II 12); Da gibt er nach — und erspart sich Ärger (Sebastian, Krankenhaus 53); . . . daß uns die Frage, wo und wie wir den Nachmittag verbracht hätten, erspart blieb (Bergengruen, Rittmeisterin 320).

Der Unterschied zwischen *sparen* und *ersparen* läßt sich durch die folgenden Beispiele und Belege verdeutlichen, in denen sowohl sparen als auch ersparen einsetzbar sind: Wenn man eine Arbeit *spart,* dann hat man weniger Arbeit, dann braucht man einen Arbeitsgang oder eine Arbeit nicht auszuführen, dann behält man gewissermaßen noch Kraft in Reserve. Wenn etwas Arbeit *erspart,* dann nimmt es einem Arbeit ab, erleichtert einem die Arbeit, dann muß man eine Mühe nicht auf sich nehmen. Wenn jemand sagt: Diesen Weg hättest du dir *sparen* können, dann meint er, der Betreffende hätte ihn nicht zu machen brauchen, womit er sich auf die vollbrachte L e i s t u n g bezieht. Wenn er sagt: Diesen Weg hättest du dir *ersparen* können, dann meint er, der Betreffende hätte die B e l a s t u n g nicht auf sich zu nehmen brauchen. Bei *sparen* richtet man den Blick auf den Gewinn, den Zuwachs (etwas spart Zeit, durch etwas gewinnt man Zeit). Bei *ersparen* erscheint es von Bedeutung, daß man etwas nicht verliert, etwas behält (etwas erspart Zeit; etwas bewirkt, daß man seine Zeit für anderes behält, nicht für etwas einzusetzen braucht). Hier handelt es sich jedoch nur um Nuancen und Aspekte:

> Eine gut aufeinander eingespielte Seilschaft erreicht so ein rasches Vorwärtskommen und erspart dadurch viel Zeit (Eidenschink, Bergsteigen 60); an einer Stelle schlägt Simon eine kühne Brücke über den Bach, dadurch erspart er sich viel Mühe mit den Holzfuhren im Winter (Waggerl, Brot 81); Aber man muß die Kraft, die man erspart, die man im Lebenskampf nicht braucht, mit voller Wucht auf die inneren Dinge werfen (Hollander, Akazien 184); es ist sehr verständig von Euch, daß Ihr hierherkommt. Ihr erspart mir einen Weg (Werfel, Bernadette 65).

Absparen bedeutet *etwas durch längeres Sparen mühsam erlangen, sich manches entziehen, auf manches verzichten, weil man auf ein Ziel hin spart:*

> er hatte sich sein Studium buchstäblich vom Munde abgespart.

Ansparen bedeutet *durch regelmäßiges Sparen zu einer größeren Summe für eine Anschaffung o.ä. gelangen:*

> das Geld für die Abwaschmaschine hatten wir in zwei Jahren angespart.

Das umgangssprachliche Verb **zusammensparen** bedeutet *durch Sparen zu einer größeren Summe gelangen,* wobei der Blick auf das Ergebnis, auf das zusammengekommene Geld gerichtet ist. Es enthält nicht so ausgesprochen wie *ansparen* die Vorstellung des Sparens auf ein Ziel, ein Objekt hin, so daß man sich sogar als tüchtiger Geschäftsmann ein Vermögen zusammensparen kann. Ansparen würde man sich ein Vermögen nicht. Jemand kann sich das Geld für sein Auto gespart, angespart, vom Munde oder vom Essen abgespart oder zusammengespart haben – alles ist möglich, aber jedes Mal ist die Aussage entsprechend der Bedeutung des jeweiligen Verbs abgewandelt.

Aufsparen bedeutet *etwas für einen bestimmten Zweck aufheben, um darüber zu gegebenem Zeitpunkt zu verfügen:*

> er hatte sich diese Überraschung für ihren Geburtstag aufgespart.

Aussparen bedeutet *in etwas, was sich räumlich oder zeitlich fortlaufend erstreckt, einen Teil für etwas frei lassen, nicht miteinbeziehen, nicht in der sonstigen Weise ausführen, behandeln.* Was ausgespart wird, wird von etwas nicht erfaßt, wird in etwas nicht mit einbezogen. Beim Verputzen eines Hauses kann man ein Stück der Wand aussparen, um dort eine Plastik anzubringen. In einem Roman kann der Autor einige Stellen der Biographie seines Helden aussparen, nicht erwähnen, im Dunkeln lassen:

> Hierbei wurde das ganze Gefäß mit dem schwarzen Firnis überzogen, die Figuren freilich keineswegs etwa mit roter Farbe gemalt, sondern aus dem reinen leuchtenden Tongrund ausgespart (Bildende Kunst I, 23); Hinter den Zeugenbänken war ein kleiner Raum für Zuhörer ausgespart (Niekisch, Leben 326); Im Appartement mit Kochnische, Bad und WC sowie Balkon ist eine Ecke für das Kinderbett ausgespart (MM 23.8.66, 5); . . . daß große Städte aus operativen Gründen von den Kampfhandlungen ausgespart werden sollen (Der Spiegel 48/1965, 47); Auch im privaten Gespräch spart Malraux alles aus, was ins Persönliche weisen könnte (FAZ 4.11.61, 2); So lebten die Argans aus der Fülle ihrer starken. . . Seelen heraus in einer Art von glücklichem Jenseits, das sie sich aus der so ganz anders gesinnten Umwelt ausgespart hatten (Werfel, Himmel 9).

Zusammenfassend kann gesagt werden: *Sparen* ist das allgemeinste Wort der ganzen Gruppe. Es kann verschiedentlich für *einsparen* stehen:

> um Brennstoff zu sparen, war der Umweg in die Schlucht. . . unterblieben (Plievier, Stalingrad 127).

Es kann verschiedentlich auch für *ersparen* stehen:

So spart ihm der Fürst die Mühe, sich mit ihm auseinanderzusetzen (Feuchtwanger, Herzogin 122); Er sparte (oder: ersparte sich) eine Menge unnötiger Auseinandersetzungen (Remarque, Triomphe 244).

Es kann verschiedentlich auch für *aufsparen* stehen:

Vorsichtig spart er sein entscheidendes Votum erst für den Augenblick, da sie (die Waage) sich endgültig auf die eine oder andere Seite zu senken beginnt (St. Zweig, Fouché 15); Aber es schien, daß sie Ausdruck und Zeichen ihrer Zärtlichkeit für solche Gelegenheiten sparte (Th. Mann, Hoheit 41).

Man kann eine größere Summe sparen, einsparen, ersparen, sich vom Munde absparen, sich ansparen, sich zusammensparen, sich für einen bestimmten Zweck aufsparen. Nur aussparen schert ganz aus der gegenseitigen Konkurrenz aus.

Der Unterschied zwischen den einzelnen Verben kommt durch ihre Vorsilben zustande. Eine Summe *sparen* heißt sie gewinnen, ansammeln. Sparen bezeichnet den Vorgang. Eine Summe *einsparen* heißt sie behalten, sie von einer größeren vorgesehenen Menge nicht ausgeben müssen. Eine Summe *ersparen* heißt durch längeres Sparen schließlich zu einer Summe kommen. Eine Summe *ansparen* heißt sie langsam, Schritt für Schritt sparen, was mit einer gewissen Mühe und Geduld verbunden ist. Eine Summe *zusammensparen* heißt auch sie allmählich, nach und nach sparen, bis sie zusammengekommen ist. Sieht man bei ansparen die einzelnen Schritte und Zeitabschnitte, so ist bei zusammensparen der Blick auf die schließlich zusammengekommene Menge, auf das Gesamtergebnis gerichtet. Wenn man sich eine Summe vom Munde *abspart*, so betont man dabei die Entbehrungen, die damit verbunden sind und daß man nur kleine Summen zurücklegen kann. Diese Nuancen sind in ansparen nicht enthalten. Wenn man eine Summe noch *aufspart*, dann hebt man sie auf, gibt sie nicht aus, um sie zu gegebener Zeit für einen bestimmten Zweck parat zu haben.

spektakulös/spektakulär

Spektakulös bedeutet *seltsam, geheimnisvoll,* darüber hinaus auch *unangenehm, peinlich, schimpflich, [auf negative Weise]Aufsehen erregend:*

Man wußte es nur nicht und hielt nur das spektakulöse Ende für die Entscheidung (Remarque, Triomphe 213).

Heute wird *spektakulös* nur noch selten gebraucht, dafür häufig **spektakulär.** Hatte *spektakulös* meist den Beigeschmack des Peinlichen und charakterisierte negativ, so bedeutet *spektakulär* soviel wie *aufsehenerregend, sensationell,* was sich auf Positives wie Negatives beziehen kann:

ohne großen spektakulären Aufwand werden konfektionsreife Modelle von ihm schon seit drei Jahren. . . hergestellt (Herrenjournal 3/ 1966, 18); Nicht um die spektakuläre Prügelszene. . . , sondern um den beleidigenden Titel ging es gestern im Saal 129 des Landesgerichtes (MM 9./10.8.69, 6); . . . beschloß der Plankommissar seinen spektakulären Abgang (Der Spiegel Dez. 1965, 39).

spezifisch/speziell/spezial-/Spezial-

Was für jemanden oder etwas charakteristisch, typisch und eigentümlich ist, was ihm in besonderem Maße zukommt, ist **spezifisch** für diesen Menschen oder diese Sache. Eine spezifisch amerikanische Eigenschaft ist also eine für den Amerikaner charakteristische, in Amerika in besonderem Maße vorkommende Eigenschaft:

Ich vermag nicht zu sagen, ob die Stockentenmutter nicht vielleicht für diese Sonderfälle besondere Töne als Signale hat, auf die die Jungen spezifisch reagieren (Lorenz, Verhalten I 174); Der spezifische Geruch der Tiere und Menschen beruhte auf der Verdunstung von Substanzen (Th. Mann, Zauberberg 392); Was den Staatsstreich charakterisiert, ist das spezifische, von ihm angewandte Verfahren, seine ihm eigene Technik, sich der Herrschaftsgewalt zu bemächtigen (Fraenkel, Staat 323); Insofern. . . ist der Totalitarismus eine spezifische Erscheinung . . . des 20. Jahrhunderts (Fraenkel, Staat 328); Jedenfalls wird dieser Begriff . . . zur Bezeichnung der spezifischen Form der Unterhaltungsliteratur (Greiner, Trivialroman 17).

Spezifisch tritt auch öfter als Grundwort in Zusammensetzungen auf:

Affekte und Emotionen führen zusammen mit der verkehrsspezifischen Aufmerksamkeitsanspannung zu einer Belastung des Herz-Kreislauf-Systems (MM 26.3.69, 5).

Speziell bedeutet *in besonderer Weise ausgeprägt, vorhanden; auf etwas in besonderem Maße gerichtet, für etwas in besonderer Weise bestimmt, durch bestimmte Züge* *von anderem unterschieden, auf einen bestimmten Punkt ausgerichtet.* Was nicht dem Üblichen und Allgemeinen entspricht, sondern sich davon abhebt und sich durch seine besondere Art in bestimmter Weise davon unterscheidet, wird mit dem Adjektiv *speziell* charakterisiert. Fragen oder Kenntnisse z.B., die über das Allgemeine hinaus in eine bestimmte Richtung gehen, sind spezielle Fragen bzw. Kenntnisse. Was mit *speziell* charakterisiert wird, fällt durch besondere Merkmale, Eigenarten auf:

> . . . ist die Konjunkturpolitik unter dem speziellen Gesichtspunkt der Vollbeschäftigung geradezu das Kernstück der Wirtschaftspolitik geworden (Fraenkel, Staat 376); . . . so daß in speziellen Fragen Kompromißlösungen gesucht werden müssen (Fraenkel, Staat 281); Mit dem Beginn des technischen Zeitalters beginnt die Gesellschaftslehre als spezielle Wissenschaft (Fraenkel, Staat 111); Dazu sind doch spezielle Kenntnisse notwendig (Sebastian, Krankenhaus 116); Ich sage dies nicht, um die sehr spezielle Niedrigkeit, die ich begangen habe, zu entschuldigen (Andersch, Rote 123).

Im a d v e r b i a l e n Gebrauch bedeutet *speziell* soviel wie *besonders, in besonderem Maße, vor allem:*

> Ich will mich jetzt auf das beschränken, was der Herr Kollege Porsch speziell gefragt hat (Bundestag 188/1968, 10145); Zwischendurch dachte er an seine Frau, speziell daran, daß sie ihn nicht verstand (Kirst 08/15, 12); . . . daß die Freundlichkeiten. . . nicht speziell ihm galten (Fallada, Herr 337).

Da das *Spezifische*, das für etwas Charakteristische meist auch etwas Besonderes ist, sind die Adjektive *spezifisch* und *speziell* manchmal auch gegeneinander austauschbar, wobei sich dann aber jeweils die Bedeutung ändert. Eine *spezifische* Eigenschaft z.B. ist für ihren Träger typisch, ihm fest zugehörend, während eine *spezielle* Eigenschaft eine besondere, auffallende Eigenschaft ist, die aber nicht wesensbedingt, nicht im Wesen des Trägers begründet zu sein braucht:

> . . . doch wird er (der Wagen) es schwer haben, zu einem ähnlichen Preis so viel an spezifischen Stadteigenschaften zu bieten (Auto 8/1965, 37).

In Zusammensetzungen tritt für *speziell* die Form **spezial-/Spezial-** in der Bedeutung *für besondere Zwecke oder Aufgaben bestimmt, mit etwas Besonderem versehen, in besonderer Weise gestaltet o.ä.* ein:

> Spezialgebiet, Spezialbereich, Spezialfahrzeug; In tiefgekühlten Spezialbehältern wurden große Mengen . . . nach München gebracht (Die Welt 3.2.62, 16); Das ist ein Spezialfall (Fallada, Jeder 401); spezialgehärtete Panzerplatten (Fr. Wolf, Menetekel 13).

-sprachlich/-sprachig/-sprechend

In adjektivischen Zusammensetzungen bedeutet -**sprachlich** *eine bestimmte Sprache betreffend, auf sie bezüglich,* wobei der erste Wortteil den zweiten Teil näher bestimmt. Fremdsprachlicher Unterricht hat eine Fremdsprache zum Gegenstand. -**sprachig** bedeutet in adjektivischen Zusammenbildungen *in einer bestimmten Sprache geschrieben, eine bestimmte Sprache als Muttersprache sprechend,* wobei der erste Wortteil den zweiten näher bestimmt. Die fremdsprachige Literatur ist in fremder Sprache geschrieben. Wenn ein Kind mit seinen Eltern – einer deutschen Mutter und einem französischen Vater – in Italien lebt, wächst es wahrscheinlich nicht einsprachig, sondern mehrsprachig, vielleicht dreisprachig, d.h. mit mehreren Sprachen auf:

> Gemischtsprachige Dichtung im Baltikum.

Wenn man von deutschsprachigen Gebieten oder von einer deutschsprachigen Bevölkerung im Ausland spricht, meint man Gebiete, in denen Deutsch als Muttersprache gesprochen wird bzw. eine Bevölkerung, die der deutschen Sprachgemeinschaft angehört.

Während *sprachlich* auch selbständig als Adjektiv gebraucht werden kann, ist *-sprachig* nur in Zusammenbildungen gebräuchlich.

-**sprachig** ist zu unterscheiden von -**sprechend**. Wer deutschsprachig ist, gehört der deutschen Sprachgemeinschaft an, während ein deutschsprechender Italiener nicht der deutschen Sprachgemeinschaft angehört, sondern Deutsch als Fremdsprache spricht. So gibt es schwedischsprechende und französischsprechende Deutsche, und es gibt schwedischsprachige Grenzgebiete in Finnland und französischsprachige Kanadier, wenn deren Muttersprache französisch ist.

Sprint/sprinten/Spurt/spurten

Der **Sprint** ist ein Lauf, der mit der größten erreichbaren Geschwindigkeit über eine relativ kurze Strecke (100 m, 200 m oder 400 m) geht:

auf der Aschenbahn. . . lange Sprints, die den Spurt ausbilden, den Läufern das Gefühl für Schnelligkeit geben sollten (Lenz, Brot 72).

In allgemeiner Bedeutung für *schnelles Laufen:*

Scheffler zog einmal in mächtigem Sprint den Ball an Mittelläufer Wevers vorbei (Walter, Spiele 13).

Sprint gibt es auch im Radrennsport und in anderen Disziplinen als Wettkampf über kurze Strecken:

Falls das Einschalten der Zündung vor dem kurzen Sprint erlaubt ist, kann man es tun (Frankenberg, Fahren 56).

Sprinten bedeutet dementsprechend *im Wettkampf eine Kurzstrecke laufen:*

Der Olympiasieger sprintete die 100 m in 10,2 Sekunden.

Jemand, der sprintet, ist ein Sprinter.

Turnlehrer Klaus Balzer (27). . . einst einer der besten Sprinter unserer Republik . . . war zweimal deutscher Juniorenmeister über 4 x 100 m (41,9 s Bestzeit) (BZ am Abend 28.5.63).

Spurt nennt man eine Steigerung der Geschwindigkeit während eines Rennens oder Laufes über eine längere Strecke. Der Spurt kann auf der Strecke eingelegt werden oder – meist – kurz vor dem Ziel. Beim Spurt entwickelt der Sportler seine höchste Geschwindigkeit:

gleich in seinem ersten Lauf. . . zeigte er, was er gelernt hatte. Bert nahm mit einem Spurt die Spitze, und durch Zwischenspurts machte er sie fertig, die beiden belgischen Athleten (Lenz, Brot 79).

Spurten bedeutet dementsprechend *für kurze Zeit ein höheres Tempo einlegen, einen Spurt machen:*

er spurtete vergeblich.

Sowohl *sprinten* als auch *spurten* werden in der Umgangssprache ganz allgemein für *sehr schnell laufen, mit großem Tempo fahren* gebraucht:

wieder sprintete der weiße Sergeant über den Kasernenhof (Küpper, Simplicius 205); Kaum hatte der Zug passiert, so spurtete der Schrankenwärter auf die linke Seite (Küpper, Simplicius 22); . . . bis ihm die See erlaubte, übers Oberdeck zu spurten (Ott, Haie 122).

Stadium/Stadion

Ein **Stadium** ist ein Abschnitt innerhalb einer Entwicklung, eine Entwicklungsstufe, ein Zustand innerhalb einer bestimmten Abfolge:

Wir dürfen. . . nie vergessen, in welchem Stadium seines Lebens Friedrich diese Freundschaft begann (Goldschmit, Genius 126); Viele Krankheiten. . . können in ein fortschreitendes, unheilbares Stadium übergehen (Fischer, Medizin II 176); eine laufend numerierte Bildfolge, die alle Stadien der Säuglingspflege zeigte (Böll, Adam 67).

Ein **Stadion** ist ein Sportplatz, meist oval und von Tribünen umgeben, der für Sportwettkämpfe und für Trainingszwecke mit Aschenbahnen für Läufer, Sprunggruben usw. ausgestattet ist:

Wesentliche Veränderungen ihrer Stadien planen die meisten Städte. . . im Hinblick auf die Fußballweltmeisterschaft 1974 (Die Welt 22.11.67, 7); Die eigentliche Sportstätte der klassischen Zeit ist das Stadion (Länge in Olympia 191,27 m = 600 olympische Fuß) mit seiner langgestreckten Laufbahn mit erhöhten Wällen ringsherum, auf denen die Zuschauer Platz nehmen konnten (Bildende Kunst I, 177).

Stafette/Staffel/Staffelei/Staffage

Unter einer **Stafette** versteht man eine Gruppe in einer bestimmten Ordnung oder Reihenfolge, besonders von Läufern bei Sportwettkämpfen, Reitern, Fahrzeugen o.ä. Unter einer **Staffel** versteht man sowohl eine Einheit von Flugzeugen als auch eine Gruppe von Sportlern, deren Leistung bei einem Wettkampf gemeinsam gewertet wird.

Eine **Staffelei** ist ein verstellbares Gestell, auf dem beim Malen das Blatt oder die Leinwand für das entstehende Bild befestigt wird.

Das Substantiv **Staffage** bedeutet allgemein *Beiwerk, Nebensächliches; Ausstattung, trügerischer Schein.* Inhaltlich berührt es sich mit → Attrappe. Bei Attrappen handelt es sich aber um täuschend ähnliche Nachbildungen existierender Gegenstände o.ä., während eine Staffage meist etwas nicht Vorhandenes vortäuschen soll. Wenn das Kostüm einer Schauspielers mit Kissen ausgestopft wird, um einen dicken Bauch vorzutäuschen, dann ist das *Staffage.* In der Malerei werden Menschen- oder Tierfiguren, die in ein Landschafts- oder Architekturbild eingefügt sind, als *Staffage* bezeichnet, die dazu dient, das Bild zu beleben oder die Tiefenabstände zu verdeutlichen.

Stagnation/Stagflation

Unter **Stagnation** versteht man Stockung, Stauung, einen unerwünschten Stillstand:
eine gefährliche Stagnation war in der Entwicklung eingetreten.

Das aus den Wörtern Stagnation und Inflation neu gebildete Wort **Stagflation** soll soviel bedeuten wie *anhaltender Preisanstieg bei nachlassendem Wirtschaftswachstum:*
Wenn auch keine Rezession droht, die Gefahr einer Stagflation ist durchaus akut.

Stalagmit/Stalaktit

Stalagmiten sind Tropfsteine, die vom Boden einer Höhle säulenartig n a c h o b e n wachsen, während die **Stalaktiten** gerade in umgekehrter Richtung, nämlich von der Decke der Höhle n a c h u n t e n bilden.

standhaft/standfest/beständig

Wer trotz Anfeindungen, Hindernissen fest bleibt und nicht nachgibt, wer Leiden erträgt, ohne zu klagen, wird **standhaft** genannt:
es gab sogar Buchhändler und Verleger, die sich fortan. . . standhaft weigerten, sogenannte pazifistische. . . Literatur zu verbreiten (Kirst 08/15, 955); Die beiden Pilger bleiben im Verhör standhaft bei ihrer Meinung (Nigg, Wiederkehr 60).

Standfest bedeutet *fest stehend:*
Die Leiter ist nicht ganz standfest; die Händler rechnen sich gute Möglichkeiten aus, auch in diesem Bereich standfest zu werden, um einen weiteren Markt zu den 84 bereits bestehenden. . .hinzufügen zu können (Die Welt 12.11.65, 13); Volvo. . . sehr schnell und standfest, . . . zu verkaufen (Auto 6/1965, 89).

Wenn man jemanden scherzhaft als nicht mehr ganz standfest bezeichnet, meint man, daß er durch Genuß von Alkohol nicht mehr fest auf den Beinen steht.

Beständig wird etwas genannt, was trotz äußerer Einwirkungen in gleicher Weise weiterbesteht, was allen Einwirkungen gegenüber widerstandsfähig ist, was weiter Bestand hat, was über längere Zeit besteht. Dieses Adjektiv enthält einen Hinweis auf die Zeit, auf die D a u e r von etwas, während *standhaft* auf die innere S t ä r k e Bezug nimmt. Wird ein Mensch *beständig* genannt, dann ist damit gemeint, daß er in einer bestimmten Sache ausdauernd ist:
Duran-Glas hat sich als sehr beständig erwiesen, nicht nur gegenüber chemischen Einwirkungen (Kosmos 1/1965, *12); . . . daß der Gilette Schaum beim Rasieren frisch und beständig bleibt (Der Spiegel 48/1965, 43); Das Wetter ist beständig (Remarque, Obelisk 131); die wichtigsten geistigen Vorkehrungen der Menschheit dienen der Erhaltung eines beständigen Gemütszustands (Musil, Mann 527).

Statik/Statiker/statisch/Statistik/Statistiker/statistisch/Statist/Statisterie/statarisch/statiös

Statik ist die Lehre vom Gleichgewicht, vom Verhältnis der Kräfte Zug und Druck, die auf ruhende Gegenstände wirken,oder auch das Gleichgewicht selbst:
Der Junge lächelte. . , machte Schsch, um sie wegzuscheuchen, wohl um die Statik des Liegestuhls fürchtend (Küpper, Simplicius 152).

Im folgenden Beleg ist *Statik* mit *Statistik* verwechselt worden:
Kein Fehler in der Statistik. . . Die Ursache der Brückenkatastrophe von Koblenz (MM 16.11.71, 15).

Ein **Statiker** ist ein Bauingenieur mit Spezialkenntnissen auf dem Gebiet der Statik, also der Berechnung der Festigkeit und Tragfähigkeit von Bauwerken unter Berücksichtigung der äußeren, sogenannten angreifenden und inneren, der werkstoffabhängigen Kräfte.

Das Adjektiv **statisch** bedeutet einerseits *die Statik betreffend:*

> Niemand wird z.B. bezweifeln, daß die Leistungen von Organismen statischen Regeln folgen müssen (Wieser, Organismen 21); Von seinen Sinnen funktioniert nachweisbar das Gehör, der statische Sinn und der Wärmesinn (Lorenz, Verhalten I 156),

andererseits *ruhend, stillstehend, nicht dynamisch,* wobei *statisch* oft den negativen Beiklang mangelnder Beweglichkeit hat. Wenn man etwas als *statisch* bezeichnet, bemängelt man, daß es unlebendig, ohne Impuls, ohne progressive Veränderung ist:

> Zahlreiche andere Anatomen und Histologen haben diese Betrachtungsweise übernommen. Hierdurch ist eine ehedem verhältnismäßig statische Anschauung in eine dynamische übergegangen (Fischer, Medizin II 26); ... daß viel Schuld an dem negativen Urteil über die deutsche Herrenkonfektion bei der Modefotografie liege, die viel zu statisch sei (Herrenjournal 2/1966, 81); Seine Staatslehre ist nicht statisch; ein Staat, dem es an Mitteln zur Veränderung fehlt, ist nach seiner Ansicht nicht fähig, sich zu erhalten (Fraenkel, Staat 170).

Unter **Statistik** versteht man sowohl die wissenschaftliche Methode und Lehre der zahlenmäßigen Erfassung und Untersuchung bestimmter, in größerer Zahl auftretender Erscheinungen, woraus Gesetzmäßigkeiten abgeleitet werden, als auch die Zusammenstellung dieser Ergebnisse:

> Das Wort „Statistik" kommt im 17. Jahrhundert auf (Noelle, Umfragen 13); So nahm beispielsweise das indische Defizit gegenüber der Bundesrepublik laut indischen Statistiken von 630 auf 890 Millionen D-Mark zu (Die Welt 4.8.65, 11); Statistiken über Magengeschwüre, Hopfengehalt des Bockbiers (Bieler, Bonifaz 150).

Unter einem **Statistiker** versteht man einerseits einen Wissenschaftler, der sich mit den theoretischen Grundlagen und den Anwendungsmöglichkeiten der Statistik befaßt, andererseits einen Bearbeiter und Auswerter von Statistiken:

> Wieder fast ein Jahrhundert später ... greift der belgische Statistiker Quefelet über das Material der natürlichen Bevölkerungsstatistik hinaus (Noelle, Umfragen 14); Rai blieb Zeichner und Statistiker in Papas Fabrik (Böll, Haus 27).

Das Adjektiv **statistisch** bedeutet *die Statistik betreffend:*

> Dieser zögernden Haltung gegenüber dem Gedanken, statistische Verfahren auf Menschen anzuwenden, kann man auf Schritt und Tritt begegnen (Noelle, Umfragen 13); ... so daß sich diese höchstpersönlichen Erlebnisse geradezu durch schöne statistische Kurven in ihrer Massenverteilung über die ganze Stadt darstellen ließen (Musil, Mann 517).

Nicht zu verwechseln mit dem *Statiker* oder *Statistiker* ist der **Statist,** der ein Schauspieler ohne Sprechrolle ist, der also auf der Bühne nur „dasteht":

> Tausende von Solisten, Tänzern, Chorsängern und Statisten sind laufend beschäftigt oder im Probenstadium (Die Welt 27.7.65, 5).

Im übertragenen Sinn bedeutet *Statist* soviel wie *bedeutungslose Nebenfigur.*

Statisterie nennt man die Gesamtzahl der in einem Stück beschäftigten Statisten, aber auch das Spielen von Statistenrollen:

> Genau so ist es mit den Jungens, die auch Statisterie machen (Keun, Mädchen 30).

Das Adjektiv **statarisch** bedeutet *stehend, verweilend.* Es wird in der Fügung *statarische Lektüre* (vgl. kursorisch) gebraucht, worunter man eine Lektüre versteht, die durch ausführliche Erläuterungen des gelesenen Textes immer wieder unterbrochen wird und daher nur langsam voranschreitet.

Das Adjektiv **statiös,** das zum Substantiv Staat (= Prunk, Gepränge) gehört, bedeutet *stattlich, ansehnlich, Staat machend, prunkend:*

> Man führte ihn in einen großen Raum, in dem hinter einem Schreibtisch ein statiöser Herr in Zivil saß (Kantorowicz, Tagebuch I 85); ... während sie um die statiösen Möbel und Besucher herumstrich (Musil, Mann 220).

Statue/Statuette

Eine **Statue** ist ein Standbild, eine vollplastische Darstellung eines Menschen oder Tieres:

> Es ist die letzte Statue eines römischen Kaisers im Panzer mit dem Globus auf der ausgestreckten Hand (Bildende Kunst I, 206).

Eine **Statuette** ist eine kleine Statue:

> ägyptische Statuetten (Bildende Kunst I, 91); Statuette in St. Oswald im Höllental bei Hinterzarten (Curschmann, Oswald 184).

steinreich/steinreich

Eine steinreiche Küste ist eine gebirgige Küste, an der es sehr viele Steine gibt.
Wer steinreich ist, der hat sehr viel Geld. Er ist überaus reich:
> Auch die dritte Ehe des steinreichen Ruhrindustriellen. . . ist gescheitert (Bild 9.7.64, 1).

Dieses Wort wird auf beiden Silben betont,und stein- hat hier emotional verstärkende Bedeutung (= sehr) wie in steinalt, steinhart usw.

sterben/versterben/absterben/ersterben/aussterben

Sterben bedeutet *aufhören zu leben* und drückt den Vorgang oder die Feststellung aus.

Das schon im Mittelhochdeutschen belegte Verb **versterben** entspricht zwar in der Bedeutung dem Wort *sterben* und kann oft mit diesem ausgetauscht werden, doch ist es im Gebrauch eingeengt. Es ist nur in gehobener Ausdrucksweise und in bezug auf Menschen gebräuchlich und wird im allgemeinen in einer Form der Vergangenheit, also zur Kennzeichnung eines bereits abgeschlossenen Vorgangs, als Feststellung verwendet. Der Sprecher (Schreiber) hat zum Tod bereits gewissen inneren Abstand:

> er verstarb im hohen Alter von 90 Jahren; der. . . unauffällig verstorben ist (Hildesheimer, Legenden 66); . . . daß die alte Frau Rupp. . . innerhalb kurzer Zeit verstorben wäre (Baum, Paris 75); Er ist am zwölften November 1943 im Stutthof-Lager verstorben (Grass, Hundejahre 388); Er hatte nicht weniger als fünfhundert Menschen, die in den verschiedensten Stadien der Krankheit verstorben waren, seziert (Thorwald, Chirurgen 292); Der Mann verstarb bereits bei der Einlieferung (MM 30./31.10.65, 4); er verstarb kurz nach 14 Uhr (MM 23.9.65, 7); Unbemerkt verstorben (MM 30.9.65, 4).

Der Gebrauch im Infinitiv und im Hinblick auf die Zukunft ist selten:
> . . . daß ich und meine Kinder von diesem Haus nichts bekommen würden, wenn der Vater meiner Kinder vor mir versterben sollte (MM).

Bestimmte Angaben, z.B. die Todesursache, werden in Verbindung mit *versterben* nicht gemacht; also nicht: *Sie verstarb an Blinddarmentzündung.* Als Attribut und als substantiviertes Partizip sind nur die Formen *verstorben* und *der Verstorbene* üblich.

Daß *versterben* nicht überall für *sterben* eingesetzt werden kann, zeigen folgende Beispiele:
> er ist eines sanften Todes gestorben (nicht: verstorben); sie ist eines gewaltsamen Todes gestorben (nicht: verstorben); er starb (nicht: verstarb) durch Gift; sie starben (nicht: verstarben), damit das Land lebe; er ist aufrecht gestorben (nicht: verstorben); viele Menschen starben (nicht: verstarben) an der Pest; ich sterbe (nicht: versterbe) vor Hunger; für den Glauben sterben (nicht: versterben); er starb (nicht: verstarb) für seinen Freund; sie starben (nicht: verstarben) als Feinde; ich sterbe (nicht: versterbe) vor Langeweile; er stirbt (nicht: verstirbt) langsam; davon stirbt (nicht: verstirbt) man nicht; ich werde bald sterben (nicht: versterben).

Daß *versterben* nicht immer für *sterben* gebraucht werden kann, liegt an dem weiteren Anwendungsbereich und umfassenderen Inhalt von *sterben*. In bestimmten festen Verbindungen und Wendungen ist kein Austausch möglich. Dazu gehören die zum Teil bereits genannten Fälle wie *sterben für jemanden / etwas* = sein Leben für jemanden / etwas lassen; *sterben* = den Tod finden; *sterben vor* = vergehen vor; *den Heldentod sterben* = den Heldentod erleiden.

Versterben bedeutet *aus dem Leben scheiden,* und zwar in bezug auf den zeitlichen Ablauf, während *sterben* schlechthin heißt *aufhören zu leben, den Tod finden. Versterben* kennzeichnet nicht so sehr den Vorgang, sondern betont, daß der Betreffende nicht mehr am Leben ist, nicht mehr existiert.

Absterben bedeutet *allmählich leblos, vertrocknen, verdorren* und wird auf Teile des menschlichen oder tierischen Organismus und auf Pflanzenteile angewandt:
> Gewebe, Haut stirbt ab; abgestorbene Äste.

Während es sich in der vorgenannten Bedeutung um einen endgültigen Vorgang handelt, bedeutet *absterben* in bezug auf Füße, Hände, Finger o.ä., daß diese Glieder vorübergehend gefühllos, wie ohne Leben, blutleer werden, meist durch Kälte oder Druck:
> mir sind die Finger abgestorben.

Von **aussterben** spricht man, wenn eine Familie keine [männlichen] Nachkommen mehr hat oder wenn es auf irgendeinem Gebiet niemanden mehr gibt, der eine Entwicklungs- oder Traditionsreihe fortsetzt:

> eine Familie, ein Beruf, eine Gattung, eine Sitte o.ä. stirbt aus; Während der ersten 12 Generationen war die Depression deutlich, und mehrere Linien starben aus (FuF 4/1966, 100); Obwohl also meine Dohlenkolonie doch nicht ganz ausgestorben ist... (Lorenz, Verhalten I 63); Ein Zufall half der in Bundesdeutschland aussterbenden Sportart zu überleben (Der Spiegel 6/1966, 68); Dankbarkeit ist eine Eigenschaft, die langsam ausstirbt (Sebastian, Krankenhaus 193).

Ersterben wird nur in gehobener Rede gebraucht, und meist dann, wenn infolge eines überraschend eintretenden Ereignisses etwas plötzlich aufhört, nicht mehr fortgeführt wird:

> Als der Lehrer eintrat, erstarb der Lärm in der Klasse; das Wort erstarb ihm auf der Zunge, als sie ihn ansah.

Außerdem findet sich das Wort noch in der Wendung *vor Ehrfurcht ersterben,* was soviel bedeutet wie *sich einem Hoch- oder Höhergestellten gegenüber übertrieben devot verhalten.*

streitbar/strittig/umstritten/streitig/streitsüchtig

Wer seine Meinung oder seine Ziele mit Nachdruck anderen gegenüber vertritt und gern jede entsprechende Möglichkeit benutzt, dies in oft aggressiver Weise zu tun, wer kampflustig ist, wird **streitbar** genannt. Wer streitbar ist, ist zur Austragung eines Streits, einer Auseinandersetzung entschlossen:

> ein streitbarer Mensch; eine streitbare junge Dame; Die Versammlung der Weisen ... ihre... beredten Lippen standen streitbar gegeneinander (Jacob, Kaffee 31).

Früher bedeutete *streitbar* auch *zum Streit, d.h. zum Kampf oder Krieg fertig, geneigt, brauchbar:*

> Nehmt streitbare Ritter und Knechte (Hacks, Stücke 20).

Wenn in einer Angelegenheit, in der sich zwei oder mehr Meinungen gegenüberstehen, noch keine Entscheidung gefallen ist, wenn die Angelegenheit noch unentschieden, noch nicht geklärt oder verschieden zu deuten ist, nennt man sie **strittig:**

> er hat keinen anderen Willen, als Ihnen in der strittigen Sache nachzugeben (Hacks, Stücke 279); als ob irgendwo inmitten zwischen den strittigen Unleidlichkeiten, zwischen rednerischem Humanismus und analphabetischer Barbarei das gelegen sein müsse, was man als das Menschliche oder Humane versöhnlich ansprechen durfte (Th. Mann, Zauberberg 722).

Wenn etwas von vielen Seiten angegriffen oder in seiner Art in Zweifel gezogen wird, dann ist es **umstritten:**

> Stärker umstritten ist die Anwendung der Tiefenpsychologie in soziologischen Untersuchungen (Fraenkel, Staat 114); Militärgerichte... Ihre sachliche Notwendigkeit ist jedoch umstritten (Fraenkel, Staat 370); Ihre (der DDR) Staatlichkeit ist umstritten (Fraenkel, Staat 351); Der Wettbewerb ist umstritten (Olympische Spiele 1964, 65).

Das Adjektiv **streitig** kommt heute vorwiegend in der Wendung *jemandem etwas streitig machen* vor, was soviel bedeutet wie *etwas, was ein anderer hat, für sich beanspruchen, ihm die Berechtigung zu etwas oder das Anrecht auf etwas bestreiten, nehmen wollen, absprechen:*

> der ihm... den Mesnerposten streitig machen wollte (Broch, Versucher 62); Wer könnte diesem Mann..., der Frankreich in sechs Wochen überrannte – wer könnte ihm die Größe streitig machen! (Hochhuth, Stellvertreter 64); Diese unsere Funktion werden wir uns auch durch herablassende Bemerkungen nicht streitig machen lassen (Die Zeit 24.4.64, 8); auch sind andere Sterne hinzugekommen, die jenen ersten Konstellationen den Rang streitig machen (K. Mann, Wendepunkt 95).

Außerhalb der Wendung kommt *streitig* gelegentlich auch noch vor und kann dann bedeuten 1. *sich noch als Objekt einer Diskussion im Widerstreit der Meinungen befindend; strittig, umstritten, fraglich, nicht geklärt:*

> Die Wirkung solcher Gewaltdarstellungen auf Erwachsene und Jugendliche ist in der Wissenschaft streitig (Bulletin 71/1972, 1025); Wie wenig selbst unter den besseren Philologen mancher sich in die streitige Frage und in die Ansicht seiner Gegner zu versetzen weiß (Steinthal, Schriften 356).

2. *kampfeslustig, streitbar; zum Streit, zur Auseinandersetzung entschlossen; unzu-*

gänglich, „bockbeinig":
> Sie hat ganz vergessen, was der Hans ihr damals erzählte. So streitig war sie, so eifersüchtig auf das Buch (Fr. Wolf, Zwei 216); Sie hat sich sein Buch geholt — D i e M u t t e r — und zu lesen begonnen, dies streitige, robuste, liebeswarme Weib (Fr. Wolf, Zwei 104); Er schaut auf die Wanda, er freut sich ihrer streitigen Augen. . . und ihrer von der Diskussion geröteten Stirn (Fr. Wolf, Zwei 187); Die GEMA. . . forderte von Electrola Lizenzgebühren. Die Schallplattenfirma jedoch stellte sich streitig, wobei sie unter anderem behauptete, daß ein musikalisches Arrangement eine urheberrechtlich nicht geschützte „rein handwerkliche Leistung" sei (MM 24./25.2.68, 10).

3. *sich auf einen Rechtsstreit beziehend, einen Rechtsstreit darstellend.* Wer streitig verhandelt, verhandelt vor Gericht:
> Diese (im Gegensatz zur „streitigen") sogenannte „freiwillige Gerichtsbarkeit" nimmt einen erheblichen Teil der Arbeitskraft der Amtsgerichte. . . in Anspruch (Fraenkel, Staat 103); damit wird die Scheidung über die Generalklausel eine streitige Ehescheidung sein (Der Spiegel 10/1970, 58).

Wer jede sich bietende Gelegenheit ergreift, um Streit mit jemandem zu beginnen oder um jemandem zu widersprechen, wird als **streitsüchtig** bezeichnet:
> Polizei war ihm ein Dorn im Auge — Streitsüchtiger Jugoslawe vor Gericht (MM 14./15.2.70, 9).

Stripper/Stripperin

Ein **Stripper** ist ein Spezialkran zum Abstreifen der Gußformen von gegossenen Blöcken.

Das umgangssprachliche Wort **Stripperin** bezeichnet eine Stripteasetänzerin, eine Tänzerin also, die im Programm eines Nachtklubs, einer Bar o.ä. eine Entkleidungsszene vorführt:
> Bis zu einem gewissen Grad läßt sich das Striptease erlernen. Miss Bluebell. . . einst selbst Nackttänzerin. . . bildet auch Stripperinnen aus (Herrenjournal 2/1966, 110).

-stündlich/-stündig

In adjektivischen Zusammensetzungen bedeutet **-stündlich** *in einem bestimmten zeitlichen Abstand wiederkehrend,* wobei der erste Wortteil das im zweiten Teil genannte Zeitmaß im einzelnen näher bestimmt. Halbstündliche oder dreistündliche Vorführungen finden alle halbe Stunde bzw. alle drei Stunden, also nach Ablauf einer halben Stunde bzw. nach Ablauf von drei Stunden statt.

-stündig bedeutet in adjektivischen Zusammenbildungen *eine bestimmte Zeit dauernd,* wobei der erste Wortteil das im zweiten Teil genannte Zeitmaß im einzelnen näher bestimmt. *-stündig* bedeutet außerdem *eine bestimmte Zahl an Stunden habend oder alt.* Halbstündige, dreistündige oder mehrstündige Vorführungen dauern eine halbe Stunde bzw. drei oder mehr Stunden.

Während *stündlich* auch als selbständiges Adjektiv gebraucht werden kann, tritt *-stündig* nur in Zusammenbildungen auf.

stupid[e] /stupend

In bezug auf Tätigkeiten o.ä. bedeutet **stupide** *stumpfsinnig, geistlos;* in bezug auf einen Menschen *geistig nicht rege; unfähig, sich mit etwas geistig auseinanderzusetzen. Stupide* enthält immer eine emotional gefärbte Abwertung. Wenn man einen Menschen als *stupide* bezeichnet, wirft man ihm damit vor, daß er auf etwas nicht entsprechend reagiert, daß er Anregungen, Vorstellungen o.ä. gegenüber unzugänglich ist:
> Er . . . war fürwahr ein glühender Idealist, aber er wollte diesen Idealismus mit freiem Willen verströmen, aber ihn nicht stupide aus sich herauspressen lassen (Kirst 08/15, 19); Ich fand es stupide, mit einundzwanzig zu heiraten (Frank, Tage 68); Der Blick, sonst dösig bis stupid, wird stechend (Grass, Hundejahre 94); Der durch sein technisches Bewußtsein veränderte und nur technische Realitäten bejahende Mann von heute ist gleichzeitig stupid geworden, weil er nur noch ein Teilmensch ist (Bodamer, Mann 37).

Stupend bedeutet *erstaunlich, staunenswert:*
> Er entpuppte sich schnell als ein Tastenkünstler von stupender Virtuosität (MM 16.4.69, 15); Aber wenn er hinkte, war auch das stupend gekonnt (Der Spiegel

10/1966, 118); Vielleicht kann man dieses Buch — seine stupenden Irrtümer sowie seine problematische Schönheit — nur begreifen, wenn man die Umstände kennt (K. Mann, Wendepunkt 54); Geschimpft wird allerdings. . . über die wahrhaft stupenden Preise (K. Mann, Wendepunkt 411).

Subjekt/Sujet

In der Sprachwissenschaft versteht man unter **Subjekt** den Satzgegenstand. In dem Satz *Klaus ist mein Freund* ist *Klaus* der Satzgegenstand oder das Subjekt.

Das Substantiv *Subjekt* wird auch abwertend in bezug auf einen Menschen gebraucht den man damit als *niederträchtig, gemein, nichtswürdig, heruntergekommen* usw. charakterisieren will:

> So ein verkommenes Subjekt, nicht ein bißchen Ehre im Leibe! (Müthel, Baum 106); Sie verbrecherisches und gemeines Subjekt! (Musil, Mann 1128); unbedenkliche und zur Gewalttat geneigte Subjekte (Th. Mann, Krull 133); so einem verbummelten Subjekt hat man vertraut! (Remarque, Obelisk 57).

Englischsprechenden kann in diesem Bereich leicht ein Fehlgriff passieren, weil das englische Substantiv *subject* u.a. auch *Staatsbürger, Staatsangehöriger, Untertan* (a British subject) bedeutet.

Auch wo man im Deutschen das Gegenwort zu *Subjekt*, nämlich *Objekt* (= Gegenstand, Ziel) gebraucht, verwendet man im Englischen *subject*, z.B. subject of ridicule (= Objekt, Gegenstand des Spottes). In wissenschaftlicher Ausdrucksweise wird *Subjekt* auch für das mit Bewußtsein ausgestattete Ich gebraucht, das auch Träger von Zuständen und Wirkungen ist:

> Die große Schwierigkeit bei der Untersuchung und Aufzeichnung der Verhaltensweisen höherer Tiere liegt darin, daß der Beobachter selbst ein Subjekt ist, das dem Objekt seiner Beobachtung zu ähnlich ist (Lorenz, Verhalten I 126); Die Schuld an der Falschheit des Bewußtseins liegt bei dem als Subjekt verstandenen Menschen, der in Ermangelung des Mutes zur Aufklärung nicht zu sich selbst . . . zu finden vermag (Fraenkel, Staat 137); das Motiv der Verfälschung ist nicht ein fixierbares Interesse der ideologisch befangenen Subjekte, sondern es ist die Gesellschaft selbst (Fraenkel, Staat 138).

Unter **Sujet** (gesprochen: syˈʒeː) wird der Gegenstand, also das Thema einer literarischen oder künstlerischen Arbeit, Darstellung verstanden:

> Von allen Fronten blieb Unter den Linden nur die Russische Botschaft stehen, kein Sujet für den Hofmaler (Koeppen, Rußland 187); die bestechende Dezenz der Darstellung religiöser Sujets in Evelyn Waughs Konversionsroman (Deschner, Talente 43); . . . daß ein Regisseur von Genie jedes Sujet aufgreifen kann (Die Welt 22.2.64, 14); Schamonis Sujet ist tabu: Abtreibung in wilder Frühehe (Der Spiegel 6/1966, 84).

sublim/subtil/diffizil

Sublim bedeutet *verfeinert, fein; ein besonders einfühlsames Empfinden für feinere geistig-seelische Äußerungsformen o.ä. voraussetzend oder habend.* Was als *sublim* bezeichnet wird, hat eine höhere verfeinerte Stufe erreicht und hat die alltäglichen und allgemeinen Dinge hinter sich gelassen:

> Der ,,Bürger" . . . ehrt und bewundert. . . die ,,Macht des Geistes", die ,,erhabenen Ideale", die ,,reine Schönheit der Kunst", all jene sublimen Produkte moralischer Fragwürdigkeit, leidvollen Dienstes, stolz verborgener Qual (K. Mann, Wendepunkt 11).

Subtil bedeutet *feinsinnig, sehr fein; auch das kleinste Detail beachtend.* Beide Adjektive haben inhaltliche Berührungspunkte. Ihre Unterschiede werden deutlich, wenn man sich die Herkunft der Wörter — ihre Etymologie — vor Augen führt. *Sublim* leitet sich her von lat. sublimis = erhaben, emporgehoben, in der Höhe befindlich. *Subtil* leitet sich her von lat. subtilis = fein, dünn, gefällig; eigentlich: feingewebt. Wenn man nun *sublime* und *subtile* Genüsse auf den Unterschied hin betrachtet, erkennt man, daß *sublime* Genüsse höhere Genüsse sind, wobei der unausgesprochene Gegensatz, der Blick auf die trivialen, niederen, mit enthalten ist. *Subtile* Genüsse sind ohne diesen Bezug. Subtile Genüsse sind eben von besonders feiner, ausgesuchter, erlesener Art:

> Allmählich jedoch gelang es seinen subtilen Schmeicheleien und seiner geduldigen Zärtlichkeit, das Eis zu brechen (K. Mann, Wendepunkt 15); Besondere Aufmerksamkeit wurde auf ungewöhnliche und subtile Farbharmonie der zugehöri-

gen Hüte...verwandt (Dariaux [Übers.], Eleganz 28); Die uns erhaltenen Fragmente seiner Lyrik zeigen keinen Dilettanten..., es ist ein subtiler Geist (Thieß, Reich 47); Er hat mit Bestechungs- und Erpressungsversuchen neuer und subtiler Art zu rechnen (Enzensberger, Einzelheiten I 17); Der Konflikt gewinnt Profil in der subtilen Beschreibung und Analyse von Personen und Ereignissen (Die Welt 14.12.63, Die geistige Welt 3); Denn diese beiden Charaktereigenschaften sind... am Deutschen auf das subtilste ausgebildet: sklavisches Unterordnungsgefühl und sklavisches Herrschaftsgelüst (Tucholsky, Werke I 319).

Wenn eine Aufgabe oder eine Untersuchung diffizil genannt wird, dann soll das heißen, daß man bei ihrer Bewältigung mancherlei Schwierigkeiten zu überwinden hat, daß sie nicht sehr leicht durchzuführen ist, daß es besonderer Sorgfalt und vieler Mühe im einzelnen bedarf, daß man sehr genau und sorgsam zu Werke gehen muß. Was *diffizil* ist, ist in seiner Struktur o.ä. nicht so leicht zu überblicken, schwer darstellbar, schwer zu bewältigen:

> Um weiterzukommen und sich in der sprachlichen Analyse diffiziler Vorgänge zu schulen (Jens, Mann 165); daß ... keine zuverlässigen Polizeioffiziere für politische Aufgaben diffiziler Natur zur Verfügung standen (Tucholsky, Werke I 92); für die Aufrechterhaltung des Betriebes ist es besser, wenn Sie dann aus der Poliklinik ausscheiden und nicht aus der diffizilen Organisation des Krankenhauses (Sebastian, Krankenhaus 199); in der der bekannte Fotograf und Publizist die Grundzüge einer so diffizilen Sparte der Fotografie (die Porträtfotografie) aus seiner Sicht aufzeigen wird (Fotomagazin 8/1968, 9).

Auch *diffizil* und *subtil* berühren sich inhaltlich, und zwar im Hinblick auf die Feinheit der Struktur.

Bei *diffizil* kommt hinzu, daß diese Feinheit, diese kleinen Details in sich so zusammenhängen, daß daraus Schwierigkeiten erwachsen, wenn man in irgendeiner Weise gezwungen ist, sich mit diesem Komplex zu beschäftigen. Wenn man von einer *subtilen* (einer sehr feinen) Unterscheidung spricht, kennzeichnet man die A r t der Unterscheidung; spricht man von einer *diffizilen* (einer schwierig durchzuführenden) Unterscheidung, dann wird der Weg zu dieser Unterscheidung charakterisiert, wird auf die Schwierigkeiten hingewiesen, die aus der Beschäftigung mit dem Material erwachsen.

Subskription/Subventionen/Subsidien

Unter **Subskription** versteht man im Buchhandel die [durch Unterschrift] verbindliche Vorherbestellung eines später erscheinenden Buches, im allgemeinen zu einem niedrigeren Preis (Subskriptionspreis):

> durch zahlreiche Subskriptionen ist das Erscheinen dieses mehrbändigen Werkes gesichert; der Verlag fordert zur Subskription auf.

Subventionen sind zweckgebundene finanzielle Unterstützungen, Zuschüsse, meist aus öffentlichen Mitteln:

> Subventionen für die Landwirtschaft; Prämien und Subventionen spielen in der Vergangenheit eine große Rolle zur Bevorzugung der nationalen Schiffahrt (Fraenkel, Staat 132); Förderungsmaßnahmen (z.B. Investitionshilfen, Kredite, Subventionen, vor allem aber die öffentlichen Wohnungsbauförderung) (Fraenkel, Staat 344).

Unter **Subsidien** – ein Wort, das heute kaum noch gebraucht wird – versteht man Hilfsgelder, die von einem Staat an einen anderen zur Führung eines Krieges gezahlt werden:

> Er zog England, das bis dahin nur Subsidien gezahlt hatte, auch als Waffengenossen auf seine Seite, er brachte Bayern durch den Vertrag von Ried von Napoleon weg (Goldschmit, Genius 217).

süß/süßlich

Was süß ist, wird in der Regel im Hinblick auf den Geschmack als angenehm empfunden. Es ist nicht bitter, herb, sauer oder salzig. Honig, Zucker o.a. ist süß:

> das duftete stark nach Pelz und nach süßem Parfüm (Hesse, Narziß 321); Der Kaffee-Ersatz war fürchterlich bitter und fürchterlich süß das Sacharin (Seghers, Transit 71); die widerlich süßen Früchte der Bowle riefen Durst hervor (Lenz, Brot 101).

In dem Adjektiv **süßlich** modifiziert das Suffix -*lich* das zugrunde liegende Adjektiv *süß* oft etwas pejorativ. *Süßlich* bedeutet *etwas süß*, und zwar im allgemeinen in leicht unangenehmer Weise:

251

wir tranken beide Pernod, den ich sehr gern trinke, wegen seiner süßlichen Giftig-keit (Maass, Gouffé 58); In meinem Zimmer war immer noch ein süßlicher frem-der Friseurgeruch von meinem Besuch (Seghers, Transit 204); Wenn der Wind zu uns herüberweht, bringt er den Blutdunst mit, der schwer und widerwärtig süß-lich ist (Remarque, Westen 93).

Im übertragenen Gebrauch wird der Unterschied zwischen *süß* und *süßlich* besonders deutlich. Von einer Geliebten kann der begeisterte Verehrer sagen, daß ihr *süßes* Lä-cheln ihn beglückt habe. Ein *süßliches* Lächeln jedoch ist unecht und in der Regel Ausdruck nur vorgetäuschter Freundlichkeit:

das Janusgesicht der Liebe, süßes Lächeln auf der einen, eine zerfressene Nase auf der anderen Seite (Remarque, Obelisk 259); bist du schön! Die Brust so süß in ihrer weichen und klaren Strenge (Th. Mann, Krull 205); Gewisse kleine süße Fal-ten am Bauch (Lynen, Kentaurenfährte 112); Fürs Vaterland zu sterben scheint auch heute nicht mehr süß und ehrenvoll zu sein (Ott, Haie 343); Verheiratet, drei süße Kinder (Remarque, Obelisk 340); Süße Höschen hast du, winziger geht' wirklich nicht (Dorpat, Ellenbogenspiele 187).

Süßlich:

Ich mag den süßlichen Schaum nicht, den man den Zuschauern vorsetzt (Hörzu 12/1971, 36); Der Idylliker Hesse, der für meinen Geschmack fast niemals süß-lich gewesen ist (Tucholsky, Werke I 344); viel religiöse Sprengkraft..., die sich unmöglich zur süßlichen Andächtelei eignet (Nigg, Wiederkehr 75).

sympathisch/sympathetisch

Sympathisch bedeutet *durch seine Art für sich einnehmend und angenehm auf je-manden wirkend:*

Die Ansagerin mit der sympathischen Stimme (Die Welt 9.10.65, 12); Als Mensch sind Sie mir außerordentlich sympathisch (Kirst 08/15, 259); ein verwischter, sympathisch nachlässig hingesetzter blauer Stempel (Koeppen, Rußland 77); Pla-stik ist kein so warmes und sympathisches Material wie Holz (DM Text 49/1965, 79).

Sympathisch bedeutet auch *die Sympathie, das Mitgefühl betreffend:*

weil wir sympathisch teilnehmen an der Gewissensunruhe, die sich in das er-schreckende Glück dieser Bilder und Gesichte mischte (Th. Mann, Zauberberg 289).

In der Medizin bedeutet *sympathisch* sowohl *zum vegetativen Nervensystem bzw. zum Sympathikus gehörend oder diese betreffend* als auch *auf das ursprünglich nicht erkrankte Organ eines Organpaares übergreifend:*

Der dritte Teil des peripheren Nervensystems ist das vegetative (sympathische, autonome) Nervensystem (Fischer, Medizin II 23).

Sympathetisch bedeutet *geheimnisvolle Wirkung auf das Gefühl ausübend:*

Da jedoch erschien, wir wissen nicht, ob durch eine Nachricht des Burda herbei-gerufen oder durch eine sympathetische Ahnung ihrer Seele alarmiert, die Kat-schenka an Hansens Krankenlager (Fussenegger, Haus 285); eine aufgeregte Lie-bes- und Mordgeschichte,... hergestellt aus sympathetischer Vertrautheit mit den geheimen Wünschen der zuschauenden internationalen Zivilisation (Th. Mann, Zauberberg 441).

Symptom/Syndrom

Ein **Symptom** ist ein Zeichen, aus dem man etwas – meist etwas Negatives – erken-nen kann, z.B. eine Krankheit, eine ungünstige Entwicklung:

Wenn z.B. ein Kind mit Halsschmerzen und diphtherieverdächtigen Symptomen erkrankt.... (Fischer, Medizin II 127); Die Beseitigung des Symptoms „Schmerz" ist deshalb der erste Schritt der Behandlung (Fischer, Medizin II 11); Der Arzt erzählte, wie sich seither die Symptome von Verfolgungswahn an Fritz Augen Brendet mehrten (Feuchtwanger, Erfolg 472); Als besonders fesselndes Sym-ptom möchte ich die geradezu erstaunliche Überfeinerung des Gehörsinnes an-sprechen (Th. Mann, Krull 124).

Unter einem **Syndrom** versteht man einen Symptomenkomplex, ein Krankheitsbild mit mehreren charakteristischen Symptomen. Bei einem Syndrom handelt es sich um ein Zusammentreffen einzelner Symptome, die für sich allein uncharakteristisch sind, aber durch ihr gleichzeitiges Vorhandensein für eine Krankheit kennzeichnend sind:

Unter dem amnestischen Syndrom sei hier der Komplex folgender Symptome ver standen: geistige Ermüdbarkeit, Auffassungs- und Konzentrationserschwerung, Nachlassen des Merkvermögens (Acta Paedopsychiatrica 3/1966, 70).

syntaktisch/syntagmatisch

Syntaktisch bedeutet *die Lehre vom Satzbau, die Syntax betreffend:*
eine syntaktische Untersuchung; einen Satz syntaktisch zergliedern; die Umgangssprache spiegelt sich nicht nur im Wortschatz wider, sondern auch syntaktisch, z.B. wenn es heißt: der Stuhl von an dem Ofen ist entzwei oder der Mann von über uns statt der Stuhl, der am Ofen steht, ist entzwei bzw. der Mann, der über uns wohnt.

Syntagmatisch bedeutet *das Syntagma betreffend,* worunter man in der Sprachwissenschaft die nächstniedere Einheit nach dem Satz, die Verbindung von sprachlichen Elementen in der linearen Redekette (im Gegensatz zum Paradigma), eine inhaltlich sinnvolle und grammatisch richtige Verbindung von kleinsten bedeutungstragenden Spracheinheiten versteht, z.B. *in Eile, letztes Jahr.* Die Beziehungen dieser Syntagmen zu ihrem Kontext werden durch die Gesamtheit ihrer bedeutungstragenden Elemente angezeigt. Syntagmatische Verbindungen sind vor allem auch feste idiomatische Wendungen, also syntaktisch gefügte Wortgruppen, bei denen die einzelnen Wörter nicht mehr ihren eigentlichen Sinn haben, sondern als Gesamt eine Bedeutung erhalten haben, die mit den ursprünglichen Bedeutungen der einzelnen Wörter nichts mehr zu tun hat, z.B. *die Katze im Sack kaufen* (= etwas kaufen, ohne sich vorher von dessen Güte oder Zweckmäßigkeit überzeugt zu haben).

tadellos/tadelfrei/untadelig/untadelhaft

Tadellos bedeutet *besonders auffallend gut; nahezu vollkommen; vorbildlich; bewundernswert, einwandfrei gelungen:*
Der Rundkopf... antwortet leise in tadellosem Deutsch (Thieß, Legende 67); er ... bläst ein paar tadellose Rauchringe (Remarque, Obelisk 143); Dr. Lehmann, gekleidet in einen tadellosen Maßkittel (Sebastian, Krankenhaus 74); Daß du nie mit einer Frau verkehren wirst, bei der du auch den leisesten Verdacht hast, daß sie... kein ganz tadelloses Leben führt (Schnitzler, Reigen 103); wenn wir körperlich wirklich tadellose Exemplare (von Vögeln) vor uns haben (Lorenz, Verhalten I 100); das erste Grab... Es ist tadellos, trocken, sandig, etwas erhöht (Remarque, Obelisk 261); BMW... zu verkaufen, Fahrwerk und Aufbau tadellos (Auto 7/1965, 71); Er hat... einen tadellos sitzenden Sportanzug (Fallada, Blechnapf 46); Kein Mann in jener Welt sagte: Ich habe mich tadellos gehalten (Reinig, Schiffe 71).

Was **tadelfrei** ist, kann nicht getadelt werden, ist frei von Tadel, bietet keinen Anlaß zum Tadel. Im Unterschied zu *tadellos,* das ein Lob ausdrückt und die persönliche Wertung des Sprechers (Schreibers) widerspiegelt, ist *tadelfrei* eine sachliche Feststellung (→ -frei/-los). *Tadelfrei* bezieht sich in der Regel auf menschliches Verhalten:
Von Ihnen erbitte ich zehn Schritte Abstand, ruinieren Sie nicht den tadelfreien Ruf eines Bildners der Jugend (Fallada, Herr 89).

Untadelig steht der Bedeutung von *tadelfrei* nahe, spiegelt aber im Unterschied zu diesem wie tadellos die persönliche positive Wertung des Sprechers (Schreibers) wider und bedeutet *keinen Anlaß zu einem Tadel gebend, korrekt; ohne Fehler, Makel.* Wenn etwas *untadelig* genannt wird, so bedeutet es, daß nichts daran auszusetzen ist. Wenn man von einer *tadellosen* Kleidung spricht, dann wird Aussehen, Sitz o.ä. der Kleidung besonders l o b e n d hervorgehoben. Wenn von einer *untadeligen* Kleidung gesprochen wird, stellt man lediglich anerkennend fest, daß sie k o r r e k t ist und zu k e i n e r l e i B e a n s t a n d u n g e n Anlaß gibt. Von einer *tadelfreien* Kleidung zu sprechen, ist nicht üblich:
Ich nehme an, daß ich einen untadeligen Anblick biete. Ich sitze still und aufmerksam da, allzu steif vielleicht; akademisch, ganz und gar Dozent (A. Zweig, Claudia 54); Ich wurde gemustert, wobei sich herausstellte, daß ich untadelig gesund bin (Seghers, Transit 220); ... daß es bei diesem Stück sich um ein sehr geistreiches Stück, um untadelige Literatur handelte (Jacob, Kaffee 131).

Untadelhaft bedeutet *mit keinem Fehler, keinem Makel behaftet* und daher keine Ursache zu einem Tadel gebend. *Untadelhaft* entspricht weithin der Bedeutung von *untadelig,* lediglich der Aspekt ist ein wenig unterschiedlich. Bedeutet *untadelhaft,* daß einer Sache kein Fehler, der zu beanstanden wäre, a n h a f t e t , so bedeutet *untadelig,* daß etwas nicht zu tadeln ist:

während. . . . die vom Meer herwehende Brise die durchaus nicht untadelhafte Rundung ihrer Waden unbarmherzig verriet (Schneider, Erdbeben 23); Ihr Leben zeigte sich unberührt durch die Schwäche des Geschlechts, untadelhaft ist es, fleckenlos (Thieß, Reich 564).

Zusammenfassend kann gesagt werden: *Tadellos* ist ein lobendes Beiwort. Was tadellos ist, entspricht allen Erwartungen. Was *untadelig* ist, bietet keinen Anlaß zur Kritik. Was *untadelhaft* ist, dem haftet kein Makel, kein Fehler an. Was als *tadelfrei* bezeichnet wird, dem wird sachlich bestätigt, daß es in Ordnung ist.

Jemandes Benehmen kann *tadellos,* aber auch *untadelig* oder *untadelhaft* sein, es kann auch *tadelfrei* sein. Eine Maschine kann *tadellos* sein oder *tadellos* funktionieren, aber n i c h t *untadelig, untadelhaft* oder *tadelfrei.* Diese Adjektive werden nur in bezug auf Menschen und deren Verhalten o.ä. gebraucht.

-täglich/-tägig

In adjektivischen Zusammensetzungen bedeutet -täglich *in einem bestimmten zeitlichen Abstand wiederkehrend,* wobei der erste Wortteil das im zweiten Teil genannte Zeitmaß im einzelnen näher bestimmt. Dreitägliche Zusammenkünfte finden alle drei Tage, also nach Ablauf von drei Tagen statt.

-tägig bedeutet in adjektivischen Zusammenbildungen *eine bestimmte Zeit dauernd,* wobei der erste Wortteil das im zweiten Teil genannte Zeitmaß im einzelnen näher bestimmt. *-tägig* bedeutet außerdem *eine bestimmte Zahl an Tagen habend, alt.* Ein dreitägiger Kursus dauert drei Tage; ein mehrtägiger Ausflug dauert mehrere Tage; eine halbtägige Tätigkeit ist eine Tätigkeit, die sich nur über einen halben [Arbeits]tag erstreckt. Inkorrekter Gebrauch liegt im folgenden Beleg vor:

Zeitweilig hatte man sich auch vorgestellt, daß in der Diffenéstraße halbtäglich ein Arzt arbeiten sollte (MM 23./24.9.72, 4).

Während *täglich* auch als selbständiges Adjektiv gebraucht werden kann, ist *-tägig* nur in Zusammenbildungen üblich.

tatenlos/untätig

Wenn von jemandem gesagt wird, er habe **tatenlos** zugesehen oder *tatenlos* dabeigestanden, soll das heißen, daß er nicht eingegriffen, nicht gehandelt hat, daß man eigentlich Taten von ihm erwartet hat. *Tatenlos* enthält meist einen Vorwurf:

. . . daß auch die Regierung in Washington dem Treiben der Rassenfanatiker mehr oder minder tatenlos zusieht (Das Volk 4.7.64, 5); Tatenlos muß sie zusehen, wie es die Schwiegertochter im Haus. . . treibt (Grass, Hundejahre 22).

Wer mit nichts beschäftigt ist, nichts tut, müßig und faul ist, ist **untätig.** Das Gegenwort ist *tätig:*

Ich beschloß daher, mein Leben untätig zu verbringen (Hildesheimer, Legenden 77); Endlich, nachdem ich zwei Wochen untätig gewesen war, raffte ich mich auf (Jens, Mann 128); . . . indem ich, Gabel und Messer untätig in Händen, in sein Gesicht. . . blickte (Th. Mann, Krull 307); Sehe man ihn etwa untätig und faul? Er sei gar nicht für ein untätiges Leben (Kästner, Zeltbuch 182); Bald sitzen wir wieder in der gespannten Starre des untätigen Wartens (Remarque, Westen 95).

Gelegentlich läßt der Kontext sowohl *tatenlos* als auch *untätig* zu, wobei sich jedoch der Akzent der Aussage entsprechend dem gewählten Wort verlagert:

Ein junger Mann, der in der Nähe des Rathauses offenbar tatenlos herumgestanden hatte, kam auf Mutsch zu (Kirst, Aufruhr 6); wie ich Sie kenne, können Sie doch gar nicht untätig dabeistehen, wenn morgen — hier, die Opfer in Viehwaggon verfrachtet werden (Hochhuth, Stellvertreter 122).

tätig/tätlich

Tätig bedeutet *in aktivem Tun, in Taten sich äußernd, beweisend; in bewußtem Tun gegründet:*

Sie hatte an große Taten gedacht. . ., an ein Attentat auf den Führer, zum mindesten aber an einen tätigen Kampf gegen die Bonzen und die Partei (Fallada, Jeder 104); Franklin. . . wurde ohne Gymnasialbildung nicht nur ein tätiger Politiker . . ., sondern auch ein bedeutender Gelehrter (Ceram, Götter 67); Seine „Pilgerreise" bemüht sich um eine neue Verarbeitung der christlichen Fragestellung jener großen Zeit, an deren Gestaltung Bunyan selbst einst tätigen Anteil hatte (Nigg, Wiederkehr 75); geneigten Kopfes. . . prüfte er die Sachlage und begann sogleich, sich in tätiger Sanftmut um den hohen Kranken zu bemühen (Th. Mann, Hoheit 85); Indem die aristotelische Ethik nach dem Glück. . . als höchstem Gut des Menschen fragt und dieses Gut. . . als tätige Verwirklichung (praxis) menschlichen Lebens im Werk versteht (Fraenkel, Staat 262).

Tätig tritt oft in der Verbindung mit *sein* auf und bedeutet dann a) *beruflich arbeiten:*

Im Grunde. . . war es für Wolfgangs Entwicklung einerlei, ob er an der „Hamburger Zeitung" oder an den „Hamburger Nachrichten" tätig war (Jens, Mann 139); Jeder Student hat nach Absolvierung einer Hochschule die Pflicht, mindestens zwei bis drei Jahre in seinem Fachgebiet praktisch tätig zu sein (Leonhard, Revolution 72); Die Abgrenzung der Versicherungspflicht erfolgt hier durch Zugehörigkeit zu einer in bestimmter Weise tätigen Personengruppe (oder durch die Einkommenshöhe) (Fraenkel, Staat 314).

b) *in Aktion, Tätigkeit sein:*

oft hatte ich diesen Gedanken durchgedacht, nicht ohne zuweilen eine heftige Sehnsucht danach zu fühlen. . ., einmal ernsthaft und verantwortlich tätig zu sein (Hesse, Steppenwolf 153); Bildung wird nicht in stumpfer Fron und Plackerei gewonnen. . . ; verborgene Werkzeuge sind ihretwegen tätig (Th. Mann, Krull 92); Hormone des Eierstocks sind beteiligt und auch solche des Hirnanhangs. . . sind für die Regelung der gesamten Fortpflanzung und Brutpflege regelnd tätig (Fischer, Medizin II 43).

Die Wendung *tätig werden* bedeutet *in Aktion treten; in einer bestimmten Angelegenheit, aus einem bestimmten Anlaß etwas unternehmen:*

Verfassungsgerichte werden nicht von Amts wegen tätig (Fraenkel, Staat 340).

Tätlich bedeutet *in Form einer Tat, durch die Tat,* und zwar in Opposition zum Reden (Worte/Taten):

sie weigert sich nicht ausdrücklich, Blindenbrillen zu verkaufen, aber tätlich, indem sie weiterhin, als hätte der Herr nur gescherzt, Sonnenbrillen anbietet (Frisch, Gantenbein 38); wahrscheinlich wissen sie (die Spartaner) selbst gar nicht, wie zielbewußt und tätlich sie ihr (der Gottheit) dienen (Hagelstange, Spielball 206).

Üblicher ist heute jedoch der Gebrauch dieses Adjektivs in bezug auf gewaltsame Handlungen, z.B. wenn jemand einen anderen schlägt:

er ist tätlich geworden; Schmähworte wurden ihnen nachgerufen, und manchmal wurden sie auch tätlich angegriffen (Leonhard, Revolution 131); . . . daß die Tiere den Notschrei von erwachsenen Jungvögeln . . . mit tätlichem Angriff auf den Menschen beantworten (Lorenz, Verhalten I 199).

Während *tätig* eine E i g e n s c h a f t angibt, einen Menschen oder sein Tun in seinem Inhalt charakterisiert, kennzeichnet *tätlich* die A r t eines Tuns.

Technik/Technologie/Technokratie

Unter **Technik** in der hier zusammen mit *Technologie* nur zur Debatte stehenden Bedeutung versteht man alle Maßnahmen, Einrichtungen und Verfahren, die dazu dienen, die Erkenntnisse der Naturwissenschaften für den Menschen praktisch nutzbar zu machen, die Ingenieurwissenschaft:

Es ist Technik, die herrscht, der wir uns als Konsumenten unterwerfen. . . , mag man diesen Zustand unserer Welt Technokratie oder — objektivierter — Technostruktur oder Technologie nennen (Universitas 3/1970, 271); mangelhafte materielle Interessiertheit an neuer Technik (ND 10.6.64, 3); wie die Technik zu entwickeln ist (ND 5.6.64, 1); eine ganze Maschinerie der Hölle, wie deutsche Technik sie entwickelt. . . hat (Plievier, Stalingrad 181).

Das Wort **Technologie** wird in vielen Wissenschaftsbereichen mit entsprechenden inhaltlichen Nuancierungen gebraucht. Es bezeichnet immer das Zusammenspiel verschiedener Aktionsbereiche und ganz allgemein die Gesamtheit der Arbeitsvorgänge [für eine bestimmte Aufgabe]. Der Inhalt des Begriffs ist jedoch nicht immer deutlich abgrenzbar.

Die Zusammensetzung mit -logie deutet darauf hin, daß es sich nicht um die Sache selbst, sondern um die Wissenschaft, die Lehre, die sich mit der Sache beschäftigt, handelt.

Unter *Technologie* versteht man die Verfahrenskunde; die Wissenschaft, die allgemeine Lehre von der Gewinnung und Verarbeitung von Roh- und Werkstoffen zu verwendbaren technischen Produkten. Die Technologie des Eisens lehrt z.B. die Gewinnung des Roheisens und seine Verarbeitung zu Guß oder Stahl. Man unterscheidet zwischen mechanischer und chemischer Technologie. Die mechanische Technologie umfaßt Arbeitsverfahren wie die des Umformens, spezieller Bearbeitung usw., während die chemische die Verarbeitung vor allem von Kohle, Erdöl und Erzen umfaßt.

Mit *Technologie* wird auch das Verfahren und die Methodenlehre eines einzelnen [ingenieurwissenschaftlichen] Gebietes oder eines bestimmten Fertigungsablaufs sowie der alle technischen Einrichtungen usw. umfassende Bereich eines Forschungsgebietes (z.B. Raumfahrttechnologie) bezeichnet:

> Probleme der modernen Unterrichtstechnologie unter Einschluß modernster Medienverbundsysteme (Nickel, Fehlerkunde 6).

Technologie ist auch der technologische Prozeß, d.h. die Gesamtheit der zur Gewinnung und Bearbeitung oder Verformung von Stoffen nötigen Prozesse, und zwar einschließlich der Arbeitsmittel, Arbeitswerkzeuge, Arbeitsorganisation usw.

Seit Anfang der 60er Jahre wird im Sprachgebiet der BRD statt Technik (bzw. technisch) häufig Technologie (bzw. technologisch) verwendet, was auf angloamerikanischen Einfluß zurückzuführen ist. Als Grund kann sowohl internationale Anpassung in Frage kommen, denn z.B. im Angloamerikanischen, Französischen und Russischen sind diese Wörter üblich, als auch die Absicht, der inhaltlichen Überlastung des Wortes Technik (bzw. technisch) entgegenzuwirken, und zwar in dem Sinne, daß *Technologie* soviel ist wie *Technik als Wissenschaft* und somit auch *die Wissenschaft vom Produktionsprozeß.*

Die Begriffe *Technik* und *Technologie* sind also nicht eindeutig im Sprachgebrauch geschieden. (→ Methode/Methodologie, →technisch/technologisch). Unter *Technologie* wird das technische Wissen und somit die Gesamtheit von technischen Kenntnissen, Fähigkeiten und Möglichkeiten verstanden.

Mit *Technik* meint man sowohl die materiellen Voraussetzungen der Produktion, die Menge der Methoden und Verfahren zweckentsprechenden Gestaltens sowie die Menge der Ergebnisse dieser Tätigkeit (z.B. Meßgeräte, Arbeitsmaschinen) als auch das durch technisches Gestalten und dessen Resultate geprägte historisch-gesellschaftliche und kulturelle Phänomen (z.B. die Technik im 20. Jahrhundert).

Nicht selten lassen sich sowohl *Technologie* als auch *Technik* in einem Kontext einsetzen, womit jeweils entsprechende Nuancen der Aussage verbunden sind. Verschiedentlich wird allerdings das Substantiv Technologie auch dort gebraucht, wo Technik am Platze wäre. Dort, wo neue Ergebnisse und Erkenntnisse naturwissenschaftlicher und technischer Forschung ihre Verwirklichung gefunden haben und nicht nur neue Verfahren der Verarbeitung oder Bearbeitung gemeint sind, liegen neue Techniken, nicht nur neue Technologien vor. Hier aber wird in der Praxis oft nicht genau unterschieden:

> Man unterscheidet allgemeine oder vergleichende Technologie und spezielle Technologie, außerdem mechanische und chemische Technologie (Klein, Bildung 160)
> Ausbildung in den Naturwissenschaften und in Technologie (Die Zeit 20.11.64, 48); bei der Ausarbeitung neuer Technologien im Oberbau (ND 14.6.64, 6); Es ermöglicht eine Technologie, bei der eine Arbeitskraft 150 Tonnen erzeugen kann (ND 16.6.64, 3).

Manchmal lassen sich in einem Text allerdings sowohl *Technik* als auch *Technologie* rechtfertigen, je nachdem, was jeweils gemeint ist:

> Dazu ist erforderlich, den Schülern die Grundlagen der Produktion in der sozialistischen Industrie und Landwirtschaft, die wichtigsten Elemente ihrer Technologie, Organisation und Ökonomik zu vermitteln (Klein, Bildung 35).

Unter **Technokratie** versteht man einerseits eine aus den USA stammende volkswirtschaftliche Lehre, die die funktionale Ordnung der Gesellschaft nach den Prinzipien der Technik gestalten will und dies für den Weg zum allgemeinen Wohlstand hält:

> Aus der Kritik des Güterverbrauchs als bloßer Ostentation hat er Folgerungen abgeleitet, die ... praktisch mit denen der Technokratie aufs engste sich berühren (Adorno, Prismen 68)

und andererseits – meist mit leichter Abwertung – Herrschaft der Technik, das Beherrschtwerden durch die Technik:

> karge Büros, geschmückt nur durch Europakarten und statistische Kurvenzeichnungen, Karteikästen, Ordner, Aktenmappen – Attribute der modernen Techno-

kratie (Die Welt 5.1.63, 3); als die Karren mit ihrer Ladung regelmäßig zum Richtplatz fuhren und das Beil fiel und hochgezurrt wurde und wieder fiel . . . ausgeführt von einer stumpfen Unmenschlichkeit in einer eigentümlichen Technokratie (Weiss, Marat 71).

technisch/technologisch/technokratisch

Das Adjektiv **technisch** wird hier nur insoweit dargestellt, als es in Konkurrenz mit *technologisch* steht. *Technisch* bedeutet in dem Zusammenhang soviel wie *die Technik (als Ingenieurwissenschaft) betreffend, zu ihr gehörend:*

der Mensch des technischen Zeitalters (Brecht, Groschen 48); Die technische Entwicklung von der Dynamomaschine bis zum Entstehen des ersten Atomkraftwerks (Kosmos 1/1965, 2); Auch die technisch Interessierten unter uns wußten nicht viel mehr, als daß Radar ein Funkmeßgerät ist (Menzel, Herren 85); technische Bücher (Koeppen, Rußland 127); Die technische Vollkommenheit der Abhöranlage (Kuby, Rosemarie 99); Einmal versagten auf Grund eines technischen Fehlers die Bremsen seines Mercedes 300 (Molsner, Harakiri 36).

Technologisch bedeutet *verfahrenstechnisch; die →Technologie, den technischen Bereich von etwas betreffend.* Da, wo man etwas auf die Technik als Wissenschaft oder Lehre bezieht und nicht auf sie als eine Verfahrensart, wird neuerdings gern *technologisch* statt *technisch* gebraucht (→ Technik/Technologie). Ältere Bezeichnungen wie technische Hochschule (technische Universität) (englisch: school of technology) sind davon jedoch nicht betroffen:

Methoden, die zur Vorhersage technologischer Änderungen benutzt werden; die technologische Reform des Sprachunterrichts; Fachliches Können, das durch lange Erfahrung erworben wurde, veraltet durch technologische Fortschritte (St. Frank, Mann 13); In dieser Broschüre sind elf Aufsätze zum Thema ,,Sprachlabor" nachgedruckt, die von 1966-1971 in der Rubrik ,,Technologischer Fremdsprachenunterricht" der Zeitschrift. . . veröffentlicht wurden (Zielsprache Deutsch 3/1972, 134); Kolonisatoren, die versäumt haben, ihre Schützlinge in das technologische Zeitalter zu führen (Die Zeit 20.11.64, 49); Die Maschinen waren hier entsprechend dem technologischen Ablauf aufgestellt (Klein, Bildung 107); die technologische. . . Überalterung der mechanischen Ausrüstung (Die Zeit 20.11.64, 39).

Dieser nicht immer korrekte Gebrauch entspringt weitgehend dem Bestreben, das Adjektiv *technisch,* das eine Zugehörigkeit (= zur Technik gehörend, die Technik betreffend) kennzeichnet, zu vermeiden, weil die Zugehörigkeitsadjektive sehr oft zu Eigenschaftswörtern werden, die eine Stellungnahme oder einen Wert ausdrücken. Die Adjektive auf -logisch sind dieser Gefahr nicht ausgesetzt(→ psychisch/psychologisch).
Es bestehen aber inhaltliche Unterschiede zwischen einer *technischen* und einer *technologischen* Lücke, zwischen einem *technischen* und einem *technologischen* Fortschritt. Ein technologischer Fortschritt bedeutet eine Erweiterung des vorhandenen technischen Wissens, während ein technischer Fortschritt darin besteht, neues technisches Wissen in Form neuer Produkte, neuer Produktionsmittel und Produktionsverfahren anzuwenden.
Manchmal lassen sich in einem Text allerdings sowohl *technisch* als auch *technologisch* rechtfertigen, je nachdem, was jeweils ausgedrückt werden soll:

Mit einer technologischen Arbeit, einer Preisarbeit über die Beleuchtung der Großstädte (Goldschmit, Genius 18); Voraussetzung für die gute Leistung war die exakte technologische Vorbereitung (ND 11.6.64, 3); . . . dann wird die technologische Unterweisung für alle Produzenten notwendig und auch möglich werden (Klein, Bildung 161).

Technokratisch bedeutet einerseits *die Technokratie, also die aus den USA stammende volkswirtschaftliche Lehre betreffend, die die funktionale Ordnung der Gesellschaft nach den Prinzipien der Technik gestalten will und dies für den Weg zum allgemeinen Wohlstand hält* und andererseits — meist mit leichter Abwertung — *von der Herrschaft der Technik bestimmt und daher rein mechanisch und ohne auf das Individuelle oder auf den Inhalt des Vorgangs zu achten:*

Schon deshalb halte ich es für fatal, wenn derartige Reformansätze als rein technokratisch von vornherein zurückgewiesen werden (Linguistische Berichte 22/1972, 90).

257

Tempo/Tempi/Tempus/Tempora

Tempo bedeutet *Geschwindigkeit, Schnelligkeit.* Zu dieser Bedeutung gibt es keinen Plural:

> Die Veränderung der Menschenzahl wird durch Entwicklungsrichtung und Tempo der natürlichen Vermehrung. . . bestimmt (Fraenkel, Staat 42); dann bin ich in vollem Tempo die Treppen runtergesaust (Borchert, Geranien 21); In einem wahnsinnigen. . . Tempo fuhren sie zurück (Dorpat, Ellenbogenspiele 58).

Unter *Tempo* versteht man auch die Taktbewegung, das zähl- und meßbare musikalische Zeitmaß. Der Plural dazu lautet **Tempi:**

> Seit Jahren hatte sie die Sonate nicht mehr gespielt, sie würde die überhitzten Steigerungen nicht mehr schaffen, sie durfte keine extremen Tempi riskieren (Dorpat, Ellenbogenspiele 168).

Die Redewendung *Tempi passati* heißt *vergangene Zeiten,* womit ausgedrückt werden soll, daß etwas [bedauerlicherweise] der Vergangenheit angehört, längst vergangen, entschwunden ist.

Unter dem **Tempus** versteht man in der Sprachwissenschaft die Zeitform des Verbs, z.B. Präsens, Präteritum, Perfekt usw. Der Plural dazu lautet die **Tempora:**

> Zu den Tempora der Gegenwartssprache gehören fast ausschließlich die indikativischen Verbformen, und zwar die beiden Stammformen Präsens und Präteritum und die mit den Hilfsverben. . . umschriebenen Formen Perfekt, Plusquamperfekt und Futur (Duden- Grammatik, 2. Auflage, Seite 96).

temporal/temporär

Temporal wird in der Sprachwissenschaft in der Bedeutung *das Tempus betreffend, zeitlich* gebraucht. So spricht man beispielsweise von temporalen Konjunktionen, worunter man zeitliche Bindewörter wie z.B. *nachdem, während, indem, als, bevor* versteht.

In der Medizin versteht man unter *temporal* soviel wie *zu den Schläfen gehörend:*

> Doch konnte er freilich eine befriedigende Diagnose nicht geben; er begnügte sich, das zu wiederholen, was bereits bekannt war, nämlich, . . . daß das Merkmal der temporalen Abblassung unverkennbar vorhanden sei (Niekisch, Leben 314).

Temporär bedeutet *zeitweilig [auftretend], vorübergehend, zeitlich begrenzt, nicht bleibend und für immer:*

> Im Dezember 1940 kam ich aus Europa — der temporären deutschen Hölle mit dem Notausgang in Lissabon (Kesten, Geduld 5); Falls sie nicht in einer sinnlosen Verzweiflung, in einem temporären Wahnsinnsanfall, etwas Unwiderrufliches begangen hat (Fr. Wolf, Menetekel 271); die Verfassung von 1795. . . ließ lediglich temporäre Spezialausschüsse zu, die mit der Erledigung der ihnen übertragenen Aufgaben automatisch zu Ende kamen (Fraenkel, Staat 236).

Tendenz/Trend

Die beiden Substantive werden weitgehend synonym gebraucht. Es bestehen jedoch gewisse Unterschiede im Anwendungsbereich und damit auch im Bedeutungsumfang.

Tendenz hat den größeren Anwendungsbereich und wird in zwei Bedeutungen gebraucht. 1. *allgemeine, einer Sache oder Person innewohnende Entwicklung; Entwicklungslinie, Hang, Zug, Neigung:*

> Ich erkenne nämlich ihre subversive, gegen den Staat gerichtete Tendenz (Werfel, Bernadette 136); Sein Dichterruhm war für ihn kein Schutz; die pazifistische Tendenz der „Wandlung" und ihres Dichters reizte den bayerischen Löwen unversöhnlich (Niekisch, Leben 99); Ganz unvermittelt aber kehrt sich diese Tendenz um. . . Durch die Reifenwahl läßt sich dieser Tendenz entgegenwirken (Auto 8/1965, 21); Auch auf Fotoausstellungen ist diese Tendenz spürbar (Fotomagazin 8/1968, 16); die Widerstandskraft des Parisers gegen die standardisierende Tendenz der Großstadt ist gewaltig (Sieburg, Paris 35); daß die Regierung Justinians zur Bekämpfung der feudalistischen Tendenzen im Reiche energische Maßnahmen ergriff (Thieß, Reich 556 [Anm.]); Die Grundstückspreise zeigen . . . eine fallende Tendenz (Die Welt 8.9.62, 9).

2. wird Tendenz leicht pejorativ gebraucht für *bewußt in eine bestimmte Richtung zielende Darstellung; nicht objektive Darstellungsweise, mit der ein bestimmtes Ziel erreicht, mit der etwas bezweckt werden soll:*

> Obendrein riecht es nach Tendenz (Nossack, Begegnung 182).

Das Substantiv **Trend** konkurriert nur mit der ersten Bedeutung von Tendenz. Unter Trend versteht man *den Zug, das Vorwärtsbewegen in eine bestimmte Richtung:*
Optimistisch werden die Sorgen jener als unbegründet zurückgewiesen, die fürchten, daß der allgemeine Trend zur Konzentration... unerbittlich zum Untergang der vielen kleinen... Unternehmen führen müsse (Die Welt 17.8.65, 9); doch war der Trend zum Wandel um beinahe jeden Preis noch nie so offensichtlich wie in dieser Saison (MM 31.5.66, 3); die Aktienkurse hatten einen steigenden Trend (Die Welt 18.4.64, 1); Das rapide Tempo, mit dem in Carnaby Street und den Boutiquen der angrenzenden Gassen neue Trends lanciert... werden (Herrenjournal 2/1966, 8); was die Analysengeräte betrifft, so geht der Trend vom umständlichen Laborgerät... zum automatisierten... von jedermann zu bedienendem Gerät (Elektronik 12/1971, 415); Wo eine sinnfällige und auch aus großer Entfernung noch sicher erkennbare Verfolgung von Trends bei der Füllung von Flüssigkeitsbehältern benötigt wird, kann sich das einfache Anzeigegerät... bewähren (Elektronik 12/1971, 422); Sie richten sich also nicht nach modischen Trends (Fotomagazin 8/1968, 64).

Der feine Unterschied zwischen den Wörtern Trend und Tendenz besteht darin, daß ich mit dem Substantiv *Tendenz* die Vorstellung verbindet, daß eine bestimmte Entwicklung im Gange ist, sich abzeichnet, daß diese Entwicklung in etwas enthalten ist, während *Trend* stärker auf die bewußte Aktion abzielt. Während *Tendenz* das Z i e l mehr ins Bewußtsein bringt, hat man bei *Trend* mehr den A u s g a n g s - p u n k t im Auge, von dem aus sich etwas auf das Ziel hin bewegt. Wo die Kontexte beide Aspekte zulassen, ist ein Austausch der Wörter ohne weiteres möglich. Solch ein Austausch ist aber auf Grund des Kontextes nicht immer möglich oder nicht üblich, denn manchmal können Präpositionen, Verben oder attributive Adjektive einschränkend auf den Austausch wirken.

Man spricht von aggressiven, usurpatorischen, schwächenden, dualistischen, aufkläererischen, restaurativen, revolutionären, rückläufigen, humanen Tendenzen, von einer subversiven, erprobten, freundlichen Tendenz.
Eine Tendenz kann herausfordern zu etwas, sich hervorwagen, kann einer Sache innewohnen, zutage kommen, sich auftun, in Erscheinung treten, kann lustlos sein, kann sichtbar werden.
Man kann eine Tendenz fördern, vertreten, verbreiten, tarnen, verwirklichen, mildern, man kann ihr dienen; etwas kann eine Tendenz verkörpern, zeigen.
Nicht alle diese Wörter ließen sich mit Trend verbinden.
Im Unterschied zu Trend tritt Tendenz öfter auch als Grundwort von Zusammensetzungen auf (Ausbeutungstendenz, Systematisierungstendenz).
Daß es feine Unterschiede beim Gebrauch der beiden Wörter gibt, können die folgenden Beispiele deutlich machen, die auf Grund ihres Kontextes einen Austausch der Wörter nicht gestatten:
Tendenz (nicht: Trend):
   er verfolgte mit dieser Mitteilung eine bestimmte Tendenz; in seiner Rede war die deutliche Tendenz erkennbar, die Gegensätze innerhalb der Partei auszugleichen; mit der deutlichen Tendenz, diesen Sachverhalt zu verschleiern...
Trend (nicht: Tendenz):
   Nach einem... ersten Halbjahr wirkten das kühle regenreiche Wetter in den Sommermonaten, die modische Ausstattung des Hutangebotes und der Trend der Verbraucher zum korrekten Anzug zusammen (Herrenjournal 3/1966, 22).
Daß im letzten Beispiel Tendenz nicht für Trend eingesetzt werden kann, liegt an dem von Trend abhängenden personenbezogenen Genitivattribut (der Verbraucher). Unter einer Partei mit liberaler Tendenz kann man eine Partei, in der liberale Strömungen, Neigungen o.ä. vorhanden sind, verstehen, während man sich unter einer Partei mit liberalem Trend eine Partei mit schon stärker ausgeprägter, vielleicht sogar programmatischer Ausgangsposition auf ein Ziel hin vorstellt.

tendenziell/tendenziös

tendenziell bedeutet *einer allgemeinen Entwicklung, Tendenz entsprechend, gemäß; die allgemeine Tendenz betreffend, sich auf sie beziehend:*
Die Schwankungen entstehen durch das tendenzielle Auseinanderklaffen der Sparentscheidungen des Volkes und der Investitionsentscheidungen der Unternehmer (Fraenkel, Staat 377); (der moderne Sport) ähnelt den Leib tendenziell selber der Maschine an (Adorno, Prismen 76).

Tendenziös bedeutet *etwas absichtlich in einer bestimmten, der Wirklichkeit nicht ganz entsprechenden, die gegebenen Verhältnisse verzerrenden Weise darstellend, um dadurch etwas zu erreichen; von einer weltanschaulichen, politischen Tendenz beeinflußt, nicht objektiv:*

> Wo dieses. . . ist, . . . wird man auf eine irreführende, unsachliche und tendenziöse Nachrichtenpolitik schließen dürfen (Enzensberger, Einzelheiten I 37).

Die beiden von dem Substantiv Tendenz abgeleiteten Adjektive entsprechen dem Gebrauch des zugrunde liegenden Substantivs, das sowohl wertneutral in der Bedeutung *Entwicklungslinie, allgemeine Entwicklung* als auch in der pejorativ gefärbten Bedeutung *bewußt in eine bestimmte Richtung zielende Darstellung oder Darstellungsweise* gebraucht wird.

Text/Kontext

Als **Text** wird etwas Geschriebenes oder Gedrucktes in bezug auf seinen fortlaufenden Wortlaut bezeichnet:

> Ein altes Scherzlied mit einem unsinnigen Text (Hartung, Junitag 13); Er hatte Text französisch diktiert, und dies war die Übersetzung (B. Frank, Tage 48); sie hatten zuweilen unzumutbare Texte zu sprechen (FAZ 27.12.61, 16); . . . daß keine anderen Grundlagen dafür vorhanden waren als Bibelstellen, meist verstümmelte lateinische, arabische, hebräische Texte (Ceram, Götter 105).

Unter **Kontext** versteht man einen zusammenhängenden Text oder Textausschnitt, den gedanklichen und sprachlichen Zusammenhang, in dem sich eine bestimmte Textstelle befindet, wodurch ihre Bedeutung bestimmbar wird:

> Oder er konnte vor einem wichtigen Wort auf die Räuspertaste drücken, konnte so den Kontext durchlöchern (Fries, Weg 262); Auch das „mit" flickt er ein, und ebenso ist das „ihrerseits", wie der Kontext zeigt, absolut unnötig, überdies häßlich (Deschner, Talente 302); Die Sonntage im fragmentarischen Kontext der Biographie sind Familienausflugstage (Fries, Weg 84).

Während in den Belegen für das Wort *Kontext* mit entsprechender Inhaltsverschiebung auch *Text* eingesetzt werden könnte, ist es bei den obengenannten Beispielen für das Wort *Text* nicht möglich, das Substantiv *Kontext* einzusetzen.

Theologie/theologisch/Teleologie/teleologisch/Theodizee/Theosophie/Theogonie/Theophanie/Theokratie

Die **Theologie** ist die Wissenschaft von Gott und der [christlichen] Religion, ist die wissenschaftliche Darstellung von religiösen Glaubensinhalten, deren Offenbarung, Überlieferung und Geschichte. Das von diesem Substantiv abgeleitete Adjektiv **theologisch** bedeutet *die Theologie betreffend, zu ihr gehörend, auf ihr beruhend:*

> Die Theologie Luthers geht aus von der ganz persönlichen Bindung des einzelnen Christen an Gott (Fraenkel, Staat 152); Als Dogmatik einer Säkularreligion hat er (der Marxismus) ein ähnliches Schicksal gehabt wie die Theologien religiöser Bewegungen (Fraenkel, Staat 192); Heute. . . geht die Kirche in zunehmendem Maße dazu über, zur modernen Demokratie ein ihr wesensgemäßes, d.h. theologisches Verhältnis zu entwickeln (Fraenkel, Staat 158).

In bezug auf andere Bereiche:

> Denn es gibt eine kommunistische Theologie, die so unleidlich zu werden beginnt wie die der katholischen Theologen: Mißbrauch des Verstandes, um einen Glauben zu rechtfertigen (Tucholsky, Werke I 303).

Die **Teleologie** ist die Lehre vom Endzweck oder Zweck sowie der Zweckmäßigkeit der Dinge. Das dazugehörende Adjektiv **teleologisch** bedeutet *die Teleologie betreffend, in seiner Entwicklung festgelegten Zielen zustrebend, der Zweckbestimmung gemäß, auf ein Ziel gerichtet.* Man spricht von einem teleologischen Gottesbeweis, der von der Zweckmäßigkeit und Ordnung der Welt auf eine zwecksetzende [göttliche] Vernunft schließt. Für die Vertreter einer teleologischen Weltanschauung ist der gesamte Kosmos verwirklichter Endzweck, nach ihrer Ansicht tue die Natur nichts ohne Zweck, sondern strebe jeweils nach dem Vollkommensten und Besten; die wahre Naturerklärung sei die aus der Zweckmäßigkeit. Verschiedentlich wird diese Zweckmäßigkeit auch in Beziehung zum Nutzen für den Menschen gesetzt. Nicht nur das menschliche Handeln, sondern auch der Geschichtsablauf und das Naturgeschehen im ganzen wie im einzelnen werde durch den Endzweck bestimmt und geleitet:

Kausalität und Teleologie sind keine Gegensätze (Wieser, Organismus 16); Seine (des Elitebegriffs) Unwahrhaftigkeit besteht darin, daß die Privilegien bestimmter Gruppen teleologisch für das Resultat eines wie immer gearteten objektiven Ausleseprozesses ausgegeben werden (Adorno, Prismen 29); die Hypothese,daß sprachliche Systeme teleologisch gerichtet sind, d.h. daß ihnen eine Tendenz innewohnt, „optimal zu funktionieren" (Archiv 4.-6.H., 123 Jg., 371); Vermutlich... funktioniert Psychokinese teleologisch, unbewußt zielgerichtet (MM 16.8.72, 3).

heodizee ist eine Rechtfertigung Gottes gegenüber der Unvollkommenheit der chöpfung; die unleugbaren Übel in der Welt werden als von Gott auferlegte Prüungen angesehen.

Inter Theosophie versteht man Gottesweisheit; sie ist die Lehre einer mystischen nschauung vom Göttlichen, einer im Gefühl möglichen Annäherung an göttliches /esen.

heogonie ist der Mythos vom Werden der antiken Götter.

heophanie ist Gotterscheinung, Selbstoffenbarung Gottes in der Welt.

Inter Theokratie versteht man eine Herrschaftsform, die die Staatsgewalt religiös gitimiert als Statthalterschaft für Gott; sie ist eine im Namen Gottes durch die kirchche Hierarchie ausgeübte Staatsgewalt:
  die Voraussetzungen für die Entfaltung... politischer Freiheit jenseits der Extreme von Theokratie und Cäsaropapismus (Fraenkel, Staat 151); wenn das (Monopol) der Theokratie gebrochen ist und mit ihr der Glaube an Offenbarung und Erleuchtung (Enzensberger, Einzelheiten I 10).

iefe/Untiefe

iefe bedeutet im Unterschied zu dem konkurrierenden Substantiv *Untiefe* ganz llgemein nur *das Tiefsein* und stellt eine Höhenrelation her:
  ... als die Träger den Sarg in die Tiefe ließen (Fries, Weg 139); indem ich mich an den letzten Stauden hielt, um mit gestrecktem Kopf in die klaffende Tiefe zu spähen (Frisch, Stiller 185); das Boot kippte nach vorn... und ging vorlastig auf Tiefe (Ott, Haie 226).

ildlich:
  In der letzten Tiefe seines Wesens beherrschte den deutschen Arbeiter noch immer ein Gefühl der Solidarität (Niekisch, Leben 47).

as Substantiv Untiefe hat gegensätzliche Bedeutungen und kann sowohl eine *flache, eichte Stelle im Wasser, eine nicht gehörige Tiefe*
  wenn Jumbo es auch nicht zugeben will, die Untiefe, auf der wir festsaßen, hat sich verlagert (Hausmann, Abel 33)

ls auch eine besonders *ungewöhnliche Tiefe* bedeuten:
  Strudel zogen den Schiffbrüchigen in die Untiefe.

ildlich:
  Die jähen Untiefen der Liebe (Fries, Weg 73).

iese konträren Bedeutungen ergeben sich aus der doppelten Bedeutung des Präxes un-, das sowohl eine Verneinung (wie in Unhöflichkeit, Unechtheit, Unfreundchkeit, Unruhe) als auch eine – meist emotionale – Verstärkung (wie in Unmenge, Inzahl, Unkosten, Unmasse, Untier) ausdrücken kann.

ür den Seefahrer ist eine seichte Stelle gefährlich und eine Untiefe (Gegensatz: Tie e); für den Nichtseefahrer ist eher das sehr tiefe Wasser gefährlich und eine Untiefe.

otal/totalitär

as Adjektiv **total** bedeutet *vollständig, restlos, völlig, gänzlich,* womit ausgedrückt /ird, daß etwas ganz und gar von etwas erfaßt wird:
  ... daß Sie diesen unseren gemeinsamen Auftritt nicht zu einer totalen Fehlleistung haben werden lassen (Bundestag 188/1968, 10149); die zugrunde liegenden Mechanismen sind in den beiden Systemen total verschieden (Wieser, Organismen 20); Im modernen totalen Krieg gibt es kaum einen Wirtschaftszweig mehr, der nicht kriegswichtig wäre (Fraenkel, Staat 367).

as Adjektiv **totalitär** dient zur abwertenden Charakterisierung einer Regierungsorm, die dem Staatsbürger so gut wie keine persönlichen Rechte und Freiheiten gevährt, sondern ihn weitgehend für den Dienst am Staat beansprucht:
  Es liegt nahe, die Marktwirtschaft der Demokratie zuzuordnen, die Zwangswirtschaft der totalitären Diktatur (Fraenkel, Staat 375); Die für jede totalitäre Diktatur kennzeichnende Mißachtung rechtsstaatlicher Prinzipien (Fraenkel, Staat

289); Ferner erfaßt der Begriff Kommunismus heute eine Herrschafts-, Wirt-
schafts- und Kulturordnung, die zugleich autoritär, totalitär, materialistisch . . .
ist (Fraenkel, Staat, 166); Gott war objektiv, total, niemals totalitär (Fries, Weg
64); Es ist ohne Zweifel der gute Wille der Bundestagsabgeordneten dazu ausge-
nutzt worden, ein Gesetz durchzubringen, dessen totalitärer Kern erst jetzt zutage kommt (Auto 7/1965, 33).

Tour/Tournee

Das Substantiv **Tour,** das hier nur in Konkurrenz mit Tournee behandelt wird, bede**u**
tet *Fahrt, Ausflug, Wanderung:*

> Wird er aber einmal von einem Unwetter mit heftigem Sturm überrascht, so wird
> aus einer leichten Bergfahrt eine sehr schwere Tour (Eidenschink, Bergsteigen 90**)**

Unter einer **Tournee** versteht man die Gastspielreise eines Künstlers oder einer Küns**t**
lergruppe:

> Die deutsche Gastspieloper Berlin unternimmt. . . ihre sechste Tournee durch die
> Bundesrepublik (Die Welt 19.7.65, 10).

Tourismus/Touristik

Mit dem Wort **Tourismus** wird eine Verhaltensweise gekennzeichnet, und zwar das
Reisen von Touristen, das Reisen in größerem Ausmaß, in größerem Stil als eine Er-
scheinungsform der modernen Gesellschaft:

> Der Tourismus erstreckt sich mehr und mehr auch auf die Ostblockstaaten; Wir
> beschreiben die geschichtliche Situation, aus der der Tourismus hervorgegangen
> ist als ein Syndrom politischer, sozialer, wirtschaftlicher, technischer und geisti-
> ger Züge (Enzensberger, Einzelheiten I 189).

Das Substantiv **Touristik** hat kollektive Bedeutung. Unter *Touristik* versteht man
das Reisewesen, den institutionalisierten Touristenverkehr, wobei mehr das Institutionelle als das Reisen der Touristen selbst im Vordergrund steht:

> Das Reisebüro hat eine Abteilung für Touristik.

transzendent/transzendental

Transzendent bedeutet *übersinnlich, übernatürlich, die Grenzen aller Erfahrung und
der sinnlich erkennbaren Welt überschreitend.* Das Gegenwort ist *immanent:*

> Auf der Entscheidung: immanent oder transzendent zu bestehen, ist ein Rückfal**l**
> in die traditionelle Logik (Adorno, Prismen 22); Arlecqs schwankende Seele wir**d**
> sicher auf transzendente Pfade geleitet. Bis hoch zum Vorstand der katholischen
> Gemeinde der Stadt läßt das Licht in den Augen eines Kindes glauben, daß hier
> eine höhere Berufung auf ihre Erweckung warte (Fries, Weg 85); Wenn man nich**t**
> zu einer gänzlich transzendenten entelechialen Erklärung greifen will, ist die Auf**f**
> fassung der männlichen Prachtkleider als Auslöser die einzige Theorie (Lorenz, V
> halten I 212); Semantische Merkmale sind. . . als kategoriewertige oder transzen-
> dente Elemente oder Strukturen aufzufassen (Schmidt, Bedeutung 107).

Transzendental bedeutet in der Scholastik *alle Kategorien und Gattungsbegriffe übe**r***
steigend. Kant nannte unsere a priori mögliche Erkenntnisart von Gegenständen
transzendental, also vor aller Erfahrung liegend. Das Transzendentale ist nicht das
über alle Erfahrung Hinausgehende, sondern das ihr (a priori) Vorhergehende und
die Erfahrung erst Ermöglichende. Als transzendental wird etwas bezeichnet, was
mit den Bedingungen der Möglichkeit der Erfahrung in Zusammenhang steht *(transzendentale Ästhetik, Analytik, Dialektik). Transzendental* bedeutet *die Transzen-
denz, das Übersinnliche betreffend:*

> wenn mir nicht auch in ihrem robusten Enthusiasmus der Hauch transzendenta-
> ler Sehnsucht spürbar gewesen wäre (K. Mann, Wendepunkt 97); Gregor sah aus
> der transzendental bestimmten Anschauung des Mittelalters nur das einzige Ziel
> erwachsen: die Erhöhung des Papsttums über alle irdischen Gewalten zur Ver-
> wirklichung des Gottesreiches (Goldschmit, Genius 58); Ihr Rekurs auf die eine
> Gruppe bildenden Menschen . . . setzt eine Übereinstimmung von gesellschaft-
> lichem und individuellem Sein gewissermaßen transzendental voraus, deren Nich**t**
> existenz einen der vordringlichsten Gegenstände der kritischen Theorie bildet
> (Adorno, Prismen 32).

Während *transzendent* ein die Art von etwas charakterisierendes Eigenschaftswort
ist, weist *transzendental* darauf hin, daß das als transzendental Bezeichnete einem
übersinnlichen Bereich zugehört bzw. zugeschrieben oder zugeordnet werden kann

(transzendentale Meditation). Bei entsprechendem Kontext lassen sich beide Wörter gegeneinander austauschen, wodurch sich die inhaltliche Aussage aber meist nur wenig ändert.

trefflich/Trefflichkeit/vortrefflich/Vortrefflichkeit/treffsicher/Treffsicherheit/treffend/zutreffend

Trefflich bedeutet *auf treffende Weise, ausgezeichnet, vorzüglich, zur Erfüllung einer Aufgabe passend, geeignet,* wobei die freudige Emotion des Sprechers und seine persönliche Bewunderung mit anklingen:

Kurt sprang auf: ,,Der Bär, Herr Lehrer, hat Bärenkräfte." ,,Gut," lobte der Lehrer. ,,Das ist eine treffliche Bemerkung." (Kusenberg, Mal 14); Offi . . . verstand sich trefflich darauf, die mannigfachen Typen der Dickens-Welt zu charakterisieren (K. Mann, Wendepunkt 70); ,,. . . Sie sind Maler, scheint mir? " ,,Und Sie ein trefflicher Beobachter" (Kusenberg, Mal 100); es gilt, den Geburtstag zu retten, sie in ihrer Einbildung zu bestärken, daß sie alles trefflich bewältigen (Rilke, Malte 101).

Das dazugehörende Substantiv ist **Trefflichkeit:**

Seine (des Wörterbuchs) Trefflichkeit erweist sich bereits an dem wohldurchdachten Aufbau seines. . . Stichwortnetzes (Bibliographisches Handbuch 1662).

Vortrefflich bedeutet *sich in besonderem Maße auszeichnend, höchst vorzüglich, andere Dinge seiner Art weit übertreffend, auf einem bestimmten Gebiet durch besonderes Wissen, Können o.ä. hervorstechend.* Mit dem Adjektiv *vortrefflich* wird ein besonderes Lob ausgesprochen, das sich auf eine Person oder Sache selbst bezieht im Unterschied zu *trefflich,* das zwar auch eine Art Lob enthält, das jedoch darüber hinaus noch eine weitere Beziehung herstellt: Ein *vortrefflicher* Einfall ist ein *sehr guter, ein ausgezeichneter* Einfall, während ein *trefflicher* Einfall zwar auch ein guter Einfall ist, darüber hinaus aber auch zu den gegebenen Umständen paßt. Wenn ein junger Mann seiner Freundin den Vorschlag macht, daß sie abends tanzen gehen wollen, dann kann sie diesen Vorschlag einen *vortrefflichen* Einfall nennen. Wenn sich einige Mitarbeiter überlegen, was sie ihrem Kollegen zur Hochzeit schenken wollen und einer einen guten Vorschlag macht, der genau den Umständen wie der Person angemessen ist, kann man diesen Vorschlag einen *trefflichen* Einfall nennen. Ein *vortrefflicher* Einfall ist ein *sehr guter* und ausgezeichneter Einfall; ein *trefflicher* ist sowohl *gut* als auch *passend,* ist einer, der das Richtige trifft. Es ist also nicht so, daß *vortrefflich* eine Steigerung von *trefflich* ist. *Trefflich* richtet sich auf ein Ziel, stellt eine Beziehung her zwischen Sache oder Person und einer Aufgabe o.ä.; *vortrefflich* bezeichnet die Beschaffenheit, die Qualität, die Güte. Dort, wo beide Wörter gegeneinander auszutauschen sind, wird jeweils der Inhalt entsprechend nuanciert:

Du hast jedes Jahr einmal einen vortrefflichen Einfall (Jahnn, Geschichten 118); Es ist kostbar und schädlich zugleich, also vortrefflich geeignet als Geschenk (Schneider, Erdbeben 32); Erst log er, daß er Wein und Speise vortrefflich fände (Jahnn, Nacht 37); derartige Gedanken, die er für vortrefflich hielt, ausspinnend (Kirst 08/15, 500); wie vortrefflich du es verstanden hast, der Alte zu bleiben (Walser, Gehülfe 87); Die ganze Figur war höher als breit. . . und eben deshalb so vortrefflich zur Nachahmung geeignet (Th. Mann, Krull 43).

In den folgenden Belegen kann *vortrefflich* nicht gegen *trefflich* ausgetauscht werden:

Das Befinden der liebenswürdigen Madame. . . ist vortrefflich. Wie mich das freut (Th. Mann, Krull 380); Es ist vortrefflich, daß Sie Zündhölzer gekauft haben . . . die Treppe führt gleich hinter der Tür steil abwärts (Jahnn, Nacht 106).

Das von *vortrefflich* abgeleitete Substantiv lautet **Vortrefflichkeit.**
Vortrefflich und *trefflich* können auch in bezug auf Personen gebraucht werden. Man kann von einer *vortrefflichen* oder *trefflichen* Frau sprechen. Der Unterschied ist zwar hier nicht so deutlich faßbar, doch sind die genannten Inhaltsunterschiede latent vorhanden. Wenn man von einer *vortrefflichen* Frau spricht, dann lobt man sie, bewundert sie. Spricht man von einer *trefflichen* Frau, dann setzt man sie stärker in Beziehung zu einer bestimmten Aufgabe usw.
Man kann von einem *vortrefflichen* Wissenschaftler sprechen, womit auf die Qualität seiner Arbeiten Bezug genommen wird. Von einem trefflichen Wissenschaftler würde man nicht sprechen, wie man auch nur von einer *vortrefflichen* Doktorarbeit, nicht aber von einer trefflichen sprechen könnte, weil hier üblicherweise der Bezug

zu einer anderen, außerhalb liegenden Größe fehlt.

Treffsicher bedeutet im konkreten Bereich *das Ziel sicher treffend:*

> Mein Bruder . . . ist ein treffsicherer Speerschütze (Hagelstange, Spielball 275); Ohne das weitverzweigte. . . Nachrichtennetz der Amerikaner würde Frankreichs künftige Raketen- und U-Boot-Streitmacht. . . den etwaigen atomaren Vergeltungsschlag nicht treffsicher ins Ziel führen können (Der Spiegel 48/1965, 126).

Im übertragenen Gebrauch bedeutet *treffsicher* soviel wie *auf Grund von Geschick, Klugheit, Urteilsvermögen immer gerade das Richtige, Passende tuend oder eine solche Art des Vorgehens o.ä. wählend, mit der gerade das Richtige, Passende erreicht, getroffen wird:*

> Er sieht die Tiere als Tiere. . . und erzählt von ihnen in einer treffsicheren, bildhaften, volkstümlichen Sprache (Wochenpost 13.6.64, 21); Gleich die ersten fünf Minuten seiner Regierung krönte er mit einem Morde, der, weil er psychologisch treffsicher erfolgte, bei den Soldaten. . . größeren Beifall fand (Thieß, Reich 231); In Sakkara. . . findet er den Königsnamen „Onnos", den er sofort treffsicher in die früheste Zeit hinaufdatiert (Ceram, Götter 126).

Das von *treffsicher* abgeleitete Substantiv ist **Treffsicherheit:**

> Unsere rationale Denkkraft. . . und ihre mathematischen Begriffsbildungen kommen in der anorganischen Natur mit einer erstaunlichen Treffsicherheit an (Gehlen, Zeitalter 10).

Eine Verwechslung von *Treffsicherheit* mit *Trefflichkeit* scheint im folgenden Beleg vorzuliegen:

> Konkretheit einer Darstellung ist nicht an der Fülle der Ausdrücke, sondern nur an der Trefflichkeit ihrer Verwendung zu messen (Der Sprachdienst 12/1971,178).

Treffend bedeutet *vollkommen passend; der Sache entsprechend, angemessen; genau richtig.* Es wird gebraucht, wenn etwas – ein Wort, eine Bemerkung o.ä. – das Ziel erreicht, ins Schwarze trifft. Im Unterschied zu *trefflich,* dessen Inhalt ähnlich ist, ohne daß es sich aber oft gegen *treffend* austauschen läßt, enthält *treffend* nicht den subjektiv bewundernden Anteil des Sprechers (Schreibers):

> das treffende Wort finden; das war eine treffende Bemerkung; Stenzel bemerkt hierzu treffend. . . (Gauger, Synonyme 67).

Mit dem adjektivisch gebrauchten 2. Partizip **zutreffend** wird eine Aussage, eine Vermutung o.ä. in seiner Richtigkeit bestätigt. *Zutreffend* bedeutet *stimmend, den Sachverhalt genau treffend, in der Aussage richtig:*

> Sie sagten neulich, die Natur habe den einen Menschen vom anderen sozusagen getrennt und abgesondert. Sehr zutreffend und nur zu richtig (Th. Mann, Krull 416); Entgegen einer weitverbreiteten Auffassung ist es weder historisch noch politisch zutreffend, Demokratie und parlamentarisches Regierungssystem zu identifizieren (Fraenkel, Staat 240); Ich hüte mich zu bezweifeln, daß er Ihre Gedanken und Wünsche zutreffend verdolmetscht (Th. Mann, Zauberberg 522).

Sind die einzelnen Wörter dieser Gruppe manchmal auch gegeneinander austauschbar, so unterscheiden sie sich doch mehr oder weniger deutlich in ihren Inhalten: Eine *treffliche* Bemerkung bewundert man, weil sie gut ist und genau paßt; eine *vortreffliche* Bemerkung lobt man, man findet sie sehr gut; eine *treffsichere* Bemerkung zeugt von der Gabe dessen, der diese Bemerkung gemacht hat, denn er hat in sicherer Weise das Richtige getroffen; eine *treffende* Bemerkung hat genau das Ziel erreicht, hat ins Schwarze getroffen, und eine *zutreffende* Bemerkung ist eine Bemerkung, die richtig ist und eine Vermutung oder die Richtigkeit eines bestimmten Sachverhalts bestätigt.

treten in /eintreten[in] /hineintreten[in] /reintreten[in] /betreten/ beitreten

Das Verb **treten** in Verbindung mit der Präposition *in* kann in verschiedenen Zusammenhängen gebraucht werden.

1. *in bezug auf Wohnungen, Häuser o.ä.* in Konkurrenz zu den Verben *eintreten [in]* und *betreten.* Sie kennzeichnen den Eintritt in einen Bereich. Der Gegensatz zu *treten in* ist *gehen aus* oder bei verändertem Standpunkt des Betrachters *treten aus: er tritt in das Zimmer, Haus* oder *er tritt in das Zimmer, Haus ein. Eintreten* kann auch ohne Raumangabe gebraucht werden: *er tritt ein; tritt ein!*

Beim Verb *betreten* ist die Raumangabe ein Akkusativobjekt: *er betritt das Zimmer, Haus o.ä.:*

> Schon war ich in den Laden getreten (Langgässer, Siegel 164); als er wieder in

seine Stube trat (Geissler, Wunschhütlein 125); als eben Waaga eintreten wollte (Gaiser, Jagd 79); Der Spieß sah zu, wie Moell in die Unterkunft eintrat (Gaiser, Jagd 181).

Während *treten in* und *eintreten in* einen Raum voraussetzen, kann das Verb *betreten* sowohl in bezug auf einen Raum als auch auf eine Fläche gebraucht werden. In bezug auf eine Fläche ist es nicht mehr austauschbar mit *treten in* oder *eintreten in* *(Den Rasen, die Rasenfläche darf man nicht betreten)*. Dieser Bezug auf eine Fläche wird deutlich, wenn man *treten* einsetzt, das sich dann statt mit der Präposition *in* mit der Präposition *auf* verbinden muß *(nicht auf den Rasen treten!)*.

Der Unterschied zwischen *treten in* / *eintreten [in]* und *betreten* besteht in folgendem: *Treten in* und *eintreten[in]* lenken den Blick darauf, daß sich jemand, nachdem er eingetreten ist, nun in einem Raum befindet; *in* und *ein* verdeutlichen diesen Vorgang. Das Verb *betreten* lenkt dagegen den Blick auf die Berührung der Fläche des Raumes, denn *betreten* setzt inhaltlich immer eine Fläche voraus, auch wenn das Objekt ein Raum ist.

In Verbindung mit einem Erstreckungsakkusativ wird nur *treten in* gebraucht: *er tritt einen Schritt in das Zimmer.* Wird *eintreten* in Verbindung mit einer Raumangabe, aber ohne *in*, sondern mit einer anderen Präposition gebraucht, dann kann zwangsläufig nicht *treten in* dafür eingesetzt werden, z.B. *er trat durch die linke Tür ein* (oder eine andere Konstruktion: er trat durch die linke Tür auf die Bühne; er betrat durch die linke Tür die Bühne); *sie trat bei dem Chef ein.*

Eintreten [in] stellt unter Umständen auch stärker als *treten in* die Beziehung zu einer Person im Raum her; *betreten* erhält im Satzzusammenhang oftmals einen feierlichen und offiziellen Beiklang, z.B. *er betrat mit seiner Frau und den Kindern die alte Kirche; das Grundstück darf nicht betreten werden.*

2. in bezug auf Dinge, die sich über eine begrenzte Fläche erstrecken und mit denen man unmittelbar in Berührung kommt; man ist mittendrin. In möglicher, wenn auch seltener Konkurrenz dazu steht *hineintreten [in]* oder das umgangssprachliche *reintreten[in]* :

> er tritt in die Scherben, in die Pfütze, in Hundeschmutz, in den Schnee; damit wir drüben auf dem anderen Ufer nicht in Draht und Scherben treten (Remarque, Westen 107); der Hauptmann. . . trat in eine Kornfurche (Gaiser, Jagd 129).

Möglich ist auch : *er ist in die Scherben, in die Pfütze hineingetreten* oder *reingetreten,* doch überwiegt bei diesen Verben die Vorstellung, daß es absichtlich getan worden ist. Ohne Raumangabe können beide Verben stehen, wenn der Raum bereits bekannt ist: *er ist hineingetreten, reingetreten.*

Der transitive Gebrauch von *treten in* mit Raumangabe ist nuanciert: *Er tritt Spuren in den Schnee.* Obwohl selten gebraucht, wären hier *eintreten* und *hineintreten* auch denkbar, doch verschöbe sich dann die inhaltliche Aussage. Der Satz *er tritt Spuren in den Schnee* besagt nichts darüber, ob die Spuren beabsichtigt sind oder nicht, während *er tritt Spuren in den Schnee ein* oder *hinein* auf Intensität und Absicht schließen läßt. Auch hier können *hineintreten* und *reintreten* ohne Raumangabe gebraucht werden, wenn der Ort bereits bekannt ist.

Außer Betracht bleibt in diesem Zusammenhang der Gebrauch von *treten in* in Redewendungen, Übertragungen und in speziellen Bedeutungen, da diese Verwendungen gesondert zu betrachten sind und hier keine Konkurrenz der Verben untereinander besteht (z.B. ins Fettnäpfchen treten, jemandem ins Kreuz treten, ins Licht treten). Im folgenden Beleg ist die Redewendung *ins Fettnäpfchen treten* durch den Verbzusatz hinein- bildhafter geworden und gewissermaßen rekonkretisiert:

> Ich glaube, irgendwo steht für mich immer ein Fettnäpfchen bereit, in das ich hineintrete (Stern 11/1971, 172).

3. in bezug auf Vereine, Parteien usw. in Konkurrenz zu den Verben *eintreten[in]* und *beitreten* (mit Dativ der Sache). Die Gegensätze zu *treten in* und *eintreten[in]* sind *treten aus* bzw. (häufiger) *austreten aus:*

Er trat in den Verein, in die Partei ist allerdings seltener als *er trat in den Verein, in die Partei ein.* Auch ohne Raumangabe möglich: *wann ist er eigentlich eingetreten?* Oder: *er trat einem Verein, einer Partei bei:*

> Mit 18 Jahren tritt er . . . in den Jesuitenorden ein (Natur 17); als sie hier in das Kloster eintrat (Langgässer, Siegel 623); Auch Schweden war. . . der Koalition beigetreten (Friedell, Aufklärung 12); Er wurde, nachdem er in jenem Mai 1901

beigetreten war, bald ein eifriges Mitglied (Bredel, Väter 71); . . . trat er keiner studentischen Verbindung bei (Jens, Mann 70).

Einen Unterschied zwischen *treten in, eintreten[in]* und *beitreten* gibt es lediglich in bestimmten Zusammenhängen oder in Nuancen, die sich aus den Verbzusätzen und Präpositionen ergeben. *Ein* und *in* weisen darauf hin, daß man in etwas hineingelangt, daß man als Teil mitten darin ist, Mitglied ist, während die Vorsilbe *bei-* in *beitreten* besagt, daß man sich anderen anschließt, daß man hinzukommt. Diese Nuance wird deutlich, wenn man versucht, die mit *beitreten* zu verbindenden Dativobjekte in Präpositionalobjekte von *treten in* oder *eintreten[in]* umzuwandeln. Das ist − wegen der Bedeutungsnuancen − nicht in jedem Fall möglich. In den folgenden Beispielen ist es jedoch möglich: *Einem Verein, Verband, einer Partei, Organisation beitreten;* dafür auch: *in einen Verein, Verband, in eine Partei, Organisation treten/eintreten.* In den folgenden Beispielen läßt sich dieser Austausch allerdings nicht vornehmen: *einem Nichtangriffspakt, einem Bündnis beitreten.*

Wird *eintreten* mit der Präposition *bei* verwendet, dann könnte bei veränderter Konstruktion wohl *beitreten,* aber nicht *treten in* dafür eingesetzt werden:

Als Rakitsch bei den Barfüßern eintreten wollte (Gaiser, Schlußball 87).

4. in bezug auf Verhandlungen usw. in der Bedeutung *mit etwas beginnen* in Konkurrenz zu *eintreten in: in direkte Verhandlungen [mit jemandem] treten* oder *eintreten.* Da es sich in diesem Fall um ein Präpositionalobjekt handelt, kann *eintreten* hier nicht ohne *in* gebraucht werden (im Unterschied zu *in einen Raum eintreten,* wo die Raumangabe fehlen kann: *er tritt ein):*

. . . daß wir heute bereits in die zweite Phase der Evolution eingetreten sind (Natur 24); . . . bevor sie in das Pubertätsalter eingetreten sind (Nigg, Wiederkehr 85); Es ist nicht der Zweck dieser Studie, in eine allseitige Erörterung. . . einzutreten (Rothfels, Opposition 150).

Andere Bedeutungen von *eintreten,* die mit den bisher behandelten Verben nicht in Konkurrenz stehen:

1. *etwas tritt ein* bedeutet *etwas beginnt, ereignet sich,* und zwar in bezug auf ein Ereignis, einen Zustand, der einen anderen ablöst: eine Krise, eine Pause, der Tod trat ein.

2. *sich etwas eintreten* bedeutet *beim Auftreten sich etwas in den Fuß treten:* er hat sich einen Splitter, Dorn eingetreten.

3. *für jemanden oder etwas eintreten* bedeutet *sich für jemanden oder etwas einsetzen:* er trat mutig für die Unterdrückten ein.

4. *etwas eintreten* in der Bedeutung *etwas mit Fußtritten zerstören [um sich dadurch Zugang zu etwas zu verschaffen]* : die Einbrecher traten die Kellertür ein.

Der Unterschied zwischen *eintreten* und *hineintreten* liegt u.a. darin, daß sich *eintreten* schon stärker von der rein örtlichen Primärbedeutung entfernt hat, während *hineintreten* deutlich die Richtung angibt. Eintreten gibt mehr allgemein die Verbaltätigkeit wieder und hat schon eine spezialisierte bzw. übertragene Bedeutung: Man tritt nach Anklopfen oder mit einer bestimmten Absicht in ein Zimmer ein (spezielle Bedeutung); man tritt in Verhandlungen ein (übertragene Bedeutung). Aber man kann in einen Scherbenhaufen hineintreten; → ein-/hinein-.

treu/getreu/treulich/getreulich/treuherzig/offenherzig/offen

Treu bedeutet 1. *gleichbleibend, beständig in Liebe, Zuneigung, Freundschaft oder in der Verfolgung eines Zieles, einer Aufgabe o.ä.,* so daß man sich darauf verlassen kann:

Du hast mir . . . einen treuen und verlässigen Gatten gewünscht (Frisch, Cruz 82); Das Mädchen blieb mir treu, noch als es glaubte, daß ich gefallen sei (Frisch, Nun singen 148); daß er ein treuer und begeisterter Anhänger des englischen Königshauses sei (Grass, Blechtrommel 628); Der Kaufmann war seit Jahren ein treuer Kunde (Remarque, Obelisk 340); Meine Erfolge sind mir treu geblieben (Goetz, Prätorius 64).

2. *genau der Wirklichkeit entsprechend, wahrheitsgemäß, unverfälscht:*

dein treues Abbild war ich, soweit es sich um Begabung, moralische Kraft und Selbständigkeit. . . handelte (Andres, Liebesschaukel 157); . . . daß ich aber auch nicht historisch treu sein will (Musil, Mann 1599); Das Café war treu nachgebildet dem Konstantinopler Kaffeehaus (Jacob, Kaffee 85).

Das der gehobenen Stilschicht angehörende, feierlich und gewichtig klingende Adjektiv **getreu** ist ein verstärktes *treu:*

> Sei getreu bis in den Tod, so will ich dir die Krone des Lebens geben; Der einzig sichre Stern ist ein sich selbst getreues Herz (D. Seidel, Sterne 136); wäre bloß der Hund mit seinem getreuen Gewedel gekommen (Frisch, Stiller 87).

Getreu drückt jedoch nicht nur wie *treu* die Beständigkeit, sondern darüber hinaus auch eine gewisse Ergebenheit, Verbundenheit aus. Man kann von einem treuen oder auch getreuen Freund sprechen, wobei *getreu* nicht allein eine Verstärkung der Aussage bedeutet, sondern auch noch besonders die Festigkeit betont, mit der der Freund zum andern auch in schwierigen Situationen gestanden hat. Ein getreuer Freund hat sich in Belastungsproben schon als treu erwiesen.

Von einem Ehemann sagt man, daß er treu (nicht getreu!) ist, was seine Beständigkeit in den Gefühlen kennzeichnen soll. Er ist also seiner Frau gegenüber nicht treulos, er ist ihr nicht untreu.

Ein *treuer* Kunde ist ein Kunde, der immer wiederkommt. Ein *getreuer* Kunde ist ein Kunde, der als fest verbunden mit dem betreffenden Geschäft angesehen wird.

In übertragenem Gebrauch bedeutet *getreu* soviel wie *sicher, zuverlässig; genau der Wirklichkeit, der Wahrheit entsprechend:*

> mit seherischen Augen haben seine Dichter die Bewegungen des Volkes erfaßt und niedergeschrieben, womit sie zum getreuen Sprachrohr des alten Rußlands wurden (Nigg, Wiederkehr 140); der Sänger... ging an den nächsten Tisch, sich von seinen Kommilitonen seine getreue Aussprache bestätigen zu lassen (Fries, Weg 55).

Getreu ist heute vor allem noch üblich in der Verbindung mit dem Dativ in der Bedeutung *gemäß, entsprechend, genau in Übereinstimmung mit etwas, was man selbst oder ein anderer geäußert, verlangt o.ä. hat;* z.B. seinem Versprechen getreu sorgte er für die Verunglückten, was soviel bedeutet wie *er sorgte für die Verunglückten, so wie er es auch versprochen hatte.* Hier ist *getreu* Präposition:

> daß er Sibylle, getreu seiner Theorie, die vollendete Selbständigkeit zubilligte (Frisch, Stiller 262); Getreu der Anweisung seines Kaisers... hatte er eine durchaus vernünftige... Entscheidung getroffen (Thieß, Reich 195); Sie besucht die Vorlesungen getreu dem Stundenplan (Joho, Peyrouton 123); sollte er leider, dem Gesetz der Serie getreu, nach dem ersten noch weiteren Ärgernissen entgegengehn (A. Zweig, Grischa 246).

Unüblich ist der Gebrauch von *getreu* für *treu* im folgenden Beleg, wo die Beständigkeit, also die Treue, gemeint ist:

> wird... erklärt, daß die SED getreu zur Sache des Marxismus-Leninismus steht (ND 9.6.64, 2).

Treulich bedeutet *auf treue Weise, von Treue zeugend.* Durch das Suffix -lich kommt die Bedeutung *dem Treuen gleich* zustande. Das Wort wird meistens adverbial gebraucht und gibt die Art und Weise eines Tuns o.ä. an, gibt an, auf welche Weise sich etwas vollzieht, während *treu* eine Eigenschaft bezeichnet, die einer Person, ihrer Handlung usw. selbst zugesprochen wird. Wer *treu* wartet, wartet als ein Treuer; wer *treulich* wartet, wartet beharrlich, widerspruchslos, wartet, ohne ungeduldig zu werden, ohne zu verzagen, ohne den Mut zu verlieren. Ein Mann kann treu sein, seiner Frau treu bleiben und kann treulich alles tun, worum sie ihn bittet; er ist aber nicht treulich, bleibt nicht treulich und tut auch nichts treu:

> wahrlich, mein Herz hat sich nicht verändert, treulich habe ich gewartet (Hacks, Stücke 62); ein Dinosaurier... Das ungefüge Wesen..., das... hier an Hand seiner versunkenen Reste treulich wiederhergestellt war (Th. Mann, Krull 348); So fand sich die Stadt belohnt für ihren treulichen Geist, der durch Jahrhunderte dem behäbigen Gott ergeben gewesen (Fussenegger, Haus 27).

Getreulich wird adverbial gebraucht und bedeutet *auf zuverlässige Art, genau, der Wahrheit völlig entsprechend, aufrichtig.* Wer etwas getreulich erzählt, verschweigt nichts, erzählt alles und läßt auch keine unangenehme Einzelheit aus. *Getreulich* ist eine Verstärkung von *treulich* wie *getreu* eine Verstärkung von *treu* ist, ohne daß beide Wörter stets austauschbar sind.

Treulich kennzeichnet die Art des Tuns in bezug auf den Ausführenden (= in treuer Weise); *getreulich* kennzeichnet die Art des Tuns im Hinblick auf denjenigen, auf den sich das Tun bezieht (= wie es von ihm erwartet, gewünscht wird):

Der Sinn von Anzes Worten aber habe ich getreulich wiedergegeben und nichts dazuerfunden (Bergengruen, Rittmeisterin 311); Sie piepen jämmerlich, wenn man sich entfernt, und laufen einem bald getreulich nach (Lorenz, Verhalten I 141).

Die Wörter *treu, getreu, treulich* und *getreulich* sind zwar verschiedentlich gegeneinander auszutauschen, doch ändert sich dann auch jeweils die Bedeutung. Wer *treu* wartet, wartet als ein Treuer, als ein in seiner Gesinnung Beständiger; wer *treulich* wartet, ist beharrlich und zeigt darin seine Treue. So wie sich *treu* und *getreu* unterscheiden, so unterscheiden sich auch *treulich* und *getreulich,* indem *getreulich* wie *getreu* eine unmittelbare Beziehung zu einer anderen Person herstellen. *Treu* und *treulich* charakterisieren dagegen in erster Linie jemanden oder jemandes Tun im Hinblick auf eine Ausgangsposition, von der nicht abgerückt wird. Sie beziehen sich nicht direkt auch auf die Auswirkung dieser Haltung auf den, dem dieses Verhalten zugute kommt.

Wer einem anderen traut, ihm gegenüber kein Mißtrauen empfindet und daher mit rührend anmutender Offenheit sich, sein Inneres und seine Gedanken ihm anvertraut, wird **treuherzig** genannt. Mit diesem Wort charakterisiert der Sprecher (Schreiber) üblicherweise die Verhaltens- oder Äußerungsform eines anderen auf emotional gefärbte Weise:

treuherzig sagte sie ihm, daß sie ihn nett finde; er blickte ihn treuherzig an; Zwei rechtschaffene Bergbewohner, kernig, treuherzig, deutsch (Hacks, Stücke 200); Das wirklich Böse tritt nicht im weithin erkennbaren Feuerkleide des Teufels auf, sondern . . . trägt treuherzige Biederkeit zur Schau (Thieß, Legende 70).

Wer **offenherzig** ist, sagt etwas genau so, wie er es denkt, sagt es freimütig und hält mit seiner Meinung o.ä. nicht zurück, auch auf die Gefahr hin, daß es für ihn oder einen anderen unangenehm sein könnte:

sie ist immer sehr offenherzig, wenn sie von ihren amourösen Erlebnissen erzählt; daß ich meiner angeborenen Art, offenherzig mit der Tür ins Haus zu fallen, nur nachgebe (Maass, Gouffé 145); In einer offenherzigen Stunde erzählte mir ein Student über das Leben in den ersten Jahren der Verbannung (Leonhard, Revolution 123); Die lähmende Bestialität des ganzen Geschehens kommt am „offenherzigsten" in diesem mit niedrigster Witzigkeit vorgetragenen Sätzen zum Ausdruck (Hochhuth, Stellvertreter 149).

Das Adjektiv *offen* ähnelt zwar der Bedeutung von *offenherzig,* doch zeigen die Beispiele, daß nicht stets ein gegenseitiger Austausch beider Adjektive möglich ist. *Offenherzig* enthält ein emotional charakterisierendes Element. Bei einer *offenen* Aussprache sagt man seine Meinung frei und ohne Zurückhaltung. Bei einer *offenherzigen* Aussprache kommen Dinge zur Sprache, die auch Rückschlüsse auf den Sprecher zulassen. Wer offen ist, sagt, wie etwas wirklich ist, verschweigt nicht, was er in einer bestimmten Sache denkt.

Wer *offenherzig* ist, gibt unbefangen oder unvorsichtig auch einen Teil seines Inneren, seines persönlichen Wesens mit preis, er gewährt Einblick in seine Persönlichkeit, seine Gefühle, seine privaten Bereiche. *Offen* charakterisiert im Unterschied dazu in erster Linie die Aussage als solche:

er sagte offen seine Meinung zu diesem Thema; ihre offene Antwort gefiel allen; Soldaten. . . , ihren offene Vorgesetzten beschimpfend (Seghers, Transit 37); Sie müssen offen sagen, wer Sie sind (Hochhuth, Stellvertreter 69); kann man hier überhaupt offen reden, wenn dieser Doktor in der Nähe ist (Hochhuth, Stellvertreter 42).

Wenn man von einem Menschen sagt, daß er ein offenes Wesen habe, will man damit sagen, daß man gleichsam in ihn hineinschauen kann, daß keine Verstellung, keine Falschheit zu befürchten sind.

trocknen/eintrocknen/austrocknen/vertrocknen/abtrocknen/auftrocknen/antrocknen/betrocknen

Die genannten Verben werden hier nur in ihrem intransitiven Gebrauch miteinander verglichen und auf ihre Bedeutungsunterschiede hin untersucht.

Wenn etwas **trocknet,** verliert es durch Verdunstung seine Feuchtigkeit, es wird trokken. *Trocknen* wird angewendet, wenn der Feuchtigkeitsverlust erwünscht ist. Das kann sich auf Dinge beziehen, die üblicherweise nicht naß oder feucht sind, z.B. Wäsche oder regennasse Straßen, aber auch auf Dinge, denen Feuchtigkeit entzogen werden soll:

> die Wäsche trocknet im Wind; nach dem Regen trocknete die Straße schnell; Ob wohl der Boden bis morgen getrocknet ist? (Langgässer, Siegel 167); ... Dächern, worunter in offenen Speichern Maiskolben und Reisig trockneten (H. Mann, Stadt 130); Meine Wunde ist während der Andacht getrocknet (Remarque, Obelisk 78).

Wenn etwas **eintrocknet**, verliert es seine existenzerhaltende Flüssigkeit oder Feuchtigkeit und schrumpft ein oder verkrustet. Wenn etwas *trocknet*, dann ist der Feuchtigkeitsverlust erwünscht, das Getrocknete bleibt in seiner Existenzform erhalten. Was *eintrocknet*, verliert aber seine ursprüngliche Beschaffenheit oder Form. Die noch feuchte Tinte einer Unterschrift zum Beispiel *trocknet*, sie trocknet nicht ein; aber die Tinte im Tintenfaß kann nur *eintrocknen:*

> Diese Stellen trocknen nachher bräunlich ein (Schürf- oder Kontusionssaum) (Fischer, Medizin II 48); Noch können Sie die Fastvollkommenheit der Formen wahrnehmen. Noch ist das Fleisch nicht eingetrocknet (Jahnn, Geschichten 214).

Während die Tinte in einem Behälter *eintrocknet*, kann der Behälter selbst, das Tintenfaß nur **austrocknen**, also ganz ohne Flüssigkeit sein, nachdem die Tintenflüssigkeit verdunstet ist. In einem heißen, regenlosen Sommer *trocknen* die Flußbetten *aus*. Wenn etwas *austrocknet*, dann besteht in einem Behälter o.ä. Mangel an Flüssigkeit:

> die Gräben in den Wiesen trocknen aus; der Fluß ist ausgetrocknet; Seine Mundhöhle war vollkommen ausgetrocknet (Ott, Haie 181).

Vertrocknen bedeutet *durch Mangel an Feuchtigkeit verdorren, absterben oder eingehen:*

> bei der großen Hitze sind die Blumen und das Gras im Park vertrocknet; Heiß scheint die Mittagssonne auf die vertrocknete Landschaft (Bamm, Weltlaterne 88).

Bildlich:

> sie hat vergessen, zugleich um die ewige Jugend zu bitten, und so welkt er an ihrer Seite dahin, vertrocknet, schrumpft zusammen (Lüthi, Es war einmal 28); Die Liebe war seine Krankheit, aber ohne sie wäre er vertrocknet (Rinser, Mitte 23).

Abtrocknen bedeutet zwar soviel wie *trocknen, trocken werden, nachdem es naß geworden ist,* aber es kann nur auf die feuchte oder nasse Oberfläche von Dingen bezogen werden. Straßen und Wege können nach dem Regen durch Sonne und Wind bald wieder abtrocknen, aber Maiskolben und Reisig können nur trocknen, nicht abtrocknen – es sei denn, sie wären durch Regen naß geworden:

> Wenn Sie um eine Kurve herumfahren, dann kann mitten in dieser Kurve die Straße plötzlich feucht werden, sei es, daß sie infolge Waldnähe vom letzten Regen her noch nicht völlig abgetrocknet ist, sei es, daß .... (Frankenberg, Fahren 169).

Auftrocknen wird in bezug auf eine aufgetragene Flüssigkeit oder Feuchtigkeit gebraucht. Wenn die Fliesen in der Küche feucht gewischt worden sind, wartet man, bis der Boden wieder aufgetrocknet, also trocken geworden ist, bevor man ihn betritt:

> Leider trocknete die Farbe zu hell auf, so daß sie nachher eher ziegelartig aussah (Augustin, Kopf 331).

Antrocknen hat inhaltlich Ähnlichkeit mit *eintrocknen,* doch deutet die Vorsilbe *an-* darauf hin, daß etwas an einer Fläche trocken geworden ist und nun daran festsitzt. Speisereste trocknen nach einiger Zeit am Teller an:

> bei den Häusern wuschen sie schon die antrocknenden Reste von ihren Eßgeschirren (H. Kolb, Wilzenbach 160).

Das Verb **betrocknen** wird auf Gebäck bezogen und bedeutet *von außen her trocken und dadurch im Geschmack beeinträchtigt werden:*

> der Kuchen ist schon ganz betrocknet; wenn man Brot nicht im Brotkasten aufbewahrt, betrocknet es.

unbestreitbar/unbestritten/unstreitbar/unstrittig

Was **unbestreitbar** ist, kann nicht abgeleugnet, nicht bestritten werden, muß als solches anerkannt werden:

> (es) bleibt freilich zugleich die Rückwirkung geographischer... Faktoren auf die Entwicklung der Innenpolitik unbestreitbar groß (Fraenkel, Staat 35); Unbestreit-

bar hat die Entwicklung von Sprache und Kultur . . . durch die Ausbildung eines umfassenden Nationalbewußtseins befruchtende Antriebe erfahren (Fraenkel, Staat 214).

Während sich in den obengenannten Sätzen auf Grund der Kontextbeschränkungen *unbestreitbar* nicht durch *unbestritten* einsetzen läßt, ist der Austausch im folgenden Beleg ohne weiteres möglich, wenn auch mit entsprechender Inhaltsänderung:

> Es ist eine unbstreitbare Tatsache, daß ein weißes Kleid. .. zu den vielseitigsten
> . . . Kleidungsstücken gehört (Dariaux [Übers.], Eleganz 59).

Eine *unbestreitbare* Tatsache kann nicht bestritten werden; eine *unbestrittene* Tatsache hat niemand bestritten. *Unbestreitbar* besagt, daß es unmöglich ist, das Genannte zu bestreiten; *unbestritten* stellt das Faktum fest, daß das Genannte von niemandem bestritten worden ist.

Was **unbestritten** ist, wird von niemandem bestritten, nicht angezweifelt, steht als solches fest, wird als solches anerkannt:

> Es ist aber ebenso richtig, daß es keinen sozial vertretbaren Grund gibt, diesen Mehraufwand zu decken, indem die unbestrittenen Ansprüche der Kriegsopfer . . . beschnitten werden (Bundestag 189/1968, 10266); Bis zum Ausgang des 18. Jhs. bildete diese Begründung der Legitimität die (fast) unbestrittene staatstheoretische Rechtfertigung der monarchischen Herrschaft (Fraenkel, Staat 181); Zum ,,alten" Mittelstand werden die selbständigen Handwerker ... und – jedoch nicht unbestritten – die Bauern gerechnet (Fraenkel, Staat 195); Unbestritten ist, daß der Wagen des Angeklagten in der Feldeggstraße gestanden hat (Frisch, Gantenbein 431).

Lassen sich in den obengenannten Belegen die Wörter *unbestritten* und *unbestreitbar* – wenn auch mit entsprechender Inhaltsänderung – gegeneinander austauschen, so ist dies im folgenden Beleg nicht möglich:

> im Wohlfahrtsausschuß ist er unbestrittener Herr (Sieburg, Robespierre 17).

Unstreitig wird adverbial gebraucht und bedeutet *ganz bestimmt, zweifellos, unbedingt;* was *unstreitig* ist, daran gibt es keinen Zweifel, darüber gibt es keine Meinungsverschiedenheit. Der Unterschied zwischen *unbestreitbar* und *unstreitig* ist nur gering. Er leitet sich aus der Wortbildung her. *Unbestreitbar* enthält die Vorstellung, daß eine Person etwas bestreitet bzw. eben nicht bestreitet. Mit *unstreitig* verbindet sich diese Vorstellung von einer Person nicht; es besagt nur, daß über etwas kein Streit, keine Meinungsverschiedenheit besteht:

> Es hat in seinen kultiviertesten Vertretern unstreitig große Werte hervorgebracht (Nigg, Wiederkehr 18); Er hat ein Recht dazu. Unstreitig hat er das (Bergengruen, Rittmeistern 260).

Unstrittig wird selten gebraucht und entspricht der Bedeutung von *unstreitig:*

> Unstrittig ist die Presse ein Kind des bürgerlichen Zeitalters (Enzensberger, Einzelheiten I 19).

unglaublich/unglaubhaft/unglaubwürdig/ungläubig

Was so ungewöhnlich ist, daß man es fast nicht für wahr halten, nicht glauben kann, daß man es sich kaum vorzustellen vermag, nennt man **unglaublich:**

> Dem Fernerstehenden ist die Tatsache, daß Vögel ihren Gatten unter Hunderten von gleichartigen Tieren sofort herauskennen, höchst verwunderlich, ja geradezu unglaublich (Lorenz, Verhalten I 207); Wo und wann er es gelernt hatte, auf den Händen zu gehen, blieb unerfindlich, es änderte auch nichts an dem unglaublichen Vorgang (Kusenberg, Mal 149).

Unglaublich drückt Überraschung und Verwunderung aus; daraus leitet sich der emotional-verstärkende Gebrauch des Wortes in der Bedeutung *sehr groß, sehr* her, so daß die Übergänge oft fließend sind:

> Mutter sieht immer noch unglaublich jung aus (Andres, Liebesschaukel 179); Noch vor wenigen Wochen hätte ich mich unglaublich über meine Abberufung nach Ufa gefreut (Leonhard, Revolution 144); Die silbrigen Pfeile. . . waren unglaublich schnell (Auto 8/1965, 19).

In der Wendung *etwas unglaublich finden* bedeutet *unglaublich* soviel wie *unerhört, empörend, skandalös.* Man hält es nicht für möglich; es ist unfaßlich:

> Man sagt sogar, daß er Offizier werden soll. Ich finde es unglaublich (Böll, Adam 63).

Was einem **unglaubhaft** erscheint, dem kann man keinen Glauben schenken. Einen *unglaubhaften* Bericht hält man für *unwahrscheinlich,* für *nicht wahr.* Mit dem

270

Adjektiv *unglaubhaft* wird etwas als unwahr dargestellt, während das Adjektiv *unglaublich* etwas als ungewöhnlich, erstaunlich bezeichnet, und zwar sowohl im positiven als auch im negativen Sinn.

Unglaubhaft können nur Sachen sein; dagegen bezieht sich das Adjektiv **unglaubwürdig**, das in der Bedeutung dem Adjektiv unglaubhaft sehr nahesteht, sowohl auf Sachen als auch auf Personen. Im Unterschied zu *unglaubhaft*, das etwas als nicht wahr, nicht überzeugend hinstellt, besagt *unglaubwürdig*, daß man der Person oder Sache keinen Glauben schenken, kein Vertrauen entgegenbringen kann:

> Diese Begründung ist unglaubwürdig; Sie befürchten, die Unionsparteien, die den Kurs des früheren Wirtschafts- und Finanzministers seit Jahren bekämpft haben, könnten vor den Wählern unglaubwürdig werden (MM 16.8.72, 2); kein führender Mann. . ., der durch Unterstützung dieses Mannes nicht mitgeholfen hat, den Staat unglaubwürdig zu machen (Augstein, Spiegelungen 136).

Im folgenden Beleg ist *unglaublich* mit *unglaubwürdig* verwechselt worden:

> Ollenburg immer unglaublicher. Die neueste Lösegeld-Version: von Teppichhändler um Anteil erpreßt (MM 7.1.72, 14).

Das Adjektiv **ungläubig** bedeutet einerseits *nicht an Gott glaubend:*

> Gott hat einen Namen, dem man fluchen kann, was merkwürdigerweise auch ungläubige Menschen tun (Sommerauer, Sonntag 94),

andererseits *Zweifel an der Richtigkeit oder Wahrheit einer Aussage ausdrückend:*

> „Er hat den Obelisken tatsächlich verkauft, Heinrich", sagt Georg. Heinrich starrt ihn ungläubig an. „Beweise"! faucht er (Remarque, Obelisk 343); „Unhörbarer Schall"? rufen mehrere von unserer kleinen Reisegesellschaft ungläubig aus. Der Wissenschaftler sah, daß er sich näher erklären mußte (Menzel, Herren 52).

unorganisch/anorganisch

Wenn etwas dem ganzen Aufbau, der inneren Ordnung, der Anlage, der Gliederung nicht entspricht, wenn es sich nicht in das Gesamt, in die Struktur, Konzeption einpaßt, nennt man es **unorganisch**. Das Gegenwort ist *organisch:*

> die Monologe wirkten in diesem Stück sehr unorganisch; Demgegenüber merkt man bei Chomsky doch, daß die Sprachfähigkeit sekundär und unorganisch in das Gesamtbild der Sprache eingebaut ist (WW 3/1972, 152).

Unorganisch kann auch soviel bedeuten wie *unbelebt:*

> die allgemeine Naturlehre. . . hat ferner zu zeigen, wie sich die unorganische Kraft von der organischen unterscheidet, und so tritt hier vorzüglich die Frage von der sogenannten Lebenskraft auf (Steinthal, Schriften 449).

Das Adjektiv **anorganisch** wird in der Chemie gebraucht. Man unterscheidet zwischen organischer und anorganischer Chemie. Unter *anorganischer* Chemie versteht man d e n Zweig der Chemie, der sich mit Elementen und Verbindungen ohne Kohlenstoff beschäftigt:

> Unter anorganischer Natur versteht man den unbelebten Bereich der Natur; Diese. . . These. . . fand ihre endgültige Widerlegung, als Friedrich Wöhler. . . den Harnstoff aus rein „anorganischen" Salzen aufbauen konnte (Fischer, Medizin II 249); → a-/un-/.

unpassend/unpäßlich

Wenn man etwas als **unpassend** bezeichnet, dann will man damit sagen, daß das derart Bezeichnete in der Situation unangebracht ist und deshalb unangenehm auffällt oder als taktlos, störend bzw. stillos angesehen wird:

> deine Bemerkung war reichlich unpassend, wo du sehen mußtest, daß er sich die größte Mühe gab; es wäre durchaus unpassend, in einem Badeort die gleichen hochmodischen Ensembles zu tragen, die eine Woche vorher bei einem Cocktail in New York eine Sensation waren (Dariaux [Übers.], Eleganz 38).

Unpäßlich bedeutet *von leichtem Unwohlsein befallen, leicht erkrankt, sich körperlich nicht recht wohl fühlend; in seinem körperlichen Wohlbefinden beeinträchtigt, ohne jedoch ernstlich krank zu sein:*

> „Meine Mama ist ein wenig unpäßlich", erklärte das Mädchen (Strittmatter, Wundertäter 111); Da wurde ganz unerwartet Alfred Drexel, der wackere, fröhliche Drexel, unpäßlich (Trenker, Helden 233).

unterbewußt/unbewußt/bewußtlos

Geistig-seelische Vorgänge, Gefühle usw., die sich unter der Schwelle des Bewußtsein vollziehen und von dort gesteuert werden, die nicht ins Bewußtsein gedrungen sind oder gehoben werden, also nur im Unterbewußtsein vorhanden sind, nennt man **unterbewußt:**

> der Wirt... öffnete den Hahn mit jener schon unterbewußt regulierten Handbewegung, die nicht zuviel und nicht zuwenig ins Glas läßt, den Schaum vorausberechnend (Fries, Weg 261).

Wenn man etwas als unterbewußt bezeichnet, meint man damit auch, daß es aus der Erlebnis- und Erfahrungswelt des Betreffenden in das Unterbewußtsein getaucht ist und von dort aus wirkt, ohne daß es der Betreffende selbst weiß.

Wenn man etwas **unbewußt** macht, dann macht man es *instinktiv, „automatisch", ohne es zu wissen; ohne sich dessen bewußt, sich darüber im klaren zu sein; ohne darüber zu reflektieren,* dann hat man es getan, ohne daß Bewußtheit, Plan und klare Überlegung die Handlung gesteuert haben. Das Gegenwort ist *bewußt:*

> eine morphologische Soziologie..., die erst durch die bewußten oder unbewußten Entscheidungen ihrer Mitglieder konstituiert wird (Fraenkel, Staat 113); „Haben Sie das dauernd? "... „Mehr oder minder. Zumindest unbewußt..." (Remarque, Obelisk 281); er stand am Schreibtisch und hantierte unbewußt mit einem Papiermesser (Th. Mann, Hoheit 107); Ich duckte mich hinter den Paris Soir. Doch irgend etwas hatte sie unbewußt von mir wahrgenommen, mein Haar oder meinen Mantel (Seghers, Transit 203); fühle ich, wie mir die Spannung entgleitet, die mich sonst immer bei Feuer unbewußt das Richtige tun läßt (Remarque, Westen 168); Das unbewußte Sprechen erfolgt in der Weise eines fast automatischen Funktionierens, was freilich nicht heißt, daß es „gedankenloses" Sprechen wäre (Gauger, Synonyme 58).

Der Unterschied zwischen *unterbewußt* und *unbewußt* liegt darin, daß alles, was *unterbewußt* ist, sich unter der Schwelle des Bewußtseins abspielt und unerkannt ist, während *unbewußt* besagt, daß das als unbewußt Bezeichnete hinterher oder von andereren sogleich als Vorgang o.ä. wahrgenommen wird. Was unbewußt ist, äußert sich in einem Tun, einer Reaktion auf etwas o.ä. Etwas, was unbewußt geschieht, ist dem Handelnden nicht bewußt, steht ihm nicht klar vor Augen, obgleich es aber im Unterschied zu den Dingen, die sich unterbewußt vollziehen, erkannt werden kann und im Prinzip dem Bewußtsein nicht verschlossen ist.

Wer **bewußtlos** ist, ist ohnmächtig, ohne Bewußtsein, ohne Besinnung, d.h., er befindet sich nicht in dem normalen psychischen Zustand, in dem er Eindrücke wahrnehmen und verarbeiten kann. Der Gegensatz ist *bei Besinnung:*

> Walter Kahn dämmerte bewußtlos dahin (Sebastian, Krankenhaus 92); Sie lagen bewußtlos im Krankenhaus (Simmel, Affäre 147); ... daß ihm der Pfarrer bewußtlos entgegensank (Langgässer, Siegel 314).

Nicht sprachüblich ist der Gebrauch von *bewußtlos* im folgenden Beleg:

> Wohl aber zeigt die Gesamtentwicklung der Technik eine hintergründige, bewußtlos aber konsequent verfolgte Logik (Gehlen, Zeitalter 19).

Unterhalt/Unterhaltung

Unterhalt bedeutet *Kosten, Aufwendungen für Ernährung, Kleidung, Erziehung usw.:*

> Viele Kinder arbeiten in Madrid, ... schlecht bezahlt, aber sie tragen so etwas zum Unterhalt der Familie bei (Koeppen, Rußland 32); Als aber eines Tages... Klima und Pflanzenwuchs dem großen Gürteltier einen Streich spielten, derart, daß es seinen harmlosen Unterhalt nicht mehr fand und einging (Th. Mann, Krull 349).

Möglich, aber weniger gebräuchlich, ist die Verwendung von *Unterhalt* im Sinne von *Instandhaltung, Aufrechterhaltung, das Sorgen für die Inganghaltung von bestimmten Einrichtungen:*

> Der Unterhalt (des Eisschnellaufzentrums) kostet jährlich 200 000 Mark (Der Spiegel 6/1966, 69).

Für *Instandhaltung, Erhaltung* wird jedoch eher das Wort **Unterhaltung** gewählt. Verwechslungen mit der Bedeutung „Gespräch" schließt der jeweilige Textzusammenhang zwangsläufig aus; die angeschlossenen Genitivattribute sind in der Regel keine Personen, sondern Sachen oder Einrichtungen:

> Für die Unterhaltung der Straßen ist ein größerer Betrag im Haushaltsplan vorge-

sehen; die Straßenunterhaltung ist eingeplant; Beim Bau und bei der Unterhaltung normaler Straßen muß beachtet werden, daß ... (Frankenberg, Fahren 147); zur Unterhaltung der herrschenden Minorität genügen aber vorindustrielle Verfahren der Bewußtseinsvermittlung (Enzensberger, Einzelheiten I 11).

Im Kompositum:

Im Schulwesen trifft die Gemeinde grundsätzlich die Bau- und Unterhaltungspflicht für die allgemeinbildenden. . . Schulen (Fraenkel, Staat 163).

unterschiedlich/verschieden/grundverschieden/verschiedenartig/verschiedentlich/verschiedenerlei

Das Adjektiv **unterschiedlich** besagt, daß zwei oder mehr miteinander verglichene Dinge o.ä. in Einzelheiten, z.B. in Form, Größe, Grad, Wert voneinander abweichen, nicht gleich sind, daß jedes besondere und eigene Einzelmerkmale aufweist. Der Unterschied besteht in den einzelnen Merkmalen, ist also nicht grundsätzlicher Art:

Die Leistungen des Schülers sind unterschiedlich; ein Ausdruck der besonderen wirtschaftlichen Gegebenheiten, . . . die u.a. in der unterschiedlichen Abhängigkeit der Produktion von Naturvorgängen zu suchen sind (Fraenkel, Staat 20); Alle trugen Mäntel, ihre Kopfbedeckungen waren unterschiedlich (Kuby, Sieg 65); . . . wenn in den einzelnen Artikeln die unterschiedlichen Grundüberzeugungen mitschwingen, die das Denken der einzelnen Autoren bestimmen (Fraenkel, Staat 14); unsere Textilindustrie, die in viele Einzelbetriebe unterschiedlicher Größenordnung aufgespalten ist (Herrenjournal 1/1966, 60).

Während *unterschiedlich* auf eine graduelle Abstufung hindeutet, dabei aber immer das Gemeinsame, das Übereinstimmende im Wesentlichen und Thematischen als Bezugspunkt behält, hebt das Adjektiv **verschieden** im Gegensatz dazu das Trennende hervor. Zwei oder mehr Dinge, die miteinander verglichen werden, sind im ganzen, in fast allen Merkmalen nicht gleich, sind nicht nur abweichend, sonder anders, entgegengesetzt, gegensätzlich. *Verschieden* wird üblicherweise nicht als attributives Adjektiv im Singular vor einem Substantiv gebraucht (der unterschiedliche Eindruck; nicht: der verschiedene Eindruck); abgesehen von bestimmten Wendungen oder Konstruktionen (z.B. im Genitivattribut):

Gedanken, verschieden wie Löwen und Tauben, lebten in seinem Hirn (Strittmatter, Wundertäter 249); . . . daß der Prozeß der politischen Willensbildung sich auf vier verschiedenen Ebenen: Wählerschaft, Partei, Parlament und Kabinett abspielt (Fraenkel, Staat 123); Die „Einstellung auf die Art" erfolgt bei verschiedenen Vögeln zu einem verschiedenen. . . Zeitpunkt (Lorenz, Verhalten I 67); zwei Welten. . ., die so verschieden sind wie Tag und Nacht (Musil, Mann 1312); manchmal sind wir verschiedener Meinung gewesen (Musil, Mann 1166); Wie verschieden Männer sein können! Es war Sibylle noch nicht vorgekommen, daß ein Mann für sie einkaufte (Frisch, Stiller 310); wenn der Präsident und die Mehrheit des Kongresses verschiedenen Parteien angehören (Fraenkel, Staat 227); Ein theoretisches Modell. . . bietet keine Möglichkeit, verschiedene Ausdrücke als unterschiedliche Realisierungen einer Kategorie darzustellen (Stickel, Negation 41).

Oft sind *verschieden* und *unterschiedlich* gegeneinander austauschbar, wobei dann hinsichtlich der Abweichungen der Akzent entweder auf das Trennende (verschieden) oder auf das Gemeinsame (unterschiedlich) gesetzt wird. Wenn zwei Darstellungen *verschieden* sind, dann ist die eine anders, vielleicht gegensätzlich zur ersten. Wenn zwei Darstellungen *unterschiedlich* sind, dann weicht die eine von der andern Aussage in manchen Dingen ab. Spricht man von Knöpfen *verschiedener* Größe, dann werden die jeweils verschiedenen Größen der Knöpfe gesehen; spricht man von Knöpfen *unterschiedlicher* Größe, dann werden die Knöpfe insgesamt gesehen, die nur eben in der Größe voneinander abweichen:

Sonnenschein läßt alle in den Sand gespießten Zaunlatten. . . verschieden lange . . . Schatten werfen (Grass, Hundejahre 44); mit verschieden langen Hosenbeinlingen (Strittmatter, Wundertäter 357); Die Bevölkerungspolitik der westlichen Welt ist unterschiedlich (Fraenkel, Staat 44); Diese Leistungen werden unterschiedlich motiviert (Fraenkel, Staat 313); Die unterschiedlichsten Auffassungen bestehen darüber, auf welchen Wegen . . . (Fraenkel, Staat 303).

In bestimmten Konstruktionen oder mit bestimmten Präpositionen oder verstärkenden Attributen wird nur *verschieden* gebraucht:

bis zum Gegensatz voneinander verschieden (Musil, Mann 1135); zwei grundlegend verschiedene. . . Lebenszustände (Musil, Mann 1182); von Grund auf verschiedene Möglichkeiten zu leben (Musil, Mann 1146).

Verschieden wird auch noch pronominal oder als unbestimmtes Gattungszahlwort im Singular in der Bedeutung *manches* und im Plural in der Bedeutung *manche, mehrere, einige, einzelne, mancherlei* gebraucht, wobei der im adjektivischen Gebrauch auf der Trennung liegende Akzent so weit verselbständigt ist, daß an eine Vergleichbarkeit oder an einen Vergleichspunkt gar nicht mehr gedacht wird. In diesen Bedeutungen besteht daher auch keine Konkurrenz mehr mit dem Adjektiv *unterschiedlich:*

> Jetzt weint sie manchmal, weil verschiedene Leute eklig zu ihr sind (Keun, Mädchen 121); . . . einen kleinen Sonnenschirm, der ihr verschiedene Male aus der Hand fiel (Maass, Gouffé 269); . . . die verschiedenen Hoheitsfunktionen des Staates an voneinander unabhängige Personen. . . zu übertragen (Fraenkel, Staat 117); Die Wirkung war in den verschiedenen Köpfen eine ganz unterschiedliche (Plievier, Stalingrad 262); . . . daß ich mich unter verschiedenen Namen unter sie mischte (Th. Mann, Krull 14).

Das Adjektiv **grundverschieden** wird emotional verstärkend in der Bedeutung *völlig verschieden* gebraucht, wenn keine gemeinsamen Merkmale vorhanden sind:

> Die Beweggründe, die diese Soldaten veranlaßten, sich freiwillig zu melden, waren grundverschieden (Kirst 08/15, 918); So grundverschieden beide Mädchen auch waren. . . , wenn der Kampf begann, dann versank für beide alles andere (Maegerlein, Piste 87).

Das Adjektiv **verschiedenartig** bedeutet *verschieden geartet, von verschiedener Art, in mannigfaltiger Weise* und kennzeichnet meist eine größere Anzahl, eine mehr oder weniger bunte, zur Auswahl stehende Menge, so daß es kaum bei nur zwei zu vergleichenden Dingen angewendet wird. Man sagt zwar *meine Frau und ich haben ganz verschiedene* (oder auch: *unterschiedliche) Ansichten,* nicht aber: *verschiedenartige Ansichten.* Im Unterschied zu *verschieden,* das der Bedeutung *gegensätzlich* nahesteht kennzeichnet *verschiedenartig* eine gewisse Vielfalt:

> So einhellig Herausgeber und Autoren . . . in ihrer Einstellung. . . sind, so verschiedenartig ist. . . ihr politisches. . . Denken im einzelnen (Fraenkel, Staat 14); Diese Aufzählung zeigt, daß in ihm zum Teil recht verschiedenartige oder gar gegensätzliche Gruppen zusammengefaßt sind (Fraenkel, Staat 196); Nahrung, die man verschiedenartig zubereiten kann (Remarque, Obelisk 146).

Könnte man mit entsprechender Inhaltsnuancierung in den eben genannten Beispielen auch *verschiedenartig* gegen *verschieden* (auch *unterschiedlich)* austauschen, so ist das in den folgenden Belegen nicht möglich, weil *verschieden* dort als unbestimmt Gattungszahlwort in der Bedeutung *mancherlei, manche, einzelne* verstanden würde:

> aus verschiedenartigen Quellen stammendes Einkommen(Fraenkel, Staat 65); Der feudale Staat. . . muß schließlich überall mit verschiedenartigen Übergangsstufen der Herausbildung des modernen Anstaltsstaates weichen (Fraenkel, Staat 89).

Verschiedenartig kann man auch nicht wie *verschieden* oder *unterschiedlich* als Attribut vor ein Adjektiv stellen, z.B.: die Kinder sind verschieden/unterschiedlich (nicht: verschiedenartig) groß.

Verschiedentlich wird als Adverb gebraucht und bedeutet *[schon] öfter, mehrmals; bei entsprechenden Gelegenheiten [bereits gemacht, festgestellt o.ä.]* :

> Verschiedentlich wurden Versuche unternommen, Haken und Karabiner aus Leichtmetall herzustellen (Eidenschink, Bergsteigen 23); Eine Reform. . . wurde verschiedentlich in Angriff genommen (Fraenkel, Staat 177); Die schon verschiedentlich erwähnte Geschworene Prieur (Sieburg, Robespierre 202).

Verschiedenerlei ist ein unbeugbares Adjektiv und bedeutet *aus mehreren Arten oder Sorten bestehend, mancherlei:*

> verschiedenerlei Obst und Gemüse; unter dieser Bezeichnung werden verschiedenerlei Krankheiten zusammengefaßt.

unübersehbar/unübersichtlich

Wenn etwas nicht zu übersehen ist, wenn man etwas sehen muß, weil es durch sein Äußeres, durch sein Wirken o.ä. so stark ins Auge fällt, so auffallend, so sichtbar ist, nennt man es **unübersehbar;** es ist von der Art, daß man es bemerken muß, daß es nicht unbemerkt bleiben kann:

> Er . . . wurde lebhaft begrüßt und bestaunt wegen der für einen Großserienwagen völlig neuartigen Lackierung mit Korbgeflecht oder Schottenmuster – ein

unübersehbares Merkmal für eine Sonderausführung (Auto 8/1965, 37); wir andern, die den unübersehbaren Vorteil haben, seinen Anordnungen . . . gehorchen
zu dürfen (R. Walser, Gehülfe 168); Daneben ist jedoch die Finanzbürokratie als
gestaltende Kraft unübersehbar (Fraenkel, Staat 92).

Unübersehbar hat noch eine weitere Bedeutung. Wenn nämlich etwas in überaus
zahlreicher Weise vorhanden ist, so daß man keinen Überblick mehr darüber hat,
dann nennt man es auch *unübersehbar:*

> In letzter Zeit ist eine unübersehbare Fülle von Aufsätzen und Büchern über
> dieses Thema geschrieben worden, daß man gar nicht mehr alles lesen kann.

Manchmal läßt selbst der Kontext nur schwer erkennen, welche Bedeutung von
unübersehbar gerade gemeint ist:

> Ganz analog nun tritt das Technische in diesem Sinne in den Künsten und Wissen-
> schaften in den Vordergrund, und das Experimentelle, Methodentechnische wird
> unübersehbar (Gehlen, Zeitalter 29).

Die fast gegensätzlichen Bedeutungen von *unübersehbar* leiten sich von dem Verb
übersehen her, das sowohl soviel wie *überblicken, alles genau sehen können* bedeutet (er konnte von seinem Standort das ganze Gelände übersehen) als auch *etwas
Vorhandenes nicht sehen, nicht bemerken* (der Autofahrer hatte das Verkehrsschild
übersehen und hat dadurch den Unfall herbeigeführt).

Was **unübersichtlich** ist, ist auf Grund seiner Anordnung nicht klar und deutlich zu
erkennen, gestattet keinen Überblick. Ein Gelände kann unübersichtlich sein, weil
es Berge, Sträucher, Gebäude o.ä. unmöglich machen, den gesamten Komplex mit
einem Blick zu erfassen. Eine Tabelle kann unübersichtlich sein, wenn die sich darauf
befindenden Angaben auf Grund einer Überfülle von Daten oder auf Grund unge-
schickter Anordnung das schnelle Erfassen verhindern:

> Wenn sich die Staatstätigkeit sehr ausbreitet. . . , schwillt die Gesetzgebung durch
> Einzelgesetze sehr an. Sie wird dann unübersichtlich und ruft eine große Nachweis-
> literatur hervor (Fraenkel, Staat 115); Doch bestand auch hier. . . ein Dualismus
> fort, der durch stetige Rivalitäten innerhalb der Parteiführung und durch die un-
> übersichtliche Verteilung der Machtbefugnisse in Ländern und Reich verstärkt . . .
> wurde (Fraenkel, Staat 218).

Da *unübersichtlich* und *unübersehbar* in seiner zweiten Bedeutung (sehr groß, sehr
viel, so daß man es nicht mehr überblicken kann) auf die gleiche Bedeutung von *übersehen* zurückgehen, nämlich auf die Bedeutung *einen Überblick haben, alles überblik-
ken,* werden diese beiden Wörter auch gelegentlich, wie z.B. im folgenden Beleg, verwechselt:

> Zumal die Zahl der Theorien auf diesem Gebiet von Jahr zu Jahr wächst und die
> Literatur fast unübersichtlich geworden ist (Juhász, Interferenz 97).

In manchen Kontexten – wie in den folgenden – könnten sowohl *unübersichtlich*
als auch *unübersehbar* in seinen beiden Bedeutungen eingesetzt werden, wobei sich
der Inhalt jedoch jedesmal entsprechend änderte:

> Zwischen den einzelnen, dessen echter Erfahrungsumkreis. . . stets sehr eng ist,
> und die unübersehbaren, schicksalhaften Vorgänge, die sich aus den sozialen,
> wirtschaftlichen. . . Superstrukturen heraus entwickeln, tritt notwendig eine Zwi-
> scheninstanz (Gehlen, Zeitalter 49); Man kann solchen Meinungen nicht entge-
> hen, weil man in der unübersehbaren Tatsachenwelt von heute auf sekundäre
> Quellen angewiesen ist (Gehlen, Zeitalter 49).

Unübersehbare Vorgänge können Vorgänge sein, die man im einzelnen nicht überblickt, weil es so viele sind – das ist wohl auch die Bedeutung in dem vorangegangenen Kontext. *Unübersehbare* Vorgänge könnten aber auch Vorgänge sein, die so
deutlich sichtbar, so gravierend sind, daß man sie bemerken m u ß. Und *unüber-
sichtliche* Vorgänge wären solche, die in sich so vielgestaltig und verworren sind, daß
man sich kein Urteil über sie bilden kann. In diesem Falle wäre es also nicht die Menge der Einzelheiten innerhalb der Vorgänge, sondern die Verworrenheit und Undurch-
sichtigkeit der Vorgänge, die den Überblick nicht möglich machen.

unvergeßlich/unvergessen

Die beiden Wörter sind inhaltlich nicht völlig gleich. **Unvergeßlich** sagt, daß etwas
nicht vergessen werden kann. Es deutet auf die Zukunft hin:

> Der Dichter versteht den Moment. . . unvergeßlich zu schildern (Lüthi, Es war
> einmal 126); das andere aber bleibt unvergeßlich (Bergengruen, Rittmeisterin

65); Es wird ihm leichtfallen, von dem teuren, unvergeßlichen Dahingegangenen zu reden (Remarque, Obelisk 68); „Was machen die Filmschauspielerinnen Henny Porten, Erna Morena und die unvergeßliche Lia de Putti? " frage ich (Remarque, Obelisk 291); ein Anblick von unvergeßlicher Widerlichkeit (Th. Mann, Krull 38).

Der Gebrauch von *unvergessen* (statt: unvergeßlich) im folgenden Beleg ist nur dann korrekt, wenn sich *unvergessen* darauf beziehen soll, daß der Bankdirektor auch im Ruhestand nicht vergessen worden ist:

> Trauer um unvergessenen Mitbürger. Bankdirektor i.R. Fritz Hausch überraschen gestorben (MM 11.8.71, 7).

Unvergessen besagt, daß etwas nicht vergessen worden ist; es setzt also voraus, daß das, worauf sich *unvergessen* bezieht, bereits einige Zeit zurückliegt. Es weist auf etwas Vergangenes zurück. In diesem Falle ist auch *unvergeßlich* verwendbar, weil jemand, der – beispielsweise – vor 10 Jahren gestorben ist, sowohl *unvergessen* als auch *unvergeßlich* sein kann, was bedeutet, daß er sowohl über die Jahre hin nicht vergessen worden (unvergessen) ist, als auch, daß er weiterhin nicht vergessen werden wird, also unvergeßlich ist oder bleibt. Im nachfolgenden ersten Beleg ist ein Austausch mit *unvergeßlich* nicht möglich, weil sich das in dem Satz enthaltene *noch* nur auf Vergangenes, nicht auf Zukünftiges – was aber *unvergeßlich* involviert – beziehen kann:

> Ernas Vorwurf . . . ist noch unvergessen (Remarque, Obelisk 101); Unsere unvergessene Reichswasserleiche hat vom Zweiten Deutschen Fernsehen ihren ersten Auftrag erhalten (Der Spiegel 28/1967, 100).

unverschämt/ausverschämt

Unverschämt bedeutet soviel wie *frech, dreist, schamlos* und kennzeichnet ein Verhalten oder Auftreten, das meist mit einem an Empörung grenzenden Staunen registriert wird:

> eine unverschämte Antwort; ein unverschämter Gläubiger (R. Walser, Gehülfe 120); . . . weil diese faule Kröte. . . ihrer Wirkung zu unverschämt sicher ist (Remarque, Obelisk 8).

Nicht auf Personen bezogen dient *unverschämt* auch zur Verstärkung der Aussage und bedeutet *sehr [groß, hoch]* :

> seine Haare. . . sind glanzlos hell gewesen, unverschämt hell (Musil, Mann 1191); Werde ich diesen unverschämten Appetit durch entsprechende Leistungen rechtfertigen? (R. Walser, Gehülfe 8); das sind ja unverschämte Preise!

Ausverschämt wird nur in manchen Gegenden, und dann in der Bedeutung von *unverschämt*, gebraucht:

> das täte ja als ausverschämte Gotteslästerung zählen (A. Zweig, Grischa 389); Auf Ihr. .. ausverschämtes Schreiben (Tucholsky, Werke I 84).

Im nördlichen Deutschland, vor allem in Berlin, bedeutet *ausverschämt* jedoch soviel wie *frech und ohne Hemmung oder Rücksicht auf andere Ansprüche stellend, etwas fordernd oder nehmend.*

Im Unterschied zu *unverschämt,* das mehr für den Einzelfall gilt, weist *ausverschämt* hier schon auf einen Charakterzug hin, charakterisiert besonders jemanden, der in dreister Weise von einer zur Verfügung stehenden Menge sehr viel nimmt oder der sehr viel für etwas haben will, der also gar keine Hemmungen oder Rücksichten in der Hinsicht kennt:

> ich finde es ausverschämt, daß er den anderen nichts übrigläßt; er war sehr ausverschämt und hat sich gleich drei Stücke Kuchen genommen.

urbar/urban

Das Wort urbar wird heute meist in der Verbindung *etwas urbar machen* gebraucht, was soviel bedeutet wie *Wüste, Urwald, Moorboden landwirtschaftlich nutzbar machen.*

Urban ist ein meist lobend gebrauchtes Adjektiv, das *gebildet, geistreich; fein, weltgewandt, weltmännisch* bedeutet:

> Ich sollte den urbanen, geistvollen und liebenswerten Mann nicht wiedersehen (K. Mann, Wendepunkt 328); je urbaner der Verkehr zwischen dem Beamtentum und den Nichtbeamten wurde –, desto gemütlicher, lebenswerter war . . . das Leben (Jacob, Kaffee 195); . . . suchte Adenauer damit (mit seinem unverkennbaren rheinischen Tonfall) die für die meisten positive Vorstellung urbaner

Bauernschläue zu verfestigen, die sich über ihn herausgebildet hatte? (Bausinger, Dialekte 19).

urbarisieren/Urbarisierung/urbanisieren/Urbanisierung

Urbarisieren (abgeleitet von *urbar*) bedeutet *urbar, anbaufähig, nutzbar machen; erschließen, erstmals bebauen,* während **urbanisieren** sowohl *in stadtgerechter Weise entwickeln, ausbauen; städtisch machen* als auch *verfeinern, verstädtern* bedeutet.
Die dazugehörigen Substantive sind **Urbarisierung** und **Urbanisierung**:
> Nachdem Rom sich die griechische Welt einverleibt. . . hatte, war der urbanisierenden und zivilisatorischen Kraft der griechischen Polis noch einmal Gelegenheit zur Bewährung gegeben (Fraenkel, Staat 259); Sanierung und Urbanisierung der Innenstadt genießen Priorität (Kurpfälzer Rundblick 47/1972, 2).

Variation/Variierung/Variante/Variable

Bei einer **Variation** handelt es sich um die Abwandlung oder Veränderung, um eine bewußte Umgestaltung von etwas. Der Variation liegt etwas zugrunde, was abgewandelt wird, wobei das Charakteristische des Abgewandelten noch deutlich sichtbar ist:
> Obwohl Kreuders Bücher aber meist nur Variationen desselben Themas sind (Deschner, Talente 160); Die Reise- und Sportmäntel neigen weiter zu äußerst vielseitigen Variationen (Herrenjournal 3/1966, 118); Auf diese Weise besitzt der gläubige Marxist ein sehr festes Bild vom ,,Bürger", das die vielfältigen Variationen innerhalb dieser Menschenklasse völlig unberücksichtigt läßt (Hofstätter, Gruppendynamik 100); Es wurden in geistlosen Variationen die festgelegten Dogmen abgeleiert (Thieß, Reich 492).

Variation kann sowohl das Ergebnis des Variierens, des Abwandelns sein — und das ist in der Mehrzahl der Fälle so — als auch das Variieren, das Abwandeln, also der Vorgang selbst:
> eine Variation vornehmen.

In Konkurrenz zu *Variation* als Vorgang steht **Variierung**:
> durch die Variierung des Themas. . .

Bei einer **Variante** handelt es sich um etwas, was nur in kleineren Einzelheiten von einem Vorgegebenen abweicht. Während es sich bei einer *Variation* um etwas in seiner Art Selbständiges und Für-sich-allein-Bestehendes handelt, versteht man unter einer *Variante* die Abweichung innerhalb eines vorgegebenen Ganzen. Einzelheiten sind anders, aber das Ganze wird nicht als etwas Eigenständiges, als etwas Neues, wenn auch Ähnliches, betrachtet. Wenn man eine *Variation* vornimmt, schafft man etwas Neues, was gewisse Übereinstimmungen mit einem bestimmten Modell o.ä. aufweist; bei einer *Variante* bleibt das Grundmodell im Prinzip erhalten, nur Einzelheiten, Kleinigkeiten werden geändert oder in anderer Weise ausgeführt:
> Zu dieser Stelle der Handschrift gibt es mehrere Varianten; Er beherrscht nicht nur den argentinischen (Tango), sondern auch den brasilianischen und anscheinend auch noch ein paar andere Varianten (Remarque, Obelisk 222); Die Schutzvereinigung lehnte. . . alle Investivlohnexperimente entschieden ab, auch die im Leber-Plan vorgeschlagene Variante (Die Welt 21.11.64, 10); Sportliche Varianten bekannter Modelle präsentieren Italiens Automobilproduzenten (Auto 6/ 1965, 15).

Manche Texte lassen auch beide Möglichkeiten — Variation oder Variante — zu:
> er behandelte sie mit kalter Gier . . . und erfand listige Vorwände, um die Vereinigung und die Spiele in allen möglichen Situationen und Varianten casanovahaft zu vollziehen (Kuby, Rosemarie 24).

Eine **Variable** ist eine veränderbare Größe, vor allem in der Mathematik:
> Nehmen wir ein System, das sich durch Veränderung einer einzigen Variablen an bestimmte Umweltsänderungen anpaßt (Wieser, Organismus 54); die Gruppierung, die die Basis der Prozentzahlen abgibt, hier das Alter, wird als ,,unabhängige Variable" bezeichnet. Das leichte oder schwere Einschlafen ist in diesem Fall die ,,abhängige Variable" (Noelle, Umfragen 229); → -ierung/-ation.

Verantwortung/Verantwortlichkeit

Unter **Verantwortung** versteht man die an eine Person gebundene Pflicht, für ihr eigenes Tun oder für die Handlungen anderer einzustehen:
> die Verantwortung tragen, ablehnen; der lieber Intrigen spinnt als Verantwortungen übernimmt (Mehnert, Sowjetmensch 120); Ich nehme die Verantwortung

auf mich (Benrath, Konstanze 31); Die Versuchung, die Stadt mit solcher Verantwortung zu belasten (FAZ 23.12.61, 1); so solle er alle Verantwortung auf mich abwälzen (Niekisch, Leben 61); Das war kein junger Schnösel wie Smiles, der überhaupt keine Verantwortung kannte (Brecht, Groschen 84).

Das Substantiv **Verantwortlichkeit** drückt durch die Endung -keit Wesen, Beschaffenheit und Art und Weise aus und bedeutet *das Verantwortlichsein, die Zuständigkeit für die Verantwortung:*

> die Verantwortlichkeit liegt beim Chefredakteur; Wenn man die Jugendlichen Verantwortung tragen läßt, werden sie sich auch ihrer Verantwortlichkeit bewußt und handeln entsprechend;Das hat wohl auch seine Ursache darin, daß in Prenzlau die Verantwortlichkeit nicht klar abgesteckt worden ist (ND 19.6.64, 4); das 'konstruktive Mißtrauensvotum' . . . , das zwar an dem Prinzip der parlamentarischen Verantwortlichkeit des Bundeskanzlers festhält (Fraenkel, Staat 336); mit der Überwälzung immer größerer Verantwortlichkeiten aus dem individuellen, familiären und gesellschaftlichen Raum auf den staatlichen Organisationsbereich (Fraenkel, Staat 345).

Während *Verantwortung* den Bezug zu der Person herstellt, die sie trägt, und die Person hervorhebt, die diese Aufgabe hat, weist *Verantwortlichkeit* auf die objektiv gegebene Verpflichtung, auf den Zustand selbst hin, in dem sich jemand oder eine Institution befindet. Oft lassen sich in einem Kontext beide Wörter verwenden, wobei sich jedoch jeweils der Akzent der Aussage verlagert.

Auf Grund der Tatsache, daß *Verantwortung* auf Handlungen bezogen ist, während *Verantwortlichkeit* einen Zustand und eine Zuständigkeit ausdrückt, werden mit dem Substantiv Verantwortung oft Verben, Präpositionen und Adjektive verbunden, die beim Substantiv Verantwortlichkeit jedoch nicht üblich bzw. aus inhaltlichen Gründen nicht möglich sind:

> sie. . . laden dem. . . eine Verantwortung auf (Böll, Erzählungen 439); Du . . . ahnst nichts von der Verantwortung, die unsereinen trifft (Strittmatter, Wundertäter 177); . . . weil man noch keine Verantwortung hatte (Ott, Haie 310); Wie es schien, . . . konnten Farrere und Dubareaux sich nicht die Verantwortung zutrauen (Baum, Paris 42); Dies bringt eine gewisse Verantwortung mit sich (Geissler, Wunschhütlein 25); ein Beamter, der nicht den Mut zur Verantwortung hat (Spoerl, Maulkorb 111); die politische Verantwortung der Regierung gegenüber (Fraenkel, Staat 232); Dennoch enthebt ihre Unfreiheit sie nicht der Verantwortung vor der Geschichte (Thieß, Reich 19); die ungeschwächte Verantwortung der Amerikaner für Berlin aufrechterhalten (Augstein, Spiegelungen 127); in eigener Verantwortung. . . regeln (Fraenkel, Staat 160); Gefühl der persönlichen Verantwortung der Bauenden (Kafka, Erzählungen 279).

Auch in bestimmten Wendungen ist ein Austausch mit Verantwortlichkeit nicht möglich:

> er trug die Verantwortung für seine Entschlüsse (Baum, Bali 240); derart sie einst vor Richterstühlen zur Verantwortung gezogen wurden (Kolb, Daphne 79).

verbieten/verbitten

Etwas **verbieten** bedeutet *etwas untersagen; anordnen, daß etwas nicht geschieht; bestimmen, daß etwas zu unterlassen ist; jemandem etwas verwehren, etwas nicht erlauben, nicht zulassen.* Die Stammformen lauten: er verbietet, er verbot, er hat verboten:

> Der Arzt hat dir den Wein verboten (Thieß, Legende 52); Konnte der Kaiser. . . einfach unsere Vorstellung verbieten (K. Mann, Wendepunkt 44); . . . daß man ihm den Verkehr mit mir und den Besuch unseres Hauses verboten habe (Th. Mann, Krull 21); . . . daß Teichmann aus instinktiver Scheu sich verbot, ins Wasser zu sehen (Ott, Haie 183); Die katholische Kirche. . . hat schon gewußt, weshalb sie den Priestern die Ehe verbot (Wiechert, Jerominkinder 681).

Verbieten wird auch im außerpersönlichen Gebrauch (etwas verbietet etwas) übertragen gebraucht und bedeutet dann *eine bestimmte Gegebenheit, Situation o.ä. läßt nicht zu, daß etwas Bestimmtes, Genanntes geschieht:*

> Allerdings hat ihm sein Stolz verboten, darüber zu reden (Bobrowski, Mühle 205) die nasse Witterung, die das Reiten verbiete (Th. Mann, Hoheit 227).

Verbieten wird auch in der Fügung *etwas verbietet sich* gebraucht, was soviel bedeutet wie *etwas ist nicht möglich, die Gegebenheiten lassen es nicht zu:*

> Eine erschöpfende Darstellung verbietet sich schon aus räumlichen Gründen

(Enzensberger, Einzelheiten I 40); die primitiv religiöse Stufe, auf welcher der Tod ein Schreknis war. . . , daß es sich verbot, den Blick klarer Vernunft auf dies Phänomen zu richten (Th. Mann, Zauberberg 632).

Sich etwas **verbitten** bedeutet *die Unterlassung von etwas energisch verlangen; entschieden fordern, daß etwas nicht geschieht* als Reaktion auf das beleidigende oder unerwünschte Verhalten eines anderen, das zurückgewiesen wird. Die Stammformen lauten: er verbittet sich/verbat sich solche Frechheiten, er hat sich solche Frechheiten verbeten:

> Ich verbitte mir diese Anschreierei (Hacks, Stücke 332); Der Kommandant wurde rot und sagte, er verbitte sich solche Scherze (Ott, Haie 255); Sie ließ sich auch nie zum Nachtmal einladen, verbat es sich heftig, wenn man die Zeche für sie zahlen wollte (Brod, Annerl 27); Bugenhagen . . . hatte sich die Einmischung verbeten (Jens, Mann 29).

verdächtig/verdächtigt

Wer **verdächtig** ist, der ist suspekt, der gibt durch seine Erscheinung, durch sein Benehmen oder sein Handeln Anlaß zu einem bestimmten Verdacht; er sieht so aus, als ob er etwas Strafbares getan habe, oder man nimmt von ihm an, man traut ihm zu, daß er etwas Entsprechendes tun könnte, woraus sich dann neben den üblichen Bildungen wie *tatverdächtig* auch die scherzhaften Bildungen mit *-verdächtig* erklären lassen (z.B. *olympiaverdächtig, hitverdächtig, endkampfverdächtig, nobelpreisverdächtig*):

> eine verdächtige Person; er sieht verdächtig aus; sein Verhalten kommt mir sehr verdächtig vor; die Angaben des Verdächtigen; verdächtige Truppenbewegungen (Remarque, Obelisk 9); Er hatte sich verdächtig gemacht (Remarque, Triomphe 197); Der Sozialismus war ihnen verdächtig (Niekisch, Leben 89); Bompard, der Mittäterschaft am Morde. . . dringend verdächtig (Maass, Gouffé 139); . . . nur um die der Tat verdächtige Schwester zu retten (Bild und Funk 17/1966, 45); Hauptmann Henkel . . . wurde dieser kleine Leutnant. . . allmählich verdächtig (Plievier, Stalingrad 129).

Wer **verdächtigt** wird, den hat man in Verdacht, den beschuldigt man einer Tat, von dem nimmt man an, daß er eine böse Absicht verfolge oder sich einer bestimmten unerlaubten Handlung schuldig gemacht habe:

> die verdächtigte Person; die Angaben des Verdächtigten; der zu Unrecht verdächtigte Mann; . . . wenn der Sozialismus als bloßes Produkt der Bourgeoisgesinnung verdächtigt wird (Bloch, Wüste 15); ein Junge vom Turn- und Fechtverein wurde des Diebstahls verdächtigt (Grass, Hundejahre 209); Ende Dezember 1958 wird der Verdächtigte aus der Haft entlassen (Noack, Prozesse 12); Im Mordprozeß Pohlmann war nicht eine einzige (Tatsache) gefunden worden, die es erlaubt hätte, den Verdächtigten guten Gewissens zu richten (Noack, Prozesse 41).

Nicht korrekt:

> Der Angeklagte sei hinreichend verdächtigt, am 29. Oktober 1957. . . die Rosemarie Nitribitt erwürgt . . zu haben (Noack, Prozesse 14).

der Verdienst/das Verdienst

Das Geld, das man sich durch seine Arbeit erwirbt, ist **der Verdienst**. Dieses Wort wird in der Regel nur im Singular gebraucht:

> Den Wohlhabenden also, der an seiner Habe hängt, . . . kann man bald entlassen, obwohl seine Angehörigen eine geraume Zeitlang auch ohne seinen Verdienst gut auskommen können (Mostar, Unschuldig 8); Da. . . geht Maries dünner Verdienst fast restlos für die Spesen drauf (F. Wolf, Zwei 72).

Mit dem Neutrum **das Verdienst** wird eine Tat oder ein Verhalten bezeichnet, durch das man sich verdient gemacht und durch das man sich Anspruch auf Anerkennung erworben hat:

> Die Wiederbelebung des Selbstverwaltungsgedankens in Deutschland ist das Verdienst des Reichsfreiherrn Karl vom und zum Stein (Fraenkel, Staat 159); Die fieberhafte Aufrüstung, die Hitler betreibe, antwortete ich, sei ein fragwürdiges Verdienst (Niekisch, Leben 280).

verdorben/verderbt

Das Verb *verderben* wurde ursprünglich im intransitiven Gebrauch stark (es verdirbt, es verdarb, es ist verdorben) und im transitiven schwach (etwas verderbt etwas, etwas verderbte etwas, etwas hat etwas verderbt) konjugiert. Heute ist sowohl für den

279

intransitiven als auch für den transitiven Gebrauch die starke Form verdorben üblich: ein verdorbener Magen; verdorbenes Fleisch; eine verdorbene Phantasie; eine verdorbene Freude; dieses Mädchen war schon mit fünfzehn Jahren total verdorben (= in sexueller Hinsicht hemmungslos, heruntergekommen).

Die schwache Form des 2. Partizips, nämlich **verderbt**, wird heute nur noch in gehobener Ausdrucksweise und selten gebraucht: ein verderbter (= sittlich heruntergekommener) Mensch. *Verderbt* klingt hier abwertender, nachdrücklicher und vorwurfsvoller als *verdorben*. Ohne diesen emotionalen Nebensinn wird *verderbt* jedoch in bezug auf Texte o.ä. gebraucht: eine verderbte (= unleserlich oder unverständlich gewordene) Textstelle.

vereidigen/vereiden/Vereidigung/beeiden/beeidigen/Beeidung/Beeidigung

Vereidigen bedeutet *jemanden unter Eid nehmen, den verpflichtenden Eid schwören lassen, durch Eid verpflichten, an bestimmte Verpflichtungen, Aufgaben binden.* Beamte und Rekruten werden z.B. vereidigt:

die Bundestagspräsidentin vereidigte den Bundeskanzler; wenn es gelänge, ... am 22. Oktober das Kabinett vereidigen zu lassen (Die Welt 1.10.65,2); eine glänzend geschulte, auf die Person des Feldherrn vereidigte und nur von ihm entlohnte Kerntruppe (Thieß, Reich 602).

Das Substantiv **Vereidigung**:

Der König wird sich ... zur Vereidigung der neu Ausgehobenen auf den Exerzierplatz begeben (Hacks, Stücke 281).

Die Form **vereiden** ist älter als vereidigen, wird aber heute nicht mehr gebraucht. Umgekehrt ist es bei den konkurrierenden Formen *beeiden* und *beeidigen*. Hier ist beeiden die gebräuchliche Form, während beeidigen allgemeinsprachlich seltener vorkommt.

Beeiden bedeutet *beschwören, durch Eid eine Aussage, einen Tatbestand, die Richtigkeit einer Behauptung bekräftigen:*

Zeugen haben die Nitribitt am Mittag des 29. Oktober zum letzten Mal getroffen, andere beeiden, sie noch am Tage darauf gesehen zu haben (Noack, Prozesse 27); Der Kantinenpächter... war bereit, das zu beeiden (Kirst 08/15, 267).

Beeiden (bzw. beeidigen) wurde früher auch in der Bedeutung von vereidigen gebraucht und bedeutete *jemanden durch einen Eid verpflichten, ihm einen Eid abverlangen und ihn damit an etwas binden,* z.B. an die gewissenhafte Ausübung eines Amtes.

Im juristischen Bereich ist der Gebrauch dieses Wortes in der Bedeutung noch verschiedentlich üblich:

Verband öffentlich bestellter und beeidigter Sachverständiger; Ute Markowski ..., deren Vater dem Vermessungsbüro als beeideter Sachverständiger vorsteht (Vorarlberger Nachrichten 23.11.68, 18).

Die Substantive **Beeidung** und **Beeidigung** bestehen nebeneinander, und zwar als Ableitung von beeiden in seiner heute üblichen Bedeutung. Während allgemeinsprachlich Beeidung gebraucht wird, womit der Vorgang, die Ausführung des Beeidens gemeint ist, wird im gesetzlichen Sprachgebrauch meist Beeidigung verwendet, worunter man die Bekräftigung der Richtigkeit einer Aussage durch Eid versteht und zugleich auch das Verfahren, bei dem jemandem, meist durch ein Gericht, der Eid abgenommen wird:

Der Vernommene steht unter besonderer Wahrheitspflicht und muß mit Beeidigung rechnen (Hörzu 2/1972, 67).

vermieten/abvermieten/untervermieten

Wenn man etwas **vermietet**, überläßt man den Gebrauch oder die Benutzung dieser Sache einem anderen für eine bestimmte Zeit gegen ein vertraglich festgesetztes Entgelt:

Lila trägt keinen Bikini..., sondern ein Modell, das Aufsehen erregt... bei den braunen und barfüßigen Burschen, die einen Sonnenschirm vermieten (Frisch, Gantenbein 268); Hanna hat versucht, ihre Wohnung mitsamt der Einrichtung zu vermieten (Frisch, Homo 283); ... aus einer hochgelegenen Wohnung, deren Inhaber an die Fotografen Fensterplätze vermietete (Johnson, Ansichten 142).

Abvermieten kann man nur Räume, über die man selbst (als Mieter) das Verfügungsrecht hat und die Teil einer größeren Einheit sind. Mit anderen Worten: Wenn jemand ein Haus oder eine Wohnung gemietet hat, dann kann er das Haus oder die Wohnung zwar weitervermieten, aber nicht abvermieten. Nur einen Teil des Hauses oder der Wohnung kann er abvermieten:

die Witwe hatte zwei Zimmer ihrer großen Wohnung an Studenten abvermietet.

Untervermieten besagt, daß jemand sein Haus oder seine meist auch gemietete Wohnung zum Teil oder ganz weitervermietet, daß er einen oder mehrere Untermieter aufnimmt. Im allgemeinen handelt es sich dann um bereits möblierte Räume. Im Unterschied zu *abvermieten*, dessen Vorsilbe *ab-* eine Loslösung kennzeichnet, zeigt *untervermieten* mit der Vorsilbe *unter-*, daß zwischen Weitervermieter und Mieter eine Art Rangordnung besteht.

Ein weiterer kleiner Unterschied zwischen *abvermieten* und *untervermieten* besteht darin, daß man *abvermieten* auf Zimmer, Geschäftsräume, Garagen usw. anwenden kann, während sich *untervermieten* üblicherweise nur auf das Wohnen in den betreffenden Räumen bezieht:

die . . . von ihrer Wohnung. . . ein Zimmer untervermietet hatte (MM 6.5.69, 4); Die Wohnung in Zehlendorf haben wir untervermietet (Kantorowicz, Tagebuch I 618); Witwen, die ihre ehemaligen Herrschaftsvillen untervermieten (Der Spiegel 40/1967, 84); Die Untervermietung eines Zimmers ist nicht vertragswidrig, wenn der Hauptvermieter sie nach jahrelanger Genehmigung plötzlich ohne erkennbaren wichtigen Grund verbietet (Hörzu 10/1971, 87); → mieten/anmieten/abmieten.

vernehmbar/vernehmlich

Vernehmbar ist, was vernommen, gehört, durch Hören festgestellt werden kann. Dieses Adjektiv drückt die Möglichkeit aus und bedeutet soviel wie *hörbar:*

Er klopfte zaghaft und kaum vernehmbar (Kirst 08/15, 382); Durch das leise, aber vernehmbare Zögern in den letzten beiden Versen (Seidler, Stilistik 241); Nichts als dieses leise säuselnde Pfeifen war vernehmbar (Broch, Versucher 177); gleich darauf ging, nur dem Wissenden vernehmbar, ein gedämpftes Räderrollen um das Schloß (Schneider, Erdbeben 122).

Vernehmlich dagegen gibt ein Merkmal an. Was *vernehmlich* ist, ist leicht und deutlich zu vernehmen, ist durchs Gehör zu erkennen und nicht zu überhören:

er. . . fragte ihn recht vernehmlich: Bier ist heute wohl nicht im Hause? (Kuby, Sieg 71); sie (die Schäferhündin) . . . knurrte vernehmlich (H. Grzimek, Tiere 17); manchmal wurden Rufe der . . . Kinder vernehmlich, ohne daß man sie verstand (Broch, Versucher 131).

verschweigen/totschweigen/sich ausschweigen

Während *schweigen* das allgemeinste wie inhaltlich umfassendste Wort ist und soviel bedeutet wie *nicht reden* und während *stillschweigen* soviel besagt wie *bewußt nicht reden; auf Fragen nicht antworten, um etwas geheimzuhalten,* drückt das Verb **verschweigen** aus, daß etwas bewußt nicht erwähnt wird, weil man es verheimlichen will:

er verschwieg ihr, daß er vorbestraft war; doch geht man den Dingen auf den Grund, liegt stets irgendein Anlaß vor, den der Klatsch meist verschweigt oder verdunkelt (Thieß, Reich 567); Sie sah ihn mit langem Blicke an und verschwieg dabei diesen Gedanken: was für ein seltsames und verstiegenes Gespräch wir da haben (A. Zweig, Claudia 89).

Totschweigen wird vor allem gebraucht, wenn vorsätzlich aus politischen o.ä. Gründen vor der Öffentlichkeit Tatsachen verheimlicht werden, die irgendwelchen mächtigen Gruppen unangenehm sind, auch wenn es sich um positive Tatsachen handelt. *Totschweigen* bedeutet *Vorhandenes oder Geschehenes nicht erwähnen, um den Eindruck zu erwecken, als ob es faktisch nicht existent sei:*

Die Tatsache einer deutschen Opposition gegen Hitler wurde. . . offziell totgeschwiegen (Rothfels, Opposition 137); Nachdem das M a u l s t o p f e n , m u n d - t o t m a c h e n und zum S c h w e i g e n b r i n g e n kriminelle Delikte geworden sind, verbleibt totschweigen . . . noch als eine letzte Möglichkeit am Rande der Legalität, aber schon weit außerhalb der Moralität, die Freiheit des Wortes auf kaltem Wege zu hintertreiben (H. Kolb;in: Das Heft 6/1965, 25-30); Biermanns Gegner. . . versuchen unterdessen, den unliebsamen Bänkelsänger . . . zu zermürben, totzuschweigen (Der Spiegel 19/1965, 69); Das gilt vor allem dann, wenn Tatsachen verdreht. . . , die Wahrheit einfach totgeschwiegen wird (Heilsarmee, „Der Kriegsruf" 20/1967).

Wenn sich jemand über etwas **ausschweigt,** dann erzählt, berichtet, spricht er über etwas nicht, obwohl es von ihm erwartet wird, oder läßt sich nicht zum Reden bewegen:

> Warum bist du gekommen? ... Du schweigst dich aus (Frisch, Cruz 84); Da führte er Klage und schickte Briefe an den Ersten Minister. Der schwieg sich aus (Fries, Weg 212); Unbekannter schwieg sich aus. .. Er verweigerte jede Angabe zu seiner Person (MM 19.5.67, 4); Die D. pflichtete solchen Reden gelegentlich bei. .. ; meist jedoch schwieg sie sich aus (Johnson, Ansichten 123); →Schweigen/Stillschweigen.

versöhnen/aussöhnen

Versöhnen bedeutet *zu einem anderen das gute Einvernehmen, das durch Streit, Beleidigung o.ä. gestört war, wieder herstellen, und dem anderen nicht mehr in Feindschaft oder mit Haß gegenüberstehen.*

Aussöhnen besagt im Grunde dasselbe wie *versöhnen,* doch liegt der Unterschied in den Präfixen. Das Präfix *ver-* in *versöhnen* deutet auf den erreichten Zustand, auf das Ergebnis hin, während das *aus-* in *aussöhnen* den Prozeß andeutet und auf die längeren Bemühungen hinweist, die zu dem Ergebnis geführt haben. Wenn sich zwei Freunde gezankt haben, sagt man schließlich: *Nun versöhnt euch wieder!* aber nicht: Nun söhnt euch wieder aus!

Die Unterschiede werden in den folgenden Belegen deutlich, wo *versöhnen* auf Grund des Kontextes nicht gegen *aussöhnen* auszutauschen ist:

> Ich mußte ihn auf der Stelle versöhnen und lud ihn zu einem Aperitif ein (Seghers Transit 118); Sie ... ging gesenkten Kopfes hinter ihm hinaus. .. ihr Schuldgefühl konnte ihn nicht versöhnen (A. Zweig, Claudia 108); Allerdings versöhnt man Feir de nicht durch Nachgiebigkeit (Maass, Gouffé 343).

Dort, wo der Kontext auch die Vorstellung eines Prozesses zuläßt, ließe sich für *versöhnen* auch *aussöhnen* einsetzen:

> auf einer Wanderschaft. .. , die er unternommen hatte, um einen jungen Edelmann mit seinem Vater zu versöhnen (Nigg, Wiederkehr 84); Aber mit deiner Mama mußt du dich auch versöhnen (Fallada, Herr 206); Bald söhnte sie sich mit ihren Eltern aus, schließlich heiratete sie (Fallada, Herr 254); Er will schließlich den ... Westen mit dem ... Osten aussöhnen – in dieser Richtung zielten etwa die Versuche der Sozialisten (Fraenkel, Staat 309).

Eine *Versöhnung* findet statt, eine *Aussöhnung* kann vollzogen werden:

> Zur selben Zeit. .. wurde in Tilleda in Thüringen diese Aussöhnung vollzogen (Benrath, Konstanze 104).

Die genannten Unterschiede werden auch in den übertragenen Bedeutungen deutlich. *Versöhnen* bedeutet dann soviel wie *jemanden mit etwas in Einklang bringen, jemanden Frieden schließen lassen mit etwas, jemanden nicht weiter im Gegensatz oder in Opposition zu etwas stehen lassen,* während *aussöhnen* im übertragenen Gebrauch soviel bedeutet wie *nicht mehr länger mit etwas in Streit liegen, es nicht mehr länger ablehnen, sondern sich daran gewöhnen.* Im übertragenen Gebrauch sind beide Verben kaum austauschbar, da sie mit unterschiedlichen Valenzen gebraucht werden. *Aussöhnen* wird reflexiv in der Bedeutung *sich an etwas, was man vorher nicht gemocht hat, gewöhnen,* während *versöhnen* soviel bedeutet wie *ausgleichen, friedlich stimmen, nicht mehr mit etwas hadern:*

> Allein die Tatsache begann ihn zu versöhnen, daß einiges von dem vielen ... bei der Kommandantur hängenblieb (Kirst 08/15, 666); Eine Handlung des Ichs ist dann korrekt, wenn sie gleichzeitig den Anforderungen des Es, des Über-Ichs und der Realität genügt, also deren Ansprüche miteinander zu versöhnen weiß (Freud, Abriß 8); der Gedanke, der uns mit ihrem Schicksal fast versöhnen möchte (Goetz Prätorius 72).

Aussöhnen:

> mit der Musik konnte man sich aussöhnen (Bamm, Weltlaterne 43); Nachdem die ersten vier Wochen vorüber waren, hatte sich Wolfgang nicht nur mit seiner neuen Umgebung ausgesöhnt, sondern fühlte sich ... wohl (Jens, Mann 53); die Familie ... will sich mit dem grausamen Schicksal nicht aussöhnen (Werfel, Bernadette 366); wie gründlich der ehemalige Kommunist sich mit seinem alten Feind, dem Geld, ausgesöhnt hat (St. Zweig, Fouché 116).

Nur in der außerpersönlichen Konstruktion lassen sich beide Verben austauschen *etwas versöhnt jemanden mit etwas* oder *etwas söhnt jemanden mit etwas aus* bedeutet *auf Grund bestimmter Umstände etwas, was man erst abgelehnt hat, doch akzeptieren:*

> es söhnt Lämmchen ein wenig mit dem unmodernen Stück aus, daß ein Kind so daran hängt (Fallada, Mann 173).

verständig/verständlich/vernünftig/verständnisvoll

Wer verständig ist, bekundet Verstand und Einsicht in die Gegebenheiten und entspricht den an ihn gestellten Forderungen. *Verständig* kann ein Kind sein, das nicht weint, wenn der Arzt es untersucht, weil es einsieht, daß die Untersuchung zu seinem Nutzen ist:

> In gewisser Weise benahmen sich Elmer und Elsie schon verständiger als manche primitiven Tiere (Menzel, Herren 13); War es denn sinnvoll gewesen, daß er am Leben blieb? Daß ihm ein Engel beigegeben wurde von mittelmäßigem Charakter, der sich schlechter auf das Dasein verstand als verständige Menschen? (Jahnn, Nacht 132); „Wegen dem ist ja hier alles umgebaut worden", sagte sie verständig (K. Mann, Wendepunkt 434).

Verständig ist aber auch ein Chef, der einsichtig und voller Verständnis ist. In dieser Bedeutung ist das Wort synonym mit *verständnisvoll.*

Verständlich leitet sich nicht von *Verstand,* sondern von *verstehen* her, bezieht sich auf die Beschaffenheit und kennzeichnet, was gut und leicht verstanden werden kann:

a) Was gut zu hören und deutlich zu vernehmen ist, ist *verständlich:*

> der Vortragende sprach mit leiser, doch verständlicher Stimme; "Ich gebe dir etwas", begann Lewerenz, nicht hell, doch sehr verständlich, "das deinen Weg leichter machen kann. . . " (Bieler, Bonifaz 17); Der Sauhirt ist immer erregt, wie all jene Unglücklichen, die sich durch eine Sprachstörung nur schwer verständlich machen können (Werfel, Bernadette 19).

b) Was so dargestellt wird, daß man es leicht begreifen kann, daß man Sinn und Bedeutung leicht erfassen kann, ist *verständlich:*

> die Abhandlung ist verständlich geschrieben; „Die Opportunen" von Gentile Prospero neubearbeitet und leicht verständlich gemacht mit Reimsprüchen, Beispielen und Bildern (Andres, Liebesschaukel 54); Sie suchte nach einem Wort, um sich besser verständlich zu machen (Kessel [Übers.], Patricia 13); Nur noch wenige Bewegungen, und die meisten ihrer Worte wurden ihm verständlich (Hauptmann, Thiel 16).

c) Was so beschaffen ist, daß man Verständnis dafür hat, daß man die Gründe und Ursachen davon einsieht, wird ebenfalls als *verständlich* bezeichnet und somit als einsehbar, entschuldbar und akzeptabel angesehen:

> aus verständlichen Gründen; sein Verhalten ist durchaus verständlich; Nur die Witwe schwieg, was jedermann verständlich war (Frisch, Gantenbein 393); Demgegenüber wird der kirchliche Kampf gegen Laieninvestitur und Eigenkirchenwesen. . . in seiner inneren Berechtigung verständlich (Fraenkel, Staat 150); die Deutsche Volkspartei (versuchte) zunächst, die verständlichen bürgerlichen Ressentiments zu sammeln und zu neutralisieren (Fraenkel, Staat 187); Vorher wäre dieser Akt unsinnig gewesen, während er nach dem Mißlingen des Versöhnungsversuches vielleicht ein taktischer Fehler, psychologisch aber verständlich war (Thieß, Reich 537[Anm.]).

Vernünftig ist ein Mensch, der besonnen ist und von Vernunft geleitet wird. Ein *vernünftiger* Junge ist so geartet, daß man keine Bedenken in bezug auf seine möglichen Handlungen zu haben braucht; man kann sich auf ihn verlassen. Als *verständig* bezeichnet man dagegen einen Jungen, der einsieht, daß etwas Bestimmtes angeordnet werden mußte oder getan werden muß, und sich entsprechend verhält. Wenn man sagt, daß jemand *vernünftig* spricht, dann meint man, daß er kluge Gedanken äußert; sagt man jedoch, daß jemand *verständig* spricht, dann zeigt er, daß er etwas richtig beurteilt, aus ihm spricht eine Einsicht, wobei jemand, der verständig spricht, gleichzeitig auch vernünftig sprechen kann. Wenn man von einem anderen sagt, daß er *vernünftig* spreche, dann ist man geneigt, dessen Gedanken zu akzeptieren, seine Argumente einzusehen; wenn man von einem anderen sagt, daß er *verständig* spreche, dann meint man, daß er eine Sachlage richtig beurteilt, daß er etwas versteht und einsieht. *Vernünftig* können auch Fragen, Argumente usw. sein, die von Einsicht und Vernunft zeugen:

> er brachte sehr vernünftige (nicht: verständige) Argumente vor; nimm das Messer weg und laß uns vernünftig miteinander reden (Schnurre, Fall 10).

Als **verständnisvoll** wird jemand bezeichnet, der Verständnis für jemanden oder etwas hat, der fähig ist, sich in einen Menschen oder eine Lage hineinzudenken oder hineinzuversetzen:

ein verständnisvoller Lehrer, Chef; er hörte ihm verständnisvoll zu.

Man kann zwar *verständnisvoll* zuhören, aber nicht verständnisvoll arbeiten, sondern nur *verständig* arbeiten, was soviel bedeutet wie *wissen, worauf es bei der Arbeit ankommt.*

vertraulich/vertraut/traut/traulich/zutraulich/vertrauensvoll/vertrauensselig/vertrauenswürdig/vertrauenerweckend

Vertraulich bedeutet in bezug auf Mitteilungen o.ä. soviel wie *geheim; nicht für die Allgemeinheit, nicht für die Öffentlichkeit gedacht, bestimmt:*

eine streng vertrauliche Information; . . . wenn wir ihnen außerdem vertraulich mitteilten, in wie hohem Maße wir die betonten Rechte. . . der lombardischen Städte. . . berücksichtigen würden (Benrath, Konstanze 10); Er hätte gern mit Frieda vertraulich gesprochen (Kafka, Schloß 48).

Vertraulich kann auch zur Charakterisierung eines zwischenmenschlichen Verhältnisses gewählt werden, womit gesagt ist, daß sich jemand wie ein guter Bekannter oder Freund im Umgang mit einem anderen verhält und entsprechende Gesinnung auch beim anderen voraussetzt:

ich. . . wurde vertraulich angepufft, von Mädchen zum Besuch der Champagnerstuben aufgefordert (Hesse, Steppenwolf 188); Clarisse hatte vertraulich den Taufnamen gebraucht (Musil, Mann 1475); das vertrauliche Du gebrauchend (Grass, Blechtrommel 221); dann beugte sie sich vor und sagte vertraulich so was wie: Augenblick mal-, als ob sie mir was vom Anzug pflücken. ... wollte, ganz nahe (Gaiser, Schlußball 186); er . . . nahm an ihren Intimitäten vielleicht eine Spur zu vertraulich teil (Gaiser, Jagd 157).

Was einem schon lange bekannt und liebgeworden ist oder woran man sich im Laufe der Zeit gewöhnt hat und wozu man ein persönliches Verhältnis bekommen hat, nennt man **vertraut.** Wenn jemand von einem *vertrauten* Du spricht, dann ist er an das Du schon lange gewöhnt. Im Unterschied zu *vertraulich* stellt *vertraut* also nicht eine gegenseitige Beziehung her, sondern es enthält eine zeitliche Komponente. Das Gegenwort ist *fremd:*

Alles scheint auf einmal sehr fremd, und hinter dem vertrauten Gartenbild drängt ein anderes. . . hervor, das das alte wegstößt (Remarque, Obelisk 82); Aber auch in vertrauter Wohnung, umringt von dem vielen teuren Spielzeug, will es Walli nicht heimisch werden (Grass, Hundejahre 554); ob etwa neue Gäste angekommen oder von den vertrauten Physiognomien jemand abgereist sei (Th. Mann, Zauberberg 270); während mich die mir grausam vertrauten schrecklichen Schilder erschreckten, die mahnenden Pfeile: zum Luftschutzraum (Koeppen, New York 16); wir waren schon ein wenig bekannt, schon ein wenig vertraut miteinander geworden (Bergengruen, Rittmeisterin 57); Die Stimme schien mir seltsam vertraut (Jens, Mann 131); Vor allem heißt es, sich baldmöglichst mit dem Bataillonsgeschäften vertraut zu machen (Plievier, Stalingrad 129)

Das Adjektiv **traut** wird nur noch selten und dann in gehobener Ausdrucksweise gebraucht. Es bedeutet in bezug auf Personen soviel wie *lieb, teuer, innig im Gefühl verbunden:*

eine traute Freundin.

Traut bedeutet außerdem – teils ironisch gefärbt – *eine Atmosphäre der Gemütlichkeit und Geborgenheit ausstrahlend, ein Gefühl der Behaglichkeit vermittelnd:*

trautes Heim – Glück allein; in trauter Gemeinsamkeit verbrachten sie den für sie bedeutungsvollen Tag; Welcher . . . Herr. . . wünscht... traute Geborgenheit (Glaube und Leben 51-52/1966, 25); der Gedanke der Rückkehr ins traute Bürgerdasein (Nigg, Wiederkehr 57); Billigste Unwissenheit und platter Materialismus, traut verbündet wie immer (Remarque, Obelisk 217); „Schimmel !" brüllt eine markige Kommandostimme. . . Schimmel wird herumgerissen vom trauten Kommandolaut (Remarque, Obelisk 202).

Das Adjektiv **traulich** wird wie *traut* auch nicht sehr häufig gebraucht und bezieht sich ebenfalls auf das Gefühl. Der Unterschied zwischen beiden Wörtern liegt darin, daß sich *traut* auf die Ausstrahlung, auf das, w a s von etwas ausgeht, bezieht, während *traulich* die Art charakterisiert, w i e etwas ist, wie sich etwas vollzieht. Eine traute Gemeinsamkeit ist eine Gemeinsamkeit mit recht persönlichem Gehalt und

284

persönlichen Gefühlen; *traut* kennzeichnet den Zustand der Gemeinsamkeit. Wird eine Gemeinsamkeit *traulich* genannt, so bezieht sich das Adjektiv nicht in erster Linie auf den Zustand, sondern auf die Personen o.ä., die sich entsprechend verhalten, die persönlich, intim miteinander umgehen:

> ihr trauliches Familienleben (Feuchtwanger Herzogin 36); Irgendwie schöner war es früher, traulicher (Bredel, Väter 189); Durch den Rückfall in die trauliche Romantik (Die Welt 5.8.68, 9); Die Bank hier im Gebüsch ist entschieden traulicher (Th. Mann, Krull 438); trauliche Kameradschaftsabende (K. Mann, Mephisto 373); wie die Welt im versiegenden Licht traulich schwer wird (Musil, Mann 1160); Zucker und Rübenkraut, traulich vereint (Küpper, Simplicius 90): Würste liegen traulich im Kreise herum (Remarque, Obelisk 167).

Zutraulich bedeutet *ohne Scheu, Ängstlichkeit und Fremdheit Kontakt mit jemandem aufzunehmen suchend,* wobei es sich im allgemeinen um Kinder in bezug auf Erwachsene oder um Tiere in bezug auf Menschen handelt. *Zutraulich* wird dann gebraucht, wenn man eigentlich eine gewisse Zurückhaltung auf Grund der unterschiedlichen Verhältnisse (in Größe, sozialer Stellung o.ä.) der Beteiligten erwartete:

> Sie führte ein irdisches Engelein an der Hand, ein Töchterchen, das die Besucher aus großen, blauen Augen zutraulich anblickte (Kusenberg, Mal 120); friedliche Tauben setzen sich zutraulich auf Schulter und Helm (Spoerl, Maulkorb 154); Nach Mailand war er auch im Korridor nicht mehr allein; ein Schweizer redete ihn an, zutraulich wie die meisten Landsleute bei einer Begegnung im Ausland (Frisch, Stiller 256); „Hat er denn das Geld noch, Herr Kommisar"? fragt sie zutraulich. . . Der Kriminalassistent antwortet nicht (Fallada, Blechnapf 290).

Vertrauensvoll bedeutet *voller Vertrauen in etwas oder in jemandes Gesinnung o.ä.:*

> Ich war ja auch so vertrauensvoll in die Welt gesetzt worden, und nun hatte ich ein Kind in die Welt gesetzt (Bachmann, Erzählungen 114).

Wer sich *vertrauensvoll* an jemanden wendet, hat Vertrauen zu ihm, glaubt, daß er von ihm nicht hintergangen oder betrogen, daß er Hilfe, Rat oder Unterstützung von ihm erhalten wird. Wer sich *vertraulich* an jemanden wendet, will, daß davon nichts bekannt wird.

Das eine leichte Kritik enthaltende Adjektiv **vertrauensselig** bedeutet *zu leicht geneigt, anderen zu vertrauen und dadurch Gefahr laufend, hintergangen oder betrogen zu werden.* „Er ist sehr *vertrauensvoll*" heißt „ er glaubt, daß andere gut sind und nichts Böses beabsichtigen, so daß er offen und ohne Zurückhaltung ihnen gegenüber ist." „Er ist sehr *vertrauensselig*" heißt dagegen, daß er zu seinem Schaden anderen zu leicht Glauben schenkt oder ihnen seine persönlichen inneren Anliegen anvertraut:

> Da Notre-Dame immer nur auf das Wohlwollen, das ihm entgegengebracht wurde, achtete — weswegen man ihn vertrauensselig und ohne Arg nannte (Genet [Übers.], Notre Dame 197); Gerade hat die Justiz die Blamage des ersten Rohrbachprozesses hinter sich, in dem Richter und Geschworene sich bei ihrem Urteil allzu vertrauensselig auf die . . . mangelhaften Gutachten gestützt hatten (Noack, Prozesse 205).

Im folgenden Beleg scheint *vertrauensselig* fälschlich für *zutraulich* gewählt worden zu sein:

> Erst die Betäubung, die der Abend mit sich bringt, löste seine Zunge und machte ihn vertrauensselig. „Bist wohl abgehauen von zu Hause? " (Genet [Übers], Notre Dame 166).

Wer **vertrauenswürdig** ist, ist *zuverlässig,* ihm kann man Vertrauen entgegenbringen, ihm kann man sich, sein Gut oder seine Probleme anvertrauen:

> Kahn erschien der . . . Arzt, . . . in diesem Moment wie ein vertrauenswürdiger Vater (Sebastian, Krankenhaus 39).

Was oder wer **vertrauenerweckend** aussieht, wirkt zuverlässig, sieht so aus, daß man sogleich Vertrauen zu ihm hat. Meist kommt das Adjektiv jedoch in verneintem Zusammenhang vor:

> dieser Mann sieht nicht sehr vertrauenerweckend aus.

verwohnt/abgewohnt

Wenn eine Wohnung durch längeres Bewohnen unansehnlich geworden ist, wenn z.B. die Tapeten vergilbt oder beschädigt und die Möbel abgenutzt sind, dann sagt man, daß die Wohnung **verwohnt** ist oder verwohnt aussieht. In gleicher Bedeutung kann man auch **abgewohnt** gebrauchen. Ein greifbarer inhaltlicher Unterschied besteht nicht; lediglich durch die Vorsilben *ver-* und *ab-* ist der Blickpunkt verschieden. *Ver-* betont den zeitlichen Aspekt, die Dauer: Im Laufe der Zeit hat die Wohnung an äußerer Ansehnlichkeit verloren. *Ab-* lenkt den Blick auf den Gegenstand selbst, von dem der Glanz der Neuheit gewichen ist, der äußerlich Beschädigungen und Abnutzungserscheinungen aufweist.

Das Verb *abwohnen* hat darüber hinaus noch die Bedeutung *eine für eine Wohnung im voraus gezahlte Geldsumme, z.B. in Form eines Baukostenzuschußes, dadurch wieder zurückerstattet bekommen, daß man so lange monatlich weniger Miete als festgelegt zahlt, bis die Höhe der vorausgezahlten Summe erreicht ist:*

> Der Mieter soll . . . bestätigen, daß er unter keinen Umständen mehr wegen einer Rückzahlung der noch nicht abgewohnten Miet- oder Pachtvorauszahlung den Vertragspartner. . . in Anspruch nehmen wird (MM 20./21.8.66, 36); . . . daß dem Mieter der noch nicht abgewohnte Baukostenzuschuß oder die zur Rückzahlung fälligen Aufbauleistungen zurückerstattet werden (MM 29./30.3.69, 60).

Viadukt/Aquädukt

Ein **Viadukt** ist eine über ein Tal oder eine Schlucht führende [Eisenbahn]brücke, eine Überführung.

Ein **Aquädukt** ist eine [römische] Wasserleitung auf einem brückenartigen Bauwerk aus Stein.

vierwöchentlich/vierwöchig

Findet eine Sitzung **vierwöchentlich** statt, so bedeutet das, daß die Teilnehmer alle vier Wochen zu dieser Sitzung zusammenkommen. Nimmt jemand an einem **vierwöchigen** Kursus teil, so bedeutet das, daß der Kursus vier Wochen dauert, aber nicht daß er alle vier Wochen stattfindet.

vierzehntäglich/vierzehntägig

Findet eine Sitzung **vierzehntäglich** statt, so bedeutet das, daß die Teilnehmer alle vierzehn Tage zu einer Sitzung zusammenkommen.

Nimmt jemand an einem **vierzehntägigen** Kursus teil, so bedeutet das, daß der Kursus vierzehn Tage dauert.

Volkskunde/Völkerkunde

Volkskunde ist die Wissenschaft von den Lebensformen eines Volkes und den von ihm geschaffenen Kulturleistungen. Die Volkskunde erforscht auch den Volksglauben, die Volksbräuche, handwerkliche Erzeugnisse usw., in denen sich die durch Landschaft, Geschichte u.a. geprägte geistig-seelische Grundhaltung widerspiegelt.

Völkerkunde ist die Erforschung der Völker, insbesondere der Völker der Urgesellschaft, d.h. der schriftlosen Völker außerhalb der Hochkulturen.

vorsorglich/fürsorglich

Wenn man etwas **vorsorglich** tut, so tut man es vorsichtshalber und mit Vorbedacht, um etwas zu verhindern, um etwas nicht entstehen zu lassen, um einer möglichen Entwicklung entgegenzuwirken, um vorzubeugen, um Vorsorge zu treffen für einen besonderen Fall:

> Er hatte sich vorsorglich von seinem Vater hundert Mark geben lassen (Ott, Haie 25); ich lächelte vorsorglich, um der Bemerkung die Schärfe zu nehmen (Lenz, Brot 133); die jüngeren Unteroffiziere hatten vorsorglich Schemel mitgebracht (Kirst 08/15, 77); Er beantragt . . . vorsorglich die Sicherungsverwahrung (Noack, Prozesse 124).

Wenn man **fürsorglich** ist, dann läßt man jemandem Gutes angedeihen; man ist auf dessen Wohl bedacht, man pflegt ihn liebevoll:

> überall im Dorf wird das Abendbrot bereitet, fürsorglicher als sonst (Nachbar, Mond 233); Selbst Taschenbücher, die ihm die Mutter . . . fürsorglich in die Tasche gesteckt hatte, mußte der Freund einweihen (Grass, Hundejahre 87); Riesengürteltiere. . . , deren Natur sie fürsorglich mit einem Rücken- und Flankenpanzer . . . geschützt hatte (Th. Mann, Krull 349); ein fürsorglicher Vater (Spoerl, Maulkorb 16).

Vorwort/Geleitwort

Unter einem **Vorwort** versteht man die einem Buch, besonders einem wissenschaft-

lichen, vorangestellten Erklärungen oder Bemerkungen:
> Der Druck ließe sich finanzieren. . . Der Herr Kommandeur könnte ein Vorwort dazu schreiben (Kuby, Sieg 293); Ob sein Manuskript eines einführenden Vorwortes bedürfe, sei dahingestellt (Hesse, Steppenwolf 5).

Unter einem **Geleitwort** versteht man eine einem Buch oder einem wissenschaftlichen Werk vorangestellte Einführung, die entweder vom Verfasser selbst geschrieben ist oder von einer bekannten Persönlichkeit, die am Inhalt des Werkes interessiert ist. Das *Geleitwort* hat oft den Charakter einer Empfehlung:
> Die Olympischen Spiele 1972. . . Geleitwort von Avery Brundage und Willi Daume (Börsenblatt F 68/1972, 4922); Hans Dieter Heck: Lexikon der Technik. Mit einem Geleitwort von Prof. Rudolf L. Mössbauer.

wagemutig/wag[e]halsig/gewagt

Wer den Mut hat, als erster etwas zu tun, wer Mißerfolge, Hindernisse und Widrigkeiten dafür in Kauf zu nehmen gewillt ist, wer sich nicht scheut, als Pionier Neuland mit all seinen Konsequenzen – wo auch immer – zu betreten, wird **wagemutig** genannt:
> Es befanden sich zwei Quellen dort, die die wagemutigen Archäologen zu der Ansicht trieben, daß hier eventuell das alte Troja gestanden haben könnte (Ceram, Götter 49); Man war sich im übrigen von vornherein darüber klar, daß sich der im Sombrerostil gehaltene schwarze Tarantula mit dem grünen Kopfband und den ledernen Kinnstreifen zunächst bei einer wagemutigen Minorität durchsetzen würde (Herrenjournal 1/1966, 53).

Bildlich:
> Durch jede Lücke schicken die Buchen wagemutig ihre Zweige (Molo, Frieden 68).

Wer in leichtsinniger Weise für ein erstrebtes Ziel ein zu großes Gut, eigentlich seinen Hals, d.h. sein Leben, wagt, wer sich zu leichtfertig in Gefahr begibt und ohne zwingenden Grund viel riskiert, der oder dessen Tat wird **wag[e]halsig** genannt:
> Obschon man nun . . . eine Katastrophe des nächtlichen Düsenjägers und seines wagehalsigen Piloten annehmen mußte (Fr. Wolf, Menetekel 267); Da konnte es sein, daß Hans Castorp unter die Radikalen ging. . . , geneigt, . . . den Staat in wagehalsige Experimente zu stürzen (Th. Mann, Zauberberg 55); Der gleitende Preis dieser Welthandelsware war aber nicht nur ein Geschöpf waghalsiger Börsenspekulationen (Jacob, Kaffee 213).

Das als Adjektiv gebrauchte Partizip **gewagt** bedeutet *mit Gefahr verbunden, nicht ungefährlich* und wird in bezug auf ein Unternehmen o.ä. gebraucht, dessen Ausgang ungewiß ist, das Nachteile bringen oder fehlschlagen kann. *Gewagt* und *wag[e]halsig* können zwar gegeneinander ausgetauscht werden – allerdings nicht in bezug auf Personen – , doch unterscheiden sich beide Wörter in der angegebenen Weise. *Gewagte* Transaktionen können Gefahren mit sich bringen, *waghalsige* Transaktionen sind Transaktionen, die mit einem als zu groß angesehenen Risiko verbunden sind. *Gewagt* drückt Skepsis aus, *waghalsig* Kritik und *wagemutig* Anerkennung. *Gewagt* wird auch in abgeschwächter Bedeutung gebraucht. Wenn man von einem gewagten Bild, einem gewagten Witz oder einer gewagten Frisur spricht, will man damit sagen, daß man nicht weiß, wie das Bild, der Witz, die Frisur von anderen aufgenommen werden, daß sie unter Umständen auf Ablehnung und Kritik stoßen können, weil sie als geschmacklos, anstößig o.ä. angesehen werden:
> Mahlke vertrat gewagte Ansichten (Grass, Katz 122); durchaus nicht prüde, wenn die engagierten Haussänger recht gewagte Chansons vortrugen oder die . . . Tänzerinnen in jeder Richtung ihre Schönheit zur Geltung brachten (Thieß, Reich 345); Professor Pringsheim. . . schockierte und erheiterte die Gäste mit sarkastischen Bonmots und Wortspielen, oft etwas gewagter Natur (K. Mann, Wendepunkt 15).

warm: jemandem ist warm/jemand ist warm

Es ist zu unterscheiden zwischen der Wendung **jemandem ist warm,** die soviel bedeutet wie *jemand empfindet Wärme, ihm ist nicht kalt* und der salopp-umgangssprachlichen Wendung **jemand ist warm,** was soviel bedeutet wie *jemand ist homosexuell veranlagt.* Ausländer verwechseln diese beiden Konstruktionen öfter, zumal es im Englischen heißt *he is warm* = ihm ist warm.

warten [auf]/erwarten/abwarten/zuwarten

Warten [auf] bedeutet *eine Zeitlang in irgendeiner Weise oder an einem Platze blei-*

ben, um dem Eintritt eines Ereignisses, dem Beginn eines Vorganges oder dem Kommen eines Menschen entgegenzusehen:

> er wartete mit fragendem Blick auf eine Erklärung; er mußte beim Arzt drei Stunden warten; er wartete auf Post von seinem Freund; sie wartete auf ihren Verlobten,der sie abholen wollte; Axel wartete mit angehaltenem Atem (Müthel, Baum 58); Teragia wartete geduldig, bis er sich ein wenig beruhigt hatte (Baum, Bali 203); Sie hatten lange brav in Dreierreihe gewartet (vor dem Bordell), stumm nebeneinander gestanden (Kuby, Sieg 329); Ich wartete von Stunde zu Stunde vergeblich auf das Fuhrwerk (Niekisch, Leben 379).

In gehobener Sprache wird *warten* auch mit dem Genitiv verbunden:

> Ich . . . wartete der Dinge, die kommen sollten (Niekisch, Leben 372).

Die anderen Bedeutungen von *warten,* z.B. etwas wartet auf jemanden oder etwas in der Bedeutung *etwas steht bevor, ist zu erwarten* (keine leichte Aufgabe wartete auf ihn); mit etwas warten in der Bedeutung *etwas verschieben, mit etwas noch nicht beginnen* (mit dem Essen warten wir, bis er kommt) stehen mit den hier in dieser Gruppe abgehandelten Verben nicht in Konkurrenz und werden daher nicht weiter dargestellt.

Erwarten bedeutet *mit dem Eintreffen eines Menschen oder mit etwas rechnen, davon wissen, sich darauf einrichten und sich entsprechend verhalten,* wobei es sich sowohl um etwas Vereinbartes handeln kann als auch um etwas, was jemand vermutet, wünscht oder vorhersieht. Wenn jemand auf Kundschaft *wartet,* dann sieht er dem Kommen der Kunden entgegen; wenn jemand Kundschaft *erwartet,* dann rechnet er mit ihr, weiß, daß sie kommt. Während *warten* mit und ohne präpositionales Objekt (auf + Akkusativ) gebraucht werden kann, wird *erwarten* stets mit einem Akkusativobjekt oder ein daß-Satz verbunden:

> auf dem Bahnhof erwartete er mich; wir erwarten Gäste; ich habe erwartet, daß er sich entschuldigt.

Nicht in Konkurrenz zu den anderen Verben steht *erwarten* in anderen Verwendungen, z.B. in außerpersönlicher Konstruktion „etwas erwartet jemanden" in der Bedeutung *etwas steht jemandem bevor, jemand hat mit etwas in Zukunft zu rechnen* (schwere Aufgaben erwarteten ihn).

Abwarten bedeutet sowohl *so lange mit etwas warten, bis ein erwartetes Ereignis tatsächlich eingetreten oder ein gewünschter Zustand erreicht ist:*

> Sie warten hübsch ab, wie sich die Dinge entwickeln, dementsprechend werden sie sich im letzten Augenblick entscheiden (Thieß, Reich 544); sowenig man es den Sowjets zumuten kann, ruhig abzuwarten, bis die Bundesrepublik. . . Atommacht geworden ist (Augstein, Spiegelungen 129); Ich warte daher eine Zeit ab, wo die Frau allein zu Hause war (Lorenz, Verhalten I 161); Du glaubt doch nicht etwa, daß mein Freund, der das Visum mißt abgewartet hat, jetzt das Transit abwarten wird (Seghers, Transit 233); Eine Erwiderung wartet er nicht ab, er ließ den angehobenen Vorhang wieder zurückfallen (Plievier, Stalingrad)

als auch *auf das Ende von etwas warten, um dann etwas tun, mit etwas beginnen zu können:*

> Ein Herr. . . ging auf die Bühne . . . wartete den Beifall ab und sang (Ott, Haie 160

Im folgenden Beleg könnte vom Inhalt her auch *erwarten* eingesetzt werden, doch müßte man dann auch die Konstruktion entsprechend ändern:

> Kaum abwarten können die Unterrather Jungs, bis sie anwenden können, was Matern ihnen einpaukte (Grass, Hundejahre 536).

Das Verb **zuwarten** ähnelt inhaltlich dem Verb *abwarten.* Es unterscheidet sich aber insofern von ihm, als durch den Verbzusatz *(zu-)* die zeitliche Erstreckung, die Richtung auf einen späteren Zeitpunkt hin angedeutet wird. Wenn man etwas *abwartet,* dann wartet man, bis es herangekommen, eingetreten ist; wenn man *zuwartet,* dann nähert man sich selbst sukzessive einem gewünschten Zeitpunkt, dann muß man erst eine zeitliche Strecke zurücklegen. Wer nicht *zuwarten* kann, hat nicht die Geduld, noch über eine gewisse Zeit hin mit etwas zu warten. *Zuwarten* bedeutet dementsprechend *geduldig auf einen späteren Zeitpunkt warten [der die Ausführung eines Unternehmens o.ä. erlaubt oder möglich macht].* Während *abwarten* mit und ohne Objekt gebraucht werden kann, hat *zuwarten* nie ein Objekt bei sich:

> Viele Schuldner machen die Verjährung nicht geltend, weil sie es für nicht anständig halten, den Gläubiger, der so lange zugewartet hat, um sein Geld zu bringen (MM 27./28.1.70, 31); Daher darf mit Einführung des Mehrheitswahlrechts nicht

zu lange zugewartet werden (Bundestag 189/1968, 10252); Die Gemeinde...
kann vielmehr ... mit dem endgültigen Ausbau zuwarten, bis die Bauvorhaben
an der Straße im wesentlichen verwirklicht worden sind (MM 26./27.8.67, 38);
Die Frauen glauben, sie könnten zuwarten, ob das Knötchen wächst (MM 8.10.
67, 6); Im selben Jahr hatte der ... Experte ... das Zuwarten der Gesundheits-
behörden ... öffentlich als „ unglaubliche Schweinerei" gebrandmarkt (Der Spiegel 18/1968, 187); Ich darf höflichst bitten, ... bis zur Entscheidung durch das
Bundesverfassungsgericht mit allen weiteren Maßnahmen zuzuwarten (MM 17.2.
66, 4); Die Errettung... war nur seinem Nachfolger zu danken, ... Leopold dem
Zweiten, einem stetigen, vorsichtigen, überlegenen Politiker und Meister im klug
lavierenden Zuwarten oder, wie man damals sagte, „Temporisieren" (Friedell,
Aufklärung 63).

Wassernot/Wassersnot

Wenn **Wassernot** herrscht, dann fehlt es an Wasser für den täglichen Gebrauch, und
zwar in bedrohlicher Weise. *Wassernot* ist Wassermangel.
Wassersnot wird durch Überschwemmung verursacht, die große Landgebiete mit
Wasser überflutet, so daß die Anwohner davor flüchten müssen.

wehmütig/wehleidig

Wehmütig bedeutet von *verhaltener Trauer oder stillem Schmerz erfüllt oder geprägt:*
  Wie er später, etwas wehmütig lächelnd, erzählte... (Menzel, Herren 88); ...
  wehmütig meines alten Freundes... gedacht (Winckler, Bomberg 13); „Wann
  gehen wir einmal ins Freudenhaus?" fragt er wehmütig (Remarque, Obelisk 150).
Während *wehmütig* einen seelischen Zustand des Leidens kennzeichnet, charakterisiert **wehleidig** den Menschen selbst, und zwar einen überempfindlichen Menschen,
der schon beim geringsten Schmerz klagt und jammert. Dieses Adjektiv drückt immer eine kritisch abwertende Einstellung des Beobachters aus:
  Sie ist sehr wehleidig; Die eine der Frauen wimmerte wehleidig vor sich hin (Thorwald, Chirurgen 121).

weiblich/weibisch

Weiblich bedeutet *bestimmte Eigenschaften, die in einer Gesellschaft als typisch für
das weibliche Geschlecht gelten, in ausgeprägter Weise besitzend;* es kann sich auf
das Aussehen, auf Wesen oder Verhalten beziehen:
  die Wirtin kam herein... eine blühende Person von etwa fünfunddreißig Jahren.
  Sie war weiblich bis zum Obszönen (Baum, Paris 89); Ein Parfüm für festliche
  Stunden; ein sehr weiblicher Duft (Petra 10 /1966, 89); Immerzu stickt sie Kis-
  senplatten für ihre Mutter, – ich muß es auch tun, ... weil ich endlich weiblich
  erzogen werden soll (Keun, Mädchen 132).
In der obengenannten Bedeutung bezeichnet das Adjektiv *weiblich* eine Eigenschaft;
es kann aber auch die Zugehörigkeit angeben, also *von einer Frau ausgehend, darge-
stellt; die Frau als geschlechtliches Wesen betreffend, und zwar im Gegensatz zum
Mann; zur Frau, zum gebärenden Geschlecht gehörend:*
  Der Präsident... nahm selber an der Beisetzung des weiblichen Soldaten Helena
  Petrankova teil (MM 5.9.68, 2); der Pförtner wollte eine weibliche Person nicht
  in den Männerblock lassen (Johnson, Ansichten 213); Am Montag... wurde...
  die Leiche eines neugeborenen weiblichen Säuglings gefunden (MM 10.12.65, 5).
Das Adjektiv **weibisch** wird in abwertender Bedeutung auf den Mann bezogen im
Sinne von *nicht die charakteristischen Eigenschaften eines Mannes habend, nicht
männlich, zu weich:*
  Der Alte war doch wenigstens ein Kerl, ... der Sohn aber war so ein richtiger
  Schönling, ein Frauenmann, weibisch, künstlich (Fallada, Herr 19); Wir trugen
  die Puscheln ... aus Protest, weil unser Direktor... das Puscheltragen weibisch,
  eines deutschen Jungen nicht würdig nannte (Grass, Katz 48); Seine Bewegungen
  waren anmutig, ohne weibisch zu sein (Genet [Übers.], Tagebuch 106).

wichtig/gewichtig

Was **wichtig** ist, ist für etwas von besonderer Bedeutung, ist wesentlich und ausschlaggebend:
  Sehr wichtig erscheint vielen die Stärkung des Plenums (Fraenkel, Staat 283);
  strategisch wichtige Güter (Fraenkel, Staat 133); Nicht alle Organe und Zellen
  sind für die Aufrechterhaltung seines Lebens gleich wichtig (Fischer, Medizin
  II 160).

Wichtig können auch Personen genannt werden:

> ein wichtiger Mitarbeiter; dazu ist er zu wichtig für unser tägliches Brot (Remarque, Obelisk 209).

Während *wichtig* auf die Wirksamkeit und die Folgen hindeutet, ist **gewichtig** kennzeichnend für die einer Sache innewohnende Kraft und Bedeutung, für ihr Eigengewicht. Was *gewichtig* ist, wiegt schwer:

> Er machte gewichtige Schritte im Zimmer auf und ab (R. Walser, Gehülfe 27); Er räusperte sich gewichtig (Jaeger, Freudenhaus 21); erst später erschienen mir seine Worte gewichtig: „Sie wird endlich Ruhe finden. . . " (Seghers, Transit 238); das ist wahrscheinlich der gewichtigste Grund (Frankenberg, Fahrer 137); eine gewichtige Geschäftsmappe unter dem Arm (R. Walser, Gehülfe 103); geschäftige gewichtige Herren in weißen Laboratoriumsmänteln erscheinen (Koeppen, Rußland 61).

Oftmals lassen sich sowohl *wichtig* als auch *gewichtig* in einen Kontext einsetzen, wobei sich dann aber die inhaltliche Aussage jeweils entsprechend ändert:

> Zum Schluß der Vormittagssitzung aber sagt der Vorsitzende einen gewichtigen Satz: „Ich glaube, wir können davon ausgehen, daß bewußte Fahrlässigkeit nicht in Frage kommt." (Noack, Prozesse 189).

Hier handelt es sich also um einen Satz, dessen Inhalt Gewicht hat und der deshalb auch für später wichtig sein wird. Hätte in dem Beispiel *wichtig* statt *gewichtig* gestanden, dann wäre damit nur ausgedrückt worden, daß diesem Satz Bedeutung (nicht auch Schwere!) zukommt, und zwar Bedeutung für das zukünftige Geschehen Es gibt z.B. *wichtige* Wörter, die man kennen muß, wenn man etwas verstehen oder wenn man sich in einer fremden Sprache verständigen will, sie sind von Bedeutung für die Verständigung. *Gewichtige* Worte dagegen sind inhaltsschwer, d.h., ihre Bedeutung ist in ihnen selbst begründet.

wiegen/wägen/abwiegen/abwägen/erwägen/auswiegen/auswägen/aufwiegen/nachwiegen/ gewichten/aufwiegeln/abwiegeln

Wiegen mit den ablautenden Formen *wog/gewogen* wird sowohl intransitiv als auch transitiv gebraucht. Intransitiv gebraucht, bedeutet es – verbunden mit einer entsprechenden Gewichtsangabe – *ein bestimmtes Gewicht haben:*

> zwei Rollen, jede wog ihre fünfzig Pfund (Kuby, Sieg 11); dazu wiege ich zu wen für einen Mann in meinem Alter. Man muß Fett ansetzen (Bieler, Bonifaz 180); . . . wog sie sicherlich ihre achtzig oder neunzig Pfund (R. Walser, Gehülfe 26).

Im übertragenen Gebrauch bedeutet *wiegen* auch *von Bedeutung sein, wichtig sein, entsprechend seiner Bedeutung auf etwas Einfluß nehmen:*

> In seinen grauen Augen war keine Güte, doch etwas, was mehr wiegt als Güte (Seghers, Transit 140); Die Fakten sind dürr und wiegen so leicht, wie die . . . geforderten und auch gebrachten Opfer schwer wiegen (Plievier, Stalingrad 322).

Transitiv und reflexiv gebraucht, bedeutet *wiegen* soviel wie *das Gewicht von etwas oder jemandem [mit einer Waage] bestimmen; das Gewicht von etwas, was man in der Hand hält, abschätzen:*

> das Gepäck wurde auf die Waage gestellt und gewogen; jeder Boxer wird vor dem Kampf gewogen; er wog sich verbittert (Jahnn, Geschichten 132); Hortense wog das Medaillon auf der Hand (Langgässer, Siegel 430).

Auch ohne Nennung des Objekts, jedoch im allgemeinen nicht in der Absicht, das Gewicht genau festzustellen, sondern mit dem Ziel, eine bestimmte Menge zusammen zustellen, etwas auf ein gewünschtes Gewicht zu bringen:

> die Verkäuferin hat recht großzügig gewogen.

Nicht zu verwechseln ist dieses starke Verb *wiegen* mit dem schwachen Verb *wiegen* (wiegte, gewiegt), das soviel bedeutet wie *etwas langsam in schwingender oder schaukelnder Weise hin und her bewegen.* Es wird mit Akkusativobjekt oder reflexiv gebraucht:

> der Stubenälteste. . . wiegte (nicht: wog!) seinen Kopf (Sebastian, Krankenhaus 68); Sein Oberkörper wiegte sich im Takt (Strittmatter, Wundertäter 459); . . . wenn die Kleinen . . . Puppen wiegten und Knallerbsen auf die Eisbahn donnerten (Klepper, Kahn 179); sie wiegte das Kind in den Schlaf (erreichte durch sanfte schaukelnde Bewegung, daß es einschlief).

Im übertragenen Gebrauch bedeutet die Verbindung *sich wiegen in* soviel wie *von einem optimistischen Gefühl in bezug auf die eigene Situation getragen sein:*

Er hatte sich in Sicherheit gewiegt (Niekisch, Leben 198); Einige törichte Menschen wiegten sich in flachem Optimismus in der Hoffnung, es werde eine Amnestie vorbereitet (Niekisch, Leben 354); Wiegte sich Herr Gerhardt etwa in Wunschträumen, Chruschtschow und Ulbricht würden unsere Republik und den Sozialismus für abgeschafft erklären? (Wochenpost 20.6.64, 2).

Zu diesem Verb gehört auch die Bedeutung *etwas mit einem scharfen, geschwungenen Gerät, das man wiegend auf- und abbewegt, zerkleinern:*

die Petersilie wird mit dem Wiegemesser gewiegt.

Um die Bedeutungen *ein bestimmtes Gewicht haben* (intransitiv) und *das Gewicht bestimmen, mit Hilfe einer Waage eine bestimmte Menge einer Ware zusammenstellen* (transitiv) zu trennen, gebraucht die Fachsprache statt des transitiven *wiegen* noch das alte Verb *wägen* mit den Formen *wägte/gewägt.* Vor allem in entsprechenden, ins Technische gehenden Berufen ist der Gebrauch dieses Wortes mit dazugehörigen Ableitungen und Zusammensetzungen üblich wie Wäger, Wägung, Stoffwägung, Wägegläschen, Wägegefäß, Wägestück (= geeichtes Gewicht), Wägetisch, Wägeergebnis. Es besteht aber ein Unterschied zwischen dem Gebrauch des Wortes im Alltag und in den Lehrbüchern. Während das Wort z.B. in pharmazeutischen Lehrbüchern noch verwendet wird, gebrauchen es die Apotheker bei der täglichen Arbeit meist nicht. Auch in den technischen Berufen scheint eine gewisse Unsicherheit dem oft als antiquiert empfundenen Wort gegenüber zu bestehen, was auch daran liegt, daß außerhalb der Fachsprache, also in der Gemeinsprache, für *wägen* – wie gesagt – das Verb *wiegen* gebraucht wird. Anders ist es jedoch in der Schweiz, wo *wägen* noch allgemein gebraucht wird, z.B. der Apotheker muß genau wägen. Er wägt verschiedene Pulver (aber: das Pulver wiegt 20 g).

Im übertragenen Gebrauch bedeutet *wägen* soviel wie *genau prüfen und Inhalt und Folgen bedenken, überlegen.* In dieser Verwendung werden die Formen wog/gewogen (weniger: *wägte/gewägt)* bevorzugt:

erst wägen, dann wagen (Redewendung); . . . weil sie nicht ,,gerecht" wägt und dem Kaiser läßt, was des Kaisers ist (Tucholsky, Werke II 325); . . . denn, so wägt er, indes Isabel sich im Winde wiegt (Fries, Weg 15).

Abwiegen wird gebraucht, wenn man *eine kleinere Menge aus einer größeren entnehmen und wiegen will:*

Zutaten für einen Kuchenteig abwiegen; Die Bauern. . . , die sonst. . . die Kartoffeln abwogen (Spoerl, Maulkorb 6); . . . daß sie auch am neuen Ort sogleich wieder Verpflegung abwiegen, eine Kantine eröffnen. . . (Gaiser, Jagd 163).

Daneben wird *abwiegen* auch für *das Gewicht von etwas mit Hilfe einer Waage feststellen* gebraucht. Damit tritt es in Konkurrenz zu dem transitiv gebrauchten Verb *wiegen,* wobei die Vorsilbe ab- verdeutlichende Funktion hat, doch wird *abwiegen* im Unterschied zu *wiegen* nur auf Dinge nicht auf Personen angewendet. Somit ersetzt *abwiegen* in gewisser Hinsicht auch das in der Gemeinsprache unübliche *wägen:*

er hat seine diesjährige Obsternte abgewogen.

Der übertragene Gebrauch von *abwiegen* (das Für und Wider abwiegen) ist heute nicht mehr üblich. Dafür tritt **abwägen** ein, das heute nur übertragen gebraucht wird und soviel bedeutet wie *etwas, meist zwei Dinge, sehr genau und vergleichend prüfen, ehe man sich für eins entscheidet.* Nebeneinander stehen die starken und schwachen Formen *wog ab/* (seltener) *wägte ab* und *abgewogen/* (seltener) *abgewägt:*

Beurteilung, die mit kühler Unbeteiligung das Pro und Kontra abwägt (Nigg, Wiederkehr 168); nach immer genaueren Abwägen von Vorteil und Nachteil beider Narkosemittel (Thorwald, Chirurgen 115); diese Lust und Unlust sorgfältig abwägende Lehre (Musil, Mann 1257); Vor die Aufgabe gestellt, die Interessen der Prozeßparteien im Rahmen der geltenden Rechtsordnung gegeneinander abzuwägen (Fraenkel, Staat 105).

Gelegentlich tritt *abwägen* auch in Konkurrenz zum übertragenen Gebrauch von *wägen:*

. . . der Vilshofen als einen . . . seine Worte . . . genau abwägenden Mann gekannt hatte (Plievier, Stalingrad 116).

Während der Gebrauch von *abwägen* erkennen läßt, daß man z w e i Dinge gegeneinander stellt und miteinander vergleicht, wovon dann eine zu treffende Entscheidung abhängt, bedeutet **erwägen,** daß a l l e Aspekte einer Sache vor einem Entschluß in Betracht gezogen werden. Man wägt z.B. die Vor- und Nachteile einer Sache ab, d.h., man prüft, ob die Vor- oder Nachteile überwiegen, aber man erwägt die Vorteile (oder die Nachteile) einer Sache, d.h., man überlegt sich, was alles an Vorteilen (bzw.

Nachteilen) bei einem bestimmten Entschluß zu erwarten ist:

Du siehst. . ., daß ich alle Chancen gewissenhaft und nüchtern erwogen habe (Nossack, Begegnung 153); er ... erwog fernher sogar den Gedanken, sie zu heiraten (Feuchtwanger, Erfolg 567); Ernstlich erwog sie, ob sie nicht zu ihrer Graphologie zurückkehren solle (Feuchtwanger, Erfolg 348); Erfreuen wir uns jetzt unsrer gegenwärtigen Tage und erwägen wir in der Pause dessen Lage (Weiss, Marat 97).

Auswiegen bedeutet sowohl *von einer größeren Menge einen Teil wegnehmen und wiegen,* wobei von einem bestimmten, zu erreichenden Gewicht der kleineren Menge ausgegangen wird:

Wiegen Sie mir bitte drei Pfund Apfelsinen aus; Frauen wogen Eis auf einer Waage zu Portionen aus (Koeppen, Rußland 105); Immerhin ließ sich das Buckelmännchen dazu abrichten, Mehl und Kaffee auszuwiegen (Fussenegger, Haus 283); Sie wogen Steine aus, bis sie ein Kilo voll hatten (Kuby, Sieg 247)

als auch *das Gewicht einer vorhandenen Menge feststellen:*

alle Birnen wurden ausgewogen.

Abwiegen und *auswiegen* sind inhaltlich sehr ähnlich. Der Unterschied zwischen ihnen besteht darin, daß man bei *abwiegen* eine bestimmte [zu erlangende] Menge beim Wiegen als Ziel hat, während man bei *auswiegen* immer von einer vorhandenen Gesamtmenge ausgeht, deren Gewicht man feststellen will oder aus der man eine bestimmte Menge herausnimmt und wiegt, bis die gewünschte Menge erreicht ist. Bei *abwiegen* will man das Gewicht feststellen, bei *auswiegen* will man feststellen, was das Ganze wiegt. Hier handelt es sich nur um Nuancen, so daß man sowohl sagen kann *die Ware abwiegen* als auch *die Ware auswiegen.*

Auswägen ist nur in einigen Fachsprachen gebräuchlich. In der Physik und Chemie bedeutet *auswägen* soviel wie *ins Gleichgewicht bringen; das Gewicht von etwas nach einem physikalischen oder chemischen Prozeß feststellen:*

die Niederschläge auf einer speziellen Waage auswägen.

Der allgemeinsprachliche Gebrauch ist selten. *Auswägen* bedeutet dann soviel wie *in ein richtiges, ausgewogenes Verhältnis bringen:*

Ein Meister konnte es auswägen, Verstand und Herz (Wiechert, Jerominkinder 655); (er) begab sich. . . in das Arbeitszimmer seines Vaters. . . obgleich ein pedantischer, einerseits und andererseits auswägender Geist es ausgebaut hatte bis zu den symmetrisch einander gegenüberstehenden Gipsbüsten (Musil, Mann 686).

Aufwiegen wird außerpersönlich übertragen gebraucht (etwas wiegt etwas auf) und bedeutet *etwas gleicht etwas aus, bietet Ersatz für etwas:*

die Strapazen der langen Reise wurden durch die herrlichen Eindrücke wieder aufgewogen; solange der Verlust der Freiheit mit einer ausreichenden Menge an Speck aufgewogen wird, singen die Vöglein ein anderes Lied (Bieler, Bonifaz 69); ob das nicht zu anstrengend wäre, dauernd in so einem Fell rumzulaufen. Das schon, . . . aber die Sicherheit, die er dadurch erhielte, die wöge das wieder auf (Schnurre, Bart 34); dann hat es eine Wirkung getan. . . die mit Devisen gar nicht aufzuwiegen ist (Enzensberger, Einzelheiten I 58); wodurch er alles Böse, was sie ihm antat, reichlich mit Gutem aufgewogen erhielt (Hauptmann, Thiel 6).

Aufwiegen ist auch üblich in der Wendung *etwas/ (selten:) jemand läßt sich nicht mit Gold aufwiegen* was soviel bedeutet wie *etwas ist unbezahlbar; etwas/jemand kann nicht hoch genug eingeschätzt und durch nichts ersetzt werden:*

eine stabile Gesundheit läßt sich nicht mit Gold aufwiegen.

Nachwiegen bedeutet *das Gewicht nachprüfen; zur Kontrolle noch einmal wiegen, um festzustellen, ob das angegebene Gewicht auch den Tatsachen entspricht:*

sie hatte den Kaffee zu Hause nachgewogen und festgestellt, daß in jeder Packung 50 Gramm fehlten .

Das Verb **gewichten** gehört der Fachsprache an und wird z.B. in der Statistik, der Physik und der Betriebswirtschaft gebraucht. Es bedeutet *Zahlen oder Punktwerte einem Merkmal in derjenigen Höhe zuordnen, welche die Bedeutung des Merkmals gegenüber allen anderen Merkmalen durch dieses Zahlenverhältnis ausdrückt; statistisch ermittelte Größen mit bestimmten Faktoren, sog. Gewichten, multiplizieren,* z.B. werden bestimmte Reihenwerte mit der Häufigkeit ihres Auftretens gewichtet oder gewogen. Je nach Fachgebiet werden verschiedene Methoden der Gewichtung angewendet (Messung, Berechnung, Formelanwendung, Schätzung usw.).

Die Verben **aufwiegeln** und abwiegeln gehören in einen anderen Sinnbereich. *Aufwiegeln bedeutet jemanden oder eine Gruppe zum Widerstand, zum Ungehorsam oder zur Opposition gegen jemanden, dem er bzw. sie in irgendeiner Weise untersteht, veranlassen.* Dieses Wort hat in der Regel einen negativen Beiklang. Das Gegenwort ist *abwiegeln:*

so beschließt Fouché, das Volk von Paris, die breiten Massen aufzuwiegeln (St. Zweig Fouché 77); bekam ich einen Brief von Ninas Vater, mit Vorwürfen. . . darüber, daß ich seine Tochter. . . aufwiegle gegen gottgewollte Ordnungen (Rinser, Mitte 50); Er will aufwiegeln zu neuen Morden (Weiss, Marat 105).

Das Verb **abwiegeln** bedeutet *wieder beruhigen, bremsen, dämpfen,* und zwar in bezug auf die Empörung einer aufgebrachten Menge. Das Gegenwort ist *aufwiegeln:*

Er wird seinen eigenen Putsch aufgeben und wird auch seinen Trommler Kutzner zurückpfeifen. Gleich am andern Morgen machte er sich an die Arbeit. Seinen eigenen Putsch abwiegeln war einfach (Feuchtwanger, Erfolg 714).

willig/gewillt/willens/willfährig/gutwillig/bereitwillig/freiwillig

Willig bedeutet 1. *immer bereit und geneigt, ohne Widerstreben das zu tun, was gefordert oder gewünscht wird; sich nicht gegen etwas sperrend:*

Er hörte willig auf. Es quälte ihn, von einem Gegenstand, der ihn so nahe anging, in einem Fahrtgespräch zu plaudern (A. Zweig, Claudia 9); Nur noch diese drei Tage. . . bis zum nächsten Hinrichtungstag, dann werde ich mich willig fügen, nur heute noch nicht! (Fallada, Jeder 376).

2. *den Willen zu etwas habend:*

so fanden . . . die eingeschmuggelten englischen Waren überall willige Abnehmer (Jacob, Kaffee 173); Wäre es möglicherweise so, daß sein Körper sowohl wie sein Geist . . . zur Arbeit freudiger und nachhaltiger willig gewesen wäre, wenn . . . (Th. Mann, Zauberberg 53); Das Mädchen saß . . . willig und wachsam neben der Mutter, um ihr jederzeit bei der Hand zu sein (Marchwitza, Kumiaks 7).

Gewillt wird in der Regel in der Verbindung *gewillt sein* gebraucht und bedeutet *zu einem Tun entschlossen sein; den festen Willen haben, etwas zu tun:*

er war ein kluger Rebell, fest gewillt, sich nicht hinreißen zu lassen (Feuchtwanger, Erfolg 533); er . . . ist wenig gewillt, sich in Unabdingbares einfach schlicht zu fügen (Natur 71); . . . daß die Bundesregierung gewillt und in der Lage ist, die . . Ankündigung zu verwirklichen (Bulletin 16/1972, 149).

Willens wird in der Regel in der Verbindung *willens sein* gebraucht und bedeutet dann *etwas tun wollen; den Willen, die Absicht zu etwas haben; zu etwas geneigt sein:*

Sie schien willens zu gehen (Fallada, Herr 231); Er scheint willens, auch die europäische Situation neu zu durchdenken (Augstein, Spiegelungen 33); Man war nicht willens, den Bogen zu überspannen (Niekisch, Leben 100); Er war nur willens, die Umrechnung zum offiziellen Kurs vorzunehmen (Niekisch, Leben 218); er . . . zeigte sich willens, den großen Koffer des Gastes vom Bahnhof. . . zu holen (Th. Mann, Zauberberg 15).

Willfährig bedeutet *den Wünschen oder Forderungen eines anderen ohne Bedenken nachkommend, sie gleich ausführend und seinen eigenen Willen nach dem des anderen richtend; übertrieben bereitwillig,* womit sich oft die Vorstellung des Würdelosen verbindet. Ein willfähriger Mensch verzichtet auf die Behauptung seiner Persönlichkeit:

ein Mensch, den Quangel nicht ansehen konnte, ohne einen tiefen Ekel vor ihm zu empfinden, und dem er doch willfährig sein mußte, denn der Mann besaß viel mehr Kräfte (Fallada, Jeder 318); Wiederum durch Vorspiegelung einer Schwangerschaft machten die willfährigen Damen einen Konditormeister zahlungswillig (Der Spiegel 50/1968, 108); Weil sie keine Macht haben. Weil ihre allzu willfährigen Organisationen von den Unternehmern rechtens niemals so beachtet werden (Tucholsky, Werke II 232); Die Gelehrsamkeit ist willfährig und der Scharfsinn nicht mehr als ein gehorsamer Diener (Hacks, Stücke 126)

Wer gutwillig ist, macht keine Schwierigkeiten, einer Forderung o.ä. nachzukommen, zeigt guten Willen, ist gut gesinnt, ist nicht böswillig, nicht störrisch:

aufgefallen wäre ihm das Kind jedenfalls nicht, aber brav und gutwillig sei es gewesen (Jens, Mann 48); daß schließlich Ham-Ham-Ham den Zauberstab gutwillig hergab (Kusenberg, Mal 44); Die Franzosen waren da und gingen nicht mehr gutwillig weg (Marchwitza, Kumiaks 169); Gutwillige Leute hielten ihn für einen Gottverwandten, böswillige für einen Bastard des Teufels (Strittmatter, Wundertäter 59).

Wer **bereitwillig** auf etwas eingeht, zögert nicht, ist gleich bereit, das Gewünschte zu tun. Oft handelt es sich um ein Entgegenkommen oder um eine Hilfeleistung:

> Krawattke tauchte bereitwillig unter die Pritsche und angelte dort das Nachtgeschirr hervor (Kirst 08/15, 815); Bert... stellte sich bereitwillig den Amateurfotografen (Lenz, Brot 114); Er berichtete bereitwillig (H. Mann, Unrat 143); Was geschah mit dem vielen Geld, das die Bauern... bereitwillig oder nach kurzem Handel in die flache Hand zahlten? (Grass, Hundejahre 72).

Wer etwas aus freiem Willen, aus eigenem Entschluß tut, also ohne Zwang, tut es **freiwillig**. *Bereitwillig* und *freiwillig* kennzeichnen die Art des Tuns, wie etwas getan wird, während die anderen hier abgehandelten Wörter die Person kennzeichnen, indem sie sagen, wie jemand ist oder wie er innerlich zu etwas steht:

> Als wären die Reichen je bereit/freiwillig ihre Besitztümer herauszugeben (Weiss, Marat 79); Zwar meldete ich mich auch sofort freiwillig, wurde auch angenomme aber meine schwarze Mutter machte mir einen Strich durch die Rechnung (Küpp« Simplicius 97); Es handelt sich nicht entsprechend der offiziellen Darstellung um freiwillig sich zusammenschließende bäuerliche Einzelwirtschaften(Fraenkel, Staa 24).

Wenn man all die genannten Wörter in ihren Unterschieden und Nuancen knapp skizzieren will, kann man sagen: Wer *willig* ist, gibt sich Mühe (aber das allein genügt oft nicht); wer *gewillt* ist, ist entschlossen zu etwas; wer *willens* ist, hat die Absicht, etwas zu tun; wer *willfährig* ist, ist devot, ihm kann man alles zu tun zumuten; wer *gutwillig* ist, macht alles gern, was in seiner Kraft steht, und ist nicht böse; wer etwas *bereitwillig* macht, sträubt sich nicht; wer etwas *freiwillig* macht, tut es ohne Aufforderung, ohne Zwang.

wirksam/wirkungsvoll

Was **wirksam** ist, wirkt, hat beabsichtigte Wirkungen. Wenn man mit etwas eine gewünschte beeinflussende Wirkung erzielt oder wenn man etwas mit Erfolg anwendet, dann ist es *wirksam*. Auch wenn man etwas bekämpfen will, muß das Mittel *wirksam* sein. Das Gegenwort ist *unwirksam:*

> wirksam kündigen; die Verpflichtung der Arbeitgeber zur Unfallverhütung..., wozu sie durch das Beitragssystem der Berufsgenossenschaften wirksam angehalten werden (Fraenkel, Staat 313); Sind die Bemühungen des Angeklagten... im Sinne einer wirksamen Brandbekämpfung zu bewerten (Noack, Prozesse 61); die Grundlagen für eine wirksame Behandlung... arteriosklerotischer Erkrankungen (Kosmos 1/1965, *6); Handbuch über den Bau wirksamer Vogelscheuchen (Grass Hundejahre 39); In der sich entwickelnden Form ist das historische, genetische Moment nicht frei wirksam (Fischer, Medizin II 27); eine Siebzehnjährige bleibt auch als Ehefrau minderjährig und kann wirksame Verträge nur abschließen, wen» der gesetzliche Vertreter einverstanden ist (DM Test 49/1965, 93).

Wirkungsvoll bedeutet *von großer Wirkung, Aufmerksamkeit erregend.* Was *wirkungs voll* ist, beeindruckt, wirkt gewissermaßen als Anregung. Das Gegenwort ist *wirkungs los:*

> wirkungsvolle Plakate; ... um dem Nationalstaat in ganz Europa zum Druchbruc oder doch zum wirkungsvollen Ansatz zu verhelfen (Fraenkel, Staat 211).

Oftmals können zwar die Adjektive *wirksam* und *wirkungsvoll* gegeneinander ausgetauscht werden, doch ändert sich dann die Bedeutung dementsprechend. Wenn man Forderungen *wirksam* geltend macht, dann erreicht man auch etwas; wenn man Forderungen *wirkungsvoll* geltend machte, würde das bedeuten, daß man sie in eindruck voller Weise geltend machte, ohne daß damit etwas über den praktischen Erfolg gesag wäre. Im folgenden Beleg wäre ein Austausch der Adjektive mit entsprechender Bedeutungsverschiebung möglich:

> Garantien.., die es ihr ermöglichen, politisch wirksam in Erscheinung zu treten (Fraenkel, Staat 228).

In der Verbindung *wirksam werden* ist ein Austausch mit *wirkungsvoll* nicht möglich

> was Allah uns bestimmt, muß an uns wirksam werden (Jahnn, Geschichten 28); Wo diese Autorität wirksam wird, ist gleichgültig (Bodamer, Mann 181).

Auch als eine Art Suffix wird *wirksam* gebraucht: wetterwirksam; Geld vermögenswirksam anlegen.

In den beiden folgenden Belegen haben sich die Verfasser bei der Wahl des Wortes offensichtlich vergriffen. Statt *wirksam* erwartete man *wirkungsvoll:*

> sein Buch..., mit einem wirksamen Schutzumschlag ausgestattet (Sebastian,

Krankenhaus 150); die schlanke Taille und weißen Schultern, die wirksam kontrastierten mit dem schwarzen Saum am Halsausschnitt (Bredel, Väter 105).

wirr/verworren/verwirrt

Wirr bedeutet *sich in einem ungeordneten Zustand befindend:*

ein wirres Durcheinander von Zetteln, Büchern und Zeitschriften; die Haare hingen ihm wirr ins Gesicht; da waren denn auch die erdaltertümlichen Baumfarne, an mehreren Stellen zu wirren und unwahrscheinlichen Wäldchen zusammentretend (Th. Mann, Krull 364); Wirre Zahlen standen da, . . . wirres Gekritzel, aber da stand es deutlich (Böll, Haus 183).

Bildlich:

Er war sehr wirr, vor Freude zugleich und von Wein (Th. Mann, Krull 290); daß ich. . . wirr und wunderlich geworden wäre (Th. Mann, Hoheit 96); Mir war ein wenig wirr im Kopf (Hartung, Piroschka 61); ein Bild. . . machte ihn heiß und wirr (H. Mann, Stadt 142).

Im übertragenen Gebrauch bedeutet *wirr* soviel wie *unklar, unverständlich, Einzelheiten nicht erkennen lassend,* und zwar in bezug auf Verstand, Geist usw.:

wirre Worte; Mir fiel dabei ein Mann auf, der reichlich wirr sprach (Niekisch, Leben 180); verzeihen Sie mir, wenn ich vielleicht wirres Zeug rede (Dürrenmatt, Grieche 71).

Verworren ähnelt der Bedeutung von *wirr* und Bedeutet *in hohem Grade unklar, undeutlich, undurchsichtig, durcheinandergebracht; in den Zustand unklaren Durcheinanders gebracht; wirr gemacht, in seinem Inhalt nicht zu erkennen, ohne klare Linie, unruhig.* Während *wirr* als Eigenschaftswort einen Zustand charakterisierend darstellt, drückt das partizipiale Adjektiv *verworren* aus, daß etwas in diesen Zustand auf irgendeine Weise gebracht worden ist:

Das Geräusch der Straße dringt verworren zu ihnen herauf (Sieburg, Robespierre 166); Seine Antwort ist verworren (Frisch, Gantenbein 304); das Werk war . . . urbildlich, verworren, vielleicht war es gar nicht zur Kunst zu zählen (Koeppen, Rußland 149); Die Weltlage ist so verworren (Benrath, Konstanze 89).

Verwirrt bedeutet *irre, unsicher gemacht; im Denken und Handeln aus dem Gleichgewicht gebracht und daher keines klaren Gedankens und ruhigen, überlegten Handelns fähig.* Während sich *verworren* auf Dingliches, auf Äußerungen usw. bezieht, stellt *verwirrt* direkt den Bezug zu einer Person her und kann selbst als Attribut bei einer Person stehen (ein verwirrtes Mädchen):

welcher, . . . verwirrt durch die Pracht meines Schlafzimmers, an die offene Tür pochte (Th. Mann, Krull 74); durch den Schlaf. . . in ihrem Zeitgefühl gründlich verwirrt (Langgässer, Siegel 121); War es die kalte Grazie der sorgsam beschnittenen Hecken. . . , die mich befangen und verwirrt machte? (Jens, Mann 32); Ich muß Buchdrucker werden, denke ich ganz verwirrt (Remarque, Westen 159).

Eine *wirre* Äußerung versteht man nicht, ist gedanklich völlig ungeordnet und wirft ein Licht auf die geistige Verfassung des Betreffenden, dessen geistige Funktionen gestört sind oder zu sein scheinen; eine *verworrene* Äußerung ist unkonzentriert und ein Zeichen eines entsprechenden seelischen Zustandes; eine *verwirrte* Äußerung ist eine Äußerung, die auf eine Person zurückgeht, die vorübergehend aus dem seelischen Gleichgewicht geraten und voller Angst, Hemmungen o.ä. ist.

Witterung/Wetter/Unwetter/Gewitter/Ungewitter/Donnerwetter

Unter **Witterung** wird — vor allem in Fachkreisen, also in der Meteorologie — im Gegensatz zu dem täglich und stündlich sich ändernden *Wetter* die Wetterlage, die Beschaffenheit oder der Zustand der Luft und des Dunstkreises während einer mehr oder weniger langen Zeitspanne und in größerem räumlichem Umkreis verstanden:

der Witterung ausgesetzt sein.

Unter *Witterung* als Wetter versteht man eine Reihe von Wetterzuständen oder Wetterveränderungen in einem gewissen Zeitraum:

wir hatten im vergangenen Jahr sehr veränderliche Witterung; kalte Witterung.

In der Gemeinsprache wird dieser Unterschied nicht immer gemacht: *Witterung* ist oft nur eine Stilvariante zu dem schlichteren *Wetter:*

eine ganz winzig kleine Frau mit großem Kopfe, welche die Gewohnheit hat, bei jeder Witterung einen ungeheuren, durchlöcherten Schirm über sich aufgespannt zu halten (Th. Mann, Buddenbrooks [zitiert bei Wandruszka, Sprachen 46]); meistens wurde bei verhängter Witterung bestattet (Küpper, Simplicius 82).

Wetter ist die jeweilige, häufigen Veränderungen unterworfene Beschaffenheit der Luft usw., ist der [sinnlich wahrnehmbare] Zustand der Atmosphäre in einem bestimten Augenblick und an einem bestimmten Ort:

> Bei diesigem Wetter (Ott, Haie 229); trotz des kühlen Wetters (Kafka, Erzählunge 55); es war strahlendes Wetter (Tucholsky, Gestern 11); Bei dem nassen Wetter rostet alles (Kuby, Sieg 39); Schlug in diesem fremden Lande das Wetter so rasch um (Strittmatter, Wundertäter 374); daß sie fähig wären, das Wetter vorauszusagen, zu beeinflussen oder zu ändern (Langgässer, Siegel 169).

Daneben bezeichnet *Wetter* im süddeutschen Sprachraum einen besonderen, von Gewitter, Wolkenbrüchen und Sturm begleiteten Wetterzustand, ist also ein Synonym zu *Unwetter:*

> ... schrie die Oberin in das Getöse des losgebrochenen Wetters (Langgässer, Siegel 129); Manchmal jagt ihn ein aufziehendes Wetter vom Holzschlag weg auf das Feld (Waggerl, Brot 14); Die schweren Wetter aber dauern Stunden (Schaper, Tag 16); die Gedanken lösen sich voneinander wie Wolken nach bösem Wetter, und mit einemmal bricht ein leerer schöner Himmel aus der Seele (Musil, Mann 649).

Unter **Unwetter** versteht man sehr schlechtes, stürmisches, oft von Gewitter und starken Regenschauern begleitetes Wetter, dessen Heftigkeit Schäden verursacht:

> Katastrophenschäden durch Überschwemmungen und Unwetter (Die Welt 19.8. 65, 9); Als das Unwetter ebenso rasch vorbeiging, wie es gekommen war ... (Musil, Mann 1522).

Ein **Gewitter** ist ein Unwetter mit Blitz, Donner und meist auch mit heftigen Niederschlägen:

> ein kräftiges Gewitter; ein trockenes (=ohne Regen niedergehendes) Gewitter; Es gibt heute bestimmt noch ein Gewitter (Fallada, Herr 197); Indessen hatte das losbrechende Gewitter allerlei Leute hereingescheucht (Carossa, Aufzeichnungen 49); Das Gewitter murrt und zieht hin und her (Remarque, Obelisk 85).

Häufig wird *Gewitter* auch übertragen gebraucht für den heftigen Ausbruch von Leidenschaften, Gefahr, Unglück usw.:

> Bei einer so alten Freundschaft gibt es immer mal ein Gewitter, das zählt nicht (Fallada, Herr 80); Nach diesen einleitenden Worten war für Eingeweihte schlagartig klar, daß sich ein Gewitter zu entladen drohte (Kirst 08/15, 50).

Ungewitter in der Bedeutung *heftiges, mit Sturm und Wolkenbrüchen verbundenes Gewitter, Unwetter* ist heute veraltet. Gebräuchlich ist es nur noch in übertragener Bedeutung für *Zornesausbruch.*

Donnerwetter wird heute kaum noch für *Gewitter* gebraucht:

> Die Allmacht Gottes im Donnerwetter wird nur bewundert entweder zur Zeit, da keines ist, oder hintendrein beim Abzuge (Tucholsky, Werke II 235),

sondern als umgangssprachliches Wort für *Krach, heftige Vorwürfe:*

> Es werde heute abend eben ein gelindes Donnerwetter absetzen, auf das dürfe Joseph sich immerhin gefaßt machen (R. Walser, Gehülfe 51)

oder als derber Ausruf, um Unwillen oder auch Anerkennung auf kräftige Art und Weise zu äußern:

> Donnerwetter, kommst du nun bald!; Eine verführerische Kreatur! Donnerwetter, der Hintern! Ein Traum! (Remarque, Obelisk 50).

-wöchentlich/-wöchig

In adjektivischen Zusammensetzungen bedeutet -**wöchentlich** *in einem bestimmten zeitlichen Abstand wiederkehrend,* wobei der erste Wortteil das im zweiten Teil genannte Zeitmaß im einzelnen näher bestimmt. Eine vierwöchentliche Fahrt findet alle vier Wochen, also jeweils nach Ablauf von vier Wochen statt.
-**wöchig** bedeutet in adjektivischen Zusammenbildungen *eine bestimmte Zeit dauernd,* wobei der erste Wortteil das im zweiten Teil genannte Zeitmaß im einzelnen näher bestimmt. -*wöchig* bedeutet außerdem *eine bestimmte Zahl an Wochen habend, alt.* Eine zweiwöchige Fahrt dauert zwei Wochen; eine mehrwöchige Krankheit dauert mehrere Wochen.
Während *wöchentlich* auch als selbständiges Adjektiv gebraucht werden kann, tritt -*wöchig* nur in Zusammenbildungen auf.

wohltätig/wohltuend

Wohltätig ist jemand, der anderen Gutes tut, der einem andern eine Wohltat erweist.

Wohltätig ist sinnverwandt mit *hilfreich* und *sozial.* In diesem Adjektiv wird noch deutlich auf die Tat hingewiesen:

> Das Sanatorium, eine staatliche Stiftung von einer wohltätigen Schwester. . . gegründet (Jens, Mann 52); Doch der Tod war wohltätig (Apitz, Wölfe 257).

Wird *wohltätig* nicht auf Personen, sondern auf Nichtpersonenhaftes bezogen, ist es synonym mit *wohltuend:*

> . . . Tatkraft, die ihm ein schockhaft wohltätiges Rauschgift in die Adern flutete (Maass, Gouffé 134); . . . fühlte die wohltätige Kühlung auf seinen Wunden (Apitz, Wölfe 229); von nun an war mir ihre Gegenwart eher wohltätig (Carossa, Aufzeichnungen 38).

Wohltuend ist sinnverwandt mit *angenehm, lindernd;* es kennzeichnet die Wirkung und gibt die angenehme Empfindung wieder, die etwas in jemandem hervorruft. Was *wohltuend* ist, tut jemandem körperlich oder seelisch gut:

> Einen Augenblick lang empfand Krämer eine wohltuende Erlösung (Apitz, Wölfe 119); Sie, . . . kühlte die Hände. . . wie wohltuend fühlte sie all die Frische! (A. Zweig, Claudia 131); Greck nahm den Becher, das Zeug schmeckte sehr bitter, war aber wohltuend (Böll, Adam 54); Löhlein, der einen wohltuenden Anteil an meinem Schicksal genommen hatte (Niekisch, Leben 339).

Wörter/Worte

Das Substantiv *Wort* hat zwei Pluralformen. Im 16. Jh. trat neben den Plural *die Worte* auch die Form *die Wörter.* Beide wurden anfangs ohne Unterschied der Bedeutung nebeneinander verwendet. Erst seit dem 18. Jh. werden diese Pluralformen unterschiedlich gebraucht. In der Bedeutung *Einzelwort* lautet der Plural **Wörter:**

> Zeitwörter, Fremdwörter; ,,Blume" und ,,blühen" sind zweisilbige Wörter; Auch die Wörter ,,cliché" und ,,pastiche" wurden damals englisch ausgesprochen (Hildesheimer, Legenden 10).

In der Bedeutung *zusammenhängende Rede, Ausspruch, Beteuerung, Begriff* hat *Wort* den Plural **Worte:**

> Der riesige Saal, aufgepeitscht von den Worten des Führers (Feuchtwanger, Erfolg 562); Die großen Worte sind gut gemeint (Roehler, Würde 36); Mit anderen Worten, Kapitel 7 und 8 . . . sind ausgelassen (Curschmann, Oswald 192); Sie wollte gute Worte, wir gaben sie ihr (Ch. Wolf, Nachdenken 13).

Es gibt Fälle, in denen beide Pluralformen möglich sind, weil sowohl das *Einzelwort* als auch die *zusammenhängende Rede* oder *der Begriff* gemeint sein können:

> Aber nachts kommt es von allen Seiten auf mich herein, all die schweinischen Worte, das Gelächter der Elenden (Reinig, Schiffe 104).

Zahl/Anzahl/Nummer/Ziffer/Unzahl

Die alte Unterscheidung, daß sich **Zahl** auf die Gesamtzahl, die G e s a m t menge als eine Einheit bezieht, **Anzahl** dagegen auf einen Teil davon, auf eine gewisse Menge wirklicher Dinge oder Personen, ist auch im heutigen Sprachgebrauch noch nicht verlorengegangen und sollte überall da beachtet werden, wo es auf eine präzise Aussage ankommt. In der Alltagssprache werden allerdings beide Wörter häufig gleichbedeutend gebraucht, vor allem dann, wenn der Textinhalt dem Sinn nach beide Möglichkeiten zuläßt:

> die Anzahl der Ausschußvorsitzenden. . . entspricht. . . der Fraktionsstärke (Fraenkel, Staat 229); Die Anzahl der Mitglieder der Regierung (Fraenkel, Staat 292); . . . bis dann schließlich doch eine leidliche Anzahl beisammen ist (Kafka, Erzählungen 190); Aufträge seien bereits in ganz erfreulicher Anzahl da (R. Walser, Gehülfe 49); . . . im Handumdrehen die Anzahl von Ziegeln einer unverputzten Mauer anzugeben (Menzel, Herren 16);
> eine ausreichende Zahl beruflicher Möglichkeiten (Mehnert, Sowjetmensch 272); eine beträchtliche Zahl hervorragender Philosophen (Thieß, Reich 71); . . . mußte es von einer angemessenen Zahl geeigneter Treiber begleitet sein (Geissler, Wunschhütlein 46); Da ich es nun schon wagen konnte, eine größere Zahl zugleich fliegen zu lassen (Lorenz, Verhalten I 18); Er gebot über eine beachtliche Zahl von Arbeitern (Roehler, Würde 85).

Zahl faßt eine Menge oder Anzahl gleichartiger Dinge als Ganzes. Das Wort wird mit dem bestimmten Artikel gebraucht und ist oft mit einem Genitivattribut verbunden:

> die Zahl [meiner Bekannten] ist groß; . . . nicht zu reden von der großen Zahl kompetenter. . . Schauspieler (K. Mann, Wendepunkt 289); während andererseits von den Personen, die dem Ereignis beiwohnen durften. . . nach strengster Sichtung

nur eine ganz kleine Anzahl übriggeblieben war; dennoch hob sich die Zahl der Eingeladenen so hoch, daß . . . (Musil, Mann 296); . . . stieg die Zahl der eingesch benen Parteimitglieder (Feuchtwanger, Erfolg 556); die Zahl der Werke jener Per de (Hildesheimer Legenden 31/32); Die Zahl der Geladenen war beschränkt (Th. Mann, Krull 374); Es waren nicht sehr viele Zuschauer da, aber die gekommen w ren, machten. . . wett, was ihnen an Zahl fehlte (Lenz, Brot 23); Als die Zahl der Arbeitslosen Millionen betrug. . . (Kantorowicz, Tagebuch I 25).

Anzahl umfaßt eine gewisse, aber unbestimmte Menge von Dingen oder Personen, di als einzeln vorhanden gedacht werden, und unterscheidet sich von dem Wort *Zahl*, das einen Einheitsbegriff darstellt. *Anzahl* wird meist mit unbestimmtem Artikel gebraucht und oft in Verbindung mit einem Genitiv- oder Präpositionalattribut in partitiver Funktion:

eine große Anzahl [von] Demonstranten wurde verhaftet; . . . hatte Mühe, eine Anzahl von ihnen wieder zu erkennen (Remarque, Triomphe 414); Der Croupier schob ihm eine Anzahl Chips zu (Remarque, Triomphe 213); eine Anzahl hellgekleideter Sonntagsausflügler (Remarque, Obelisk 218).

Das folgende Substantiv **Nummer** ist nur ausnahmsweise wegen der inhaltlichen Näh zu *Zahl* und *Ziffer* aufgenommen worden, denn vom Lautlichen her kann es nicht mit den anderen Wörtern verwechselt werden. *Nummer* ist eine Zahl oder ein Zahlzeichen, das im allgemeinen etwas in einer gezählten Reihe oder in einer mit Zahlen gekennzeichneten Menge bezeichnet:

ich habe die Nummer des Loses vergessen; wenn du die Auskunft anrufen willst, mußt du die Nummer 118 wählen; Je mehr der Mensch im Beruf zur Nummer wird (MM 3.3.66, 9); Die alte Nummer. . . einer satirischen Zeitschrift (Koeppen, Rußland 19); lieber nimmt man sie (die Hose) eine Nummer größer (Dariaux [Übers.], Eleganz 93); wie alle war sie empört über den Anblick eines Wagens mit einer Westberliner Nummer (Johnson, Ansichten 184); er konnte bei der Dur kelheit die Nummer über der Haustür nicht erkennen.

Man könnte im letzten Satz statt *Nummer* auch *Ziffer* oder *Zahl* bzw. Zahlen gebrauchen, doch dann meinte man nicht mehr die Zahl in einer gezählten Folge, sondern entweder nur das oder die graphischen Zeichen (Ziffern) des Gezählten oder die das Gezählte oder Numerierte inhaltlich ausdrückende Zahl.

Konkurrieren auf der einen Seite *Zahl* und *Anzahl* miteinander, so auf der anderen Seite *Zahl* und *Ziffer*. Dort, wo das Substantiv *Zahl* in Konkurrenz mit dem Substantiv *Ziffer* steht, bezeichnet es eine Größeneinheit, eine abstrakte Größe, die die Mächtigkeit einer Menge als Kardinalzahl angibt oder die die Ordnung innerhalb einer Menge als Ordinalzahl herstellt. Die Zahl ist eine der Mengenbestimmung dienende, durch Zählen gewonnene Größe:

die Zahl 51; eine gerade/ungerade Zahl; die Zahlen zusammenrechnen; eine Zahl von der anderen abziehen.

Die **Ziffern** sind die Zahlzeichen, die graphischen Zeichen zur schriftlichen Fixierung der Zahleninhalte, d.h. der durch die Zahlen 1 bis 9 und 0 ausgedrückten Werte. Die Ziffern 1 bis 9 werden im Textzusammenhang gleichzeitig zu den Zahlen 1 bis 9. Höhere Zahlen werden schriftlich durch Aneinanderreihen mehrerer Ziffern wiedergegeben. Die Jahreszahl 1973 wird durch die Ziffern 1-9-7-3 dargestellt. Bei einer Adresse ist z.B. die Hausnummer 122 eine Zahl aus den Ziffern 1-2-2:

arabische, römische Ziffern.

A b e r :

eine vierstellige Zahl (Ott, Haie 99); eine Zahl zwischen 812 und 1748 (Feuchtwanger, Erfolg 546); er ordnete seine Abreißblöcke, indem er die einzelnen Nummern sorgfältig miteinander verglich und . . prüfte, ob die Zahlen auch mit den Eintragungen. . . übereinstimmten (Jens, Mann 109); . . . das in den Zahlen des Etats zum Ausdruck kommt (Fraenkel, Staat 92).

In der Alltagssprache wird der inhaltliche Unterschied zwischen Zahl und Ziffer oft nicht beachtet. *Ziffer* wird dann in einer besonderen Bedeutung an Stelle von *Zahl* gebraucht, womit das in irgendeiner Weise beeindruckende Ergebnis einer Zählung oder Rechnung bzw. Berechnung als Summe in Zahlzeichen gemeint ist:

Wie viele Leute? . . . eine große Frage, die kaum mit Ziffern zu beantworten ist (Der Spiegel 48/1965, 47); Preise mit vierstelligen Ziffern (MM 8.2.66, 10); er betonte namentlich die Ziffer der Staatsschulden (Th. Mann, Hoheit 228); . . . 1965 betrugen die entsprechenden Ziffern: 682 Unfälle mit 674 Verletzten und 38 Toten (Auto 6/1965, 8).

Dazu dann auch:
> die Sterblichkeitsziffer ist auf Grund der neuen Behandlungsweise zurückgegan-
> gen; etwas beziffert sich auf. . .

Oft läßt der Text aber auch beide Möglichkeiten zu:
> Wecker mit phosphoreszierenden Ziffern (Gaiser, Jagd 24).

Zahl und *Ziffer* werden aber nur in solchen Texten miteinander verwechselt, wo es sich um die Zahl z e i c h e n handeln kann (Kennziffer, Dunkelziffer, Zifferblatt). Man wird wohl kaum finden, daß man „Bruchziffer" für „Bruchzahl" oder „ungerade Ziffern" für „ungerade Zahlen" oder „eine Ziffer mit der anderen multiplizieren" für „eine Zahl mit der anderen multiplizieren" sagt.

Das Substantiv **Unzahl** bedeutet *eine überaus große Zahl oder Anzahl [die man gar nicht überblicken, zählen kann]*. Das Wort drückt auf emotionale Weise aus, daß man die Menge von etwas für sehr groß hält:
> eine Unzahl von Protesten ist eingetroffen; eine Unzahl von Mücken vertrieb uns aus dem Wald; eine Unzahl von Personen: Eine Reihe, die kein Ende findet (Jacob, Kaffee 132); ich habe ihn eine Unzahl Tode sterben lassen (Wohmann, Absicht 384); Diese bestand. . . schließlich aus einer Unzahl von Geschirr (Werfel, Himmel 88).

zahlen/bezahlen/auszahlen/ausbezahlen/einzahlen/abzahlen/abbezahlen/ anzahlen/nachzahlen

Die Verben **zahlen** und **bezahlen** sind oft austauschbar. *Bezahlen* wird häufiger gebraucht als *zahlen*. Der Bedeutungsunterschied, der zwischen *zahlen* und *bezahlen* besteht, wird vielfach nicht mehr empfunden. *Zahlen* wird sinngemäß nur auf Wörter bezogen, die einen Geldbetrag bezeichnen, einen Preis, eine Summe o.ä. *Bezahlen* kann man eine Ware, eine Arbeitsleistung o.ä., für die man einen Geldbetrag hingibt. *Zahlen* bedeutet *Geld [hin]geben, an einen anderen geben, übergeben; Geld auszahlen.* Zahlen weist auf den Vorgang hin. Es kann aber auch heißen, daß einem anderen Geld für etwas aufzählend übergeben, daß für eine Leistung o.ä. Geld gegeben oder daß etwas finanziert wird. Es wird besonders bei allgemeinen Feststellungen verwendet:
> Herr Schmidt. . . zahlte vier Fünfmarkscheine in Fräulein Pucks Handteller (Sebastian, Krankenhaus 137); Unter Tarif kann er ja nicht zahlen (Fallada, Mann 101); wer zahlt uns den Lohn? (Frisch, Cruz 49); Zweites haben wir. . .den Landleuten Vorschüsse gezahlt (Th. Mann, Buddenbrooks 308); Bei Tod durch Unfall. . . werden Hinterbliebenenrenten gezahlt (Fraenkel, Staat 316); ich werde Ihnen eine Gage zahlen (Thieß, Legende 169); Er soll im Monat paar hundert Mark Alimente zahlen (Bieler, Bonifaz 210); kein einziges Mal versäumte sie tatsächlich, den Mietzins zu zahlen (Edschmid, Liebesengel 8); Es muß gesagt werden, daß . . . Caruso sehr ungern Steuern zahlte (Thieß, Legende 79); Lankes hätte lieber Autostop gemacht. Da ich jedoch zahlte und zu der Reise einlud, mußte er nachgeben (Grass, Blechtrommel 672).

Etwas *bezahlen* bedeutet *den Wert einer Sache, einer Leistung in Geld ersetzen [und es auf diese Weise rechtmäßig in seinen Besitz bringen]; aufkommen für etwas.* Konkrete Dinge, vor allem aber gekaufte Waren oder Rechnungen, werden bezahlt:
> Ich muß das Buch noch bezahlen; er muß noch seine Schulden bezahlen; ich werde Ihnen die Auslagen bezahlen; das Hotel wäre unbequem, teuer und anstandshalber von ihm selbst zu bezahlen gewesen (Musil, Mann 731); eine neue Fahrkarte zu kaufen. Die Dame mußte die Strecke noch einmal bezahlen (Koeppen, Rußland 45); „Und für mich kostet er wieviel, dein Umhang? " „Du willst ihn bezahlen? " (Genet [Übers.], Tagebuch 47); Können Sie meine Bemühungen in dieser Sache bezahlen? (Jahnn, Geschichten 208); Ist der Niedergang einer Nation nicht fürstlich bezahlt, wenn ein Dichter die Grabschrift schreibt? (Schneider, Leiden 140); jeder Arbeiter macht nach acht Stunden Schluß, und wenn nicht, dann bekommt er seine Überstunden bezahlt (Sebastian, Krankenhaus 170); „. . . . mach Licht; meinst du, ich will eine Scheibe bezahlen? " (Gaiser, Schlußball 193); wenn am Morgen eine Rechnung gekommen war, und hat sie sofort bezahlt (Fallada, Mann 243).

Jemanden bezahlen bedeutet *jemandem für etwas, was er geleistet hat, Geld geben:*
> Matzerath und Jan Bronski bezahlten die Träger, den Totengräber, den Küster und Hochwürden (Grass, Blechtrommel 199); daß mir schon der Verdacht kam: die jungen Leute lassen sich von offizieller Seite bezahlen (Grass, Blechtrommel 730); weil Sie sich unter Tarif bezahlen lassen(Fallada, Mann 15); . . . daß das

Jüngste Gericht noch zu verschieben und zunächst der Gasmann zu bezahlen sei (Bamm, Weltlaterne 29); da wimmelte es von Lehrern, Malern, Sängern. . . , die so schlecht bezahlt wurden, daß ihnen kaum das Allernötigste zum Leben blieb (Thieß, Reich 352).

Wenn man in einen Automaten nicht mehr Geld als nötig einwerfen soll, weil man das zuviel *gezahlte* Geld nicht zurückbekommt, dann heißt es: ,,Nicht *überzahlen!* Keine Geldrückgabe." Wenn man für eine Ware oder eine Leistung mehr *bezahlt* oder *gezahlt* hat, als sie wert ist, dann hat man sie *überbezahlt.*

Waren in den bisher aufgeführten Belegen *zahlen* und *bezahlen* nicht miteinander austauschbar, so lassen die folgenden Belege einen Austausch zu. In den Fällen nämlich, in denen der Bezug von der Sehweise des Sprechers abhängt, der etwas als eine zu bezahlende Leistung ansehen kann oder der sich die zu zahlende Summe vorstellt ist der Gebrauch beider Verben möglich. Die inhaltliche Aussage wird dabei aber oft kaum verändert. Fragt man *wann haben Sie die erste Rate gezahlt?* , dann denkt man an die Übergabe des Geldes. Fragt man *Wann haben Sie die erste Rate bezahlt?* , dann will man wissen, wann diese finanzielle Schuld beglichen wurde:

Das Schlimmste scheine ihm, daß die erste Rate schon bezahlt sei (Brecht, Groschen 58); der . . . lieber sein Mädchen im Stiche läßt, als daß er die Austern bezahlt (Frisch, Cruz 71); das Problem, wer den nächsten Drink zu bezahlen habe (Bamm, Weltlaterne 11); DM 50,- für den sechswöchigen Aufenthalt. Viele brauchen nur einen Bruchteil dessen. . . zu bezahlen (Gast, Bretter 66); Seitdem wir den Tarnanstrich bekommen haben, denken die Leute, sie sitzen im Panzer und wollen nur noch die Hälfte bezahlen. Sie handeln um den Fahrpreis (Bieler, Bonifaz 32); Nach seiner Verhaftung hatten seine Angehörigen einen Verteidiger bestellt und diesem ein Honorar im voraus bezahlt (Niekisch, Leben 326); dort mußte Herr Matzerath über zwölf Mark bezahlen (Grass, Blechtrommel 706); Der Mann bezahlt seine Steuern (Brecht, Groschen 78); Zwar hatte ich ... die Oktober miete für beide Zimmer bezahlt (Grass, Blechtrommel 686).

Zahlen:

Kaum hat man angestoßen, ist er weg, um den andern einen Whisky zu zahlen (Frisch, Homo 248); Im Ernst! Lieber zahle ich Ihnen die Bahn oder das Flugzeug (Frisch, Homo 127); Ich . . . wartete auf den Kellner, um zu zahlen (Frisch, Homo 148); Bebra zahlte, gab reichlich Trinkgeld (Grass, Blechtrommel 206); Sie mußte noch zehn Rappen zahlen (Frisch, Homo 65); was für einen Preis mir der alte Schurke. . . für meinen Weizen gezahlt hätte (Fallada, Herr 71).

In manchen Kontexten unterscheiden sich *zahlen* und *bezahlen* auch durch unterschiedliche Konstruktionen. So sagt man, daß man jede Visite des Arztes extra *bezahlt,* aber daß man f ü r jede Visite des Arztes extra *zahlt.* Es heißt auch *etwas mit etwas bezahlen* (nicht: zahlen):

. . . daß sie die Steuer mit Ferkeln bezahlt haben (Bobrowski, Mühle 175).

Oft auch übertragen gebraucht in der Bedeutung *für die Durchsetzung, Behauptung seiner Interessen o.ä. etwas einbüßen oder hergeben müssen:*

Sie bezahlte diese Anlehnung freilich mit dem Verlust ihrer richterlich unabhängigen Stellung unter den europäischen Nationen (Fraenkel, Staat 156); ihren Sieg mit dem Leben selbst zu bezahlen (Langgässer, Siegel 393).

Man sagt auch nur, daß *sich etwas bezahlt macht:*

Ich habe. . . nie daran geglaubt, daß Philologie und Kunstgeschichte sich bezahlt machen (Frisch, Homo 203).

Auch in der Wendung *etwas bezahlen müssen* im übertragenen Gebrauch in der Bedeutung *für etwas büßen müssen* läßt sich nicht *zahlen* einsetzen:

Jedes falsche Geständnis mußte Heffke teuer bezahlen (Fallada, Jeder 364); Der Ehrgeizige muß sein grimmiges Späßchen bezahlen: wieder wirft ihn die Welle in die Tiefe (St. Zweig, Fouché 160).

Ganz feste Regeln gibt es jedoch nicht für den unterschiedlichen Gebrauch der beiden Verben. Wird eine Summe für eine Arbeit oder Tätigkeit mitgenannt, dann können sowohl *zahlen* als auch *bezahlen* gebraucht werden: Ich zahlte /bezahlte 200 Mark für die Malerarbeiten, aber nur: ich bezahlte die Malerarbeiten. Man kann auch jemandem viel Geld für eine Arbeit *zahlen* und *bezahlen,* aber man kann nur jemanden *bezahlen.* Man kann aber wieder für jemanden zahlen und bezahlen. Für diesen Service muß ich zahlen, aber: diesen Service muß ich bezahlen. Wenn man etwas im Lokal verzehrt, z.B. Kuchen ißt oder Bier bzw. Kaffee trinkt, dann *bezahlt* man es üblicherweise. Man sagt aber auch umgangssprachlich, daß man den Kuchen, das Bier, den Kaffee zahlt. Ein Unterschied besteht in Wirklichkeit nicht. Die Aussagen sind jedoch insoweit nuanciert, als man bei *bezahlen* ans Begleichen einer Schuld, einer Rechnung denkt (ich bezahle den Kaffee), während sich mit *zahlen* die Vorstellung verbindet, daß man die Zahlung für etwas vornimmt, übernimmt (ich zahle den Kaffee = ich übernehme das Zahlen für den Kaffee; die Zahlung nehme ich vor). Einen Mitgliedsbeitrag kann man *zahlen* und *bezahlen*. Wer in einen Verein eintritt, muß auch Beitrag zahlen, d.h., er muß auch Geld dafür aufwenden. Wenn er vergessen hat, seinen Beitrag zu überweisen, dann kann er sagen, daß er seinen Beitrag für den letzten Monat noch bezahlen (aber auch: zahlen) muß.

Auszahlen bedeutet *an jemanden eine [ihm zustehende] Summe o.ä. zahlen, sie ihm geben:*

Georg zahlt ihm die Provisionen . . . aus (Remarque, Obelisk 170); Ich . . . ließ mich für fünf Jahre anwerben, um die Freiwilligenprämie ausgezahlt zu bekommen (Genet [Übers.] , Tagebuch 59); seinen Tagesverdienst, den er sich in Naturalien auszahlen ließ (Böll, Haus 63).

Jemanden auszahlen bedeutet *jemanden durch das Zahlen von Geld für etwas abfinden:*

Wir brauchen zunächst ziemlich viel Geld, um die erbberechtigten Geschwister meines Mannes auszuzahlen (Hörzu 31/1971, 68).

Ausbezahlen entspricht den Bedeutungen von *auszahlen.* Ein inhaltlicher Unterschied zwischen beiden Verben besteht nicht. Lediglich die Sehweise ist ein wenig anders entsprechend den bei *zahlen* und *bezahlen* gemachten Feststellungen:

Unmittelbar nach ihr sollte. . . die Kaufsumme ausbezahlt werden (Brecht, Groschen 36); 1965 seien bis jetzt schon 100 Millionen Mark an Wohngeld ausbezahlt worden (MM 3.9.65, 1); Den 14 000 Arbeitern. . . wird künftig jeden Monat ein zusätzlicher Stundenlohn ausbezahlt (Der Spiegel 6/1966, 106); Dem brauchte man ja nicht einmal die längst verfallenen Gehälter auszubezahlen (R. Walser, Gehülfe 122).

Jemanden ausbezahlen:

Ich hätte dich bar ausbezahlt (Waggerl, Brot 53); Sie sind immer noch nicht abgefertigt! Hat Sie mein Sekretär nicht endgültig ausbezahlt? (Roth, Beichte 161).

Einzahlen bedeutet *einen bestimmten Betrag an eine Kasse o.ä. zahlen, Geld auf die Bank oder Sparkasse bringen:*

Er hatte ja wohl einen Haufen Geld. Das zahlte er ein bei allen Schiffahrtsgesellschaften in der Stadt (Seghers, Transit 284); ,,Sie haben noch keine Kaution gezahlt." Ein Nachweis genügt vorerst, daß mir das Visa de Sortie ausgestellt wird, wenn ich die Kaution einzahle (Seghers, Transit 260).

Abzahlen bedeutet *in Raten bezahlen, eine finanzielle Schuld nach und nach tilgen:*

er hat den Fernsehapparat, seine Schulden noch nicht abgezahlt; glauben Sie, daß ich es (den Klinikaufenthalt) abzahlen kann? (Remarque, Triomphe 79); Ich will mich genau bemühen, die Spesen der Überbringung abzuzahlen, sobald ich es kann (Seghers, Transit 202).

Abbezahlen hat die gleiche Bedeutung wie *abzahlen.* Während *abzahlen* besagt, daß man durch mehrmaliges Zahlen einer bestimmten Summe eine finanzielle Schuld tilgt, besagt *abbezahlen,* daß man jeweils eine bestimmte Rate – genauso wie eine fällige Rechnung – bezahlt, bis alle finanzielle Schuld beglichen ist:

die Orgel kostet hundert Taler, noch drei Jahre muß ich abbezahlen (Winckler, Bomberg 95).

Anzahlen bedeutet *bei Kaufabschluß schon einen Teil der ganzen Kaufsumme bezahlen [während der Rest der Summe bei Aushändigung der Ware bezahlt wird]:*

200 DM hatte er schon angezahlt, damit er bei Lieferung der Ware sofort berücksichtigt würde.

Nachzahlen bedeutet *nachträglich und zusätzlich einen Geldbetrag zahlen, wenn für etwas noch nicht genügend gezahlt worden ist:*

wegen seines Nebenverdienstes mußte er noch 270,00 DM Steuern für das vergangene Jahr nachzahlen.

Zeichen/Anzeichen/Vorzeichen

Das Substantiv **Zeichen** hat im Unterschied zu Anzeichen einen weiteren Anwendungs- und Bedeutungsbereich. Ein *Zeichen* ist 1. *die konkrete Darstellung oder An-*

deutung eines geistigen Inhalts, einer Willensäußerung usw. Ein Zeichen ist ein Gegenstand oder ein Merkmal, das eine Einheit aus Signal und Information darstellt, d.h., in dieser Einheit ist dem Signal eine bestimmte Information zugeordnet, die durch Konvention festgelegt ist oder besteht: Verkehrszeichen sind z.B. solche Zeichen, die als Signal fungieren und eine Information geben. Zwischen Signal und Zeichen besteht kein naturgegebener Zusammenhang, er ist nur durch Konvention gegeben. Das Signal ist der Ausdruck, das sichtbare Zeichen, mit dem sich ein bestimmter Inhalt, eine Bedeutung als Information verbindet. Welche Information mit welchem Zeichen verbunden werden soll, wird im allgemeinen festgelegt für eine bestimmte soziale Gruppe, und zwar durch eine für diese Gruppe zuständige Instanz. Solche konventionell gegebenen Zeichen kommen in den verschiedensten Lebensbereichen vor:

> Paasch. . . stand wieder an der Stelle, wo Gott entschwunden war. Aber Gott hat kein Zeichen hinterlassen (Fries, Weg 66); Bei dieser Antwort warf mir der Junge einen kurzen Blick zu. Das einzige Zeichen, an dem ich merkte, daß er meinen Besuch gewahr wurde (Seghers, Transit 196); Beide trugen das Zeichen ihres Glaubens in mineralischem Weiß auf die Stirn gemalt (Th. Mann, Tod 105); ehe er das Zeichen zum Aufbruch gibt (Werfel, Bernadette 364); Aber er sah auf den Bürgermeister, der ihm lebhafte Zeichen machte (Kirst, Aufruhr 144).

2. kann ein *Zeichen* auch Rückschlüsse auf einen Tatbestand zulassen, wobei das Substantiv *Zeichen* oft mit einem Genitivattribut (Zeichen seiner Ungeduld) oder dazu in Konkurrenz mit einem durch *von* eingeleiteten Präpositionalattribut (Zeichen von Ungeduld) verbunden wird:

> Die Kontroversen. . . sind Zeichen der Krise (Fraenkel, Staat 302); dunklen Überlieferungen zufolge war Nachtschweiß das sicherste Zeichen für Lungenkrankheit (Böll, Haus 11); Silberstreifen im Wasser. . . das untrügliche Zeichen für einen . . . näherkommenden Torpedo (Menzel, Herren 83); diesmal sind die Vorhänge zugezogen, ein Zeichen, daß der Pferdeschlächter da ist (Remarque, Obelisk 26); aber ich sah, daß ihm der Adamsapfel auf und nieder ging, und das ist kein gutes Zeichen bei einem Mann, der Hunger hat (Bieler, Bonifaz 179); Grausamkeit, wo wir sie in der christlichen Welt antreffen, ist ein Zeichen innerer Schwäche (Thieß, Reich 196); Jim gab mir einen Rippenstoß, Zeichen einer herzhaften Mitfreude (Frisch, Stiller 186); Frau Beckmann, wortlos, ohne ein Zeichen von Triumph, dreht sich um (Remarque, Obelisk 98); Sie hielten es für ein Zeichen von Schwäche, Rechtsgrundsätze über ihre lieben alten Gewohnheiten zu stellen (Thieß, Reich [Anm.] 265); der Sultan, der schon das Zeichen des Todes im Antlitz trägt (Schneider, Leiden 130); Nicht das kleinste Zeichen, daß es lebte (Nossack, Begegnung 342).

Bei einem **Anzeichen** besteht keine konventionelle Beziehung zwischen Signal und Information, sondern eine k a u s a l e . Aus dem Signal kann man auf die Information schließen. Hier berührt sich *Anzeichen* mit *Zeichen* in der zweiten Bedeutung. Der Unterschied besteht jedoch darin, daß *Zeichen* ein Teil von etwas (z.B. eines Erscheinungsbildes o.ä) ist, während *Anzeichen* nur ein Hinweis auf etwas ist, was sich zu entwickeln, was zu entstehen beginnt. Wenn man von *Zeichen* von Ungeduld spricht, dann wird die Ungeduld an etwas sichtbar, diese Zeichen gehören als Erscheinungsformen zur Ungeduld. Bei *Anzeichen* von Ungeduld läßt sich aus einigen Äußerungen, Gesten o.ä. auf eine entstehende Ungeduld schließen. Ein Anzeichen ist ein Symptom, ein Vorbote. Das *Zeichen* hat hier also auf Grund von Beobachtungen und Erfahrungen schon einen bestimmten Informationswert. Das *Anzeichen* hat insofern Signalcharakter, als es auf etwas Entstehendes schließen läßt; es kündigt an, deutet auf Kommendes hin, ohne selbst schon integrierender Bestandteil dieses Kommenden zu sein. Die ersten *Anzeichen* eines kriegerischen Konflikts sind nur Hinweise auf einen künftigen Konflikt, sind aber selbst nicht Teil des Konflikts. Bremsspuren auf der Autobahn können ein *Zeichen* – nicht aber ein Anzeichen – dafür sein, daß der Autofahrer nicht den nötigen Abstand zu seinem Vordermann gehalten hat. Diese Bremsspuren sind selbst Bestandteil des Unfallgeschehens:

> es mehrten sich die Anzeichen, daß beabsichtigt war, Krieg zu führen (Kuby, Sieg 198); obwohl es nicht an Anzeichen dafür fehlte, daß ein Schlag gegen mich vorbereitet werde (Niekisch, Leben 277); Alle Anzeichen sprächen für die baldige Geburt des Übermenschen (Strittmatter, Wundertäter 357); es liegen keine äußeren Anzeichen vor, weder mündlich abgegebene noch schriftlich hinterlassene Hinweise auf Selbstmordabsichten (Kirst, Aufruhr 122); Diesmal hatten ihm

allerhand flüchtige, ja kaum mit Bewußtsein aufgenommene Anzeichen bei Betreten des Hauses gesagt, daß Agathe wieder zurückgekehrt sei (Musil, Mann 1320).
Da, wo der Text beide Möglichkeiten zuläßt, wo es sich also sowohl um einen Teil von etwas als auch um eine Ankündigung von etwas handeln kann, können *Zeichen* und *Anzeichen* gegeneinander ausgetauscht werden:

Er wartete auf die ersten Anzeichen des Fiebers, auf die Rötung der Wunde. . . Aber er entdeckte kein bedrohliches Zeichen (Thorwald, Chirurgen 20); Alle Zeichen sprechen dafür, daß die deutsche soziale Entwicklung sich auch in dieser Beziehung dem amerikanischen Modell anpaßt (Fraenkel, Staat 72); Dürnberger, . . . der alle Anzeichen einer schweren Erkrankung trug (Niekisch, Leben 359).

Das *Vorzeichen* ähnelt der Bedeutung von *Anzeichen.* Die Vorsilben *vor-* und *an-* machen jedoch die inhaltliche Nuance sichtbar. Bei *Vorzeichen* wird eindeutig gesagt, daß es einem Kommenden v o r a u s geht, während im Wort *Anzeichen* der Akzent darauf liegt, daß es auf etwas Kommendes schließen läßt, es ankündigt. Ein *Vorzeichen* unterscheidet sich noch insofern von *Anzeichen* als dieses nur ankündigende Merkmale enthält, während ein Vorzeichen darüber hinaus noch etwas in sich Geschlossenes, ein Ereignis, ein Omen ist:

Vielleicht hätte auch er Neigung gehabt, im Sprung der trauernden Maria (einer Glocke) ein ungutes Vorzeichen zu sehen (Bergengruen, Rittmeisterin 198); Ich . . . sprach ... von der Parteinahme der Götter für uns, die den Fluß hatten anschwellen lassen, den wunderbar günstigen Vorzeichen, die bewiesen, daß die Götter die Schlacht wünschten (Brecht, Geschichten 129); Stolpern bedeutet etwas. Stolpern ist Vorzeichen (Grass, Hundejahre 100); Es fehlt nur noch der rätselhafte Komet des Mittelalters, um die Vorzeichen voll zu machen (Remarque, Triomphe 421); Das Blut stieg ihm leicht zu Kopf. Er öffnete dann den Uniformkragen. Das war ein schlechtes Vorzeichen (E. Jünger, Bienen 17); Er sah mich scharf an. Er schien auf etwas zu warten, wovon er vielleicht ein Vorzeichen in meinem Gesicht erblickte (Seghers, Transit 282).

Ob man *Zeichen, Anzeichen* oder *Vorzeichen* wählt, hängt vielfach nur davon ab, ob man etwas als ein Signal betrachtet oder als ein ankündigendes Merkmal von etwas Kommendem oder ob man es als etwas ansieht, was dem kommenden Geschehen vorausgeht und in sich bedeutungsträchtig ist:

Die Ratten haben sich vermehrt in der letzten Zeit. . . Detering behauptet, es wäre das sicherste Vorzeichen für dicke Luft (Remarque, Westen 76).

Vorzeichen wird auch noch konkret und übertragen gebraucht in der Bedeutung *Zeichen, das vor etwas gesetzt wird,* z.B. in der Mathematik vor eine Zahl oder in der Musik vor eine Note, wodurch der Wert oder Inhalt bestimmt bzw. verändert wird:

Es wird keine deutsche Wiedervereinigung geben, es sei denn unter sozialistischem — also kommunistischem — Vorzeichen (Bundestag 190/1968, 10299); Zynismus ist Herz mit negativem Vorzeichen (Remarque, Obelisk 295); Worauf der Weise . . . das ganze Denken mit fragwürdigen Vorzeichen bepflastern kann (A. Zweig, Grischa 244).

zeitig/zeitlich

Zeitig bedeutet einerseits *[schon] früh,* und zwar im Hinblick auf die Zeit oder eine bestimmte Zeits p a n n e und nicht im Hinblick auf ein bestimmtes Ereignis oder einen bestimmten Zeitp u n k t, womit ausgedrückt werden soll, daß etwas gleich zu Beginn einer bestimmten Zeitspanne geschieht. Im Unterschied zu→frühzeitig, das einen Zeitpunkt, ein Ereignis o.ä. als Bezugspunkt hat, bezieht sich *zeitig* also auf die Zeit, auf einen Zeitraum. „Er ist heute zeitig aufgestanden" heißt, daß er früh aufgestanden ist. Der Satz „Er ist heute frühzeitig aufgestanden" läßt den Schluß zu, daß er früher als üblich aufgestanden ist, weil er etwas zu erledigen hat, verreisen will o.ä. Oft lassen sich sowohl *zeitig* als auch *frühzeitig* im gleichen Kontext einsetzen, ohne daß sich der Inhalt wesentlich unterscheidet. Nur die Aspekte sind ein wenig anders:

er ist schon sehr zeitig gekommen; Die Grasfrösche sind die ersten Lurche, die sich im zeitigen Frühjahr sehen lassen (Kosmos 3/1965, 129); Morgen muß ich zeitig heraus (Geissler, Wunschhütlein 101); Sie. . . hatte sich zeitig zur Ruhe begeben (Musil, Mann 899).

Andererseits besagt das Adjektiv —oft in Verbindung mit *genug* —, daß etwas zur gehörigen Zeit oder zur rechten Zeit geschieht, so daß etwas noch möglich, noch nicht zu spät ist:

> Du kannst bei uns. . . übernachten und bist morgen zeitig in Stammin, um deine Sachen zu packen (Fallada, Herr 209); Er . . . sagte: „Ich komme zeitig zurück, Julchen. . . " (Erika-Roman 963, 25); Zum Glück sah ich den Lastwagen noch zeitig genug, so daß ich auf die Straße laufen konnte (Frisch, Homo 182).

Zeitig konkurriert einerseits mit → *frühzeitig* und andererseits mit → *rechtzeitig*. Deutlich ausgeprägte Unterschiede existieren zwar nicht, doch lassen sich gewisse inhaltliche Nuancen feststellen. *Zeitig* bedeutet [*schon*] *früh innerhalb eines dafür in Frage kommenden Zeitraumes*, während *frühzeitig* soviel bedeutet wie [*recht, sehr*] *früh, zu einem frühen Zeitpunkt, vor der sonst üblichen Zeit eintretend, eintreffend*, z.B.: er verlor schon frühzeitig (nicht:zeitig!) seine Haare. Wenn man sagt *er hat schon zeitig mit etwas angefangen,* dann heißt es, daß er schon früh angefangen hat, und zwar in bezug auf eine Zeitspanne, auf einen dafür in Frage kommenden Zeitraum. Wenn man sagt, *er hat schon frühzeitig mit etwas angefangen,* dann heißt es, daß er recht früh damit angefangen hat, und zwar wird damit auf einen Zeitpunkt Bezug genommen. In der Weise ist auch der Unterschied zwischen den Sätzen *das Kind wurde schon zeitig an Ordnung gewöhnt* und *das Kind wurde schon frühzeitig an Ordnung gewöhnt* zu erklären.

In Konkurrenz mit *rechtzeitig* läßt sich der Unterschied in der Weise andeuten, daß *zeitig* bedeutet *so früh, daß noch genug Zeit für etwas zur Verfügung ist; nicht so spät,* während *rechtzeitig* (wie *frühzeitig*) deutlich den Bezug zum Zeitpunkt herstellt und soviel bedeutet wie *zum richtigen Zeitpunkt, im richtigen Augenblick, zur rechten Zeit, früh genug,* z.B.: er tötete die Würmer, wenn ich sie ihm nicht rechtzeitig (nicht: zeitig!) aus der Hand nahm; er hat nicht mehr rechtzeitig (nicht: zeitig!) bremsen können. Aber: er hatte zeitig genug (auch: rechtzeitig!) gebremst, so daß ihm kein Vorwurf gemacht werden kann. Die Warnung war nicht rechtzeitig (nicht: zeitig!) durchgegeben worden. „Der Brief ist rechtzeitig angekommen" bedeutet „der Brief ist so angekommen, daß noch alles entsprechend den darin enthaltenen Mitteilungen gemacht werden konnte." „Der Brief ist zeitig angekommen" heißt, daß er schon früh eingetroffen ist, daß er nur relativ kurze Zeit unterwegs war.

Zeitlich bedeutet *der Zeit angehörend und darin gegründet, die zur Verfügung stehende Zeit betreffend:*

> das zeitliche Nacheinander der Erlebnisse (Musil, Mann 144); den Eintritt des Todes. . . zeitlich zu bestimmen (Fischer, Medizin II 159); . . . daß immer wieder beide Staatstypen aufgetreten sind, häufig sogar in zeitlich oder räumlich enger Nachbarschaft (Fraenkel, Staat 193); auch im Verlaufe eines Tages ist der Steinfall zeitlich begrenzt (Eidenschink, Bergsteigen 85).

Nur attributiv wird *zeitlich* auch in der Bedeutung *wie alles Irdische ein vergängliches Dasein habend, vergänglich, irdisch* gebraucht:

> Man soll sich nicht an zeitliche Güter klammern.

zerbrechbar/zerbrechlich

Was **zerbrechbar** ist, kann zerbrochen werden. Dieses Adjektiv drückt die Möglichkeit aus:

> Dieser Stock ist aus Kunststoff und kaum zerbrechbar.

Zerbrechlich dagegen gibt ein Merkmal an. Was *zerbrechlich* ist, kann leicht zerbrechen oder zerbrochen werden:

> Diese Vase ist sehr zerbrechlich; Regina wagt nicht mehr, hier etwas in die Hand zu nehmen, es sind kostbare Kelche (Gläser) darunter, . . . zerbrechlich sind sie wie Eierschalen (Waggerl, Brot 147).

Im übertragenen Gebrauch ist nur *zerbrechlich,* und zwar in der Bedeutung *besonders fein, zierlich, zart, empfindlich und daher äußeren Belastungen o.ä. nicht gewachsen* üblich:

> Ein edles Tier. . . von zierlichem Bau und zerbrechlich scheinenden Fesseln (Gaiser, Schlußball 64); Wieso das Leben eingesperrt ist in einem zerbrechlichen Körper, den man verstümmeln und quälen kann (Seghers, Transit 79); → -bar/-lich.

zugänglich/zugängig

Das Adjektiv **zugänglich** wird in konkreter und übertragener Bedeutung gebraucht.

In bezug auf Konkretes bedeutet es soviel wie *den Zugang gestattend; so beschaffen, daß man es betreten, an es herangelangen kann; betretbar, erreichbar:*
> Oberhalb des Tümpels, gar nicht leicht zugänglich, lagen an der Wand zwei Höhlen nebeneinander (Hollander, Akazien 103); Jedes Stück hing. . . in den frei zugänglichen Regalen (Koeppen, New York 52); Schon beim Frühstück, das er . . . in dem allen zugänglichen Raum des Hotels einnahm (Musil, Mann 381); weil die Zimmer vom Vorraume aus. . . direkt und jedes für sich zugänglich waren (Doderer, Wasserfälle 26); Der Besitz sollte zugänglich bleiben, die Bewegungsfreiheit der Hauptstädter im Grünen nicht eingeschränkt werden (Th. Mann, Hoheit 135).

Bildlich:
> Radioapparate waren. . . nur einem bestimmten Teil der Bevölkerung zugänglich (Leonhard, Revolution 95); Alles Lebende wird erst im Abbau, in der Dekomposition der Analyse zugänglich (Gehlen, Zeitalter 85); Gedichttexte, die bis heute im Druck und handschriftlich zugänglich wurden (Herrenjournal 3/1966, 202); Unterdes habe ich ihm aber einiges Material zugänglich gemacht (Fallada, Herr 79).

Im übertragenen Gebrauch bedeutet *zugänglich* soviel wie *sich Anregungen o.ä. gegenüber nicht ablehnend verhaltend, sich ihnen gegenüber nicht verschließend; aufgeschlossen:*
> wenn ich Sie nun auch noch küsse, so ist es gänzlich aus mit Ihnen. Sie sind dann vernünftigen Vorstellungen überhaupt nicht mehr zugänglich (Th. Mann, Krull 253); Ich meine, daß sie aufgeschlossener wird, zugänglicher, freier (Remarque, Obelisk 285); Wenn der Mensch verzweifelt ist, ist er leichter dem Abenteuer zugänglich (Remarque, Obelisk 181); Denn Ulrich war der Werbung nicht zugänglich (Musil, Mann 540).

Das Adjektiv **zugängig,** das schon in älteren Wörterbüchern verzeichnet ist, aber nur selten gebraucht wurde, scheint neuerdings wieder öfter verwendet zu werden, und zwar sowohl im konkreten ([leicht] Zugang gewährend) wie im übertragenen Gebrauch.

Konkret:
> . . . daß die Heizkörper frei zugängig sind (Clorius-Mitteilung).

Bildlich:
> Irgend etwas mußte sich noch verbergen hinter all diesem absurden Gerede über Juden, Zinsknechtschaft und Versailler Diktat — irgendein geheimer Sinn, zugängig allein dem Eingeweihten (K. Mann, Wendepunkt 227); Einem kleinen Kreis exklusiver Bücherfreunde können wir diese Kostbarkeit für nur DM 24,50 zugängig machen (Werbung).

Übertragen:
> Seine Pädagogik ging von der Voraussetzung aus, daß der Mensch fundamental gut oder doch dem Guten zugängig sei (K. Mann, Wendepunkt 93); war sie . . . kaum einer Anrede zugängig in dieser Übellaunigkeit (Maass, Gouffé 229).

Da *zugänglich* in seinem konkreten Gebrauch mit dem Substantiv Zugang und im übertragenen mit Zugänglichkeit inhaltlich korrespondiert, sollte *zugängig* als Ableitung von Zugang auf den konkreten Gebrauch beschränkt bleiben.

zwangsläufig/zwangläufig

Was als **zwangsläufig** bezeichnet wird, geschieht unabwendbar, unabänderlich und notgedrungen auf Grund einer gegebenen Entwicklung, ergibt sich auf Grund eines bestimmten Geschehens, eines Ablaufs. Meist handelt es sich um eine als negativ empfundene Entwicklung:
> diese Entscheidung führte zwangsläufig in die Katastrophe; die zwangsläufige Folge davon wird sein, daß . . .

Das Adjektiv **zwangläufig** wird in der Getriebelehre gebraucht. Getriebe und Mechanismen sind zwangläufig, wenn jeder Stellung des einen Gliedes gegen irgendein anderes Glied bestimmte Stellungen aller anderen Glieder zugeordnet sind. Dieses Adjektiv leitet sich von *Zwanglauf* her, womit ein Beweglichkeitszustand gemeint ist, der nur e i n e Bewegung zuläßt:
> Arbeitssicherheit durch zwangläufig wirkende Schutzvorrichtungen.

Erklärung der im Buch verwendeten grammatischen und stilistischen Ausdrücke

Die bei einigen Wörtern angegebene Aussprache ist mit den Zeichen der Internationalen Lautschrift wiedergegeben.

ablautendes Verb: Verb, das in manchen Zeitformen einen anderen Stammvokal hat als im Infinitiv, z. B. er will ihn bewegen, das zu tun; er hat ihn bewogen, das zu tun.

Adjektiv: Eigenschaftswort (z.B. dunkel, groß, schön).

adjektivisch: als Adjektiv gebraucht, zum Adjektiv gehörend.

Adverb: Wort, das den Umstand des Ortes, der Zeit, der Art und Weise oder des Grundes näher bezeichnet, die räumlichen, zeitlichen usw. Beziehungen kennzeichnet; Umstandswort, z.B. er kommt *bald*; Klaus sprintet *sehr* schnell; das Buch *dort*; *hoffentlich* bist du gesund.

adverbial: als Adverb gebraucht, zum Verb gehörend (z.B. *ernstlich* ermahnen).

adverbialer Akkusativ: Akkusativ, der nicht Objekt, also nicht Satzergänzung im 4. Fall ist, sondern adverbiale Funktion hat: er steigt *den Berg* hinauf.

Akkusativobjekt: Ergänzung im vierten Fall (z.B. er zahlt *die Miete*).

Artangabe: Umstandsergänzung oder freie Umstandsangabe der Art und Weise; auch adverbiale Bestimmung oder Umstandsbestimmung der Art und Weise genannt, z.B. die Figur ist *aus Holz*.

Attribut: Beifügung, die zu einem Substantiv, Adjektiv oder Adverb gehört (der *alte* Mann, ein *selten* schönes Bild, das geschieht *sehr* oft).

attributiv: zum Attribut gehörend, eine nähere, beigefügte Bestimmung bildend (z.B. *ernste* Gedanken).

außerpersönlicher Gebrauch eines Verbs: in der dritten Person gebrauchte Bedeutung eines Verbs (*etwas* beleuchtet etwas).

Bestimmungswort: voranstehender Teil eines zusammengesetzten Wortes, der das Grundwort näher bestimmt

bildlicher Gebrauch: Gebrauch eines Wortes im Vergleich oder in einer Metapher, ohne daß sich dadurch eine Bedeutungsänderung ergibt.

Dativobjekt: Ergänzung im dritten Fall (er hilft *ihm*).

Erstreckungsakkusativ: z.B. er tritt *einen Schritt* in das Zimmer.

Herkunftsadjektiv: s. Relativadjektiv.

intransitiv: Zeitwort, das kein Akkusativobjekt bei sich hat (er läuft).

Kompositum: s. Zusammensetzung.

Kontext: sprachliche Umgebung, in der ein Wort oder eine sprachliche Einheit steht.

lexikalisch: zum festen Wortbestand der Sprache gehörend.

lexikalisiertes Wort: Wort, das bereits zum festen Bestandteil der Sprache gehört und nicht nur eine von der Wortbildung her mögliche Zufallsbildung ist.

Partizip: Form des Verbs, die bereits adjektivischen Charakter hat: 1. Partizip: der Kaffee wirkt *belebend*; 2. Partizip: der Kaffee hat ihn *belebt*.

persönlicher Gebrauch eines Verbs: nicht nur in der dritten Person gebrauchtes, also nicht nur außerpersönlich gebrauchtes Verb (ich zahle usw.).

prädikativ: zum Prädikat gehörend, aussagend (z.B. er ist *ernst*).

Präfix: Vorsilbe (*ent*-fernen).

Präposition: Wort, das in Verbindung mit einem anderen Wort – meist einem Substantiv – ein Verhältnis kennzeichnet (in, aus, bei).

Präpositionalobjekt: notwendige Ergänzung mit einer Präposition (z.B. er wartet *auf seinen Freund*).

pronominal: als Fürwort (Pronomen) gebraucht, d.h. ein Substantiv vertretend oder begleitend.

Raumangabe: z.B. er liegt *im Liegestuhl.*

reflexives Verb: ein sich auf sich selbst beziehendes, rückbezügliches Wort, z. B. ich wasche *mich.*

Relativadjektiv: nicht steigerungsfähiges Adjektiv, das keine vorhandene Eigenschaft, sondern nur eine allgemeine Relation in bezug auf den zugrunde liegenden Begriff ausdrückt, z.B. das *väterliche* (= dem Vater gehörende) Haus; *logische* (sich mit Logik befassende) Untersuchungen; *ideelle* Hilfe. Ein Relativadjektiv ermöglicht eine syntaktische Beiordnung.

schwaches Verb: ein Verb, das üblicherweise in allen Zeitformen den gleichen Stammvokal hat und die Vergangenheit mit -te, das Perfekt mit -t bildet: er beweg*te* den Kopf, hat den Kopf beweg*t.*

semantisch: die Bedeutung eines Wortes betreffend.

Simplex: einfaches, d.h. nicht zu-sammengesetztes Wort (z.B. treten, genau) im Unterschied beispielsweise zum Kompositum.

starkes Verb: s. ablautendes Verb.

Substantiv: Hauptwort (Tisch).

Suffix: Nachsilbe (z.B. Resozialisier*ung*).

Synonym: bedeutungsähnliches Wort.

syntaktisch: den Satzbau betreffend.

transitiv: Zeitwort, das ein Akkusativobjekt bei sich hat (er *wiegt die Butter*).

übertragener Gebrauch: im Unterschied zum bildlichen Gebrauch ist der Bildgehalt stark verblaßt. Das Wort wird in einer anderen oder veränderten Bedeutung gebraucht (z.B. seine Hoffnungen begraben = aufgeben).

Verbzusatz: der mit einem Zeitwort verbundene trennbare Teil (*ab*-wiegen).

Zugehörigkeitsadjektiv: s. Relativadjektiv.

Zusammenbildung: eine Art der Wortbildung, bei der an eine syntaktische Wortgruppe, die die Grundlage bildet, ein Suffix tritt (z.B. dreimonatig; aus: drei Monate + -ig).

Zusammensetzung: zusammengesetztes Wort im Gegensatz zum einfachen Wort.

Zustandspassiv: Aussageform, die das Ergebnis einer Handlung bezeichnet. Sie gibt an, in welchem Zustand das Subjekt geraten ist, das vorher Objekt einer Handlung war (z.B. das Fenster ist geöffnet).

Die in diesem Buch zitierten Quellen

Abend, Der (Zeitung).

Acta Paedopsychiatrica: Verlag bibliotheca christiana Bonn 1962.

Adorno, Theodor W.: Prismen, Kulturkritik und Gesellschaft. München: Deutscher Taschenbuch Verlag 159. 1963.

Aichinger, Ilse: Die größere Hoffnung. Frankfurt a. M.–Hamburg: Fischer Bücherei 327, 1960.

Andersch, Alfred: Die Rote. Olten und Freiburg: Walter-Verlag, 1960.

Andersch, Alfred: Sansibar oder der letzte Grund. Frankfurt a. M.– Hamburg: Fischer Bücherei 354, 1962.

Andres, Stefan: Die Liebesschaukel. Frankfurt a. M.–Hamburg: Fischer Bücherei 46, 1961.

Andres, Stefan: Portiuncula.

Andres, Stefan: Die Vermummten. Stuttgart: Reclams U.-B. 7703/04, 1959.

Apitz, Bruno: Nackt unter Wölfen. Reinbek/Hamburg: rororo 416/17, 1961.

Archiv für das Studium der neueren Sprachen (Zeitschrift).

Aufbruch (Zeitschrift).

Augstein, Rudolf: Spiegelungen. München: List Taschenbücher 272, 1964.

Augustin, Ernst: Der Kopf. München: R. Piper & Co Verlag 1962.

Auto, Motor und Sport. Zeitschrift. Stuttgart.

Bachmann, Ingeborg: Gedichte, Erzählungen, Hörspiel. Essays. München: Piper & Co Verlag 1964. Die Bücher der Neunzehn, Nr. 111.

Baldwin, James: Eine andere Welt. Hamburg: Rowohlt Verlag, 1965.

Bamm, Peter: Die kleine Weltlaterne. Frankfurt a. M.–Hamburg; Fischer Bücherei 404, 1962.

Baum, Vicky: Liebe und Tod auf Bali. Frankfurt a. M.–Berlin: Ullstein Bücher 143, 1962.

Baum, Vicky, Rendezvous in Paris.
Frankfurt a. M.–Berlin: Ullstein Bücher 76, 1962.

Bausinger, Hermann: Dialekte, Sprachbarrieren, Sondersprachen. Frankfurt a. M.: Fischer Taschenbuch Verlag 1972.

Bauwirtschaft (Zeitschrift).

Beheim-Schwarzbach: Die diebischen Freuden des Herrn von Bißwange-Haschezek. Hamburg: Rowohlt, rororo 47, 1952.

Benn, Gottfried: Die Stimme hinter dem Vorhang und andere Szenen, dtv Sonderreihe.

Benn, Gottfried: Provoziertes Leben. Frankfurt a. M.–Berlin: Ullstein Bücher 54. 1962.

Benrath, Henry: Die Kaiserin Konstanze. Frankfurt a. M.–Hamburg: Fischer Bücherei 330. 1960.

Bergengruen, Werner: Die Rittmeisterin. München: Nymphenburger Verlagshandlung, 1954.

Berliner Zeitung (Ost).

Bibliographisches Handbuch zur Sprachinhaltsforschung von Gipper/Schwarz. Köln und Opladen: Westdeutscher Verlag, 1962 ff.

Bieler, Manfred: Bonifaz oder der Matrose in der Flasche. Neuwied/ Rhein–Berlin: Hermann Luchterhand Verlag. 1963.

Bildende Kunst I, Frankfurt a. M.: Fischer Lexikon, Bd. 21, 1960.

Bild und Funk: Zeitschrift. Offenburg/Baden.

Bild-Zeitung: Hamburg.

Bloch, Ernst: Durch die Wüste. Frühe kritische Aufsätze. Frankfurt a. M.: Edition Suhrkamp 74, 1964.

Bobrowski, Johannes: Levins Mühle. Frankfurt a. M.: S. Fischer Verlag, o. J.

Bodamer, Joachim: Der Mann von heute. Freiburg: Alber Verlag, 1962.

Böll, Heinrich: Erzählungen, Hörspiele, Aufsätze. Köln–Berlin:

Kiepenheuer & Witsch, 1961.

Böll, Heinrich: Haus ohne Hüter. Berlin: Ullstein Bücher 185, 1967.

Böll, Heinrich: Der Mann mit den Messern. Stuttgart: Reclams U.-B. 8287, 1958.

Böll, Heinrich: Und sagte kein einziges Wort. Frankfurt a. M.−Berlin: Ullstein Bücher 141, 1962.

Böll, Heinrich: Wo warst du, Adam? Frankfurt a. M.−Berlin: Ullstein Bücher 84, 1962.

Borchert, Wolfgang: Draußen vor der Tür und ausgewählte Erzählungen. Reinbek/Hamburg: rororo 170, 1962.

Borchert, Wolfgang: Die traurigen Geranien und andere Geschichten aus dem Nachlaß. Reinbek/Hamburg: Rowohlt Verlag, 1962.

Börsenblatt für den deutschen Buchhandel. Frankfurter Ausgabe. Organ des Börsenvereins des Deutschen Buchhandels e. V. Frankfurt am Main.

Brecht, Bertolt: Drei Groschen Roman. Reinbek/Hamburg: rororo 263 bis 264, 1961.

Brecht, Bertolt: Geschichten, Frankfurt a. M.: Bibliothek Suhrkamp 81, 1962.

Brecht, Bertolt: Der gute Mensch von Sezuan. Frankfurt a. M.: edition suhrkamp 73, 1964.

Brecht, Bertolt: Songs aus der Dreigroschenoper. Berlin: Gebrüder Weiss Verlag, 1949.

Bredel, Willi: Die Prüfung. Berlin: Aufbau-Verlag, 1946.

Bredel, Willi: Die Väter. Berlin−Weimar: Aufbau-Verlag, 1967.

Brekle, H. E.: Semantik. München: Wilhelm Fink Verlag, UTB 102, 1972.

Broch, Hermann: Der Versucher. Hamburg: rororo 343−344. 1960.

Brockhaus Enzyklopädie in 20 Bänden, 1966 ff.

Brod, Max: Annerl. Reinbek/Hamburg: rororo 189, 1960.

Buber, Martin: Gog und Magog. Frankfurt a. M.−Hamburg: Fischer Bücherei 174, 1957.

Bühler, Charlotte: Psychologie im Leben unserer Zeit. München/Zürich: Droemer Knaur 1968.

Bulletin des Presse- und Informationsamts der Bundesregierung.

Bund Bern, Der (Zeitung).

Bundestag, Deutscher (Sitzungsprotokolle).

B+Z-Berater (Zeitschrift).

Busch, Wilhelm: Platonische Briefe an eine Frau. Leipzig: Insel Verlag 1962.

BZ am Abend. Tageszeitung. (Ost-Berlin).

Carossa, Hans: Aufzeichnungen aus Italien. Wiesbaden: Insel-Verlag. 1947.

Ceram, C. W.: Götter, Gräber und Gelehrte. Hamburg: Rowohlt Verlag, 1949.

Curschmann, Michael: Der Münchener Oswald und die deutsche spielmännische Epik. München 1964.

Dariaux, G. A.: Eleganz. Darmstadt: Ullstein o. J.

Deschner, Karlheinz: Talente, Dichter, Dilettanten. Wiesbaden: Limes Verlag, 1964.

Dessauer, Maria: Herkun. Hamburg: Marion von Schröder Verlag, 1959.

Deutsch als Fremdsprache (Zeitschrift).

Diskussion Deutsch (Zeitschrift).

DM. Deutsche Mark. Erste Zeitschrift mit Warentests, Stuttgart: Verlag Waldemar Schweitzer GmbH & Co. KG

DM Test (Zeitschrift).

Döblin, Alfred: Berlin Alexanderplatz. Olten und Freiburg: Walter-Verlag, 1961.

Döblin, Alfred: Märchen vom Materialismus. Stuttgart: Reclam U.-B. 8261, 1959.

Doderer, Heimito von: Die Wasserfälle von Slunj. München: Biederstein Verlag, 1963.

Doderer, Heimito von: Das letzte Abenteuer. Stuttgart: Reclams U.-B. 7806/07, 1958.

Dönhoff, Marion Gräfin v.: Die Bundesrepublik in der Ära Adenauer. Hamburg: Rowohlt Verlag, 1963.

Dorpat, Draginja: Ellenbogenspiele. Hamburg: Merlin Verlag, 1967.

Duden, Der Große, Bd. 4 Grammatik der deutschen Gegenwartssprache, Mannheim: Bibliographisches Institut, [2]1966.

Dürrenmatt, Friedrich: Der Meteor. Zürich: Verlag der Arche. 1966.

Dürrenmatt, Friedrich: Der Richter

und sein Henker. Reinbek/Hamburg: rororo 150, 1961.

Dürrenmatt, Friedrich: Grieche sucht Griechin. Frankfurt a. M.: Büchergilde Gutenberg, 1958.

Dwinger, Edwin Erich: Das Glück der Erde, Reiterbrevier für Pferdefreunde. Heidenheim: Erich Hoffmann Verlag, 1965.

Edschmid, Kasimir: Der Liebesengel. Reinbek/Hamburg: rororo 254, 1961.

Eidenschink, Otto: Richtiges Bergsteigen in Fels und Eis. München: F. Bruckmann Verlag, [5] 1964.

Elektronik (Zeitschrift).

Engel, Ulrich: Plädoyer für „Fremdwörter" (im Druck).

Enzensberger, Hans Magnus: Einzelheiten I. Bewußtseins-Industrie. Frankfurt a. M.: Suhrkamp Verlag, 1964.

Erika-Roman 963.

Expreß (Wien) (Zeitung).

Fallada, Hans: Jeder stirbt für sich allein. Reinbek/Hamburg: rororo 671 bis 672, 1964.

Fallada, Hans: Junger Herr ganz groß. Frankfurt a. M.–Berlin: Ullstein Verlag, 1952.

Fallada, Hans: Kleiner Mann – was nun? Reinbek/Hamburg: rororo 1, 1960

Fallada, Hans: Wer einmal aus dem Blechnapf frißt. Reinbek/Hamburg: rororo 54/55, 1961.

Faller, Gerda: Zwei Frauen für ein Jahr. Stuttgart: Engelhornverlag, 1967.

Festschrift für Hans Eggers zum 65. Geburtstag. Tübingen: Max Niemeyer Verlag 1972.

Festschrift für Herbert Seidler. Salzburg: Verlagsbuchhandlung Anton Pustel 1966.

Feuchtwanger, Lion: Erfolg. Hamburg: Rowohlt Verlag, 1956.

Feuchtwanger, Lion: Die häßliche Herzogin. Reinbek/Hamburg: rororo 265. 1962.

Film (Zeitschrift).

Fischer Lexikon, Das: Medizin II. Frankfurt a. M.–Hamburg: Fischer Bücherei, 1959.

Fono forum (Zeitschrift).

Foto-Magazin, München.

Fraenkel, Ernst – Bracher, Karl Dietrich: Staat und Politik. Frankfurt a. M.–Hamburg: Fischer Bücherei, 1957.

Frank, Bruno: Tage des Königs. Hamburg: rororo 193, 1956.

Frank, Leonhard: Im letzten Wagen. Erzählungen. Stuttgart: Reclams U.-B. 7004, 1959.

Frank, Stanley: Der sexuell aktive Mann über vierzig. München: Wilhelm Goldmann Verlag, o. J.

Frankenberg, Richard von: Die großen Fahrer unserer Zeit. Stuttgart: Motorbuch-Verlag, 1964.

Frankenberg, Richard von: Hohe Schule des Fahrens. Stuttgart: Motor-Presse-Verlag 1963.

Frankfurter Allgemeine Zeitung für Deutschland. Tageszeitung. Frankfurt a. M.

Freud, Sigmund: Abriß der Psychoanalyse. Das Unbehagen in der Kultur. Frankfurt a. M.–Hamburg: Fischer Bücherei 47, 1960.

Friedell, Egon: Aufklärung und Revolution. München: dtv 23, 1961.

Fries, Fritz Rudolf: Der Weg nach Oobliadooh. Frankfurt a. M.: Suhrkamp Verlag, 1966.

Frisch, Max: Homo faber. Frankfurt a. M.: Bibliothek Suhrkamp 87, 1957.

Frisch, Max: Mein Name sei Gantenbein. Frankfurt a. M.: Suhrkamp Verlag, 1964.

Frisch, Max: Santa Cruz. Nun singen sie wieder. Frankfurt a. M.: Suhrkamp Verlag, 1962.

Frisch, Max: Stiller. Frankfurt a. M.: Suhrkamp Verlag, 1963.

Fühmann, Franz: Das Judenauto. Berlin: Aufbau-Verlag, 1962.

Fussenegger, Gertrud: Das Haus der dunklen Krüge. Salzburg: Otto Müller Verlag, 1951.

Fussenegger, Gertrud: Zeit des Raben – Zeit der Taube. Stuttgart: Deutsche Verlags-Anstalt, 1960.

Gaiser, Gerd: Schlußball. Frankfurt a. M.–Hamburg: Fischer Bücherei 402. 1961.

Gaiser, Gerd: Die sterbende Jagd. Frankfurt a. M.–Hamburg: Fischer Bücherei 186, 1962.

Gast, Herbert: Bretter, Schanzen und Rekorde. Berlin: Der Kinderbuchverlag, 1961.

Gauger, Hans-Martin: Zum Problem der Synonyme: Tübingen 1972.

Gehlen, Arnold: Die Seele im technischen Zeitalter. Reinbek/Hamburg: Rowohlt Taschenbuchverlag, 1957.

Geissler, Horst Wolfram: Das Wunschhütlein. Frankfurt a. M.–Berlin: Ullstein Bücher 250, 1962.

Genet, Jean: Miracle de la Rose. Übers. von Manfred Unruh. Hamburg: Merlin Verlag, 1963.

Genet, Jean: Notre-Dame-des-Fleurs. Übers. von Gerhard Hock. Hamburg: Merlin Verlag, 1962.

Genet, Jean: Pompes Funebres – Das Totenfest. Übers. von Marion Luckow. Hamburg: Merlin Verlag, 1966.

Genet, Jean: Tagebuch eines Diebes. Übers. von Gerhard Hock und Helmut Voßkämpfer. Hamburg: Merlin Verlag, 1961.

Germanistik, Internationales Referatenorgan. Tübingen: Max Niemeyer Verlag (Zeitschrift).

Gipper, Helmut: Sprachliche und geistige Metamorphosen bei Gedichtübersetzungen. Düsseldorf: Pädagogischer Verlag Schwann 1966.

Glaube und Leben (Katholische Kirchenzeitung).

Goes, Albrecht: Hagar am Brunnen. Frankfurt a. M.–Hamburg: Fischer Bücherei 211, 1962.

Goetz, Curt: Dr. med. Hiob Prätorius. Stuttgart: Reclams U.-B. 8445, 1960.

Goldschmit-Jentner, Rudolf K.: Die Begegnung mit dem Genius. Frankfurt a. M.: Fischer Bücherei 56, 1954.

Grass, Günter: Die Blechtrommel. Neuwied/Rhein–Berlin: Luchterhand Verlag, 1960.

Grass, Günter: Hundejahre. Neuwied/Rhein–Berlin: Luchterhand Verlag, 1963.

Grass, Günter: Katz und Maus. Neuwied/Rhein–Berlin: Luchterhand Verlag, 1961.

Gregor, Ulrich-Patalas, Enno: Geschichte des modernen Films. Gütersloh: Sigbert Mohn Verlag, 1965.

Greiner, Martin: Die Entstehung der modernen Unterhaltungsliteratur. Hamburg: rowohlts deutsche enzyklopädie, Bd. 207, 1964.

Grzimek, Hildegard: Mein Leben für die Tiere. Mainz: Verlag Helios Diemer, 1964.

Habe, Hans: Im Namen des Teufels. München: Lichtenberg Verlag, 1963.

Hacks, Peter: Fünf Stücke. Frankfurt a. M.: Suhrkamp Verlag, 1965.

Hagelstange, Rudolf: Spielball der Götter. Hamburg: Hoffmann und Campe Verlag, 1959.

Hartung, Hugo: Ich denke oft an Piroschka. Frankfurt a. M.–Berlin: Ullstein Bücher 221, 1962.

Hartung, Hugo: Ein Junitag. Erzählungen. Stuttgart: Reclams U.-B. 7658, 1959.

Haselbach, Gerhard: Grammatik und Sprachstruktur. Berlin: de Gruyter 1966.

Hauptmann, Gerhart: Bahnwärter Thiel. Stuttgart: Reclams U.-B. 6617, 1955.

Hauptmann, Gerhart: Der Schuß im Park. München: Piper Bücherei 39, o.J.

Hausmann, Manfred: Abel mit der Mundharmonika, Frankfurt a.M.–Hamburg: Fischer Bücherei 90, 1961.

Hausmann, Manfred: Salut gen Himmel. Frankfurt a. M.–Hamburg: Fischer Bücherei 201, 1961.

Heilsarmee, Der Kriegsruf (Zeitschrift).

Henzen, Walter: Die Bezeichnung von Richtung und Gegenrichtung im Deutschen. Tübingen: Max Niemeyer Verlag 1969.

Herrenjournal. Modezeitschrift. Berlin: Walter Matthess & Co.

Hesse, Hermann: Briefe. Erweiterte Ausgabe. Frankfurt a. M.: Suhrkamp Verlag, 1964. Die Bücher der Neunzehn, Nr. 117.

Hesse, Hermann: Narziß und Goldmund. Frankfurt a. M.: Suhrkamp Verlag, 1960.

Hesse, Hermann: Der Steppenwolf. Frankfurt a. M.: Suhrkamp Verlag, 1961.

Hildesheimer, Wolfgang: Lieblose Legenden. Frankfurt a. M.: Bibliothek Suhrkamp 84, 1962.

Hobby (Zeitschrift).

Hochhuth, Rolf: Der Stellvertreter. Reinbek/Hamburg: Rowohlt Verlag, 1963.

Hofstätter, Peter R.: Gruppendynamik. Reinbek/Hamburg: rde 38, 1962.

Hollander, Walther von: Akazien, Frankfurt a. M.–Berlin: Ullstein Bücher 371, 1961.

Hörmann, Hans: Psychologie der Sprache. Berlin/Heidelberg/New York: Springer 1967.

Hörzu (Zeitschrift).

Idioma (Zeitschrift).

Imog, Jo: Die Wurliblume. Hamburg: Cala Verlag, 1967.

Info (Zeitschrift).

Informationsschrift der Stadtwerke.

Jacob, Heinrich Eduard: Sage und Siegeszug des Kaffees. Reinbek/Hamburg: rororo 675–676, 1964.

Jaeger, Henry: Das Freudenhaus. München: Rütten und Loening Verlag, 1966.

Jäger, Siegfried: Der Konjunktiv in der deutschen Sprache der Gegenwart. München: Max Hueber Verlag 1971.

Jahnn, Hans Henny: 13 nicht geheure Geschichten. Frankfurt a. M.: Bibliothek Suhrkamp 105, 1963.

Jahnn, Hans Henny: Die Nacht aus Blei. München: dtv 5 sr, 1962.

Jahrbuch des Instituts für deutsche Sprache. Düsseldorf: Schwann 1969.

Jens, Walter: Der Mann, der nicht alt werden wollte. Hamburg: rororo 530, 1963.

Johnson, Uwe: Das dritte Buch über Achim. Frankfurt a. M.: Suhrkamp Verlag 1961.

Johnson, Uwe: Zwei Ansichten. Frankfurt a. M.: Suhrkamp Verlag, 1965.

Joho, Wolfgang: Jeanne Peyrouton. Berlin–Weimar: Aufbau-Verlag, 1966.

Juhász, János: Probleme der Interferenz. Budapest/München: Max Hueber Verlag, 1970.

Jünger, Ernst: Gläserne Bienen. Reinbek/Hamburg: rororo 385, 1960.

Kafka, Franz: Die Erzählungen. Frankfurt a. M.: S. Fischer Verlag, 1961.

Kafka, Franz: Das Schloß. Frankfurt a. M.: S. Fischer Verlag 1958.

Kaiser, Georg: Villa Aurea. Mannheim: Kessler Verlag, 1952.

Kantorowicz, Alfred: Deutsches Tagebuch. München: Kindler, 1. Teil 1959, 2. Teil 1961.

Kasack, Hermann: Der Webstuhl. Das Birkenwäldchen (zwei Erzählungen). Stuttgart: Reclams U.-B. 8052, 1959.

Kästner, Erhart: Zeltbuch von Tumilad. Frankfurt a. M.–Hamburg: Fischer Bücherei 139, 1963.

Kästner, Erich: Die Schule der Diktatoren. Frankfurt a. M.–Hamburg: Fischer Bücherei 261, 1961.

Kessel, Joseph: Patricia und der Löwe. Frankfurt a. M.–Hamburg: Fischer Bücherei 477, 1962.

Kesten, Hermann: Mit Geduld kann man sogar das Leben aushalten. Stuttgart: Reclams U.-B., 8015, 1957.

Keun, Irmgard: Das kunstseidene Mädchen. Düsseldorf: Droste Verlag, 1951.

Kirst, Hans Hellmut: Aufruhr in einer kleinen Stadt. München: Lichtenberg Taschenbücher 3, 1963.

Kirst, Hans Hellmut: 08/15. München–Wien–Basel: Verlag Kurt Desch, 1965.

Kisch, Egon Erwin: Der rasende Reporter. Berlin: Sieben-Stäbe-Verlag, 1930.

Klappenbach/Steinitz: Wörterbuch der deutschen Gegenwartssprache. Berlin (Ost): Akademie-Verlag 1960 ff.

Klein, Helmut: Polytechnische Bildung und Erziehung in der DDR. Hamburg: rowohlts deutsche enzyklopädie, Bd. 144, 1962.

Klepper, Jochen: Der Kahn der fröhlichen Leute. Frankfurt a. M.–Hamburg: Fischer Bücherei 74, 1961.

Koeppen, Wolfgang: Nach Rußland und anderswohin. Frankfurt a. M.–Hamburg: Fischer Bücherei 359, 1961.

Koeppen, Wolfgang: New York. Stuttgart: Reclams U.-B. 8602, 1959.

Kolb, Annette: Daphne Herbst. Frankfurt a. M.–Hamburg: Fischer Bücherei 516, 1960.

Kolb, Annette: Die Schaukel. Frankfurt a. M.–Hamburg: Fischer Bücherei 365. 1960.

Kolb, Herbert: Wilzenbach – wenn der noch dagewesen wäre. Gütersloh: Sigbert Mohn Verlag, 1964.

Kolb, Herbert: Das Heft, 6/1965 Berlin.

Kosmos (Zeitschrift).

Krahe, Hans: Einleitung in das vergleichende Sprachstudium. Innsbruck: 1970.

Kretschmer, Ernst: Körperbau und Charakter. Berlin–Göttingen–Heidelberg: Springer Verlag 1955.

Kretschmer, Ernst: Der sensitive Beziehungswahn. Berlin–Göttingen–Heidelberg: Springer Verlag, 1950.

Kronenzeitung.

Kuby, Erich: Rosemarie des deutschen Wunders liebstes Kind. Hamburg: Rowohlt Verlag, 1972.

Kuby, Erich: Sieg! Sieg! Reinbek/Hamburg: Rowohlt Verlag, 1961.

Küpper, Heinz: Simplicius 45. Köln: Friedrich Middelhauve Verlag, 1963.

Kusenberg, Kurt: Mal was andres. Reinbek/Hamburg: rororo 113, 1960.

Langgässer, Elisabeth: Das unauslöschliche Siegel. Hamburg: Claassen Verlag, 1959.

Lebende Sprachen (Zeitschrift).

Lederer, Joe: Drei Tage Liebe. Bring mich heim. Frankfurt a. M. –Berlin: Ullstein Bücher 278, 1962.

Leip, Hans: Die Klabauterflagge. Stuttgart: Reclams U.-B. 7900, 1958.

Lenz, Siegfried: Brot und Spiele. München: dtv 233, 1964.

Lenz, Siegfried: So zärtlich war Suleyken. Frankfurt a. M.–Hamburg: Fischer Bücherei 312, 1962.

Leonhard, Wolfgang: Die Revolution entläßt ihre Kinder. Frankfurt a. M.–Berlin: Ullstein Bücher 337/38, 1955.

Levine, Lewis und Walter Arndt: Grundzüge moderner Sprachbeschreibung. Tübingen: Max Niemeyer Verlag, 1969.

Linguistische Berichte (Zeitschrift).

Löns, Hermann: Das zweite Gesicht. Düsseldorf: Eugen Diederichs Verlag, 1965.

Lorenz, Konrad: Über tierisches und menschliches Verhalten. München:

Piper u. Co.Verlag, 1965.

Lorenz, Konrad: Das sogenannte Böse. Zur Naturgeschichte der Aggression. Wien: W. G. Borotha-Schoeler.

Lüthi, Max: Es war einmal. Göttingen: Kleine Vandenhoeck-Reihe 136/137.

Lynen, Adam R.: Kentaurenfährte. München: Kindler Verlag, 1963.

Maass, Joachim: Der Fall Gouffé. Frankfurt a. M.–Hamburg: Fischer Bücherei 546, 1963.

Mackensen, Lutz: Die deutsche Sprache in unserer Zeit. Heidelberg: Quelle & Meyer, [2] 1971.

Maegerlein, Heinz: König der Piste. München: Franz Schneider Verlag. 1964.

Mann, Heinrich: Die kleine Stadt. Hamburg: Claassen Verlag, 1960.

Mann, Heinrich: Professor Unrat. Reinbek/Hamburg: rororo 35. 1951.

Mann, Klaus: Der Vulkan. Frankfurt a. M.: G. B. Fischer Verlag, 1956.

Mann, Klaus: Der Wendepunkt. Frankfurt a. M.–Hamburg: Fischer Bücherei 560/61, 1963.

Mann, Thomas: Bekenntnisse des Hochstaplers Felix Krull. Frankfurt a. M.: S. Fischer Verlag, 1957.

Mann, Thomas: Buddenbrooks. Frankfurt a. M.–Hamburg: Fischer Bücherei, Exempla Classica 13, 1960.

Mann, Thomas: Königliche Hoheit. Frankfurt a. M.–Hamburg: Fischer Bücherei 2, 1963.

Mann, Thomas: Der Tod in Venedig und andere Erzählungen. Frankfurt a. M.–Hamburg: Fischer Bücherei 54, 1962.

Mann, Thomas: Der Zauberberg. Frankfurt a. M.: S. Fischer Verlag, 1960.

Mannheimer Morgen. Tageszeitung. Mannheim.

Marchwitza, Hans: Die Kumiaks. Berlin–Weimar: Aufbau-Verlag, 1965.

Marek, Kurt: Provokatorische Notizen. Reinbek/Hamburg, rororo 487, 1962.

Mehnert, Klaus: Der Sowjetmensch. Frankfurt a. M.–Hamburg: Fischer Bücherei 388, 1961.

Menzel, Roderich: Die Herren von morgen. München: Lichtenberg Taschenbücher 33, 1963.

Merkur (Zeitschrift).

Meyer, Ernst: Unterrichtsvorbereitung in Beispielen. Bochum: Verlag F. Kamp, o. J.

Mieterzeitung.

Mitteilungen des Deutschen Germanisten-Verbandes. Frankfurt a. M.: Moritz Diesterweg Verlag.

Molo, Walter von: Wo ich Frieden fand. München: Braun u. Schneider, 1959.

Molsner, Michael: Harakiri einer Führungskraft. Reinbek/Hamburg: rororo 2178, 1969.

Mostar, Herrmann: Liebe vor Gericht. Frankfurt a. M.–Berlin: Ullstein Bücher 500, 1961.

Mostar, Herrmann: Unschuldig verurteilt. Frankfurt a. M.–Berlin: Ullstein Bücher 344, 1962.

Musil, Robert: Der Mann ohne Eigenschaften. Hamburg: Rowohlt Verlag, 1960.

Musil, Robert: Die Verwirrungen des Zöglings Törleß. Reinbek/ Hamburg: rororo 300, 1960.

Müthel, Eva: Für dich blüht kein Baum. Frankfurt a. M.–Hamburg: Fischer Bücherei 296, 1959.

Muttersprache. Zeitschrift zur Pflege und Erforschung der deutschen Sprache.

Nachbar, Herbert: Der Mond hat einen Hof. Berlin: Aufbau-Verlag, 1967.

Nationalzeitung (Schweiz).

Natur und Geist. Frankfurt a. M.: Vittorio Klostermann 1964.

Neue Rundschau (Zeitschrift).

Neues Deutschland. Organ des Zentralkomitees der SED, Berlin.

Nickel, Gerhard: Fehlerkunde. Berlin: Cornelsen-Velhagen & Klasing, 1972.

Niekisch, Ernst: Gewagtes Leben. Köln–Berlin: Kiepenheuer u. Witsch, 1958.

Nigg, Walter: Des Pilgers Wiederkehr. Frankfurt a. M.–Hamburg: Fischer Bücherei 202, 1958.

Noack, Dr. Paul – Naumann, Bernd: Wer waren sie wirklich? Ein Blick hinter die Kulissen der elf interessantesten Prozesse der Nachkriegszeit. Bad Homburg v. d. H.: Herman Gentner Verlag, 1961.

Noelle, Elisabeth: Umfragen in der Massengesellschaft. Hamburg: rowohlts deutsche enzyklopädie, Bd. 177/78, 1963.

Normann, Käthe von: Ein Tagebuch aus Pommern 1945–1946. München: dtv 29, 1963.

Nossack, Hans Erich: Begegnung im Vorraum. Erzählungen. Frankfurt a. M.: Suhrkamp Verlag, 1963.

Olympische Spiele 1964.

Ott, Wolfgang: Haie und kleine Fische. Frankfurt a. M.–Hamburg: Fischer Bücherei 370, 1961.

Paul und Braunes Beiträge. Tübingen: Max Niemeyer Verlag.

Petra (Zeitschrift).

Philosophisches Wörterbuch. Stuttgart: Alfred Krömer Verlag.

Plievier, Theodor: Stalingrad. Frankfurt a. M.–Berlin: Ullstein Bücher 345/346, 1961.

Presse (Wien).

Prinzeß-Roman 43.

Probleme der Sprachwissenschaft. Beiträge zur Linguistik, The Hague/ Paris. Mouton 1971.

Publikation. Zeitschrift für literarische Öffentlichkeit, München/ Düsseldorf.

Rechy, John: Nacht in der Stadt. (Übers.) München: Droemer Knaur, 1965.

Reinig, Christa: Drei Schiffe, Erzählungen. Frankfurt a. M.: Fischer Verlag, 1965.

Remarque, Erich Maria: Arc de Triomphe. München: Kurt Desch Verlag, 1960.

Remarque, Erich Maria: Der Funke Leben. Frankfurt a. M.–Berlin: Ullstein Bücher 177, 1963.

Remarque, Erich Maria: Der schwarze Obelisk. Frankfurt a. M.–Berlin: Ullstein Bücher 325/326, 1963.

Remarque, Erich Maria: Im Westen nichts Neues. Frankfurt a. M.– Berlin: Ullstein Bücher 56, 1967.

Riesel, Elise: Der Stil der deutschen Alltagssprache. Leipzig: Reclam 1970.

Rilke, Rainer Maria: Die Aufzeichnungen des Malte Laurids Brigge. München: dtv 45, 1962.

Rinser, Luise: Mitte des Lebens. Frankfurt a. M.–Hamburg: Fischer Bücherei 256, 1961.

Roehler, Klaus: Die Würde der Nacht. München: Piper & Co Verlag, o. J.

Roth, Joseph: Beichte eines Mörders, erzählt in einer Nacht. Frankfurt a. M.: Bibliothek Suhrkamp 79, 1962.

Rothfels, Hans: Die deutsche Opposition gegen Hitler. Frankfurt a.M.–Hamburg: Fischer Bücher 198, 1961.

Salomon, Ernst von: Boche in Frankreich. Hamburg: rororo 13, 1960.

Schaper, Edzard: Der große offenbare Tag. Stuttgart: Reclams U.-B. 8018, 1960.

Schaper, Edzard: Die sterbende Kirche. Fischer Bücherei 37, 1958.

Schelsky, Helmut: Soziologie der Sexualität. Hamburg: rde 2, 1962.

Schippan, Thea: Einführung in die Semasiologie. Leipzig: VEB Bibliographisches Institut 1972.

Schmidt, S. J.: Bedeutung und Begriff. Braunschweig: Vieweg 1969.

Schnabel, Ernst: Sie sehen den Marmor nicht. Frankfurt a. M.–Hamburg: Fischer Bücherei 533, 1963.

Schneider, Reinhold: Das Erdbeben. Frankfurt a. M.–Berlin: Ullstein Bücher 313, 1961.

Schneider, Reinhold: Das Leiden des Camoes. Hamburg: rororo 324, 1959.

Schnitzler, Arthur: Liebelei, Reigen. Frankfurt a. M.–Hamburg: Fischer Bücherei 361, 1960.

Schnurre, Wolf-Dietrich: Ein Fall für Herrn Schmidt. Erzählungen. Stuttgart: Reclams U.-B. 8677, 1966.

Schnurre, Wolf-Dietrich: Als Vaters Bart noch rot war. Frankfurt/M.–Berlin: Ullstein Buch Nr. 382, 1958

Schröder, Rudolf Alexander: Der Wanderer und die Heimat. Frankfurt a. M.–Berlin, 1961.

Sebastian, Peter: Kaserne Krankenhaus. München: Lichtenberg Taschenbücher 16, 1963.

Seghers, Anna: Transit. Neuwied/Rhein–Berlin: Luchterhand Verlag, o.J.

Seidel, Eugen und Ingeborg Seidel-Slotty: Sprachwandel im Dritten Reich. Halle: VEB Verlag Sprache und Literatur, 1961.

Seidel, Ina: Sterne der Heimkehr. Frankfurt a. M.–Hamburg: Fischer Bücherei 371, 1961.

Seidler, Herbert: Allgemeine Stilistik. Göttingen: Vandenhoeck u. Ruprecht. 1963.

Sieburg, Friedrich: Blick durchs Fenster. Reinbek/Hamburg: rororo 201, 1963.

Sieburg, Friedrich: Robbespierre. München: dtv 413, 1963.

Silvia-Roman 674.

Simmel, J. Mario: Affäre Nina B. Hamburg: Rowohlt Verlag, 1960.

Solf, Kurt Dieter: Fotografie. Frankfurt a. M.: Fischer Handbücher 6034, 1971.

Sommerauer, Pfarrer: Das Bild zum Sonntag. München: Kindler Verlag, 1964.

Sonntagspost (Tirol).

Sowjetunion heute (Zeitschrift).

Spiegel, Der. Das deutsche Nachrichtenmagazin. Hamburg.

Spoerl, Heinrich: Der Maulkorb. Reinbek/Hamburg: rororo 262, 1961.

Sprachdienst, Der (Zeitschrift).

Sprachspiegel, Der (Zeitschrift).

Steinthal, Heymann: Kleine sprachtheoretische Schriften. Hildesheim/New York: Georg Olms Verlag 1970.

Stern (Zeitschrift).

St. Galler Tagblatt.

Stickel, Gerhard: Untersuchungen zur Negation im heutigen Deutsch. Braunschweig: Vieweg 1970.

Stiehl, Ulrich: Einführung in die allgemeine Semantik. Bern/München: Dalp Taschenbücher, Francke Verlag 1970.

Strittmatter, Erwin: Der Wundertäter. Berlin: Aufbau-Verlag, 1964.

Studium Generale. Zeitschrift. Berlin: Springer Verlag.

Tagesspiegel, Der (Zeitung).

Thienemann, August Friedrich: Leben und Umwelt. Hamburg: rowohlts deutsche enzyklopädie, Bd. 22, 1956.

Thieß, Frank: Neapolitanische Legende. Frankfurt a. M.–Hamburg: Fischer Bücherei 237, 1958.

Thieß, Frank: Das Reich der Dämonen. Hamburg—Wien: Paul Zsolnay Verlag, 1960.

Thieß, Frank: Stürmischer Frühling. Reinbek/Hamburg: rororo 62, 1952.

Thorwald, Jürgen: Das Jahrhundert der Chirurgen. Frankfurt a. M.—Berlin: Ullstein Bücher 320—321, 1961.

Trenker, Luis: Helden der Berge. Hamburg: Mosaik Verlag, 1964.

Tucholsky, Kurt: Ausgewählte Werke. Reinbek/Hamburg: Rowohlt Verlag, 1965.

Tucholsky, Kurt: Zwischen gestern und morgen. Reinbek/Hamburg: rororo 50, 1961.

Umschau (Zeitschrift).

Universitas. Zeitschrift für Wissenschaft, Kunst und Literatur. Stuttgart: Wissenschaftliche Verlagsgesellschaft.

Volk, Das. Organ der Bezirksleitung Erfurt.

Vorarlberger Nachrichten.

Waggerl, Karl Heinrich: Brot. München: dtv 15, 1963.

Walser, Martin: Eiche und Angora. Eine deutsche Chronik. Frankfurt a. M.: Suhrkamp Verlag, 1962.

Walser, Robert: Der Gehülfe. Frankfurt a. M.—Hamburg: Fischer Bücherei 452, 1962.

Walter, Fritz: Spiele, die ich nie vergesse. München: Copress-Verlag, 1955.

Wandruszka, Mario: Sprachen vergleichbar und unvergleichlich. München: R. Piper & Co Verlag 1969.

Weiss, Peter: Die Verfolgung und Ermordung Jean Paul Marats. Frankfurt a. M.: Suhrkamp Verlag. 1965.

Welt, Die. Tageszeitung. Hamburg.

Werfel, Franz: Das Lied von Bernadette. Frankfurt a. M.—Hamburg: Fischer Bücherei 240—241, 1962.

Werfel, Franz: Der veruntreute Himmel. Frankfurt a. M.—Hamburg: Fischer Bücherei 9, 1958.

Wiechert, Ernst: Die Jeromin-Kinder. Wien—München—Basel: Verlag Kurt Desch 1957.

Wieser, Wolfgang: Organismen, Strukturen, Maschinen. Frankfurt a. M.: Fischer Bücherei 230, 1959.

Winckler, Josef: Der tolle Bomberg. Frankfurt a. M.—Hamburg: Fischer Bücherei 344, 1960.

Wirkendes Wort (Zeitschrift).

Wissenschaftliche Redaktion, Die. Mannheim: Bibliographisches Institut.

Wochenpost (Zeitschrift). Berlin.

Wohmann, Gabriele: Ernste Absicht. Neuwied/Rhein—Berlin: Luchterhand Verlag, 1970.

Wolf, Christa: Nachdenken über Christa T. Neuwied/Rhein—Berlin: Luchterhand Verlag, 1969.

Wolf, Friedrich: Menetekel oder die fliegenden Untertassen. Berlin: Aufbau Verlag, 1961.

Woif, Friedrich: Zwei an der Grenze. Zürich/New York: Verlag Oprecht, Copyright 1938.

Zeit, Die. Wochenzeitung. Hamburg.

Zeitschrift für Dialektologie und Linguistik.

Zielsprache Deutsch (Zeitschrift).

Zuckmayer, Carl: Die Fastnachtsbeichte. Frankfurt a. M.: S. Fischer Verlag, 1960.

Zuckmayer, Carl: Herr über Leben und Tod. Frankfurt a. M.: Fischer Bücherei 6, 1964.

Zweig, Arnold: Novellen um Claudia. Reinbek/Hamburg: rororo 541, 1963.

Zweig, Arnold: Der Streit um den Sergeanten Grischa. Berlin—Weimar: Aufbau Verlag, 1964.

Zweig, Stefan: Fouché. Frankfurt a. M.—Hamburg: Fischer Bücherei 4, 1962.

Literaturangaben

Ahlheim, Karl-Heinz: Wie gebraucht man Fremdwörter richtig? Duden-Taschenbücher, Band 9/9a, Mannheim/Wien/Zürich 1970.

Alanne, Eero: Zur Rolle der syntaktischen Interferenz der verwandten und unverwandten Sprachen; in: Neuphilologische Mitteilungen 3, LXXIII (1972), S. 568–574.

Ammon, U.: Dialekt, Sozialschicht und dialektbedingte Schulschwierigkeiten; in: Linguistische Berichte 22, S. 80–93 (bes. S. 86 ff.).

Bausch, K.-R.: Ausgewählte Literatur zur kontrastiven Linguistik und zur Interferenzproblematik; in: Babel 2/1971 vol. XVII, S.45–53.

Bausinger, Hermann: Deutsch für Deutsche. Dialekte, Sprachbarrieren, Sondersprachen, Frankfurt/M. 1972.

Berger, Dieter: Fehlerfreies Deutsch. Duden-Taschenbücher, Band 14, Mannheim/Wien/Zürich 1972.

Brière, E. J.: A Psycholinguistic Study of Phonological Interference; The Hague/Paris 1968.

Brinkmann, Hennig: Die deutsche Sprache. Gestalt und Leistung, Düsseldorf ² 1971.

Brockhaus Enzyklopädie in 20 Bänden, Band 1 – 16, Wiesbaden 1966 – 1973.

Carstensen, Broder: Englische Einflüsse auf die deutsche Sprache nach 1945, Heidelberg 1965.

Czochralski, Jan A.: Zur sprachlichen Interferenz, in: Linguistics No 67. 1971, S. 5–25.

Deutsche Synonyme, Leningrad 1963.

Dewekin, W. N. und L. D. Beljakowa: Falsch oder richtig?, Verlag „Internationale Beziehungen", Moskau 1965, bes. S. 85–123.

Dornseiff, Franz: Das Zugehörigkeitsadjektiv und das Fremdwort; in: Sprache und Sprechender, Kleine Schriften, Band II, S. 221–234, Leipzig 1964.

Dornseiff, Franz: Nochmals „kulturell"; in: Sprache und Sprechender, Kleine Schriften, Band II, S. 235–239, Leipzig 1964.

Dornseiff, Franz: Der -ismus; in: Sprache und Sprechender, Kleine Schriften, Band II, S. 318–329, Leipzig 1964.

Duden, Wörterbuch medizinischer Fachausdrücke; bearbeitet von Karl-Heinz Ahlheim und Hermann Lichtenstern, Mannheim/Stuttgart 1968.

Duden, Der Große; Band 2: Stilwörterbuch der deutschen Sprache, bearbeitet von Günther Drosdowski und weiteren Mitarbeitern der Dudenredaktion, Mannheim/Wien/Zürich ⁶ 1971.

Duden, Der Große; Band 4: Grammatik der deutschen Gegenwartssprache, bearbeitet von Paul Grebe u. a., Mannheim/Wien/Zürich ² 1966.

Duden, Der Große; Band 5: Fremdwörterbuch, bearbeitet von Karl-Heinz Ahlheim, Mannheim/Wien/Zürich ² 1966.

Duden, Der Große; Band 6: Aussprachewörterbuch, bearbeitet von Max Mangold, Mannheim/Wien/Zürich 1962.

Duden, Der Große; Band 7: Etymologie. Herkunftswörterbuch der deutschen Sprache, bearbeitet von Günther Drosdowski und weiteren Mitarbeitern der Dudenredaktion, Mannheim/Wien/Zürich 1963.

Duden, Der Große; Band 8: Vergleichendes Synonymwörterbuch. Sinnverwandte Wörter und Wendungen, bearbeitet von Wolfgang Müller und weiteren Mitarbeitern der Dudenredaktion, Mannheim/Wien/Zürich 1964.

Duden, Der Große; Band 9: Zweifelsfälle der deutschen Sprache, bearbeitet von Dieter Berger, Günther Drosdowski, Paul Grebe, Wolfgang Müller und weiteren

Mitarbeitern der Dudenredaktion, Mannheim/Wien/Zürich ²1972.

Duden, Der Große; Band 10: Bedeutungswörterbuch, bearbeitet von Paul Grebe, Rudolf Köster, Wolfgang Müller und weiteren Mitarbeitern der Dudenredaktion, Mannheim/Wien/Zürich 1970.

Dudenlexikon, Das Große: 9 Bde., Mannheim/Wien/Zürich ²1969.

Eberhard, Johann August/Johann Gebhard Ehrenreich Maass/Johann Gottfried Gruber: Deutsche Synonymik, 2 Bde, durchgesehen, ergänzt und vollendet von Carl Hermann Meyer, Hildesheim/New York 1971, Reprografischer Nachdruck der Ausgabe Leipzig 1852.

Engel, Ulrich: Deutsche Gebrauchswörterbücher; in: Festschrift für Hans Eggers (1972), S. 359–378.

Engel, Ulrich: Plädoyer für „Fremdwörter"; in: Almanach des Carl-Heymanns-Verlags (noch unveröffentlicht).

Erben, Johannes: Deutsche Grammatik. Ein Abriß. München ¹¹1972.

Farrell, R. B.: A Dictionary of German Synonyms, Cambridge ²1971.

Filipec, Josef: Česká synonyma z hlediska stylistiky a lexikologie (Deutsche Zusammenfassung S. 326–338), Prag 1961.

Fischer, Walter: Leicht verwechselbare Wörter der englischen und französischen Sprache, München 1964.

Fleischer, Wolfgang: Wortbildung der deutschen Gegenwartssprache, Leipzig 1969.

Gauger, Hans-Martin: Wort und Sprache. Sprachwissenschaftliche Grundfragen, Tübingen 1970.

Gauger, Hans-Martin: Zum Problem der Synonyme, Tübingen 1972.

Gnutzmann, C.: Zur Analyse lexikalischer Fehler; in: PAKS-Arbeitsberichte 5, Universität Stuttgart 1970, S. 142–153.

Grimm, H.-J.: Untersuchungen zu Synonymie und Synonymität durch Wortbildung im neueren Deutsch, Diss. Leipzig 1970.

Helbig, Gerhard: Rezension zu János Juhász: Probleme der Interferenz; in: Deutsch als Fremdsprache 5/1971, S. 303–306.

Henne, Helmut: Semantik und Lexikographie. Untersuchungen zur lexikalischen Kodifikation der deutschen Sprache, Berlin/New York 1972.

Henzen, Walter: Die Bezeichnungen von Richtung und Gegenrichtung im Deutschen, Tübingen 1969.

Heuer, Walter: Deutsch unter der Lupe, Zürich 1972.

Heyse, J. Chr. Aug.: Handwörterbuch der deutschen Sprache, 3 Bde, Hildesheim 1968, Reprografischer Nachdruck der Ausgabe Magdeburg 1833–1849.

Hinderling, Robert: Besprechung von: Erich Mater, Rückläufiges Wörterbuch der deutschen Gegenwartssprache und Erich Mater, Deutsche Verben; in: Neuphilologische Mitteilungen 2/LXX (1969), S. 356 ff., bes. 360–362.

Hoffmann, P.F.L.: Volkstümliches Wörterbuch der deutschen Synonyme, 10. durchgesehene Auflage von Prof. Wilhelm Oppermann, Leipzig 1929.

Hörmann, Hans: Psychologie der Sprache, Berlin/Heidelberg/New York 1967.

Juhász, János: Phonetische und begriffliche homogene Hemmung im sprachlichen Kontakt Ungarisch-Deutsch; in: Wissenschaftliche Zeitschrift der Universität Rostock, Gesellschafts- und sprachwissenschaftliche Reihe, Heft 6–7/1969 (18. Jg.).

Juhász, János: Transfer und Interferenz; in: Deutsch als Fremdsprache 3/1969, S. 195–198.

Juhász, János: Probleme der Interferenz, Budapest/München 1970.

Kainz, Friedrich: Linguistisches und Sprachpathologisches zum Problem der sprachlichen Fehlleistungen, Wien 1956.

Kainz, Friedrich: Psychologie der Sprache. V. Band – Psychologie der Einzelsprachen, I. Teil, Stuttgart 1965.

Kießling, Arthur: Die Bedingungen der Fehlsamkeit. Leipzig 1925.

Klein, Hans-Wilhelm: Schwierigkeiten des deutsch-französischen Wortschatzes, Stuttgart 1968.

Kohls, Siegfried: Zum Korrelations-,

319

Interferenz- und Prioritätenproblem gesprochener und geschriebener Rede bei der Erstvermittlung neuer lexiko-grammatischer Einheiten; in: Deutsch als Fremdsprache 4/1971, S. 217–222.

Kolb, Herbert: Über „brauchen" als Modalverb; in: Zeitschrift für deutsche Sprache, NF 5, 1964, S. 74 ff.

König, E.: Fehleranalyse und Fehlertherapie im lexikalischen Bereich; in: PAKS-Arbeitsberichte 5, Universität Stuttgart 1970, S.154–166.

Köster, Rudolf: Kleine Stilkunde; in: Sprachpflege, Leipzig 1952–1958.

Köster, Rudolf: Lexikon der deutschen Sprache, Frankfurt/Berlin 1969.

Kühlwein, W.: Intra- und interstrukturale Fehlleistungen auf der phonemisch-graphemischen Ebene; in: PAKS-Arbeitsberichte 5, Universität Stuttgart 1970, S. 39–84.

Lüllwitz, Brigitte: Interferenz und Transferenz; Germanist. Linguistik 2/1972 (nach Abschluß der Arbeit – März 1973 – erschienen).

Mackensen, Lutz: Deutsches Wörterbuch, München [5] 1967.

Martinet, André: Grundzüge der Allgemeinen Sprachwissenschaft, Stuttgart 1963, bes. S. 156 bis 159.

Mentrup, Wolfgang: Mahlen oder malen? Gleichklingende, aber verschieden geschriebene Wörter, Duden-Taschenbücher, Band 13, Mannheim/Wien/Zürich 1971.

Meyers Enzyklopädisches Lexikon in 25 Bänden, Band 1–6, Mannheim/Wien/Zürich 1971–1972.

Meyers Handbuch über die Wirtschaft, bearb. von U. Bachert u.a., Mannheim 1966.

Meyers Lexikon. Technik und exakte Naturwissenschaften, 3 Bde., Mannheim/Wien/Zürich 1969–1970.

Michel, Arthur: Fehlleistungen in Ausländer-Aufsätzen und Probleme ihrer Bewertung; in: Deutsch als Fremdsprache 6/1970, S.444–451.

Mrasovic, Pavica: Problemi interferencije u nastavi stranih jezika,

Jahrbuch der Philosophischen Fakultät in Novi Sad, Band XIV/2 (1971), S. 735 bis 750 (Deutsche Zusammenfassung S. 750).

Müller, Editha und Wolfgang: Wortbildung – Ausdruck der Zeit; in: Muttersprache 3/1961 (71. Jg.), S. 65–78.

Müller, Wolfgang: Bemerkungen zum Plural in der deutschen Gegenwartssprache; in: Muttersprache 11/1959 (69. Jg.), S. 321–325.

Müller, Wolfgang: Über den Gegensatz in der deutschen Sprache; in: Zeitschrift für deutsche Wortforschung 1–2/1963 (19. Band der Neuen Folge), S. 39–53.

Müller, Wolfgang: Probleme und Aufgaben deutscher Synonymik; in: Die wissenschaftliche Redaktion 1/1965, S. 90–101.

Müller, Wolfgang: Gedanken zur Lexikographie. Über Wörterbucharbeit und Wörterbücher; in: Muttersprache 2/1969 (79. Jg.), S. 33–42.

Müller, Wolfgang: Deutsche Bedeutungswörterbücher der Gegenwart; in: Deutsch für Ausländer, Sondernummer 11, Jan. 1970, S.1–16.

Müller, Wolfgang: Von der Bedeutung und dem Gebrauch der Wörter, in: Die wissenschaftliche Redaktion 6/1971, S. 49–56.

Müller, Wolfgang: Wandlungen in Sprache und Gesellschaft im Spiegel des Dudens; in: Dichtung, Sprache, Gesellschaft, Akten des IV. Internationalen Germanisten-Kongresses 1970 in Princeton (hrsg. von V. Lange u. H.-G. Roloff), Frankfurt/M. 1971, S.375–383; erweitert in: Die wissenschaftliche Redaktion (Mannheim) 8/1972, S. 9–30.

Muttersprache. Zeitschrift zur Pflege und Erforschung der deutschen Sprache.

Naumann, Bernd: Wortbildung in der deutschen Gegenwartssprache, Tübingen 1972.

Nickel, G. (Hrsg.): Fehlerkunde. Berlin 1972.

Oksaar, Els: Sprachliche Interferenzen und die kommunikative Kompetenz; in: Gedächtnisschrift Alf Sommerfelt, München 1971.

Oksaar, Els: Interferenzerscheinungen als Stilmittel; in: Dichtung, Sprache, Gesellschaft. Akten des IV. Internationalen Germanisten-Kongresses 1970 in Princeton; hrsg. von Victor Lange und Hans-Gert Roloff, Frankfurt 1971, S.367–374.

Postman, L.: The Present Status of Interference Theory; in: Verbal Learning and Verbal Behavior (Ch. Cofer, ed.), New York 1961, S. 152–196.

Richter, Chr.: Handbuch sinnverwandter deutscher Wörter und Redeweisen in ihrer verschiedenen Bedeutung, Paderborn [4] 1924.

Sandfeld, Kr.: Problèmes d'interférences linguistiques; in: Internationaler Kongreß der Sprachwissenschaftler. Actes du congrès international des linguistics, Kopenhagen 1936, S. 59–66.

Schmitz, Bernhard: Französische Synonymik nebst einer Einleitung in das Studium der Synonyma überhaupt, Greifswald 1868.

Seibicke, Wilfried: Technik. Versuch einer Geschichte der Wortfamilie . . . , Düsseldorf 1968.

Sprachbrockhaus, Der: Deutsches Bildwörterbuch von A–Z, Wiesbaden [8] 1972.

Sprachdienst, Der: Verwechselte Begriffe, H.10/1967, S. 147–151.

Sprachpflege. Zeitschrift für gutes Deutsch, Leipzig (u.a. 1/1965,

S. 15–17; 4/1971, S. 85 f.: Wörterbuchspezialisten aus neun sozialistischen Ländern tagten in Moskau [zum Thema: faux amis]).

Stentenbach, B.: Zur therapeutischen Lapsologie im Bereich der Interferenzen; in: PAKS-Arbeitsberichte 5, Universität Stuttgart 1970, S. 178–181.

Underwood, B. J.: Interference and Forgetting; in: Psychological Review 64/1957, S. 49–59.

Vasiliu, L.: À propos de l'interférence entre la sémantique et la syntax; in: Actes Ling. 10, 2, S.953–959.

Vermeer, Hans J.: Einführung in die linguistische Terminologie, Darmstadt 1971.

Vermeer, H. J.: Einige Gedanken zu Methoden des Fremdsprachenunterrichts im Hinblick auf sprachliche Interferenzerscheinungen; in: Heidelberger Jahrbücher XIII (1969), S. 62–75.

Wahrig, Gerhard: Deutsches Wörterbuch, Gütersloh 1968.

Weimer, Hermann: Fehlerbehandlung und Fehlerbewertung, Leipzig [2] 1931.

Weinreich, Uriel: Languages in Contact: Findings and Problems, 4th ed., The Hague/Paris [7] 1970.

Wörterbuch der deutschen Gegenwartssprache, hrsg. von Ruth Klappenbach und Wolfgang Steinitz, Lfgg. 1–38 (A – Ring), Berlin (Ost) 1964 bis 1972.

Die in diesem Buch verwendeten Abkürzungen

F	Frankfurt	MM	Mannheimer Morgen (Tageszeitung)
FAZ	Frankfurter Allgemeine Zeitung	ND	Neues Deutschland (Tageszeitung)
FuF	Forschungen und Fortschritte (Zeitschrift)	PBB	Paul und Braunes Beiträge
lat.	lateinisch	WW	Wirkendes Wort (Zeitschrift)
LS	Lebende Sprachen (Zeitschrift	ZDL	Zeitschrift für Dialektologie und Linguistik

Register der Wörter einschließlich der konkurrierenden Präfixe und Suffixe

Die Zahlen weisen auf die Seiten, der Pfeil (→) weist auf die Wortgruppe hin. Die halbfett gedruckten Wörter sind Leitwörter. Ein Leitwort ist das an erster Stelle eines Wortpaares oder einer Wortgruppe stehende Wort.

faßbar 95
faßlich 95
fatal 95
fatalistisch 95
Faustpfand 204
feind 96
feindlich 96
feindselig 96
Fertigung 33
fett 96
fettig 96
feudal 97
feudalistisch 97
fieberhaft 98
fiebrig 98
Fiesta 235
finden (jemanden) 98
finden (sich) 98
Flair 28
fleischern 99
fleischig 99
fleischlich 99
Föderation 99
Fond 100
Fondant 100
Fonds 100
Fondue 100
formal 100; →-al/-ell (30)
formalistisch 100
formell 100
-förmig 100
formlich 100
förmlich 100
fragil 103
fraglich 103
fragwürdig 103
Fraktion 93
Fraktur 93
-frei/-los 103
-frei/-los/un-: →tadellos/tadel-
  frei/untadelig
freigebig 104
freigiebig 104
freimütig 104
freisinnig 104
freiwillig 293
freizügig 104
fremdsprachig 105
fremdsprachlich 105
Fremdwort 168
friedfertig 105
friedlich 105
friedliebend 105
friedsam 105
friedvoll 105
frieren 106
frösteln 106
frosten 106
frugal 97
frühzeitig 108
Fugen-s: →Kinderkopf/
  Kindskopf, →Landmann/
  Landsmann, →Lehrer-
  familie/Lehrersfamilie,
  →Wassernot/Wassersnot
fünfjährig/fünfjährlich:
  →jährlich/-jährig (149)

fungieren 109
funktional/funktionell:
  →-al/-ell (30)
funktionieren 109
fürsorglich 286
Furunkel 109
Furunkulose 109
Fusion 145

G

gangbar 109
gängig 109
ganzjährig/ganzjährlich:
  →-jährlich/-jährig (149)
Gästehaus 110
Gasthaus 110
Gasthof 110
ge-/-: →Brüder/Gebrüder,
  →frieren/gefrieren/einfrie-
  ren/eingefrieren, →Hirn/
  Gehirn, →treu/getreu/
  treulich/getreulich
geboren 110
gebrauchen 57
Gebrüder 58
gebürtig 110
Gefallen, das 110
Gefallen, der 110
gefärbt 111
gefrieren 106
Gehalt, das 112
Gehalt, der 112
geheim 130
Gehirn 136
Geisel 113
Geißel 113
Geisterwelt 113
Geisteswelt 113
geistig 113
geistlich 113
gekünstelt 160
gelehrig 114
gelehrt 114
Geleitwort 286
gelernt 114
geltend 128
gemeinsam 114
gemeinschaftlich 114
genial 115
genialisch 115
genießerisch 116
genital 115
genüßlich 116
genußreich 116
genußsüchtig 116
genußvoll 116
gepunktet/punktiert: →punk-
  ten/punktieren
gering 116
geringfügig 116
Geröll 117
Gerümpel 117
geschäftig 117
geschäftlich 117
Geschichtenbuch 117

Geschichtsbuch 117
-geschlechtig 118
geschlechtlich 118
geschmackvoll 227
gesinnt 118
gesonnen 118
Geste/Gestik: →Methode/
  Methodik (179)
getreu 266
getreulich 266
gewagt 287
gewaltig 119
gewaltsam 119
gewalttätig 119
gewichten 290
gewichtig 289
gewieft 120
gewiegt 120
gewillt 293
Gewitter 295
gewitzigt 120
gewitzt 120
gewohnt 120
gewöhnt 120
gläsern 121
glasig 121
glasklar 121
Glasur 164
glaubhaft: →unglaublich/
  unglaubhaft (270)
gläubig: →unglaublich/
  ungläubig (270)
Gläubige, der 121
Gläubiger, der 121
glaubwürdig: →unglaublich/
  unglaubwürdig (270)
gleich (der, die, das gleiche):
  →derselbe/der gleiche (65)
gleichermaßen 121
gleicherweise 121
gleichfalls 121
gleichgeschlechtlich: →ge-
  schlechtlich/-geschlechtig
  (118)
gleichmäßig 121
glückhaft 123
glücklich 123
glücklicherweise 123
glückselig 123
goldblond 124
golden 124
goldfarbig 124
goldgelb 124
goldig 124
Gourmand 124
Gourmet 124
grammatikalisch 124
grammatisch 124
grauenhaft 125
grauenvoll 125
graulich 125
grausam 125
grausig 125
grauslich 125
grazil 126
graziös 126
greulich 125

Medaille 177
Medaillon 177
mehrdeutig 70
Mehrheit 177
mehrsprachig: →-sprachlich/
-sprachig (243)
mehrstündig: →-stündlich/
-stündig (249)
mehrtägig: →-täglich/-tägig
(254)
mehrwöchig: →-wöchentlich/
-wöchig (296)
Mehrzahl 177
meiden 178
Meinungsbildung 179
Meteorologie 179
Methode 179
Methodik 179
Methodiker 179
methodisch 179
Methodismus 179
Methodist 179
methodistisch 179
Methodologie 179
methodologisch 179
Metrologie 179
mieten 181
militant 182
militärisch 182
militaristisch 182
-minutig: →-minütlich/-minü-
tig 182
-minütig: →-minütlich/-minü-
tig 182
-minütlich/-minütig 182
minuziös 182
miß-/un-: →mißgünstig/un-
günstig (182)
mißgünstig 182
Mode 183
modern 183
Moderne 183
modernistisch 183
modisch 183
Moment, das 184
Moment, der 184
-monatig/-monatlich 185
-monatlich/-monatig 185
Moräne 185
morbid 185
moribund 185
mühevoll 185
mühsam 185
mühselig 185
Multiplikand 186
Multiplikator 186
Muräne 185
muskulär 186
muskulös 186
mysteriös 187
Mysterium 188
Mystifikation 188
Mystik 188
mystisch 187
Mystizismus 188
Mythe 188

mythisch 187
Mythologem 188
Mythologie 188
mythologisch 187
Mythos 188
Mythus 188

N

nachdenklich 48
nachdrücklich 189
nachtragend 190
nachträgerisch 190
nachträglich 190
nachwiegen 290
nachzahlen 299
namens 190
namentlich 190
namhaft 190
nämlich 190
nässeln 191
nässen 191
naß machen 191
national 192
nationalistisch 192
naturalisieren 64
negrid 192
negroid 192
nehmen aus 192
netzen 191
neumodisch 183
Neuralgie 193
neuralgisch 193
Neurasthenie 193
neurasthenisch 193
Neurologie 193
neurologisch 193
Neurose 193
neurotisch 193
neutralisieren 64
nicht 21
nieder-/unter-/tief-: →Nie-
dergang/Untergang/Tief-
gang (193)
Niedergang 193
niveaufrei 194
niveaulos 194
nominal 194
nominalistisch 194
nominell 194
nordisch 195
nordistisch 195
nördlich 195
nordwärts 195
normen/normieren: →-ieren/
-isieren (140)
Nummer 297

O

ober-/über-: →oberirdisch/
überirdisch (196), →Ober-
kleider/Überkleider (196)
Oberbekleidung 196

oberflächig 195
oberflächlich 195
oberirdisch 196
Oberkleider 196
Oberkleidung 196
objektiv 196
Objektivismus 196
objektivistisch 196
Objektivität 196
obligat 197
obligatorisch 197
obskur 198
obskurantistisch 198
obsolet 197
Odium 197
offen 266
offenherzig 266
offiziell 198
offizinell 198
offiziös 198
-oid: →faschistisch/faschi-
stoid, →negrid/negroid,
→schizophren/schizoid
okkult 198
okkultistisch 198
ökonomisch 199
ökumenisch 199
-ologie/-ik: →Methode/
Methodik/Methodologie
(179), →Technik/Technolo-
gie (255)
-ologisch: →physisch/physio-
logisch, →psychisch/
psychologisch, →sozial/
soziologisch, →technisch/
technologisch
Omnibus 199
Onomasiologie 231
Onomastik 231
Ontogenese 200
ontogenetisch 200
Ontogenie 200
Ontologie 200
Operateur 200
Operator 200
opportun 200
opportunistisch 200
-or/-eur: →Operateur/Opera-
tor, →Restaurateur/Restau-
rator
Orangeade 201
Orangeat 201
ordinär 202
Organ 201
Organisation 201
organisatorisch 201
organisch 201
Organisierung 201
organismisch 201
Organismus 201
Orgasmus 201
orgastisch 202
Orgiasmus 201
orgiastisch 202
original 202
originär 202

330

originell 202
-orisch: →instrumental/
   instrumentatorisch
-orisch/-iv 149
-ös/-är: →muskulär/muskulös,
   →spektakulös/spektakulär
-ös/-ell: →tendenziell/tenden-
   ziös
-ose/-itis 149
Otium 197

P

Pädagogik 214
Päderastie 203
Pädiatrie 203
Pädophilie 203
paradigmatisch 209
parken/parkieren: →-ieren/
   -isieren (140)
Parodontitis: →-itis/-ose (149)
Parodontose: →-itis/-ose (149)
parteiisch 203
parteilich 203
Partisan 204
Partisane 204
Pastete 163
Pathologe 215
perniziös 211
personal 204
personell 204
Perzeption 204
perzipieren 204
Pfand 204
Phon 205
Phonem 205
Phonematik 205
phonematisch 205
Phonemik 205
phonemisch 205
Phonetik 205
phonetisch 205
Phonologie 205
phonologisch 205
Phrase 206
phrasenhaft 206
phrasenreich 206
Phraseologie 206
phraseologisch 206
Phylogenese 200
phylogenetisch 200
Phylogenie 200
physikalisch 207
physikalistisch 207
Physiognomie 214
physiognomisch 207
Physiologie 214
physiologisch 207
Physionomie 214
physisch 207
plastifizieren/plastizieren:
   →-ieren/-isieren (140)
Popularisierung 207
Popularität 207
Population 207

positiv 208
positivistisch 208
potent 209
potentiell 209
Präfix 26
pragmatisch 209
Praktik 211
Praktika 211
praktikabel 209
Praktiken 211
Praktikum 211
praktisch 209
prätentiös 211
Präverb 26
Praxen 211
Praxis 211
preziös 211
Problem/Problematik: →Me-
   thode/Methodik (179)
Profession 212
Prognose 211
Prognostik 211
Progreß 212
prophylaktisch 212
Provision 212
provisorisch 212
provokativ/provokatorisch:
   →-iv/-orisch (149)
Prozeß 212
pseudonym 37
Psychagogik 214
Psyche 214
psychedelisch 213
Psychiatrie 214
psychiatrisch 213
psychisch 213
Psychologie 214
psychologisch 213
Psychologismus 214
psychologistisch 213
Psychopath 215
psychopathisch 213
psychopathologisch 213
psychosomatisch 213
pünkteln 215
punkten 215
punktieren 215
punktiert/gepunktet: →punk-
   ten/punktieren (215)
pur 215
Purismus 215
Purist 215
puristisch 215
Puritaner 215
puritanisch 215
Puritanismus 215

Q

Qualifikation/Qualifizierung:
   →-ierung/-ation (141)
Quell 216
Quelle 216

R

Rabbi 216
Rabbiner 216
Raffinade 217
Raffinage 217
Raffinement 217
Raffinerie 217
Raffinesse 217
Raffiniertheit 217
Raffinierung 217
Rapport 220
rassig 217
rassisch 217
rassistisch 217
Ratifikation/Ratifizierung:
   →-ierung/-ation (141)
rational 218
rationalisieren 219
rationalistisch 218
rationell 218
rationieren 219
rauf-/empor-/hoch-/auf-/
   herauf-/hinauf-: →empor-
   kommen (84)
raufkommen 84
raus-/heraus-/aus-/hinaus-:
   →nehmen aus (192)
rausnehmen [aus] 192
real 219
realistisch 219
rechtzeitig 108
Reduktion 64
reell 219
Referent 220
Referenz 222
rein-/hinein-: →treten in/
   hineintreten/reintreten (264)
reintreten 264
renitent 220
Report 220
Reportage 220
resistent 220
Resozialisation/Resozialisie-
   rung: →-ierung/-ation (141)
Rest 221
Restaurateur 221
Restauration/Restaurierung:
   →-ierung/-ation (141)
Restaurator 221
Restaurierung/Restauration:
   →-ierung/-ation (141)
Reverend 220
Reverenz 222
Riß 222
Ritz 222
Ritze 222
Rohr 222
Röhre 222
Rohstoff 223
Romantik 223
romanisch 223
Romanistik 223
romanistisch 223
Romantik 223
romantisch 223

331

römisch 223
rot 224
rötlich 224
Rück-/Hinter-: →Hinterseite/
  Rückseite (136)
Rückseite 136
rüsten 224

S

sacht 225
-sam/-ig: →gewaltig/gewalt-
  sam, →grausam/grausig
-sam/-lich: →empfindlich/
  empfindsam, →sorgfältig/
  sorgsam/sorglich
-sam/-voll: →mühevoll/müh-
  sam, →wirksam/wirkungs-
  voll
sanft 225
sanftmütig 225
säumig 225
saumselig 225
scheinbar 37
Schild, das 226
Schild, der 226
schizoid 226
schizophren 226
schizothym 226
schlagen in 75
schlechterdings 226
schlechthin 226
schlechtweg 226
schmackhaft 227
schmerzend 228
schmerzfrei 228
schmerzhaft 228
schmerzlich 228
schmerzlos 228
schneefrei 229
schneelos 229
Schrift 44
schriftisch 229
schriftlich 229
Schweigen 229
Schwester- 230
Schwestern- 230
schwul 230
schwül 230
seelisch 231
seither 55
-sekundig 231
-sekündlich/-sekundig 231
selig 231
Semantik 231
Semasiologie 231
Semiologie 231
Semiotik 231
senil 232
sensibel 232
sensitiv 232
sensoriell 232
sensorisch 232
sensualistisch 232
sensuell 232
sentimental 232

sentimentalisch 232

separat 233
separatistisch 233
separiert 233
seriös 234
serös 234
sichtbar 234
sichtbarlich 234
-sichtig 234
sichtlich 234
Siesta 235
Sir 236
Sire 236
Sklave 236
sklavisch 236
skrupellos 236
skrupulös 236
Slawe 236
slawisch 236
slawistisch 236
sorgenfrei 236
sorgenlos 236
sorgfältig 237
sorglich 237
sorglos 236
sorgsam 237
soziabel 238
sozial 238
sozialistisch 238
soziologisch 238
Spalt 239
Spalte 239
sparen 239
spektakulär 242
spektakulös 242
spezial-/Spezial- 242
speziell 242
spezifisch 242
-sprachig/-sprachlich 243
-sprachlich/-sprachig 243
-sprechend/-sprachlich/-spra-
  chig 243
Sprint 244
sprinten 244
Spurt 244
spurten 244
Staatenbund 61
Stadion 244
Stadium 244
Stafette 244
Staffage 244
Staffel 244
Staffelei 244
Stagflation 245
Stagnation 245
Stalagmit 245
Stalaktit 245
standfest 245
standhaft 245
statarisch 245
Statik 245
Statiker 245
statiös 245
statisch 245
Statist 245
Statisterie 245
Statistik 245

Statistiker 245
statistisch 245
Statue 246
Statuette 246
steinreich 247
sterben 247
Sterilisation/Sterilisierung:
  →-ierung/-ation (141)
Stillschweigen 229
streitbar 248
streitig 248
streitsüchtig 248
Stripper 249
Stripperin 249
strittig 248
struktural/strukturell:
  →-al/-ell (30)
-stündig/-stündlich 249
-stündlich/-stündig 249
stupend 249
stupid[e] 249
Subjekt 250
sublim 250
Subsidien 251
Subskription 251
subtil 250
Subventionen 251
Suffix 26
Sujet 250
süß 251
süßlich 251
Symbol/Symbolik: →Metho-
  de/Methodik (179)
sympathetisch 252
sympathisch 252
Symptom 252
Syndrom 252
syntagmatisch 253
syntaktisch 253

T

Taberne 151
tabuieren/tabuisieren:
  →-ieren/-isieren (140)
tadelfrei 253
tadellos 253
-tägig/-täglich 254
-täglich/-tägig 254
tatenlos 254
tätig 254
tätlich 254
Taverne 151
Technik 255
technisch 257
Technokratie 255
technokratisch 257
Technologie 255
technologisch 257
Teleologie 260
teleologisch 260
Tempi 258
Tempo 258
Tempora 258
temporal 258
temporär 258

Das große Duden-Wörterbuch in 6 Bänden

Die authentische Dokumentation der deutschen Gegenwartssprache

„Das große Duden-Wörterbuch der deutschen Sprache" ist das Ergebnis jahrzehntelanger sprachwissenschaftlicher Forschung der Dudenredaktion. Mit seinen exakten Angaben und Zitaten erfüllt es selbst höchste wissenschaftliche Ansprüche. Wie die großen Wörterbücher anderer Kulturnationen, z. B. der „Larousse" in Frankreich oder das „Oxford English Dictionary" in der englischsprachigen Welt, geht auch „Das große Duden-Wörterbuch" bei seiner Bestandsaufnahme auf die Quellen aus dem Schrifttum zurück. Es basiert auf mehr als drei Millionen Belegen aus der Sprachkartei der Dudenredaktion.

„Das große Duden-Wörterbuch der deutschen Sprache" erfaßt den Wortschatz der deutschen Gegenwartssprache mit allen Ableitungen und Zusammensetzungen so vollständig wie möglich. Es bezieht alle Sprach- und Stilschichten ein, alle landschaftlichen Varianten, auch die sprachlichen Besonderheiten in der Bundesrepublik Deutschland, in der DDR, in Österreich und in der deutschsprachigen Schweiz.

Besonders berücksichtigt dieses Wörterbuch die Fachsprachen. Dadurch schafft es eine sichere Basis für die Verständigung zwischen Fachleuten und Laien.

„Das große Duden-Wörterbuch der deutschen Sprache" ist ein Gesamtwörterbuch, das die verschiedenen Aspekte, unter denen der Wortschatz betrachtet werden kann, vereinigt. Es enthält alles, was für die Verständigung mit Sprache und das Verständnis von Sprache wichtig ist. Einerseits stellt es die deutsche Sprache so dar, wie sie in der zweiten Hälfte des 20. Jahrhunderts ist, zeigt die sprachlichen Mittel und ihre Funktion, andererseits leuchtet es die Vergangenheit aus, geht der Geschichte der Wörter nach und erklärt die Herkunft von Redewendungen und sprichwörtlichen Redensarten.

Duden – Das große Wörterbuch der deutschen Sprache in 6 Bänden

Über 500 000 Stichwörter und Definitionen auf etwa 3 000 Seiten. Mehr als 1 Million Angaben zu Aussprache, Herkunft, Grammatik, Stilschichten und Fachsprachen. Über 2 Millionen Beispiele und Zitate aus der Literatur der Gegenwart. Herausgegeben und bearbeitet vom Wissenschaftlichen Rat und den Mitarbeitern der Dudenredaktion unter Leitung von Günther Drosdowski.

Bibliographisches Institut
Mannheim/Wien/Zürich